全国勘察设计注册工程师执业资格考试用书

注册公用设备工程师（暖通空调、动力）执业资格考试

基础考试历年真题详解

Zhuce Gongyong Shebei Gongchengshi (Nuantong Kongtiao、Dongli) Zhiye Zige Kaoshi Jichu Kaoshi Linian Zhenti Xiangjie

（下册）

注册工程师考试复习用书编委会 | 编

李洪欣　曹纬浚 | 主编

人民交通出版社股份有限公司

China Communications Press Co.,Ltd.

内 容 提 要

本书分上、下两册，上册为公共基础2005～2014年考试真题，下册为暖通空调、动力专业基础2005～2014年考试真题，各10套，共20套，每套真题后均附有参考答案和解析，部分真题有视频讲解。

本书可供参加注册公用设备工程师（暖通空调、动力）执业资格考试基础考试的考生复习使用。

图书在版编目(CIP)数据

2015注册公用设备工程师（暖通空调、动力）执业资格考试基础考试历年真题详解 / 李洪欣，曹纬浚主编. —北京：人民交通出版社股份有限公司，2015.2

ISBN 978-7-114-12018-3

Ⅰ. ①2… Ⅱ. ①李… ②曹… Ⅲ. ①城市公用设施—供热系统—工程师—资格考试—题解②城市公用设施—通风系统—工程师—资格考试—题解③城市公用设施—空气调节系统—工程师—资格考试—题解 Ⅳ. ①TU8-44

中国版本图书馆CIP数据核字(2015)第016344号

书　　名：2015注册公用设备工程师（暖通空调、动力）执业资格考试基础考试历年真题详解
著 作 者：李洪欣　曹纬浚
责任编辑：刘彩云　李　坤
出版发行：人民交通出版社股份有限公司
地　　址：(100011)北京市朝阳区安定门外外馆斜街3号
网　　址：http://www.ccpress.com.cn
销售电话：(010)59757973
总 经 销：人民交通出版社股份有限公司发行部
经　　销：各地新华书店
印　　刷：北京盈盛恒通印刷有限公司
开　　本：787×1092　1/16
印　　张：35.75
字　　数：770千
版　　次：2015年2月　第1版
印　　次：2015年2月　第1次印刷
书　　号：ISBN 978-7-114-12018-3
定　　价：119.00(含上、下两册)
(有印刷、装订质量问题的图书，由本公司负责调换)

前 言

注册公用设备工程师，是指取得《中华人民共和国注册公用设备工程师执业资格证书》和《中华人民共和国注册公用设备工程师执业资格注册证书》，从事公用设备（暖通空调、给水排水、动力）专业工程设计及相关业务活动的专业技术人员。

注册公用设备工程师（暖通空调、动力）执业资格考试实行全国统一大纲、统一命题的考试制度，为帮助考生在较短时间内掌握注册公用设备工程师（暖通空调、动力）执业资格基础考试大纲要求的考试内容，提高做题速度和熟练度，顺利通过基础考试，特邀请北京市注册工程师考试辅导班和郑州大学的专家、教授共同编写此书。

本书分为上、下两册。上册为 2005～2014 年公共基础考试真题及其解析，共 10 套；下册分为 2005～2014 年暖通空调、动力专业基础考试真题及其解析，共 10 套。全部套题均按照"试题＋答案"的模式编排，便于考生自测和查漏补缺。对于每一道试题，书中不仅给出参考答案，还进行了十分详细的解析，便于考生了解往年考试的范围、难度、风格，通过解析过程熟悉考点，掌握解题思路、方法、步骤。而对于历年考题中，涉及出题不严谨或旧大纲中的考题，我们采用比较经典的模拟题进行了更换，特此说明。

随后，我们会根据最新一年的考题及读者们的反馈意见对本书内容进行修订。

另外，本书中的部分真题配有视频讲解，考生可扫描"二维码"在线学习，或者刮开"学习卡"，登录"注考网"（www.zhukaowang.com.cn），观看更多精彩视频。

本书由李洪欣、曹纬浚担任主编。其他参编人员还有吴昌泽、范元玮、程学平、谢亚勃、刘燕、钱民刚、李兆年、许怡生、许小重、陈向东、李魁元、高亚静、沈超、张莉红、马雪纯、徐莳、李润玮、贾玲华、毛怀珍、朋改非、吴景坤、吴扬、张翠兰、王彬、张超艳、张文娟、李平、邓华、冯嘉骝、钱程、李广秋、韩雪、陈启佳、翟平、郭虹、曹京、孙琳、李智民、赵思儒、吴越恺、许博超、张云龙、王坤、刘若禹、楼香林、莫培佳、段修谓、土蓓、宋方佳、杨守俊、王志刚、何承奎、葛宝金、李丹枫、王凯、王志伟、韩智铭、涂洪亮、孙玮、黄丽华、高璐、曹欣、阮文依、王金羽、康义荣、杨洪波、任东勇、曹铎、耿京、李铁柱、仲晓雯、冯存强、阮广青、赵欣然、霍新民、何玉章、颜志敏、曹一兰、周庄、张文革、张岩、周迎旭。

由于考试内容涉及面广，书中难免存在疏漏和不足，真诚地希望读者批评指正，提出宝贵意见，以便本书再版时改进。

最后，祝愿各位考生取得好的成绩！

李洪欣

2014 年 12 月

主编致考生

一、注册公用设备工程师(暖通空调、动力)在专业考试之前进行基础考试是和国外接轨的做法。通过基础考试并达到职业实践年限后就可以申请参加专业考试。基础考试是考大学中的基础课程,按考试大纲的安排,上午考试段考公共基础11科,120道题,4个小时,每题1分,共120分;下午考试段考暖通空调、动力专业基础7科,60道题,4个小时,每题2分,共120分;上、下午共240分。试题均为4选1的单选题,平均每题时间上午2分钟,下午4分钟,因此不会有复杂的论证和计算,主要是检验考生的基本概念和基本知识。考生在复习时不要偏重难度大或过于复杂的知识,而应将复习的注意力放在弄清基本概念和基本知识方面。

二、考生在复习之前应认真阅读"考试大纲",清楚地了解考试的内容和范围,并结合"交通版"教程,掌握"考试大纲"要求掌握的基本概念、基本理论、基本计算方法、计算公式和步骤,以及基本知识的应用等内容,明白其中的道理和关系,掌握分析问题的方法。同时还应会使用为减少计算工作量或简化、方便计算所制作的表格等。在对基本概念、基本原理和基本知识有一个整体把握的基础上,结合本书,集中时间,排除干扰,模拟考试气氛,将历年试题全部做一遍,以接近实战地检验一下自己的复习效果。随后与答案、解析进行对照,做对的题,要确保做题的思路准确,而非偶然猜对,做错的题,要明白错在什么地方,哪些知识还没有掌握扎实,以提高临场考试的准确性。

三、注册公用设备工程师(暖通空调、动力专业)基础考试上、下午试卷共计240分,上、下午不分段计算成绩,这几年及格线都是55%,也就是说,上、下午试卷总分达到132分就可以通过。因此,考生在准备考试时应注意扬长避短。从道理上讲,自己较弱的科目更应该努力复习,但毕竟时间和精力有限,如2009年新增加的"信号与信息技术",据了解,非信息专业的考生大多未学过,短时间内要掌握好比较困难,而"信号与信息技术"总共只有6道题,6分,只占总分的2.5%,也就是说,即使"信号与信息技术"1分未得,其他科目也还有234分,从234分中考132分是完全可以做到的。因此考生可以根据考试分科题量、分数分配和自己的具体情况,计划自己的复习重点和主要得分科目。当然一些主要得分科目是不能放松的,如"高等数学"24题(上午段)24分,"热力学(工程热力学、传热学)"20题(下午段)40分,都是不能放松的;其他科目则可根据自己过去对课程的掌握情况有所侧重,争取在自己过去学得好的课程中多得分。

四、在考试拿到试卷时,建议考生不要顺着题序顺次往下做。因为有的题会比较难,有的题不很熟悉,耽误的时间会比较多,以致到最后时间不够,题做不完,有些题会做但时间来不及,这就太得不偿失了。建议考生将做题过程分为四遍:

(1)首先用15～20分钟将题从头到尾看一遍，一是首先解答出自己很熟悉很有把握的题；二是将那些需要稍加思考估计能在平均答题时间里做出的题做个记号。这里说的平均答题时间，是指上午段4个小时考120道题，平均每题2分钟；下午段4个小时考60道题，平均每题4分钟，这个2分钟(上午段)、4分钟(下午段)就是平均答题时间。将估计在这个时间里能做出来的题做上记号。

(2)第二遍做这些做了记号的题，这些题应该在考试时间里能做完，做完了这些题可以说就考出了考生的基本水平，不管考生基础如何，复习得怎么样，考得如何，至少不会因为题没做完而遗憾了。

(3)这些会做或基本会做的题做完以后，如果还有时间，就做那些需要稍多花费时间的题，能做几个算几个，并适当抽时间检查一下已答题的答案。

(4)考试时间将近结束时，比如还剩5分钟要收卷了，这时你就应看看还有多少道题没有答，这些题确实不会了，建议考生也不要放弃。既然是单选，那也不妨估个答案，答对了也是有分的。建议考生回头看看已答题目的答案，A、B、C、D各有多少，虽然整个卷子四种答案的数量并不一定是平均的，但还是可以这样考虑，看看已答的题A、B、C、D中哪个答案最少，然后将不会做没有答的题按这个前边最少的答案通填，这样其中会有1/4可能还会多于1/4的题能得分，如果考生前边答对的题离及格正好差几分，这样一补充就能及格了。

五、基础考试是不允许带书和资料的，2012年前，考试时会给每位考生发一本"考试手册"，载有公式和一些数据，考后收回。但从2012年起，取消了"考试手册"的配发。据说原因是考生使用不多，事实上也没有更多时间去翻手册。因此一些重要的公式、规定，考生一定要自己记住。

注册公共设备工程师考试已经进行了10年，分析这些年的考题，特别是近两年的考题，可以总结出考题考查的一些新趋势。一个趋势就是考试题目考查点越来越细，越来越深入；另一个趋势就是有的题目考查得更加综合，一个题目可能涉及几个知识点，考题难度加大。这都对考生的备考提出了更高的要求。因此，考生需要对大纲涉及的考点做到真正理解，并在此基础上能够灵活应用。

复习中若遇到疑问，可写清楚问题发邮件至caowj0818@126.com(上册问题)、466362436@qq.com(下册问题)，我们会尽快回复解答。相信这本书能帮助大家准备好考试。

最后，祝愿各位考生取得好成绩！

曹纬浚

2014年12月

目录(下册)

2005年度注册公用设备工程师(暖通空调、动力)执业资格考试专业基础考试

试　　题

单项选择题(共60题,每题2分,每题的备选项中,只有1个最符合题意)

1. 状态参数用来描述热力系统状态特性,此热力系统应满足(　　)。

A. 系统内部处于热平衡和力平衡　　B. 系统与外界处于热平衡
C. 系统与外界处于力平衡　　D. 不需要任何条件

2. 评价制冷循环优劣的经济性能指标用制冷系数,它可表示(　　)。

A. 耗净功/制冷量
B. 压缩机耗功/向环境放出的热量
C. 制冷量/耗净功
D. 向环境放出的热量/从冷藏室吸收的热量

3. 热电循环是指(　　)。

A. 既发电又供热的动力循环　　B. 靠消耗热来发电的循环
C. 靠电炉作为热源产生蒸汽的循环　　D. 蒸汽轮机装置循环

4. 湿空气是由(　　)。

A. 饱和蒸汽与干空气组合的混合物
B. 干空气与过热燃气组成的混合物
C. 干空气与水蒸气组成的混合物
D. 湿蒸气与过热蒸汽组成的混合物

5. 流体节流前后其焓保持不变,其温度将(　　)。

A. 减小　　B. 不变　　C. 增大　　D. 不确定

6. 水在定压下被加热可从未饱和水变成过热蒸汽,此过程可分为三个阶段,其中包含的状态有(　　)。

A. 3种　　B. 4种　　C. 5种　　D. 6种

7. 某电厂有三台锅护合用一个烟囱,每台锅炉每秒钟产生烟气为$73m^3$(已折算为标准状

态下的容积)。烟囱出口处的烟气温度为 100℃,压力近似等于 1.0133×10^{5} Pa,烟气流速为 30m/s,烟囱的出口直径是(　　)。

A. 3.56m　　B. 1.75m　　C. 1.66m　　D. 2.55m

8. 有一热泵用来冬季采暖和夏季降温。室内要求保持 20℃,室内外温度每相差 1℃,每小时通过房屋围护结构的热损失是 1 200kJ,热泵按逆向卡诺循环工作,当冬季室外温度为 0℃时,带动该热泵所需的功率是(　　)。

A. 4.55kW　　B. 0.455kW　　C. 5.55kW　　D. 6.42kW

9. 采用任何类型的压气机对气体进行压缩,所消耗的功都可用(　　)计算。

A. $w_c=q-\Delta h$　　B. $w_c=\Delta h$

C. $w_c=q-\Delta u$　　D. $w_c=-\int v\mathrm{d}p$

10. 有一流体以 3m/s 的速度通过 7.62cm 直径的管路进入动力机。进口处的焓为 2 558.6kJ/kg,内能为 2 326kJ/kg,压力为 $p_1=689.48$kPa,而在动力机出口处的焓为 1 395.6kJ/kg。若过程为绝热过程,忽略流体动能和重力位能的变化,该动力机所发出的功率是(　　)。

A. 4.65kW　　B. 46.5kW　　C. 1 163kW　　D. 233kW

11. 在一条蒸汽管道外敷设厚度相同的两层保温材料,其中材料 A 的导热系数小于材料 B 的导热系数。若不计导热系数随温度的变化,仅从减小传热量的角度考虑,哪种材料应敷在内层?(　　)

A. 材料 A　　B. 材料 B　　C. 无所谓　　D. 不确定

12. 对于图中二维稳态导热问题,右边界是绝热的。如果采用有限差分法求解,当 $\Delta x=\Delta y$ 时,则正确的边界节点方程是(　　)。

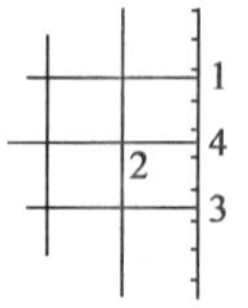

A. $t_1+t_2+t_3-3t_4=0$　　B. $t_1+2t_2+t_3-4t_4=0$

C. $t_1+2t_2+t_3-t_4=0$　　D. $t_1+t_2+2t_3-3t_4=0$

题 12 图

13. 如果室内外温差不变,则用以下材料砌成的厚度相同的四种外墙中,热阻最大的是(　　)。

A. 干燥的红砖　　B. 潮湿的红砖

C. 干燥的空心红砖　　D. 潮湿且水分冻结的红砖

14. 在温度边界条件和几何条件相同的情况下,湍流受迫对流传热系数要高于层流对流传热系数,其原因是(　　)。

A. 流速的提高增加了流体携带能量的速率

B. 湍流时产生了强烈的横向脉动

C. 流动阻力增加

D. 对流输送能量的增加和流体横向脉动的共同作用

15. 在流体外掠圆管的受迫对流传热时，如果边界层始终是层流的，则圆管表面上自前驻点开始到边界层脱体点之间，对流传热系数可能（　　）。

A. 不断减小　　B. 不断增大　　C. 先增大后减少　　D. 先减小后增大

16. 以下关于饱和蒸汽在竖直壁面上膜状凝结传热的描述中正确的是（　　）。

A. 局部凝结传热系数 h_z 沿壁面方向 x（从上到下）数值逐渐增加

B. 蒸汽中的不凝结气体会导致换热强度下降

C. 当液膜中的流动是湍流时，局部对流传热系数保持不变

D. 流体的黏度越高，对流传热系数越大

17. 以下关于实际物体发射和吸收特性的描述中正确的是（　　）。

A. 实际物体的发射率等于实际物体的吸收率

B. 实际物体的定向辐射强度符合兰贝特余弦定律

C. 实际物体的吸收率与其所接收的辐射源有关

D. 黑色的物体比白色的物体吸收率高

18. 冬季里在中央空调供暖的空房间内将一支温度计裸露在空气中，那么温度计的读数（　　）。

A. 高于空气的温度　　B. 低于空气的温度

C. 等于空气的温度　　D. 不确定

19. 表面温度为50℃的管道穿过室内，为了减少管道向室内的散热，最有效的措施是（　　）。

A. 表面喷黑色的油漆　　B. 表面喷白色的油漆

C. 表面缠绕铝箱　　D. 表面外安装铝箔套筒

20. 某建筑外墙的面积为12m²，室内空气与内墙表面的对流传热系数为8W/(m²·K)，外表面与室外环境的复合传热系数为23W/(m²·K)，墙壁的厚度为0.48m，导热系数为0.75W/(m·K)，总传热系数为（　　）。

A. 1.24W/(m²·K)　　B. 0.81W/(m²·K)

C. 2.48W/(m²·K)　　D. 0.162W/(m²·K)

21. 流体力学对理想流体运用了以下哪种力学模型，从而简化了流体的物质结构和物理性质？（　　）

A. 连续介质　　B. 无黏性，不可压缩

C. 连续介质，不可压缩　　D. 连续介质，无黏性，不可压缩

22. 流线的微分方程式为(　　)。

A. $\dfrac{dz}{v_x}=\dfrac{dx}{v_y}=\dfrac{dy}{v_z}$　　　　B. $\dfrac{dy}{v_x}=\dfrac{dx}{v_y}=\dfrac{dz}{v_z}$

C. $\dfrac{dx}{v_x}=\dfrac{dy}{v_y}=\dfrac{dz}{v_z}$　　　　D. $\dfrac{dy}{v_x}=\dfrac{dz}{v_y}=\dfrac{dx}{v_z}$

23. 圆管内均匀层流断面流速分布规律可以描述为:以管中心为轴的旋转抛物面,其最大流速为断面平均流速的(　　)。

A. 1.5 倍　　B. 2 倍　　C. 3 倍　　D. 4 倍

24. 在圆管直径和长度一定的输水管道中,当流体处于层流时,随着雷诺数的增大,沿程阻力系数和沿程水头损失都将发生变化,请问下面哪一种说法正确?(　　)

A. 沿程阻力系数减小,沿程水头损失增大
B. 沿程阻力系数增大,沿程水头损失减小
C. 沿程阻力系数减小,沿程水头损失减小
D. 沿程阻力系数不变,沿程水头损失增大

25. 实际流体运动存在两种形态:层流和紊流,下面哪一项可以用来判别流态?(　　)

A. 摩阻系数　　B. 雷诺数　　C. 运动黏性　　D. 管壁粗糙度

26. 下列哪项措施通常不用于通风系统的减阻?(　　)

A. 改突扩为渐扩　　B. 增大弯管的曲率半径
C. 设置导流叶片　　D. 加入减阻添加剂

27. 如图所示送风系统采用调速风机,现 $L_A=1\,000m^3/h$,$L_B=1\,500m^3/h$,为使 $L_A=L_B=1\,000m^3/h$,可采用下列哪种方法?(　　)

A. 关小 B 阀,调低风机转速
B. 关小 B 阀,调高风机转速
C. 开大 A 阀,调低风机转速
D. A 与 C 方法皆可用

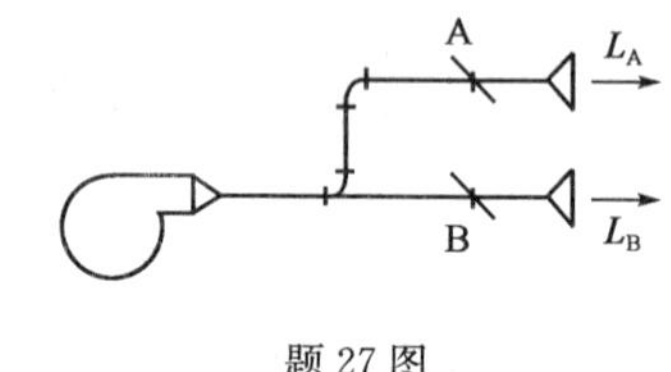

题 27 图

28. 已知某一型号水泵叶轮外径 D_1 为 174mm,转速 n 为 2 900r/min 时的扬程特性曲线 Q-H 与管网特性曲线 Q-R 的交点 $M(Q_M=27.3L/s, H_M=33.8m)$ 如图所示。现实际需要的流量仅为 24.6L/s,决定采用切割叶轮外径的办法来适应这种要求,试问叶轮外径应切掉多少?(　　)

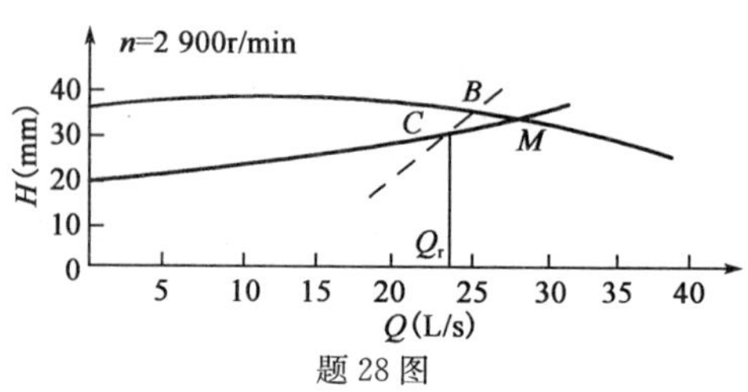

题 28 图

A. 9mm　　B. 18mm

C. 27mm　　D. 35mm

29. 以下哪些情况会造成泵的气蚀问题？（　　）

①泵的安装位置高出吸液面的高差太大

②泵安装地点的大气压较低

③泵输送的液体温度过高

A. ①②　　B. ①③　　C. ③　　D. ①②③

30. 下列关于因次分析法的描述哪项不正确？（　　）

A. 因次分析法就是相似理论

B. 因次是指物理量的性质和类别，又称为量纲

C. 完整的物理方程等式两边的每一项都具有相同性质的因次

D. 因次可分为基本因次和导出因次

31. 从自动控制原理的观点看，家用电冰箱工作时，房间的室温应为（　　）。

A. 给定量（或参考输入量）　　B. 输出量（或被控制量）

C. 反馈量　　D. 干扰量

32. 如图所示方框图的总的传递函数，$G(s)=C(s)/R(s)$应为（　　）。

A. $G(s)=\dfrac{G_1(1+G_1G_2)}{1+G_2G_3}$　　B. $G(s)=\dfrac{G_1(1+G_2G_3)}{1+G_1G_2}$

C. $G(s)=\dfrac{G_1(1-G_1G_2)}{1+G_2G_3}$　　D. $G(s)=\dfrac{G_1(1-G_2G_3)}{1+G_1G_2}$

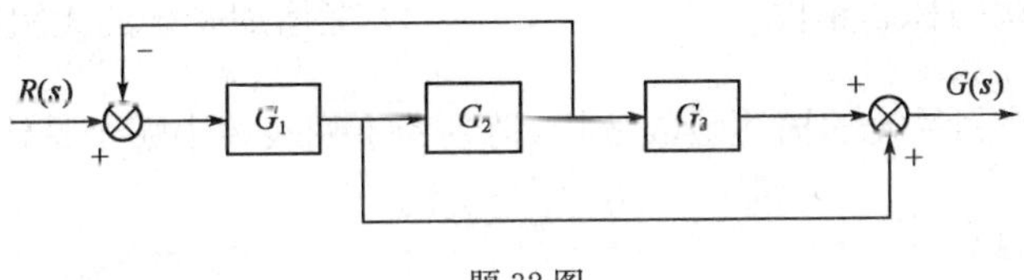

题 32 图

33. 某闭环系统的总传递函数为$G(s)=K/(2s^3+3s^2+K)$，根据劳斯稳定判据（　　）。

A. 不论K为何值，系统不稳定　　B. 不论K为何值，系统均为稳定

C. $K>0$时，系统稳定　　D. $K<0$时，系统稳定

34. 图为某环节的对数幅值随频率变化渐近线，图中 dec 表示十倍频程，在下列传递函数中哪个和图相符合？（　　）

A. $G(jw)=\dfrac{K}{[(jw)^2+a(jw)+1][(jw)^2+b(jw)+1]}$

B. $G(j\omega)=\dfrac{K}{(j\omega+a)(j\omega+b)[(j\omega)^2+c(j\omega)+1]}$

C. $G(j\omega)=\dfrac{K}{[(j\omega)^4+b(j\omega)^3+c(j\omega)^2+1]}$

D. $G(j\omega)=\dfrac{K}{[(j\omega)^4+b(j\omega)^3+c(j\omega)^2+(j\omega)]}$

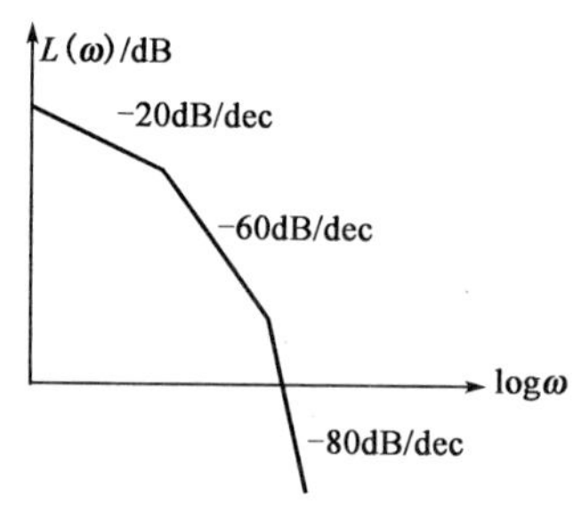

题 34 图

35. 某闭环系统总传递函数 $G(s)=\dfrac{8}{s^2+Ks+9}$,为使其阶跃响应无超调,K 值为(　　)。

A. 3.5　　B. 4.5

C. 5.5　　D. 6.5

36. 由环节 $G(s)=K/s(s^2+4s+200)$ 组成的单位反馈系统(即负反馈传递函数为 1 的闭环系统)单位斜坡输入的稳态速度误差系数为(　　)。

A. $K/200$　　B. $1/K$　　C. K　　D. 0

37. 如图所示闭环系统的根轨迹应为(　　)。

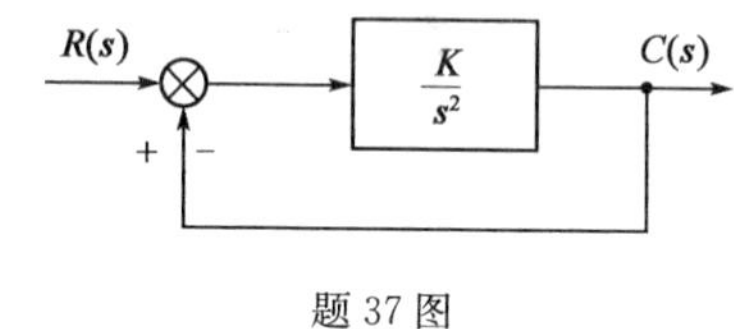

题 37 图

A. 整个负实轴

B. 整个虚轴

C. 在虚轴左面平行于虚轴的直线

D. 实轴的某一段

38. 一个二阶环节采用局部反馈进行系统校正(　　)。

A. 能增大频率响应的带宽　　B. 能增加瞬态响应的阻尼比

C. 能提高系统的稳态精度　　D. 能增加系统的无阻尼自然频率

39. 对于非线性控制系统的描述函数分析,请判断下列表述中哪个是错的?(　　)

A. 是等效线性化的一种

B. 只提供稳定性能的信息

C. 不适宜于含有高阶次线性环节的系统

D. 适宜于非线性元件的输出中高次谐波已被充分衰减,主要为一次谐波分量的系统

40. 热电偶是由 A、B 两种导体组成的闭合回路。其中 A 导体为正极,当回路的两个接点温度不相同时,将产生热电势,这个热电势的极性取决于(　　)。

A. A 导体的温差电势　　B. 温度较高的接点处的接触电势

C. B 导体的温差电势　　D. 温度较低的接点处的接触电势

41. 光学高温计是利用被测物体辐射的单色亮度与仪表内部灯丝的单色亮度相比较以检测

被测物体的湿度。为了保证光学高温计较窄的工作波段，光路系统中所设置的器件是（　　）。

A. 物镜光栏　　B. 中性灰色吸收滤光片
C. 红色滤光片　　D. 聚焦物镜

42. 力平衡式压力变送器中，电磁反馈机构的作用是（　　）。

A. 克服环境温度变化对测量的影响
B. 进行零点迁移
C. 使位移敏感元件工作在小位移状态
D. 调整测量的量程

43. 使用节流式流量计，国家标准规定采用的取压方式是（　　）。

A. 角接取压和法兰取压　　B. 环室取压和直接钻孔取压
C. 角接取压和直接钻孔取压　　D. 法兰取压和环室取压

44. 在恒温式热线风速仪中，对探头上的敏感热线有（　　）。

A. 敏感元件的内阻和流过敏感元件的电流均不变
B. 敏感元件的内阻变化，流过敏感元件的电流不变
C. 敏感元件的内阻不变，流过敏感元件的电流变化
D. 敏感元件的内阻和流过敏感元件的电流均发生变化

45. 超声波水位测量系统有液介式单探头、液介式双探头、气介式单探头和气介式双探头四种方案，从声速校正和提高测量灵敏度的角度考虑，测量精度最高的为（　　）。

A. 气介式单探头　　B. 液介式单探头
C. 气介式双探头　　D. 液介式双探头

46. 不能在线连续地监测某种气流湿度变化的湿度测量仪表是（　　）。

A. 干湿球湿度计　　B. 光电露点湿度计
C. 氯化锂电阻湿度计　　D. 电解式湿度计

47. 在以下四种因素中，与系统误差的形成无关的是（　　）。

A. 测量工具和环境　　B. 测量的方法
C. 重复测量的次数　　D. 测量人员的情况

48. 现有一台测温仪表，其测温范围为 50～100℃，在正常情况下进行校验，获得了一组校验结果，其中最大绝对误差为±0.6℃，最小绝对误差为±0.2℃，则（　　）。

A. 该仪表的基本误差为 1.2%，精度等级为 0.5 级
B. 该仪表的基本误差为 1.2%，精度等级为 1.5 级

C. 该仪表的基本误差为 0.4%，精度等级为 0.5 级

D. 该仪表的基本误差为 1.6%，精度等级为 1.5 级

49. 下列哪项属于接触式密封？（　　）

A. 毡圈密封　　B. 油沟式密封　　C. 迷宫式密封　　D. 甩油密封

50. 用标准齿条型刀具加工渐开线标准直齿轮，不发生根切的最少齿数是（　　）。

A. 14　　B. 17　　C. 21　　D. 26

51. 起吊重物用的手动蜗杆传动，宜采用下列哪个蜗杆？（　　）

A. 单头、小导程角　　B. 单头、大导程角

C. 多头、小导程角　　D. 多头、大导程角

52. 在非液体摩擦滑动轴承中，限制压强 p 值主要是防止轴承（　　）。

A. 润滑油被挤出而发生过度磨损　　B. 产生塑性变形

C. 出现过大的摩擦阻力　　D. 过度发热而胶合

53. 有一 V 带传动，电机转速为 750r/min。带传动线速度为 20m/s。现需将从动轮（大带锄轮）转速提高 1 倍，最合理的改进方案为（　　）。

A. 选用 1 500r/min 电机　　B. 将大轮直径缩至 0.5 倍

C. 小轮直径增至 2 倍　　D. 小轮直径增大 25%，大轮直径缩至 0.625 倍

54. 有一螺母转动—螺杆移动的螺纹传动，已知螺纹头数为 3 且当螺母旋转一圈时，螺杆移动了 12m，则有（　　）。

A. 螺距为 12mm　　B. 导程为 36mm

C. 螺距为 4mm　　D. 导程为 4mm

55. 有一对心直动滚子从动件的偏心圆凸轮，偏心圆直径为 100mm，偏心距为 20mm，滚子半径为 10mm，则基圆直径为（　　）。

A. 60mm　　B. 80mm　　C. 100mm　　D. 140mm

56. 当不考虑摩擦力时，下列何种情况出现时可能出现机构因死点存在而不能运动的情况？（　　）

A. 曲柄摇杆机构，曲柄主动　　B. 曲柄摇杆机构，摇杆主动

C. 双曲柄机构　　D. B 和 C

57. 在以下几种螺纹中，哪种是为承受单向荷载而专门设计的？（　　）

A. 梯形螺纹　　B. 锯齿形螺纹
C. 矩形螺纹　　D. 三角形螺纹

58. 工程建设监理单位的工作内容，下列哪条是正确的？（　　）

A. 代表业主对承包商进行监理
B. 对合同的双方进行监理
C. 代表一部分政府的职能
D. 只能对业主提交意见，由业主行使权力

59. 下列可以不进行招标的工程项目是（　　）。

A. 部分使用国有资金投资的项目
B. 涉及国际安全与机密的项目
C. 使用外国政府援助资金的项目
D. 大型公共事业项目

60. 根据《中华人民共和国建筑法》，符合建筑工程分包单位分包条件的是（　　）。

A. 总包单位授权的各类工程
B. 符合相应资质条件的工程
C. 符合相应资质条件的工程签订分包合同并经建设单位认可的工程
D. 符合 C 条全部要求的主体结构工程

2005年度注册公用设备工程师(暖通空调、动力)执业资格考试专业基础考试

试题解析及参考答案

1. **解** 本题主要考查状态参数以及平衡状态的基本概念。状态参数的一个重要特征是状态确定,则状态参数也确定,反之亦然。平衡状态的特点是具有确定的状态参数,而系统必须达到热平衡和力平衡时才称为平衡状态。

答案:A

2. **解** 制冷系数$\varepsilon_1=\frac{q_2}{\omega_2}=\frac{收获}{消耗}$,在制冷系统中收获的是制冷机产生的制冷量,而消耗的是机械功。

答案:C

3. **解** 热电循环是利用汽轮机中间抽气来供热。蒸汽动力循环,通过凝汽器冷却水带走而排放到大气中去的能量约占总能量的50%以上。这部分热能数量很大,但温度不高难以利用。利用发电厂中做了一定数量功的蒸汽作供热热源,供房屋采暖和生活用热,可大大提高利用率,这种既发电又供热的动力循环称为热电循环。

答案:A

4. **解** 湿空气是定组元、变成分的混合气体。湿空气成分组成为干空气+水蒸气。

答案:C

5. **解** 绝热节流前后状态参数的变化:对理想气体,$h_1=h_2$,$T_1=T_2$,$p_1>p_2$,$V_1<V_2$,$s_2>s_1$;对于实际气体,节流后,焓值不变,压力下降,比体积增大,比熵增大,但其温度是可以变化的。若节流后温度升高,称为热效应。若节流后的温度不变,称为零效应。若节流后温度降低,则称为冷效应。因此流体节流前后期温度变化是不确定的。

答案:D

6. **解** 从水的T-s图上可以看出水从未饱和水变成过热蒸汽的过程中经历五种状态:未饱和水状态、饱和水状态、湿饱和蒸汽状态、干饱和蒸汽状态和过热蒸汽状态。

答案:C

7. **解** 本题主要考查理想气体状态方程的应用。根据理想气体状态方程$pV=nRT$,可知本题中压力近似不变,气体状态方程简化为$\frac{V_1}{T_1}=\frac{V_2}{T_2}$,已知$V_1$为$3\times73\text{m}^3$,可以求得$V_2$为$299.22\text{m}^3$。烟气的流速已知,通过圆柱体体积公式$V_2=\pi r^2 l$,可以求得烟囱直径为3.56m。

答案:A

8.**解**　带动该热泵所需要的最小功率应使房间满足热平衡的条件，即对应的最小制热量应等于房屋的散热损失，同时系统还需按照逆卡诺循环运行，以期有最高的制热系数。按照逆卡诺循环系统的制热系数：

$$\varepsilon=\frac{q}{\omega}=\frac{T_1}{T_1-T_2}=\frac{273+20}{(273+20)-(273-0)}=14.65$$

所需最小功率：

$$\omega=\frac{q}{\varepsilon}=\frac{1\,200\times 20/3\,600}{14.65}=0.455\text{kW}$$

答案:B

9.**解**　B适用于绝热压缩，C适用于闭口系统的压缩过程，D适用于可逆压缩过程。

答案:A

10.**解**　根据焓与内能的关系 $h=u+p\gamma$，已知压力入口处内能、焓及压力可以求得进口处的比容：

$$\gamma=\frac{h-u}{p}=0.337\text{m}^3/\text{kg}$$

进口处的质量流量：

$$m=\frac{V}{\gamma}=\frac{c\pi r^2}{\gamma}=0.04\text{kg/s}$$

单位质量流体经过动力机所做的功：

$$w=h_1-h_2=2\,558.6-1\,395.6=1\,163\text{kJ/kg}$$

则该动力机所发出的功：

$$W=mw=1\,163\times 0.04=46.5\text{kW}$$

答案:B

11.**解**　对于圆筒形保温材料而言，内侧的温度变化率比较大，故将导热系数小的保温材料放于内侧，将充分发挥保温材料的保温作用。

答案:A

12.**解**　根据第二类边界条件边界节点的节点方程，由于右边界是绝热的，则 $q_w=0$，整理方程可得 $t_1+2t_2+t_3-4t_4=0$。

答案:B

13.**解**　多孔保温材料受湿度的影响很大。因为水分的渗入替代了相当一部分空气，而且更重要的是，当潮湿材料有温度梯度时，水和湿气顺热流方向迁移(即从高温区向低温区迁移)，同时携带很多热量。例如，干砖的导热系数为0.35W/(m·K)，水的导热系数为0.6W/(m·K)，而湿砖的导热系数可达1.0W/(m·K)。空气为热的不良导体，导热系数 λ 非常小；多孔保温材料受湿度的影响很大，干燥的红砖肯定比潮湿的红砖热阻大，同时空心砖含一定的空气，保温性能得到提高。因此，现在为了建筑节能的需要，很多建筑结构都采用空心砖。

答案:C

14. **解** 湍流传递动量的能力比层流的强。由于达到了湍流，流体发生横向脉动，增强换热能力。所以，湍流受迫对流传热系数要高于层流对流传热系数，这是由于对流输送能量的增加和流体横向脉动的共同作用。

答案:D

15. **解** 当流体刚接触圆管表面时，层流边界层开始生成，圆管表面上自前驻点开始到边界层脱体点之间，边界层厚度在不断增大，对流传热系数则不断减小。

答案:A

16. **解** 局部凝结传热系数 h_z 沿壁面方向 x(从上到下)的数值：当液膜中的流动是层流时，h_z 逐渐减小；当液膜中的流动是湍流时，h_z 增加。流体的黏度越高，对流传热系数越小。由于气体的导热系数比液体的小，蒸汽中的不凝结气体增加了液膜的导热热阻，所以换热强度下降。

答案:B

17. **解** 漫射灰表面的发射率等于该表面的吸收率；除了黑体以外，只有漫射表面才符合兰贝特余弦定律；黑色的物体在可见光波段内比白色的物体吸收率要高，对红外线吸收率基本相同。

答案:C

18. **解** 温度计不仅与室内空气对流换热，还要与比室温低的内墙壁、外窗之间辐射换热。温度计损失热量，使得温度计的读数低于空气的温度。

答案:B

19. **解** 管道表面温度比室内温度高，为了减少管道向室内的散热，必须对管道进行保温。根据遮热板原理，阻止热量损失，管道表面外安装铝箔套筒减少管道向室内的辐射换热，相比其他办法有效。

答案:D

20. **解** 已知，$h_1=8\text{W}/(\text{m}^2\cdot\text{K})$，$h_2=23\text{W}/(\text{m}^2\cdot\text{K})$，$\lambda=0.75\text{W}/(\text{m}\cdot\text{K})$，$\delta=0.48\text{m}$，总传热系数为：

$$K=\frac{1}{\frac{1}{h_1}+\frac{\delta}{\lambda}+\frac{1}{h_2}}=\frac{1}{\frac{1}{8}+\frac{0.48}{0.75}+\frac{1}{23}}=1.24\ \text{W}/(\text{m}^2\cdot\text{K})$$

答案:A

21. **解** 连续介质模型是可把流体视为没有间隙地充满它所占据的整个空间的一种连续介质，且其所有的物理量都是空间坐标和时间的连续函数的一种假设模型。无黏性、不可压缩也都是为了简化物理性质而构建的理想化模型。

答案:D

22. **解** 此题可直接由流线的定义得出。

答案:C

23. **解**　对于圆管中的层流运动，其平均流速等于最大流速的一半。

答案：B

24. **解**　层流时，沿程阻力系数为$\lambda=\frac{64}{\mathrm{Re}}$，所以沿程阻力系数减小。而$\mathrm{Re}=\frac{vd}{\gamma}$，圆管直径不变，雷诺数变大，所以其流速是变大的。又知沿程水头损失为：

$$h_{\mathrm{f}}=\lambda\frac{l}{d}\frac{v^2}{2g}=\frac{32\mu vl}{\gamma d^2}$$

所以，其中流速变大，其他参数不变，沿程水头损失是增大的。

答案：A

25. **解**　雷诺数表示作用于流体微团的惯性力与黏性力之比，利用雷诺数可判别流体的流态是层流还是紊流。

答案：B

26. **解**　备选项提到的措施都可以减阻，但加入添加剂可能引起气流污染。

答案：D

27. **解**　该题中，A 管与 B 管并联，总阻抗：

$$\frac{1}{\sqrt{S}}=\frac{1}{\sqrt{S_{\mathrm{A}}}}+\frac{1}{\sqrt{S_{\mathrm{B}}}}$$

$$H=SQ^2$$

对于 A 方法，关小 B 阀，增大其阻抗，A 与 B 并联的总阻抗 S 变大，总流量变小，风机的压头提高，而 A 管阻抗不变，所以 A 流量会变大，此时应再调低风机转速。同理可分析，也可以开大 A 阀，总阻抗降低，调低风机转速。

答案：D

28. **解**　离心泵的切割定律：

$$(H_1:H_2)^2=D_1:D_2,Q_1:Q_2=D_1:D_2$$

从而可以看出，叶轮的直径与扬程的平方成正比，与流量成正比。叶轮直径越大扬程就越大，流量也越大，因为水流出的速度取决于叶轮旋转时产生的离心力和切线上的线速度，直径越大，离心力和线速度就越大。

因 $$Q_1:Q_2=D_1:D_2$$

即 $$27.3:24.6=174:D_2$$

则 $$D_2=156.8\mathrm{mm}$$

$$174-156.8=17.2\mathrm{mm}$$

取切割 18mm，再验证管路参数，基本达到要求。

答案：B

29. **解**　泵的安装位置高出吸液面的高差太大，泵安装地点的大气压较低，泵所输送的液体温度过高等都会使液体在泵内汽化。

答案：D

30. **解**　因次分析法和相似理论都为科学地组织试验及整理试验数据提供了理论指导，但相似理论是说明自然界和工程中各相似现象相似原理的，在结构模型试验研究中，只有模型和原型保持相似，才能由模型试验结果推算出原型结构的相应结果。因次分析法则反映任何因次一致的物理方程都可以表示为一组无因次数群的零函数。

答案:A

31. **解**　室温对冰箱的工作有一定干扰作用，属于干扰量。

答案:D

32. **解**　根据梅逊公式求取。图中有1个回路，回路传递函数为 $L_1=-G_1G_2$，$\Delta=1-L_1=1+G_1G_2$。图中有两条前向通路，$n=2$，第1条前向通路的传递函数为 $P_1=G_1G_2G_3$，第2条前向通路的传递函数为 $P_2=G_1$，前向通路与回路均相互接触，故 $\Delta_1=1$，$\Delta_2=1$。因此传递函数为：

$$\frac{C(s)}{R(s)}=\frac{P_1\Delta_1+P_2\Delta_2}{\Delta}=\frac{G_1G_2G_3+G_1}{1+G_2G_3}$$

答案:B

33. **解**　该系统的特征方程为：

$$2s^3+3s^2+K$$

缺 s 项，因此根据系统稳定的必要条件可知系统不稳定。

答案:A

34. **解**　解析如图所示。

根据解析图可知该系统有一个比例环节 K，一个积分环节 $1/s$，转折频率 a 处有两个惯性环节 $\dfrac{1}{\frac{1}{a}s+1}$，转折频率 b 处有一个惯性环节 $\dfrac{1}{\frac{1}{b}s+1}$。因此可得传递函数为：

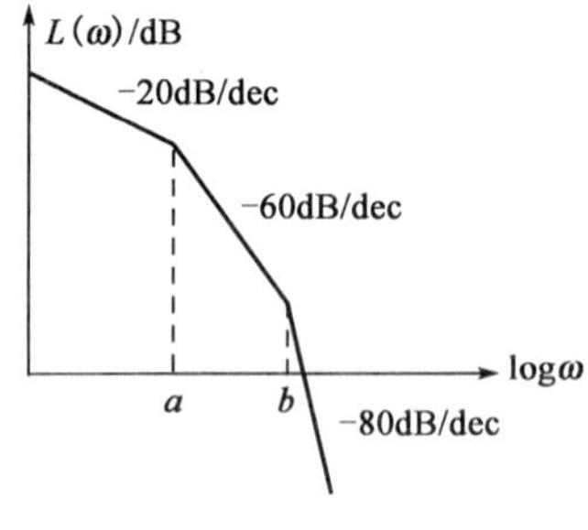

题 34 解图

$$G(s)=\frac{K}{s\left(\frac{1}{a}s+1\right)^2\left(\frac{1}{b}s+1\right)}$$

则频率特性为：

$$G(j\omega)=\frac{K}{j\omega\left(\frac{1}{a}j\omega+1\right)^2\left(\frac{1}{b}j\omega+1\right)}$$

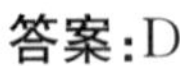

答案:D

35. **解**　系统的特性取决于系统的特征方程，该系统为二阶系统，在过阻尼临界阻尼时无超调。与二阶系统标准式 $G(s)=\dfrac{\omega_n^2}{s^2+2\xi\omega_n s+\omega_n^2}$ 相对比，得 $\omega_n=3$，$2\xi\omega_n=K$，则阻尼比 $\xi\geqslant1$ 时系统无超调。当 $\xi=1$ 时，$K=6$；当 $\xi>1$ 时，$K>6$。

答案:D

36. **解**　根据稳态速度误差系数的定义可得：

$$K_V = \lim_{s\to 0} G(s) = \lim_{s\to 0} \frac{K}{s(s^2+4s+200)} = \frac{K}{200}$$

答案:A

37. **解** 根据图求得闭环系统的传递函数为:

$$\frac{C(s)}{R(s)} = \frac{K}{s^2+K}$$

根据闭环传递函数的分母等于零求得其闭环极点为 $s_{1,2}=\pm j\sqrt{K}$,当 K 从零变到无穷大时,闭环极点的运动轨迹及根轨迹为整个虚轴。

答案:B

38. **解** 二阶环节采用的局部反馈为测速反馈,测速反馈的特点为:

(1)降低系统的开环增益,从而加大系统在斜坡输入时的稳态误差,故 A 选项错误。

(2)不改变系统的自然振荡频率 ω_n,但可增大系统的阻尼比,使系统阶跃响应的超调量下降,改善了系统的平稳性;调节时间缩短,提高了系统的快速性;不影响系统阶跃输入时的稳态误差。B 选项正确,C、D 选项错误。

答案:B

39. **解** 描述函数法是一种不受阶次限制的非线性系统分析法。

答案:C

40. **解** 本题考查温差电势和接触电势的含义。温差电势是指同一导体的两端因温度不同而产生的电势,不同的导体具有不同的电子密度,所以它们产生的电势也不相同。而接触电势顾名思义就是指两种不同的导体相接触时,因为它们的电子密度不同,所以产生一定的电子扩散,当它们达到一定的平衡后所形成的电势。接触电势的大小取决于两种不同导体的材料性质以及它们接触点的温度。接触电势的大小与接头处温度的高低和金属的种类有关。温差电势远比接触电势小,可以忽略。这样闭合回路中的总热电势可近似为接触电势。温度越高,两金属的自由电子密度相差越大,则接触电势越大。

答案:B

41. **解** 目镜前放着红色滤光片只让一定波长的光线通过,以便于比较单色光的亮度。

答案:C

42. **解** 力平衡式压力变送器的反馈动圈固定于副杠杆上,并处于一个永久磁钢的磁场中,因此在放大器输出电流的作用下,反馈动圈就对副杠杆产生一个电磁反馈力 F_t。当测量力 F_d 与反馈力 F_1 对杠杆系统所形成的力矩达到平衡时,杠杆系统就停止偏转而回到接近于原来的位置上。这时,通过位移检测放大器输出一个稳定的电流值,此电流值即可反映被测差压的大小。整个力平衡测量系统,实质上是一个有差调节系统。在该变送器中,由于位移检测放大器的灵敏度很高,所以在测量过程中,弹性测量元件的位移变化量极小。

答案:C

43. **解** 根据国家标准,节流式流量计的取压方式有两种,即角接取压和法兰取压,其中角接取压又分为环室取压和直接钻孔取压两种方式。选项A最符合题意。

答案:A

44.**解** 本题主要考查恒温式热线风速仪的工作原理。恒温式热线风速仪的敏感热线的温度保持不变,风速敏感元件电流可调,在不同风速下使处于不同热平衡状态的风速敏感元件的工作温度基本维持不变,即阻值基本恒定,该敏感元件所消耗的功率为风速的函数。

答案:C

45.**解** 超声波式水位计应用声波反射的原理来测量水位,分为水介式和气介式两类。声波在介质中以一定速度传播,当遇到不同密度的介质分界面时,声波立即发生反射。水介式是将换能器安装在河底,垂直向水面发射超声波;气介式是将换能器固定在空气中某一高处,向水面发射超声波。两种形式均不需建测井。水介式声速受水温、水压及水中浮悬粒子浓度影响,在测量过程中要对声波进行校正,才能达到测量精度。气介式要对气温影响进行校正,其优点是不受水中水草、泥沙等影响。

答案:D

46.**解** 电解法是目前广泛应用的微量水分测量方法之一。电解湿度计的工作特点是气体连续通过电解池,其中的水汽被五氧化二磷全部吸收并电解。在一定的水分浓度和流速范围内,可以认为水分吸收的速度和电解的速度是相同的,也就是说,水分被连续地吸收同时连续地被电解,于是瞬时的电解电流可以看做是气体含水量瞬时值的体现。由于方法所要求的条件是通过电解池的气体中的水分必须全部被吸收,不言而喻,测量值要受气体流速的影响。因此,对于某一个电解池不但有一个额定的流速,而且在测量时还必须保持流速恒定,并对流速进行准确的测量。知道了气体的流速和电解电流,便可以计算水分的浓度。

答案:D

47.**解** 系统误差主要是由于测量仪表本身不准确、测量方法不完善、测量环境的变化以及观测者本人的操作不当等造成的,与重复测量次数无关。

答案:C

48.**解** 本题主要考查基本误差以及精度等级的定义。仪表的基本误差指仪表测量值中的最大示值绝对误差与仪表量程的比值。本题中最大绝对误差为0.6℃,而仪表的量程为50℃,因此该仪表基本误差为1.2%。精度等级为仪表的基本误差去掉"%"的数值,因此该表的精度等级应为1.5级。

答案:B

49.**解** 接触式密封分为毛毡圈密封、密封圈密封。

答案:A

50.**解** 用范成法加工齿数较少的齿轮时,常会将轮齿根部的渐开线齿廓切去一部分,这种现象称为根切。对于标准齿轮,是用限制最少齿数的方法来避免根切的。用滚刀加工压力角为20°的正常齿制标准直齿圆柱齿轮时,根据计算,可得出不发生根切的最少齿数为17。

答案:B

51. **解** 关键是蜗杆要有自锁功能，即蜗杆的螺旋升角要小于螺旋的当量摩擦角，这样当停止提升重物时，重物才不会掉下来。

答案：A

52. **解** 限制轴承压强 p，以保证润滑油不被过大的压力所挤出，因而轴承不致产生过度的磨损。

答案：A

53. **解** V带的滑动率 $\varepsilon=0.01\sim0.02$，其值较小，在一般计算中可不予考虑。则有 $n_1d_1=n_2d_2$，带速 $v=\pi n_1 d_1/60\times1\,000$，现需将从动轮（大带轮）转速提高1倍，最合理的改进方案是将大轮直径缩至0.5倍，增加电动机转速和增大小轮直径都是不合适的。若选用1 500r/min电机，或者将小轮增至2倍带速至40m/s，普通V带的带速 v 应在5～25m/s的范围内，其中以10～20m/s为宜，若 $v>25$m/s，则因带绕过带轮时离心力过大，使带与带轮之间的压紧力减小、摩擦力降低而使传动能力下降，而且离心力过大降低了带的疲劳强度和寿命。

答案：B

54. **解** 导程表示在同一条螺旋线上相邻两螺纹牙之间的轴向距离。螺母旋转一圈时，导程＝螺杆移动距离/螺纹头数＝12/3＝4mm。

答案：D

55. **解** 对心直动滚子从动件的偏心圆凸轮的基圆直径＝2×（偏心圆半径－偏心距＋滚子半径）＝2×（100/2－20＋10）＝80mm。

答案：B

56. **解** 曲柄摇杆机构中，如果曲柄是原动件，是不会出现卡死现象的。但如果相反，摇杆是主动件而曲柄是从动件，那么，当摇杆摆到使曲柄与连杆共线的极限位置时，摇杆通过连杆加于曲柄的驱动力正好通过曲柄的转动中心，则不能产生使曲柄转动的力矩。机构的这种位置称为死点位置。

答案：B

57. **解** 锯齿形螺纹的牙形为不等腰梯形，工作面的牙形角为3°，非工作面的牙形角为30°。外螺纹的牙根有较大的圆角，以减少应力集中。内、外螺纹旋合后大径处无间隙，便于对中，传动效率高，而且牙根强度高，适用于承受单向荷载的螺旋传动。

答案：B

58. **解** 《中华人民共和国建筑法》第三十二条规定：建筑工程监理应当依照法律、行政法规及有关的技术标准、设计文件和建筑工程承包合同，对承包单位在施工质量、建设工期和建设资金使用等方面，代表建设单位实施监督。

答案：A

59. **解** 《中华人民共和国招标投标法》第三条规定：在中华人民共和国境内进行下列工程建设项目包括项目的勘察、设计、施工、监理以及与工程建设有关的重要设备、材料等的采购，必须进行招标：（一）大型基础设施、公用事业等关系社会公共利益、公众安全的项目；（二）全部或者部分使用国有资金投资或者国家融资的项目；（三）使用国际组织或者外国政府贷款、援助资金的项目。

第六十六条：涉及国家安全、国家秘密、抢险救灾或者属于利用扶贫资金实行以工代赈、需要使用农民工等特殊情况，不适宜进行招标的项目，按照国家有关规定可以不进行招标。

答案：B

60. **解** 《中华人民共和国建筑法》第二十九条规定：建筑工程总承包单位可以将承包工程中的部分工程发包给具有相应资质条件的分包单位；但是，除总承包合同中约定的分包外，必须经建设单位认可。施工总承包的，建筑工程主体结构的施工必须由总承包单位自行完成。

答案：C

2006年度注册公用设备工程师(暖通空调、动力)执业资格考试专业基础考试

试　　题

单项选择题(共60题,每题2分,每题的备选项中,只有1个最符合题意)

1. 热力学中常用的状态参数有(　　)。

A. 温度、大气压力、比热容、内能、焓、熵等
B. 温度、表压力、比容、内能、焓、熵、热量等
C. 温度、绝对压力、比容、内能、焓、熵等
D. 温度、绝对压力、比热容、内能、功等

2. 热泵与制冷机的工作原理相同,但是(　　)。

A. 它们工作的温度范围和要求的效果不同
B. 它们采用的工作物质和压缩机的形式不同
C. 它们消耗能量的方式不同
D. 它们吸收热量的多少不同

3. 理想气体流经喷管后会使(　　)。

A. 流速增加、压力增加、温度降低、比容减小
B. 流速增加、压力降低、温度降低、比容增大
C. 流速增加、压力降低、温度升高、比容增大
D. 流速增加、压力增加、温度升高、比容均大

4. 组成四冲程内燃机定压加热循环的四个过程是(　　)。

A. 绝热压缩、定压吸热、绝热膨胀、定压放热
B. 绝热压缩、定压吸热、绝热膨胀、定容放热
C. 定温压缩、定压吸热、绝热膨胀、定容放热
D. 绝热压缩、定压吸热、定温膨胀、定压放热

5. 湿饱和蒸汽是由饱和水和干饱和蒸汽组成的混合物,表示湿饱和蒸汽成分的是(　　)。

A. 干度　　B. 含湿量　　C. 容积成分　　D. 绝对湿度

6. 一容积为$2m^3$的储气罐内盛有$t_1=20℃$、$p_1=500kPa$的空气[已知:$c_p=1.005kJ/(kg\cdot K)$,$R=0.287kJ/(kg\cdot K)$]。若使压力提高到$p_2=1MPa$,空气的温度将升高到(　　)。

A. 313℃　　B. 40℃　　C. 400℃　　D. 350℃

7. 图为一热力循环 1—2—3—1 的 T-s 图，该循环的热效率可表示为(　　)。

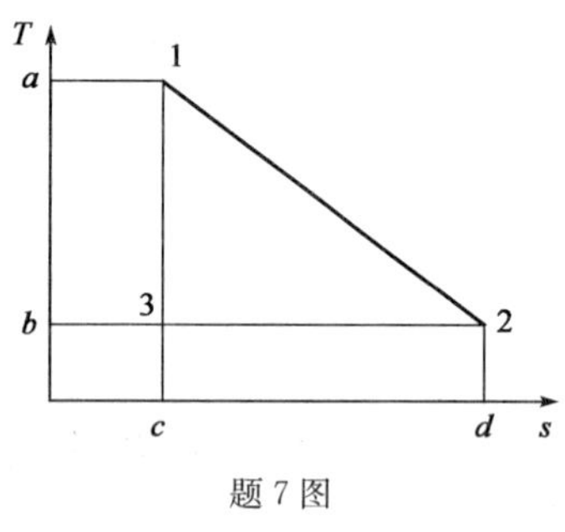

题 7 图

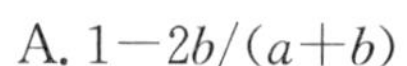
A. $1-2b/(a+b)$　　B. $1-2b/(a-b)$

C. $1-b/(a+b)$　　D. $1-2a/(a+b)$

8. $4m^3$ 的湿空气的质量是 4.55kg，其中干空气 4.47kg，此时湿空气的绝对湿度是(　　)。

A. 1.14kg/m^3　　B. 1.12kg/m^3　　C. 0.02kg/m^3　　D. 0.03kg/m^3

9. 空气的初始容积 $V_1=2m^3$，压强 $p_1=0.2MPa$，温度 $t_1=40℃$，经某一过程被压缩为 $V_2=0.5m^3$，$p_2=1MPa$，该过程的多变指数是(　　)。

A. 0.8　　B. 1.16　　C. 1.0　　D. −1.3

10. 某物质的内能只是温度的函数，且遵守关系式：$U=12.5+0.125t$ kJ，此物质的温度由 100℃升高到 200℃。温度每变化 1℃所做的功 $\delta W/dt=0.46kJ/℃$，此过程中该物质与外界传递的热量是(　　)。

A. 57.5kJ　　B. 58.5kJ　　C. 39.5kJ　　D. 59.5kJ

11. 如图所示，有一长圆柱，两端温度是 t_0，其导热系数为 λ，圆柱的外柱周围是完全绝热的，圆柱内部具有热流强度为 q_v 的均匀内热源。正确描述这圆柱内稳态温度分布的微分方程式是(　　)。

A. $\frac{d^2t}{dr^2}+q_v=0$

B. $\frac{\frac{1}{rd}}{dr}\left(\frac{1+dt}{dr}\right)+q_v=0$

C. $\frac{\lambda d^2t}{dr^2}+q_v=0$

D. $\frac{\lambda d^2t}{dx^2}+q_v=0$

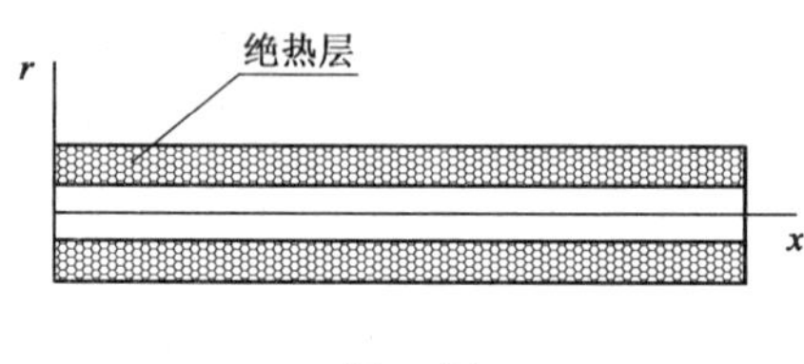

题 11 图

12. 在外径为 133mm 的蒸汽管道外敷设保温层，管道内是温度为 300℃的饱和水蒸气，按规定，保温材料的外层温度不得超过 50℃。若保温材料的导热系数为 0.05W/(m·℃)，为把管道热损失控制在 150W/m 以下，保温层的厚度至少应为(　　)。

A. 92mm　　B. 46mm　　C. 23mm　　D. 184mm

13. 对于图中的二维稳态导热问题，右边界是恒定热流边界条件，热流密度为 q_w，若采用有限差分法求解，当 $\Delta x=\Delta y$ 时，则在下面的边界节点方程式中正确的是(　　)。

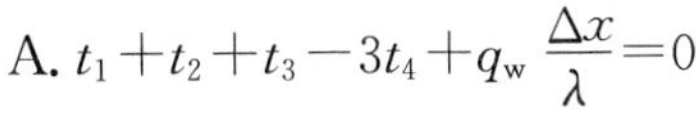

A. $t_1+t_2+t_3-3t_4+q_w\dfrac{\Delta x}{\lambda}=0$

B. $t_1+2t_2+t_3-4t_4+2q_w\dfrac{\Delta y}{\lambda}=0$

C. $t_1+t_2+t_3-3t_4+2q_w\dfrac{\Delta x}{\lambda}=0$

D. $t_1+2t_2+t_3-4t_4+q_w\dfrac{\Delta x}{\lambda}=0$

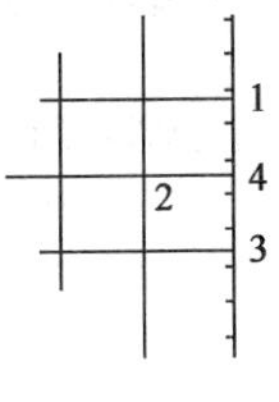

题 13 图

14. 用来描述流动边界层厚度与热边界层厚度之间关系的相似准则的是(　　)。

A. 雷诺数 Re　　B. 普朗特数 Pr

C. 努塞尔特数 Nu　　D. 格拉晓夫数 Gr

15. 水力粗糙管内的受迫对流传热系数与管壁的粗糙度密切相关，粗糙度的增加提高了流体的流动阻力，但(　　)。

A. 使对流传热系数减少　　B. 使对流传热系数增加

C. 对流传热系数保持不变　　D. 管内的温度分布保持不变

16. 饱和蒸汽分别在 A、B 两个等温垂直壁面上凝结，其中 A 的高度和宽度分别为 H 和 $2H$，B 的高度和宽度分别为 $2H$ 和 H，两个壁面上的凝结传热量分别为 Q_A 和 Q_B。如果液膜中的流动都是层流，则(　　)。

A. $Q_A=Q_B$　　B. $Q_A>Q_B$　　C. $Q_A<Q_B$　　D. $Q_A=Q_B/2$

17. 根据普朗克定律，黑体的单色辐射力与波长之间的关系是一个单峰函数，其峰值所对应的波长(　　)。

A. 与温度无关　　B. 随温度升高而线性减小

C. 随温度升高而增大　　D. 与绝对温度成反比

18. 图中的正方形截面的长通道，下表面 1 对上表面 2 的角系数为(　　)。

A. 1/3　　B. 0.3

C. 0.707　　D. 0.414

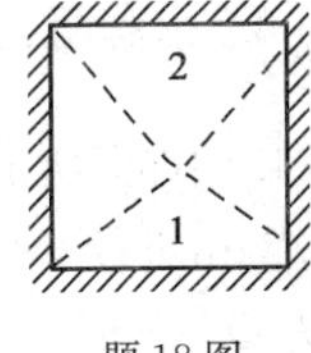

题 18 图

19. 一逆流套管式水—水换热器，冷水的进口温度为 25℃，出口温度为 55℃。热水进水温度是 70℃，热水的流量是冷水流量的 2 倍，且物性参数不随温度变化，与平均温差最接近的数据为(　　)。

A. 15℃　　B. 20℃　　C. 25℃　　D. 30℃

20. 如图采用平板法测量图中冷热面夹层中的液体的导热系数，为了减小测量误差，应该

采用下列哪种布置方式？（　　）

A. 第一种　　B. 第二种　　C. 第三种　　D. 第四种

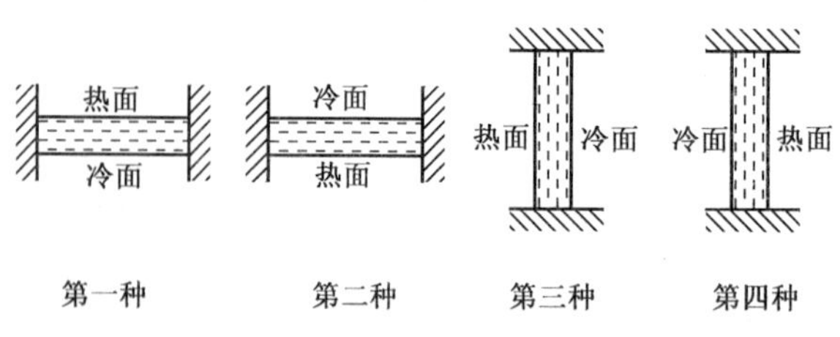

题 20 图

21. 关于势函数和流函数，下面哪一种说法是错的？（　　）

A. 当流动为平面势流时，势函数和流函数均满足拉普拉斯方程
B. 当知道势函数或流函数时，就可以求出相应的速度分量
C. 流函数存在是满足可压缩流体平面流动的连续性方程
D. 流函数的等值线垂直于有势函数等值线组成的等势面

22. 容重为 10 000N/m^3 的理想流体在直管内从 1 断面流到 2 断面，若 1 断面的压强 $p_1=300$kPa，则 2 断面压强 p_2 等于（　　）。

A. 100kPa　　B. 150kPa
C. 200kPa　　D. 250kPa

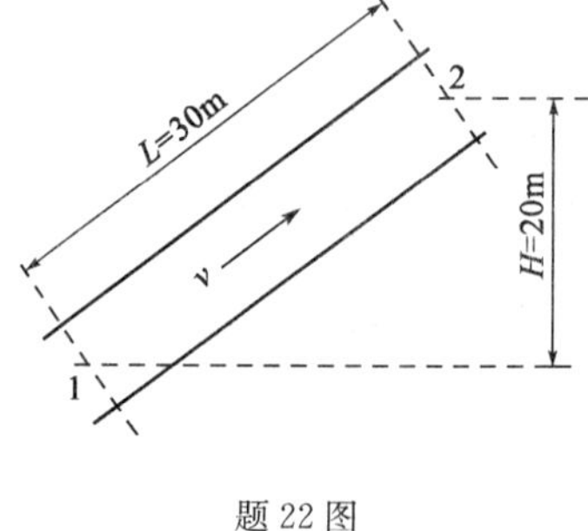

题 22 图

23. 关于管段的沿程阻力，下列哪条是错误的描述？（　　）

A. 沿程阻力与沿程阻力系数成正比
B. 沿程阻力与管段长度成正比
C. 沿程阻力与管径成反比
D. 沿程阻力与管内平均流速成正比

24. 用如图所示的装置测量油的黏性系数。已知管段长度 $l=3.6$ m，管径 $d=0.015$m，油的密度为 $\rho=850$kg/m^3，当流量保持为 $Q=3.5\times10^{-5}$ m^3/s 时，测量管液面高度 $\Delta h=27$mm，则管的动力黏性系数为（　　）（提示：管内液态为层流）。

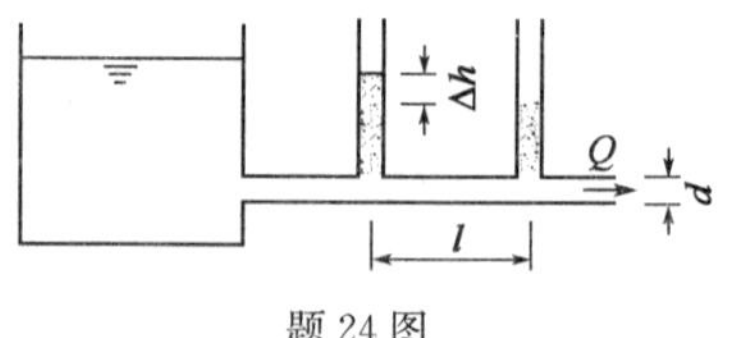

题 24 图

A. 2.22×10^{-7}N·s/m^2　B. 2.22×10^{-4}N·s/m^2
C. 2.61×10^{-6}N·s/m^2　D. 2.22×10^{-3}N·s/m^2

25. 如图常温送风圆形风管长 30m，阻力系数 $\lambda=0.025$，要求送风量为 3 600m^3/h，已知风机在该流量时可提供的全压为 200Pa，风机出口变径管阻力系数 $\xi_1=0.8$，风管出口阻力系数 $\xi_2=1.2$，合适的风管管径为（　　）。

A. 250mm

B. 280mm

C. 320mm

D. 360mm

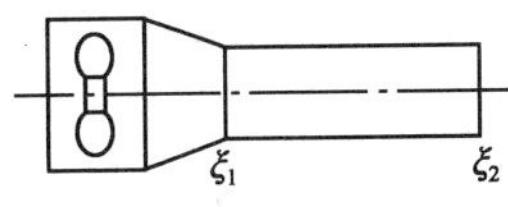
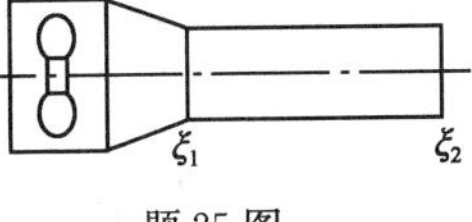

题 25 图

26. 直径为 250mm、长为 350m 的管道自水库取水排入大气中，管进入口和出口分别比水库顶部水面低 8m 和 14m，沿程阻力系数为 0.04，不计局部阻力损失，则排水量是(　　)。

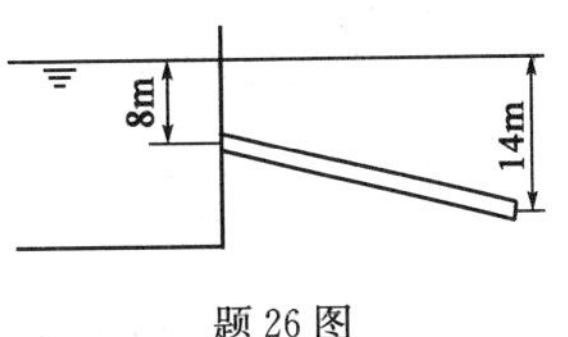

题 26 图

A. $1.40m^3/s$

B. $0.109m^3/s$

C. $1.05m^3/s$

D. $0.56m^3/s$

27. 下列哪种平面流动的等势线为一组平行的直线？(　　)

A. 汇流或源流

B. 均匀直线流

C. 环流

D. 转角流

28. 喷口或喷嘴射入无限广阔的空间，并且射流出口的雷诺数较大，则称为紊流自由射流，其主要特征为(　　)。

A. 射流主体段各断面轴向流速分布不具有明显的相似性

B. 射流起始段中保持原出口射流的核心区呈长方形

C. 射流各断面的动量守恒

D. 上述三项

29. 要保证两个流动问题的力学相似，下列描述中哪一条是错误的？(　　)

A. 流动空间相应线段长度和夹角角度均成同一比例

B. 相应点的速度方向相同，大小成比例

C. 相同性质的作用力成同一比例

D. 应同时满足几何、运动、动力相似

30. 前向叶型风机的特点为(　　)。

A. 总的扬程比较大，损失较大，效率较低

B. 总的扬程比较小，损失较大，效率较低

C. 总的扬程比较大，损失较小，效率较高

D. 总的扬程比较大，损失较大，效率较高

31. 从自动控制原理的观点看，电机组运行时频率控制系统的“标准 50Hz”应为(　　)。

A. 输入量(或参考输入量)

B. 输出量(或被控制量)

C. 反馈量

D. 干扰量

32. 图为一物理系统，上部弹簧刚度为 k，f 为运动的黏性阻力系数，阻力为 $F=fv$，$F=f\frac{dx}{dt}$，则此系统的传递函数的拉氏变换表达式应为(　　)。

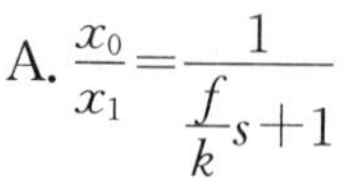

A. $\frac{x_0}{x_1}=\frac{1}{\frac{f}{k}s+1}$

B. $\frac{x_0}{x_1}=\frac{k}{fs+1}$

C. $\frac{x_0}{x_1}=\frac{1}{fs+k}$

D. $\frac{x_0}{x_1}=\frac{1}{(fs+1)k}$

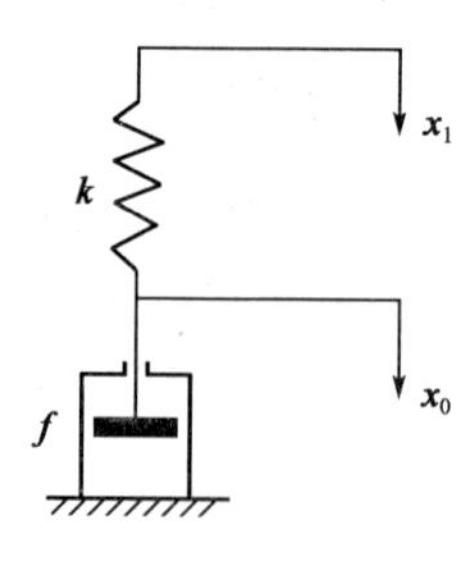

题 32 图

33. 设某闭环系统的总传递函数为 $G(s)=1/(s^2+2s+1)$，此系统为(　　)。

A. 欠阻尼二阶系统　　B. 过阻尼二阶系统

C. 临界阻尼二阶系统　　D. 等幅震荡二阶系统

34. 设一传递函数为 $G(j\omega)=\frac{3}{1+j\omega}$，其对数幅值特性的增益穿越频率(即增益交接频率或增益为 0 分贝的频率)应为(　　)。

A. $\sqrt{6}$　　B. $\sqrt{8}$　　C. $\sqrt{9}$　　D. $\sqrt{12}$

35. 二阶环节 $G(s)=\frac{10}{s^2+3.6s+9}$ 的阻尼比应为(　　)。

A. $\xi=0.6$　　B. $\xi=1.2$　　C. $\xi=1.8$　　D. $\xi=3.6$

36. $G(s)=\frac{2}{s(6s+1)(3s-2)}$ 的单位负反馈系统的单位斜坡输入的稳态误差应为(　　)。

A. 1　　B. 0.25　　C. 0　　D. 2

37. 如图所示的闭环系统(其中 $K>0.25$)的根轨迹应为(　　)。

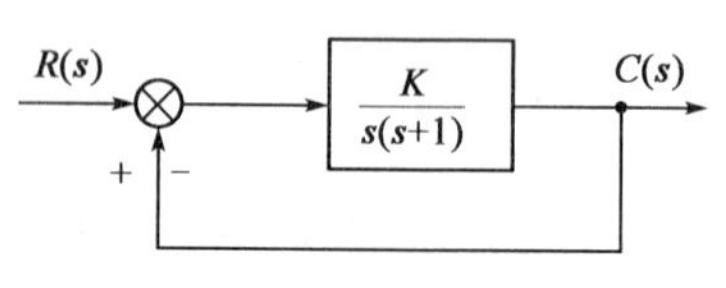

题 37 图

A. 整个负实轴

B. 整个虚轴

C. 在虚轴左面平行于虚轴的直线

D. 在虚轴左面的一个圆

38. 增加控制系统的带宽和增加增益，减小稳态误差宜采用(　　)。

A. 相位超前的串联校正　　B. 相位滞后的串联校正

C. 局部速度反馈校正　　D. 滞后—超前校正

39. 如图所示，由构件的饱和引起的控制系统的非线性静态特性为(　　)。

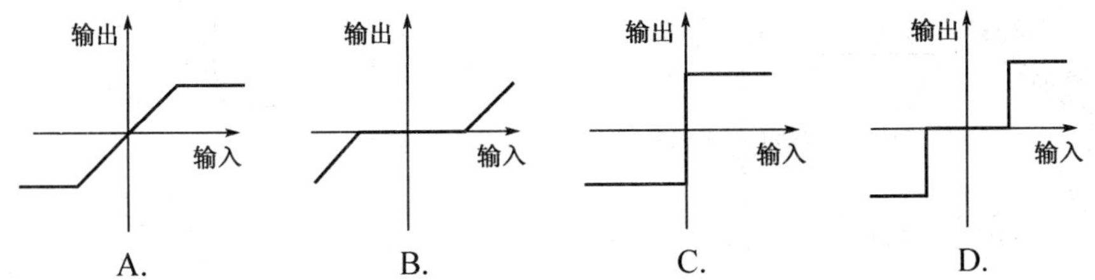

40. 误差产生的原因多种多样，但按误差的基本特性的特点，误差可分为(　　)。

A. 随机误差、系统误差和疏忽误差
B. 绝对误差、相对误差和引用误差
C. 动态误差和静态误差
D. 基本误差和附加误差

41. 仪表的精度等级是指仪表的(　　)。

A. 示值绝对误差平均值
B. 示值相对误差平均值
C. 最大误差值
D. 基本误差的最大允许值

42. 温度变送器常与各种热电偶或热电阻配合使用，将被测温度线性地转换为标准点信号，电动单元组合仪表 DDZ-III 的输出信号格式为(　　)。

A. 0～10mA. DC　　B. 4～20mA. DC
C. 0～10V. DC　　D. －5～5V. DC

43. 在以下四种常用的流量计中测量精度较高的是(　　)。

A. 节流式流量计　　B. 转子流量计
C. 容积式流量计　　D. 靶式流量计

44. 如图所示，被测对象温度为 600℃，用分度号为 E 的热电偶及补偿导线、铜导线连至显示仪表，未预置机械零位。显示仪表型号及接线均正确，显示仪表上显示温度约为(　　)。

A. 600℃　　B. 560℃　　C. 580℃　　D. 620℃

45. 图示系统中的一台压力表，指示值正确的为(　　)。

A. A 压力表　　B. B 压力表
C. C 压力表　　D. 所有表的指示皆不正确

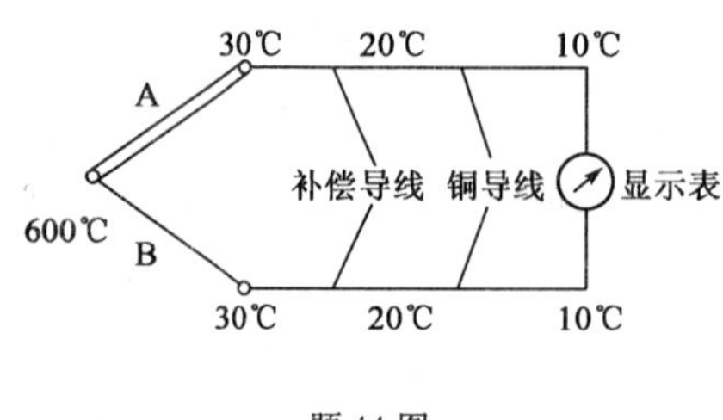

题 44 图

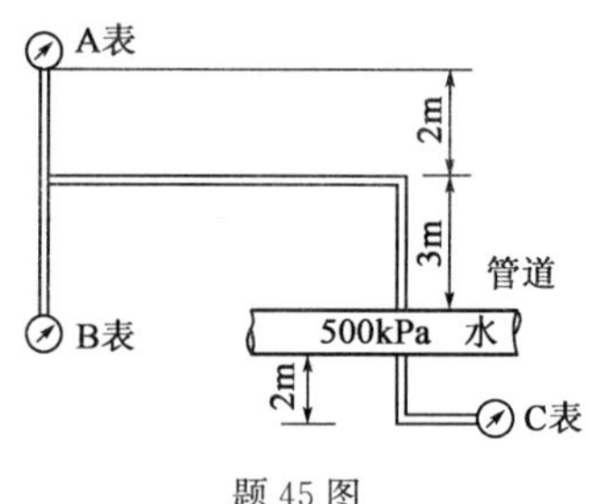

题 45 图

46. 如图所示取压口，选择哪个是正确的？(　　)

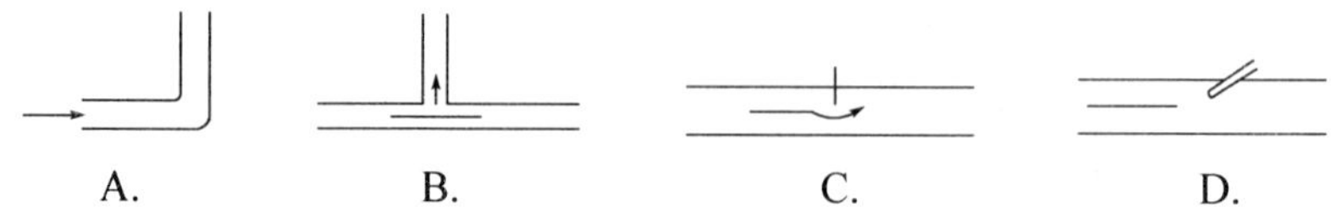

47. 下列关于干湿球湿度计的叙述中，哪项是不正确的？(　　)

A. 如果大气压力和风速保持不变，相对湿度越高，则干、湿球温差越小

B. 干湿球湿度计在低于冰点以下的温度使用时，其误差很大，约为 18%

C. 只要测出空气的干、湿球温度，就可以在 i-d 图中查出相对湿度

D. 湿球温度计在测定相对湿度时，受周围空气流动速度的影响，当空气流速低于 2.5m/s时，流速对测量的数值影响较小

48. 在标准状态下，用某节流装置测量湿气体中干气部分的体积流量，如果工作状态下的相对湿度比设计值增加了，这时仪表的指示值将(　　)。

A. 大于真实值　　B. 等于真实值　　C. 小于真实值　　D. 无法确定

49. 高速过载齿轮传动，当润滑不良时，最可能发生的失效形式是(　　)。

A. 齿面胶合　　B. 齿面疲劳点蚀

C. 齿面破损　　D. 轮齿疲劳折断

50. 以下公式中，用下列哪一项来确定蜗杆传动比是错误的？(　　)

A. $i=z_2/z_3$　　B. $i=d_2/d_3$　　C. $i=n_2/n_3$　　D. $i=w_1/w_2$

51. 下列哪一项不宜用来同时承受径向和轴向荷载？(　　)

A. 圆锥滚子轴承　　B. 角接触轴承

C. 深沟球轴承　　D. 圆柱滚子轴承

52. 含油轴承是采用下列哪一项制成的？(　　)

A. 合金钢　　B. 塑料　　C. 粉末冶金　　D. 橡胶

53. 当小带轮为主动轮时，以下哪种方法对增加 V 型带传动能力作用不大？（　　）

A. 将 Y 型带改为 A 型带　　B. 提高轮槽加工精度
C. 增加小带轮直径　　D. 增加大带轮直径

54. 下列哪一项不可能改善螺杆的受力情况？（　　）

A. 采用悬置螺母　　B. 加厚螺母
C. 采用钢丝螺套　　D. 减小支撑面的不平度

55. 凸轮机构不适宜在以下哪种场合下工作？（　　）

A. 需实现特殊的运动轨迹　　B. 传力较大
C. 多轴承联动控制　　D. 需实现预定的运动规律

56. 若不考虑摩擦力，当压力角为下列哪一项时，平面四轮机构将出现死点？（　　）

A. $<90^{\circ}$　　B. $>90^{\circ}$　　C. $=90^{\circ}$　　D. $=0^{\circ}$

57. 增大轴在剖面过度处圆角半径的主要作用是（　　）。

A. 使零件的轴向定位可靠　　B. 方便轴加工
C. 使零件的轴向固定可靠　　D. 减小应力集中

58. 施工单位两年内累计三项工程未按照符合节能设计标准要求的设计进行施工的（　　）。

A. 处工程合同价款 2%以上 4%以下的罚款
B. 可以给予警告，情节严重的，责令停业整顿
C. 处工程合同价款 2%以上 4%以下的罚款，责令停业整顿
D. 责令停业整顿，降低资质等级或者吊销资质证书

59. 从事建筑活动的专业技术人员，应当（　　）。

A. 具有相应的专业技术职称　　B. 经过专门的专业技术培训
C. 依法取得相应的执业资格证书　　D. 经过职业教育和培训

60. 建筑工程的发包单位，在工程发包中（　　）。

A. 必须把工作的勘察、设计、施工、设备采购发包给一个工程总承包
B. 应当把工程勘察、设计、施工、设备采购逐一发包给不同单位
C. 可以把勘察、设计、施工、设备采购的一项或多项发给一个总承包单位
D. 不能把勘察、设计、施工、设备采购一并发包给一个总承包单位

2006年度注册公用设备工程师(暖通空调、动力)执业资格考试专业基础考试

试题解析及参考答案

1.**解**　本题主要考查热力学中常用的状态参数。在热力学中,常用的有压力(p)、温度(T)、比容(γ)、内能(U)、焓(H)和熵(S)等6个状态参数。

答案:C

2.**解**　本题主要考查热泵与制冷循环的知识。热泵与制冷机的工作原理相同,都是基于逆循环的热力学工作过程。它们的区别是:由于用途不同,所要求的工作温度范围和要求的效果不同。热泵用于冬季供暖,而制冷机用于夏季制冷。因此其温度范围和要求的效果不同。

答案:A

3.**解**　本题主要考查理想气体在喷管中流动特性的知识。气体在喷管中的流动由于速度足够快,因此可以认为是绝热流动。由于喷管截面积的变化,气体在喷管中被加速,速度增加,动能增加,而动能增加量来自气体自身焓的减小,理想气体的焓是温度的单值函数,因此温度降低,同时压力降低,比容增大。

答案:B

4.**解**　本题主要考查低速柴油机循环的组成。低速柴油机的特点是定压吸热,其组成过程为绝热压缩、定压吸热,绝热膨胀、定压放热。

答案:A

5.**解**　在湿饱和蒸汽区中,湿蒸汽的成分用干度 x 表示:

$$x=\frac{\text{湿蒸汽中含干蒸汽的质量}}{\text{湿蒸汽的总质量}}$$

答案:A

6.**解**　本题主要考查定容过程中的温度变化及理想气体状态方程的应用。本题中提供了大量的信息,但真正在计算中用到的是初始压力、初始温度和终止压力,利用理想气体状态方程可以计算出定容过程的终止温度是313℃。

答案:A

7.**解**　本题主要考查动力循环热效率的概念以及在 T-s 图上的标示方法。动力循环热效率计算表达式以及在 T-s 图上的面积关系为:

$$\eta_t=\frac{w}{q_1}=\frac{q_1-q_2}{q_1}=1-\frac{q_2}{q_1}=\frac{A_{1231}}{A_{12dc1}}$$

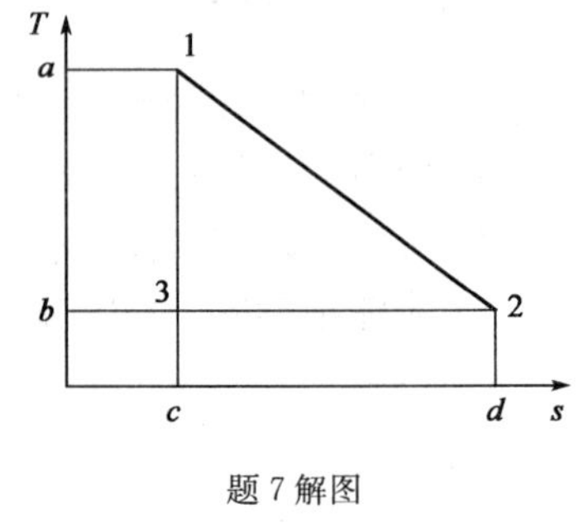

题7解图

经过几何关系计算两个面积并推导可得答案为A。

答案:A

8.**解** 本题主要考查湿空气的绝对湿度的概念。绝对湿度指每立方米湿空气所含水蒸气的质量。

答案:C

9.**解** 本题考查多变过程中一些常用公式的应用。利用多变过程公式 $p_1V_1^n=p_2V_2^n$ 可以推导出 $n=\dfrac{\ln(p_2/p_1)}{\ln(V_1/V_2)}$,代入压力和体积的数据后,可以求得多变指数 $n=1.16$。

答案:B

10.**解** 本题主要考查热力学第一定律应用于控制质量时的表达式 $\Delta U=Q-W$,以及式中各项正负号的规定。在该过程中内能的变化:

$$\Delta U=U_2-U_1=(12.5+0.125t_2)-(12.5+0.125t_1)=0.125(t_2-t_1)=12.5\text{kJ}$$

过程中功的变化为:

$$W=W=\int_{t_1}^{t_2}0.46\mathrm{d}t=\int_{100}^{200}0.46\mathrm{d}t=46\text{kJ}$$

$$Q=\Delta U+W=12.5+46=58.5\text{kJ}$$

答案:B

11.**解** 由于长圆柱两端温度相同,圆柱的外柱周围是完全绝热的,内热源是均匀的。所以,沿着长度方向(即 x 方向)温度不变。这一长圆柱内温度只沿着半径方向变化,可以看成是有内热源一维稳态导热问题。一维稳态有内热源导热方程为:

$$\lambda\frac{\mathrm{d}^2t}{\mathrm{d}r^2}+q_\mathrm{v}=0$$

答案:B

12.**解** 由 $q_l=\dfrac{t_{w_1}-t_{w_2}}{\dfrac{1}{2\pi\lambda}\ln\dfrac{r_2+\delta}{r_1}}\leqslant150$,可得 $\delta\geqslant45.76\text{mm}$。

答案:B

13.**解** 根据第二类边界条件边界节点的节点方程:

$$t_4=\frac{1}{4}\left(2t_2+t_1+t_3+\frac{2\Delta xq_\mathrm{w}}{\lambda}\right)$$

可得:

$$t_1+2t_2+t_3-4t_4+2q_\mathrm{w}\Delta y/\lambda=0$$

答案:B

14.**解** 雷诺准则 $\mathrm{Re}=\dfrac{ul}{\nu}$,反映流体流动时惯性力与黏滞力的相对大小。格拉晓夫准则 $\mathrm{Gr}=\dfrac{g\alpha\Delta tl^3}{\nu^2}$,反映浮升力与黏滞力的相对大小。流体自然对流状态是浮升力与黏滞力相互作用的结果。Gr 数增大,表明浮升力作用相对增大。在准则关联式中,Gr 数表示自然对流对换热的影响。努塞尔特准则 $Nu=\frac{hl}{\lambda}$（注意：λ 为流体的导热系数）表征壁面法向流体无量纲过余温度梯度的大小，它反映了给定流场的换热能力与其导热能力的对比关系，它反映对流换热的强弱。这是一个在对流换热计算中必须要加以确定的准则。普朗特数 Pr 用来描述流动边界层厚度与热边界层厚度之间关系的相似准则：$\delta_t/\delta=Pr^{-1/3}$ 。

答案:B

15. **解** 粗糙度的增加虽然提高了流体的流动阻力，但是，粗糙点扩大了换热面积，流体流过粗糙壁面能产生涡流，并且使得边界层变薄，减少热阻，增强换热，使得对流传热系数增加；管内的温度分布也发生变化。

答案:B

16. **解** A 和 B 的换热面积相同，换热温差相同；饱和蒸汽在垂直壁面上凝结，液膜的厚度在垂直壁面的竖直方向上是增加的，液膜是层流的表面换热系数随着高度（自上而下）是减小的，$h_B<h_A$，所以 $Q_A>Q_B$。

答案:B

17. **解** 对普朗克定律中的黑体光谱辐射力对应的波长求极限值，可得到维恩位移定律：黑体辐射的峰值波长与热力学温度的乘积为一常数。即：

$$\lambda_{max}T=297.6\mu m\cdot K$$

从式中不难看出，其峰值所对应的波长与绝对温度成反比，与温度的关系是非线性的。

答案:D

18. **解** $X_{1,2}=\frac{\text{交叉线段长度之和}-\text{不交叉线段长度之和}}{\text{表面 } A_1 \text{ 的端面长度的 2 倍}}=\frac{2\sqrt{2}a-2a}{2a}$

$=0.414$

答案:D

19. **解** 冷水进出口温差为 $t''_2-t'_2=55-25=30℃$；热水的流量是冷水流量的 2 倍，由于 $M_1c_1(t'_1-t''_1)=M_2c_2(t''_2-t'_2)$，所以热水进出口温差为冷水进出口温差的一半，为 15℃；则热水出口温度为 $70-15=55℃$。$\Delta t'=t'_1-t''_2=70-55=15℃$，$\Delta t''=t''_1-t'_2=55-25=30℃$，$\Delta t_m=\frac{\Delta t'-\Delta t''}{\ln\frac{\Delta t'}{\Delta t''}}=21.6℃$。

答案:B

20. **解** 由于第二种、第三种和第四种冷热面夹层中的液体容易形成自然对流，不能按纯导热问题对待，是导热和对流两种换热方式，单纯测量液体的导热系数误差比较大。第一种情况不形成自然对流，可以按纯导热问题对待，测量误差最小。

答案:A

21. **解** 流函数存在是满足不可压缩流体平面流动的连续性方程。

答案:C

22. **解**　列1、2断面的理想流体伯努利方程：

$$z_1+\frac{p_1}{\rho g}+\frac{v_1^2}{2g}=z_2+\frac{p_2}{\rho g}+\frac{v_2^2}{2g}$$

由 $z_1=0$，$v_1=v_2$，得：

$$\frac{p_1}{\rho g}=z_2+\frac{p_2}{\rho g}$$

$$p_1=p_2-\rho gH=300-10\times 20=100\text{kPa}$$

答案：A

23. **解**　由沿程水头损失计算公式：

$$h_{\mathrm{f}}=\lambda\frac{l}{d}\cdot\frac{v^2}{2g}$$

可以得出沿程阻力与沿程阻力系数成正比，沿程阻力与管段长度成正比，沿程阻力与管径成反比，沿程阻力与管内平均流速不是正比关系。

答案：D

24. **解**　由沿程水头损失公式和题意可得出：

$$\Delta h=\lambda\frac{l}{d}\frac{v^2}{2g}$$

其中流速 $v=\frac{4Q}{\pi d^2}$，代入可得 $\lambda=0.0562$，又因为是层流，有 $\lambda=\frac{64}{\mathrm{Re}}=\frac{64\mu}{\rho vd}$，得动力黏度系数 $\mu=2.22\times10^{-7}\text{N}\cdot\text{s/m}^2$。

答案：D

25. **解**

$$P=\lambda\frac{l}{d}\frac{\rho v^2}{2}+\sum\zeta\frac{\rho v^2}{2}$$

其中：

$$v=\frac{4Q}{\pi d^2}$$

本题适合采用试算法，将选项中的各管径代入，可求得：

$$p_{250}=1\,122\text{Pa},p_{280}=662\text{Pa},p_{320}=357\text{Pa},p_{360}=207\text{Pa}$$

答案：D

26. **解**　列伯努利方程：

$$14=\frac{v^2}{2g}+\lambda\frac{l}{d}\frac{v^2}{2g}$$

则：

$$v=\sqrt{\frac{14\times 2g}{1+\lambda\frac{l}{d}}}=\sqrt{\frac{14\times 19.6}{1+0.04\times\frac{350}{0.25}}}=2.194\text{m/s}$$

$$Q=\frac{\pi d^2}{4}v=\sqrt{\frac{gd}{8\lambda l}h_{\mathrm{f}}}=\frac{3.14\times 0.25^2}{4}\times 2.194=0.109\text{m}^3/\text{s}$$

答案：B

27. **解** 均匀直线流等势线为一簇平行于 y 轴的直线，流线是一簇平行于 x 轴的直线。

设均匀流与 x 轴平行，速度为 v_∞，则 $v_x = v_\infty, v_y = 0$。则 $\varphi = v_\infty x, \psi = v_\infty y$。

令 $\varphi = C, \psi = C$，得到等势线为一簇平行于 y 轴的直线，流线是一簇平行于 x 轴的直线，如取 $\Delta\varphi = \Delta\psi$，则其流网为正方形网格。

答案:B

28. **解** 对于自由射流，单位时间内射流各横截面沿 x 方向动量保持不变，等于喷管出口处的原始动量。同时，自由射流主体段各断面轴向流速分布具有明显的相似性，射流起始段中保持原出口射流的核心区呈锥形。

答案:C

29. **解** 所谓力学相似，是指模型流动和原型流动在对应部位上的对应物理量都应该有一定的比例关系，具体说必须满足两个流动几何相似、运动相似、动力相似以及两个流动的边界条件和初始条件相似。几何相似指原型与模型之间保持几何形状和几何尺寸的相似，也就是原型和模型的对应边长保持一定的比例关系，对应角相等。几何相似是力学相似的前提。运动相似是指原型流动与模型流动的流线几何相似，而且对应点上的速度成比例，或者说，两个流动的速度场是几何相似的。运动相似通常是模型实验的目的。动力相似是指原型流动和模型流动中对应点上作用着同名的力，各同名力的方向相同且具有同一比例。动力相似是运动相似的保证。

选项A是错误的，流动空间相应线段长度成同一比例，夹角角度应相等。

答案:A

30. **解** 前向式叶轮结构小，从能量转化和效率角度看，前向式叶轮流道扩散度大且压出时能头转化损失也大、效率低，但其压头却要高一些。

答案:A

31. **解** 频率控制系统的被控制量为系统的实际频率，标准50Hz的频率为实际频率的期望值，即给定量。

答案:A

32. **解** 已知该题中：

$$F = f\frac{\mathrm{d}x_0}{\mathrm{d}t}$$

弹簧的位移与作用力的关系为：

$$F = k(x_1 - x_0)$$

得系统的微分方程为：

$$f\frac{\mathrm{d}x_0}{\mathrm{d}t} = k(x_1 - x_0)$$

在零初始条件下，对上式两端同时进行拉氏变换得：

$$fsx_0(s) = k[x_1(s) - x_0(s)]$$

$$(fs + k)x_0(s) = kx_1(s)$$

传递函数为：

$$\frac{X_0(s)}{X_1(s)}=\frac{k}{(fs+k)}=\frac{1}{\left(\frac{f}{k}s+1\right)}$$

答案:A

33.**解** $\xi=1$,为临界阻尼系统。

答案:C

34.**解**

$$20\lg|G(j\omega)|=20\lg\frac{3}{\sqrt{1+\omega^2}}=0$$

则$\frac{3}{\sqrt{1+\omega^2}}=1$,可求得$\omega^2=8$,则对数幅值特性的增益穿越频率$\omega=\sqrt{8}$。

答案:B

35.**解** $2\xi\omega_n=3.6,\omega_n=3,\xi=0.6$。

答案:A

36.**解** 带入稳态误差的公式,求极限。

答案:A

37.**解** 根据图求得闭环系统的传递函数为$\frac{C(s)}{R(s)}=\frac{K}{s^2+s+K}$。根据闭环传递函数的分母等于零求得其闭环极点为$s_{1,2}=\frac{-1\pm j\sqrt{1-4K}}{2}$,当$K>0.25$时,闭环极点为一对实部为$-0.5$、虚部从零变到无穷大的极点,其运动轨迹及根轨迹为:在虚轴左平面平行于虚轴的直线。

答案:C

38.**解** 超前校正拓宽了截止频率后校正提高系统的相角裕度,增加了系统的带宽,从而提供了系统的快速性。滞后校正提高系统的相角裕度,改善系统的平稳性。高精度、稳定性要求高的系统常采用串联滞后校正。为了增加控制系统的带宽和增加增益、减小稳态误差则采用滞后—超前校正。

答案:D

39.**解** 饱和性引起的非静态特征图为A,B为死区特性,C为理想继电特性,D为死区继电特性。

答案:A

40.**解** 根据误差的基本特性,误差可分为系统误差、随机误差及疏忽误差,其中,系统误差指在相同条件下,对某个量进行多次测量时,误差的绝对值和符号或均保持恒定,或按照一定规律变化;过失误差指在测量过程中,完全由于人为过失而明显造成了歪曲测量结果的误差;随机误差指在对同一个量进行多次测量时,由于受到某些不可知随机因素的影响,测量误差时小时大、时正时负地变化,没有一定的规律,并且无法估计。

答案:A

41. **解** 本题主要考查精度等级的概念。精度等级为仪表的基本误差去掉“%”的数值，因此其是基本误差的最大允许值。

答案:D

42. **解** 变送器将传感器的输出信号转换成显示装置易于接受的信号，包括机械放大、电信号放大、电信号转换。电动单元组合仪表标准电压电流信号：

DDZII 电流:0～10mA;电压 0～10V

DDZIII 电流:4～20mA;电压 1～5V

DDZZS 电流:4～20mA;电压 1～5V

答案:B

43. **解** 容积式流量计，又称定排量流量计，简称PD流量计，在流量仪表中是精度最高的一类。它利用机械测量元件把流体连续不断地分割成单个已知的体积部分，根据测量时逐次重复地充满和排放该体积部分流体的次数来测量流体体积总量。

答案:C

44. **解** 根据中间导体定律，任意两种匀质导体A、B，分别与匀质材料C组成热电偶，若热电势分别为$E_{AC}(T,T_0)$和$E_{CB}(T,T_0)$，则导体A、B组成热电偶的热电势为$E_{AB}(T,T_0)=E_{AC}(T,T_0)+E_{CB}(T,T_0)$，因为测温回路中有E型热电偶、补偿导线以及铜导线，而且接到显示仪表的铜导线与补偿导线间有20℃温差。

答案:C

45. **解** 本题主要考查压力表的安装和示值问题。A表和C表与主管间均存在高度差，因此A表和B表均不能指示主管中的压力。B表与主管高度相同，不存在由于液柱高度而存在的压力差，能正确指示主管压力。

答案:B

46. **解** 本题主要考查取压口的选择问题。A中取压口位于弯管处，形成的漩涡对测量结果造成较大影响;C中取压口位于节流处，节流前后压力突变，对测量结果有较大影响;D中取压口倾斜压力测量时受流体动压的影响。

答案:B

47. **解** 焓湿图表只在风速为2.5m/s、压力为标准大气压时才比较准确，其他状态下的湿度需要加以修正。

答案:D

48. **解** 由于测量干气部分的体积流量，湿度增加了，则干气减少，同样的体积流量，仪表的指示将大于真实值。

答案:A

49. **解** 在高速重载传动中，由于齿面啮合区的压力很大，润滑油膜因温度升高容易破裂，造成齿面金属直接接触，其接触区产生瞬时高温，致使两轮齿表面焊粘在一起，当两齿面相对运动时，较软的齿面金属被撕下，在轮齿工作表面形成与滑动方向一致的沟痕，这种现象称为齿面胶合。

答案:A

50.**解** 传动比:

$$i=\frac{\omega_1}{\omega_2}=\frac{n_1}{n_2}=\frac{z_2}{z_1}\neq\frac{d_2}{d_1}$$

答案:B

51.**解** 圆柱滚子轴承只能承受径向负荷。

答案:D

52.**解** 用粉末冶金法(经制粉、成型、烧结等工艺)做成的轴承,具有多孔性组织,孔隙内可以储存润滑油,常称为含油轴承。

答案:C

53.**解** 由于小带轮是主动轮,要想增加V型带传动能力,可以增大摩擦系数(提高轮槽加工精度、将Y型带改为A型带)、增大小带轮包角α_1。

$$\alpha_1=180°-\frac{d_2-d_1}{a}\times 57.3°$$

增加大带轮直径会导致α_1减小。

答案:D

54.**解** 采用普通螺母时,轴向荷载在旋合螺纹各圈间的分布是不均匀的,从螺母支承面算起,第一圈受荷载最大,以后各圈递减,因此采用圈数过多的厚螺母并不能提高螺栓联接强度。

答案:B

55.**解** 凸轮轮廓与从动件之间为点接触或线接触,易于磨损,所以不适合用于传力较大的机构。

答案:B

56.**解** 曲柄摇杆机构中,如果摇杆是主动件而曲柄是从动件,那么,当摇杆摆到使曲柄与连杆共线的极限位置时,从动件的传动角为0°(即压力角为90°),摇杆通过连杆加于曲柄的驱动力正好通过曲柄的转动中心,则不能产生使曲柄转动的力矩。机构的这种位置称为死点位置。

答案:C

57.**解** 进行结构设计时,应尽量减小应力集中,在阶梯轴的截面尺寸变化处应采用圆角过渡,且圆角半径不宜过小。

答案:D

58.**解** 《民用建筑节能管理规定》第二十七条规定:对未按照节能设计进行施工的施工单位,责令改正;整改所发生的工程费用,由施工单位负责;可以给予警告,情节严重的,处工程合同价款2%以上4%以下的罚款;2年内,累计3项工程未按照符合节能标准要求的设计进行施工的,责令停业整顿,降低资质等级或者吊销资质证书。

答案:D

59.**解** 《中华人民共和国建筑法》第十四条规定:从事建筑活动的专业技术人员,应当依法取得相应的执业资格证书,并在执业资格证书许可的范围内从事建筑活动。

答案:C

60.**解** 《中华人民共和国建筑法》第二十四条规定:提倡对建筑工程实行总承包,禁止将建筑工程肢解发包。建筑工程的发包单位可以将建筑工程的勘察、设计、施工、设备采购一并发包给一个工程总承包单位,也可以将建筑工程勘察、设计、施工、设备采购的一项或者多项发包给一个工程总承包单位;但是,不得将应当由一个承包单位完成的建筑工程肢解成若干部分发包给几个承包单位。

答案:C

2007年度注册公用设备工程师(暖通空调、动力)执业资格考试专业基础考试

试　　题

单项选择题(共60题,每题2分,每题的备选项中,只有1个最符合题意)

1. 最基本的蒸汽动力循环朗肯循环,组成该循环的四个热力过程分别是(　　)。

A. 定温吸热、定熵膨胀、定温放热、定熵压缩
B. 定压吸热、定熵膨胀、定压放热、定熵压缩
C. 定压吸热、定温膨胀、定压放热、定温压缩
D. 定温吸热、定熵膨胀、定压发热、定熵压缩

2. 热能转换成机械能的唯一途径是通过工质的体积膨胀,此种功称为容积功,它可分为(　　)。

A. 膨胀功和压缩功　　B. 技术功和流动功
C. 轴功和流动功　　D. 膨胀功和流动功

3. 靠消耗功来实现制冷的循环有(　　)。

A. 蒸汽压缩式制冷,空气压缩式制冷
B. 吸收式制冷,空气压缩式制冷
C. 蒸汽压缩式制冷,吸收式制冷
D. 所有的制冷循环都是靠消耗功来实现的

4. 水蒸气的干度被定义为(　　)。

A. 饱和水的质量与湿蒸汽的质量之比　　B. 干蒸汽的质量与湿蒸汽的质量之比
C. 干蒸汽的质量与饱和水的质量之比　　D. 饱和水的质量与干蒸汽的质量之比

5. 压气机最理想的压缩过程是采用(　　)。

A. $n=k$ 的绝热压缩过程　　B. $n=1$ 的定温压缩过程
C. $1<n<k$ 的多变压缩过程　　D. $n>k$ 的多变压缩过程

6. 系统经一热力过程,放热9kJ,对外做功27kJ。为使其返回原状态,若对系统做功加热6kJ,需对系统做功(　　)。

A. 42kJ　　B. 27kJ　　C. 30kJ　　D. 12kJ

7. 在煤气表上读得煤气消耗量为668.5m³，若煤气消耗期间煤气压力表的平均值为456.3Pa，温度平均值为17℃，当地大气压力为100.1kPa，标准状态下煤气消耗量为(　　)。

A. 642m³　　B. 624m³　　C. 10 649m³　　D. 14 550m³

8. 湿空气的含湿量是指(　　)。

A. 1kg干空气中所含有的水蒸气质量
B. 1m³干空气中所含有的水蒸气质量
C. 1kg湿空气中所含有的水蒸气质量
D. 1kg湿空气中所含有的干空气质量

9. 理想气体流经一渐缩形喷管若在入口截面上的参数为c_1、T_1、p_1，测出出口截面处的温度和压力分别为T_2、p_2，其流动速度c_2等于(　　)。

A. $\sqrt{c_1^2+2\dfrac{\kappa R}{\kappa-1}(T_1-T_2)}$　　B. $\sqrt{c_1+2\dfrac{\kappa R}{\kappa-1}(T_1-T_2)}$

C. $\sqrt{c_1^2-2\dfrac{\kappa R}{\kappa-1}(T_1-T_2)}$　　D. $\sqrt{c_1-2\dfrac{\kappa R}{\kappa-1}(T_1-T_2)}$

10. 11kg空气从压力3MPa和温度800K，进行一不可逆膨胀过程到终态，其终态压力为1.5MPa，温度为700K。若空气的气体常数为0.287kJ/(kg·K)，绝热指数为1.4，此过程中空气的熵变化量是(　　)。

A. 64.8kJ/(kg·K)　　B. 64.8J/(kg·K)

C. 52.37kJ/(kg·K)　　D. 102.3J/(kg·K)

11. 采用稳态平板法测量材料的导热系数时，依据的是无限大平板的一维稳态导热问题的解。已知测得材料两侧的温度分别是60℃和30℃，通过材料的热流量为1W。若被测材料的厚度为30mm，面积为0.02m²，则该材料的导热系数为(　　)。

A. 5.0W/(m·K)　　B. 0.5W/(m·K)

C. 0.05W/(m·K)　　D. 1.0W/(m·K)

12. 对于无限大平壁的一维稳态导热，下列陈述中哪一项是错误的？(　　)

A. 平壁内任何平行于壁面的平面都是等温面
B. 在平壁中任何两个等温面之间温度都是线性变化的
C. 任何位置上的热流密度矢量垂直于等温面
D. 温度梯度的方向与热流密度的方向相反

13. 对于图中的二维稳态导热问题，右边界是恒定热流边界条件，热流密度为q_w，如果采用有限差分法求解，当$\Delta x=\Delta y$时，则在下面的边界节点方程式中，哪一个是正确的？(　　)

A. $t_1+t_2+t_3-3t_4+q_w\Delta x/\lambda=0$

B. $t_1+2t_2+t_3-4t_4+2q_w\Delta y/\lambda=0$

C. $t_1+t_2+t_3-3t_4+2q_w\Delta x/\lambda=0$

D. $t_1+2t_2+t_3-4t_4+q_w\Delta x/\lambda=0$

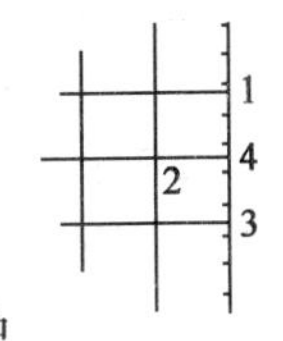

题13图

14. 能量和动量的传递都是和对流与扩散相关的，因此两者之间存在着某种类似。可以采用雷诺比拟来建立湍流受迫对流时能量传递与动量传递之间的关系，这种关系通常表示为（　　）。

A. 雷诺数 Re 与摩擦系数 C_f 的关系

B. 斯坦登数 St 与摩擦系数 C_f 的关系

C. 努赛尔数 Nu 与摩擦系数 C_f 的关系

D. 格拉晓夫数 Gr 与摩擦系数 C_f 的关系

15. 流体与壁面间的受迫对流传热系数与壁面的粗糙度密切相关，粗糙度的增加（　　）。

A. 使对流传热系数减少

B. 使对流传热系数增加

C. 使雷诺数减小

D. 不会改变管内的温度分布

16. 饱和蒸汽分别在形状、尺寸、温度都相同的 A、B 两个等温垂直壁面上凝结，其中 A 面上是珠状凝结，B 面上是膜状凝结。若两个壁面上的凝结传热量分别为 Q_A 和 Q_B，则（　　）。

A. $Q_A=Q_B$　　B. $Q_A>Q_B$　　C. $Q_A<Q_B$　　D. $Q_A=Q_B/2$

17. 根据史提芬—波尔兹曼定律，面积为 $2m^2$、温度为 300℃的黑体表面的辐射力为（　　）。

A. 11 632W/m^2　　B. 6 112W/m^2　　C. 459W/m^2　　D. 918W/m^2

18. 计算灰体表面间的辐射传热时，通常需要计算某个表面的冷热量损失 q，若已知黑体辐射力为 E_b，有效辐射为 J，投入辐射为 G，正确的计算式是（　　）。

A. $q=E_b-G$

B. $q=E_b-J$

C. $q=J-G$

D. $q=E-G$

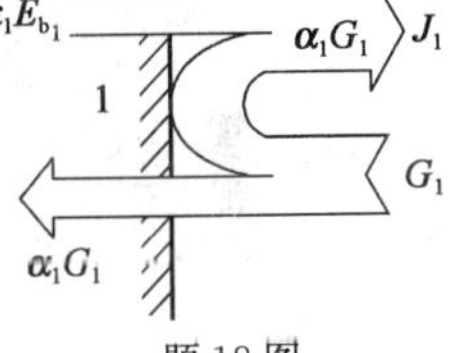

题18图

19. 如图所示，由冷、热两个表面构成的夹层中是流体且无内热源。如果端面绝热，则达到稳态时，传热量最少的放置方式是（　　）。

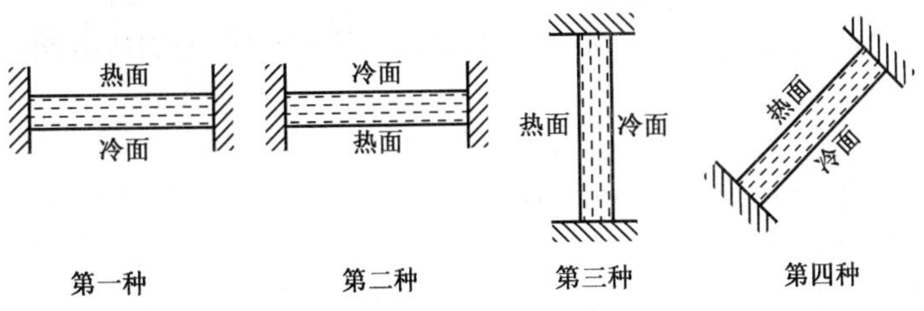

题19图

A. 第一种　　B. 第二种　　C. 第三种　　D. 第四种

20. 一套管式水—水换热器，冷水的进口温度为 25℃，热水进口温度为 70℃，热水出口温度为 55℃。若冷水的流量远远大于热水的流量，则与该换热器的对数平均温差最接近的数据为(　　)。

A. 15℃　　B. 25℃　　C. 35℃　　D. 45℃

21. 流体是有旋还是无旋是根据下列哪项决定的？(　　)

A. 流体微团本身是否绕自身轴旋转
B. 流体微团的运动轨迹
C. 流体微团的旋转角速度大小
D. 上述三项

22. 容重为 10 000N/m^3 的理想流体在直管内从 1 断面流到 2 断面，若 1 断面的压强 p_1＝300kPa，则 2 断面压强 p_2＝(　　)。

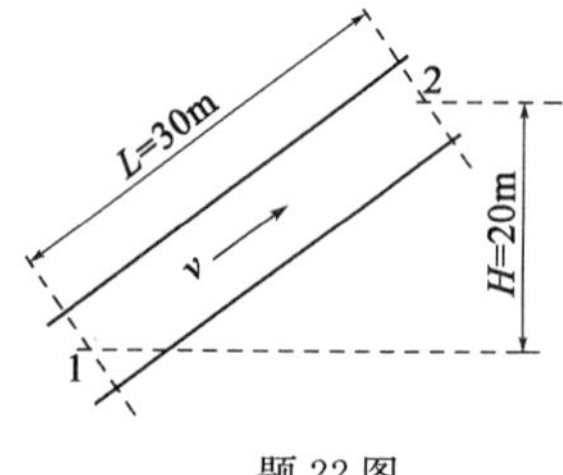

题 22 图

A. 100kPa　　B. 150kPa
C. 200kPa　　D. 250kPa

23. 用毕托管测定风道中的空气流速，已知测得的水柱 h_y＝3cm。空气的容重 γ＝11.8N/m^3，φ 取值为 1，风道中的流速为(　　)。

A. 22.1m/s　　B. 15.6m/s
C. 11.05m/s　　D. 7.05m/s

24. 在舒适性空调中，送风通常为贴附射流，贴附射流的贴附长度主要取决于(　　)。

A. 雷诺数　　B. 欧拉数
C. 阿基米德数　　D. 弗劳德数

25. 在环流中，以下哪项作无旋流动？(　　)

A. 原点　　B. 除原点外的所有质点
C. 边界点　　D. 所有质点

26. 某单吸离心泵，Q＝0.073 5m^3/s，n＝1 420r/min；后因改为电机直接联动，n 增大为 1 450r/min，这时泵的流量为(　　)。

A. Q＝0.074 05m^3/s　　B. Q＝0.079 2m^3/s
C. Q＝0.073 5m^3/s　　D. Q＝0.075 1m^3/s

27. 下面关于流函数的描述中，错误的是(　　)。

A. 平面流场可用流函数描述
B. 只有势流才存在流函数
C. 已知流函数或势函数之一，即可求另一函数
D. 等流函数值线即流线

28. 下列哪一项不是通风空调中进行模型实验的必要条件？(　　)

A. 原型和模型的各对应长度比例一定
B. 原型和模型的各对应速度比例一定
C. 原型和模型中起主导作用的同名作用力的相似准则数相等
D. 所有相似准则数相等

29. 如图水泵允许吸入真空高度为 $H_s=6\text{m}$，流量 $Q=150\text{m}^3/\text{h}$，吸水管管径为150mm，当量总长度 L_x 为80m，比摩阻 $R_m=0.05\text{mH}_2\text{O/m}$，则最大安装高度 H 等于(　　)。

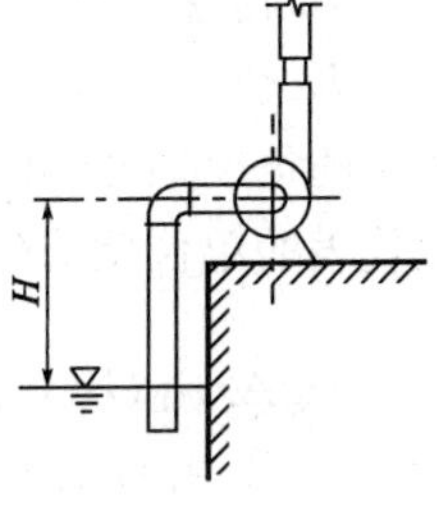

题 29 图

A. 2.2m　　B. 1.7m
C. 1.4m　　D. 1.2m

30. 在系统阻力经常发生波动的系统中应选用具有什么型 Q-H 性能曲线的风机？(　　)

A. 平坦型　　B. 驼峰型
C. 陡降型　　D. 上述均可

31. 从自动控制原理的管线看，下列哪一种系统为开环控制系统？(　　)

A. 家用空调机温度控制系统
B. 家用电热水器恒温系统控制
C. 家用电冰箱温度控制系统
D. 国内现有的无人操作交通红绿灯自动控制系统

32. 在如下指标中，哪个不能用来评价控制系统的时域性能？(　　)

A. 最大超调量　　B. 带宽
C. 稳态位置误差　　D. 调整时间

33. 用梅逊公式(或方块图简化)计算如图总的传递函数 $G(s)=C(s)/R(s)$，结果应为(　　)。

A. $G(s)=\dfrac{(G_1+G_2G_3)}{(1+G_1+G_1G_2+G_1G_2G_3)}$

B. $G(s)=\frac{(G_1+G_1G_2G_3)}{(1+G_2+G_1G_2+G_1G_2G_3)}$

C. $G(s)=\frac{(G_1+G_1G_2G_3)}{(1+G_1+G_1G_2+G_1G_2G_3)}$

D. $G(s)=\frac{(G_1+G_1G_2)}{(1+G_1+G_1G_2+G_1G_2G_3)}$

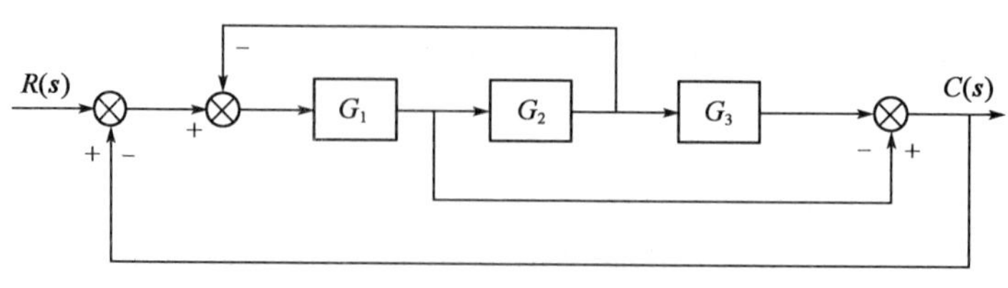

题 33 图

34. 传递函数 $G_1(s)$、$G_2(s)$、$G_3(s)$、$G_4(s)$的增益分别为 K_1、K_2、K_3、K_4，其余部分相同，且 $K_1<K_2<K_3<K_4$。由传递函数 $G_2(s)$代表的单位反馈(反馈传递函数为 1 的负反馈)闭环系统的奈魁斯特曲线如图所示。请确定哪个传递函数代表的单位反馈闭环控制系统为稳定的系统？(　　)

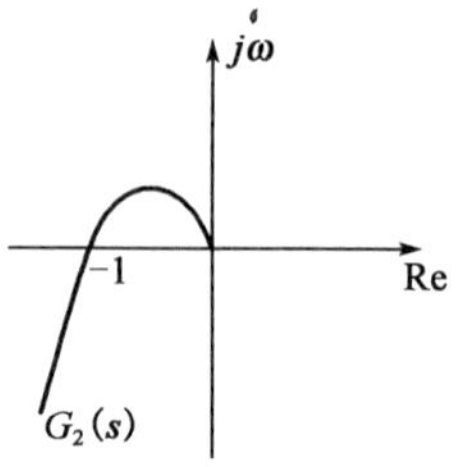

题 34 图

A. 由 $G_1(s)$代表的闭环系统

B. 由 $G_2(s)$代表的闭环系统

C. 由 $G_3(s)$代表的闭环系统

D. 由 $G_4(s)$代表的闭环系统

35. 根据开环传递函数的对数坐标图判断其闭环系统的稳定性。(　　)

A. 系统稳定，增益裕量为 a

B. 系统稳定，增益裕量为 b

C. 系统不稳定，负增益裕量为 a

D. 系统不稳定，负增益裕量为 b

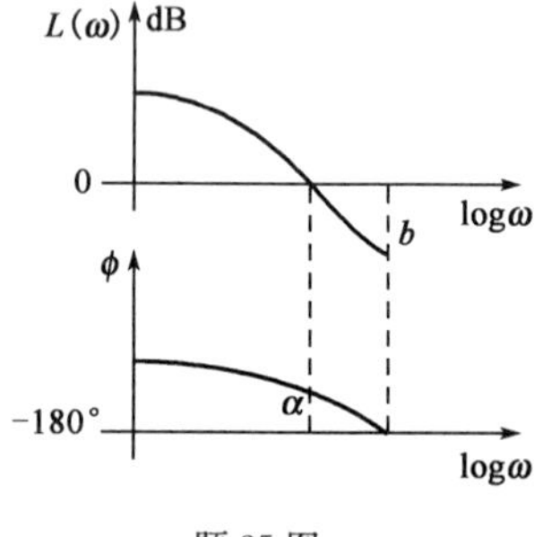

题 35 图

36. 某闭环系统的开环传递函数为 $G(s)=\frac{5(1+2s)}{s^2(s^2+3s+5)}$，其加速度误差系数为(　　)。

A. 1　　　　B. 5

C. 0　　　　D. ∞

37. 对于一阶环节 $G(s)=\frac{K}{T_s+1}$，当阶跃输入时，为提高输出量的上升速率，应(　　)。

A. 增大 T 值　　　　B. 减小 T 值

C. 增大 K 值　　　　D. 减小 K 值

38. 某控制系统的稳态精度已充分满足要求，欲增大频率响应的带宽，应采用(　　)。

A. 相位超前的串联校正　　B. 相位迟后的串联校正

C. 局部速度反馈校正　　D. 前馈校正

39. 传递函数为$\frac{1}{s}$的 z 变换表达式为(　　)。

A. 1　　B. z　　C. z^{-n}　　D. $\frac{z}{z-1}$

40. 温标是以数值表示的温度标尺，在温标中不依赖于物体物理性质的温标是(　　)。

A. 华氏温标　　B. 摄氏温标

C. 热力学温标　　D. IPTS-68 国际实用温标

41. 若要监测两个测点的温度差，需将两支热电偶(　　)。

A. 正向串联　　B. 反向串联　　C. 正向并联　　D. 反向并联

42. 在节流式流量计的使用中，管流方面无需满足的条件是(　　)。

A. 流体应是连续流动并充满管道与节流件

B. 流体是牛顿流体，单相流且流经节流件时不发生相变

C. 流动是平稳的或随时间缓慢变化

D. 流体应低于最小雷诺数要求，即为层流状态

43. 在霍尔式压力传感器中，不影响霍尔系数大小的参数是(　　)。

A. 霍尔片的厚度

B. 霍尔元件材料的电阻率

C. 材料的载流子迁移率

D. 霍尔元件所处的环境温度

44. 基于被测参数的变化引起敏感元件的电阻变化，从而检测出被测参数值是一种常用的检测手段，以下测量仪器中不属于此种方法的是(　　)。

A. 应变式压力传感器　　B. 点接点水位计

C. 恒流式热线风速仪　　D. 涡街流量传感器

45. 在测量过程中，多次测量同一个量时，测量误差的绝对值和符号按某一确定规律变化的误差称为(　　)。

A. 偶然误差　　B. 系统误差　　C. 疏忽误差　　D. 允许误差

46. 能用来测量蒸汽流量的流量计是(　　)。

A. 容积式流量计　　B. 涡轮流量计

C. 电磁流量计　　　　　　　　　　　　　　D. 转子流量计

47. 为了便于信号的远距离传输，差压变送器采用标准电流信号输出，以下接线图中正确的是(　　)。

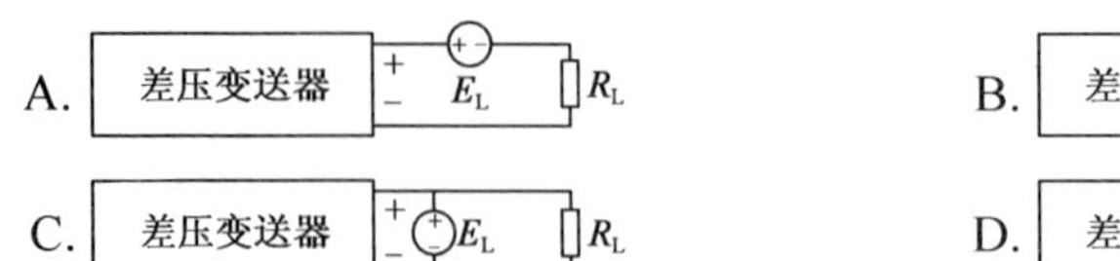

48. 测量某管道内蒸汽压力，压力计位于取压点下方 6m 处，信号管路凝结水的平均温度为 60℃，水密度为 985.4kg/m³，当压力表的指示值为 3.20MPa 时，管道内的实际表压最接近(　　)。

A. 3.14MPa　　B. 3.26MPa　　C. 3.2MPa　　D. 无法确定

49. 软齿面齿轮传动设计中，选取大小齿轮的齿面硬度应使(　　)。

A. 大、小齿轮的齿面硬度相等
B. 大齿轮齿面硬度大于小齿轮的齿面硬度
C. 小齿轮齿面硬度大于大齿轮的齿面硬度
D. 大、小齿轮齿面硬度应不相等但谁大都可以

50. 一对渐开线标准直齿圆柱齿轮要正确啮合，则它们的以下哪项必须相等？(　　)

A. 模数　　B. 宽度　　C. 齿数　　D. 直径

51. 跨距较大并承受较大径向荷载的起重机卷筒轴的轴承应选用(　　)。

A. 圆锥滚子轴承　　　　B. 调心滚子轴承
C. 调心球轴承　　　　　D. 圆柱滚子轴承

52. 在下列各种机械设备中，哪一项只宜采用滑动轴承？(　　)

A. 小型减速器　　　　B. 中型减速器
C. 铁道机车车轴　　　D. 大型水轮机主轴

53. 滚动轴承的额定寿命是指同一批轴承中百分之几的轴承所能达到的寿命？(　　)

A. 10%　　　　B. 50%
C. 90%　　　　D. 99%

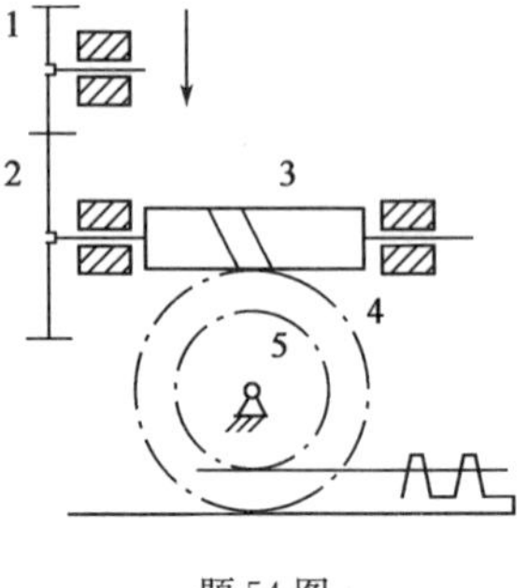

题 54 图

54. 如图所示的轮系，$Z_1=20$，$Z_2=40$，$Z_4=60$，$Z_5=30$，齿轮及蜗轮的模数均为 2mm，蜗杆的头数为 2，如轮 1 以图示方向旋转 1 周，则齿条将(　　)。

A. 向左运动 1.57mm　　B. 向右运动 1.57mm
C. 向右运动 3.14mm　　D. 向左运动 3.14mm

55. 尖底、滚子和平底从动件凸轮受力情况从优至劣排列的正确次序为(　　)。

A. 滚子、平底、尖底　　B. 尖底、滚子、平底
C. 平底、尖底、滚子　　D. 平底、滚子、尖底

56. 已知某平面铰链四杆机构各杆长度分别为 100、68、56、200，则通过转换机架，可能构成的机构形式为(　　)。

A. 曲柄摇杆机构　　B. 双摇杆机构
C. 双曲柄机构　　D. A、B、C 均可

57. 平面机构具有确定运动的充分必要条件为(　　)。

A. 自由度大于零　　B. 主动构件数大于零
C. 主动构件数等于自由度　　D. A+C

58. 在城市规划区内的建筑工程，申领施工许可证时，下列条件中哪一项是不必要的？(　　)

A. 建筑工程用地批准手续
B. 建设工程规划许可证
C. 满足要求的施工图纸和技术资料
D. 商品房预售许可证

59. 对未按照节能标准和规范设计的设计单位的处罚是(　　)。

A. 责令停业整顿、降低资质等级和吊销资质证书的行政处罚由颁发资质证书的机关决定；其他行政处罚，由建设行政主管部门依照法定职权决定
B. 责令停业整顿，降低资质等级和吊销资质证书及其他行政处罚，均由建设行政主管部门依照法定职权决定
C. 责令停业整顿、降低资质等级和吊销资质证书的行政处罚由建设行政主管部门决定，罚款由工商行政管理部门决定
D. 责令停业整顿、降低资质等级和吊销资质证书及其他行政处罚，均由颁发资质证书的机关决定

60.《中华人民共和国节约能源法》所称能源是指(　　)。

A. 煤炭、原油、天然气、电力
B. 煤炭、原油、天然气、电力、热力
C. 煤炭、原油、天然气、电力、焦炭、煤气、热力、成品油、液化石油气、生物质能和其他直接或者通过加工、转换而取得有用能的各种资源
D. 煤炭、原油、天然气、电力、焦炭、煤气、热力、成品油、液化石油气

2007年度注册公用设备工程师(暖通空调、动力)执业资格考试专业基础考试

试题解析及参考答案

1.**解** 郎肯循环是最简单的蒸汽动力理想循环,郎肯循环可理想化为两个定压过程和两个定熵过程,即定压吸热、定熵膨胀、定压放热、定熵压缩。

答案:B

2.**解** 本题主要考查容积功的定义。容积功的定义为“热力系统体积变化所完成的膨胀功或压缩功统称为体积变化功”。

答案:A

3.**解** 吸收式制冷是利用某些具有特殊性质的工质对,通过一种物质对另一种物质的吸收和释放,产生物质的状态变化,从而伴随吸热和放热过程。吸收式制冷机可用电或煤油加热,无运动部件,不消耗机械功。

答案:A

4.**解** 在湿饱和蒸汽区,湿蒸汽的成分用干度 x 表示:

$$x=\frac{\text{湿蒸汽中含干蒸汽的质量}}{\text{湿蒸汽的总质量}}$$

答案:B

5.**解** 由不同压缩过程的 p-V 图可知,压缩机不同压缩过程中所消耗的功 $W_{s\cdot t}<W_{s\cdot n}<W_{s\cdot s}$,故压缩机最理想的过程应采用定温过程。

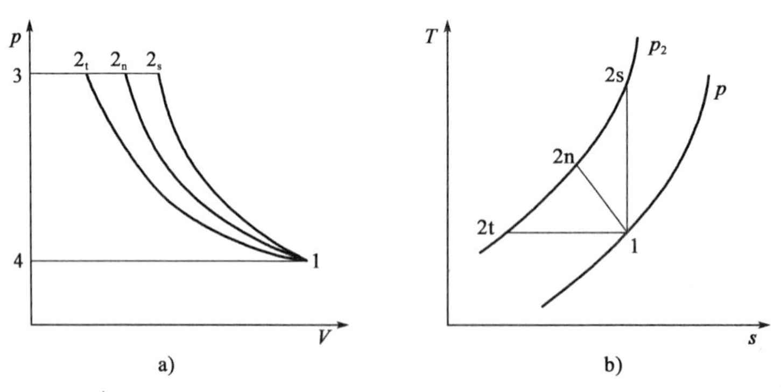

题5解图 压缩过程

答案:B

6.**解** 因内能是状态参数,其变化与路径无关,其变化量:

$$\Delta U_{12}=U_2-U_1=-(U_1-U_2)=\Delta U_{21} \quad ①$$

闭口系能量方程：

$$Q=\Delta U+W$$

对应 12 和 21 两个过程有：

$$Q_{12}=\Delta U_{12}+W_{12}\rightarrow\Delta U_{12}=Q_{12}-W_{12} \qquad ②$$

$$Q_{21}=\Delta U_{21}+W_{21}\rightarrow\Delta U_{21}=Q_{21}-W_{21} \qquad ③$$

将式②、式③带入式①，有：

$$Q_{12}-W_{12}=-(Q_{21}-W_{21})$$

因此：

$$W_{21}=Q_{12}-W_{12}+Q_{21}=-9-27+6=-30\text{kJ}$$

负号表明外界对系统做功。

答案:C

7.**解** 本题属于综合性考题，考查内容包括各种压力的关系以及理想气体状态方程的应用。题中已知煤气在 17℃时的体积和压力，求解标准状态(273K，101.325kPa)下煤气的体积。根据理想气体状态方程 $pV=nRT$ 即可求得，需要注意的是代入的压力均为绝对压力，温度为热力学温度。

答案:B

8.**解** 湿空气的含湿量是在含有 1kg 干空气的湿空气中所混有的水蒸气质量。

答案:A

9.**解** 当初速为 c_1 的流体经过渐缩喷管时，出口流动速度 c_2 的计算式为：

$$c_2=\sqrt{c_1^2+2(h_1-h_2)}=\sqrt{c_1^2+2c_p(T_1-T_2)}=\sqrt{c_1^2+2\frac{\kappa R}{\kappa-1}(T_1-T_2)}$$

答案:A

10.**解** 本题属于复合型考题，主要考查理想气体比热容的计算 $c_p=\frac{\kappa R}{\kappa-1}$，以及多变过程的熵产计算公式 $\Delta S=c_p\ln\frac{T_2}{T_1}-R\ln\frac{p_2}{p_1}$。代入数据可以求得答案。

答案:B

11.**解**

$$\Phi=Aq=A\lambda(tw_1-tw_2)/\delta=0.02\lambda(60-30)/0.03$$

$$\lambda=0.05\text{W}/(\text{m}\cdot\text{K})$$

答案:C

12.**解** 当平壁的导热系数为常数时，在平壁中任何两个等温面之间的温度都是线性变化的。当平壁的导热系数随着温度变化时，任何两个等温面之间的温度都是非线性变化的。

答案:B

13.**解** 根据第二类边界条件边界节点的节点方程：

$$t_4=\frac{1}{4}\left(2t_2+t_1+t_3+\frac{2\Delta xq_w}{\lambda}\right)$$

可得：

$$t_1+2t_2+t_3-4t_4+2q_w\Delta y/\lambda=0$$

答案:B

14. **解**　湍流受迫对流时能量传递与动量传递之间的关系式：

$$\mathrm{St}=C_f/2$$

答案:B

15. **解**　粗糙度的增加虽然提高了流体的流动阻力，但是，粗糙度扩大了换热面积，流体流过粗糙壁面能产生涡流，并且使得边界层变薄，减少热阻，增强换热，使得对流传热系数增加；管内的温度分布也发生变化。

答案:B

16. **解**　由于珠状凝结的表面传热系数高于膜状凝结的，A 和 B 的换热面积相同，换热温差相同，所以，$Q_A>Q_B$。

答案:B

17. **解**　$$E_b=5.67\times[(273+300)/100]^4=6\,112\mathrm{W/m^2}$$

答案:B

18. **解**　如图所示，从表面外部看，冷热量损失 q 为向外辐射的减去吸收的。向外辐射的为 J，吸收的能量为 G，所以 $q=J-G$。

答案:C

19. **解**　第一种情况形不成自然对流，是纯导热；其他三种都会形成自然对流，是导热和对流两种换热方式，比纯导热换热能力强，传热量增加。所以，第一种情况的传热量最少。

答案:A

20. **解**　由于冷水的流量远远大于热水的流量，且

$$M_1c_1(t_1'-t_1'')=M_2c_2(t_2''-t_2')$$

冷水温度基本不变。

$$\Delta t'=t_1'-t_2'=70-25=45℃$$

$$\Delta t''=t_1''-t_2''=55-25=30℃$$

$$\Delta t_m=\frac{\Delta t'+\Delta t''}{2}=\frac{45+30}{2}=37.5℃$$

答案:C

21. **解**　任意流体质点的旋转角速度向量 $\omega=0$，这种流动称为无旋流动。

答案:A

22. **解**　本题目与 2006 年第 22 题相同。列 1、2 断面的理想流体伯努利方程：

$$z_1+\frac{p_1}{\rho g}+\frac{v_1^2}{2g}=z_2+\frac{p_2}{\rho g}+\frac{v_2^2}{2g}$$

由 $z_1=0,v_1=v_2$，得：

$$\frac{p_1}{\rho g}=z_2+\frac{p_2}{\rho g}$$

$$p_1=p_2-\rho gH=300-10\times 20=100\text{kPa}$$

答案:A

23.**解**　毕托管是一种常用来测量气体或者液体流量的仪器。对两个测点列能量方程:

$$\frac{p_1}{\gamma}+0=\frac{p_2}{\gamma}+\frac{v_2^2}{2g}$$

可推出流速计算公式:

$$v=\varphi\sqrt{2g\frac{\gamma'}{\gamma}h_y}=\sqrt{2\times 9.8\times\frac{9\,800}{11.8}\times 0.03}=22.1\text{m/s}$$

答案:A

24.**解**　阿基米德数表征浮力与惯性力的比值,当送风口贴近顶棚,贴附长度与阿基米德数 Ar 有关,Ar 数为:

$$\text{Ar}=\frac{\delta d_0 A t_s}{v_0^2 T_r}$$

答案:C

25.**解**　在环流中,原点为奇点,除原点外的所有质点的旋转角速度向量 $\omega=0$,均作无旋流动。

答案:B

26.**解**　根据相似率,有 $Q_1/Q_2=n_1/n_2$,即流量与转速成正比。

答案:D

27.**解**　不可压缩流体的平面流动,无论其是无旋流动还是有旋流动,以及流体有无黏性,均存在流函数。

答案:B

28.**解**　为了使模型和原型流动完全相似,除需要几何相似外,各独立的相似准则数应同时满足。但实际上要同时满足所有准则数是很困难的,甚至是不可能的,一般只能达到近似相似,就是要保证对流动起重要作用的力相似,这就是模型律的选择问题。如水利工程中的明渠流以及江、河、溪流,都是以水位落差形式表现的重力来支配流动的,对于这些以重力起支配作用的流动,应该以弗劳德相似准数作为决定性相似准数。有不少流动需要求流动中的黏性力,或者求流动中的水力阻力或水头损失,如管道流动、流体机械中的流动、液压技术中的流动等,此时应当以满足雷诺相似准数为主,Re 就是决定性相似准数。

答案:D

29.**解**　水泵吸入口流速:

$$v_s=\frac{4Q}{\pi d^2}=2.35\text{m/s}$$

系统流动阻力为:

$$h_1=0.05\times 80=4\text{m}$$

$$H_s=H_g+\frac{v_s^2}{2g}+h_1$$

得最大安装高度：

$$H_g = 1.7\text{m}$$

答案:B

30. **解** 这是因为系统阻力波动较大，而对于 Q-H 性能曲线为陡降型的风机，全压变化较大，而风量变化不大，从而保证系统风量的稳定。

答案:C

31. **解** 对于闭环控制系统，控制装置与被控对象之间不但有顺向联系，而且有反向联系，即有被控量（输出量）对控制过程的影响。闭环控制系统不论造成偏差的扰动来自外部还是内部，控制作用总是使偏差趋于减小。家用空调机温度控制系统、家用电热水器恒温控制系统、家用电冰箱温度控制系统均为恒温控制，即期望温度与实际温度之间的差值很小，因此这三种系统均为闭环控制系统。而国内现有的无人操作交通红绿灯自动控制系统的控制根据时间进行，而不是根据交通流量进行控制，因此控制装置与被控对象之间只有顺向联系，为开环控制系统。

答案:D

32. **解** 除了带宽，其他三个都可以评价控制系统的时域性能。

答案:B

33. **解** 根据梅逊公式求取。图中有三个回路，回路传递函数为 $L_1=-G_1G_2$，$L_2=-G_1G_2G_3$，$L_3=-G_1$，则 $\Delta=1-(L_1+L_2+L_3)=1+G_1G_2+G_1G_2G_3+G_1$。图中有两条前向通路，$n=2$，第 1 条前向通路的传递函数为 $P_1=G_1G_2G_3$，第 2 条前向通路的传递函数为 $P_2=G_1$，前向通路与回路均相互接触，故 $\Delta_1=1$，$\Delta_2=1$。因此传递函数为：

$$\frac{G(s)}{R(s)}=\frac{P_1\Delta_1+P_2\Delta_2}{\Delta}=\frac{G_1G_2G_3+G_1}{1+G_1+G_2G_3+G_1G_2G_3}$$

答案:C

34. **解** 根据题意可知，$K_1<K_2<K_3<K_4$，$|G_1(j\omega)|<|G_2(j\omega)|<|G_3(j\omega)|<|G_4(j\omega)|$，因此幅值裕度 $K_{g1}>K_{g2}=1>K_{g3}>K_{g4}$。因为对于最小相角系统，要使闭环系统稳定，要求相角裕度 $\gamma>0$，幅值裕度 $K_g>1$，则 $G_1(s)$代表的系统稳定。

答案:A

35. **解** 解析如图所示。

根据解析图可知，$L(\omega_c)=20\lg A(\omega_c)=20\lg 1=0$，在数坐标图（伯德图）中，相角裕度表现为 $L(\omega)=0\text{dB}$ 处的相角 $\phi(\omega_c)$与$-180°$水平线之间的角度差 γ。对于题中所示的稳定系统，其对数幅值裕度 $h>0\text{dB}$，相角裕度为正值，即 $\gamma>0$。因此解析图中，幅值裕度（增益裕度）为 $b>0$，相角裕度为 $a>0$，该系统稳定。

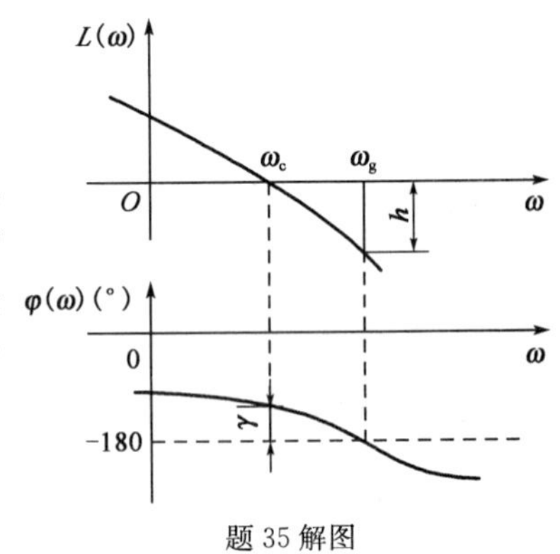

题 35 解图

答案:B

36. **解** 由静态加速度误差系数公式求极限可得 $K=1$。

答案:A

37. **解**　$G(s)=\frac{k}{T_s+1}$

当单位阶跃输入时,$R(s)=\frac{1}{s}$,输出 $C(s)=\frac{k}{1+T_s}\cdot\frac{1}{s}$,则输出的时域响应为:

$$C(t)=L^{-1}[C(s)]=L^{-1}\left(\frac{K}{1+T_s}\cdot\frac{1}{s}\right)=K(-e^{-\frac{1}{T}})$$

瞬态分量衰减的快慢取决于 $e^{\frac{1}{T}}$,T 越小,衰减越快,快速性越好,上升速率越大。

答案:B

38. **解**　超前校正拓宽了截止频率,增加了系统的带宽,从而提高了系统的快速性。

答案:A

39. **解**　传递函数为$\frac{1}{s}$的 z 变换表达式为$\frac{z}{z-1}$。

答案:D

40. **解**　本题主要考查温标的概念以及各温标的性质。热力学温标规定分子运动停止时的温度为绝对零度,它是与测量物质的任何物理性质无关的一种温标。

答案:C

41. **解**　将两支同型号热电偶反向连接,如图所示。可测量两点之间的温差,它也要考虑参考端温度一致,则输入仪表电势:

$$\Delta E=E_{AB}(t_1,t_0)-E_{AB}(t_2,t_0)$$
$$=E_{AB}(t_1,t_2)+E_{AB}(t_2,t_0)-E_{AB}(t_2,t_0)=E_{AB}(t_1,t_2)$$

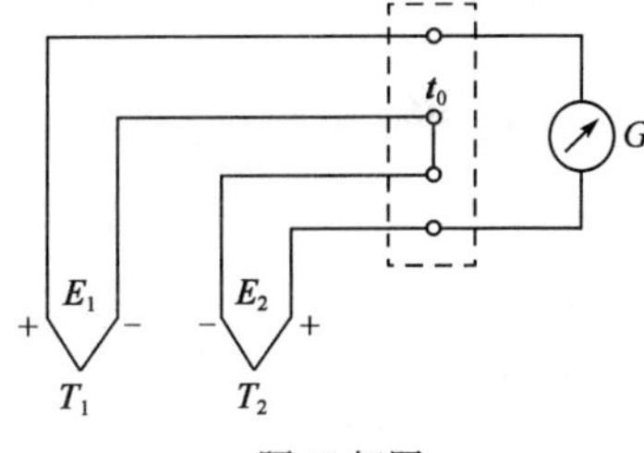

题 41 解图

答案:B

42. **解**　使用标准节流装置时,流体的性质和状态必须满足下列条件:

①流体必须充满管道和节流装置,并连续地流经管道。

②流体必须是牛顿流体,即在物理上和热力学上是均匀的、单相的,或者可以认为是单相的,包括混合气体、溶液和分散性粒子小于 0.1m 的胶体。在气体中有不大于 2%(质量成分)均匀分散的固体微粒,或液体中有不大于 5%(体积成分)均匀分散的气泡,也可认为是单相流体,但其密度应取平均密度。

③流体流经节流件时不发生相交。

④流体流量不随时间变化或变化非常缓慢。

⑤流体在流经节流件以前,流束是平行于管道轴线的无旋流。

答案:D

43. **解**　在磁场不太强时,霍尔电势差 U_H 与激励电流 I 和磁感应强度 B 的乘积成正比,与霍尔片的厚度 δ 成反比,即 $U_H=R_H\cdot I\cdot B/\delta$,式中的 R_H 称为霍尔系数,它表示霍尔效应的强弱。另 $R_H=\mu\cdot\rho$,即霍尔常数等于霍尔片材料的电阻率 ρ 与电子迁移率 μ 的乘积。霍尔系数近似与载流子浓度成反比,所以半导体的霍尔系数要大于导体(金属)的霍尔系数;而半导体的载流子浓度与温度的关系较大(特别是在较低温度或者较高温度时变化更大),因此半导体的霍尔系数受到温度的影响也较大。

答案:A

44. **解**　涡街流量计是由设计在流场中的旋涡发生体、检测探头及相关的电子线路等组成。当液体流经三角柱形旋涡发生体时,它的两侧就成了交替变化的两排旋涡,这种旋涡被称为卡门涡街,这些交替变化的旋涡就形成了一系列交替变化的负压力,该压力作用在检测探头上,便产生一系列交变电信号,经过前置放大器转换、整形、放大处理后,输出与旋涡同步成正比的脉冲频率信号。

答案:D

45. **解**　系统误差的定义是:在相同条件下,对某个量进行多次测量时,误差的绝对值和符号或均保持恒定,或按照一定规律变化。

答案:B

46. **解**　电磁流量计只能测量导电液体,因此对于气体、蒸汽以及含大量气泡的液体,或者电导率很低的液体不能测量。由于测量管内衬材料一般不宜在高温下工作,所以目前一般的电磁流量计还不能用于测量高温介质。

答案:C

47. **解**　本题主要考查两线制接线方式。两线制变送器如图所示,其供电为24V.DC,输出信号为4～20mA.DC,负载电阻为250Ω,24V电源的负线电位最低,它就是信号公共线,对于智能变送器还可在4～20mA.DC信号上加载HART协议的FSK键控信号。

答案:A

48. **解**　管道中的实际表压:

$$p = p_1 - \rho g h = 3.2 - 985.4 \times 9.8 \times 6 = 3.14\text{MPa}$$

答案:A

49. **解**　经热处理后齿面硬度HBS≤350的齿轮称为软齿面齿轮,多用于中、低速机械。当大小齿轮都是软齿面时,考虑到小齿轮齿根较薄,弯曲强度较低,且受载次数较多,因此应使小齿轮齿面硬度比大齿轮高20～50HBS。

答案:C

50. **解**　一对渐开线齿轮的正确啮合条件是两齿轮模数和压力角分别相等。

答案:A

51. **解**　调心滚子轴承主要承受径向荷载,其承载能力比相同尺寸的调心球轴承大1倍,常用于重型机械上。

答案:B

52. **解**　在高速、高精度、重载、结构上要求剖分等场合下,滑动轴承就体现出它的优异性能。因而在汽轮机、离心式压缩机、内燃机、大型电机、大型水轮机中多采用滑动轴承。

答案:D

53. **解** 基本额定寿命是指一批相同的轴承,在同样工作条件下,其中10%的轴承产生疲劳点蚀时转过的总圈数,或在一定转速下总的工作小时数;即90%的轴承所能达到的寿命。

答案:C

54. **解** 根据一对外啮合齿轮的转动方向相反,蜗杆蜗轮的转向需满足:速度矢量之和必定与螺旋线垂直,可判断出轮4的转动方向为顺时针,轮5的转动方向与轮4相同,则齿条将向左运动。传动比的大小:

$$i_{14}=\frac{n_1}{n_4}=\frac{z_2z_4}{z_1z_3}=\frac{40\times 60}{20\times 2}=60$$

又因为 $n_5=n_4$,所以轮1旋转1周时,轮5旋转了1/60周,齿条运动的距离为:

$$\frac{1}{60}\pi mz_5=\frac{1}{60}\times 3.14\times 2\times 30=3.14\text{mm}$$

答案:D

55. **解** 尖底与凸轮是点接触,磨损快;滚子和凸轮轮廓之间为滚动摩擦,耐磨损;平底从动件的平底与凸轮轮廓表面接触,受力情况最优。

答案:D

56. **解** 铰链四杆机构有曲柄的条件是:最短杆与最长杆长度之和小于或等于其余两杆长度之和(杆长条件)。如果铰链四杆机构不满足杆长条件,该机构不存在曲柄,则无论取哪个构件作机架都只能得到双摇杆机构。题中最短杆与最长杆长度之和为56+200=256,大于其余两杆长度之和为100+68=168,不满足杆长条件。

答案:B

57. **解** 机构确定运动的条件是:机构原动件的数目等于机构自由度的数目,且自由度大于零。

答案:D

58. **解** 《中华人民共和国建筑法》第八条规定:申请领取施工许可证,应当具备下列条件:(一)已经办理该建筑工程用地批准手续;(二)在城市规划区的建筑工程,已经取得规划许可证;(三)需要拆迁的,其拆迁进度符合施工要求;(四)已经确定建筑施工企业;(五)有满足施工需要的施工图纸及技术资料;(六)有保证工程质量和安全的具体措施;(七)建设资金已经落实;(八)法律、行政法规规定的其他条件。

答案:D

59. **解** 《民用建筑节能管理规定》第二十八条规定:本规定的责令停业整顿、降低资质等级和吊销资质证书的行政处罚,由颁发资质证书的机关决定;其他行政处罚,由建设行政主管部门依照法定职权决定。

答案:A

60. **解** 《中华人民共和国节约能源法》第二条规定:本法所称能源,是指煤炭、石油、天然气、生物质能和电力、热力以及其他直接或者通过加工、转换而取得有用能的各种资源。

答案:C

2008年度注册公用设备工程师(暖通空调、动力)执业资格考试专业基础考试

试　题

单项选择题(共60题,每题2分,每题的备选项中,只有1个最符合题意)

1. 闭口热力系与开口热力系的区别在于(　　)。

A. 在界面上有无物质进出热力系
B. 在界面上与外界有无热量传递
C. 对外界是否做功
D. 在界面上有无功和热量的传递及转换

2. 制冷循环中的制冷量是指(　　)。

A. 制冷剂从冷藏室中吸收的热量
B. 制冷剂向环境放出的热量
C. 制冷剂从冷藏室中吸收的热量－制冷剂向环境放出的热量
D. 制冷剂从冷藏室中吸收的热量＋制冷剂向环境放出的热量

3. 在内燃机循环计算中,$m$kg 气体放热力的计算式是(　　)。

A. $mC_p(T_2-T_1)$　　B. $mC_v(T_2-T_1)$
C. $mC_p(T_2+T_1)$　　D. $mC_v(T_1-T_2)$

4. 系统的总储存能包括内储存能和外储存能,其中外储存能是指(　　)。

A. 宏观动能＋重力位能　　B. 宏观动能＋流动功
C. 宏观动能＋容积功　　D. 容积功＋流动功

5. 水蒸气的干度为 x,从水蒸气表中查得饱和水的焓为 h',湿饱和蒸汽的焓为 h'',计算湿蒸气焓的表达式是(　　)。

A. $h=h'+x(h''-h')$　　B. $h=x(h''-h')$
C. $h=h'-x(h''-h')$　　D. $h=h''+x(h''-h')$

6. 湿空气的焓可用 $h=1.01t+0.001d(2\ 501+1.85t)$ 来计算,其中给定数字 1.85 是(　　)。

A. 干空气的定压平均质量比热容　　B. 水蒸气的定容平均质量比热容

C. 干空气的定容平均质量比热容　　　　D. 水蒸气的定压平均比热容

7. 理想气体的 p-V-T 关系式可表示成微分形式(　　)。

A. $\mathrm{d}p/p+\mathrm{d}V/V=\mathrm{d}T/T$　　　　B. $\mathrm{d}p/p-\mathrm{d}V/V=\mathrm{d}T/T$

C. $\mathrm{d}V/V-\mathrm{d}p/p=\mathrm{d}T/T$　　　　D. $\mathrm{d}T/T+\mathrm{d}V/V=\mathrm{d}p/p$

8. 某理想气体吸收 3 349kJ 的热量而作定压变化。设定容比热容为 0.741kJ/(kg·K)，气体常数为 0.297kJ/(kg·K)，此过程中气体对外界做容积功(　　)。

A. 858kJ　　B. 900kJ　　C. 245kJ　　D. 958kJ

9. 图为一热力循环 1—2—3—1 的 T-s 图，该循环中工质的吸热量是(　　)。

A. $(a-b)(d-c)/2$

B. $(a+b)(d-c)/2$

C. $(a-b)(d+c)/2$

D. $(a+b)(d+c)/2$

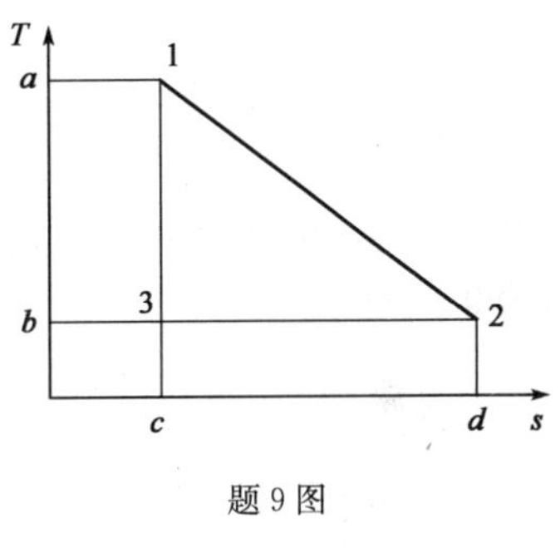

题 9 图

10. 空气以 150m/s 的速度在管道内流动，用水银温度计测量空气的温度。若温度计上的读数为 70℃，空气的实际温度是(　　)。

A. 56℃　　B. 70℃　　C. 59℃　　D. 45℃

11. 一条架设在空气中的电缆外面包敷有绝缘层，因通电而发热。在稳态条件下，若剥掉电缆的绝缘层而保持其他条件不变，则电缆的温度会(　　)。

A. 升高　　　　B. 降低

C. 不变　　　　D. 不确定

12. 一建筑的外墙由 A、B 两层材料符合二次，内墙是材料 A，其导热系数为 λ_A，壁厚为 δ_A，外墙材料是 B，导热系数为 λ_B，内墙空气温度为 t_A，与墙面的对流传热系数为 η_A，外墙空气温度为 t_B，与墙面的对流传热系数为 H_B，若已知两层材料交界面的温度为 t_{AB}，则以下关于传热量计算的公式中，正确的是(　　)。

A. $q=\dfrac{t_B-t_A}{\dfrac{\delta_A}{\lambda_A}+\dfrac{\delta_B}{\lambda_B}}$　　　　B. $q=\dfrac{t_{AB}-t_B}{\dfrac{1}{h_A}+\dfrac{\delta_A}{\lambda_A}+\dfrac{\delta_B}{\lambda_B}+\dfrac{1}{h_B}}$

C. $q=\dfrac{t_{AB}-t_B}{\dfrac{\delta_B}{\lambda_B}+\dfrac{1}{h_B}}$　　　　D. $q=\dfrac{t_{AB}-t_B}{\dfrac{\delta_A}{\lambda_A}+\dfrac{\lambda_B}{\lambda_B}+\dfrac{1}{h_B}}$

13. 对于一维非稳态导热的有限差分方程，如果对时间域采用显式格式进行计算，则对于内部节点而言，保证计算稳定性的判据为(　　)。

A. Fo≤1　　B. Fo≥1　　C. Fo≤1/2　　D. Fo≥1/2

14. 空气与温度恒为 t_w 的竖直平壁进行自然对流传热，远离壁面的空气温度为 t。描述这一问题的相似准则关系式包括以下三个相似准则(　　)。

A. 雷诺数 Re、普朗特数 Pr、努塞尔特数 Nu
B. 格拉晓夫数 Gr、雷诺数 Re、普朗特数 Pr
C. 普朗特数 Pr、努塞尔特数 Nu、格拉晓夫数 Gr
D. 雷诺数 Re、努塞尔特数 Nu、格拉晓失数 Gr

15. 由于二次流的影响，在相同的边界条件下，弯管内的受迫对流传热系数与直管时的对流传热系数有所不同。因此在用直管的对流传热准则关系式计算弯管情况下对流传热系数时都要在计算的结果上乘以一个修正系数，这个系数(　　)。

A. 始终大于 1　　B. 始终小于 1
C. 对于气体大于 1，对于液体小于 1　　D. 对于液体大于 1，对于气体小于 1

16. 根据努塞尔特对凝结传热时的分析解，局部对流传热系数 h_x 沿壁面方向 x(从上到下)的变化规律为(　　)。

A. $h_x \propto x^2$　　B. $h_x \propto x^{-1/4}$
C. $h_x \propto x^{1/4}$　　D. $h_x \propto x^{-1/2}$

17. 实际物体的辐射力可以表示为(　　)。

A. $E=aE_b$　　B. $E=E_b/a$　　C. $E=\varepsilon E_b$　　D. $E=E_b/\varepsilon$

18. 在关于气体辐射的论述中，错误的是(　　)。

A. 气体的辐射和吸收过程是在整个容积中完成的
B. 二氧化碳吸收辐射能量时，对波长有选择性
C. 气体的发射率与压力有关
D. 气体可以看成是灰体，因此其吸收率等于发射率

19. 一逆流套管式水—水换热器，冷水的出口温度为 55℃，热水进口温度为 70℃。若热水的流量与冷水的流量相等，换热面积和总传热系数分别为 2m^2 和 150W/(m^2·K)，且物性参数不随温度变化，则与该换热器的传热量最接近的数据是(　　)。

A. 3 500W　　B. 4 500W　　C. 5 500W　　D. 6 500W

20. 关于实际物体的单色吸收率和单色发射率的论述中，错误的是(　　)。

A. 热平衡条件下实际物体的单色吸收率等于其所处温度下的单色发射率
B. 单色吸收率等于物体所处温度下的单色发射率
C. 实际物体的单色吸收率与波长有关

D. 实际物体在各个方向上的发射率完全相同

21. 运动流体的压强(　　)。

A. 与空间位置有关,与方向无关
B. 与空间位置无关,与方向有关
C. 与空间位置和方向都有关
D. 与空间位置和方向都无关

22. $z+\frac{p}{\gamma}+\frac{v^2}{2g}=C$(常数)——表示(　　)。

A. 不可压缩理想流体稳定流动的伯努利方程
B. 可压缩理想流体稳定流动的伯努利方程
C. 不可压缩理想流体不稳定流动的伯努利方程
D. 不可压缩黏性流体稳定流动的伯努利方程

23. 有一管径 $d=25$mm 的室内上水管,水温 $t=10$℃。试求为使管道内保持层流状态的最大流速为多少?(10℃时水的运动黏滞系数 $\nu=1.31\times10^{-6}\text{m}^2/\text{s}$)(　　)

A. 0.052 5m/s　　B. 0.105 0m/s　　C. 0.210 0m/s　　D. 0.420 0m/s

24. 下列哪项是流动相似不必满足的条件?(　　)

A. 几何相似　　B. 必须是同一种流体介质
C. 动力相似　　D. 初始条件和边界条件相似

25. 垂直于圆管轴线的截面上,流体速度的分布(　　)。

A. 层流时比紊流时更加均匀　　B. 紊流时比层流时更加均匀
C. 与流态没有关系　　D. 仅与圆道直径有关

26. 如图所示,过一组 35m 长的串联管道将水泄入环境中,管道前 15m 的直径为 50mm(沿程阻力系数为 0.019),然后管道直径变为 75mm(沿程阻力系数为 0.030),与水库连接的水道入口处局部阻力系数为 0.5,其余局部阻力不计。当要求保持排水量为 $10\text{m}^3/\text{h}$ 时,则水库水面应比管道出口高多少?(　　)

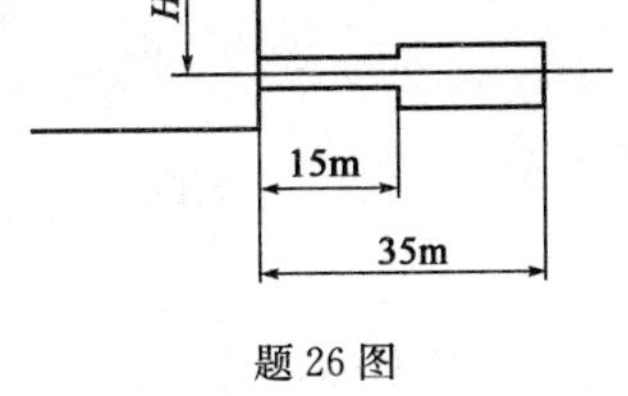

题 26 图

A. 0.814m　　B. 0.794m
C. 0.348m　　D. 1.470m

27. 常用的泵与风机实际能头曲线有三种类型:陡降型、缓降型与驼峰型。陡降型的泵与风机宜用于下列哪种情况?(　　)

A. 流量变化小,能头变化大

B. 流量变化大，能头变化小

C. 流量变化小，能头变化小

D. 流量变化大，能头变化大

28. 喷口或喷嘴射入无限广阔的空间，并且射流出口的雷诺数较大，则成为紊流自由射流，其主要特征为(　　)。

A. 射流主体段各断面轴向流速分布不具有明显的相似性

B. 射流起始段中保持原出口射流的核心区呈长方形

C. 射流各断面的动量守恒

D. 上述三项

29. 音速是弱扰动在介质中的传播速度，也就是(　　)的微小变化以波的形式在介质中的传播速度。

A. 压力　　B. 速度　　C. 密度　　D. 上述三项

30. 当采用两台相同型号的水泵并联运行时，下列哪条结论是错误的？(　　)

A. 并联运行时总流量等于每台水泵单独运行时的流量之和

B. 并联运行时总扬程大于每台水泵单独运行时的扬程

C. 并联运行时总流量等于每台水泵联合运行时的流量之和

D. 并联运行比较适合管路阻力特性曲线平坦的系统

31. 从自动控制原理的观点看，家用空调机的温度传感器应为(　　)。

A. 输入元件　　B. 反馈元件　　C. 比较元件　　D. 执行元件

32. 根据图示，其总的传递函数 $G(s)=C(s)/R(s)$ 为(　　)。

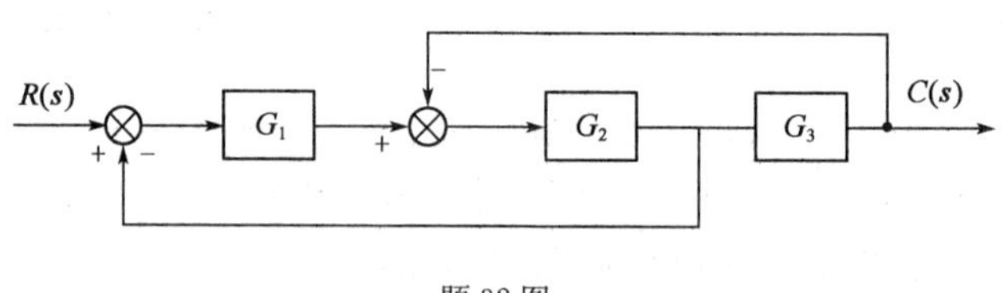

题 32 图

A. $G(s)=\dfrac{C(s)}{R(s)}=\dfrac{G_1G_2G_3}{1+G_1G_2-G_2G_3}$

B. $G(s)=\dfrac{C(s)}{R(s)}=\dfrac{G_1G_2G_3}{1-G_1G_2+G_2G_3}$

C. $G(s)=\dfrac{C(s)}{R(s)}=\dfrac{G_1G_2G_3}{1-G_1G_2-G_1G_3}$

D. $G(s)=\dfrac{C(s)}{R(s)}=\dfrac{G_1G_2G_3}{1-G_1G_2+G_2G_3}$

33. 某闭环系统的总传递函数为 $G(s)=\dfrac{1}{2s^3+3s^2+s+K}$，根据劳斯稳定判据判断下列论述哪个是对的？（　　）

A. 不论 K 为何值，系统不稳定

B. 当 $K=0$ 时，系统稳定

C. 当 $K=1$ 时，系统稳定

D. 当 $K=2$ 时，系统稳定

34. 图为某环节的对数幅值随频率的变化渐近线，图中 dec 表示十倍频程。在下列传递函数中哪个可能与图相符合？（　　）

A. $G(j\omega)=\dfrac{K}{(j\omega)^3+b(j\omega)^2+c(j\omega)+1}$

B. $G(j\omega)=\dfrac{K}{(j\omega)[(j\omega)^2+b(j\omega)+1]}$

C. $\dfrac{K}{(j\omega+a)(j\omega+b)(j\omega+c)}$

D. $\dfrac{K}{j\omega(j\omega+a)(j\omega+b)}$

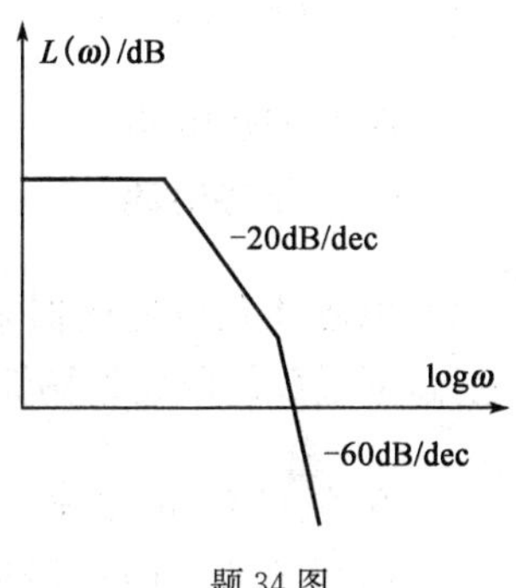

题 34 图

35. 某闭环系统的总传递函数为 $G(s)=\dfrac{10}{s^2+As+16}$，选用合适的 A 值，使其瞬态响应能最快达到稳定，则（　　）。

A. $A=2$　　B. $A=5$　　C. $A=10$　　D. $A=12$

36. 设单位反馈（即负反馈传递函数为 1 的闭环系统）的开环传递函数为 $G(s)=\dfrac{10}{s(0.1s+1)(2s+1)}$，在参考输入为 $r(t)=2t$ 时系统的稳态误差为（　　）。

A. 10　　B. 0.1　　C. 0.2　　D. 2

37. 如图所示闭环系统的根轨迹应为（　　）。

A. 整个负实轴

B. 实轴的两段

C. 在虚轴左面平行于虚轴的直线

D. 虚轴的两段共轭虚根线

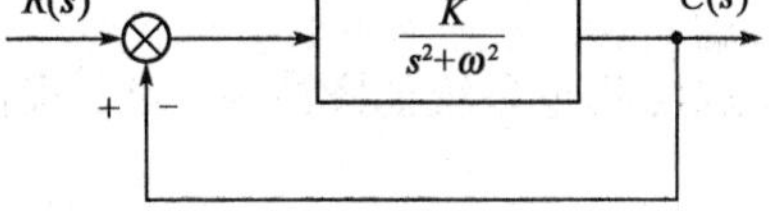

题 37 图

38. 对增加控制系统的带宽和增加增益、减小稳态误差宜采用（　　）。

A. 相位超前的串联校正　　B. 相位迟后的串联校正

C. 局部速度反馈校正　　D. 前馈校正

39. 对于一个位置控制系统，下列对非线性现象的描述哪个是错的？（　　）

A. 死区

B. 和力成比例关系的固体间摩擦（库仑摩擦）

C. 和运动速度成比例的黏性摩擦

D. 和运动速度平方成比例的空气阻力

40. 能够将被测热工信号转换为标准电流信号输出的装置是（　　）。

A. 敏感元件　　B. 传感器

C. 变送器　　D. 显示与记录仪器

41. 介质的被测温度范围 0～600℃，还原性工作气氛，可选用的热电偶为（　　）。

A. S 型热电偶　　B. B 型热电偶

C. K 型热电偶　　D. J 型热电偶

42. 电容式差压变送器采用差动电容结构，32kHz 的高频振荡器提供流过两个电容的工作电流，通过反馈改变振荡器振荡幅值的是（　　）。

A. 流过 C_1 的电流 I_1　　B. 流过 C_2 的电流 I_2

C. 电流 I_1 与 I_2 之和　　D. 电流 I_1 与 I_2 之差

43. 在以下四种测量气流速度的装置中，动态响应速度最高的是（　　）。

A. 恒温式热线风速仪　　B. 恒流式热线风速仪

C. 皮托管　　D. 机械式风速计

44. 用标准节流装置测量某蒸汽管道内的蒸汽流量。若介质的实际温度由 420℃下降到 400℃，实际压力由设计值 35kgf/cm^2 下降到 30kgf/cm^2，当流量计显示值为 100t/h 时，实际流量为（　　）（420℃、35kgf/cm^2 时水蒸气密度为 11.20kg/m^3，400℃、30kgf/cm^2 时水蒸气密度为 9.867kg/m^3）。

A. 113.59t/h　　B. 88.1t/h

C. 106.54t/h　　D. 93.86t/h

45. 水位测量系统如图所示，为了提高测量精度，需对差压变送器实施零点迁移，（　　）。

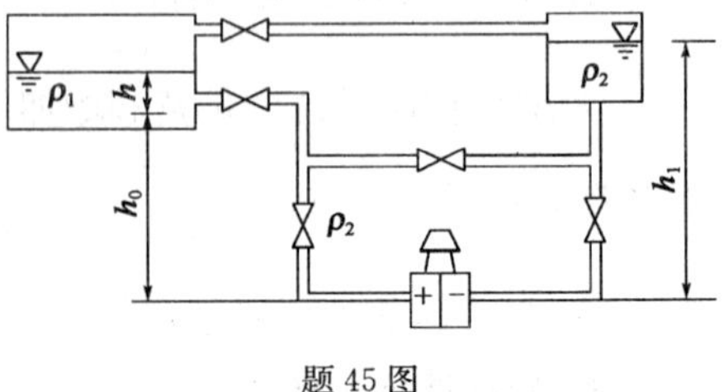

题 45 图

A. 对变送器实施正迁移且迁移量为 $gh_1\rho_2 - gh_0\rho_1$

B. 对变送器实施负迁移且迁移量为 $gh_1\rho_2 - gh_0\rho_2$

C. 对变送器实施正迁移且迁移量为 $gh_1\rho_2 - gh\rho_1$

D. 对变送器实施负迁移且迁移量为 $gh_1\rho_2 - gh\rho_2$

46. 湿度是指在一定温度及压力条件下混合气体中水蒸气的含量，对某混合气体，以下四个说法中错误的是(   )。

A. 百分比含量高则湿度大
B. 露点温度高则湿度大
C. 水蒸气分压高则湿度大
D. 水蒸气饱和度高则湿度大

47. 工程测量中，常以最大剩余误差 σ_i 的绝对值是否小于 3σ(σ 为标准方差)作为判定存在疏忽误差的依据。按此估计方法，所取的置信概率为(   )。

A. 0.683　　B. 0.954　　C. 0.997　　D. 0.999

48. 有关氯化锂电阻湿度变送器的说法中，哪一项是不正确的？(   )

A. 随着空气相对湿度的增加，氯化锂的吸湿量也随之增加，导致它的电阻减小
B. 测量范围为 5%～95%RH
C. 受环境气体的影响较大
D. 使用时间长了会老化，但变送器的互换性好

49. 机械零件的工作安全系数是(   )。

A. 零件材料的极限应力比许用应力
B. 零件材料的极限应力比零件的工作应力
C. 零件的工作应力比许用应力
D. 零件的工作应力比零件的极限应力

50. 斜齿圆柱轮的标准模数和压力角是指以下哪种模数和压力角？(   )

A. 端面　　B. 法面　　C. 轴面　　D. 任意截面

51. 开式齿轮传动的主要失效形式一般是(   )。

A. 齿面胶合
B. 齿面疲劳点蚀
C. 齿面磨损
D. 轮齿塑性变形

52. 代号为 N1024 的轴承，其内径是(   )毫米。

A. 24　　B. 40　　C. 120　　D. 1024

53. 在非液体摩擦滑动轴承中，限制 pV 值的主要目的是防止轴承(   )。

A. 润滑油被挤出
B. 产生塑性变形
C. 磨粒磨损
D. 过度发热而胶合

54. 下面几种联轴器中，不能补偿两轴间轴线误差的联轴器是(　　)。

A. 夹壳联轴器　　B. 轮胎联轴器
C. 齿形联轴器　　D. 弹性柱销联轴器

55. 齿轮轮系传动不可能提供以下哪种作用？(　　)

A. 做较远距离的传动　　B. 过载保护
C. 实现变速与换向　　D. 获得大传动比

56. 以下各种皮带传动类型中，传动能力最小的为(　　)。

A. 圆形带　　B. 同步带
C. 平带　　D. V 型带

57. 在以下几种螺纹中，哪种是为承受单向荷载而专门设计的？(　　)

A. 梯形螺纹　　B. 锯齿形螺纹
C. 矩形螺纹　　D. 三角形螺纹

58. 哪一个部门应负责采取措施，拉制和处理施工现场对环境可能造成的污染和危害？(　　)

A. 建设单位　　B. 城监部门
C. 主管部门　　D. 施工企业

59. 重点用能单位应当设立能源管理岗位，能源管理人员应在以下人员中聘任，并向县级以上人民政府管理节能工作的部门和有关部门备案：(　　)。

A. 具有节能专业知识、实际经验及岗位证书的人员
B. 具有节能专业知识、实际经验的工程技术人员
C. 具有节能专业知识、实际经验以及工程师以上技术职称的人员
D. 具有节能专业知识、实际经验的高级工程师

60. 工程建设监理单位的工作内容，下列哪条是正确的？(　　)

A. 代表业主对承包方进行监理
B. 对合同的双方进行监理
C. 代表一部分政府职能
D. 只能对业主提交意见，由业主行使权力

2008 年度注册公用设备工程师(暖通空调、动力)执业资格考试专业基础考试

试题解析及参考答案

1. **解** 本题主要考查热力学系统的基本概念。按系统与外界有无物质交换,系统可分为闭口系统和开口系统。闭口系统,系统内外无物质交换;开口系统,系统内外有物质交换。

答案:A

2. **解** 制冷量是指空调进行制冷运行时,单位时间内从密闭空间、房间或区域内去除的热量总和。

答案:A

3. **解** 在内燃机循环中气体的放热过程为定容过程,因此计算放热量时应采用定容比热。

答案:D

4. **解** 根据热力学能的分类,外部储存能包括宏观动能 E_k 和重力位能 E_p 两种。

答案:A

5. **解** 如果有 1kg 湿蒸汽,干度为 x,即有 $x$kg 饱和蒸汽,$(2-x)$kg 饱和水。则湿蒸汽的一些参数计算公式如下:

$$h = xh'' + (1-x)h'$$
$$V = xV'' + (1-x)V'$$
$$s = xs'' + (1-x)s'$$

答案:A

6. **解** 湿空气的焓值以 0℃的干空气和水为基准点,1kg 干空气的焓 $0.001d$kg,水蒸气的焓总和即 $h=h_a+0.001dh_v$,其中水蒸气的焓值为 $h_v=2\,501+1.85t$,式中 2 501 是 0℃时饱和水的汽化潜热,1.85 为常温下水蒸气的平均比定压热容[kJ/(kg·K)]。

答案:D

7. **解** 本题主要考查理想气体状态方程式的微分推动过程。在一定状态下,p、V、T 三个变量中只有两个是独立的,也就是当压力和温度确定之后,体系的体积也随着确定下来,即 $V=f(p,T)$,其微分为"全微分",即

$$\mathrm{d}V = \left(\frac{\partial V}{\partial p}\right)_T \mathrm{d}p + \left(\frac{\partial V}{\partial T}\right)_p \mathrm{d}T$$

理想气体状态方程式的实验基础是三个实验定律:①波义尔(Boyle)定律;②查理士—盖·吕萨克(Charles-Gay-Lussac)定律;③阿佛伽德罗(Avogadro)定律。自以上三个实验定律可得出上式中有关的偏微系数。

由波义耳定律可得:

$$\left(\frac{\partial V}{\partial p}\right)_T = -\frac{V}{p}$$

由查理士—盖·吕萨克定律可得：

$$\left(\frac{\partial V}{\partial T}\right)_p = \frac{V}{T}$$

由阿佛伽德罗定律可得：

$$\left(\frac{\partial V}{\partial n}\right)_{p,T} = \frac{V}{n}$$

因此 $V=f(p,T)$ 的全微分可表示为：

$$dV = -\frac{V}{p}dp + \frac{V}{T}dT \text{ 或} \frac{dV}{V} = -\frac{dp}{p} + \frac{dT}{T}$$

上述两边不定积分的结果为：

$$\ln V = -\ln p + \ln T + \ln R_g$$

式中积分常数 $\ln R$ 为一与气体性质无关的常数，而 R_g 称为“摩尔气体常量”。上式移项并除去对数符号，可得：

$$pV = R_g T$$

答案:A

8. **解**　本题主要考查理想气体定容比容与定压比容的换算公式 $c_p - c_v = R$ 和定压过程容积功计算式 $w = p(V_2 - V_1) = R(T_2 - T_1)$，以及定压过程内能变化公式 $\Delta H = mc_p(T_2 - T_1)$。已知气体的定容比热，由公式 $c_p - c_v = R$ 可以求得定压比热 c_p 为 1.038kJ/(kg·K)，由公式 $\Delta H = mc_p(T_2 - T_1) = 3\,349$kJ 可以计算出温度变化 $m(T_2 - T_1) = 3\,226.4$kg·K，则此过程对外界做的容积功为 $W = mR(T_2 - T_1) = 958$kJ。

答案:D

9. **解**　本题主要考查动力循环吸热量在 T-s 图上的标示方法。动力循环吸热量在 T-s 图上为 12dc1 所包含的面积，通过计算可知答案。

答案:B

10. **解**　工质在绝热流动中，因遇着障碍物或某种原因而受阻，使速度降低直至变为零，这种过程称为绝热滞止。水银温度计在管道中测得的温度是流体的滞止温度。而对于理想气体滞止参数的计算公式为：

$$\left.\begin{aligned} h_0 &= h_1 + \frac{c_1^2}{2} \\ T_0 &= T_1 + \frac{c_1^2}{2c_p} \end{aligned}\right\}$$

因此空气的实际温度是：

$$T_1 = T_0 - \frac{c_1^2}{2c_p} = 70 - \frac{150 \times 150}{2 \times 1\,001} = 59℃$$

答案:C

11. **解**　剥掉电缆的绝缘层，电缆表面温度比空气的温度高，有温差就有传热，电缆就会向空气散热，温度会降低。

答案:B

12. **解** 热流密度可以表示为

$$q=\frac{t_A-t_B}{\frac{1}{h_A}+\frac{\delta_A}{\lambda_A}+\frac{\delta_B}{\lambda_B}+\frac{1}{h_B}}$$

或者

$$q=\frac{t_{AB}-t_B}{\frac{\delta_B}{\lambda_B}+\frac{1}{h_B}}$$

或者

$$q=\frac{t_A-t_{AB}}{\frac{\delta_A}{\lambda_A}+\frac{1}{h_A}}$$

答案:C

13. **解** 对非稳态导热的显式格式,其数值解的稳定性要受到稳定性条件的限制。对于内部节点的稳定性条件是:$\mathrm{Fo}\leqslant\frac{1}{2}$;对于第三类边界条件的稳定性条件是:$\mathrm{Fo}\leqslant\frac{1}{2\mathrm{Bi}+2}$。

答案:C

14. **解** 自然对流传热的相似准则关系式为:

$$\mathrm{Nu}=f(\mathrm{Gr},\mathrm{Pr})$$

答案:C

15. **解** 在弯曲的通道中流动产生的离心力,将在流场中形成二次环流,此二次环流与主流垂直,它增加了对边界层的扰动,有利于换热。而且管的弯曲半径越小,二次环流的影响越大。

答案:A

16. **解** 凝结传热的分析解:

$$h=0.943\left[\frac{\rho_l^2\cdot g\cdot r\cdot\lambda^3}{\mu_l\cdot x\cdot(t_s-t_w)}\right]^{\frac{1}{4}}$$

答案:B

17. **解** 实际物体的辐射力等于该物体的发射率乘上同温度黑体的辐射力。

答案:C

18. **解** 气体辐射具有明显的选择性,因此不能看成灰体,其吸收率不等于发生率。

答案:D

19. **解** 由于热水的流量与冷水的流量相等,则热水进出口温差与冷水的进出口温差相等,可用冷热水的进口温差作为对数平均温差,$Q=kF\cdot\Delta t=2\times150\times(70-55)=4\,500\mathrm{W}$。

答案:B

20. **解** 如图所示,实际物体在各个方向上的发射率是变化的。对于非导体,定向角在0°～60°范围内,发射率为常数;大于60°时,发射率数值减小很快。对于导电体,定向角在0°～

80°范围内，发射率为常数；大于80°时，发射率数值减小很快。对于选项A，基尔霍夫定律描述：热平衡条件下实际物体的单色吸收率等于其所处温度下的单色发射率。另外，单色吸收率等于物体所处温度下的单色发射率。实际物体的单色吸收率与波长有关。

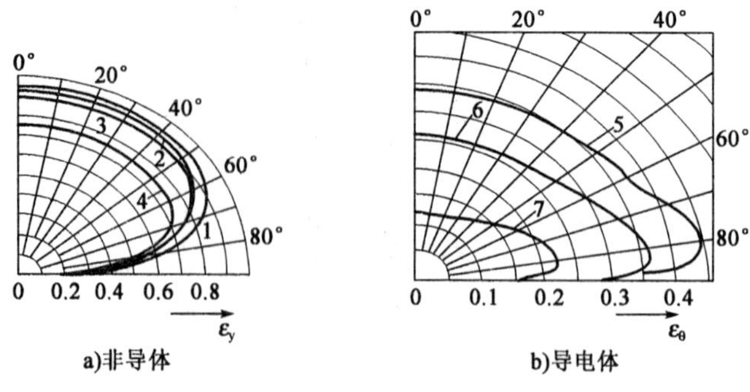

题20解图

1-融冰；2-玻璃；3-黏土；4-氧化亚铜；5-铋；6-铝青铜；7-铁（钝化）

答案：D

21.**解** 静止流体压强与空间位置有关，与方向无关；运动流体中因存在切向应力，故与空间位置和方向都有关。

答案：C

22.**解** 这是不可压缩理想流体稳定流动的元流伯努利方程表达式。

答案：A

23.**解** 对圆管而言，临界雷诺数Re=2 000，即：

$$\mathrm{Re}=\frac{ud}{\nu}=2\ 000$$

$$u=2\ 000\times1.31\times10^{-6}/0.025=0.105\mathrm{m/s}$$

答案：B

24.**解** 流动相似是指组成模型的每个要素必须与原型的对应要素相似，包括几何要素和物理要素，而不必是同一种流体介质。

答案：B

25.**解** 紊流时由于流体质点相互掺混，使流速分布趋于均匀。垂直于圆管轴线的截面上，层流流体速度为抛物线分布，而紊流为对数分布。

答案：B

26.**解**

$$v_1=\frac{4Q}{\pi d_1^2}=\frac{4\times10/3\ 600}{3.14\times0.05^2}=1.415\mathrm{m/s}$$

$$v_2=\frac{4Q}{\pi d_2^2}=\frac{4\times10/3\ 600}{3.14\times0.075^2}=0.629\mathrm{m/s}$$

$$H=\frac{v_2^2}{2g}+\left(\zeta_1+\lambda_1\frac{l_1}{d_1}\right)\frac{v_1^2}{2g}+\lambda_2\frac{l_2}{d_2}\frac{v_2^2}{2g}$$

$$=\left(0.5+0.019\times\frac{15}{0.05}\right)\times\frac{1.415^2}{19.6}+\left(1+0.03\times\frac{20}{0.075}\right)\times\frac{0.629^2}{19.6}$$

$$=0.814\text{m}$$

答案:A

27. **解** 从风机特征曲线图上可以看出,陡降型的泵与风机当流量变化时,能头会剧烈变化,因此适用于选项 A 的情况。

答案:A

28. **解** 该题与 2006 年第 28 题相同。对于自由射流,单位时间内射流各横截面沿 x 方向动量保持不变,等于喷管出口处的原始动量。同时,自由射流主体段各断面轴向流速分布具有明显的相似性,射流起始段中保持原出口射流的核心区呈锥形。

答案:C

29. **解** 由音速的定义可知,某处产生一个微弱的局部压力扰动,这个压力扰动将以波面的形式在流体内传播,其传播速度称为音速。

答案:A

30. **解** 联合运行时水泵的工作点相比独立运行时,系统总流量变大,管路阻抗不变,所以所需能头也变大。能头的增大造成泵的流量比单台独立运行时小。即并联运行时总流量大于单台水泵独立运行时的流量,但小于每台水泵单独运行时的流量之和。

答案:A

31. **解** 温度传感器为测量元件,将实际温度测出与参考温度进行比较,构成反馈通道,因此为反馈元件。

答案:B

32. **解** 根据梅逊公式求取。题图中有 2 个回路,回路传递函数为:

$$L_1=+G_1G_2, L_2=-G_2G_3$$

则

$$\Delta=1-(L_1+L_2+L_3)=1-G_1G_2+G_1G_2G_3$$

图中有两条前向通路,$n=1$,第 1 条前向通路的传递函数为 $P_1=G_1G_2G_3$,第 2 条前向通路的传递函数为 $P_2=G_1$,前向通路与回路均相互接触,故 $\Delta_1=1$。因此传递函数为:

$$\frac{C(s)}{R(s)}=\frac{P_1\Delta_1}{\Delta}=\frac{G_1G_2G_3}{1-G_1G_2+G_2G_3}$$

答案:B

33. **解** $0<K<3/2$ 时,系统稳定。可取 $K=1$。

答案:C

34. **解** 解析如图所示。

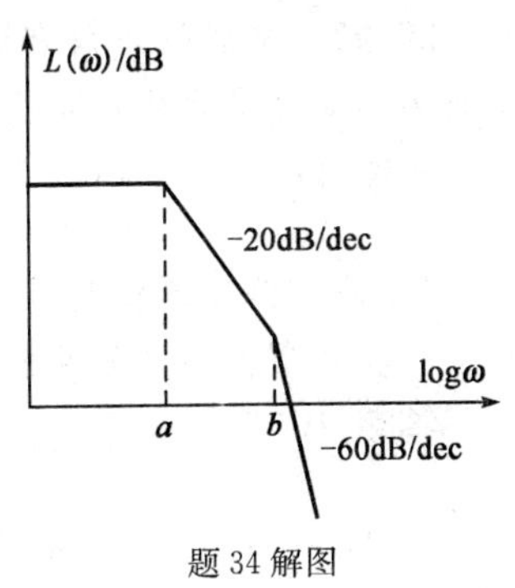

题 34 解图

由图可得,该系统有一个比例环节 K,随着频率的增大,转折频率 a 处有两个惯性环节 $\frac{1}{\left(\frac{1}{a}s+1\right)}$,转折频率 b 处有一个惯性环节$\dfrac{1}{\left(\dfrac{1}{b}s+1\right)}$。因此可得传递函数为：

$$G(s)=\frac{K}{\left(\frac{1}{b}s+1\right)^2\left(\frac{1}{a}s+1\right)}$$

则频率特性为：

$$G(j\omega)=\frac{K}{\left(\frac{1}{b}j\omega+1\right)^2\left(\frac{1}{a}j\omega+1\right)}$$

答案:A

35. **解** 与标准二阶系统相比可得，$\omega_n=4$，$2\xi\omega_n=A$，最快达到稳定的二阶系统即过渡过程时间对端的为欠阻尼系统。因此$\xi=A/8<1$，只有$A=2$和$A=5$满足该要求，调节时间$t_s=\dfrac{3}{\xi\omega_n}=\dfrac{6}{A}$越小，越快达到稳定，则$A=5$。

答案:B

36. **解** 根据斜坡输入信号作用时稳态误差的定义可知$e_{ss}=\dfrac{2}{K_v}$，本题中：

$$K_v=\lim_{s\to 0}sG(s)=\lim_{s\to 0}\frac{10}{s(0.1s+1)(2s+1)}=10$$

则

$$e_{ss}=\frac{2}{K_v}=0.2$$

答案:C

37. **解** 闭环传递函数为$\dfrac{K}{s+K}$，闭环极点$s\approx -K$；当K从零变化到无穷大时，根轨迹为整个负实轴。

答案:A

38. **解** 超前校正利用了超前网络校正装置相角超前、幅值增加的特性，校正后可以使系统的截止频率ω_c变宽、相角裕度γ增大，从而有效改善系统的快速性和平稳性。在系统稳定性满足的情况下，要求系统的响应快、超调小，可采用串联超前校正。

答案:A

39. **解** 非线性现象有死区、饱和、继电、摩擦和间隙等。摩擦非线性，黏性摩擦力与滑动表面的相对速度成线性正比关系。

答案:D

40. **解** 传感器就是对各种非电物理量，如压力、温度、湿度、物质成分等敏感的敏感元件。它是实现测量按一定规律转换成便于处理和传输的另一物理量（一般多为电量）的元件。

答案:B

41. **解** 本题主要考查常用热电偶的测温范围。其中J（铁—康铜）型热电偶具有价格便宜的优点，既可用于氧化性气氛(使用温度上限为750℃)，也可用于还原性气氛(使用温度上限为950℃)。

答案:D

42.**解** 电容式差压变送器是没有杠杆机构的变送器。它采用差动电容作为检测元件，整个变送器无机械传动、调整装置，并且测量部分采用全封闭焊接的固体化结构。因此，仪表结构简单，性能稳定、可靠，且具有较高的精度。电容式传感器是通过在膜片的旁边，固定一个与该膜片平行的极板，使膜片与极板构成一个平行板电容器。当膜片受压产生位移时，极板与膜片间的距离发生改变，从而改变电容器的电容值，通过测量电容的变化即可间接获得被测压力的大小。变送器主要由检测部分和信号转换及放大处理部分组成。检测部分由检测膜片和两侧固定弧形板组成，检测膜片在压差的作用下可轴向移动，形成可移动电容极板，并和固定弧形板组成两个可变电容器 C_1 和 C_2。检测前，高、低压室压力平衡，$P_1=P_2$；按结构要求，组成两可变电容的固定弧形极板和检测膜片对称，极间距相等，$C_1=C_2$。当被测压力 P_1 和 P_2 分别由导入管进入高、低压室时，由于 $P_1>P_2$，隔离膜片中心将发生位移，压迫电解质使高压侧容积变小。当电解质为不可压缩体时，其容积变化量将引起检测膜片中心向低压侧位移，此位移量和隔离膜片中心位移量相等。根据电工学，当组成电容的两极板极间距发生变化时，其电容量也将发生变化，即从 $C_1=C_2$ 变为 $C_1\neq C_2$。未发生位移时，$I_1=I_2=0$，$i_1+i_2=i_c$；发生位移后，由于相对极间距发生变化，各极板上的积聚电荷量也发生变化，形成电荷位移，此时反映出 $I_1\neq I_2$，两者之间将产生电流差，若检测出其值大小以及和压差的关系，即可求取压力。电流差和可动极板(检测膜片)中心位移成正比，由于此位移和被测压差成正比，所以电流差与被测压差以及流量均成正比。

答案:D

43.**解** 毕托管是利用安装在流体运动方向上的两根直管产生的压差来测量液体或气体的流速和流量的检出元件，它是流量测量仪表中最简单的一种。最简单的毕托管有一根端部带有小孔的金属细管称为导压管，正对流束方向测出流体的总压力(即静压力和动压力之和)；另在金属细管前面附近的主管道壁上再引出一根导压管，测得静压力。差压计与两导压管相连，测出的压差即为动压力。根据伯努利定理，动压力与流速的平方成正比。因此用毕托管可测出流体的流速。在结构上进行改进后即成为组合式毕托管，即毕托—静压管。它是一根弯成直角的双层管。外套管与内套管之间封口，在外套管的周围有若干小孔。测量时，将此套管插入被测管道中间。内套管的管口正对流束方向，外套管周围小孔的孔口恰与流束方向垂直，这时测出内外套管的压差即可计算出流体在该点的流速。

答案:C

44.**解** 对于节流式流量计，实际流量与计算流量间计算公式为：

$$q_{ms}=\sqrt{\rho_s/\rho_k}\,q_{mk}$$

带入数据计算可得。

答案:D

45.**解** 用差压变送器测量液位时，由于差压变送器安装的位置不同，正压和负压导压管内充满了液体，这些液体会使差压变送器有一个固定的差压。在液位为零时，造成差压计指示不在零点，而是指示正或负的一个指示偏差。为了指示正确，消除这个固定偏差，就把零点向下或向上移动，也就是进行"零点迁移"。这个差压值就称为迁移量。如果这个值为正，即称系统为正迁移；如果为负，即系统为负迁移；如果这个值为零，即为无迁移。

答案:A

46. **解** 本题主要考查湿度的表示方法。空气有吸收水分的特征，湿度的概念是空气中含有水蒸气的多少。它有三种表示方法：①绝对湿度，它表示每立方米空气中所含的水蒸气的量，单位是千克/立方米；②含湿量，它表示每千克干空气所含有的水蒸气的量，单位是千克/(千克·干空气)；③相对湿度，表示空气中的绝对湿度与同温度下的饱和绝对湿度的比值，得数是一个百分比。本题中的百分比含量是水蒸气在混合空气中的质量百分比，并不是相对湿度。

答案:A

47. **解** 测量结果表达式 $x=\bar{x}\pm3\sigma,\bar{x}$ 的置信度为 99.7%。

答案:C

48. **解** 氯化锂电阻湿度计利用氯化锂吸湿量随着空气相对湿度的变化，从而引起电阻变化的原理制成。氯化锂是一种在大气中不分解、不挥发、不变质的稳定的离子型无机盐类，其变送器受环境气体影响较小。

答案:C

49. **解** 由许用应力 $\sigma\leqslant[\sigma]=\frac{\sigma_{\lim}}{S}=\frac{\sigma_s}{S}$，可知工作安全系数是零件材料的极限应力比许用应力。

答案:A

50. **答案:**B

51. **解** 齿面磨损主要发生在开式传动中。

答案:C

52. **解** 右起第一、二位数字表示内径尺寸。表示方法见表。

轴承内径尺寸代号 题52解表

代号表示	00	01	02	03	内径/5的商	公称内径/内径
内径尺寸(mm)	10	12	15	17	20～480(5的倍数)	22、28、32及500以上

答案:C

53. **解** pV 值简略地表征轴承的发热因素，为了保证轴承运转时不产生过多的热量，以控制温升，防止黏着胶合，要限制 pV 的值。

答案:D

54. **解** 固定式刚性联轴器不能补偿两轴的相对位移，齿形联轴器属于固定式刚性联轴器。

答案:C

55. **解** 齿轮系能够实现距离较远的两个轴之间的传动,获得较大的传动比,实现运动的变速与变向,实现运动的合成分解等。

答案:B

56. **解** 带紧套在两个带轮上,借助带与带轮接触面间的压力所产生的摩擦力来传递运动和动力。同样条件下,圆形带与带轮接触面上的摩擦力最小,因此传动能力最小。

答案:A

57. **解** 锯齿形螺纹的牙形为不等腰梯形,工作面的牙形角为3°,非工作面的牙形角为30°。外螺纹的牙根有较大的圆角,以减少应力集中。内、外螺纹旋合后大径处无间隙,便于对中,传动效率高,而且牙根强度高,适用于承受单向荷载的螺旋传动。

答案:B

58. **解** 《中华人民共和国建筑法》第四十一条规定:建筑施工企业应当遵守有关环境保护和安全生产的法律、法规的规定。采取控制和处理施工现场的各种粉尘、废气、废水、固体废物以及噪声、振动对环境的污染和危害的措施。

答案:D

59. **解** 《中华人民共和国节约能源法》第五十五条规定:重点用能单位应当设立能源管理岗位,在具有节能专业知识、实际经验以及中级以上技术职称的人员中聘任能源管理负责人,并报管理节能工作的部门和有关部门备案。

答案:C

60. **解** 《中华人民共和国建筑法》第三十二条规定:建筑工程监理应当依照法律、行政法规及有关的技术标准、设计文件和建筑工程承包合同,对承包单位在施工质量、建设工期和建设资金使用等方面,代表建设单位实施监督。

答案:A

2009 年度注册公用设备工程师(暖通空调、动力)执业资格考试专业基础考试

试　题

单项选择题(共 60 题,每题 2 分,每题的备选项中,只有 1 个最符合题意)

1. 表压力、大气压力、真空度和绝对压力中只有(　　)。

A. 大气压力是状态参数　　B. 表压力是状态参数
C. 绝对压力是状态参数　　D. 真空度是状态参数

2. 理论上认为,水在工业锅炉内的吸热过程是(　　)。

A. 定容过程　　B. 定压过程　　C. 多变过程　　D. 定温过程

3. 评价热机的经济性能指标是循环热效率,它可写作(　　)。

A. (循环中工质吸热量－循环中工质放热量)/循环中工质吸热量
B. (循环中工质吸热量－循环中工质放热量)/循环中转换为功的热量
C. 循环中转换为功的热量/循环中工质吸热量
D. 循环中转换为功的热量/循环中工质放热量

4. 某电厂有三台锅炉合用一个烟囱,每台锅炉每秒钟产生烟气 $73m^3$(已折算到标准状态下的容积)。烟囱出口处的烟气温度为 100℃,压力近似等于 1.0133×10^5Pa,烟气流速为 30m/s,则烟囱的出口直径是(　　)。

A. 3.56m　　B. 1.76m　　C. 1.66m　　D. 2.55m

5. 气体在某一过程中放出热量 100kJ,对外界做功 50kJ,其内能变化量是(　　)。

A. －150kJ　　B. 150kJ　　C. 50kJ　　D. －50kJ

6. 湿空气的焓可用 $h=1.01t+0.001d(2501+1.85t)$ 来计算,其中温度 t 是指(　　)。

A. 湿球温度　　B. 干球温度
C. 露点温度　　D. 任意给定的温度

7. 压力为 9.807×10^5Pa、温度为 30℃的空气,流经阀门时产生绝热节流作用,使压力降为 6.865×10^5Pa,此时的温度为(　　)。

A. 10℃　　B. 30℃　　C. 27℃　　D. 78℃

8. 0.3 标准立方米的氧气，在温度 $t_1=45℃$ 和压力 $p_1=103.2\text{kPa}$ 下盛于一个具有可移动活塞的圆筒中，先在定压下对氧气加热，热力过程为 1—2，然后在定容下冷却到初温 45℃，过程为 2—3。已知终态压力 $p_3=58.8\text{kPa}$。若氧气的气体常数 $R=259.8\text{J/(kg·K)}$，在这两个过程中氧气与外界交换热量为(　　)。

A. 56.56kJ　　B. 24.2kJ　　C. 26.68kJ　　D. 46.52kJ

9. 图为卡诺制冷循环的 T-s 图，从图中可知，表示制冷量的是(　　)。

A. 面积 $efghe$

B. 面积 $hgdch$

C. 面积 $cfghe$＋面积 $hgdch$

D. 面积 $aehba$＋面积 $efghe$

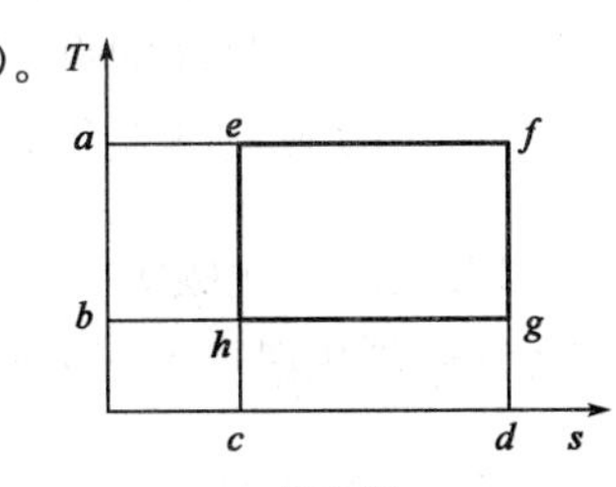

题 9 图

10. 冬天用一热泵向室内供热，使室内温度保持在 20℃。已知房屋的散热损失是 120 000kJ/h，室外环境温度为－10℃，则带动该热泵所需的最小功率是(　　)。

A. 8.24kW　　B. 3.41kW　　C. 3.14kW　　D. 10.67kW

11. 在外径为 133mm 的蒸汽管道外覆盖保温层，管道内是温度为 300℃的饱和水蒸气。按规定，保温材料的外层的温度不得超过 50℃。若保温材料的导热系数为 0.05W/(m·℃)，保温层厚度为 46mm，则每米管道的热损失应为(　　)。

A. 250W　　B. 150W　　C. 50W　　D. 350W

12. 将初始温度为 t_0 的小铜球放入温度 t_∞ 的水槽中，如果用集总参数法来分析，则在经过的时间等于时间常数 $\tau_r=\rho cV/(hA)$ 时，铜球的温度应为(　　)。

A. $0.368t_\infty+0.632t_0$　　B. $0.618t_\infty+0.382t_0$

C. $0.5t_\infty+0.5t_0$　　D. $0.632t_\infty+0.368t_0$

13. 一固体壁面与流体相接触，内部的温度变化遵循热传导方程，其边界条件为(　　)。

A. $-\lambda\left(\frac{\partial t}{\partial n}\right)_w=h(t_w-t_f)$　　B. $\lambda\left(\frac{\partial t}{\partial n}\right)_w=h(t_w-t_f)$

C. $-\lambda\left(\frac{\partial t}{\partial n}\right)_w=h(t_f-t_w)$　　D. $\lambda\left(\frac{\partial t}{\partial n}\right)_w=h(t_f-t_w)$

14. 温度为 t_∞ 的空气以流速 u_∞ 掠过温度恒为 t_w 的平壁时的层流受迫对流传热问题，在一定条件下可以用边界层换热积分方程求解。用这种方法得到的对流传热准则关系式表明，局部对流传热系数 h_x 沿流动方向 x 的变化规律为(　　)。

A. $h_x\propto x^{\frac{1}{2}}$　　B. $h_x\propto x^{\frac{1}{5}}$　　C. $h_x\propto x^{\frac{1}{3}}$　　D. $h_x\propto x^{-\frac{1}{2}}$

15. 为了强化蒸汽在竖直壁面上的凝结传热，应采取以下哪个措施？(　　)

A. 在蒸汽中掺入少量的油　　B. 在蒸汽中注入少量的氮气
C. 设法增加液膜的厚度　　D. 设法形成珠状凝结

16. 关于实际物体的吸热率与发射率之间关系的论述中，错误的是（　　）。

A. 热平衡条件下实际物体的吸收率等于其所处温度下的发射率
B. 物体的单色吸收率等于其所处温度下的单色发射率
C. 实际物体的吸收率等于它的发射率
D. 实际物体在各个方向上的发射率有所不同

17. 因二氧化碳等气体造成的温室效应会使地球表面温度升高而引起自然灾害。二氧化碳等气体产生温室效应的原因是（　　）。

A. 吸收光谱是不连续的　　B. 发射光谱是不连续的
C. 对红外辐射的透射率低　　D. 对红外辐射的透射率高

18. 两个平行的无限大灰体表面 1 和 2，温度分别为 T_1 和 T_2，发射率均为 0.8。若在中间平行插入一块极薄的、发射率为 0.4 的金属板，则表面 1 和 2 之间的换热量变为原来的（　　）。

A. 50%　　B. 27%　　C. 18%　　D. 9%

19. 某建筑外墙的面积为 $12m^2$，室内气体与内墙表面的对流传热系数为 $8W/(m^2 \cdot K)$，外表面与室外环境的复合传热系数为 $23\ W/(m^2 \cdot K)$，墙壁的厚度为 0.48m，导热系数为 $0.75\ W/(m^2 \cdot K)$，则总传热系数为（　　）。

A. $1.24W/(m^2 \cdot K)$　　B. $0.81W/(m^2 \cdot K)$
C. $2.48W/(m^2 \cdot K)$　　D. $0.162W/(m^2 \cdot K)$

20. 为了强化电加热器表面与水的传热，以下不正确的措施是（　　）。

A. 提高水的流速　　B. 提高加热器表面的发射率
C. 提高表面的粗糙度　　D. 使加热器表面产生震动

21. 根据流体运动参数是否随时间变化可以分为稳定流动和非稳定流动，请问下面哪种说法是正确的？（　　）

A. 流体非稳定流动时，只有流体的速度随时间而变化
B. 流体稳定流动时，任何情况下沿程压力均不变
C. 流体稳定流动时，流速一定很小
D. 流体稳定流动时，各流通断面的平均流速不一定相同

22. 试建立图中 1-1 断面和 2-2 断面之间的能量方程。（　　）

A. $Z_1+\frac{P_1}{\gamma}+\frac{\alpha_1 v_1^2}{2g}=Z_2+\frac{P_2}{\gamma}+\frac{\alpha_2 v_2^2}{2g}$

B. $\frac{P_1}{\gamma}+\frac{\alpha_1 v_1^2}{2g}=\frac{P_2}{\gamma}+\frac{\alpha_2 v_2^2}{2g}+h_{l1\text{-}2}$

C. $Z_1+\frac{\alpha_1 v_1^2}{2g}=Z_2+\frac{\alpha_2 v_2^2}{2g}+h_{l1\text{-}2}$

D. $Z_1+\frac{P_1}{\gamma}+\frac{\alpha_1 v_1^2}{2g}=Z_2+\frac{P_2}{\gamma}+\frac{\alpha_2 v_2^2}{2g}+h_{l1\text{-}2}$

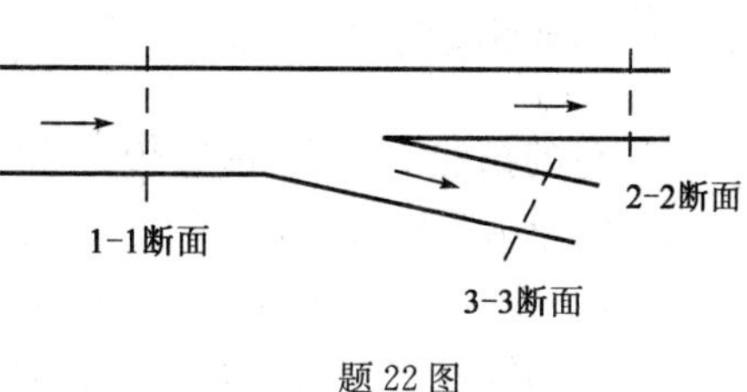

题 22 图

23. 温度为 50℃、直径为 0.2m 的水平圆柱与 20℃的空气之间进行自然对流传热，若空气的运动黏度取 $16.96\times10^{-6}\text{m}^2/\text{s}$，则格拉晓夫数为(　　)。

A. 26.6×10^6　　B. 26.6×10^7　　C. 23.6×10^7　　D. 23.6×10^6

24. 以下哪项措施不能有效减小管道中流体的流动阻力？(　　)

A. 改进流体的外部边界
B. 提高流速
C. 减小对流体的扰动
D. 在流体内投加极少量的添加剂改善流体运动的内部结构

25. 在并联管路中，总的阻抗与各支管阻抗之间的关系为(　　)。

A. 总阻抗的倒数等于各支管阻抗平方根倒数之和
B. 总阻抗的倒数等于各支管阻抗立方根倒数之和
C. 总阻抗的倒数等于各支管阻抗倒数之和
D. 总阻抗等于各支管阻抗之和

26. 如图所示，两水池的水位相差 8m，用一组管道连接，管道 BC 段长为 2 000m，直径为 500mm。CD 段和 CE 段长均为 2 000m，直径均为 250mm。B 点与 E 点在同一水平线上，D 点与 B 点相差 7m。设管道沿程阻力系数为 0.035，不计局部阻力损失。问：两水池间的总流量为多少？(　　)

A. $0.0693\text{m}^3/\text{s}$
B. $0.0504\text{m}^3/\text{s}$
C. $0.0648\text{m}^3/\text{s}$
D. 以上三项答案均错

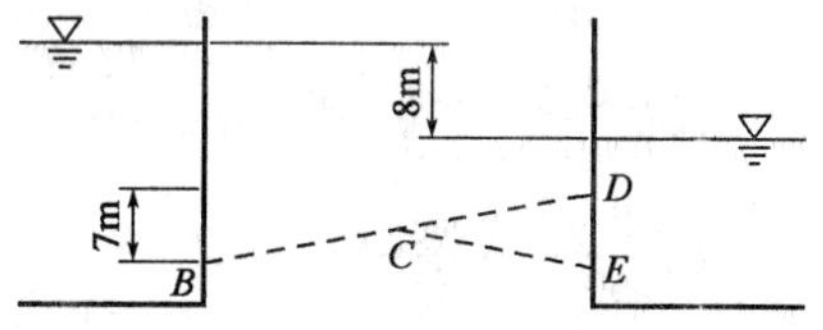

题 26 图

27. 存在一无旋流动 $u_x=\frac{-y}{x^2+y^2}$，$u_y=\frac{x}{x^2+y^2}$，$u_z=0$，其势函数为(　　)。

A. $\varphi(x,y)=\text{arccot}\,\frac{y}{x}$　　B. $\varphi(x,y)=\arctan\frac{y}{x}$

C. $\varphi(x,y)=\arctan\frac{x}{y}$　　D. $\varphi(x,y)=\text{arccot}\,\frac{x}{y}$

28. 前向叶型风机的特点为(　　)。

A. 总的扬程比较大,损失较大,效率较低
B. 总的扬程比较小,损失较大,效率较低
C. 总的扬程比较大,损失较小,效率较高
D. 总的扬程比较大,损失较大,效率较高

29. 下面哪一项不属于产生“气蚀”的原因?(　　)

A. 泵的安装位置高出吸液面的高程太大
B. 泵所输送的液体具有腐蚀性
C. 泵的安装地点大气压较低
D. 泵所输送的液体温度过高

30. 关于气流与断面的关系,下列哪种说法是错的?(　　)

A. 在超音流速中,流速随断面面积的增加而增加
B. 一股纯收缩的亚音速气流不可能达到超音速流动
C. 只有先收缩到临界流之后再逐渐扩大的气流才能达到超音流速
D. 所有亚音速气流通过拉伐尔(Laval)喷管都能达到超音速

31. 从自动控制原理的观点看,下列哪种种系统为闭环控制系统?(　　)

A. 普通热水加热式暖气设备的温度调节
B. 遥控电视机的定时开机(或关机)控制系统
C. 抽水马桶的水箱水位控制系统
D. 商店、宾馆自动门的开、闭门启闭系统

32. 请判断下列元件的动态方程中哪个是线性方程?(　　)

A. $7\dfrac{d^3y}{dt^3}+5\dfrac{d^2y}{dt^2}+6\left(\dfrac{dy}{dt}\right)^2+9y=0$

B. $7\dfrac{d^3y}{dt^3}+5\dfrac{d^2y}{dt^2}+3\sin y=0$

C. $\dfrac{d^2y}{dt^2}+y\dfrac{dy}{dt}+y=156-t$

D. $3\dfrac{d^3y}{dt^3}+2\dfrac{d^2y}{dt^2}+2y=ot^2+\sin t$

33. 如图所示控制系统,请判断此系统为以下哪种类型?(　　)

A. 欠阻尼二阶系统
B. 过阻尼二阶系统
C. 临界阻尼二阶系统
D. 等幅振荡二阶系统

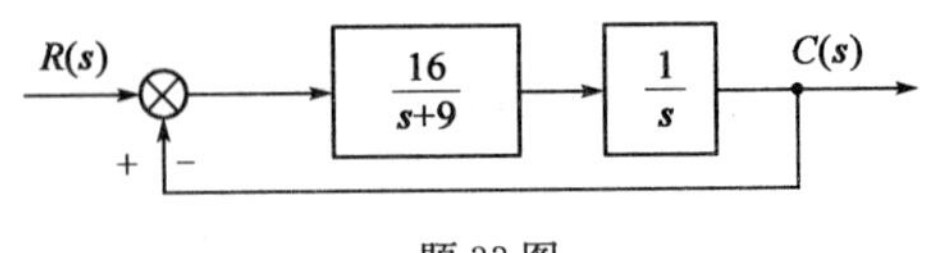

题 33 图

34. 根据图中环路传递函数的对数频率特性曲线，判断其闭环系统的稳定性。(　　)

A. 系统稳定，增益裕量为 a

B. 系统稳定，增益裕量为 b

C. 系统不稳定，负增益裕量为 a

D. 系统不稳定，负增益裕量为 b

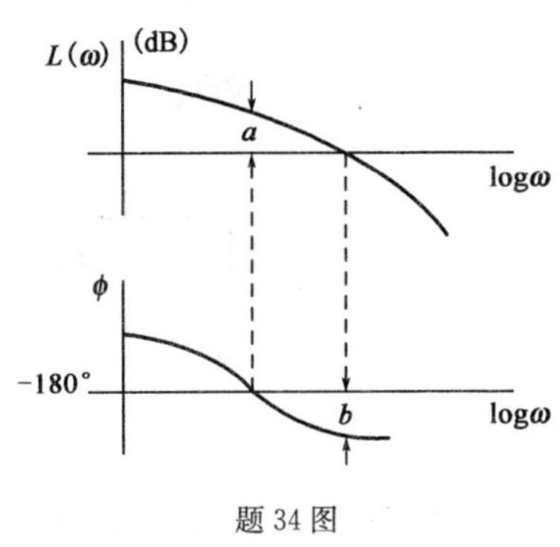

题 34 图

35. 如图所示系统，虚线所示的反馈通道为速度反馈。那么与原闭环系统，即无速度反馈的系统相比(　　)。

A. 阻尼系数增加

B. 无阻尼频率增加

C. 阻尼及无阻尼自然频率增加

D. 阻尼及无阻尼自然频率基本不变

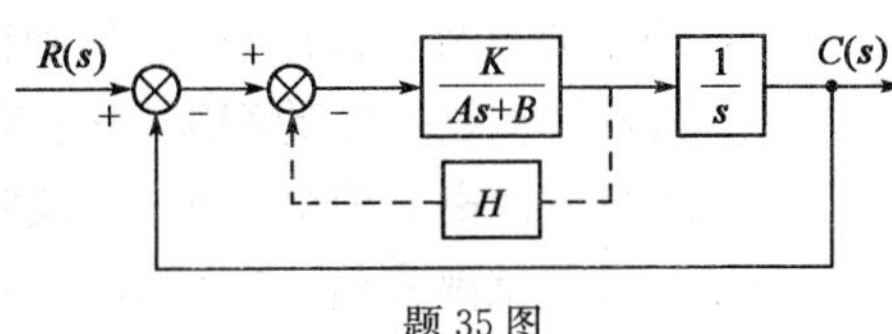

题 35 图

36. 比例环节的奈奎斯特曲线占据复平面中(　　)。

A. 整个负虚轴　　B. 整个正虚轴

C. 实轴上的某一段　　D. 实轴上的某一点

37. 图示为某闭环系统的信号流图，其中 $K>0$，它的根轨迹为(　　)。

A. 整个负实轴

B. 整个虚轴

C. 虚轴左面平行于虚轴的直线

D. 虚轴左面的一个圆

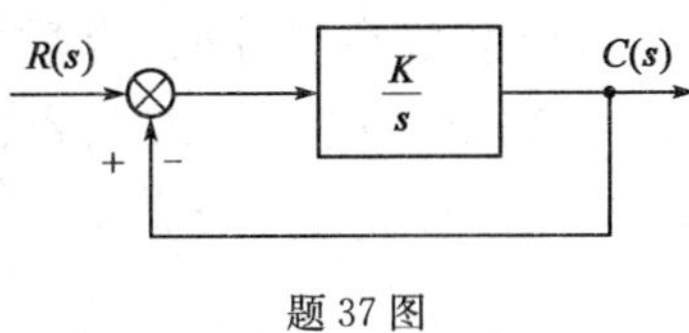

题 37 图

38. 如需减小控制系统的稳态误差，应采用(　　)。

A. 相位超前的串联校正　　B. 相位迟后的串联校正

C. 迟后—超前控制　　D. 局部反馈校正

39. 由元件的死区引起的控制系统的非线性静态特性为(　　)。

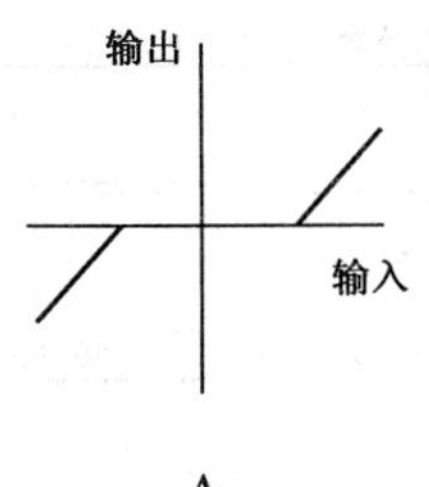

A.

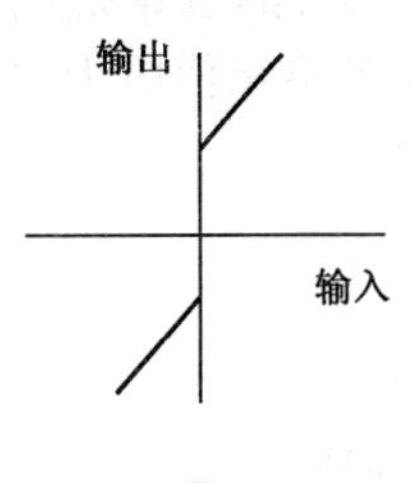

B.

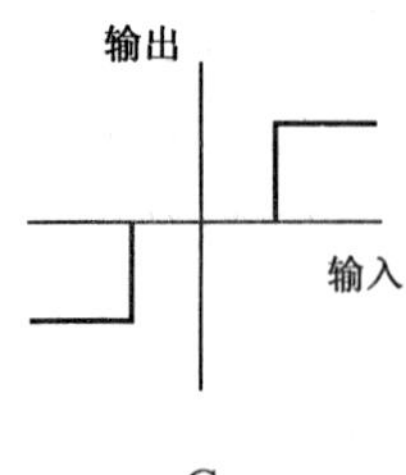

C.

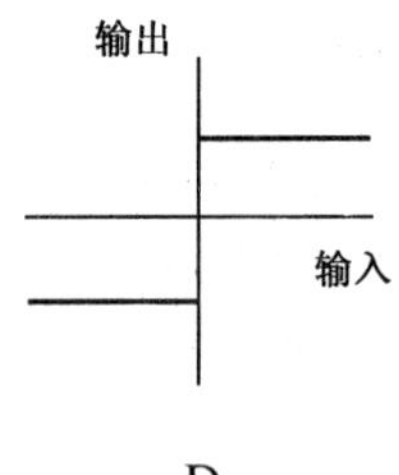

D.

40. 精密度表示在同一条件下对同一被测量进行多次测量时(　　)。

A. 测量值重复一致的程度，反映随机误差的大小
B. 测量值重复一致的程度，反映系统误差的大小
C. 测量值偏离真值的程度，反映随机误差的大小
D. 测量值偏离真值的程度，反映系统误差的大小

41. 有一测温系统，传感器基本误差为 $\sigma_1=\pm0.4$℃，变送器基本误差为 $\sigma_2=\pm0.4$℃，显示记录基本误差为 $\sigma_3=\pm0.6$℃，系统工作环境与磁干扰等引起的附加误差为 $\sigma_4=\pm0.6$℃，这一测温系统的误差是(　　)。

A. $\sigma=\pm1.02$℃　　　　B. $\sigma=\pm0.5$℃
C. $\sigma=\pm0.6$℃　　　　D. $\sigma=\pm1.41$℃

42. 某节流装置在设计时，介质的密度为 500kg/m^3，而在实际使用时，介质的密度为 460kg/m^3。如果设计时，差压变送器输出 100kPa 时对应的流量为 50t/h，则在实际使用时，对应的流量为(　　)。

A. 47.96t/h　　　　B. 52.04t/h
C. 46.15t/h　　　　D. 54.16t/h

43. 摄氏温标和热力学温标之间的关系为(　　)。

A. $t=T-273.16$　　　　B. $t=T+273.16$
C. $t=T-273.15$　　　　D. $t=T+273.15$

44. 若用图示压力测量系统测量水管中的压力，则系统中表 A 的指示值应为(　　)。

A. 50kPa
B. 0kPa
C. 0.965kPa
D. 50.965kPa

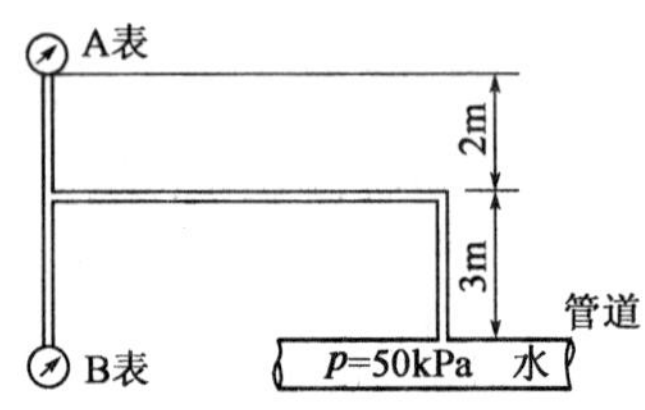

题 44 图

45. 在变送器使用安装前，想用电流表对变送器进行校验，图示接线方法正确的是(　　)。

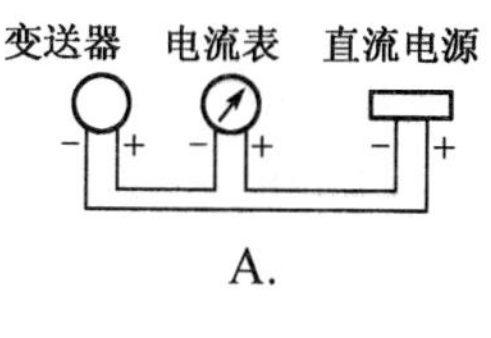

A.

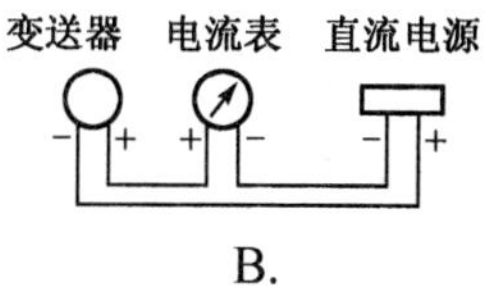

B.

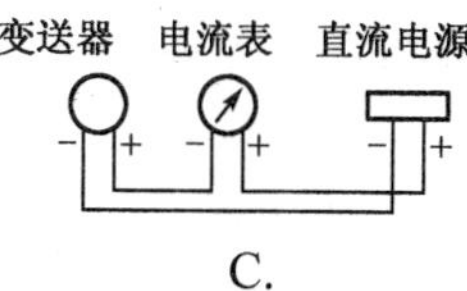

C.

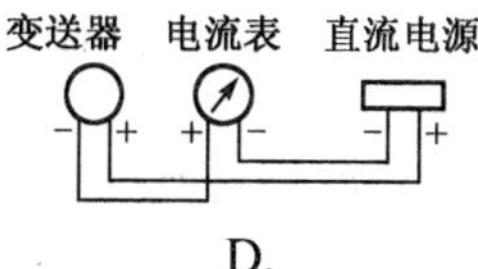

D.

46. 某涡轮流量计和涡街流量计均用常温下的水进行过标定，当用它们来测量液氨的体积流量时(　　)。

A. 均需进行黏度和密度的修正
B. 涡轮流量计需进行黏度和密度修正，涡街流量计不需要
C. 涡街流量计需进行黏度和密度修正，涡轮流量计不需要
D. 均不需进行黏度和密度的修正

47. 影响干湿球湿度计测量精度的主要因素不包括(　　)。

A. 环境气体成分的影响
B. 大气压力和风速的影响
C. 温度计本身精度的影响
D. 湿球温度计湿球润湿用水及湿球元件处的热交换方式

48. 下列关于电阻温度计的叙述中，哪条内容是不恰当的？(　　)

A. 与电阻温度计相比，热电偶温度计能测更高的温度
B. 与热电偶温度计相比，热电阻温度计在温度检测时的时间延迟大些
C. 因为电阻体的电阻丝是用较粗的线做成的，所以有较强的耐震性能
D. 电阻温度计的工作原理是利用金属或半导体的电阻随温度变化的特性

49. 在进行疲劳强度计算时，其极限应力应是材料的(　　)。

A. 屈服极限　　B. 强度极限　　C. 疲劳极限　　D. 弹性极限

50. 一对平行轴外啮合斜齿圆柱齿轮，正确啮合时两齿轮的(　　)。

A. 螺旋角大小相等且方向相反　　B. 螺旋角大小相等且方向相同
C. 螺旋角大小不等且方向相同　　D. 螺旋角大小不等且方向不同

51. 一蜗杆传动装置，已知蜗杆齿数和蜗轮齿数分别为 $z_1=1$，$z_2=40$，蜗杆直径系数 $q=10$，模数 $m=4\text{mm}$，则该蜗杆传动装置的中心距 a 和传动比 i 分别是（　　）。

A. $a=100\text{mm}$，$i=40$
B. $a=100\text{mm}$，$i=10$
C. $a=82\text{mm}$，$i=40$
D. $a=82\text{mm}$，$i=10$

52. 当温度升高时，润滑油的黏度（　　）。

A. 升高　B. 降低　C. 不变　D. 不一定

53. 下列哪一种滚动轴承只能承受径向荷载？（　　）

A. 滚针轴承
B. 圆锥滚子轴承
C. 角接触轴承
D. 深沟球轴承

54. 直接影响螺纹传动自锁性能的螺纹参数是（　　）。

A. 螺距　B. 导程　C. 螺纹外径　D. 螺纹升角

55. 皮带传动常用在高速级，主要是为了（　　）。

A. 减小带传动结构尺寸
B. 更好地发挥缓冲、吸震作用
C. 更好地提供保护作用
D. A+B+C

56. 图示轮系中，$z_1=20$，$z_2=30$，$z_3=80$，设图示箭头方向为正（齿轮 1 的转向），则传动比 i_{1H} 的值为（　　）。

A. 5
B. 3
C. −5
D. −3

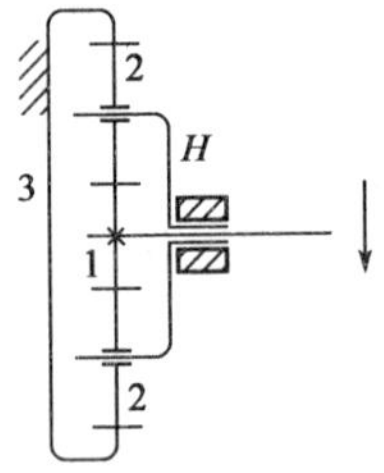

题 56 图

57. 为了增加碳素实心轴的刚度，采用以下哪种措施是无效的？（　　）

A. 将材料改为合金钢
B. 截面积不变改用空心轴结构
C. 适当缩短轴的跨距
D. 增加轴的直径

58. 工程建设监理单位的工作内容，下列哪条是正确的？（　　）

A. 代表业主对承包商进行监理
B. 对合同的双方进行监理
C. 代表一部分政府的职能
D. 只能对业主提交意见，由业主行使权力

59. 对本辖区的环境保护工作实施统一监督管理的主管部门是（　　）。

A. 县级以上人民政府的土地、矿产、林业、农业、水利行政主管部门
B. 军队环境保护部门和各级公安、交通、铁道、民航主管部门
C. 县级以上地方人民政府环境保护行政主管部门
D. 海洋行政主管部门、港务监督、渔政渔港监督

60.《民用建筑节能管理规定》是依据(　　)法律制定的。

A.《中华人民共和国节约能源法》、《中华人民共和国建筑法》、《建筑工程质量管理条例》、《中华人民共和国环境保护法》
B.《中华人民共和国宪法》、《中华人民共和国环境保护法》、《中华人民共和国节约能源法》、《中华人民共和国建筑法》
C.《中华人民共和国节约能源法》、《中华人民共和国建筑法》、《建筑工程质量管理条例》
D.《中华人民共和国节约能源法》、《中华人民共和国建筑法》、《中华人民共和国环境保护法》

2009 年度注册公用设备工程师(暖通空调、动力)执业资格考试专业基础考试

试题解析及参考答案

1.**解** 本题主要考查热力学中常用的状态参数的概念。只有绝对压力才是真实的压力，因此，只有绝对压力才是系统的状态参数。

答案:C

2.**解** 水在工业蒸汽锅炉中被定压加热变为过热水蒸气。

答案:B

3.**解** 循环热效率的表达式为:

$$\eta_t = \frac{w_0}{q_1} = \frac{(q_1 - q_2)}{q_1}$$

式中:q_1——循环中工质吸热量;

q_2——循环中工质放热量。

答案:A

4.**解** 本题主要考查理想气体状态方程的应用。根据理想气体状态方程 $pV=nRT$，可知本题中压力近似不变，气体状态方程简化为 $V_1/T_1=V_2/T_2$，已知 V_1 为 $3\times73\text{m}^3$，可以求得 V_2 为 299.22m^3。烟气的流速已知，通过圆柱体体积公式 $V_2=\pi r^2 l$，可以求得烟囱直径为 3.56m。

答案:A

5.**解** 热力学第一定律应用于控制质量时，其表达式为 $\Delta u=q-w$，式中，q、w 符号规定为:工质吸热为正，放热为负，工质对外做功为正，外界对工质做功为负;Δu 的符号为:系统的热力学能增加为正，反之为负。按照上述规定气体能量变化 $\Delta u=-100-50=-150\text{kJ}$。

答案:A

6.**解** 湿空气的焓包括干空气的焓值以及水蒸气的焓值两部分。式中的 t 为湿空气的干球温度。

答案:B

7.**解** 绝热节流前后温度的变化是:对理想气体，温度不变;对于实际气体，其温度可能升高、可能降低也可能保持不变。本题中的空气可以近似认为是理想气体，因此绝热节流后温度保持不变，为 30℃。

答案:B

8.**解** 这两个过程包括定压加热和定容冷却两个过程，两个过程中氧气与外界净交换热量为两个过程中氧气与外界交换热量之和，即 $Q=Q_1+Q_2$，0.3 标准立方米的氧气的质量:

$$m=\frac{p_0V_0}{RT_0}$$

2—2 定压过程中的吸热量：

$$Q_1=mc_p\Delta t=\frac{p_0V_0}{RT_0}\times\frac{7}{2}R(T_2-T_1)$$

2—3 定容过程中的吸热量：

$$Q_2=mc_v\Delta t=\frac{p_0V_0}{RT_0}\times\frac{5}{2}R(T_3-T_2)$$

由于 2—2 过程为定压过程，因此 $p_1=p_2=103.2\text{kPa}$，2—3 过程为定容过程，已知状态点 3 的压力和温度，可以求得状态点 2 的温度 T_2：

$$T_2=\frac{p_2}{p_3}T_3=\frac{103.2}{58.8}\times(273+45)=558.1\text{K}$$

$$Q=Q_1+Q_2=\frac{p_0V_0}{RT_0}\times\frac{7}{2}R(T_2-T_1)+\frac{p_0V_0}{RT_0}\times\frac{5}{2}R(T_3-T_2)=26.68\text{kJ}$$

答案：C

9.**解**　本题考查卡诺制冷循环的 T-s 图，易知：面积 $efghe$ 为功，面积 $hgdch$ 为从冷源吸热，面积 $efdce$ 为向高温放热。

答案：B

10.**解**　带动该热泵所需要的最小功率应使房间满足热平衡的条件，即对应的最小制热量应等于房屋的散热损失，同时系统还需按照逆卡诺循环运行以期有最高的制热系数。按照逆卡诺循环系统的制热系数：

$$\varepsilon=\frac{q}{\omega}=\frac{T_1}{T_1-T_2}=\frac{273+20}{(273+20)-(273-10)}=9.77$$

所需最小功率：

$$\omega=\frac{q}{\varepsilon}=\frac{\frac{120\,000}{3\,600}}{9.77}=3.41\text{kW}$$

答案：B

11.**解**　$d_1=133\text{mm}$，$d_2=133+46\times2=225\text{mm}$，$t_{w1}=300℃$，$t_{w2}=50℃$，$\lambda=0.05\text{W/(m·℃)}$，每米管道的热损失为：

$$q_l=\frac{\Phi}{l}=\frac{t_{w_1}-t_{w_2}}{\frac{1}{2\pi\lambda}\ln\frac{d_2}{d_1}}=\frac{300-50}{\frac{1}{2\times3.14\times0.05}\ln\frac{225}{133}}=150\text{W/m}$$

答案：B

12.**解**

$$\frac{t-t_\infty}{t_0-t_\infty}=e^{-\frac{hA}{\rho Vc}\tau}$$

而

$$\tau=\tau r=\rho Vc/(hA)$$

$$\frac{t-t_\infty}{t_0-t_\infty}=e^{-\frac{hA}{\rho Vc}\tau}=e^{-1}=0.368$$

则

$$t=0.632t_\infty+0.368t_0$$

答案：D

13. **解**　本题为第三类边界条件，边界周围流体温度和边界面与流体之间的表面传热系数为：

$$-\lambda\left(\frac{\partial t}{\partial n}\right)_{\mathrm{w}}=h(t_{\mathrm{w}}-t_{\mathrm{f}})$$

答案：A

14. **解**　$h_{\mathrm{x}}=0.332\dfrac{\lambda}{x}\mathrm{Re}_{\mathrm{x}}^{\frac{1}{2}}\cdot\mathrm{Pr}^{\frac{1}{3}}$，$\mathrm{Re}_{\mathrm{x}}=\dfrac{u_{\infty}x}{\nu}$，所以 $h_{\mathrm{x}}\propto x^{-\frac{1}{2}}$。

答案：D

15. **解**　由于在其他条件相同时，珠状凝结的表面传热系数大于膜状凝结的传热系数。油和氮气的导热系数比水的小，选项A、B、C都是削弱了蒸汽在竖直壁面上的凝结传热。

答案：D

16. **解**　在热平衡条件下，实际物体的吸收率等于其所处温度下的发射率；物体的单色吸收率等于其所处温度下的单色发射率；实际物体在各个方向上的发射率有所不同。

答案：C

17. **解**　地球周围的大气层对地面有保温作用，大气层能让大部分太阳辐射透过到地面，而地面辐射中95%以上的能量分布在红外线部分，它们被大气层中二氧化碳等气体吸收。对于气体，可认为气体对热射线几乎没有反射能力，即 $\rho=0$，则有 $\alpha+\tau=1$，吸收率大，则透射率低，减少了地面对太空的辐射，即不同波段辐射能量的透射特性导致大气层的温室效应。所以，二氧化碳等气体产生温室效应的原因是对红外辐射的透射率低。

答案：C

18. **解**　两平行大平壁中间有一块遮热板时的辐射换热网络如图所示。原来表面1和2之间的单位面积换热量为：

$$q_{1,2}=\frac{\sigma_{\mathrm{b}}(T_1^4-T_2^4)}{2\dfrac{1}{\varepsilon_1}-1}=\frac{\sigma_{\mathrm{b}}(T_1^4-T_2^4)}{2\times\dfrac{1}{0.8}-1}$$

加入遮热板后表面1和2之间的单位面积换热量为：

$$q_{1,2}'=\frac{\sigma_{\mathrm{b}}(T_1^4-T_2^4)}{2\dfrac{1}{\varepsilon_1}+2\dfrac{1}{\varepsilon_2}-1}=\frac{\sigma_{\mathrm{b}}(T_1^4-T_2^4)}{2\times\dfrac{1}{0.8}+2\times\dfrac{1}{0.4}-2}$$

则
$$\frac{q_{1,2}'}{q_{1,2}}=0.27$$

E_{b_1}　$\dfrac{1-\varepsilon_1}{\varepsilon_1A_1}$　J_1　$\dfrac{1}{X_{1,3}A_1}$　J_3　$\dfrac{1-\varepsilon_3}{\varepsilon_3A_3}$　E_{b_3}　$\dfrac{1-\varepsilon_{3'}}{\varepsilon_{3'}A_3}$　$J_{3'}$　$\dfrac{1}{X_{3,2}A_2}$　J_2　$\dfrac{1-\varepsilon_2}{\varepsilon_2A_2}$　E_{b_2}

题18解图

答案：B

19. **解**　已知 $h_1=8\mathrm{W/(m^2\cdot K)}$，$h_2=23\ \mathrm{W/(m^2\cdot K)}$，$\lambda=0.75\ \mathrm{W/(m\cdot K)}$，$\delta=0.48\mathrm{m}$，总传热系数为：

$$K=\frac{1}{\frac{1}{h_1}+\frac{\delta}{\lambda}+\frac{1}{h_2}}=\frac{1}{\frac{1}{8}+\frac{0.48}{0.75}+\frac{1}{23}}=1.24\ \mathrm{W/(m^2\cdot K)}$$

答案:A

20.**解** 电加热器表面与水的传热主要是对流换热方式,提高表面传热系数和增加换热面积来强化传热。提高水的流速、提高表面的粗糙度、使加热器表面产生震动都是提高表面传热系数的措施。

答案:B

21.**解** 流场中每一空间点上的流动参数都不随时间变化,这种流动就称为恒定流动,也就是稳定流动,此时,对于同一点,参数不变,但沿程参数则可能发生变化,并且此时流速不一定小;流体非稳定流动时,不仅流体的速度随时间而变化,流体其他参数也可能随时间而变化;流体稳定流动时,根据连续性方程,其各流通断面的质量流量相同,但平均流速不一定相同。

答案:D

22.**解** 根据伯努利方程,只有选项D最全面,其他选项都是特殊条件下才成立。

答案:D

23.**解** 本题考查的是格拉晓夫准则,即 $\mathrm{Gr}=\frac{g\alpha\Delta tl^3}{\nu^2}$,反映浮升力与黏滞力的相对大小;自然对流换热现象相似,则Gr必定相等。α 是体积变化系数,对于理想气体即等于绝对温度的倒数,l 是特征尺度,所以有:

$$\alpha=\frac{1}{273+\frac{50+20}{2}}=0.003\,25$$

$$\mathrm{Gr}=\frac{g\alpha\Delta tl^3}{\nu^2}=\frac{30g\alpha 0.2^3}{16.96^2}\times 10^{12}=26.5\times 10^6$$

答案:A

24.**解** 提高流速会增加流体的流动阻力。

答案:B

25.**解** 对于并联环路,有:

$$\frac{1}{\sqrt{S}}=\frac{1}{\sqrt{S_1}}+\frac{1}{\sqrt{S_2}}+\frac{1}{\sqrt{S_3}}$$

答案:A

26.**解** 本题实为CD段与CE段并联,再与BC段串联。

$$S_{\mathrm{H}}=\frac{8\left(\lambda\frac{l}{d}+\sum\xi\right)}{g\pi^2d^4}$$

由于此处局部损失不计,所以有:

$$S_{BC}=\frac{8\lambda\frac{l}{d_1}}{g\pi^2 d_1^4}=186,S_{CD}=S_{CE}=\frac{8\lambda\frac{l}{d_2}}{g\pi^2 d_2^4}=5\,935$$

CD 段与 CE 段并联的总阻抗为 S_C：

$$\frac{1}{\sqrt{S_C}}=\frac{1}{\sqrt{S_{CD}}}+\frac{1}{\sqrt{S_{CE}}}=\frac{2}{\sqrt{S_{CD}}}$$

所以：

$$S_C=\frac{S_{CD}}{4}=1\,484$$

$H=8\text{m}$，$H=(S_{BC}+S_C)Q^2$，得：

$$Q=0.069\,2\text{m}^3/\text{s}$$

答案：A

27.**解** 由势函数与流速的关系可知：

$$\mathrm{d}\psi=\frac{\partial\psi}{\partial x}\mathrm{d}x+\frac{\partial\psi}{\partial y}\mathrm{d}y=u_x\mathrm{d}x+u_y\mathrm{d}y$$

后将 u_x、u_y 代入后积分，即可得到答案。

同时该题也可以采用排除法，对选项进行求导，也可得出答案。

答案：B

28.**解** 本题与 2006 年第 30 题相同。前向式叶轮结构小，从能量转化和效率角度看，前向式叶轮流道扩散度大，且压出室能头转化损失也大，效率低，但其压头却要高一些。

答案：A

29.**解** 泵的安装位置高出吸液面的高差太大，泵安装地点的大气压较低，泵所输送的液体温度过高等都会使液体在泵内汽化。

答案：B

30.**解** 亚音速气流通过拉伐尔(Laval)喷管，在其最小断面音速后进入扩展段，才能达到超音速。

答案：D

31.**解** 马桶的水箱水位控制系统中有反馈环节，为闭式系统。

答案：C

32.**解** 线性控制系统的特点是可以应用叠加原理，当系统存在几个输入信号时，系统的输出信号等于各个输入信号分别作用于系统时系统输入信号之和。线性控制系统可作用如下线性方程描述：

$$a_0(t)\frac{\mathrm{d}^n c(t)}{\mathrm{d}t^n}+a_1(t)\frac{\mathrm{d}^{n-1}c(t)}{\mathrm{d}t^{n-1}}+\cdots+a_{n-1}(t)\frac{\mathrm{d}c(t)}{\mathrm{d}t}+a_n(t)c(t)$$
$$=b_0(t)\frac{\mathrm{d}^m r(t)}{\mathrm{d}t^m}+b_2(t)\frac{\mathrm{d}^{m-1}r(t)}{\mathrm{d}t^{m-1}}+\cdots+b_{m-1}(t)\frac{\mathrm{d}r(t)}{\mathrm{d}t}+b_m(t)r(t)$$

式中：$r(t)$——系统的输入量；

$c(t)$——系统的输入量；

$a_1(t)$——系数，$i=0,1,\cdots,n$；

$b_1(t)$——系数，$j=0,1,\cdots,m$。

其中，输出量$c(t)$及其各阶导数都是一次的，且各系数与输入量无关。非线性控制系统不能应用叠加原理，如方程中含有变量及其导数的高次幂或乘积项。本题中只有选项C为线性定常系统。

答案：C

33. **解**　图的闭环传递函数为$\frac{C(s)}{R(s)}=\frac{16}{s^2+9s+16}=\frac{\omega_n^2}{s^2+2\xi\omega_n+\omega_n^2}$，可求得$\omega_n=4$，$\xi=\frac{9}{8}=1.125>1$。因此该系统为过阻尼二阶系统。

答案：B

34. **解**　如图a)所示的不稳定系统，其相角裕度为负值，即$\gamma<0$，其幅值裕度$0<K_g<1$ ($h<0$dB)。因此图b)中，幅值裕度（增益裕度）为$a<0$，相角裕度为$b<0$，该系统不稳定。

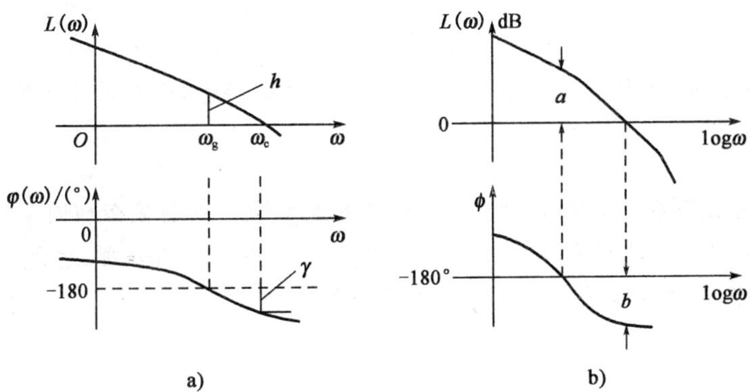

题34解图

答案：C

35. **解**　原系统的闭环传递函数为：

$$\frac{C(s)}{R(s)}=\frac{K}{As^2+Bs+K}=\frac{K/A}{s^2+\left(\frac{B}{A}\right)s+\frac{K}{A}} \tag{①}$$

与标准二阶系统的闭环传递函数相比可得：

$$\omega_n=\sqrt{\frac{K}{A}},\xi=\frac{B}{2\sqrt{AK}}$$

加了速度反馈后系统的闭环传递函数为：

$$\frac{C'(s)}{R'(s)}=\frac{K}{As^2+(B+KH)s+K}=\frac{\frac{K}{A}}{s^2+\left(\frac{B+KH}{A}\right)s+\frac{K}{A}} \tag{②}$$

根据式②可知：

$$\omega_n = \sqrt{\frac{K}{A}}, \xi = \frac{B+KH}{2\sqrt{AK}}$$

则可得 $\xi=\frac{B+KH}{2\sqrt{AK}}>\xi=\frac{B}{2\sqrt{AK}}$，系统阻尼比增加了。

答案:A

36. **解** 由比例环节的频率特性为 $G(j\omega)=k$，当频率 ω 由零到无穷大变化时，频率特性不变，因此奈奎斯特曲线为实轴上的某一点。

答案:D

37. **解** 本题与2008年第37题相同。闭环传递函数为 $\frac{K}{s+K}$，闭环极点 $s\approx -K$，当 K 从零变到无穷大时，根轨迹为整个负实轴。

答案:A

38. **解** 滞后校正装置的作用为低通滤波、能抑制噪声、改善稳态性能。

答案:D

39. **解** A是摩擦特性，B是死区特性，C是理想继电特性，D是带死区的继电特性。

答案:B

40. **解** 本题主要考查精密度的概念。精密度表示同一被测量在相同条件下，使用同一仪表、由同一操作者进行多次重复测量所得测量值彼此之间接近的程度，也就是说，它表示测量重复性的好坏。精密度反映的是随机误差对测量的影响。

答案:A

41. **解** 根据公式，可以求得这一测温系统的误差为±1.41℃。

答案:D

42. **解** 对于节流式流量计实际流量与计算流量间计算公式为：

$$q_{ms} = \sqrt{\frac{\rho_s}{\rho_k}} q_{mk}$$

带入数据计算可得。

答案:A

43. **解** 本题主要考查摄氏温度与热力学温度之间的关系。摄氏温度的分度值与开氏温度的分度值相同，即温度间隔1K等于1℃，在标准大气压下冰的溶化温度为273.15K，可得出答案。

答案:C

44. **解** 本题主要考查管道压力组成。从图中可以看出B表的压力即为主干管中的水压，为50kPa，而B表的压力为A点的压力与A、B间水柱形成的水压之和。故A表的指示值为0.965kPa。

答案:C

45. **解** 变送器与电流表首尾正负串联到电路中。

答案:D

46. **解** 涡轮流量计原理是流体流经传感器壳体,由于叶轮的叶片与流向有一定的角度,流体的冲力使叶片具有转动力矩,克服摩擦力矩和流体阻力之后叶片旋转,在力矩平衡后转速稳定。在一定的条件下,转速与流速成正比。由于叶片有导磁性,它处于信号检测器(由永久磁钢和线圈组成)的磁场中,旋转的叶片切割磁力线,周期性地改变着线圈的磁通量,从而使线圈两端感应出电脉冲信号。此信号经过放大器的放大整形,形成有一定幅度的连续的矩形脉冲波,可远传至显示仪表,显示出流体的瞬时流量和累计量。因此流体的黏度和密度对测量值影响很大,黏度和密度改变时需要进行修正。涡街流量计原理是应用流体震荡原理来测量流量的,流体在管道中经过涡街流量变送器时,在三角柱的旋涡发生体后上下交替产生正比于流速的两列旋涡,旋涡的释放频率与流过旋涡发生体的流体平均速度及旋涡发生体特征宽度有关,流体黏度和密度改变时不需要修正。

答案:B

47. **解** 干湿球湿度计的干球温度探头直接露在空气中,湿球温度探头用湿纱布包裹着,其测温原理就是,在一定风速下,湿球外边湿纱布的水分蒸发带走湿球温度计探头上的热量,使其温度低于环境空气的温度;而干球温度计测量出来的就是环境空气的实际温度,此时,湿球与干球之间的温度差与环境的相对温度有一个相应的关系,但该关系是非线性的,用公式表达起来相当复杂。这两者之间的关系会受许多因素的影响,如:风速,温度计本身的精度,大气压力,干湿球湿度计的球泡表面积大小,纱布材质等。但其精度与环境气体成分并没有关系。

答案:A

48. **解** 为了提高热电阻的耐震性能需要进行铠装,并不能因为电阻丝的粗细而影响耐震性能。

答案:C

49. **解** 进行疲劳强度计算时,其极限应力应是材料的疲劳极限。

答案:C

50. **解** 外啮合传动两轮的螺旋线旋向相反,$\beta_1=-\beta_2$。

答案:A

51. **解** 中心距 $a=\frac{m(q+z_2)}{2}=\frac{4\times(10+40)}{2}=100\text{mm}$,传动比 $i=\frac{z_2}{z_1}=\frac{40}{1}=40$。

答案:A

52. **解** 润滑油的黏度随温度的升高而降低。

答案:B

53. **解** 滚针轴承只能承受径向荷载,不能承受轴向荷载。

答案:A

54. **解**　矩形螺纹的自锁条件是$\lambda \leqslant \rho$,即螺纹升角≤摩擦角。

答案:D

55. **解**　带传动的优点有:①适用于中心距较大的传动;②带具有弹性,可缓冲和吸震;③传动平稳,噪声小;④过载时带与带轮间会出现打滑,可防止其他零件损坏,起安全保护作用;⑤减小带传动结构尺寸,结构简单,制造容易,维护方便,成本低。因此,皮带传动常用在高速级。

答案:D

56. **解**　由内啮合齿轮的转向相同、外啮合齿轮的转向相反,可知轮3与轮1的转向相反,则$i_{13}^{H}=\dfrac{n_1-n_H}{n_3-n_H}=-\dfrac{z_3z_2z_2}{z_1z_2z_2}=-4$,又$n_3=0$,可得$i_{1H}=\dfrac{n_1}{n_H}=5$。

答案:A

57. **答案**:B

58. **解**　《中华人民共和国建筑法》第三十二条规定:建筑工程监理应当依照法律、行政法规及有关的技术标准、设计文件和建筑工程承包合同,对承包单位在施工质量、建设工期和建设资金使用等方面,代表建设单位实施监督。

答案:A

59. **解**　《中华人民共和国环境保护法》第七条规定:县级以上地方人民政府环境保护行政主管部门,对本辖区的环境保护工作实施统一管理。

答案:C

60. **解**　《民用建筑节能管理规定》第一条规定:为了加强民用建筑节能管理,提高能源利用效率,改善室内热环境质量,根据《中华人民共和国节约能源法》、《中华人民共和国建筑法》、《建设工程质量管理条例》,制定本规定。

答案:C

2010 年度注册公用设备工程师(暖通空调、动力)执业资格考试专业基础考试

试　　题

单项选择题(共 60 题,每题 2 分,每题的备选项中,只有 1 个最符合题意)

1. 热力学系统的平衡状态是指(　　)。

A. 系统内部作用力的合力为零,内部均匀一致
B. 所有广义作用力的合力为零
C. 无任何不平衡势差,系统参数到处均匀一致且不随时间变化
D. 边界上有作用力,系统内部参数均匀一致,且保持不变

2. 完成一个热力过程后满足下述哪个条件时,过程可逆?(　　)

A. 沿原路径逆向进行,系统和环境都恢复初态而不留下任何影响
B. 沿原路径逆向进行,中间可以存在温差和压差,系统和环境都恢复初态
C. 只要过程反向进行,系统和环境都恢复初态而不留下任何影响
D. 任意方向进行过程,系统和环境都恢复初态而不留下任何影响

3. 内能是储存于系统物质内部的能量,有多种形式,下列哪一项不属于内能?(　　)

A. 分子热运动动能　　B. 在重力场中的高度势能
C. 分子相互作用势能　　D. 原子核内部原子能

4. 已知氧气的表压为 0.15MPa,环境压力 0.1MPa,温度 123℃,钢瓶体积 0.3m^3,则计算该钢瓶质量的计算式 $m=0.15\times10^6\times0.3/(123\times8\ 314)$中有(　　)。

A. 一处错误　　B. 两处错误　　C. 三处错误　　D. 无错误

5. 理想气体初态 $V_1=1.5m^3$,$p_1=0.2MPa$,终态 $V_2=0.5m^3$,$p_2=1.0MPa$,则多变指数为(　　)。

A. 1.46　　B. 1.35　　C. 1.25　　D. 1.10

6. 根据卡诺循环得出热效率 $N_{tc}=1-(T_2/T_1)$,下列结果中不能由卡诺循环得出的是(　　)。

A. 热效率 N_{tc}小于 1　　B. 单一热源下做功为 0
C. 热效率 N_{tc}与工质无关　　D. 热源温差大则做功多

7. 饱和湿空气的露点温度 t_d、湿球温度 t_w 及干球温度 t 之间的关系为(　　)。

A. $t_d < t_w < t$　　B. $t_d = t_w = t$　　C. $t_d = t_w < t$　　D. $t_d > t_w > t$

8. 气体和蒸汽在管内稳态流动中面积 f 与 c 关系式 $df/f=(M_a^2-1)dc/c$，该式适用的条件是(　　)。

A. 一维理想气体，可逆 K 为常数　　B. 一维绝热理想气体，常物流
C. 一维可逆绝热理想气体，比热为常数　　D. 一维可逆绝热实际气体

9. 朗肯循环提高效率现实中不容易实现的是(　　)。

A. 提高蒸汽进气温度　　B. 提高蒸汽吸气压力
C. 降低凝气温度　　D. 减少散热

10. 蒸汽制冷循环中，若要提高制冷系数，则采用哪项措施？(　　)

A. 提高冷凝温度　　B. 提高过冷度
C. 降低蒸发温度　　D. 增大压缩机功率

11. 下列物质的导热系数，排列正确的是(　　)。

A. 铝<钢铁<混凝土<木材　　B. 木材<钢铁<铝<混凝土
C. 木材<钢铁<混凝土<铝　　D. 木材<混凝土<钢铁<铝

12. 单层圆柱体内径一维径向稳态导热过程中无内热源，物性参数为常数，则下列说法正确的是(　　)。

A. Φ 导热量为常数　　B. Φ 为半径的函数
C. q_l(热流量)为常数　　D. q_l 只是 l 的函数

13. 一小铜球，直径 12mm，导热系数 26W/(m·K)，密度为 8 600kg/m^3，比热容 343，对流传热系数 48W/(m^2·K)，初温度为 15℃，放入 75℃的热空气中，小球温度到 70℃需要的时间为(　　)。

A. 915s　　B. 305s　　C. 102s　　D. 50s

14. 有限差分导热离散方式说法不正确的是(　　)。

A. 边界节点用级数展开　　B. 边界节点用热守衡方式
C. 中心节点用级数展开　　D. 中心节点用热守衡方式

15. 采用对流换热边界层微分方程组、积分方程组或雷诺类比法求解对流换热过程中，正确的说法是(　　)。

A. 微分方程组的解是精确解　　B. 积分方程组的解是精确解

C. 雷诺类比的解是精确解　　D. 以上三种均为近似值

16. 在充分发展的管内单项流体受迫层流流动中，如果取同样管径及物性参数，则常壁温 $T_w=c$ 和常热流 $q=c$ 下换热导数关系可以为（　　）。

A. $h_q=c$ 小于 $h_c w=c$　　B. $h_q=c=h_t w=c$

C. $h_q=c$ 大于 $h_w=c$　　D. 不确定

17. 为了强化蒸汽在竖直壁面上的凝结传热，应采取以下哪个措施？（　　）

A. 在蒸汽中掺入少量的油　　B. 设法形成珠状凝结

C. 设法增加液膜的厚度　　D. 在蒸汽中注入少量的氮气

18. 辐射换热过程中能量属性及转换与导热和对流换热过程不同，下列错误的是（　　）。

A. 温度大于绝对温度的物体都会有热辐射

B. 不依赖物体表面接触进行能量传递

C. 辐射换热过程伴随能量两次转换

D. 物体热辐射过程与温度无关

19. 如图所示，1 为正三角形，2 为半径为 R 的圆形，则 2 的自辐射角系数为（　　）。

A. 1.0　　B. 0.52

C. 0.48　　D. 0.05

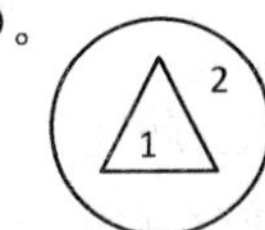

题 19 图

20. 套管式换热器，顺流换热，两侧为水—水单项流体换热，一侧水温进水 65℃，出水 45℃，流量为 1.25kg/s，另一侧入口为 15℃，流量为 2.5kg/s，则换热器对数平均温差为（　　）。

A. 35℃　　B. 33℃　　C. 31℃　　D. 25℃

21. 某虹吸管路，$d=200$mm，A 端浸入水池中，B 端在水池液面上部。两池液面差为 $H_2=1.2$m，管弯曲部位（轴线 1 到上液面距离为 $H_1=0.5$m），试确定 2 处是否能产生负压，出现虹吸现象？$v_2=$？（　　）

A. 不能

B. 能，2.85m/s

C. 能，6.85m/s

D. 能，4.85m/s

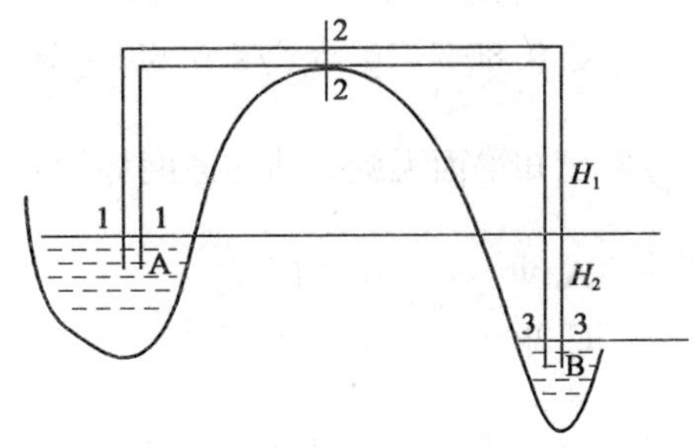

题 21 图

22. 轴流风机的吸入管，由装在管壁下的 U 形测压管（内装水）测得压差高度为 Δh（见图），水的密度为 ρ，空气密度 ρ_a，则风机的进风量为（　　）。

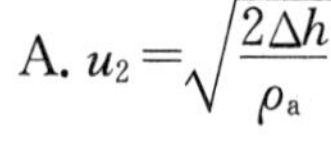

A. $u_2=\sqrt{\dfrac{2\Delta h}{\rho_a}}$

B. $u_2=\sqrt{\dfrac{2\Delta h}{\rho}}$

C. $u_2=\sqrt{\dfrac{2\rho\Delta h}{\rho_a}}$

D. $u_2=\sqrt{\dfrac{2\rho_a\Delta h}{\rho}}$

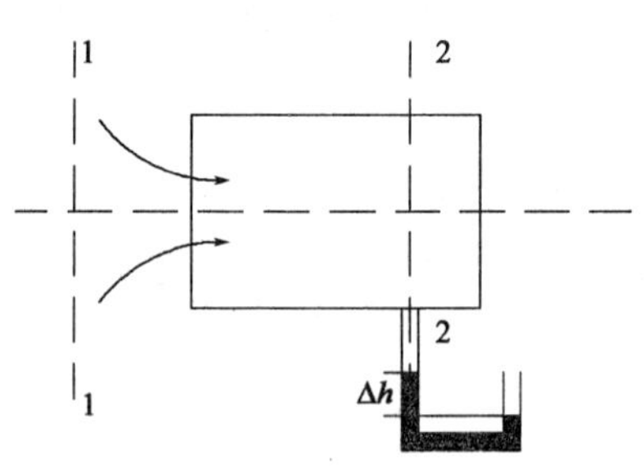

题 22 图

23. 圆管内流体流动的雷诺数为 1 000，则该管的沿程阻力系数等于（　　）。

A. 0.032　　B. 0.064　　C. 0.128　　D. 0.256

24. 流体的压力 p、速度 v、密度 ρ 正确的无量纲数组合是（　　）。

A. $\dfrac{p}{\rho v^2}$　　B. $\dfrac{p\rho}{v^2}$　　C. $\dfrac{\rho}{p v^2}$　　D. $\dfrac{p}{\rho v}$

25. 圆管均匀流中，与圆管的切应力成正比的是（　　）。

A. 圆管的直径　　B. 圆管的长度

C. 圆管的表面积　　D. 圆管的圆周率

26. 已知 10℃时水的运动黏滞系数为 $1.31\times10^{-6}\text{m}^2/\text{s}$，管径 $d=50\text{mm}$ 的水管，在水温 $t=10$℃时，管内保持层流的最大流速为（　　）。

A. 0.105m/s　　B. 0.052 4m/s　　C. 0.21m/s　　D. 0.115m/s

27. 某两层楼的供暖立管，管段 1/2 的直径均为 20mm，$\sum\xi$ 均为 20，$\lambda=0.02$，$L_1=20\text{m}$，$L_2=10\text{m}$，干管流量 $Q=1.5\times10^{-3}\text{m}^3/\text{s}$，则 Q_1、Q_2 分别为（　　）。

A. $0.857\times10^{-3}\text{m}^3/\text{s}$、$0.643\times10^{-3}\text{m}^3/\text{s}$　　B. $0.643\times10^{-3}\text{m}^3/\text{s}$、$0.857\times10^{-3}\text{m}^3/\text{s}$

C. $0.804\times10^{-3}\text{m}^3/\text{s}$、$0.696\times10^{-3}\text{m}^3/\text{s}$　　D. $0.696\times10^{-3}\text{m}^3/\text{s}$、$0.804\times10^{-3}\text{m}^3/\text{s}$

28. 已知平面无旋流动的速度势为 $\varphi=2xy$，则流函数为（　　）。

A. $\Psi=x^2-y^2+C$　　B. $\Psi=1/2(x^2-y^2)+C$

C. $\Psi=y^2-x^2+C$　　D. $\Psi=1/2(y^2-x^2)+C$

29. 喷气式发动机尾喷管出口处，燃气流的温度为 873K，流速为 560m/s，蒸汽的等熵指数 $K=1.33$，气体常数 $R=287.4\text{J}/(\text{kg}\cdot\text{K})$，则出口燃气流的马赫数为（　　）。

A. 0.97　　B. 1.03　　C. 0.94　　D. 1.06

30. 某管道通过风量 $500\text{m}^3/\text{h}$，系统阻力损失为 300Pa。用此系统送入正压 $p=150\text{Pa}$ 的

密封舱内，风量 $Q=750\text{m}^3/\text{h}$，则系统阻力为(　　)。

A. 800Pa　　B. 825Pa　　C. 850Pa　　D. 875Pa

31. 对增加控制系统的带宽和增加增益，减小稳态误差宜采用(　　)。

A. 相位超前的串联校正　　B. 相位迟后的串联校正

C. 局部速度反馈校正　　D. 前馈校正

32. 某闭环系统的总传递函数为 $G(s)=8/(s^2+Ks+9)$，为使其阶跃响应无超调，K 值为(　　)。

A. 3.5　　B. 4.5　　C. 5.5　　D. 6.5

33. 以温度为对象的恒温系统数学模型为 $T\dfrac{\mathrm{d}g_i}{\mathrm{d}t}+\theta_i=K(\theta_c+\theta_f)$，其中 θ_c 为系统给定，θ_f 为干扰，则(　　)。

A. T 为放大系数，K 为调节系数　　B. T 为时间系数，K 为调节系数

C. T 为时间系数，K 为放大系数　　D. T 为调节系数，K 为放大系数

34. 下列描述系统的微分方程中，$r(t)$ 为输入变量，$c(t)$ 为输出变量，方程中为非线性时变系统的是(　　)。

A. $8\dfrac{\mathrm{d}^2c(t)}{\mathrm{d}t^2}+4\dfrac{\mathrm{d}c(t)}{\mathrm{d}t}+2c(t)=r(t)$　　B. $t\dfrac{\mathrm{d}c(t)}{\mathrm{d}t}+2c(t)=r(t)+8\dfrac{\mathrm{d}r(t)}{\mathrm{d}t}$

C. $4\dfrac{\mathrm{d}c(t)}{\mathrm{d}t}+b(t)\sqrt{c(t)}=kr(t)$　　D. $8\dfrac{\mathrm{d}^2c(t)}{\mathrm{d}t^2}+4c(t)=2r(t)$

35. 一阶系统传递函数 $G(s)=\dfrac{K}{1+Ts}$，单位阶跃输入，要增大输出上升率，应(　　)。

A. 同时增大 K、T　　B. 同时减小 K、T

C. 增大 T　　D. 增大 K

36. 二阶系统传递函数 $G(s)=\dfrac{1}{s^2+2s+1}$ 的频率特性函数为(　　)。

A. $\dfrac{1}{\omega^2+2\omega+1}$　　B. $\dfrac{1}{-\omega^2+2j\omega+1}$

C. $-\dfrac{1}{\omega^2+2\omega+1}$　　D. $\dfrac{1}{\omega^2-2\omega+1}$

37. 系统稳定性表现为(　　)。

A. 系统时域响应的收敛性，是系统固有的特性

B. 系统在扰动撤销后，可以依靠外界作用恢复

C. 系统具有阻止扰动作用的能力

D. 处于平衡状态的系统，在受到扰动后部偏离原来平衡状态

38. 关于单位反馈控制系统中的稳态误差，下列表述不正确的是（　　）。

A. 稳态误差是系统调节过程中其输出信号与输入信号之间的误差

B. 稳态误差在实际中可以测量，具有一定物理意义

C. 稳态误差由系统开环传递函数和输入信号决定

D. 系统的结构和参数不同，输入信号的形式和大小差异，都会引起稳态误差的变化

39. 采用串联超前校正时，通常可使校正后系统的截止频率（　　）。

A. 减小　　B. 不变

C. 增大　　D. 可能增大，也可能减小

40. 精密度反映了哪种误差的影响？（　　）

A. 随机误差　　B. 系统误差

C. 过失误差　　D. 随机误差和系统误差

41. 为减少接触式电动测温传感器的动态误差，下列所采取的措施中正确的是（　　）。

A. 增设保护套管　　B. 减小传感器体积，减少热容量

C. 减小传感器与被测介质的接触面积　　D. 选用比热大的保护套管

42. 下列关于干湿球温度的叙述，错误的是（　　）。

A. 干湿球温差越大，相对湿度越大

B. 干湿球温差越大，相对湿度越小

C. 在冰点以上使用时，误差较小，低于冰点使用时，误差增大

D. 电动干湿球温度计可远距离传送信号

43. 已知如图所示的两容器，中间用阀门连接，若关小阀门，那么管道流量变化是（　　）。

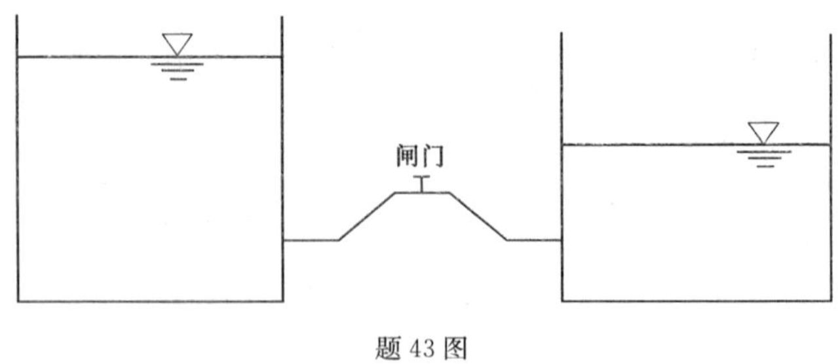

题 43 图

A. 不变　　B. 增大　　C. 减小　　D. 不确定

44. 若用图示压力测量系统测量水管中的压力，则系统中表 A 的指示值应为（　　）。

A. 50kPa

B. 0kPa

C. 0.965kPa

D. 50.965kPa

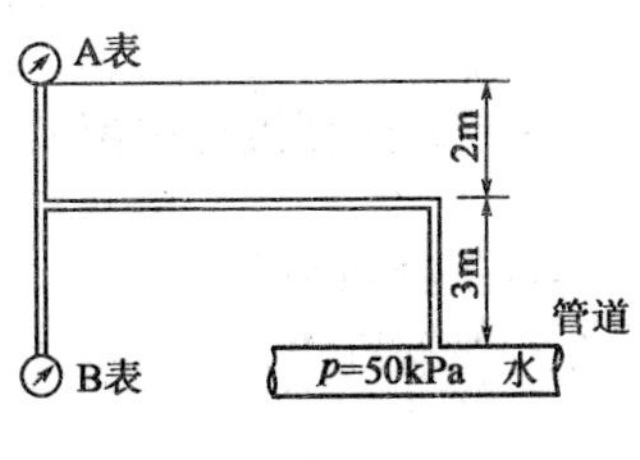

题44图

45. 流体流过节流孔板时，管道近壁面的流体静压在孔板的哪个区域达到最大？（　　）

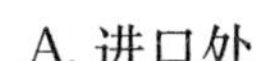

A. 进口处　　B. 进口前一定距离处

C. 出口处　　D. 出口后一定距离处

46. 如图所示取压口，选择哪个是正确的？（　　）

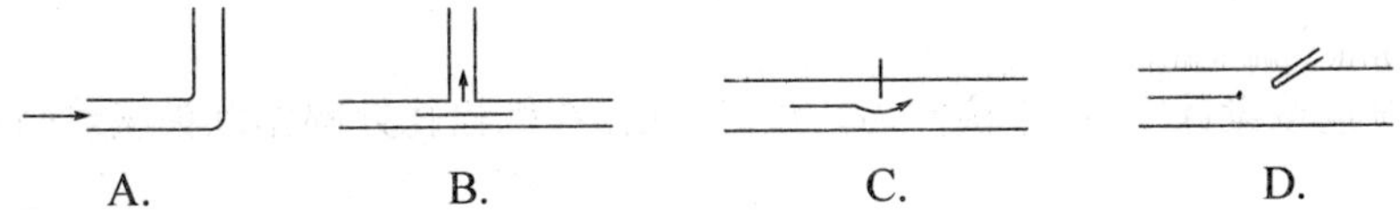

47. 用来测量传导热流的热流计是（　　）。

A. 电阻式　　B. 辐射式　　C. 蒸汽式　　D. 热水式

48. 有关氯化锂电阻湿度变送器的说法中，哪一项是不正确的？（　　）

A. 随着空气相对湿度的增加，氯化锂的吸湿量也随之增加，导致它的电阻减小

B. 测量范围为5%～95%RH

C. 受环境气体的影响较大

D. 实用时间长了会老化，但变送器的互换性好

49. 设计一台机器包含以下几个阶段，则他们进行的合理顺序大体为（　　）。

①技术设计阶段　　②方案设计阶段　　③计划阶段

A. ①-③-②　　B. ②-①-③　　C. ②-③-①　　D. ③-②-①

50. 图示平面机构具有确定运动时的原动件数为（　　）。

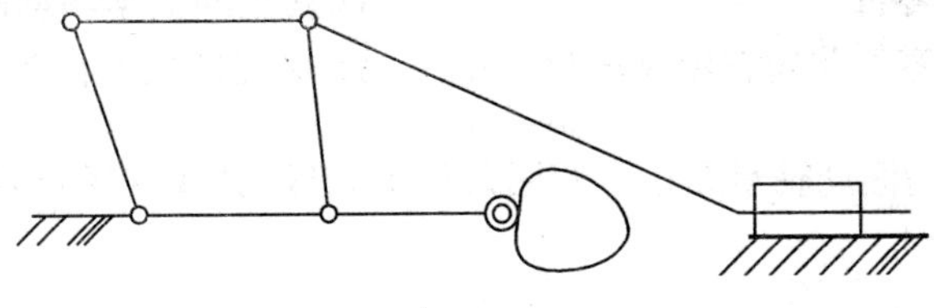

题50图

A. 1　　B. 2　　C. 3　　D. 不确定

51. 下列铰链四杆机构中能实现急回运动的是(　　)。

A. 双摇杆机构　　B. 曲柄摇杆机构
C. 双曲柄机构　　D. 对心曲柄滑块机构

52. 在滚子从动件凸轮机构中，对于外凸的凸轮理论轮廓曲线，为保证作出凸轮的实际轮廓曲线不会出现变尖或交叉现象，必须满足(　　)。

A. 滚子半径大于理论轮廓曲线最小曲率半径
B. 滚子半径等于理论轮廓曲线最小曲率半径
C. 滚子半径小于理论轮廓曲线最小曲率半径
D. 无论滚子半径为多大

53. 在螺杆连接设计中，被连接件为铸铁时，往往在螺栓孔处制作沉头座或凸台，其目的是(　　)。

A. 便于装配　　B. 便于安装防松装置
C. 避免螺栓受拉力过大　　D. 避免螺栓附加受弯曲应力作用

54. V 带传动工作时产生弹性滑动的原因是(　　)。

A. 带与带轮之间的摩擦系数太小
B. 带轮的包角太小
C. 紧边拉力与松边拉力不相等及带的弹性变形
D. 带轮的转速有波动

55. 当一对渐开线齿轮制成后，两轮的实际安装中心距比理论计算略有增大，而角速度比仍保持不变，其原因是(　　)。

A. 压力角不变　　B. 啮合角不变
C. 节圆半径不变　　D. 基圆半径不变

56. 轴承在机械中的作用是(　　)。

A. 连接不同的零件　　B. 在空间支承转动的零件
C. 支承转动的零件并向它传递扭矩　　D. 保证机械中各零件工作的同步

57. 一批相同型号的滚动轴承在正常使用条件下，当达到基本额定寿命时，仍正常工作的轴承约有(　　)。

A. 10%　　B. 90%　　C. 100%　　D. 50%

58.《公共建筑节能设计标准》(GB 50189—2005)规定节能建筑与未采取节能措施相比，

总能耗应减少（　　）。

A. 30％　　B. 40％　　C. 50％　　D. 65％

59. 根据《中华人民共和国建筑法》，符合建筑工程分包单位分包条件的是（　　）。

A. 总包单位授权的各类工程
B. 符合相应资质条件的工程
C. 符合相应资质条件的工程签订分包合同并经建设单位认可的工程
D. 符合C条全部要求的主体结构工程

60.《锅炉房设计规范》(GB 50041—2008)不适用于（　　）。

A. 余热锅炉　　B. 区域锅炉房　　C. 工业锅炉　　D. 民用锅炉

2010年度注册公用设备工程师(暖通空调、动力)执业资格考试专业基础考试

试题解析及参考答案

1. **解** 本题主要考查平衡状态的概念及实现条件。平衡状态是指在没有外界影响(重力场除外)的条件下,系统的宏观性质不随时间变化的状态。实现平衡的充要条件是系统内部及系统与外界之间不存在各种不平衡势差(力差、温差、化学势差)。因此热力系统的平衡状态应该是无任何不平衡势差,系统参数导出均匀一致而且是稳态的状态。

答案:C

2. **解** 可逆过程的定义:"如果系统完成某一热力过程后,再沿原来路径逆向进行时,能使系统和外界都返回原来状态而不留下任何变化,则这一过程称为可逆过程。"

答案:A

3. **解** 本题主要考查内能的定义。重力场的高度势能是外部能。

答案:B

4. **解** 本题主要考查理想气体状态方程 $pV=mR_gT$ 的应用。公式中的压力和温度分别为绝对压力和热力学温度,R_g 应为氧气的气体常数而不是通用气体常数,故计算式中有三处错误。

答案:C

5. **解** 本题主要考查多变过程多变指数计算公式 $n=\ln(p_2/p_1)/\ln(V_1/V_2)$。将相应数据代入公式后可以求得 $n=1.46$。

答案:A

6. **解** 已知卡诺循环的热效率小于1;单一热源下即 $T_2=T_1$,热效率为0,热机不能实现;热效率只与冷热源温度有关,与工质无关。

答案:D

7. **解** 露点温度指空气在水汽含量和气压都不改变的条件下,冷却到饱和时的温度;湿球温度是定焓冷却至饱和湿空气时的温度,故饱和湿空气的三种温度值是相同的。

答案:B

8. **解** 该关系式的适用条件为:定熵,可逆,比热为定值。

答案:C

9. **解** 最简单的蒸汽动力循环由水泵、锅炉、汽轮机和冷凝器四个主要装置组成。水在水泵中被压缩升压;然后进入锅炉被加热汽化,直至成为过热蒸汽后,进入汽轮机膨胀做功,做功

后的低压蒸汽进入冷凝器被冷却凝结成水。再回到水泵中，完成一个循环。可以通过如下措施提高朗肯循环的效率：①提高过热器出口蒸汽压力与温度；②降低排汽压力；③减少排烟、散热损失；④提高锅炉、汽轮机内效率(改进设计)。乏汽的凝气温度受自然环境影响，因此在现实操作中不可能将乏汽的凝气温度降低到自然环境温度以下。

答案：C

10. **解** 蒸汽制冷循环中，提高冷凝温度和降低蒸发温度都会减小制冷系数；过冷度增大，制冷系数增加；至于增大压缩机功率，与制冷系数无关。

答案：B

11. **解** 根据物质导热系数的机理，以及图示，各种物质导热系数一般为 $\lambda_{金} > \lambda_{液} > \lambda_{气}$；金属导热系数一般为 12～418W/(m·℃)，液体导热系数一般为 12～418W/(m·℃)，气体导热系数为 0.006～0.6W/(m·℃)。

可知金属的导热系数要大于混凝土和木材；而钢铁和铝两种金属比较，铝的导热系数更大一些。

答案：D

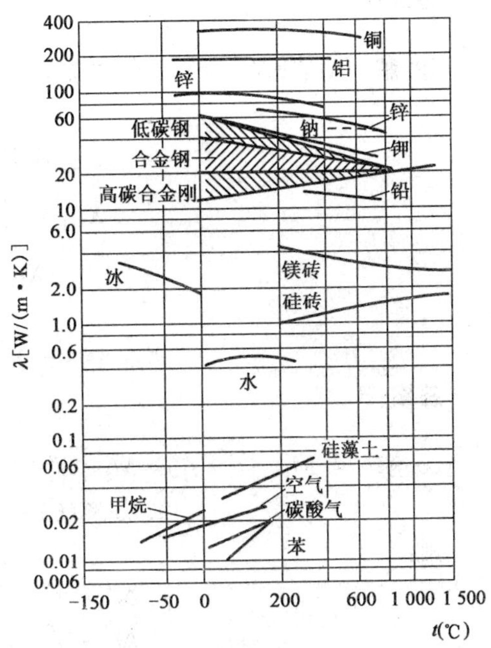

题 11 解图

12. **解** 单位管长的热流量为：

$$q_1 = \frac{t_{w1} - t_{w2}}{\dfrac{1}{2\pi\lambda}\ln\dfrac{r_2}{r_1}}$$

而导热量 $\Phi = 2\pi\lambda l q_1$ 为圆柱体高 l 的函数。

答案：C

13. **解** $B_i = 48 \times 0.006/26 = 0.011 < 0.1$，由集总参数法：

$$\frac{\theta}{\theta_0} = \frac{t - t_f}{t_0 - t_f} = \frac{70 - 75}{15 - 75} = 0.0833, \frac{\theta}{\theta_0} = e^{-\frac{hA}{\rho Vc}\tau}$$

$$\tau = -\frac{\rho c V}{hA}\ln\frac{\theta}{\theta_0} = -\frac{8600 \times 343 \times 0.006}{48 \times 3} \times \ln 0.0833 = 305\text{s}$$

答案：B

14. **解** 边界节点用热守衡方式，中心节点可以用级数展开，也可以用热守衡方式。

答案：A

15. **解** 积分方程组的求解要先假设速度和温度的分布，因此是近似解；雷诺类比的解是由比拟理论求得的，也是近似解。

答案：A

16. **解** 对于常物性流体，无论是常热流或者常壁温边界条件下，在热充分发展段的表面传热系数都保持不变。即 $-\left(\frac{\partial t}{\partial r}\right)_{r=R}/(t_{w,x}-t_{f,x})=\frac{h_x}{\lambda}=$ 常数。但是,两者的表面传热系数由于条件不足,无法确定。

答案:D

17. **解** 由于在其他条件相同时,珠状凝结的表面传热系数定大于膜状凝结的传热系数。油和氮气的导热系数比水的小,选项 A、C、D 都是削弱了蒸汽在竖直壁面上的凝结传热。

答案:B

18. **解** 物体热辐射过程与热力学温度的四次方成正比。

答案:D

19. **解** $X_{1,1}+X_{1,2}=1$,由于表面 1 为非凹的,所以 $X_{1,1}=0$,则:

$$X_{1,2}=1$$

$$A_1X_{1,2}=A_2X_{2,1}$$

$$X_{2,1}=\frac{A_1}{A_2}=\frac{3R}{2\pi R}=0.48$$

$$X_{2,1}+X_{2,2}=1$$

可得:

$$X_{2,2}=1-X_{2,1}=1-0.48=0.52$$

答案:B

20. **解** 由 $M_1c_1(t_1'-t_1'')=M_2c_2(t_2''-t_2')$,可得:

$$1.25\times(65-45)=2.5\times(t_2''-15)$$

则:

$$t_2''=25℃$$

$$\Delta t'=t_1'-t_2'=65-15=50℃$$

$$\Delta t''=t_1''-t_2''=45-25=20℃$$

$$\Delta t_m=\frac{\Delta t'-\Delta t''}{\ln\frac{\Delta t'}{\Delta t''}}=33℃$$

答案:B

21. **解** 取 1-1 断面和 2-2 断面列伯努利方程:

$$Z_2+\frac{p_2}{\rho g}=0$$

所以 2 处能产生负压。假如是理想流体不计流动损失,则 $v=\sqrt{2gH_2}=4.85\text{m/s}$,而实际流体都有阻力,流速肯定比理想时小,所以只能选 B。

答案:B

22. **解** 取 1-1 断面与 2-2 断面列伯努利方程:

$$z_1+\frac{p_1}{\rho_a g}+\frac{v_1^2}{2g}=z_2+\frac{p_2}{\rho_a g}+\frac{v_2^2}{2g}$$

其中,$z_1=z_2$,$p_1=v_1=0$,$p_2=-\rho g\Delta h$

将其代入伯努利方程，可得：

$$v_2=\sqrt{\frac{2g\rho\Delta h}{\rho_a}}$$

答案:C

23.**解**　对于圆管层流，其雷诺数为1 000，小于临界雷诺数，所以其流体为层流。而对于圆管层流，沿程阻力系数$\lambda=\frac{64}{Re}=\frac{64}{1\,000}=0.064$。

答案:B

24.**解**　该题可以通过代入单位运算得到答案，也可以直接由$p=\xi\frac{\rho v^2}{2}$得出，等式两边具有同样的量纲。

答案:A

25.**解**　圆管均匀流的过流断面上，切应力可表示为：

$$\tau_0=\gamma\frac{r_0}{2}J$$

其大小与半径成正比，肯定也与直径成正比。

答案:A

26.**解**

$$Re=\frac{vd}{\nu}=2\,000$$

$$v=2\,000\times1.31\times10^{-6}/0.05=0.052\,4\text{m/s}$$

答案:B

27.**解**　由于两管路并联，所以有$S_1Q_1=S_2Q_2$。

$$S_1=\frac{8\left(\lambda\frac{l_1}{d}+\sum\zeta\right)}{\pi^2d^4g},\frac{Q_1}{Q_2}=\sqrt{\frac{S_2}{S_1}}=\sqrt{\frac{\lambda\frac{l_2}{d}+\sum\zeta}{\lambda\frac{l_1}{d}+\sum\zeta}}=0.866$$

且$Q_1+Q_2=Q=0.001\,5$，联立即可求解。

答案:D

28.**解**　由势函数、流函数的关系可知：

$$u_x=\frac{\partial\phi}{\partial x}=2y=\frac{\partial\psi}{\partial y},u_y=\frac{\partial\phi}{\partial y}=2x=-\frac{\partial\psi}{\partial x}$$

代入流函数全微分定义式：

$$d\psi=\frac{\partial\psi}{\partial x}dx+\frac{\partial\psi}{\partial y}dy=-2xdx+2ydy$$

得

$$\psi=y^2-x^2+C$$

答案:C

29. **解**

$$c=\sqrt{k\frac{p}{\rho}}=\sqrt{kRT}=\sqrt{1.33\times 287.4\times 873}=577.7\text{m/s}$$

$$Ma=\frac{u}{c}=\frac{560}{577.7}=0.97$$

答案:A

30. **解** 前后管道系统阻抗不变,且 $H=SQ^2$,则:

$$\frac{H_2}{H_1}=\frac{Q_2^2}{Q_1^2},H_2=(750/500)^2\times 300=675\text{Pa}$$

同时还要送到150Pa的密封舱内,所以总阻力还要克服此压力,则系统总阻力为675+150=825Pa。

答案:B

31. **解** 超前校正利用了超前网络校正装置相角超前、幅值增加的特性,校正后可以使系统的截止频率 ω_c 变宽、相角裕度 γ 增大,从而有效改善系统动态性能的快速性和稳定性。系统稳定性满足的情况下,要求系统的响应快、超调小,可采用串联超前校正。

答案:A

32. **解** 阶跃响应无超调,系统为过阻尼或临界阻尼状态,则:

$$2\xi\omega_n=K$$

$$\xi=\frac{K}{6}\geqslant 1$$

$$K\geqslant 6$$

答案:D

33. **解**

$$T_1\frac{d\theta_i}{dt}+\theta_i=K_1(\theta_c+\theta_f)$$

式中:T_1——恒室温的时间系数;

K_1——恒室温的放大系数。

答案:C

34. **解** 若线性微分方程的系数是时间的函数,则这种系统称为时变系统,这种系统的响应曲线不仅取决于输入信号的形状和系统的特性,而且和输入信号施加的时刻有关。当公式中的各项系数有随时间变化的项时为时变系统。非线性控制系统不能应用叠加原理,如方程中含有变量及其导数的高次幂或乘积项。本题中A选项中方程是线性常微分方程,系统是线性定常系统;B选项方程中,只有输出一阶导数的系数是时间函数 t,系统是线性时变系统;C选项方程中,有输出变量 $c(t)$ 的开平方项,有系数是时间函数 $b(t)$,系统是非线性时变系统。D选项方程为线性定常方程,系统是线性定常系统。

答案:C

35. **解** 根据题可知,输出的时域响应应为:

$$c(T)=L^{-1}[C(s)]=L^{-1}\left[\frac{K}{1+Ts}\cdot\frac{1}{s}\right]=K(1-e^{-\frac{1}{\tau}})$$

输出上升率取决于上升速率和稳态值。当时间趋于无穷大时，输出的稳态值 $c(\infty)=K$；T 越小，上升速率越大。因此稳态值越小，上升速率越大，则输出的上升率越大。因此，同时减小 K 和 T 可增大输出上升率。

答案:B

36. **解** 频率特性和传递函数的关系 $G(j\omega)=G(s)|_{s=j\omega}$，因此频率特性为：

$$G(j\omega)=\frac{1}{(j\omega)^2+2(j\omega)+1}=\frac{1}{-\omega^2+2j\omega+1}$$

答案:B

37. **解** 系统的稳定性表现为系统时域响应的收敛性，是系统在扰动撤销后自身的一种恢复能力，是系统的固有特性。

答案:A

38. **解** 当系统从一个稳态过渡到新的稳态，或系统受扰动作用又重新平衡后，系统可能会出现偏差，这种偏差称为稳态误差，而不是输出信号与输入信号之间的误差。

答案:A

39. **解** 校正后可使系统的截止频率变宽，相角裕度增大，从而改善系统动态性能。

答案:C

40. **解** 本题考查基本概念。精密度反映随机误差对测量值的影响程度，准确度反映系统误差对测量值的影响程度，精确度反映系统误差和随机误差对测量值的影响程度。

答案:A

41. **解** 为了减少温度传感器的动态误差，需要提高温度传感器的灵敏性，这就要求温度传感器要有较小的热容量和较小的体积。

答案:B

42. **解** 干湿球温度计的测量原理是：如果空气中水蒸气量没饱和，湿球的表面便不断地蒸发水汽，并吸取汽化热，因此湿球所表示的温度都比干球所示要低。空气越干燥（即湿度越低），蒸发越快，不断地吸取汽化热，使湿球所示的温度降低，而与干球间的差增大。相反，当空气中的水蒸气量呈饱和状态时，水便不再蒸发，也不吸取汽化热，湿球和干球所示的温度就会相等。因此，干湿球温差越大，说明空气越没有达到饱和状态，即相对湿度越小。

答案:A

43. **解** 由于阀门开度变小，两容器间压力差减小，流体流动驱动力减小，故流量变小。

答案:C

44. **解** 本题主要考查管道压力组成。从图中可以看出，B 表的压力即为主干管中的水压，为 50kPa，而 B 表的压力为 A 点的压力与 A、B 间水柱形成的水压之和。故 A 表的指示值为 0.965kPa。

答案:C

45. **解**　流体由于存在惯性，在惯性的作用下，在孔板后会出现收缩现象。

答案：B

46. **解**　本题主要考查取压口的选择问题。A中取压口位于弯管处，形成的漩涡对测量结果造成较大影响；C中取压口位于节流处，节流前后压力突变，对测量结果有较大影响；D中取压口倾斜压力测量时受流体动压的影响。

答案：B

47. **解**　热流计分为测量传导热流的热阻式热流计和测量辐射热流的非接触式辐射热流计。

答案：A

48. **解**　氯化锂电阻湿度计利用氯化锂吸湿量随着空气相对湿度的变化，从而引起电阻变化的原理制成。氯化锂是一种在大气中不分解、不挥发、不变质的稳定的离子型无机盐类，其变送器受环境气体影响较小。

答案：C

49. **解**　机械设计的一般程序是：①计划阶段；②方案设计阶段；③技术设计阶段；④试制、试用与改进阶段。

答案：D

50. **解**　机构中有7个活动构件，$n=7$；8个转动副，1个移动副，则低副数为9，高副数为1，则自由度 $F=3n-(2p_L+p_H)=3\times7-(2\times9+1)=2$。

答案：B

51. **解**　曲柄摇杆机构中，摇杆反行程时的平均摆动速度大于正行程时的平均摆动速度，这就是所谓的急回特性。

答案：B

52. **解**　为了使凸轮轮廓在任何位置既不变尖也不相交，滚子半径必须小于理论轮廓外凸部分的最小曲率半径。

答案：C

53. **解**　为避免在铸件或锻件等未加工表面上安装螺栓所产生的弯曲应力，可采用凸台或沉孔等结构，经加工以后可获得平整的支撑面。

答案：D

54. **解**　由于紧边拉力和松边拉力不相等，带会产生弹性变形，这种弹性变形会使带在带轮上产生滑动，由于材料的弹性变形而产生的滑动称为弹性滑动。

答案：C

55. **解**　角速度之比$\frac{\omega_1}{\omega_2}=\frac{d_2}{d_1}$，由于加工、装配误差，两轮的实际安装中心距会比理论计算略有增大。

答案:D

56.**解** 轴承是用来支承轴及轴上零件、保持轴的旋转精度和减少转轴与支承之间的摩擦和磨损的部件。

答案:B

57.**解** 基本额定寿命是指一批相同的轴承,在同样工作条件下,其中10%的轴承产生疲劳点蚀时转过的总圈数,或在一定转速下总的工作小时数,则仍正常工作的轴承约有90%。

答案:B

58.**解** 《公共建筑节能设计标准》1.0.3条规定:按本标准进行的建筑节能设计,在保证相同的室内环境参数条件下,与未采取节能措施时相比,全年采暖、通风、空气调节和照明的总能耗应减少50%。

答案:C

59.**解** 《中华人民共和国建筑法》第二十九条规定:建筑工程总承包单位可以将承包工程中的部分工程发包给具有相应资质条件的分包单位;但是,除总承包合同中约定的分包外,必须经建设单位认可。施工总承包的,建筑工程主体结构的施工必须由总承包单位自行完成。

答案:C

60.**解** 《锅炉房设计规范》(GB 50041—2008)1.0.3条规定:本规范不适用于余热锅炉、垃圾焚烧锅炉和其他特殊类型锅炉的锅炉房和城市热力网设计。

答案:A

2011年度注册公用设备工程师(暖通空调、动力)执业资格考试专业基础考试

试　题

单项选择题(共60题,每题2分,每题的备选项中,只有1个最符合题意)

1. 大气压力为B,系统中工质真空压力读数为P_1时,系统的真实压力P为(　　)。

A. P_1　　B. $B+P_1$　　C. $B-P_1$　　D. P_1-B

2. 准静态是一种热力参数和作用力都有变化的过程,具有(　　)的特性。

A. 内部和边界是一起快速变化　　B. 边界上已经达到平衡
C. 内部状态参数随时处于均匀　　D. 内部参数变化远快于外部作用力变化

3. 热力学第一定律是关于热能与其他形式的能量相互转换的定律,适用于(　　)。

A. 一切工质和一切热力过程　　B. 量子级微观粒子的运动过程
C. 工质的可逆或准静态过程　　D. 热机循环的一切过程

4. z压缩因子法是依据理想气体计算参数修正后得出实际气体近似参数,下列说法中不正确的是(　　)。

A. $z=f(p,T)$
B. z是状态的参数,可能大于1或小于1
C. z表明实际气体偏离理想气体的程度
D. z是同样压力下实际气体体积与理想气体体积的比值

5. 把空气作为理想气体,其中O_2的质量分数为21%,N_2的质量分数为78%,其他气体质量分数为1%,则其定压比热容c_p为(　　)。

A. 707J/(kg·K)　　B. 910J/(kg·K)
C. 1 010J/(kg·K)　　D. 1 023J/(kg·K)

6. 空气进行可逆绝热压缩,压缩比为6.5,初始温度为27℃,则终了时气体温度可达(　　)。

A. 512K　　B. 430K　　C. 168℃　　D. 46℃

7. 卡诺循环由两个等温过程和两个绝热过程组成,过程的条件是(　　)。

A. 绝热过程必须可逆，而等温过程可以任意

B. 所有过程均是可逆的

C. 所有过程均可以是不可逆的

D. 等温过程必须可逆，而绝热过程可以任意

8. 确定水蒸气两相区域焓熵等热力参数需要给定参数（　　）。

A. x　　B. p 和 T　　C. p 和 V　　D. p 和 x

9. 理想气体绝热节流过程中节流热效应为（　　）。

A. 零　　B. 热效应

C. 冷效应　　D. 热效应和冷效应均可能有

10. 对于空气压缩式制冷理想循环，由两个可逆定压过程和两个可逆绝热过程组成，则提高该循环制冷系数的有效措施是（　　）。

A. 增加压缩机功率　　B. 增大压缩比 p_2/p_1

C. 增加膨胀机功率　　D. 提高冷却器和吸热换热器的传热能力

11. 下列说法中正确的是（　　）。

A. 空气热导率随温度升高而增大

B. 空气热导率随温度升高而下降

C. 空气热导率随温度升高保持不变

D. 空气热导率随温度升高可能增大也可能减小

12. 圆柱壁面双层保温材料敷设过程中，为了减少保温材料用量或减少散热量，应该采取的措施是（　　）。

A. 导热率较大的材料在内层　　B. 导热率较小的材料在内层

C. 根据外部散热条件确定　　D. 材料的不同布置对散热量影响不明显

13. 在双层平壁无内热源常物性一维稳态导热计算过程中，如果已知平壁的热导率分别是 δ_1、λ_1、δ_2、λ_2，如果双层壁内，外侧温度分别为 t_1 和 t_2，则计算双层壁交界面上温度 t_{in} 错误的关系式是（　　）。

A. $\dfrac{t_1-\mathrm{t}_{in}}{\dfrac{\delta_1}{\lambda_1}}=\dfrac{t_{in}-t_2}{\dfrac{\delta_2}{\lambda_2}}$　　B. $\dfrac{t_1-t_2}{\dfrac{\delta_1}{\lambda_1}+\dfrac{\delta_2}{\lambda_2}}=\dfrac{t_1-t_{in}}{\dfrac{\delta_1}{\lambda_1}}$

C. $\dfrac{t_1-t_2}{\dfrac{\delta_1}{\lambda_1}+\dfrac{\delta_2}{\lambda_2}}=\dfrac{t_{in}-t_2}{\dfrac{\delta_2}{\lambda_2}}$　　D. $\dfrac{t_1-t_{in}}{\dfrac{\delta_2}{\lambda_2}}=\dfrac{t_{in}-t_2}{\dfrac{\delta_2}{\lambda_1}}$

14. 常物性无内热源一维非稳态导热过程第三类边界条件下微分得到离散方程，进行计算

时要达到收敛需满足(　　)。

A. $Bi<\frac{1}{2}$　　B. $Fo\leqslant 1$　　C. $Fo\leqslant\frac{1}{2Bi+2}$　　D. $Fo\leqslant\frac{1}{2Bi}$

15. 管内受迫定型流动换热过程中，速度分布保持不变，流体温度及传热具有下列何种特性？(　　)

A. 温度分布达到定型　　B. 表面对流换热系数趋于定值

C. 温度梯度达到定值　　D. 换热量也达到最大

16. 暖气片对室内空气的加热是通过下列何种方式实现的？(　　)

A. 导热　　B. 辐射换热

C. 对流换热　　D. 复杂的复合换热过程

17. 表面进行膜状凝结换热的过程，影响凝结换热作用最小的因素为(　　)。

A. 蒸汽的压力　　B. 蒸汽的流速

C. 蒸汽的过热度　　D. 蒸汽中的不凝性气体

18. 固体表面进行辐射换热时，表面吸收率 α、透射率 τ 和反射率 ρ 之间，存在 $\alpha+\tau+\rho=1$，在理想或特殊条件下表面分别称之为黑体、透明体或者是白体，下列描述中错误的是(　　)。

A. 投射到表面的辐射能量全部反射时，$\rho=1$，称之为白体

B. 投射到表面的辐射能量全部可以穿透时，透射率 $\tau=1$

C. 红外线辐射和可见光辐射全部被吸收，表面呈现黑色，$\alpha=1$，称之为黑体

D. 投射辐射中，波长在 0.1～100μm 的辐射能量能全部吸收时，称之为黑体

19. 角系数 $X_{i,j}$ 表示表面发射出的辐射能中直接落到另一个表面上，其中不适用的是(　　)。

A. 漫灰表面　　B. 黑体表面

C. 辐射时各向均匀表面　　D. 定向辐射和定向反射表面

20. 管套式换热器中进行换热时，如果两侧为水—水单相流体换热，一侧水温由 55℃降到 35℃，流量为 0.6kg/s，则换热器分别作顺流或逆流时的平均对数温差比 Δt_m(逆流)/ Δt_m(顺流)为(　　)。

A. 1.35　　B. 1.25　　C. 1.14　　D. 1.0

21. 对于某一管段中的不可压缩流体的流动，取三个管径不同的断面，其管径分别为 $A_1=150$mm、$A_2=100$mm、$A_3=200$mm，则三个断面 A_1、A_2、A_3 对应的流速比为(　　)。

A. 16∶36∶9　　B. 9∶25∶16　　C. 9∶36∶16　　D. 16∶25∶9

22. 直径为 1m 的给水管在直径为 10cm 的水管中进行模型试验，现测得模型流量为 $0.2\text{m}^3/\text{s}$，则原型给水管实际流量为（　　）。

A. $8\text{m}^3/\text{s}$　　B. $6\text{m}^3/\text{s}$　　C. $4\text{m}^3/\text{s}$　　D. $2\text{m}^3/\text{s}$

23. 管道长度不变，管中流动为紊流光滑区，$\lambda=\dfrac{0.3164}{\text{Re}^{0.25}}$，允许的水头损失不变，当直径变为原来的 1.5 倍时，若不计局部损失，流量将变为原来的（　　）。

A. 2.25 倍　　B. 3.01 倍　　C. 3.88 倍　　D. 5.82 倍

24. 图中水箱深 H，底部有一长为 L，直径为 d 的测管，管道进口为流线型，进口水头损失可不计，管道的沿程阻力系数 λ 设为常数，H、d、λ 给定，若要保证通过的流量 Q 随管长 L 的加大而减小，则要满足条件（　　）。

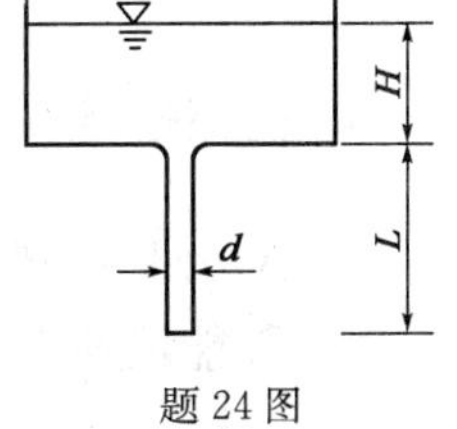

题 24 图

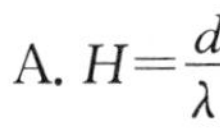
A. $H=\dfrac{d}{\lambda}$　　B. $H<\dfrac{d}{\lambda}$

C. $H>\dfrac{d}{\lambda}$　　D. $H\neq\dfrac{d}{\lambda}$

25. 图中自密闭容器经两段管道输水，已知压力表读数 $p_M=0.1\text{MPa}$，水头 $H=3\text{m}$，$l_1=10\text{m}$，$d_1=200\text{mm}$，$l_2=15\text{m}$，$d_2=100\text{mm}$，沿程阻力系数 $\lambda_1=\lambda_2=0.02$，则流量 Q 为（　　）。

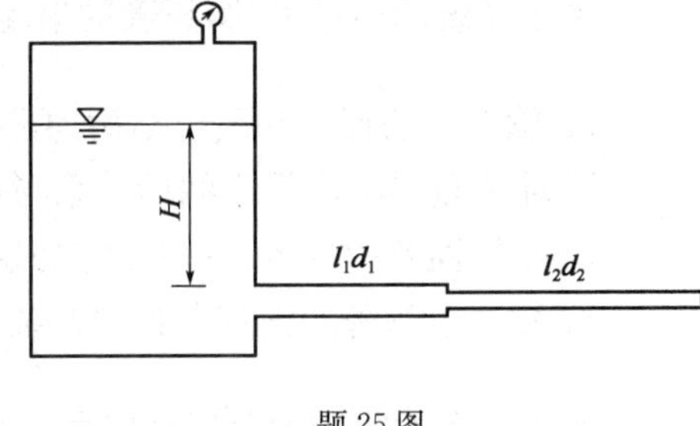

题 25 图

A. 54L/s　　B. 60L/s

C. 62L/s　　D. 58L/s

26. 并联管网的各并联管段（　　）。

A. 水头损失相等　　B. 水力坡度相等

C. 总能量损失相等　　D. 通过的流量相等

27. 已知某流速场 $u_x=-ax$，$u_y=ay$，$u_z=0$，则该流速场的流函数为（　　）。

A. $\Psi=2axy$　　B. $\Psi=-2axy$

C. $\Psi=-\dfrac{1}{2}a(x^2+y^2)$　　D. $\Psi=\dfrac{1}{2}a(x^2+y^2)$

28. 某流速场的势函数 $\varphi=5x^2y^2-y^3$，则其旋转角速度（　　）。

A. $\omega_z=0$　　B. $\omega_z=-10xy$　　C. $\omega_z=10xy$　　D. $\omega_z=y$

29. 对于喷管气体流动，在马赫数 $M>1$ 的情况下，气体速度随断面的增大变化情况为（　　）。

A. 加快　　B. 减慢　　C. 不变　　D. 先加快后减慢

30. 某水泵，在转速 $n=1\ 500\text{r/min}$ 时，其流量 $Q=0.08\text{m}^3/\text{s}$，扬程 $H=20\text{m}$，功率 $N=25\text{kW}$，采用变速调节，调整后的转速 $n'=2\ 000\text{r/min}$，设水的密度不变，则其调整后的流量 Q'，扬程 H'、功率 N'分别是(　　)。

A. $0.107\ \text{m}^3/\text{s}$，35.6m，59.3kW　　B. $0.107\ \text{m}^3/\text{s}$，26.7m，44.4kW

C. $0.107\ \text{m}^3/\text{s}$，26.7m，59.3kW　　D. $0.142\ \text{m}^3/\text{s}$，20m，44.4kW

31. 自动控制系统的正常工作受到很多条件的影响，保证自动控制系统正常工作的先决条件是(　　)。

A. 反馈性　　B. 调节性　　C. 稳定性　　D. 快速性

32. 前馈控制系统是对于干扰信号进行补偿的系统，是(　　)。

A. 开环控制系统　　B. 闭环控制系统和开环控制系统的复合

C. 能消除不可测量的扰动系统　　D. 能抑制不可测量的扰动系统

33. 关于系统的传递函数，正确的描述是(　　)。

A. 输入量的形式和系统结构均是复变量 s 的函数

B. 输入量与输出量之间的关系与系统自身结构无关

C. 系统固有的参数，反映非零初始条件下的动态特征

D. 取决于系统的固有参数和系统结构，是单位冲激下的系统输出的拉氏变换

34. 被控对象的时间常数反映对象在阶跃信号激励下被控变量变化的快慢速度，即惯性的大小；时间常数大，则(　　)。

A. 惯性大，被控变量变换速度慢，控制较平稳

B. 惯性大，被控变量变换速度快，控制较困难

C. 惯性小，被控变量变换速度快，控制较平稳

D. 惯性小，被控变量变换速度慢，控制较困难

35. 关于自动控制系统相角裕度和幅值裕度的描述，正确的是(　　)。

A. 相角裕度和幅值裕度是系统开环传递函数的频率指标，与闭环系统的动态性能密切相关

B. 对于最小相角系统，要使系统稳定，要求相角裕度大于 1，幅值裕度大于 0

C. 为保证系统具有一定的相对稳定性，相角裕度和幅值裕度越小越好

D. 稳定裕度与相角裕度无关，与幅值裕度有关

36. 关于二阶系统的设计，正确的做法是(　　)。

A. 调整典型二阶系统的两个特征参数阻尼系数 ξ 和无阻尼自然频率 ω_n 就可以完成最佳设计

B. 比例—微分控制盒测速反馈控制是最有效的设计方法

C. 增大阻尼系数 ξ 和增大无阻尼自然频率 ω_n

D. 将阻尼系数 ξ 和无阻尼自然频率 ω_n 分别计算

37. 系统的稳定性与其传递函数的特征方程根的关系为(　　)。

A. 各特征根实部均为负时,系统具有稳定性

B. 各特征根至少有一个存在正实部时,系统具有稳定性

C. 各特征根至少有一个存在零实部时,系统具有稳定性

D. 各特征根全部具有正实部时,系统具有稳定性

38. 对于单位阶跃输入,下列表述不正确的是(　　)。

A. 只有 O 型系统具有稳态误差,其大小与系统的开环增益成反比

B. 只有 O 型系统具有稳态误差,其大小与系统的开环增益成正比

C. I 型系统位置误差系数为无穷大时,稳态误差为 0

D. II 型及以上系统与 I 型系统一样

39. 关于超前校正装置,下列描述不正确的是(　　)。

A. 超前校正装置利用装置的相位超前特性来增加系统的相角稳定裕度

B. 超前校正装置利用校正装置频率特性曲线的正斜率段来增加系统的穿越频率

C. 超前校正装置利用相角超前,幅值增加的特性,使系统的截止频率变窄、相角裕度减小,从而有效改善系统的动态性能

D. 在满足系统稳定性条件的情况下,采用串联超前校正可使系统响应快、超调小

40. 某合格测温仪表的精度等级为 0.5 级,测量中最大示值的绝对误差为 1℃,测量范围的下限为负值,且下限的绝对值为测量范围的 10%,则该测温仪表的测量下限值是(　　)。

A. −5℃　　B. −10℃　　C. −15℃　　D. −20℃

41. 某铜电阻在 20℃的阻值 $R_{20}=16.35\Omega$,其电阻温度系数 $\alpha=4.25\times10^{-3}$(1/℃),则该电阻在 100℃时的阻值 R_{100} 为(　　)。

A. 3.27Ω　　B. 16.69Ω　　C. 21.47Ω　　D. 81.75Ω

42. 不属于光电式露点湿度计测量范围的气体是(　　)。

A. 高压气体　　B. 低温气体

C. 低湿气体　　D. 含烟尘、油脂的气体

43. 下列关于电容式压力传感器的叙述,错误的是(　　)。

A. 压力的变化改变极板间的相对位置，由此引起相应电容量的变化反映了被测压力的变化

B. 为保证近似线性的工作特性，测量时必须限制动极板的位移量

C. 灵敏度高，动态响应好

D. 电容的变化与压力引起的动极板位移之间是线性关系

44. 热线风速仪的测量原理是(　　)。

A. 动压法　　B. 霍尔效应

C. 热效率法　　D. 激光多普勒效应

45. 流体流过节流孔板时，流束在孔板的哪个区域收缩到最小？(　　)

A. 进口处　　B. 进口前一定距离

C. 出口处　　D. 出口后一定距离

46. 可用于消除线性变化的累进系统误差的方法是(　　)。

A. 对称观测法　　B. 半周期偶数观测法

C. 对置法　　D. 交换法

47. 以下关于热阻式热流计的叙述，错误的是(　　)。

A. 热流测头尽量薄　　B. 热阻尽量小

C. 被测物体热阻应比测头热阻小得多　　D. 被测物体热阻应比测头热阻大得多

48. 测量列的极限误差是其标准误差的(　　)。

A. 1 倍　　B. 2 倍　　C. 3 倍　　D. 4 倍

49. 在弯曲变应力作用下零件的设计准则是(　　)。

A. 刚度准则　　B. 强度准则

C. 抗磨损准则　　D. 振动稳定性准则

50. 平面机构具有确定运动的充分必要条件为(　　)。

A. 自由度大于零　　B. 原动件数大于零

C. 原动件数大于自由度数　　D. 原动件数等于自由度数且大于零

51. 在铰链四杆机构中，若最短杆与最长杆长度之和小于其他两杆长度之和，为了得到双摇杆机构，应(　　)。

A. 以最短杆为机架　　B. 以最短杆的相邻杆为机架

C. 以最短杆的对面杆为机架　　D. 以最长杆为机架

52. 凸轮机构中，极易磨损的从动件是(　　)。

A. 尖顶从动件　　B. 滚子从动件　　C. 平底从动件　　D. 球面底从动件

53. 已知：某松螺栓连接，所受最大荷载 $F_Q = 15\ 000N$，荷载很少变动，螺栓材料的许用应力 $[\sigma] = 140MPa$，则该螺栓的最小直径 d_1 为(　　)。

A. 13.32mm　　B. 10mm　　C. 11.68mm　　D. 16mm

54. V 带传动中，最大有效拉力与下列什么因素无关？(　　)

A. V 带的初拉力　　B. 小带轮上的包角

C. 小带轮的直径　　D. 带与带轮之间的摩擦因数

55. 有四个渐开线直齿圆柱齿轮，其参数分别为：齿轮 1 的 $m_1 = 2.5mm$，$\alpha_1 = 15''$，齿轮 2 的 $m_2 = 2.5mm$，$\alpha_2 = 20''$，齿轮 3 的 $m_3 = 2mm$，$\alpha_3 = 15''$，齿轮 4 的 $m_4 = 2.5mm$，$\alpha_4 = 20''$，则能够正确啮合的一对齿轮是(　　)。

A. 齿轮 1 和齿轮 2　　B. 齿轮 1 和齿轮 3

C. 齿轮 1 和齿轮 4　　D. 齿轮 2 和齿轮 4

56. 装在轴上的零件，下列各组方法中，能够实现轴向定位的是(　　)。

A. 套筒，普通平键，弹性挡圈　　B. 轴肩，紧定螺钉，轴端挡圈

C. 套筒，花键，轴肩　　D. 导向平键，螺母，过盈配合

57. 下列滚动轴承中，通常需成对使用的轴承型号是(　　)。

A. N307　　B. 6207　　C. 30207　　D. 51307

58. 对于新建、扩建和改建的住宅或公共建筑进行绿色建筑评价的时间为(　　)。

A. 设计完成之后　　B. 施工完成之后

C. 投入使用一年后　　D. 投入使用三年后

59. 下列不符合监理行为准则的是(　　)。

A. 在其资质等级许可范围内承担监理业务

B. 若因本单位监理人员不足可以转让部分监理业务

C. 根据建设单位的委托，客观、公正地执行监理任务

D. 不得与施工承包商及材料设备供应商有利害关系

60. 燃气调压装置可以设在(　　)。

A. 露天场地　　B. 地下室内

C. 地上主体建筑内　　D. 地下独立建筑内

2011年度注册公用设备工程师(暖通空调、动力)执业资格考试专业基础考试

试题解析及参考答案

1. **解**　本题主要考查大气压力、真空度以及系统真实压力的关系。

答案:C

2. **解**　本题主要考查准静态过程的特点。准静态过程是在系统与外界的压力差、温差无限小的条件下,系统变化足够缓慢,系统经历一系列无限接近于平衡态的过程。热力学意义上的"缓慢",是指由不平衡到平衡的弛豫时间远小于过程进行所用的时间,因此内部状态参数均匀,没有势差。

答案:D

3. **解**　热力学第一定律是能量守恒定律在热现象中的应用。能量守恒定律适用于任何工质和过程。

答案:A

4. **解**　本题主要考查压缩因子的概念。压缩因子是在给定状态下(相同压力和温度),实际气体的质量体积和理想气体的质量体积的比值。

答案:D

5. **解**　本题主要考查混合气体比热容计算公式的应用。

答案:C

6. **解**　本题主要考查定熵过程中的状态参数变化公式的应用。由多变过程公式得:

$$\frac{T_2}{T_1}=\left(\frac{V_2}{V_1}\right)^{\kappa-1}=\left(\frac{p_2}{p_1}\right)^{\frac{\kappa-1}{\kappa}}=6.5^{\frac{1.4-1}{1.4}}=1.707$$

$$T_2=1.707T_1=1.707\times(27+273)=512\text{K}$$

答案:A

7. **解**　由卡诺循环的定义可知,卡诺循环由两个可逆定温过程、两个可逆绝热过程组成,因此过程的条件应是所有过程均是可逆的。

答案:B

8. **解**　在水蒸气的两相区除 p 或 T 外,其他参数与两相比例有关,即在已知 p 或 T(h',V',s',h'',V'',s'')和干度 x 的情况下,可以确定 h、V、s 等状态参数。

答案:D

9. **解**　绝热节流前后温度的变化是:对理想气体,温度不变;对于实际气体,其温度可能升

高、可能降低也可能保持不变。本题中是理想气体，因此绝热节流后温度保持不变，节流效应为0。

答案:A

10.**解** 根据制冷循环的特点，循环中两个可逆定压过程和两个可逆绝热过程，分别为可逆定压冷凝、可逆定压蒸发、可逆绝热压缩、可逆绝热膨胀，通过提高冷却器和吸热换热器的传热能力，能够降低传热温差，从而减小冷凝温度和蒸发温度间的传热温差，以提高循环的制冷系数。

答案:D

11.**解** 气体导热系数在通常压力范围内变化不大，因而一般把导热系数仅仅视为温度的函数，由图可知，空气的热导率随温度升高而增大。

答案:A

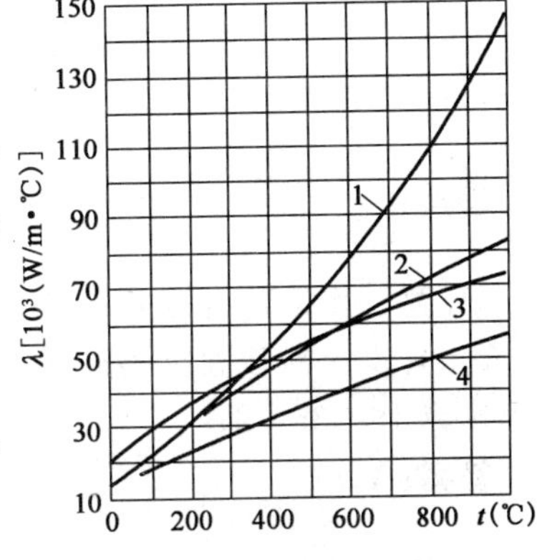

题11解图

1-水蒸气；2-二氧化碳；3-空气；4-氢

12.**解** 圆柱壁面内侧温度变化率较大，将导热率较小的材料在内层，以减少散热量。

答案:B

13.**解** 由于是一维稳态导热，则热流密度是常数：

$$q=\frac{\lambda(t_1-t_2)}{\delta}=\frac{\lambda}{\delta}\Delta t$$

答案:D

14.**解** 对非稳态导热的显式格式，其数值解的稳定性要受到稳定性条件的限制。对于内部节点的稳定性条件是：$Fo\leqslant\frac{1}{2}$；对于第三类边界条件的稳定性条件是：$Fo\leqslant\frac{1}{2Bi+2}$。

答案:C

15.**解** 管内受迫流动达到充分发展段时，无量纲温度$(t_w-t)/(t_w-t_f)$和表面对流换热系数趋于定值。

答案:B

16.**解** 暖气片对室内空气的加热是既有对流换热，又有辐射换热的复杂的复合换热。

答案:D

17.**解** 蒸汽的流速如果过大，增强凝结换热；蒸汽中的不凝性气体使凝结换热减弱。

答案:A

18.**解** 投射到表面的辐射能量全部吸收时，$\alpha=1$，称之为黑体，指的是全波段。投射到表面的辐射能量全部反射时，$\rho=1$，称之为白体。投射到表面的辐射能量全部可以穿透时，透射率$\tau=1$。可见光辐射全部被吸收，表面呈现黑色。

答案:C

19. **解** 这里的辐射能是指向半球空间的辐射，不是某个方向上的。

答案：D

20. **解** 由

$$M_1c_1(t_1'-t_1'')=M_2c_2(t_2''-t_2')$$

可得：

$$0.6\times(55-25)=1.2\times(t_2''-15)$$

$$t_2''=25℃$$

$$\Delta t_{m顺}=\frac{\Delta t'-\Delta t''}{\ln\dfrac{\Delta t'}{\Delta t''}}=\frac{30}{\ln 4};\Delta t_{m逆}=\frac{\Delta t'-\Delta t''}{\ln\dfrac{\Delta t'}{\Delta t''}}=\frac{10}{\ln 1.5}$$

$$\Delta t_{m逆}/\Delta t_{m顺}\approx 1.14$$

答案：C

21. **解** 根据连续性方程，断面流速与断面积成反比，因此与断面直径的平方成反比。A_1、A_2、A_3 三个断面直径之比为 3∶2∶4；则断面积之比为 9∶4∶16，因此 A_1、A_2、A_3 对应的流速比为 16∶36∶9。

答案：A

22. **解** 此题首先考查的是模型律的选择问题。在该题中，是给水管道，此时应当以满足雷诺相似准数为主，Re 就是决定性相似准数。即 $(\mathrm{Re})_n=(\mathrm{Re})_m$

$$\frac{v_n d_n}{\nu_n}=\frac{v_m d_m}{\nu_m}$$

现在 $d_n=1$，$d_m=0.1$，水的黏度不变，所以：

$$v_m=\frac{4Q_m}{\pi d_m^2}=\frac{4\times 0.2}{\pi\times 0.01}=\frac{80}{\pi}$$

$$v_n=\frac{v_m d_m}{d_n}=0.1v_m=\frac{8}{\pi}$$

$$Q_n=\frac{\pi d_n^2}{4}v_n=\frac{\pi}{4}\times\frac{8}{\pi}=2\mathrm{m^3/s}$$

答案：D

23. **解** 将已经条件 $\lambda=\dfrac{0.3164}{\mathrm{Re}^{0.25}}$ 代入 $h_f=\lambda\dfrac{l}{d}\dfrac{v^2}{2g}$，且 $\mathrm{Re}=\dfrac{vd}{\nu}$，则：

$$\frac{v_1^{1.75}}{v_2^{1.75}}=\frac{d_1^{1.25}}{d_2^{1.25}}$$

$$\frac{Q_2}{Q_1}=\frac{v_2d_2^2}{v_1d_1^2}=\sqrt[1.75]{\frac{d_2^{1.25}}{d_1^{1.25}}}\cdot\frac{d_2^2}{d_1^2}$$

答案：B

24. **解** 取液面、管道出口断面列伯努利方程，有：

$$H+L=\frac{v^2}{2g}+\lambda\frac{L}{d}\frac{v^2}{2g}$$

$$Q=Av=\frac{\pi d^2}{4}v=\frac{\pi d^2}{4}\sqrt{\frac{2g(H+L)}{1+\lambda\dfrac{L}{d}}}$$

若流量随管长的加大而减小，则有$\frac{dQ}{dL}<0$，解得$1-H\frac{\lambda}{d}<0$，则$H>\frac{d}{\lambda}$。

答案：C

25. **解** 取液面和出口断面列伯努利方程，有：

$$H+\frac{p_M}{\rho g}=\frac{v^2}{2g}+\left(\lambda_1\frac{l_1}{d_1}+\xi_{进}\right)\frac{v_1^2}{2g}+\left(\lambda_2\frac{l_2}{d_2}+\xi_{突缩}\right)\frac{v_2^2}{2g}$$

其中，$\xi_{进}=0.5$，$\xi_{进}=0.5\left(1-\frac{A_2}{A_1}\right)$，可解得：

$$v_2=7.61\text{m/s}$$

$$Q=\frac{\pi d_2^2}{4}v_2=59.7\text{L/s}$$

答案：B

26. **解** 并联环路水头损失相等。选项C总能量损失严格地讲还应包括流体传热造成的热量损失。

答案：A

27. **解** $d\psi=u_x dy-u_y dx=-axdy-aydx=-a(xdy+ydx)=-ad(xy)$

所以得：

$$\psi=-axy$$

当然此类题目也可采用排除法，因为其流函数满足：

$$u_x=-\frac{\partial\psi}{\partial y};u_y=-\frac{\partial\psi}{\partial x}$$

将各项代入求偏导，也可快速得出答案。

答案：B

28. **解** 由 $u_x=\frac{\partial\varphi}{\partial x}=10xy^2$，$u_y=\frac{\partial\varphi}{\partial y}=10x^2y-3y^2$

则 $\omega_z=\frac{1}{2}\left(\frac{\partial u_y}{\partial x}-\frac{\partial u_x}{\partial y}\right)=\frac{1}{2}(20xy-20xy)=0$

答案：A

29. **解** $Ma>1$，$u>c$，为超声速流动，dv与dA符号相同，说明速度随断面的增大而加快，随断面的减小而减慢。

答案：A

30. **解** 根据相似率，流量、扬程、功率分别与转速为1次方、2次方、3次方关系。

答案：A

31. **解** 稳定性是保持控制系统能够正常工作的先决条件。

答案：C

32. **解** 有扰动补偿开环控制称为按扰动补偿的控制方式——前馈控制系统。如果扰动能测量出来，则可以采用按干扰补偿的控制方式。由于扰动信号经测量元件、控制器至被控对象是单向传递的,所以属于开环控制。对于不可测扰动及各元件内部参数变化给被控制量造成的影响,系统无抑制作用。

答案:A

33. **解** 传递函数是描述系统(或元部件)动态特性的一种数学表达式,它只是取决于系统(或元部件)的结构和参数,而与系统(或元部件)的输入量和输出量的形式和大小无关。传递函数是复变量 $s(s=\sigma+j\omega)$ 的有理真分式函数,它具有复变函数的所有性质,其分子多项式的系数均为实数,都是由系统的物理参数决定的。并且传递函数只反映系统的动态特性,而不反应系统物理性能上的差异。对于物理性质截然不同的系数,只要动态特性相同(如相似系统),它们的传递函数就具有相同的形式。

答案:D

34. **解** 时间常数 T 是反映响应变化快慢或响应滞后的重要参数。用 T 表示的响应滞后称阻容滞后(容量滞后)。T 越大,被控对象惯性越大,被控参数变化越慢,控制较平稳。

答案:A

35. **解** 稳定裕度。稳定系统的稳定程度,即相对稳定性,用相角(位)裕度和幅值裕度来表示。相角裕度和幅值裕度是系统开环频率指标,它与闭环系统的动态性能密切相关。对于最小相角系统,要使闭环系统稳定,要求相角裕度 $\gamma>0$,幅值裕度 $K_g>1(h>\mathrm{dB})$。

答案:A

36. **解** 在改善二阶系统性能的方法中,比例一微分控制和测速反馈控制是两种常用方法。

答案:B

37. **解** 本题考查稳定性与特征方程根的关系。系统的特征根全部具有负实部时,系统具有稳定性,当特征根中有一个或一个以上正实部根时,系统部稳定;若特征根中具有一个或一个以上零实部根而其他的特征根均具有负实部时,系统处于稳定和不稳定的临界状态,为临界稳定。

答案:A

38. **解** O型系统:$V=0,K_p=K,e_{ss}=1/(1+K_p)$ 有稳态误差,其大小与系统的开环增益成反比。I型系统及I型以上的系统:$V=1,2,\cdots,K_p=\infty,e_{ss}=0$。位置误差系数均为无穷大,稳态误差均为零。

答案:B

39. **解** 由超前校正装置的定义及特性可知,此题选C。

答案:C

40. **解** 根据精度等级和绝对误差的概念,可知本题答案为D。

答案:D

41. **解** 电阻温度系数 α(单位:1/℃)来描述这一特性。它的定义是在某一温度间隔内,温度变化 1℃时电阻的相对变化量：

$$\alpha = \frac{R_t - R_{t0}}{t - t_0} = \frac{\Delta R}{\Delta t}$$

由电阻温度系数定义式可以求得：

$$R_{100} = \alpha(t - t_0) + R_{t0} = 16.69\Omega$$

答案:B

42. **解** 光电式露点湿度计是使用光电原理直接测量气体露点温度的一种电测法湿度计。其测量准确度高，可靠性强，使用范围广，尤其适用于低温状态。影响其测量精度的主要因素包括：高度光洁的露点镜，高精度的光学与热电制冷调节系统和采样气体需要洁净。

答案:D

43. **解** 只有当 $\Delta d/d \ll 0$ 时，电容的变化量与位移增量才成近似线性关系。

答案:D

44. **解** 热线风速仪是利用加热的金属丝（热线）的热量损失速率和气流流速之间的关系来求得气流速度的一种仪器，因此其测量原理基于热效率法。

答案:C

45. **解** 当水经过节流孔板缩口时，流束会变细或收缩。流束的最小横断面出现在实际缩口的下游，称为缩流断面，在缩流断面处，流速是最大的。

答案:D

46. **解** 消除线性变化的系统误差可采用对称观测法。

答案:A

47. **解** 由于热流传感器是热流计最为关键的一次敏感器件，因此其测量精度将直接关系到热流计的测量精度。其中热流传感器与被测物粘贴的紧密程度，对热流的稳定时间有着非常大的影响。粘贴越紧密，稳定越快，测量偏差越小；反之，测量偏差越大。其次，热流传感器厚度越薄越好。另外，热流传感器边长越长越好，最优值为 20～30mm。

答案:D

48. **解** 在有限次测量中，认为不出现大于 3σ 的误差，故把 3σ 定义为极限误差 Δmax。

答案:C

49. **解** 强度准则就是指零件的应力不得超过允许的限度，即 $\sigma \leqslant [\sigma]$。式中，$[\sigma]$为许用应力。

答案:B

50. **解** 机构确定运动的条件是：机构原动件的数目等于机构自由度的数目，且自由度大于零。

答案:D

51. **解** 最短杆与最长杆长度之和小于其他两杆长度之和，满足了铰链四杆机构有曲柄的条件，此时，若以最短杆的对边为机架，则可获得双摇杆机构。

答案：C

52. **解** 尖顶与凸轮是点接触，最易磨损。

答案：A

53. **解** 松螺栓连接的强度条件为：

$$\sigma=\frac{F_Q}{\pi d_1^2/4}\leqslant[\sigma]$$

代入数据计算得 $d_1=11.68\text{mm}$。

答案：C

54. **解** 传动时，带紧边和松边的拉力差称为带传动的有效拉力，也就是带所传递的圆周力 F：

$$F=F_1-F_2=F_1\left(1-\frac{1}{e^{f\alpha}}\right)$$

答案：C

55. **解** 一对渐开线齿轮的正确啮合条件是两齿轮模数和压力角分别相等。

答案：D

56. **解** 轴上零件的轴向固定，常用轴肩、定位套筒、紧定螺钉和轴端挡圈等形式。

答案：B

57. **解** 右起第五位表示轴承类型，可知 30207 为圆锥滚子轴承，通常需成对使用，对称安装。

答案：C

58. **解** 《绿色建筑评价标准》(GB/T 50378—2006)3.1.2 条规定：对于新建、扩建和改建的住宅或公共建筑进行绿色建筑评价的时间为投入使用一年后。

答案：C

59. **解** 《工程建设监理规定》第十九条规定：监理单位不得转让监理业务。

答案：B

60. **解** 《城镇燃气设计规范》(GB 50028—2006)规定：自然条件和周围环境许可时，宜设置在露天；设置在地上单独的建筑物内时，应符合该规范第 6.6.12 条的要求；当受到地上条件限制，且调压装置进口压力不大于 0.4MPa 时，可设置在地下单独的建筑物内或地下单独的箱体内，并应分别符合本规范第 6.6.14 条和第 6.6.5 条的要求。

答案：A

2012年度注册公用设备工程师(暖通空调、动力)执业资格考试专业基础考试

试　　题

单项选择题(共60题,每题2分,每题的备选项中,只有1个最符合题意)

1. 状态参数是描述系统工质状态的宏观物理量,下列参数组中全部是状态参数的是(　　)。

A. p,V,T,pu^2,pgz　　B. Q,W,T,V,p
C. T,H,U,S,p　　D. z,p,V,T,H

2. 对于热泵循环,输入功 W,可以在高温环境放出热量 Q_1,在低温环境得到热量 Q_2,下列关系中不可能存在的是(　　)。

A. $Q_2=W$　　B. $Q_1>W>Q_2$
C. $Q_1>Q_2>W$　　D. $Q_2>Q_1>W$

3. 多股流体绝热混合,计算流体出口参数时,下列哪个过程应该考虑流速的影响?(　　)

A. 超音速流动　　B. 不可压缩低速流动
C. 各股流体速度不大,温度不同　　D. 流动过程可简化为可逆过程

4. 如果将常温常压下的甲烷气体作为理想气体,其定值比热容比 $k=\frac{c_p}{c_v}$ 为(　　)。

A. 1.33　　B. 1.40　　C. 1.50　　D. 1.67

5. 压气机压缩制气过程有三种典型过程,即等温过程、绝热过程和多边过程,在同样初始条件和达到同样压缩比的条件下,三者耗功量之间的正确关系为(　　)。

A. $W_{等温}=W_{多变}=W_{绝热}$　　B. $W_{等温}>W_{多变}>W_{绝热}$
C. $W_{等温}<W_{多变}<W_{绝热}$　　D. 不确定

6. 进行逆卡诺循环时,制冷系数或供热系数均可以大于1,即制冷量 Q_2 或供热量 Q_1 都可以大于输入功 W,下列说法正确的是(　　)。

A. 功中含有较多的热量
B. 功的能量品味比热量高
C. 热量或冷量可以由其温度换算
D. 当温差为零时可以得到无限多的热量或冷量

7. 夏季皮肤感觉潮湿时可能因为空气中(　　)。

A. 空气压力大　　B. 空气压力高　　C. 空气湿度大　　D. 空气温度高

8. 某喷管内空气初始流速 20m/s 和温度 115℃，出口温度为 85℃，空气定压比热容 c_p = 1 004.5J/(kg·K)，则出口流速为(　　)。

A. 238m/s　　B. 242m/s　　C. 246m/s　　D. 252m/s

9. 将蒸汽动力循环与热能利用进行联合工作组成热电联合循环，系统可以实现(　　)。

A. 热功效率 $\eta_{max}=1$　　B. 热能利用率 $K_{max}=1$

C. $\eta_{max}+K_{max}=1$　　D. 热能利用率 K 不变

10. 某溴化锂吸收式制冷循环过程中，制冷剂和吸收剂分别是(　　)。

A. 水为制冷剂，溴化锂溶液为吸收剂　　B. 溴化锂为制冷剂，水为吸收剂

C. 溴化锂为制冷剂，溴化锂溶液为吸收剂　　D. 溴化锂溶液为制冷剂和吸收剂

11. 下列导热过程傅里叶定律的表述中，不正确的是(　　)。

A. 热流密度 q 与传热面积成正比　　B. 导热量 Q 与温度梯度成正比

C. 热流密度 q 与传热面积无关　　D. 导热量 Q 与导热距离成反比

12. 外径为 25mm 和内径为 20mm 的蒸汽管道进行保温计算时，如果保温材料热导率为 0.12W/(m·K)，外部表面总散热系数为 12W/(m·K)，则热绝缘临界直径为(　　)。

A. 25mm　　B. 20mm　　C. 12.5mm　　D. 10mm

13. 采用集总参数法计算物体非稳态导热过程时，下列用以分析和计算物体的特征尺度的方法中，错误的是(　　)。

A. 对于无限长柱体，$L=R/2$；对于圆球体，$L=R/3$，R 为半径

B. 对于无限大平板，$L=\delta$，δ 为平板厚度的一半

C. 对于不规则物体 $L=V$(体积)/F(散热面积)

D. 对于普通圆柱体 $L=R$，R 为半径

14. 常物性无内热源二维稳态导热过程，在均匀网格步长下，$\Delta x=\Delta y$，如图所示的拐角节点 1 处于第三类边界条件时，其差分格式为(　　)。

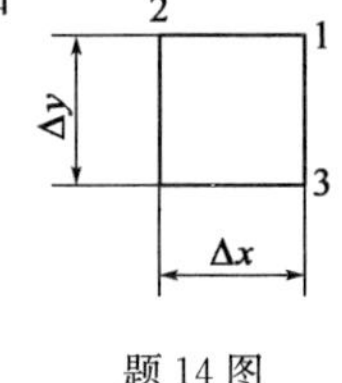

题 14 图

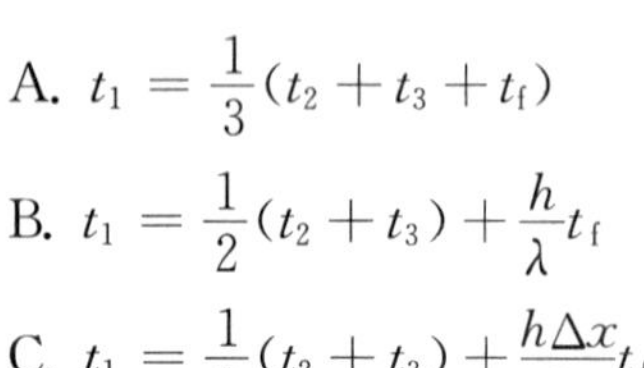

A. $t_1=\frac{1}{3}(t_2+t_3+t_f)$

B. $t_1=\frac{1}{2}(t_2+t_3)+\frac{h}{\lambda}t_f$

C. $t_1=\frac{1}{2}(t_2+t_3)+\frac{h\Delta x}{\lambda}t_f$

D. $2\left(1+\frac{h\Delta x}{\lambda}\right)t_1=t_2+t_3+2\frac{h\Delta x}{\lambda}t_f$

15. 流体外掠平板形成边界层，下列关于边界层厚度及流动状态的表述中，不正确的是（　　）。

A. 边界层内可以依次层流和湍流
B. 随着板长度增加，边界层厚度趋于定值
C. 边界层厚度与来流速度及板面粗糙度有关
D. 当流动长度较大时，边界层内可以出现湍流

16. 根据单相流体管内受迫流动换热特性，下列入口段的表面传热系数与充分发展段的表面传热系数的关系中，正确的是（　　）。

A. $h_{入口}>h_{充分发展}$　　B. $h_{入口}<h_{充分发展}$　　C. $h_{入口}>h_{充分发展}$　　D. 不确定

17. 在沸腾换热过程中，产生的气泡不断脱离表面，形成强烈的对流换热，其中产生的气泡所需条件的正确说法是（　　）。

A. 只要满足 $R_{min}\geqslant\frac{2\sigma T_s}{\gamma\rho_v(t_w-t_s)}$
B. 只要满足 $p_v-p_s>2\frac{\sigma}{\gamma}$
C. 只要满足壁面温度 $t_w\gg$流体饱和温度 t_s
D. 壁面与流体有过热度及壁面处有汽化核心

18. 太阳能集热器或太阳灶的表面常做成黑颜色的主要原因是（　　）。

A. 黑色表面的辐射率较大，$\varepsilon=1$
B. 太阳能中的最大辐射率处于可见光波长范围
C. 黑色表面可以最大极限吸收红外线辐射能
D. 黑色表面有利于辐射换热

19. 气体辐射换热过程中，一般忽略不计的因素是（　　）。

A. 辐射换热波段　　B. 气体成分
C. 容积几何特征　　D. 气体分子的散射和衍射

20. 套管式换热器中进行饱和水蒸气凝结为饱和水，加热循环水过程。蒸汽的饱和温度115℃，流量 1 800kg/h，潜热 2 230kJ/kg；水入口温度 45℃，出口温度 65℃，设传热系数为125W/(m^2·K)，则该换热器所需的换热面积为（　　）。

A. $150m^2$　　B. $125m^2$　　C. $100m^2$　　D. $75m^2$

21. 管路由不同管径的两管前后相连接组成，大管的直径 $d_A=0.6m$，小管的直径 $d_B=0.3m$。水在管中流动时，A 点的压强 $p_A=80N/m^2$，B 点的压强 $p_B=50N/m^2$，A 点的流速 $v_A=1m/s$，图中 B 点比 A 点高 1m，水在管中的流动方向和水流经两断面的水头损失为（　　）。

A. A 流向 B，0.76m

B. A 流向 B，1.76m

C. B 流向 A，0.76m

D. B 流向 A，1.76m

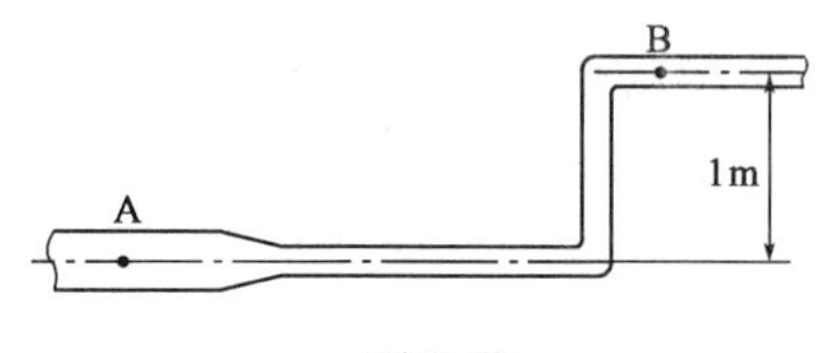

题 21 图

22. 某溢水堰模型设计比例为 1∶36。在模型上测得流速为 1m/s，则实际流速为（　　）。

A. 6m/s　　B. 5m/s　　C. 4m/s　　D. 3.6m/s

23. 变直径圆管，前段直径 $d_1=30\text{mm}$，雷诺数为 3 000，后段直径变为 $d_2=60\text{mm}$，则后段圆管的雷诺数为（　　）。

A. 1 000　　B. 1 500　　C. 2 000　　D. 3 000

24. 如图所示的虹吸管，C 点前的管长 $l=15\text{m}$，管径 $d=200\text{mm}$，流速为 $v=2\text{m/s}$，进口阻力系数为 $\xi_1=1.0$，转弯的阻力系数 $\xi_2=0.2$，沿程阻力系数 $\lambda=0.025$，管顶 C 点的允许真空度 $h_v=7\text{m}$，则最大允许安装高度为（　　）。

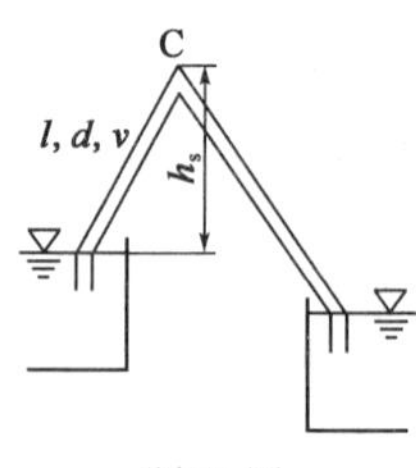

题 24 图

A. 6.13m　　B. 6.17m

C. 6.34m　　D. 6.56m

25. 如图所示，某设备的冷却水从河中取出，已知河水水面与管道系统出水口的高差 $Z=4\text{m}$，管道直径 $d=200\text{mm}$，管长 $L=200\text{m}$，沿程阻力系数 $\lambda=0.02$，局部阻力系数 $\sum\xi=50$，流量要求 $Q=200\text{m}^3/\text{h}$，则水泵应提供的总扬程为（　　）。

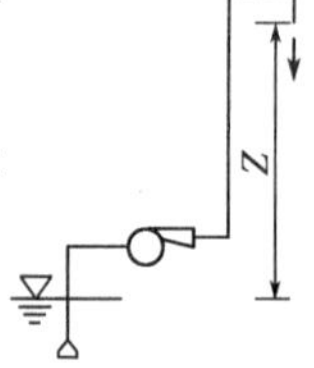

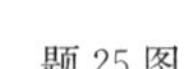
题 25 图

A. 4m　　B. 11.18m

C. 15.18m　　D. 24.18m

26. 在速度为 $v=2\text{m/s}$ 的水平直线流中，在 x 轴下方 5 个单位处放一强度为 3 的汇流，则此流动的流函数为（　　）。

A. $\psi=2y-\dfrac{3}{2\pi}\arctan\dfrac{y+5}{x}$　　B. $\psi=2y+\dfrac{3}{2\pi}\arctan\dfrac{y+5}{x}$

C. $\psi=2x-\dfrac{3}{2\pi}\arctan\dfrac{y-5}{x}$　　D. $\psi=2x+\dfrac{3}{2\pi}\arctan\dfrac{y-5}{x}$

27. 下列说法错误的是（　　）。

A. 平面无旋流动既存在流函数，也存在势函数

B. 环流是圆周流动，不属于无旋流动

C. 无论是源流还是汇流均不存在旋转角速度

D. 均匀直线流动中，流速为常数

28. 在有摩阻绝热气流流动中，滞止压强 p_0 的沿程变化情况为(　　)。

A. 增大　　B. 降低　　C. 不变　　D. 不定

29. 空气从压气罐口通过一拉伐尔喷管(缩放喷管)输出，已知喷管出口压强 $p=14\text{kPa}$，马赫数 $M=2.8$，压气罐中温度 $t_0=20℃$，空气的比热 $k=1.4$，则压气罐的压强为(　　)。

A. 180kPa　　B. 280kPa　　C. 380kPa　　D. 480kPa

30. 已知有一离心泵，流量 $Q=0.88\text{m}^3/\text{s}$，吸入管径 $D=0.6$，泵的允许吸入真空度 $[H_s]=3.5\text{m}$，吸入管的阻力为 0.6m 水柱，水面为大气压，则水泵的最大安装高度为(　　)。

A. 2.01m　　B. 2.41m　　C. 2.81m　　D. 3.21m

31. 描述实际控制系统中某物理环节的输入与输出关系时，采用的是(　　)。

A. 输入与输出信号　　B. 输入与输出信息
C. 输入与输出函数　　D. 传递函数

32. 下列关于负反馈的描述中，不正确的是(　　)。

A. 负反馈系统利用偏差进行输出状态的调节
B. 负反馈能有利于生产设备或工艺过程的稳定运行
C. 闭环控制系统是含负反馈组成的控制系统
D. 开环控制系统不存在负反馈，但存在正反馈

33. 一阶控制系统 $T\frac{\mathrm{d}L}{\mathrm{d}t}+L=K_{qi}$ 在阶跃 A 作用下，L 的变化规律为(　　)。

A. $L(t)=KA(1-e^{\frac{t}{\tau}})$　　B. $L(t)=KA(1+e^{\frac{t}{\tau}})$
C. $L(t)=KA(1-e^{-\frac{t}{\tau}})$　　D. $L(t)=KA(1+e^{-\frac{t}{\tau}})$

34. 关于串联和并联环节的等效传递函数，正确的是(　　)。

A. 串联环节的等效传递函数为各环节传递函数的乘积，并联环节的等效传递函数为各环节传递函数的代数和
B. 串联环节的等效传递函数为各环节传递函数的代数和，并联环节的等效传递函数为各环节传递函数的乘积
C. 串联环节的等效传递函数为各环节传递函数的乘积，并联环节的等效传递函数为各环节传递函数的相除
D. 串联环节的等效传递函数为各环节传递函数的乘积，并联环节的等效传递函数为各环节传递函数的相加

35. 设二阶系统的传递函数为 $\frac{2}{s^2+4s+2}$，则此系统为(　　)。

A. 欠阻尼　　B. 过阻尼　　C. 临界阻尼　　D. 无阻尼

36. 系统频率特性和传递函数的关系为(　　)。

A. 两者完全是一样的
B. 传递函数的复变量 s 用 $j\omega$ 代替后，就是相应的频率特性
C. 频率特性可以用图形表示，传递函数不能用图形表示
D. 频率特性与传递函数没有关系

37. 关于自动控制系统的稳定判据的作用，不正确的表述是(　　)。

A. 可以用来判断系统的稳定性
B. 可以用来分析系统参数变化对稳定性的影响
C. 检验稳定裕度
D. 不能判断系统的相对稳定值

38. 设系统的开环传递函数为 $G(s)$，反馈环节传递函数为 $H(s)$，则该系统的静态位置误差系数、静态速度误差系数、静态加速度误差系数正确的表达方式是(　　)。

A. $\lim\limits_{s\to 0}G(s)H(s)$、$\lim\limits_{s\to 0}sG(s)H(s)$、$\lim\limits_{s\to 0}s^2G(s)H(s)$
B. $\lim\limits_{s\to \infty}G(s)H(s)$、$\lim\limits_{s\to \infty}sG(s)H(s)$、$\lim\limits_{s\to \infty}s^2G(s)H(s)$
C. $\lim\limits_{s\to 0}s^2G(s)H(s)$、$\lim\limits_{s\to 0}sG(s)H(s)$、$\lim\limits_{s\to 0}G(s)H(s)$
D. $\lim\limits_{s\to \infty}s^2G(s)H(s)$、$\lim\limits_{s\to \infty}sG(s)H(s)$、$\lim\limits_{s\to \infty}G(s)H(s)$

39. 下列说法中，不正确的是(　　)。

A. 滞后校正装置的作用是低通滤波，能抑制高频噪声，改善稳态性能
B. PD 控制器是一种滞后校正装置，PI 控制器是一种超前校正装置
C. PID 控制器是一种滞后—超前校正装置
D. 采用串联滞后校正，可实现系统的高精度、高稳定性

40. 某压力表测量范围为 1～10MPa，精度等级为 0.5 级，其标尺按最小分格为仪表允许误差刻度，则可分为(　　)。

A. 240 格　　B. 220 格　　C. 200 格　　D. 180 格

41. 如图所示，用热电偶测量金属壁面温度有两种方案 a)和 b)，当热电偶具有相同的参考端温度 t_0 时，问在壁温相等的两种情况下，仪表的示值是否一样？若一样，是采用了哪个定律？(　　)

A. 一样，中间导体定律　　B. 一样，中间温度定律
C. 不一样　　D. 无法判断

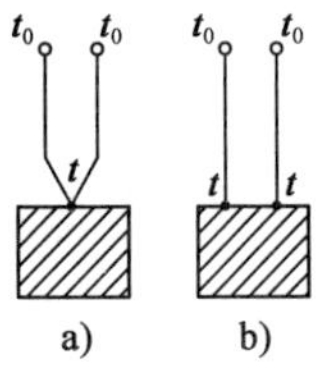

t_0　t_0　t　a)　　t_0　t_0　t　t　b)

题 41 图

42. 氯化锂电阻湿度计使用组合传感器，是为了(　　)。

A. 提高测量精度　　B. 提高测量灵敏度
C. 增加测量范围　　D. 提高测量稳定性

43. 下列弹性膜片中，不能用作弹性式压力表弹性元件的是(　　)。

A. 弹簧管　　B. 波纹管　　C. 金属膜片　　D. 塑料膜片

44. 某直径为 400mm 的圆形管道，采用中间矩形法布置测点测量其管道内的温度分布情况，若将管道截面四等分，则最外侧的测点距离管道壁面为(　　)。

A. 374.2mm　　B. 367.6mm　　C. 25.8mm　　D. 32.4mm

45. 流体流过管径为 D 的节流孔板时，流速在哪个区域达到最大？(　　)

A. 进口断面处　　B. 进口断面前$\frac{D}{2}$处

C. 出口断面处　　D. 出口断面后$\frac{D}{2}$处

46. 以下关于压差式液位计的叙述，正确的是(　　)。

A. 利用了动压差原理　　B. 液位高度与液柱静压力成正比
C. 液位高度与液柱静压力成反比　　D. 不受液体密度的影响

47. 以下关于热阻式热流计的叙述，错误的是(　　)。

A. 传感器有平板式和可挠式　　B. 可测量固体传导热流
C. 可与热电偶配合使用测量导热系数　　D. 传感器将热流密度转为电流信号输出

48. 下列属于引起系统误差的因素是(　　)。

A. 仪表内部存在摩擦和间隙等不规则变化
B. 仪表指针零点偏移
C. 测量过程中外界环境条件的无规则变化
D. 测量时不定的读数误差

49. 在机械零件的强度条件式中，常用到的"计算荷载"一般为(　　)。

A. 小于名义荷载　　B. 大于静荷载而小于动荷载
C. 接近于名义荷载　　D. 大于名义荷载而接近于实际荷载

50. 有 m 个构件所组成的复合铰链包含的转动副个数为(　　)。

A. 1　　B. $m-1$　　C. m　　D. $m+1$

51. 已知某平面铰链四杆机构各杆长度分别为 110、70、55、210，则通过转换机架，可能构成的机构形式为(　　)。

A. 曲柄摇杆机构　　B. 双摇杆机构　　C. 双曲柄机构　　D. A、C 均可

52. 不宜采用凸轮机构的工作场合是(　　)。

A. 需实现特殊的运动轨迹　　B. 需实现预定的运动规律
C. 传力较大　　D. 多轴联动控制

53. 普通螺纹连接的强度计算，主要是计算(　　)。

A. 螺杆螺纹部分的拉伸强度　　B. 螺纹根部的弯曲强度
C. 螺纹工作表面的挤压强度　　D. 螺纹的剪切强度

54. V 带传动工作时，传递的圆周力为 F_t，初始拉力为 F_0，则下列紧边拉力 F_1 和松边拉力 F_2 的计算公式中正确的是(　　)。

A. $F_1=F_0+F_t, F_2=F_0-F_t$　　B. $F_1=F_0-F_t, F_2=F_0+F_t$
C. $F_1=F_0+F_t/2, F_2=F_0+F_t/2$　　D. $F_1=F_0-F_t/2, F_2=F_0+F_t/2$

55. 对于具有良好润滑、防尘的闭式软齿面齿轮传动，工作时最有可能出现的破坏形式是(　　)。

A. 齿轮折断　　B. 齿面疲劳点蚀　　C. 磨料性磨损　　D. 齿面胶合

56. 增大轴肩过渡处的圆角半径，其主要优点是(　　)。

A. 使轴上零件的轴向定位比较可靠　　B. 降低轴应力集中的影响
C. 使轴的加工方便　　D. 使轴上零件安装方便

57. 代号为 6318 的滚动轴承，其内径尺寸 d 是(　　)。

A. 90mm　　B. 40mm　　C. 18mm　　D. 8mm

58. 绿色建筑评价指标体系一共有(　　)。

A. 三类指标组成　　B. 六类指标组成　　C. 五类指标组成　　D. 七类指标组成

59. 建筑设计单位对设计文件所涉及的设备、材料，除有特殊需求的外(　　)。

A. 不得指定生产商或供应商
B. 按建设方意愿可以指定生产商或供应商
C. 经建设方、监理方的同意可以指定生产商或供应商
D. 可以按建设方要求的品牌进行设计

60. 城镇燃气管道的设计压力等级一共分为(　　)。

A. 4 级　　B. 5 级　　C. 6 级　　D. 7 级

2012 年度注册公用设备工程师(暖通空调、动力)执业资格考试专业基础考试

试题解析及参考答案

1. **解** 强度性参数:温度 T,压力 p;广延性参数:系统的体积 V,热力学能 U,焓 H,熵 S。

答案:C

2. **解** 热泵循环中,$Q_1 = W_0 + Q_2$ 。

答案:D

3. **解** 流体混合求参数,是采用能量平衡方程求解,即对于稳定绝热流动,流入控制体的能量一流出控制体的能量=0。流体的能量包含内部储能和外部储能,其中外部储能为机械能,是动能和势能之和。当流体流速不大、位置变化不大时,可忽略外部储能,但当流体流速很大时,不能忽略动能。流体的混合,是典型的不可逆过程,任何时候都不能简化为可逆过程。

答案:A

4. **解** 甲烷 CH_4 是多原子分子,对于多原子分子,$c_p = 9R_g/2$,$c_v = 7R_g/2$,因此 $c_p/c_v = 1.29$。

答案:A

5. **解** 同样的初终状态,等温压缩功耗最小,绝热压缩功耗最高。实际的压气机也利用这一结论采用多级压缩、间级冷却的措施降低压缩功耗。

答案:C

6. **解** B 项功的能量品位比热量高,说法是正确的,但是不是逆卡诺循环能效比大于 1 的原因;在逆卡诺循环中,当用于制冷时,C_{OP} 为:

$$C_{OP} = Q_2/(Q_1 - Q_2) = T_2/(T_1 - T_2)$$

用于采暖,热力系数:

$$\varepsilon = Q_1/(Q_1 - Q_2) = T_1/(T_1 - T_2)$$

因此,当温差为零,能效比将趋于无穷。

答案:D

7. **解** 夏季皮肤感到潮湿,皮肤上的水分散不出去,因为空气湿度大。

答案:C

8. **解** 结合单位质量流体绝热流动能量方程和理想气体的比焓和温度的关系,写出:

$$c_p T_1 + \frac{c_{f,1}^2}{2} = c_p T_2 + \frac{c_{f,2}^2}{2}$$

因此：

$$c_{f,2} = \sqrt{c_{f,1}^2 + 2c_p(T_1 - T_2)} = 246.31\text{m/s}$$

答案:C

9.**解** 热电联产的目的是提高系统的能源综合利用率。与采用单独的朗肯循环相比，热电联产的汽轮机背压提高，发电量减小，热功效率是有所下降的，但是排热量用于采暖，因此能源综合利用率有所提高。

答案:C

10.**解** 溴化锂吸收式制冷循环，水为制冷剂，溴化锂溶液是吸收剂；氨水吸收式制冷循环，氨为制冷剂，水为吸收剂。

答案:A

11.**解** 傅里叶提出了著名的导热基本定律——傅里叶定律，指出了导热热流密度矢量与温度梯度之间的关系：

$$\boldsymbol{q} = -\lambda \text{grad}t = -\lambda \frac{\partial t}{\partial \boldsymbol{n}} \boldsymbol{n}$$

导热量与热流密度之间的关系为：

$$Q = qA$$

可见，热流密度与面积无关。

答案:A

12.**解** 热绝缘临界直径：

$$d_c \frac{2\lambda_{ins}}{h_2} = \frac{2 \times 0.12}{12} = 20\text{mm}$$

但是，蒸汽管道的外径为25mm，所以，$d_c = 25\text{mm}$。

答案:A

13.**解** 采用集总参数法计算物体非稳态导热过程时，特征尺度的确定：对于无限大平板，$L=\delta$，δ 为平板厚度的一半；对于无限长圆柱体，$L=R/2$；对于圆球体，$L=R/3$，R 为半径；对于不规则的物体，$L=V$(体积)$/F$(散热面积)。

答案:D

14.**解** 图示拐角节点1所代表的微元体为四分之一网格，由热平衡关系式：

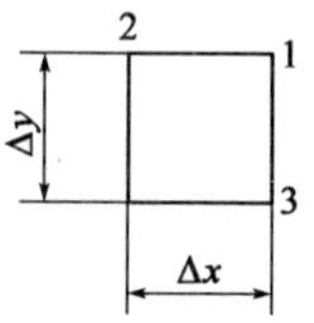

$$\lambda \frac{t_2 - t_1}{\Delta x} \cdot \frac{\Delta y}{2} + \lambda \frac{t_3 - t_1}{\Delta y} \cdot \frac{\Delta x}{2} + \frac{\Delta x}{2} h(t_f - t_1) + \frac{\Delta y}{2} h(t_f - t_1) = 0$$

整理后可得：

$$2\left(1 + \frac{h\Delta x}{\lambda}\right)t_1 = t_2 + t_3 + 2\frac{h\Delta x}{\lambda}t_f$$

题 14 解图

答案:D

15.**解** 如图所示，随着板长度增加，边界层厚度增大，边界层内可以依次层流和湍流。边界层厚度与来流速度及板面积粗糙度有关，当流动长度较大时，边界层内可以出现湍流。

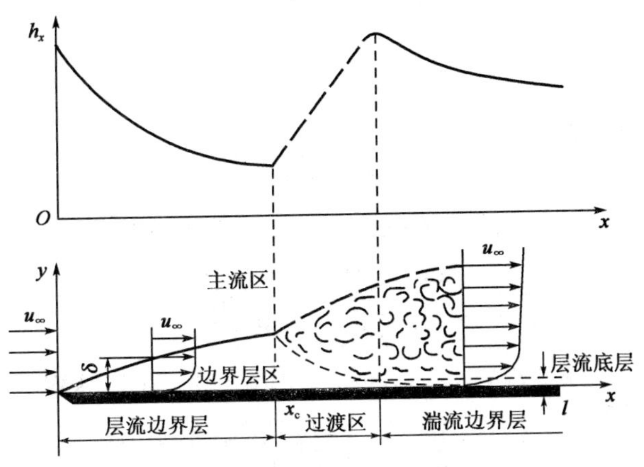

题 15 解图

答案:B

16.**解** 如图所示,不管是层流和湍流,入口段的平均表面传热系数大于充分发展段的平均表面传热系数(图中的虚线)。对于局部表面传热系数,层流时入口段的局部表面传热系数大于充分发展段的局部表面传热系数,湍流时入口段的局部表面传热系数可能等于、可能大于、可能小于充分发展段的局部表面传热系数(图中的实线)。

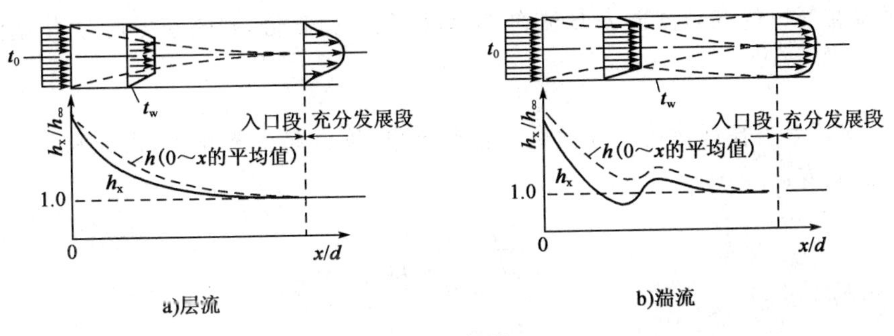

题 16 解图

答案:C

17.**解** 加热表面上要产生汽泡,液体必须过热,而且必须达到一定的过热度。D 选项只说明了有过热度,没说过热度达到一定值。当过热度较小时,对流换热为自然对流,没有汽泡。

答案:A

18.**解** 黑色表面的辐射率不等于 1,只有黑体的辐射率等于 1。黑色表面对可见光范围内的吸收比接近于 1,而对于红外线范围吸收比接近于 0。太阳能中的最大辐射率处于可见光波长范围,这意味着该表面从太阳辐射中吸收较多的能量,而自身的辐射热损失又极小。所以,太阳能集热器或太阳灶的表面常做成黑颜色。

答案:B

19.**解** 气体辐射对波长具有强烈的选择性,只在某些光带内具有辐射和吸收特性,单原子分子和具有对称结构的双原子分子对热辐射是透明的，多原子分子气体辐射的发射率与 $P \cdot s$（压力与平均射线行程乘积）有关。

答案：C

20. **解** 水蒸气为流体1，水为流体2。

$$\Delta t' = t_1' - t_2'' = 115 - 45 = 70℃$$

$$\Delta t'' = t_1'' - t_2' = 115 - 65 = 50℃$$

$$\Delta t_m = \frac{\Delta t' - \Delta t''}{\ln \frac{\Delta t'}{\Delta t''}} = \frac{70 - 50}{\ln \frac{70}{50}} = 60℃$$

$$Q = G \cdot r = 1\,800 \times 2\,230/3.6 = 1\,115\text{kW}$$

$$A = \frac{Q}{K\Delta t_m} = \frac{1\,115\,000}{125 \times 60} = 148.7\text{m}^2$$

答案：A

21. **解** 本题考查的是三大方程的灵活应用。首先应用连续性方程，有 $F_A v_A = F_B v_B$，所以，$v_B = 4\text{m/s}$，再列伯努利方程：

$$z_A + \frac{p_A}{\rho g} + \frac{v_A^2}{2g} = z_B + \frac{p_B}{\rho g} + \frac{v_B^2}{2g} + h_{A-B}$$

代入得：

$$h_{A-B} = -1.76\text{m}$$

这说明水在管中的流动方向为B流向A，如果 h_{A-B} 为正值，则流动方向为A流向B。

答案：D

22. **解** 该题考查模型律的选择问题。在堰流中，重力起主要作用，因此应按弗劳德准则设计模型。因此有：

$$\frac{v_p}{\sqrt{gl_p}} = \frac{v_m}{\sqrt{gl_m}}$$

所以：

$$\frac{v_p}{v_m} = \frac{\sqrt{gl_p}}{\sqrt{gl_m}} = \sqrt{36} = 6$$

答案：A

23. **解** 由连续性方程 $A_1 v_1 = A_2 v_2$，可得：

$$v_2 = v_1/4\text{Re}_2 = v_2 d_2/\nu = v_1 d_1/2\nu = \text{Re}_1/2 = 1\,500$$

答案：B

24. **解** 取上游液面和C点断面列伯努利方程，有：

$$0 = h_s + \frac{p_C}{\rho g} + \frac{v^2}{2g} + \lambda \frac{l}{d} \frac{v^2}{2g} + (\xi_1 + \xi_2) \frac{v^2}{2g}$$

C点的真空度：

$$\frac{p_C}{\rho g} = -7$$

$$h_s = 7 - \left(1 + \lambda \frac{l}{d} + \xi_1 + \xi_2\right)\frac{v^2}{2g} = 6.17\text{m}$$

答案:B

25. **解**　泵的扬程用来克服流动阻力和位置水头。

$$Q = 200/3\,600 = 0.056\text{m}^3/\text{s}$$

$$H = Z + SQ^2 = Z + \frac{8Q^2\left(\lambda \frac{l}{d} + \sum\xi\right)}{\pi^2 d^4 g} = 15.18\text{m}$$

答案:C

26. **解**　这是势流叠加,水平直线流沿 x 轴方向,其流函数 $\varphi_1 = 2y$;汇点在(0,5)的点汇,其流函数 $\varphi_2 = -\frac{3}{2\pi}\arctan\frac{y+5}{x}$,叠加后的流函数 $\varphi = \varphi_1 + \varphi_2$。

答案:A

27. **解**　环流是无旋流动。是否属于无旋流动,不是看流体质点的运动轨迹是否是圆周流动,而是看质点是否绕自身轴旋转,角速度是否为零。

答案:B

28. **解**　在有摩阻的绝热气流中,各断面上滞止温度不变,即总能量不变,但因摩阻消耗一部分机械能转化为热能,故滞止压强 p_0 沿程降低。

答案:B

29. **解**　压力罐的压强可看做滞止压强 p_0,由滞止压强与断面压强的绝热过程关系式:

$$\frac{p_0}{p} = \left(1 + \frac{k-1}{2}M^2\right)^{\frac{k}{k-1}}$$

可得压气罐压强 p_0=380kPa。

答案:C

30. **解**　本题与2007年第29题类似。

$$v_s = \frac{4Q}{\pi D^2} = 3.11\text{m/s}$$

$$h_1 = 0.6\text{m}$$

$$H_s = H_g + \frac{v_s^2}{2g} + h_1$$

得

$$H_g = 2.41\text{m}$$

答案:B

31. **解**　自动控制关心的是环节的输出和输入的关系——传递函数。一个传递函数只能表示一个输入对输出的关系。

答案:D

32. **解**　A项正确,反馈控制是采用负反馈并利用偏差进行控制的过程。

B项正确，"闭环"这个术语的含义，就是应用负反馈作用来减小系统的误差，从而使得生产设备或工艺过程稳定地运行。

C项正确，由于引入了被反馈量的反馈信息，整个控制过程为闭合的，因此负反馈控制也称为闭环控制。凡是系统输出信号对控制作用有直接影响的系统，都称为闭环系统。

D项错误，闭环控制系统将检测出来的输出量送回到系统的输入端，并与输入信号比较产生偏差信号的过程称为反馈。这个送回到输入端的信号称为反馈信号。若反馈信号与输入信号相减，使产生的偏差越来越小，则称为负反馈；反之，则称为正反馈。

答案：D

33. **解**　输入 q_i 为阶跃作用，$t<0$ 时，$q_i=0$；$t\geqslant 0$ 时，$q_i=A$。对题中微分方程求解，得：

$$L(t)=KA(1-e^{-\frac{t}{T}})$$

答案：C

34. **解**　环节串联后的总传递函数等于各个串联环节传递函数的乘积，并联后的总传递函数等于各个并联环节传递函数的代数和。

答案：A

35. **解**　$\frac{C(s)}{R(s)}=\frac{2}{s^2+4s+2}$，与标准式对比可知 $\omega_n=\sqrt{2}$，$\xi=\sqrt{2}>1$，为过阻尼。

答案：B

36. **解**　频率特性和传递函数的关系 $G(j\omega)=G(s)|_{s=j\omega}$，即传递函数的复变量 s 用 $j\omega$ 代替后，就相应变为频率特性。频率特性也是描述线性控制系统的数学模型形式之一。

答案：B

37. **解**　稳定判据应用于：①判别系统的稳定性；②分析系统参数变化对稳定性的影响；③检验稳定裕度。

答案：D

38. **解**　静态位置误差系数 $K_p=\lim\limits_{s\to 0}G(s)H(s)$，静态速度误差系数 $K_v=\lim\limits_{s\to 0}sG(s)H(s)$，静态加速度误差系数 $K_a=\lim\limits_{s\to 0}s^2G(s)H(s)$。

答案：A

39. **解**　PD控制器是一种超前校正装置，PI控制器是一种滞后校正装置。滞后校正装置的作用：低通滤波，能抑制噪声，改善稳态性能。采用滞后校正装置进行串联校正时，主要是利用其高频幅值衰减特性，以降低系统的截止频率，提高系统的相角裕度，改善系统的平稳性。高精度、稳定性要求高的系统常采用串联滞后校正，如恒温控制。PID兼有PI和PD的优点，是一种滞后超前校正装置。

答案：B

40. **解**　本题考查仪表最大允许误差公式 $|\Delta x|_{max}=l_m\cdot s/100$。

答案：C

41.**解**　中间导体定律：在热电偶回路中，插入第3种、第4种……材料，只要材料两端的温度相同，对原热电偶的热电势没有影响。

答案：A

42.**解**　一定浓度的氯化锂测湿传感器的测湿范围较窄，一般在20%左右，使用几种不同浓度的氯化锂涂层组合在一起，便可增加测量范围。

答案：C

43.**解**　弹簧管、波纹管、金属膜片在不同的弹性式压力表中都可以用作感压元件。

答案：D

44.**解**　由于流体的黏性作用，管道截面上各点的速度或压力的分布是不均匀的，为了测出管道截面上的流体的平均速度，通常将管道横截面分成若干个面积相等的部分，用毕托管测量每一部分中某一特征点的流体速度，并近似地认为，在每一部分中所有各点的速度都是相同的，且等于特征点的数值，然后按这些特征点的流速计算各相等部分面积上通过的流量，通过整个管道截面的流量即为这些部分面积流量之和，因此需要布置测点。对于矩形管道，通常将管道截面划分成若干个面积相等的小矩形，小矩形每边长度为200mm左右，在小矩形的中心布置测定，即为特征点的位置。对于圆形管道，可采用中间矩形法、对数—线性法来布置测点。

答案：A

45.**解**　流体由于存在惯性，在惯性的作用下，在孔板后会出现收缩现象。

答案：D

46.**解**　通过流体静力学知识，写出以下关系式：

$$\rho g h = \Delta p$$

则

$$h=\Delta p/(\rho g)$$

答案：B

47.**解**　热阻式热流计分为三类：①直接测量热流密度；②作为其他测量仪器的测量元件，如作为热导率测定仪、热量计等；③作为监控仪器的检测元件。可以直接测量固体的传导热流，输出的热电势与流过的热流密度成正比。

答案：A

48.**解**　零点偏移有可能是由于环境条件的变化造成的，因此选项B、C属于随机误差。

答案：A

49.**解**　计算荷载为载荷系数K与名义荷载的乘积，K大于1。

答案：D

50.**解**　两个以上构件在同一轴线上用转动副连接便形成复合铰链。m个构件连接构成的复合铰链具有$(m-1)$个转动副。

答案：B

51. **解**　如果铰链四杆机构中的最短杆与最长杆长度之和大于其余两杆长度之和，则该机构中不可能存在曲柄，无论取哪个构件作为机架，都只能得到双摇杆机构。

答案：B

52. **解**　凸轮轮廓与从动件之间为点接触或线接触，易于磨损，所以通常用于传力不大的控制机构。

答案：C

53. **解**　螺栓连接中的单个螺栓受力分为轴向荷载(受拉螺栓)和横向荷载(受剪螺栓)两种。受拉力作用的是普通螺栓连接，受剪切作用的是铰制孔用螺栓连接。

答案：A

54. **解**　设环形带的总长不变，则在紧边拉力的增加量 F_1-F_0 应等于在松边拉力的减少量 F_0-F_2，则 $F_0=(F_1+F_2)/2$。带紧边和松边的拉力差应等于带与带轮接触面上产生的摩擦力的总和，称为带传动的有效拉力，也就是带所传递的圆周力 F_t，即 $F_t=F_1-F_2$。

答案：C

55. **解**　具有良好润滑、防尘的闭式齿轮传动只可能发生齿轮折断和齿面疲劳点蚀。但是软齿面材料塑性比较大，可以有效缓解冲击力，折断的可能性不大。

答案：B

56. **解**　在零件截面发生变化处会产生应力集中现象，从而削弱材料的强度。因此，进行结构设计时，应尽量减小应力集中。在阶梯轴的截面尺寸变化处应采用圆角过渡，且圆角半径不宜过小。

答案：B

57. **解**　除了00、01、02、03 内径代号的轴承内径是 15mm，22、28、32 内径代号是 28mm，其余的轴承内径=内径代号×5。

答案：A

58. **解**　《绿色建筑评价标准》(GB/T 50378—2006)3.2.1 条规定：绿色建筑评价指标体系由节地与室外环境、节能与能源利用、节水与水资源利用、节材与材料资源利用、室内环境质量和运营管理六类指标组成。每类指标包括控制项、一般项与优选项。

答案：B

59. **解**　《中华人民共和国建筑法》第五十七条规定：建筑设计单位对设计文件选用的建筑材料、建筑构配件和设备，不得指定生产厂、供应商。

答案：A

60. **解**　《城镇燃气设计规范》(GB 50028—2006)6.1.6 条规定：城镇燃气管道的设计压力(p)分为7级，即高压(A、B)、次高压(A、B)、中压(A、B)、低压管道。

答案：D

2013 年度注册公用设备工程师(暖通空调、动力)执业资格考试专业基础考试

试　　题

单项选择题(共 60 题,每题 2 分,每题的备选项中,只有 1 个最符合题意)

1. 当系统在边界上有能量和质量交换,但总体无质量变化时,该系统可能是(　　)。

A. 闭口系统　　B. 开口系统　　C. 稳态系统　　D. 稳定系统

2. 与准静态相比,可逆过程进行时,系统一定要满足的条件是(　　)。

A. 系统随时到处均匀一致
B. 只要过程中无功耗散
C. 边界上和内部都不存在任何力差或不均匀性
D. 边界上无作用力差,过程进行缓慢

3. 热力学第一定律单个入口和单个出口系统表达式 $\delta q = dh - v dp$ 使用的条件为(　　)。

A. 稳定流动,微元,可逆过程
B. 稳定流动,微元,准静态过程
C. 理想气体,微元,可逆过程
D. 不计动能和势能,微元,可逆过程

4. 钢瓶内理想气体的计算公式 $\frac{pV_1}{T_1} = \frac{pV_2}{T_2}$ 可适用的范围是(　　)。

A. 准静态过程
B. 可逆过程
C. 绝热过程
D. 任意过程后的两个平衡态之间

5. 在压缩机多级压缩中间冷却中,以理想气体计时,实现耗功最小的最佳压比配置条件是(　　)。

A. 各级产气量相等
B. 各级等温压缩功相等
C. 各级压差相等
D. 各级压比相等

6. 某闭口系统吸热 100kJ,膨胀做功 30kJ,同时由摩擦而耗功 15kJ 为系统内吸收,则该系统的内能变化为(　　)。

A. 85kJ　　B. 70kJ　　C. 55kJ　　D. 45kJ

7. 熵是状态函数,因此只要初终状态确定,则熵变化也确定。下列说法中错误的是(　　)。

A. 工质的循环过程$\oint ds=0$

B. 孤立系统的熵变ΔS是状态参数

C. 完成循环后，环境的熵变不一定为零

D. 同样初终态，可逆或不可逆，工质的熵变相同

8. 湿空气是干空气和水蒸气组成的混合气体，工程应用中水蒸气(　　)。

A. 是理想气体
B. 是实际气体，必须按水蒸气图表计算
C. 是实际气体，近似作为理想气体
D. 有时作为理想气体，有时作为实际气体

9. 过热水蒸气在喷管内流动，其临界压力比β的数值为(　　)。

A. 0.48　B. 0.50　C. 0.52　D. 0.55

10. 热泵和制冷循环均为逆循环，都需要外部输入一定的作用力或功，实现热能从低温物体传到高温物体，它们之间的区别在于(　　)。

A. 换热器设备不同

B. 热泵向服务区域供热，制冷机从服务区域取热

C. 循环所用的压缩机不同

D. 热泵只考虑供热量，制冷机只考虑制冷量，运行温度区间是相同的

11. 纯金属的热导率一般随着温度的升高而(　　)。

A. 不变
B. 上升
C. 下降
D. 先上升然后下降

12. 一维大平壁内稳态无内热源导热过程中，当平壁厚度一定时，不正确的说法是(　　)。

A. 平壁内温度梯度处处相等
B. 材料导热率大，则壁面两侧温差小
C. 导热率与温度梯度的积为常数
D. 热流量为常数

13. 非稳态导热过程中物体的Bi数用于描述物体的(　　)。

A. 内部的导热传递速度或能力

B. 边界上的散热速度或能力

C. 内部导热能力与边界对流换热能力比值关系

D. 内部导热热阻与边界对流换热热阻比值关系

14. 对于稳态、非稳态、显格式或隐格式离散方程组的求解，下列说法中正确的是(　　)。

A. 显格式离散方程组求解永远是发散的

B. 隐格式离散方程组求解是收敛的

C. 时间采用隐格式、空间采用显格式是收敛的

D. 稳态条件下的各种差分格式都是收敛的

15. 在对流换热过程中，两个现象相似的条件是(　　)。

A. 满足同一准则关联式及单值性条件
B. 速度与温度分布相似，且单值性条件相同
C. 只要满足几何相似、速度与温度分布相似及同类现象
D. 同类现象的换热过程，同名准则对应相等，单值性条件相似

16. 在单相流体管内受迫流动充分发展段中，边界条件对换热有较大影响。下列说法中不正确的是(　　)。

A. 常壁温下，流体温度沿管长按对数规律变化
B. 常热流下，沿管长流体与壁面温度差保持为常数
C. 常热流下，壁面温度沿管长非线性变化
D. 常热流下，沿管长流体温度线性变化

17. 在垂直封闭夹层内进行自然对流换热时，正确的表述是(　　)。

A. 当壁面间距与高度比值处于某范围时，冷热壁面自然对流可以形成环流
B. 夹层间距较大时，两侧壁面的边界层总是会相互干扰或结合
C. 当夹层的温差和间距较大，且 $Gr_\delta > 2\,000$ 时，可以按纯导热过程计算
D. 在夹层间距和高度的比值较大时，可以按无限大壁面自然对流换热计算

18. 维恩位移定律 $\lambda_{max}T = 2\,897.6\mu m \cdot K$ 的正确含义是(　　)。

A. E 达到最大时，最大波长与温度的乘积保持常数
B. E 达到最大时，波长与温度的乘积保持常数
C. $E_{b\lambda}$ 达到最大时，波长与温度的乘积保持常数
D. $E_{b\lambda}$ 达到最大时，最大波长与温度的乘积保持常数

19. 两块温度分别为 500K 和 300K 的灰体平板，中间插入一块灰体遮热板，设板的发射率均为 0.85，则最终遮热板的温度为(　　)。

A. 467K　　B. 433K　　C. 400K　　D. 350K

20. 物体与外界进行辐射换热计算时，环境温度一般是指(　　)。

A. 空间辐射和四周物体辐射相当的温度　　B. 周围空气与建筑物和场地温度平均值
C. 周围建筑物和场地的温度　　D. 周围空气的平均温度

21. 用水银比压计测量管中的水流，测得过流断面流速 $v = 2m/s$，如图所示，则 A 点比压计的度数 Δh 为(　　)。

A. 16mm　　B. 20mm
C. 26mm　　D. 30mm

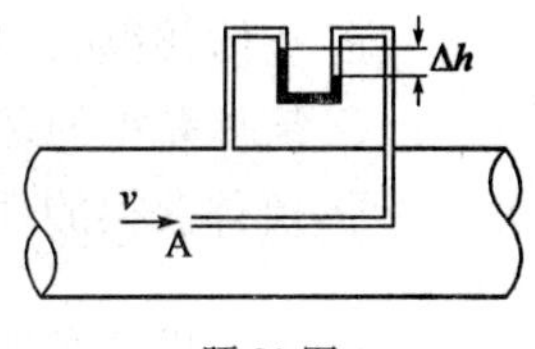

题 21 图

22. 某水中航船波阻力模型试验，已知波阻力是由重力形成的水面波浪产生，原型船速4m/s，长度比尺 $\lambda_l=10$。试验仍在水中进行，为了测定航船的波阻力，模型的速度为（　　）。

A. 4.156m/s　　B. 3.025m/s　　C. 2.456m/s　　D. 1.265m/s

23. 设圆管的直径 $d=1$cm，管长为 $l=4$m，水的流量为 $Q=10$/s，沿程阻力系数为 $\lambda=0.0348$，沿程水头损失为（　　）。

A. 2.01cm　　B. 2.85cm　　C. 1.52cm　　D. 1.15cm

24. 某通风管道系统，通风机的总压头 $p=980$Pa，风量 $Q=4$/s，现需要将该系统的风量提高10%，则该系统通风应具有的总压头为（　　）。

A. 980Pa　　B. 1 078Pa　　C. 1 185.8Pa　　D. 1 434.8Pa

25. 两强度都为 Q 的两个源流分别位于 y 轴原点两侧，距离原点距离为 m，则流函数为（　　）。

A. $\psi=\frac{Q}{2\pi}\arctan\frac{y-m}{x}-\frac{Q}{2\pi}\arctan\frac{y+m}{x}$　　B. $\psi=\frac{Q}{2\pi}\arctan\frac{y-m}{x}+\frac{Q}{2\pi}\arctan\frac{y+m}{x}$

C. $\psi=\frac{Q}{2\pi}\arctan\frac{y}{x-m}-\frac{Q}{2\pi}\arctan\frac{y}{x+m}$　　D. $\psi=\frac{Q}{2\pi}\arctan\frac{y}{x-m}-\frac{Q}{2\pi}\arctan\frac{y}{x+m}$

26. 已知10℃时水的运动黏滞系数 $\nu=1.31\times10^{-6}\,m^2/s$，管径 $d=50$mm 的水管，在水温 $t=10$℃时，管内要保持层流的最大流速是（　　）。

A. 0.105m/s　　B. 0.052 5m/s　　C. 0.21m/s　　D. 0.115m/s

27. 空气的绝热指数 $k=1.4$，气体常数 $R=287$J/(kg·K)，则空气绝热流动时（无摩擦损失），两个断面流速 v_1、v_2 与绝对温度 T_1、T_2 的关系为（　　）。

A. $v_2=\sqrt{2\,009(T_1-T_2)}$　　B. $v_2=\sqrt{2\,009(T_1-T_2)+v_1^2}$

C. $v_2=\sqrt{2\,009(T_1+T_2)}$　　D. $v_2=\sqrt{1\,900(T_1-T_2)+v_1^2}$

28. 在等熵流动中，若气体流速沿程增大，则气体温度 T 将沿程（　　）。

A. 增大　　B. 降低　　C. 不变　　D. 不定

29. 下列关于离心式泵与风机的基本方程——欧拉方程，描述正确的是（　　）。

A. 流体获得的理论扬程与流体种类有关，流体密度越大，泵扬程越小
B. 流体获得的理论扬程与流体种类有关，流体密度越大，泵扬程越大
C. 流体获得的理论扬程与流体种类没有关系
D. 流体获得的理论扬程与流体种类有关，但关系不确定

30. 在同一开式管路中，单独使用第一台水泵，其流量 $Q=30m^3/h$，扬程 $H=30.8$m；单独

使用第二台水泵时，其流量 $Q=40\text{m}^3/\text{h}$，扬程 $H=39.2\text{m}$；如单独使用第三台泵，测得其扬程 $H=50.0\text{m}$，则其流量为（　　）。

A. $45\text{m}^3/\text{h}$　　B. $47\text{m}^3/\text{h}$　　C. $50\text{m}^3/\text{h}$　　D. $52\text{m}^3/\text{h}$

31. 下列描述中，错误的是（　　）。

A. 反馈系统也称为闭环系统
B. 反馈系统的调节或控制过程是基于偏差的调节或控制的过程
C. 反馈控制原理就是按偏差控制原理
D. 反馈控制中偏差信号一定是输入信号与输出信号之差

32. 下列不属于自动控制系统的组成部分的是（　　）。

A. 被控对象　　B. 测量变送器　　C. 执行器　　D. 微调器

33. 一阶被控对象的特性参数主要有（　　）。

A. 放大系数和时间常数　　B. 比例系数和变化速度
C. 静态参数和衰减速度　　D. 动态参数和容量参数

34. 设积分环节和理想微分环节的微分方程分别为 $c'(t)=r(t)$ 和 $c(t)=r'$，则其传递函数分别为（　　）。

A. $G(s)=s$ 和 $G(s)=s$　　B. $G(s)=1/s$ 和 $G(s)=1/s$
C. $G(s)=s$ 和 $G(s)=1/s$　　D. $G(s)=1/s$ 和 $G(s)=s$

35. 设二阶系统的传递函数 $G(s)=\frac{9.0}{s^2+3.6s+9.0}$，其阻尼系数 ξ 和无阻尼自然频率 ω 分别为（　　）。

A. $\xi=0.6, \omega=3.0$　　B. $\xi=0.4, \omega=9.0$
C. $\xi=1.2, \omega=3.0$　　D. $\xi=9.0, \omega=3.6$

36. 一阶系统的单位阶跃响应的动态过程为（　　）。

A. 直线上升　　B. 振荡衰减，最后趋于终值
C. 直线下降　　D. 按指数规律趋于终值

37. 三阶稳定系统的特征方程为 $3s^3+2s^2+s+a_3=0$，则取值范围为（　　）。

A. 大于 0　　B. 大于 0，小于 2/3
C. 大于 2/3　　D. 不受限制

38. O 型系统、Ⅰ型系统、Ⅱ型系统对应的静态位置误差系数分别为（　　）。

A. K,∞,∞　　B. $\infty,K,0$　　C. ∞,∞,K　　D. $0,\infty,\infty$

39. 能够增加自动系统的带宽，提高系统的快速性的校正是（　　）。

A. 前馈校正　　B. 预校正　　C. 串联超前校正　　D. 串联滞后校正

40. 精密度反映了哪种误差的影响？（　　）

A. 随机误差　　B. 系统误差
C. 过失误差　　D. 随机误差和系统误差

41. 使用全色辐射温度计时的注意事项，以下叙述错误的是（　　）。

A. 不宜测量反射光很强的物体
B. 温度计与被测物体之间距离不可太远
C. 被测物体与温度计之间距离和被测物体直径之比有一定限制
D. 不需要考虑传感器的冷端温度补偿

42. 关于氯化锂露点湿度计的使用，下列正确的是（　　）。

A. 受被测气体温度的影响　　B. 可远距离测量与调节
C. 不受空气流速波动的影响　　D. 不受加热电源电压波动的影响

43. 弹簧管压力表量程偏大时应（　　）。

A. 逆时针转动机芯　　B. 顺时针转动机芯
C. 将示值调整螺钉向外移　　D. 将示值调整螺钉向内移

44. 用L型动压管测量烟道的烟气流速，动压管校正系数为0.87，烟气静压为−1 248Pa，温度为200℃，气体常数为295.8J/(kg·K)。烟道截面上8个测点的动压读数(Pa)分别为121.6，138.3，146.7，158.1，159.6，173.4，191.5，204.4，烟气平均流速为（　　）。

A. 21.1m/s　　B. 12.7m/s　　C. 12.0m/s　　D. 18.4m/s

45. 流体流过节流孔板时，管道近壁面的流体静压在孔板的哪个区域达到最大？（　　）

A. 进口处　　B. 进口前一定距离处
C. 出口处　　D. 出口后一定距离处

46. 以下关于超声波液位计的叙述，错误的是（　　）。

A. 超声波液位计由超声波转换能器和测量电路组成
B. 超声波转换能器利用了压电晶体的压电效应
C. 超声波转换能器利用了压电晶体的逆压电效应
D. 超声波液位计测量液位时，必须与被测液体相接触

47. 以下关于热阻式热流计传感器的叙述，错误的是（　　）。

A. 传感器的热流量与其输出的电势成正比
B. 传感器的热流量与其输出的电势成反比
C. 传感器系数的大小反映了传感器的灵敏度
D. 对于给定的传感器，其传感器系数不是一个常数

48. 测量的极限误差是其标准误差的（　　）。

A. 1 倍　　B. 2 倍　　C. 3 倍　　D. 4 倍

49. 零件收到的变应力是由下列哪项产生的？（　　）。

A. 静荷载　　B. 变荷载
C. 静荷载或变荷载　　D. 荷载系数

50. 在轮系的下列功用中，必须依靠行星轮系实现的功用是（　　）。

A. 实现变速传动　　B. 实现大的传动比
C. 实现分离传动　　D. 实现运动的合成和分离

51. 在铰链四杆机构中，当最短杆和最长杆的长度之和大于其他两杆长度之和时，只能获得（　　）。

A. 双曲柄机构　　B. 双摇杆机构
C. 曲柄摇杆机构　　D. A、C 均可

52. 对于中速轻载的移动从动件凸轮机构，从动件的运动规律一般采用（　　）。

A. 等速运动规律　　B. 等加速等减速运动规律
C. 正弦加速度运动规律　　D. 高次多项式运动规律

53. 下列措施对提高螺栓连接强度无效的是（　　）。

A. 采用悬置螺母　　B. 采用加厚螺母
C. 采用钢丝螺套　　D. 减少支撑面的不平度

54. V 带传动中，带轮轮槽角应小于 V 带两侧面的夹角是考虑（　　）。

A. 使 V 带在轮槽内楔紧
B. V 带工作后磨损
C. V 带沿带轮弯曲变形后，两侧面间夹角变小
D. 改善 V 带轮受力状况

55. 图示某主动斜齿轮受力简图中正确的是（　　）。

A.

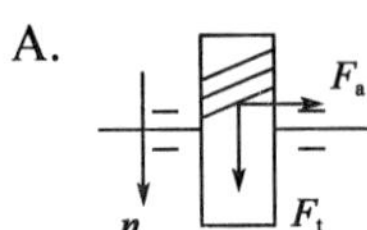

B.

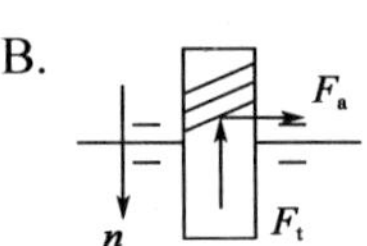

C.

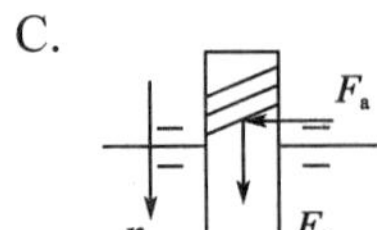

D.

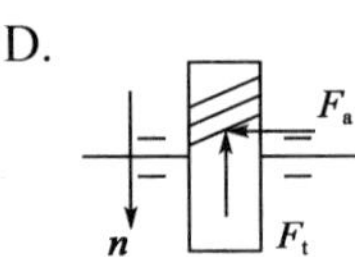

56. 转轴的弯曲应力性质为(　　)。

A. 对称循环变应力　　B. 脉动循环变应力
C. 对称循环静应力　　D. 静应力

57. 相对于滚动轴承来说,下列中不是滑动轴承优点的是(　　)。

A. 径向尺寸小　　B. 有在腐蚀的环境中工作的能力
C. 对轴的材料和热处理要求不高　　D. 能做成剖分的结构

58. 按照目前的国际公约,蒸汽压缩式制冷系统所选用的制冷剂应(　　)。

A. 采用自然工质
B. 采用对臭氧层破坏能力为零的工质
C. 采用对臭氧层破坏能力及温室效应低的工质
D. 采用对臭氧层无破坏能力及无温室效应的工质

59. 下列可以不进行招标的工程项目是(　　)。

A. 部分使用国有资金投资的项目　　B. 涉及国际安全与机密的项目
C. 使用外国政府援助资金的项目　　D. 大型公共事业项目

60. 在地下室敷设燃气管道时,下列措施中错误的是(　　)。

A. 采用非燃烧实体墙与变配电室隔开
B. 设有固定的防爆照明设备
C. 设有平时通风与事故通风兼用的机械通风系统
D. 建筑净高不小于 2.2m

2013年度注册公用设备工程师(暖通空调、动力)执业资格考试专业基础考试

试题解析及参考答案

1. **解** 本题考查基本概念。没有物质穿过边界的系统为闭口系统,即与外界只有能量交换;有物质流穿过边界的系统称为开口系统,即既有质量交换又有能量交换,故该系统可能为开口系统。

答案:B

2. **解** 选项A、C、D均是准静态过程的条件,准静态过程与可逆过程的区别是:可逆过程要求系统与外界随时保持力平衡和热平衡,并且不存在任何耗散效应,在过程中没有任何能量的不可逆损失;准静态过程的条件仅限于系统内部的力平衡和热平衡。

答案:B

3. **解** 焓是工质流经开口系统中的能量总和,在闭口系统中焓没有实际意义。题中公式采用的是小写 h,而且没有与时间有关的量,因此是稳定流动。δq 适用于准静态过程,而 $v\mathrm{d}p$ 适用于可逆过程。

答案:A

4. **解** 状态方程式 $F(p,V,t)$ 对理想气体具有最简单的形式——克拉贝龙方程,随着分子运动理论的发展得出:$pV=RT$(理想气体的状态方程),该方程与气体的过程无关。

答案:D

5. **解** 压缩机多级压缩中,级间压力不同,所需的总轴功也不同,最有利的级间压力应使所需的总轴功最小。总轴功为:

$$W_{\mathrm{S}}=\frac{n}{n-1}p_1v_1\left[2-\left(\frac{p_2}{p_1}\right)^{\frac{n-1}{n}}-\left(\frac{p_3}{p_2}\right)^{\frac{n-1}{n}}\right]$$

令 $\mathrm{d}W_{\mathrm{S}}/\mathrm{d}p_2=0$,得$\frac{p_2}{p_1}=\frac{p_3}{p_2}$。

答案:D

6. **解** 热力学第一定律的闭口系统能量方程:$\Delta U=Q-W=100+15-30=85\mathrm{kJ}$

答案:A

7. **解** 熵是系统的状态参数,只取决于状态特性,熵变 ΔS 是系统的某一过程中熵增量或熵减量,而非状态参数。对于孤立系统而言,熵只能增加或不变,不能减少。

答案:B

8. **解** 水蒸气是由液态水经汽化而来的一种气体,它离液态较近,不能把它当作理想气体

处理，它的性质比一般的实际气体还要复杂。工程应用水蒸气时要严格按照水蒸气的热力性质图表来计算。

答案:B

9. **解** 水蒸气的定熵流动是比较复杂的。为简化计算，假定水蒸气的定熵过程也符合$pV^k=$常数的关系。对于过热蒸汽，取$k=1.3$，$\beta=0.546$；对于干饱和蒸汽，取$k=1.135$，$\beta=0.577$。

答案:D

10. **解** 本题考查基本概念。通俗来讲，热泵供热（向服务区供热），制冷供冷（向服务区取热）。

答案:B

11. **解** 如图所示，大多数纯金属的热导率一般随着温度的升高而下降。

答案:C

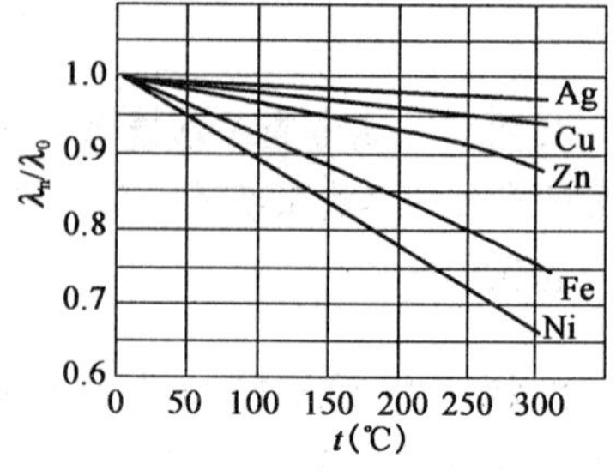

题 11 解图

12. **解** 一维大平壁内稳态无内热源导热微分方程式：$\frac{\mathrm{d}}{\mathrm{d}x}\left(\lambda\frac{\mathrm{d}t}{\mathrm{d}x}\right)=0$

所以，热流密度$q=-\lambda\frac{\partial t}{\partial x}=\text{const}$，导热率与温度梯度的积为常数。当平壁厚度一定时，材料导热率大，则壁面两侧温差小。当材料导热率为常数时，平壁内温度梯度处处相等；当材料导热率随温度变化时，平壁内温度梯度处处并不相等。

答案:D

13. **解**

$$\mathrm{Bi}=\frac{h\delta}{\lambda}=\frac{\frac{\delta}{\lambda}}{\frac{1}{h}}$$

式中：$\frac{\delta}{\lambda}$——内部导热热阻；

$\frac{1}{h}$——边界对流换热热阻。

答案:D

14. **解** 对于显格式离散方程组求解，只要满足稳定性条件，则是收敛的。隐格式是无条件稳定的。稳态条件下的中心差分格式有可能是发散的。

答案:B

15. **解** 两个现象相似的条件是：同类现象的换热过程，同名准则对应相等，单值性条件相似。单值性条件包括几何条件、物理条件、边界条件和时间条件。两个现象必须是同类现象，假如一个是自然对流，一个是沸腾换热，不属于同类现象。

答案:D

16. **解** 如图所示，图 a）为常热流下，图 b）为常壁温下。常壁温下，流体温度沿管长按对数规律变化。常热流下，沿管长流体与壁面温度差保持为常数，沿管长流体温度线性变化。

答案：C

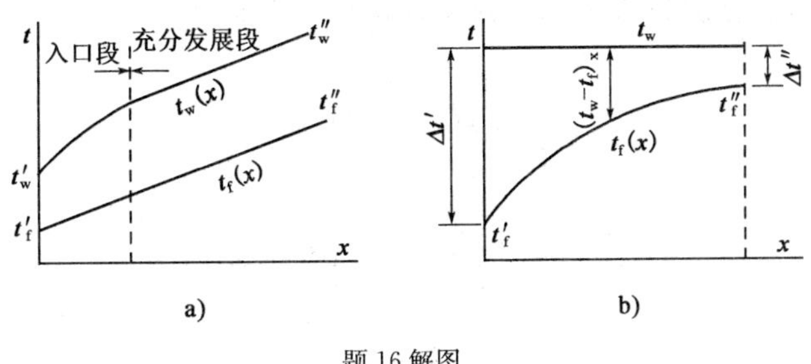

题16解图

17. **解** 在夹层间距和高度的比值较小时，冷热壁面自然对流边界层能相互结合，出现行程较短的环流；在夹层间距和高度的比值较大时，两侧壁面的边界层不会相互干扰，可以按无限大壁面自然对流换热计算；当 $Gr_{\delta} \leqslant 2\,000$ 时，可以认为夹层内没有流动发生，可以按纯导热过程计算。

答案：D

18. **解** 维恩位移定律：黑体辐射的峰值波长与热力学温度的乘积为一常数。黑体的光谱辐射 $E_{b\lambda}$ 达到最大时，最大波长与温度的乘积保持常数。

答案：D

19. **解** 在两块平板中间插入一块发射率相同的遮热板，表面的辐射换热量将减少到原来的 1/2。所以：

$$\frac{\sigma_b(T_1^4 - T^4)}{2\frac{1}{\varepsilon} - 1} = \frac{1}{2} \times \frac{\sigma_b(T_1^4 - T_2^4)}{2 \times \frac{1}{\varepsilon} - 1}$$

$$\frac{\sigma_b(500^4 - T^4)}{2\frac{1}{\varepsilon} - 1} = \frac{1}{2} \times \frac{\sigma_b(500^4 - 300^4)}{2 \times \frac{1}{\varepsilon} - 1}$$

可得 $T = 433$K。

答案：B

20. **解** 环境温度涉及建筑外围物体、土建、植被以及天空的状况，一般取平均值，并且情况复杂。在某些情况下，环境温度和空气温度相等。

答案：B

21. **解** 两支管中，流体中测管管孔口正对液流来流方向，液体在管内上升的高度是该处的总水头 $Z + \frac{p}{\rho g} + \frac{v^2}{2g}$；而另一根管开口方向与液流方向垂直，液体在管内上升的高度是该处的测压管水头 $Z + \frac{p}{\rho g}$，两管液面的高差就是该处的流速水头 $\frac{v^2}{2g}$。

$$\Delta h = \frac{v^2}{2g} = \frac{2}{9.8} = 0.204\text{m 水柱} = 15.02\text{mm 汞柱}$$

答案:A

22. **解**　该题考查模型律的选择问题,2012 年也出现过类似题目。由于波阻力由重力形成,重力起主要作用,因此应按弗劳德准则设计模型。因此有:

$$\frac{v_p}{\sqrt{gl_p}}=\frac{v_m}{\sqrt{gl_m}}$$

所以:

$$\frac{v_p}{v_m}=\frac{\sqrt{gl_p}}{\sqrt{gl_m}}=\sqrt{10}=3.16$$

$$v_m=\frac{v_p}{3.16}=1.265$$

答案:D

23. **解**　可直接代入沿程阻力计算公式:

$$h_l=SQ^2=\frac{8Q^2\lambda l}{\pi^2 d^5 g}=1.15\text{cm}$$

答案:D

24. **解**　系统风量改变前后,系统的阻抗是不变的。

$$h_2=SQ_2^2=S(1.1Q_1)^2=1.21SQ_1^2=1.21h_1=1\,185.8\text{Pa}$$

答案:C

25. **解**　源流是无黏性不可压缩位势流中一种理想化的基本流子。两个源流的流函数分别为:

$$\psi_1=\frac{Q}{2\pi}\arctan\frac{y}{x-m}\quad 和\quad \psi_2=\frac{Q}{2\pi}\arctan\frac{y}{x+m}$$

其叠加后,即为选项 D。

答案:D

26. **解**　此题与 2010 年第 26 题类似,只是条件稍作改变。

$$\text{Re}=\frac{vd}{\nu}=2\,000$$

$$v=2\,000\times1.31\times10^{-6}/0.05=0.052\,4\text{m/s}$$

答案:B

27. **解**　由等熵过程能量方程:

$$\frac{kRT}{k-1}+\frac{v^2}{2}=C$$

所以有:

$$\frac{2kRT_1}{k-1}+v_1^2=\frac{2kRT_2}{k-1}+v_2^2$$

$$v_2=\sqrt{\frac{2kR}{k-1}(T_1-T_2)+v_1^2}=\sqrt{2\,009(T_1-T_2)+v_1^2}$$

答案:B

28. **解** 由等熵过程能量方程:

$$\frac{kRT}{k-1}+\frac{v^2}{2}=C$$

可以看出,流速变大,气体温度 T 将降低。

答案:B

29. **解** 根据离心式泵与风机的欧拉方程:

$$H_{T\infty}=\frac{1}{g}(u_2 v_{2\infty}-u_1 v_{1\infty})$$

可以看出,流体所获得的理论扬程 $H_{T\infty}$ 仅与流体在叶片进、出口处的运动速度有关,而与流动过程无关,也与被输送的流体种类无关。

答案:C

30. **解** 根据管路特性曲线 $H=H_0+SQ^2$,先利用所给条件计算得:

$$30.8=H_0+S\cdot 900$$

$$39.2=H_0+S\cdot 1\,600$$

联立求解,得 $H_0=20$,$S=0.012$,再用 $H=50$ 计算出 $Q=50\text{m}^3/\text{h}$。

答案:C

31. **解** 偏差信号是指参考输入与主反馈信号之差。

答案:D

32. **解** 被控对象、测量变送器和执行器都是自动控制系统的组成部分。

答案:D

33. **解** 描述一阶被控对象的特性参数主要有时间常数 T 和放大系数 K。

答案:A

34. **答案**:D

35. **解** 与标准式对比可知:$\omega=3.0$,$\xi=0.6$。

答案:A

36. **解** 一阶系统的单位阶跃响应的动态过程为指数规律,且最终趋于终值。

答案:D

37. **解** 可根据劳斯稳定判据,特征方程所有系数都为正,且 $a_1a_2-a_0a_3>0$,可知选项B正确。

答案:B

38. **解** 可根据O型系统、I型系统、II型系统在不同参考输入下的稳态误差表查得,静态位置误差系数分别为 K,∞,∞。

答案:A

39.**解** 串联超前校正可使系统截止频率增大，从而使闭环系统带宽也增大，使响应速度加快。

答案:C

40.**解** 本题考查基本概念。精密度反映随机误差对测量值的影响程度，准确度反映系统误差对测量值的影响程度，精确度反映系统误差和随机误差对测量值的影响程度。

答案:A

41.**解** 全色辐射温度计的测量对象一般为灰体，或者创造条件使被测对象具有黑体的性质；被测物体与温度计之间的距离和被测物体直径之比也有一定限制。此外，还需要考虑传感器的冷端温度自动补偿措施，如为了补偿因热电偶冷端温度变化而引起的仪表示值误差。

答案:D

42.**解** 氯化锂露点湿度计的优点：①能直接指示露点温度；②能连续指示，远距离测量和调节；③不受环境气体温度的影响；④适用范围广，原件可再生。缺点：①受环境气体流速的影响和加热电源电压波动的影响；②受有害的工业气体的影响。

答案:B

43.**答案:**D

44.**解** 根据温度、静压及气体常数可得气体密度 ρ。

由流速公式：

$$v = K_{\mathrm{p}}\sqrt{\frac{2(p_0 - p)}{\rho}}$$

可求得烟气平均流速。

答案:D

45.**解** 流体由于存在惯性，在惯性的作用下，在孔板后会出现收缩现象。

答案:B

46.**解** 使用超声波液位计进行测量时，将超声波换能器置于容器的底部或者液体的上空（不一定与液体直接接触）。

答案:D

47.**解** 热阻式热流计的测量原理是傅里叶定律，热流测头输出的热电势与流过测头的热流密度成正比。

答案:B

48.**解** 在有限次测量中，认为不出现大于 3σ 的误差，故把 3σ 定义为极限误差 $\Delta_{\max}$。

答案:C

49.**解** 静应力只能在静荷载作用下产生，变应力可能由变荷载产生，也可能由静荷载产生。

答案:C

50.**解** 机械中采用具有两个自由度的差动行星轮系来实现运动的合成和分解，这是行星轮系独特的功用。

答案:D

51.**解** 如果铰链四杆机构中的最短杆与最长杆长度之和大于其余两杆长度之和，则该机构中不可能存在曲柄，无论取哪个构件作为机架，都只能得到双摇杆机构。

答案:B

52.**解** 从动件在推程或回程的前半段做等加速运动，后半段做等减速运动，通常加速度和减速度绝对值相等。特点:速度曲线连续，不会产生刚性冲击；因加速度曲线在运动的起始、中间和终止位置有突变，会产生柔性冲击。适用场合:中速轻载。

答案:B

53.**解** 采用普通螺母时，轴向荷载在旋合螺纹各圈间的分布是不均匀的，从螺母支承面算起，第一圈受荷载最大，以后各圈递减，因此采用圈数过多的厚螺母并不能提高螺栓连接强度。

答案:B

54.**解** 带绕过带轮弯曲时，会产生横向变形，使其夹角变小。为使带轮轮槽工作面和V带两侧面接触良好，带轮轮槽角应小于V带两侧面的夹角。

答案:C

55.**解** 圆周力的方向，在主动轮上与转动方向相反；轴向力的方向取决于齿轮的回转方向和轮齿的螺旋方向，可按"主动轮左、右手螺旋定则"来判断。主动轮为左(右)旋时，左(右)手按转动方向握轴，以四指弯曲方向表示主动轴的回转方向，伸直大拇指，其指向即为主动轮上轴向力的方向。

答案:D

56.**解** 转轴弯曲应力的循环特性为$r=-1$，即对称循环变应力。

答案:A

57.**解** 滚动轴承与滑动轴承相比，不需要用有色金属，对轴的材料和热处理要求不高。

答案:C

58.**解** 见《蒙特利尔议定书》。根据目前的制冷剂发展水平和替代进程，还很难做到采用对臭氧层无破坏能力及无温室效应的工质。

答案:C

59.**解** 《中华人民共和国招标投标法》第三条规定:在中华人民共和国境内进行下列工程

建设项目包括项目的勘察、设计、施工、监理以及与工程建设有关的重要设备、材料等的采购，必须进行招标:(一)大型基础设施、公用事业等关系社会公共利益、公众安全的项目;(二)全部或者部分使用国有资金投资或者国家融资的项目;(三)使用国际组织或者外国政府贷款、援助资金的项目。

第六十六条:涉及国家安全、国家秘密、抢险救灾或者属于利用扶贫资金实行以工代赈、需要使用农民工等特殊情况，不适宜进行招标的项目，按照国家有关规定可以不进行招标。

答案:B

60.**解** 《城镇燃气设计规范》(GB 50028—2006)10.2.21条规定:地下室、半地下室、设备层和地上密闭房间敷设燃气管道时，应符合下列要求:1.净高不宜小于2.2m。2.应有良好的通风设施。房间换气次数不得小于3次/h;并应有独立的事故机械通风设施，其换气次数不应小于6次/h。3.应有固定的防爆照明设备。4.应采用非燃烧体实体墙与电话间、变配电室、修理间、储藏室、卧室、休息室隔开。

答案:C

2014年度注册公用设备工程师(暖通空调、动力)执业资格考试专业基础考试

试　题

单项选择题(共60题,每题2分,每题的备选项中,只有1个最符合题意)

1. 如果由工质和环境组成的系统,只在系统内发生热量和质量交换关系,而与外界没有任何其他关系或影响,该系统称为(　　)。

A. 孤立系统　　B. 开口系统　　C. 刚体系统　　D. 闭口系统

2. 压力的常用国际单位表达中不正确的是(　　)。

A. N/m^2　　B. kPa　　C. MPa　　D. bar

3. 由热力学第一定律,开口系能量方程为 $\delta q=dh-\delta w$,闭口系能量方程为 $\delta q=du-\delta w$,经过循环后,可得出相同结果形式 $\oint\delta q=\oint\delta w$,正确的解释是(　　)。

A. 两系统热力过程相同　　B. 同样热量下可以做相同数量的功

C. 结果形式相同但内涵不同　　D. 除去 q 和 w,其余参数含义相同

4. 实际气体分子间有作用力且分子有体积,因此同样温度和体积下,若压力不太高,分别采用理想气体状态方程式计算得到的压力 $p_{理}$ 和实际气体状态方程式计算得到的压力 $p_{实}$ 之间关系为(　　)。

A. $p_{实}\approx p_{理}$　　B. $p_{实}>p_{理}$　　C. $p_{实}<p_{理}$　　D. 不确定

5. 某热力过程中,氮气初态为 $v_1=1.2m^3/kg$ 和 $p_1=0.1MPa$,终态为 $v_2=0.4m^3/kg$ 和 $p_2=0.6MPa$,该过程的多变比热容 c_n 为(　　)。

A. 271J/(kg·K)　　B. 297J/(kg·K)

C. 445J/(kg·K)　　D. 742J/(kg·K)

6. 进行逆卡诺循环制热时,其供热系数 ε_c' 将随着冷热源温差的减小而(　　)。

A. 减小　　B. 增大　　C. 不变　　D. 不确定

7. 确定湿空气的热力状态需要的独立参数为(　　)。

A. 1个　　B. 2个　　C. 3个　　D. 4个

8. 对于喷管内理想气体的一维定熵流动，流速 c、压力 p、比焓 h 及比体积 v 的变化，正确的是(　　)。

A. $dc>0, dp>0, dh<0, dv>0$　　B. $dc>0, dp<0, dh<0, dv<0$

C. $dc>0, dp<0, dh>0, dv>0$　　D. $dc>0, dp<0, dh<0, dv>0$

9. 组成蒸汽朗肯动力循环基本过程的是(　　)。

A. 等温加热，绝热膨胀，定温凝结，定熵压缩

B. 等温加热，绝热膨胀，定温凝结，绝热压缩

C. 定压加热，绝热膨胀，定温膨胀，定温压缩

D. 定压加热，绝热膨胀，定压凝结，定熵压缩

10. 关于孤立系统熵增原理，下述说法中错误的是(　　)。

A. 孤立系统中进行过程 $dS_{iso} \geqslant 0$

B. 自发过程一定是不可逆过程

C. 孤立系统中所有过程一定都是不可逆过程

D. 当 S 达到最大值 S_{max} 时系统达到平衡

11. 当天气由潮湿变为干燥时，建筑材料的热导率可能会出现(　　)。

A. 木材、砖及混凝土的热导率均有明显增大

B. 木材的热导率下降，砖及混凝土的热导率不变

C. 木材、砖及混凝土的热导率一般变化不大

D. 木材、砖及混凝土的热导率均会下降

12. 外径为 50mm 和内径为 40mm 的过热高压高温蒸汽管道在保温过程中，如果保温材料热导率为 0.05W/(m·K)，外部表面总散热系数为 5W/(m^2·K)，此时(　　)。

A. 可以采用该保温材料　　B. 降低外部表面总散热系数

C. 换选热导率较低的保温材料　　D. 减小蒸汽管道外径

13. 在非稳态导热过程中，根据温度的变化特性可以分为三个不同的阶段，下列说法中不正确的是(　　)。

A. 在 $0.2<Fo<\infty$ 的时间区域内，过余温度随时间线性变化

B. $Fo<0.2$ 的时间区域内，温度变化受初始条件影响最大

C. 最初的瞬态过程是无规则的，无法用非稳态导热微分方程描述

D. 如果变化过程中物体的 Bi 数很小，则可以将物体温度当作空间分布均匀计算

14. 常物性无内热源二维稳态导热过程，在均匀网格步长下，如图所示的平壁面节点处于第二类边界条件时，其差分格式为(　　)。

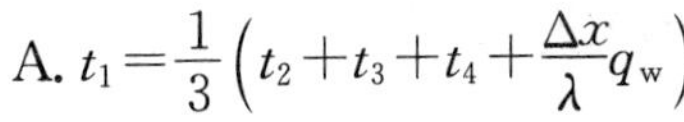

A. $t_1=\frac{1}{3}\left(t_2+t_3+t_4+\frac{\Delta x}{\lambda}q_{\mathrm{w}}\right)$

B. $t_1=\frac{1}{2}\left(t_2+t_3+t_4+\frac{\Delta x}{\lambda}q_{\mathrm{w}}\right)$

C. $t_1=\frac{1}{4}\left(t_2+t_3+t_4+\frac{\Delta x}{\lambda}q_{\mathrm{w}}\right)$

D. $t_1=\frac{1}{2}(t_2+t_3+t_4)+\frac{\Delta x}{\lambda}q_{\mathrm{w}}$

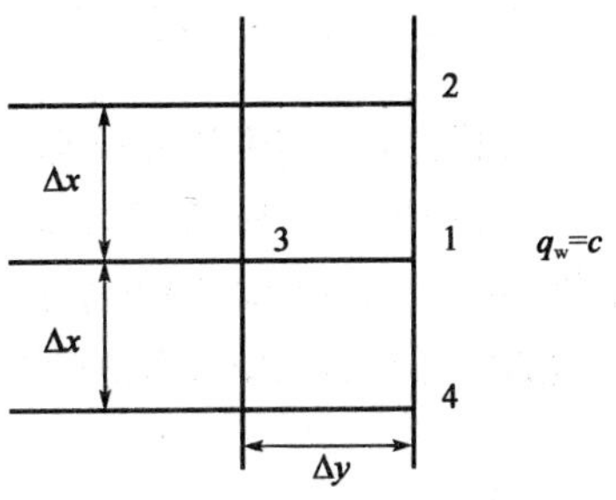

题 14 图

15. 下列换热工况中，可能相似的是(　　)。

A. 两圆管内单相受迫对流换热，分别为加热和冷却过程
B. 两块平壁面上自然对流换热，分别处于冬季和夏季工况
C. 两圆管内单相受迫对流换热，流体分别为水和导热油
D. 两块平壁面上自然对流换热，竖放平壁分别处于空气对流和水蒸气凝结

16. 确定同时存在自然对流和受迫对流的混合换热准则关系的是(　　)。

A. $\mathrm{Nu}=f(\mathrm{Gr},\mathrm{Pr})$
B. $\mathrm{Nu}=f(\mathrm{Re},\mathrm{Pr})$
C. $\mathrm{Nu}=f(\mathrm{Gr},\mathrm{Re},\mathrm{Pr})$
D. $\mathrm{Nu}=f(\mathrm{Fo},\mathrm{Gr},\mathrm{Re})$

17. 小管径水平管束外表面蒸汽凝结过程中，上下层管束之间的凝结表面传热系数 h 的关系为(　　)。

A. $h_{下排}>h_{上排}$
B. $h_{下排}<h_{上排}$
C. $h_{下排}=h_{上排}$
D. 不确定

18. 在秋末冬初季节，晴朗天气晚上草木表面常常会结霜，其原因可能是(　　)。

A. 夜间水蒸气分压下降达到结霜温度
B. 草木表面因夜间降温及对流换热形成结霜
C. 表面导热引起草木表面的凝结水结成冰霜
D. 草木表面凝结水与天空辐射换热达到冰点

19. 大气层能够阻止地面绝大部分热辐射进入外空间，由此产生温室效应，其主要原因是(　　)。

A. 大气中的二氧化碳等多原子气体
B. 大气中的氮气
C. 大气中的氧气
D. 大气中的灰尘

20. 套管式换热器中顺流或逆流布置下 ε－NTU 关系不同，下述说法错误的是(　　)。

A. $c_{\min}/c_{\max}>0$，相同 NTU 下，$\varepsilon_{顺}<\varepsilon_{逆}$
B. $c_{\min}/c_{\max}=0$，$\mathrm{NTU}\to\infty$，$\varepsilon_{顺}\to 1$，$\varepsilon_{逆}\to 1$
C. $c_{\min}/c_{\max}=1$，$\mathrm{NTU}\to\infty$，$\varepsilon_{顺}\to 0.5$，$\varepsilon_{逆}\to 1$

D. $c_{min}/c_{max}>0$，NTU 增大，$\varepsilon_{顺}$ 和 $\varepsilon_{逆}$ 都趋于同一个定值

21. 如图所示，用水银压差计＋文丘里管测量管道内水流量，已知管道的直径 $d_1=200\text{mm}$，文丘里管道喉管直径 $d_2=100\text{mm}$，文丘里管的流量系数 $\mu=0.95$。已知测出的管内流量 $Q=0.025\ \text{m}^3/\text{s}$，那么两断面的压强差 Δh 为（水银的密度为 13 600kg/m^3）（　　）。

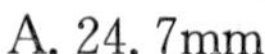

A. 24.7mm

B. 35.6mm

C. 42.7mm

D. 50.6mm

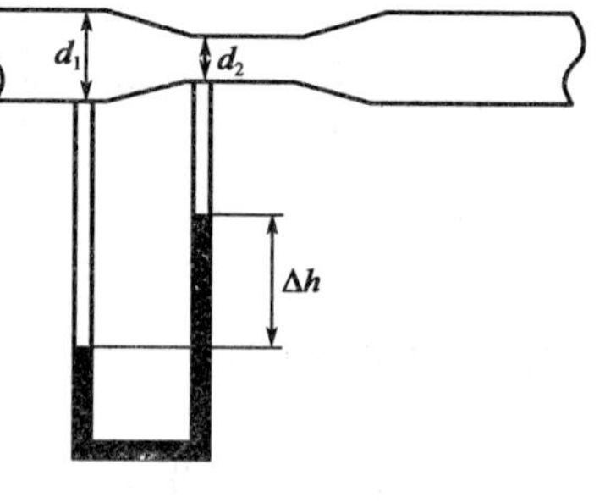

题 21 图

22. 下列说法正确的是（　　）。

A. 分析流体运动时，拉格朗日法比欧拉法在做数学分析时更为简便

B. 拉格朗日法着眼于流体中各个质点的流动情况，而欧拉法着眼于流体经过空间各固定点时的运动情况

C. 流线是拉格朗日法对流动的描述，迹线是欧拉法对流动的描述

D. 拉格朗日法和欧拉法在研究流体运动时，有本质的区别

23. 直径为 1m 的给水管在直径为 10cm 的水管中进行模型试验，现测得模型的流量为 0.2m^3/h，若测得模型单位长度的水管压力损失为 146Pa，则原型给水管中单位长度的水管压力损失为（　　）。

A. 1.46 Pa　　B. 2.92 Pa

C. 4.38 Pa　　D. 6.84 Pa

24. 下列对于雷诺模型律和弗劳德模型律的说法正确的是（　　）。

A. 闸流一般采用雷诺模型律，桥墩扰流一般采用弗劳德模型律

B. 有压管道一般采用雷诺模型律，紊流淹没射流一般采用弗劳德模型律

C. 有压管道一般采用雷诺模型律，闸流一般采用弗劳德模型律

D. 闸流一般采用雷诺模型律，紊流淹没射流一般采用弗劳德模型律

25. 流体在圆管内做层流运动，其管道轴心速度为 2.4m/s，圆管半径为 250mm，管内通过的流量为（　　）。

A. 2.83m^3/h　　B. 2.76m^3/h

C. 0.236m^3/h　　D. 0.283m^3/h

26. 如图所示，应用细管式黏度计测定油的黏度。已知细管直径 $d=6\text{mm}$，测量段长 $l=2\text{m}$，实测油的流量 $Q=77\text{cm}^3/\text{s}$，流态为层流，水银压差计读值 $h=30\text{cm}$，水银的密度 $\rho_{HG}=13600\text{kg/m}^3$，油的密度 $\rho=901\text{kg/m}^3$。油的运动黏度为（　　）。

A. 8.57×10^{-4}　　B. 8.57×10^{-5}

C. 8.57×10^{-6}　　D. 8.57×10^{-7}

27. 如图所示，若增加一并联管道(如虚线所示，忽略增加三通所造成的局部阻力)，则会出现(　　)。

A. Q_1 增大，Q_2 减小　　B. Q_1 增大，Q_2 增大

C. Q_1减小，Q_2减小　　D. Q_1减小，Q_2增大

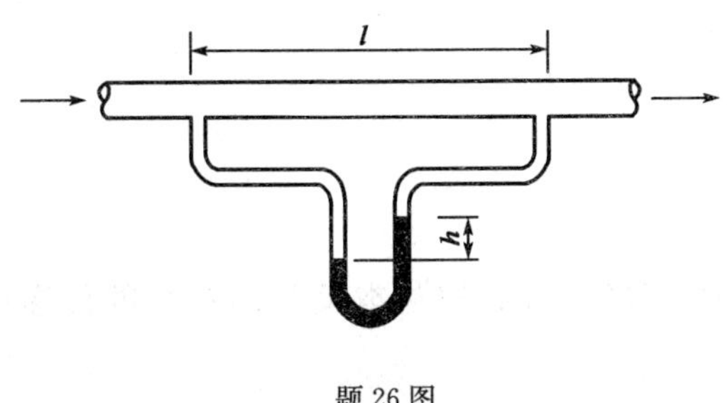

题 26 图

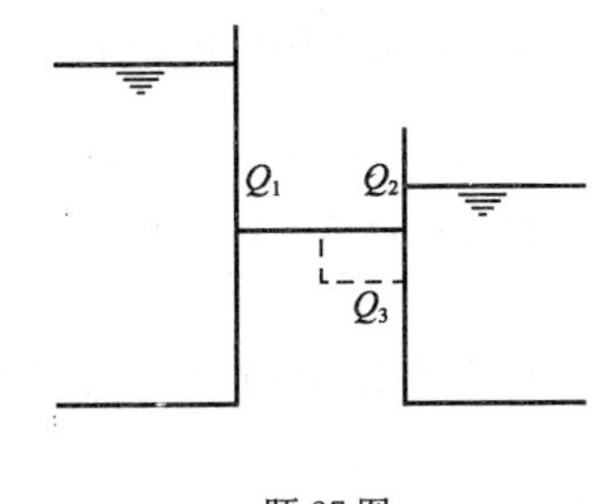

题 27 图

28. 气体射流中，圆射流从 $d=0.2$m 管嘴流出，$Q_0=0.8\text{m}^3/\text{s}$，已知紊流系数 $a=0.08$，则 0.05m 处射流流量 Q 为(　　)。

A. $1.212\text{m}^3/\text{s}$　　B. $1.432\text{m}^3/\text{s}$

C. $0.372\text{m}^3/\text{s}$　　D. $0.720\text{m}^3/\text{s}$

29. 在同一流动气流中，当地音速 c 与滞止音速 c_0 的关系为(　　)。

A. c 永远大于 c_0　　B. c 永远小于 c_0

C. c 永远等于 c_0　　D. c 与 c_0 关系不确定

30. 某水泵的性能曲线如图所示，则工作点应选在曲线的(　　)。

A. 1-2 区域

B. 1-2-3 区域

C. 3-4 区域

D. 1-2-3-4 区域

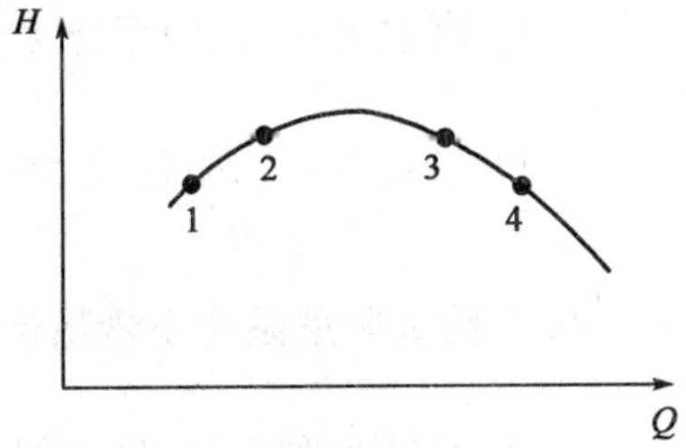

题 30 图

31. 由温度控制器、温度传感器、热交换器、流量计等组成的控制系统，其中被控对象是(　　)。

A. 温度控制器　　B. 温度传感器

C. 热交换器　　D. 流量计

32. 下列概念中错误的是(　　)。

A. 闭环控制系统精度通常比开环系统高
B. 开环系统不存在稳定性问题
C. 反馈可能引起系统振荡
D. 闭环系统总是稳定的

33. 对于拉氏变换，下列不成立的是(　　)。

A. $L(f'(t))=s\cdot F(s)-f(0)$
B. 零初始条件下 $L(\int f(t)\mathrm{d}t)=\frac{1}{s}F(s)$
C. $L(e^{at}\cdot f(t))=F(s-a)$
D. $\lim\limits_{s\to\infty}f(t)=\lim\limits_{s\to 0}F(s)$

34. 由开环传递函数 $G(s)$ 和反馈传递函数 $H(s)$ 组成的基本负反馈系统的传递函数为(　　)。

A. $\frac{G(s)}{1-G(s)H(s)}$　　B. $\frac{1}{1-G(s)H(s)}$
C. $\frac{G(s)}{1+G(s)H(s)}$　　D. $\frac{1}{1+G(s)H(s)}$

35. 设系统的传递函数为 $\frac{4}{6s^2+10s+8}$，则该系统的(　　)。

A. 增益 $K=\frac{2}{3}$，阻尼比 $\xi=\frac{5\sqrt{3}}{12}$，无阻尼自然频率 $\omega_{\mathrm{n}}=\frac{2}{\sqrt{3}}$
B. 增益 $K=\frac{2}{3}$，阻尼比 $\xi=\frac{5}{3}$，无阻尼自然频率 $\omega_{\mathrm{n}}=\frac{4}{3}$
C. 增益 $K=\frac{1}{2}$，阻尼比 $\xi=\frac{3}{4}$，无阻尼自然频率 $\omega_{\mathrm{n}}=\frac{5}{4}$
D. 增益 $K=1$，阻尼比 $\xi=\frac{3}{2}$，无阻尼自然频率 $\omega_{\mathrm{n}}=\frac{5}{2}$

36. 二阶欠阻尼系统质量指标与系统参数之间，正确的表达为(　　)。

A. 衰减系数不变，最大偏差减小，衰减比增大
B. 衰减系数增大，最大偏差增大，衰减比减小，调节时间增大
C. 衰减系数减小，最大偏差增大，衰减比减小，调节时间增大
D. 衰减系数减小，最大偏差减小，衰减比减小，调节时间减小

37. 下列方程式系统的特征方程，系统不稳定的是(　　)。

A. $3s^2+4s+5=0$　　B. $3s^3+2s^2+s+0.5=0$
C. $9s^3+6s^2+1=0$　　D. $2s^2+s+|a_3|=0(a_3\neq 0)$

38. 单位负反馈系统的开环传递函数为 $G(s)=\frac{20}{s^2(s+4)}$，当参考输入为 $u(t)=4+6t+3t^2$ 时，稳态加速度误差系数为(　　)。

A. $K_a=0$
B. $K_a=\infty$
C. $K_a=5$
D. $K_a=20$

39. 对于室温对象—空调房间，减少空调使用寿命的因素之一是(　　)。

A. 对象的滞后时间增大
B. 对象的时间常数增大
C. 对象的传递系数增大
D. 对象的调节周期增大

40. 在完全相同的条件下所进行的一系列重复测量称为(　　)。

A. 静态测量
B. 动态测量
C. 等精度测量
D. 非等精度测量

41. 某分度号为 K 的热电偶测温回路，其热电势 $E(t,t_0)=17.513\text{mV}$，参考端温度 $t_0=25℃$，则测量端温度 t 为(　　)。[已知：$E(25,0)=1.000$，$E(403,0)=16.513$，$E(426,0)=17.513$，$E(450,0)=18.513$]

A. 426℃　　B. 450℃　　C. 403℃　　D. 420℃

42. 不属于毛发式温度计特性的是(　　)。

A. 可作为电动湿度传感器
B. 结构简单
C. 灵敏度低
D. 价格便宜

43. 当压力变送器的安装位置高于取样点的位置时，压力变送器的零点应进行(　　)。

A. 正迁移
B. 负迁移
C. 不迁移
D. 不确定

44. 三管型测速仪上的二测方向管的斜角，可以外斜也可以内斜，在相同条件下，外斜的测压管比内斜的灵敏度(　　)。

A. 高　　B. 低　　C. 相等　　D. 无法确定

45. 某饱和蒸汽管道的内径为 250mm，蒸汽密度为 4.8kg/m^3，节流孔板孔径为 150mm，流量系数为 0.67，则孔板前后压差为 40kPa 时的流量为(　　)。

A. 7.3kg/h
B. 20.4kg/h
C. 26 400kg/h
D. 73 332kg/h

46. 利用浮力法测量液位的液位计是(　　)。

A. 压差式液位计
B. 浮筒液位计
C. 电容式液位计
D. 压力表式液位计

47. 以下关于热水热量计的叙述,错误的是(　　)。

A. 用来测量热水输送的热量
B. 由流量传感器、温度传感器、积分仪组成
C. 使用光学辐射温度计测量热水温度
D. 使用超声流量计测量热水流量

48. 在测量结果中,有 1 项独立随机误差 Δ_1,2 个已定系统误差 E_1 和 E_2,2 个未定系统误差 e_1 和 e_2,则测量结果的综合误差为(　　)。

A. $(E_1+E_2)\pm[(e_1+e_2)+\sqrt{\Delta_1^2}]$
B. $(e_1+e_2)\pm[(E_1+E_2)+\sqrt{\Delta_1^2}]$
C. $(e_1+e_2)\pm[(E_1+E_2)+\sqrt{\Delta_1}]$
D. $(E_1+E_2)\pm[(e_1+e_2)+\sqrt{\Delta_1}]$

49. 对于塑性材料制成的机械零件,进行静强度计算时,其极限应力为(　　)。

A. σ_b
B. σ_s
C. σ_0
D. σ_{-1}

50. 图示轮系,辊筒 5 与蜗轮 4 相固连,各轮齿数:$z_1=20$,$z_2=40$,$z_3=60$,蜗杆 3 的头数为 2,当手柄 H 以图示方向旋转 1 周时,则辊筒的转向及转数为(　　)。

A. 顺时针,1/30 周
B. 逆时针,1/30 周
C. 顺时针,1/60 周
D. 逆时针,1/60 周

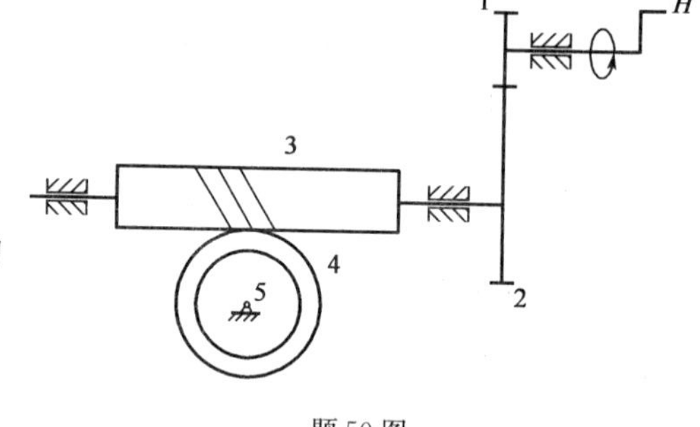

题 50 图

51. 下列铰链四杆机构中,能实现急回运动的是(　　)。

A. 双摇杆机构
B. 曲柄摇杆机构
C. 双曲柄机构
D. 对心曲柄滑块机构

52. 设计凸轮机构时,当凸轮角速度 ω_1、从动件运动规律已知时,则有(　　)。

A. 基圆半径r_0越大,凸轮机构压力角 α 就越大
B. 基圆半径r_0越小,凸轮机构压力角 α 就越大
C. 基圆半径r_0越大,凸轮机构压力角 α 不变

D. 基圆半径r_0越小，凸轮机构压力角α就越小

53. 在受轴向工作荷载的螺栓连接中，F_{Q0}为预紧力，F_Q为工作荷载，$F_{Q'}$为残余预紧力，$F_{Q\Sigma}$为螺栓实际承受的总拉伸载荷。则$F_{Q\Sigma}$等于（　　）。

A. $F_{Q\Sigma}=F_Q$

B. $F_{Q\Sigma}=F_Q+F_{Q'}$

C. $F_{Q\Sigma}=F_Q+F_{Q0}$

D. $F_{Q\Sigma}=F_{Q0}$

54. V带传动中，小带轮的直径不能取得过小，其主要目的是（　　）。

A. 增大V带传动的包角

B. 减小V带的运动速度

C. 增大V带的有效拉力

D. 减小V带中的弯曲应力

55. 下列因素中与蜗杆传动的失效形式关系不大的是（　　）。

A. 蜗杆传动副的材料

B. 蜗杆传动的载荷方向

C. 蜗杆传动的滑动速度

D. 蜗杆传动的散热条件

56. 下列方法中可用于轴和轮毂周向定位的是（　　）。

A. 轴用弹性挡圈

B. 轴肩

C. 螺母

D. 键

57. 转速一定的角接触球轴承，当量动载荷由$2P$减小为P，则其寿命由L会（　　）。

A. 下降为0.2L

B. 上升为2L

C. 上升为8L

D. 不变

58. 暖通空调工程所使用的主要材料与设备的验收应（　　）。

A. 由工程承包商负责和形成相应质量记录

B. 由工程承包商与投资方共同负责和形成相应质量记录

C. 由供货商、工程承包商与工程监理共同负责和形成相应质量记录

D. 由供货商、工程承包商与工程监理共同参加，必须得到监理工程师认可并形成相应质量记录

59. 下列行为中不符合评标人员行为准则的是（　　）。

A. 不私下接触投标人

B. 客观、公正地提出个人的评审意见

C. 评标前不打听投标的情况

D. 对投标人的疑问可以在评标结束后向其解释评标的有关情况

60. 下列有关氢气站的采暖通风措施不符合《氢气站设计规范》(GB 50177—2005)的是(　　)。

A. 严禁明火采暖

B. 采暖系统使用铸铁散热器

C. 事故通风系统与氢气检漏装置联锁

D. 平时自然通风换气次数不小于 3 次/小时

2014年度注册公用设备工程师（暖通空调、动力）执业资格考试专业基础考试

试题解析及参考答案

1.**解** 孤立系是与外界既无能量交换又无物质交换的系统。

答案:A

2.**解** 压力的基本国际单位为Pa，即N/m^2。bar是工程中经常用到的压力单位，但不是国际单位。

答案:D

3.**解** 表达式$\delta q=dh-\delta w$中δw为技术功，而$\delta q=du-\delta w$中δw为膨胀功，因此经过循环后两式虽得出了相同的结果$\oint q=\oint w$，但是对于两者其内涵是不同。

答案:C

4.**解** 若考虑存在分子间作用力，气体对容器壁面所施加的压力要比理想气体的小；而存在分子体积，会使分子可自由活动的空间减小，气体体积减小压力相应稍有增大，因此综合考虑得出$p_{实}\approx p_{理}$。

答案:A

5.**解** 多变指数$n=\dfrac{\ln(p_2/p_1)}{\ln(v_1/v_2)}=\dfrac{\ln(0.6/0.1)}{\ln(1.2/0.4)}=1.631$

双原子气体的$k=1.4$，氮气的$c_v=742J/(kg\cdot K)$

多变比热容$c_n=\dfrac{n-k}{n-1}c_v=\dfrac{1.631-1.4}{1.631-1}\times 742=271J/(kg\cdot K)$

答案:A

6.**解** 热泵供热系数$\varepsilon_c'=1+\varepsilon_c$，式中$\varepsilon_c=\dfrac{T_0}{T_k-T_0}$，为逆卡诺循环制冷系数，当冷热源温差$T_k-T_0$减小时，逆卡诺循环制冷系数$\varepsilon_c$增大，故热泵供热系数$\varepsilon'_c$增大。

答案:B

7.**解** 根据相律公式$r=k-f+2$，其中r为需要的独立参数，k为组元数，f为相数。湿空气是由干空气与水蒸气组合而成的二元单相混合工质，因此$k=2$，$f=1$，则$r=3$。因此，要确定湿空气的热力状态需要的独立参数为3个。

答案:C

8.**解** 气体流经喷管时，速度逐渐升高即$dc>0$；实现压力能向速度能的转变，根据$cdc=-vdp$可知$dc>0$时$dp<0$；由$Tds=dh-vdp$，对于喷管内的等熵过程有$dh=vdp$，可知

$dp<0$ 时有 $dh<0$；根据过程方程 $pv^k=C$，可知压力降低时比容增大，即 $dv>0$。

答案：D

9. **解** 朗肯循环可理想化为两个定压过程和两个定熵过程。水在蒸汽锅炉中定压加热变为过热水蒸气，过热水蒸气在汽轮机内定熵膨胀，湿蒸汽在凝汽器内定压(也定温)冷却凝结放热，凝结水在水泵中的定熵压缩。

答案：D

10. **解** 根据孤立系统熵增原理有 $dS_{iso}\geqslant 0$。当 $dS_{iso}>0$ 时系统内部进行的为不可逆过程，而当 $dS_{iso}=0$ 时，系统内部为可逆过程。

答案：C

11. **解** 像木材、砖、混凝土等多孔介质材料，潮湿情况下细孔中会有大量的液态水出现，而干燥以后细孔中则完全是空气，液态的热导率大于气态的热导率，因此整体的热导率会下降。

答案：D

12. **解** 临界热绝缘直径 $d_c=\frac{2\lambda_{ins}}{h}=\frac{2\times 0.05}{5}=0.02\text{m}<40\text{mm}$，因此本保温材料在外保温可以增加保温效果。本题考查临界热绝缘直径的概念，B 选项会使临界热绝缘直径变大，C 选项会使临界热绝缘直径变小但无太大意义，D 选项与本题考查内容基本无关，是干扰项。

答案：A

13. **解** 非稳态的三个阶段中，初始阶段和正规状态阶段是以 Fo=0.2 为界限。小于 0.2 的为初始阶段，这个阶段内受初始条件影响较大，而且各个部分的变化规律不相同，因此 B 选项正确。在正规状态阶段，过余温度的对数值随时间按线性规律变化，因此 A 选项不正确。当 Bi 较小时，意味着物体的导热热阻接近为零，因此物体内的温度趋近于一致，这也是集总参数法的解题思想，所以 D 正确。非稳态的导热微分方程在描述非稳态问题时并未有条件限制，即便是最初阶段也是可以描述的，所以 C 错误。本题出现两个错误选项，编者认为标准答案应该是 C，这个选项的错误较为明显，A 选项也不对，但有可能是出题人的疏漏造成的。

答案：C

14. **解** 节点 1 为边界节点，其节点方程为：

$$\frac{1}{2}\Delta x\lambda\,\frac{t_2-t_1}{\Delta y}+\frac{1}{2}\Delta x\lambda\,\frac{t_4-t_1}{\Delta y}+\Delta y\lambda\,\frac{t_3-t_1}{\Delta x}+\Delta y q_w=0$$

$$t_1=\frac{1}{4}(t_2+t_3+t_4)+\frac{\Delta x}{\lambda}q_w$$

本题选项都是错误的，答案中无正确选项，较为接近的是 D。

答案：D

15. **解** 相似判定的三要素为：要保证同类现象，单值性条件相同，同名的准则相等。A、B 选项不满足同类现象，D 选项不满足同名的准则相等.

答案：C

16. **解**　自然对流受 Gr 和 Pr 影响，强迫对流受 Pr 和 Re 影响，所以选 C。A 选项是自然对流准则关系式，B 选项是受迫对流准则关系式。

答案：C

17. **解**　上一层管子的凝液流到下一层管子上，使得下一层管面的膜层增厚，所以下一层的 h 比上一层的小。

答案：B

18. **解**　大气层外宇宙空间的温度接近绝对零度，是个理想冷源，在 8～13μm 的波段内，大气中所含二氧化碳和水蒸气的吸收比很小，穿透比较大，地面物体通过这个窗口向宇宙空间辐射散热，达到一定冷却效果。这种情况是由于晴朗天气下，草木表面与太空直接辐射换热使得草木表面的温度达到了冰点。

答案：D

19. **解**　大气中的温室气体有二氧化碳、氯氟烃、甲烷等，其中以二氧化碳为主。

答案：A

20. **解**　如图所示，A、B、C 选项是正确的。而根据 C 选项的结果可以判定 D 选项是错误的。

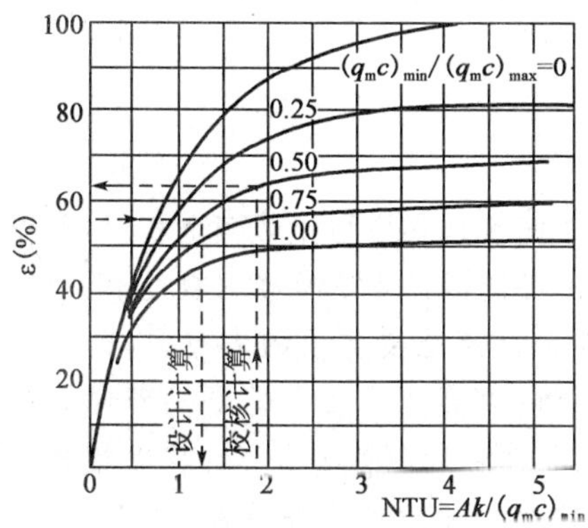

a)顺流换热器ε-NTU关系图

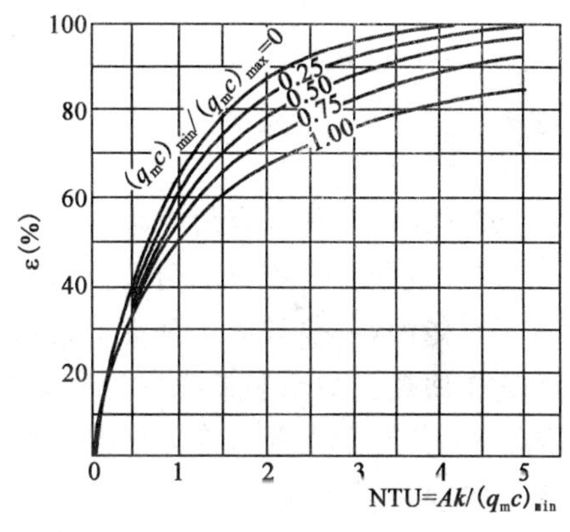

b)逆流换热器ε-NTU关系图

题 20 解图

答案：D

21. **解**

$$v_1=\frac{Q}{A_1}=\frac{4Q}{\pi d_1^2}=0.795\text{m/s}$$

$$v_2=\frac{Q}{A_2}=\frac{4Q}{\pi d_2^2}=3.183\text{m/s}$$

列伯努利方程：

$$z_1+\frac{p_1}{\rho g}+\frac{v_1^2}{2g}=z_2+\frac{p_2}{\rho g}+\frac{v_2^2}{2g}$$

得

$$\frac{p_1-p_2}{\rho g}=\frac{v_2^2-v_1^2}{2g}$$

$$\frac{(\rho_{Hg}-\rho_{水})\Delta h}{\rho_{水}}=\frac{v_2^2-v_1^2}{2g}$$

故 $$\Delta h=42.7\text{mm}$$

答案:C

22.**解** 这两种方法都是对流体运动的描述,只是着眼点不同,因此不能说有本质的区别。拉格朗日法是把流体的运动,看作无数个质点运动的总和,以部分质点作为观察对象加以描述,将这些质点的运动汇总起来,就得到整个流动。拉格朗日法也称为迹线法。欧拉法是以流动的空间作为观察对象,观察不同时刻各空间点上流体质点的运动参数,将各个时刻的情况汇总起来,就描述了整个流动。欧拉法也称为流线法。

答案:B

23.**解** 此题模拟的为有压管流,因此,应选择雷诺准则来设计模型。则

$$\frac{u_n d_n}{\nu}=\frac{u_m d_m}{\nu}$$

所以有 $$u_n d_n=u_m d_m$$

因 $$\frac{d_n}{d_n}=10$$

所以 $$\frac{u_n}{u_n}=\frac{1}{10}$$

流动相似,欧拉数相等,因此,$\frac{p_n}{\rho_n v_n^2}=\frac{p_m}{\rho_m v_m^2}$,可以导出$\frac{p_n}{p_m}=\frac{\rho_n}{\rho_m}\frac{v_n^2}{v_m^2}=1\times\left(\frac{1}{10}\right)^2=\frac{1}{100}$,所以 $p_n=\frac{1}{100}p_m=1.46\text{Pa}$。

答案:A

24.**解** 此题首先考察的是模型律的选择问题。为了使模型和原型流动完全相似,除需要几何相似外,各独立的相似准则数应同时满足。但实际上要同时满足所有准则数是很困难的,甚至是不可能的,一般只能达到近似相似,就是要保证对流动起重要作用的力相似,这就是模型律的选择问题。如水利工程中的明渠流以及江、河、溪流,都是以水位落差形式表现的重力来支配流动的,对于这些以重力起支配作用的流动,应该以弗劳德相似准数作为决定性相似准数。有不少流动需要求流动中的黏性力,或者求流动中的水力阻力或水头损失,如管道流动、流体机械中的流动、液压技术中的流动等,此时应当以满足雷诺相似准数为主,Re 数就是决定性相似准数。本题选项中,闸流是在重力作用下的流动,应按弗劳德准则设计模型。

答案:C

25.**解** 对于圆管层流,断面平均速度为管道轴心最大速度的一半,即

$$v=\frac{1}{2}u_{\max}=1.2\text{m/s}$$

则流量

$$Q=vA=1.2\times\pi\times0.25^2=0.236\text{m}^3/\text{s}$$

答案:C

26.**解** 列伯努利方程:

$$z_1+\frac{p_1}{\rho g}+\frac{v_1^2}{2g}=z_2+\frac{p_2}{\rho g}+\frac{v_2^2}{2g}+\lambda\frac{l}{d}\frac{v^2}{2g}$$

得
$$\frac{p_1-p_2}{\rho g}=\lambda\frac{l}{d}\frac{v^2}{2g}$$

$$\frac{(\rho_{Hg}-\rho_{油})\Delta h}{\rho_{油}}=\lambda\frac{l}{d}\frac{v^2}{2g}$$

由
$$v=\frac{4Q}{\pi d^2}=\frac{4\times 77\times 10^{-6}}{\pi\times(6\times 10^{-3})^2}=2.72\text{m/s}$$

得
$$\lambda=0.0336$$

已知流态为层流，则有
$$\lambda=\frac{64}{\text{Re}}=0.0336$$

得
$$\text{Re}=1903.7$$

此时雷诺数 Re 小于 2300，流态确实为层流。

$$\nu=\frac{ud}{\text{Re}}=\frac{2.72\times 6\times 10^{-3}}{1903.7}=8.57\times 10^{-6}$$

从此题可看出，已经不是单纯地考伯努利方程，而是与流态、阻力损失计算联合应用求解。这是近几年考题出现的新特征，综合应用也对考生把握知识的能力提出了更高的要求。

答案：C

27.**解** 该题考察的是管段阻抗及管段串并联。

增加并联管段后，变为两管段并联后再与前面管段串联。并联后总阻抗小于任一管路阻抗，阻抗变小，再与前面管段串联后，总阻抗变小，总流量增大；Q_1 增大，S_1 不变，h_1 增大，则 h_2 变小，S_2 不变，则 Q_2 减小。

答案：A

28.**解** 此题为圆射流问题，可分为起始段和主体段，起始段的核心长度为：

$$S_n=0.672\frac{r_0}{a}=0.672\times\frac{0.1}{0.08}=0.84$$

所以 0.05m 处仍处于起始段，对于起始段，则有：

$$\frac{Q}{Q_0}=1+0.76\frac{as}{r_0}+1.32\left(\frac{as}{r_0}\right)^2=1+0.76\frac{0.08\times 0.05}{0.1}+1.32\left(\frac{0.08\times 0.05}{0.1}\right)^2$$

可得 $Q=0.826\text{m}^3/\text{s}$，与 D 选择最为接近。

答案：D

29.**解** 由于当地气流速度 V 的存在，同一气流中当地音速永远小于滞止音速。

答案：B

30.**解** 工作点应选稳定工作点。泵性能曲线有驼峰时，工作点应取在下降段。因为管网曲线可能与之有两个交点，如图所示。

两个交点，分别为 D 点和 K 点。当 Q 大于 Q_k 时，随着 Q 增加，H 增加，压头大于需要，流速加大，流量继续增大，直到 D 点；当 Q 小于 Q_k 时，随着 Q 减小，H 减小，压头小于需要，流速减小，流量继续减小，直到 $Q=0$ 点，甚至发生回流。一旦离开 K 点，便难于再返回，故称 K 点为非稳定工作点。

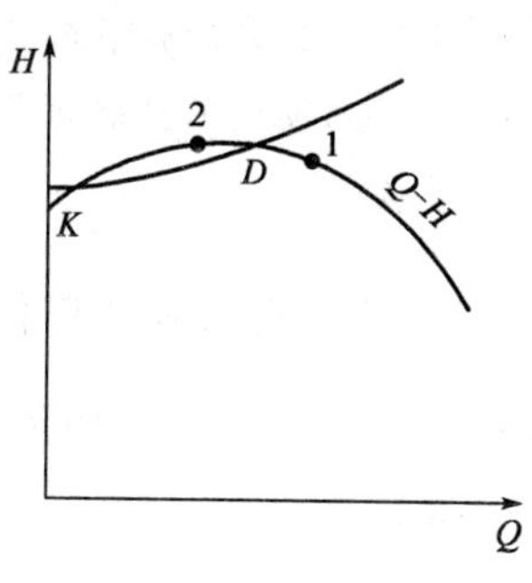

题 30 解图

答案:C

31. **解** 被控对象为被控制的机器、设备或生产过程中的全部或一部分。题中所给控制系统中热交换器为被控对象,温度为被控制量,给定量(希望的温度)在温度控制器中设定,水流量是干扰量。

答案:C

32. **解** 闭环控制系统的优点是具有自动修正输出量偏差的能力、抗干扰性能好、控制精度高;缺点是结构复杂,如设计不好系统有可能不稳定。

答案:D

33. **解** 由终值定理 $\lim\limits_{s\to\infty} f(t)=\lim\limits_{s\to 0} s\cdot F(s)$ 可知,题中D选项表达式不正确。

答案:D

34. **解** 反馈连接后的等效传递传递函数为 $\phi(s)=\dfrac{G(s)}{1\pm G(s)H(s)}$,而对于负反馈有 $\phi(s)=\dfrac{G(s)}{1+G(s)H(s)}$。

答案:C

35. **解** $\dfrac{4}{6s^2+10s+8}=\dfrac{\frac{2}{3}}{s^2+\frac{5}{3}s+\frac{4}{3}}$,故增益为 $K=\dfrac{2}{3}$,与标准二阶系统特征方程相比 $s^2+\dfrac{5}{3}s+\dfrac{4}{3}=s^2+2\xi\omega_n s+\omega_n^2$,得 $\omega_n=\dfrac{2}{\sqrt{3}}$、$\xi=\dfrac{5\sqrt{3}}{12}$。

答案:A

36. **解** 衰减系数即阻尼比。当 ξ 减小时,超调量 $\sigma_p(\%)=e^{-\pi\xi/\sqrt{1-\xi^2}}\times 100\%$ 增大,即最大偏差增大,衰减比 $n=e^{2\pi\xi/\sqrt{1-\xi^2}}$ 减小,调节时间 $t_s\approx\dfrac{3}{\xi\omega_n}$ 增大。

答案:C

37. **解** 由劳斯判据判定 $a_0s^3+a_1s^2+a_2=0$ 稳定的条件为 a_0、a_1、a_3 均大于0,故A、D选项均稳定。由劳斯判据判定 $a_0s^3+a_1s^2+a_2s+a_3=0$ 稳定的条件为 a_0、a_1、a_2、a_3 均大于0,且 $a_1a_2>a_0a_3$,B选项经验证符合上述条件而C选项不符合,故C不稳定。

答案:C

38. **解** 设系统开环传递函数为 $G_k(s)=G(s)H(s)$,则稳态加速度误差系数为 $K_a=\lim\limits_{s\to 0} s^2G(S)H(S)$,故本题中 $K_a=\lim\limits_{s\to 0} s^2\dfrac{20}{s^2(s+4)}=5$。

答案:C

39. **解** 时间常数是指被控对象在阶跃作用下被控变量以最大速度变化到新稳态值所需

要的时间，反映了被控对象在阶跃扰动下达到新稳态值的快慢。因此本题中时间常数越大，空调工作时间越长。

答案：B

40. **解**　等精度测量的定义为在保持测量条件不变的情况下对同一被测量对象进行多次测量的过程。

答案：C

41. **解**　两个节点处有两个接触电动势 E_{AB} 和 $E_{AB}(T_0)$，又因为 $T>T_0$，在导体 A 和 B 中还各有一个温差电动势。所以闭合回路总电动势 $E_{AB}(T,T_0)$ 应为接触电动势与温差电动势的代数和。

答案：B

42. **解**　毛发湿度计的特点是：结构简单、价格低廉，但精度不高（一般为 0.05RH），还存在着滞后现象。

答案：A

43. **解**　差压变送器测量液位时，如果差压变送器的正、负压室与容器的取压点处在同一水平面上，就不需要迁移。而在实际应用中，出于对设备安装位置和便于维护等方面的考虑，变送器不一定都能与取压点在同一水平面上；又如被测介质是强腐蚀性或重黏度的液体，不能直接把介质引入变送器，必须安装隔离液罐，用隔离液来传递压力信号，以防变送器被腐蚀。这时就要考虑介质和隔离液的液柱对变送器测量值的影响。当变送器的安装位置往往与最低液位不在同一水平面上时，为了能够正确指示液位的高度，差压变送器必须做一些技术处理，即迁移。迁移分为无迁移、负迁移和正迁移。所谓变送器的"迁移"，是将变送器在量程不变的情况下，将测量范围移动。通常将测量起点移到参考点"0"以下的，称为负迁移；将测量起点移到参考点"0"以上的，称为正迁移。以一台 30kPa 量程的差压变送器为例，无迁移量时测量范围为 0～30kPa，正迁移 100％时测量范围为 30～60kPa，负迁移 100％时测量范围为－30～0kPa，负迁移 50％时测量范围为－15～＋15kPa。

答案：A

44. **解**　两侧方向管的斜角要尽可能相等，斜角可以外斜或内斜。相同条件下外斜的测压管比内斜的测压管灵敏度高。

答案：A

45. **解**　$q_m=0.67\times3.14\times\left(\frac{0.15}{2}\right)^2\times\sqrt{2\times4.8\times40000}\times3600=26399.5\text{kg/h}$

答案：C

46. **解**　浮筒液位计的原理是，浸在液体中的浮筒受到向下的重力、向上的浮力和弹簧弹力的复合作用。当这三个力达到平衡时，浮筒就静止在某一位置。当液位发生变化时，浮筒所受浮力相应改变，平衡状态被打破，从而引起弹力变化即弹簧的伸缩，以达到新的平衡。弹簧的伸缩使其与刚性连接的磁钢产生位移。这样，通过指示器内磁感应元件和传动装置使其指示出液位。

答案:B

47.**解** 热量计是测量热能生产和热能消耗系统中热流量用的仪表。热量计分为热水热量计、蒸汽热量计、过热蒸汽热量计和饱和蒸汽热量计。热水热量计是测量热水锅炉产热或热网供热用的热流量。根据热力学原理,热流量等于水流量与供水、回水焓差的乘积,而焓差又可用平均比热与其温度差的乘积代替,所以在管道上装一个流量变送器和两个热电阻,将所测得的流量和温度信号送到热量计中,经电子线路放大和运算即可直接显示热水的瞬时热流量,如经计时运算则可同时显示一段时间内的累计热流量。

答案:C

48.**解** 设在测量结果中,有个独立的随机误差,用极限误差表示为:$l_1,l_2,\cdots,l_m$,合成的极限误差为 $l=\sqrt{\sum_{i=1}^{k}l_i^2}$

设在测量结果中,有 m 个确定的系统误差,其值分别为 $\varepsilon_1,\varepsilon_2,\cdots,\varepsilon_m$,合成误差为 $\varepsilon=\sqrt{\sum_{j=1}^{m}\varepsilon_j}$

设在测量结果中,还有 q 个不确定的系统误差,其不确定度为 $e=\pm\sum_{p=1}^{q}e_p$

则测量结果的综合误差为 $\Delta=\varepsilon\pm(e+l)$

答案:A

49.**解** 对于塑性材料,按不发生塑性变形的条件进行计算,应取材料的屈服极限 σ_s 作为极限应力。

答案:B

50.**解** 辊筒与蜗轮转向及转数相同,根据定轴轮系传动比计算公式:

$$i_{14}=\frac{n_1}{n_4}=\frac{z_2z_4}{z_1z_3}=\frac{40\times 60}{20\times 2}=60,n_5=n_4=\frac{1}{60}n_1=\frac{1}{60}$$

根据右手法则来判定辊筒5(即蜗轮4)的转向,由于齿轮1为逆时针转,按照传动路线,可确定出辊筒的转动方向为顺时针。

答案:C

51.**解** 机构的急回特性用极位夹角 θ 来表征,只要机构的 θ 角度不为0,就存在急回运动,可以知道对于双摇杆机构、双曲柄机构、对心曲柄滑块机构的极位夹角 θ 均为0。

答案:B

52.**解** 根据凸轮机构的压力角计算公式 $\tan\alpha=\frac{\frac{ds}{d\varphi}\mp e}{s+\sqrt{r_0^2-e^2}}$,当凸轮角速度、从动件运动规律已知时,压力角 α 与基圆半径 r_0 之间为反比关系,即基圆半径越小,凸轮压力角就越大。

答案:B

53. **解** 于受轴向工作载荷的紧螺栓连接，螺栓所受的总拉伸载荷应等于工作载荷与残余预紧力之和，即 $F_{Q\Sigma}=F_Q+F_{Q'}$。

答案:B

54. **解** 弯曲应力与带轮的直径成反比，小带轮的直径若取得过小，会产生过大的弯曲应力，从而导致带的寿命降低。

答案:D

55. **解** 蜗杆传动的主要失效形式有:胶合、点蚀和磨损等。显然，材料、相对滑动速度和散热，与这些失效形式有着直接关系，而载荷方向与失效形式关系不大。

答案:B

56. **解** 键是用来对零件进行周向定位的，而轴用弹性挡圈、轴肩和螺母则是用来对零件进行轴向固定的。

答案:D

57. **解** 根据球轴承的基本额定寿命公式 $L=\left(\frac{C}{P}\right)^3$，寿命 L 与 P^3 成反比，可知其寿命将上升为 $8L$。

答案:C

58. **解** 《通风与空调工程施工质量验收规范》(GB 50243—2002)中对暖通施工材料进场前的验收规定如下:

3.0.5 通风与空调工程所使用的主要原材料、成品、半成品和设备的进场，必须对其进行验收。验收应经监理工程师认可，并应形成相应的质量记录。

条文说明:3.0.5 通风与空调工程所使用的主要原材料、成品、半成品和设备的质量，将直接影响到工程的整体质量。所以，本规范对其作出规定，在进入施工现场后，必须对其进行实物到货验收。验收一般应由供货商、监理、施工单位的代表共同参加。验收必须得到监理工程师的认可，并形成文件。

答案:D

59. **解** 《中华人民共和国招标投标法》第四十四条规定:评标委员会成员应当客观、公正地履行职务，遵守职业道德，对所提出的评审意见承担个人责任。

评标委员会成员不得私下接触投标人，不得收受投标人的财物或者其他好处。

评标委员会成员和参与评标的有关工作人员不得透露对投标文件的评审和比较、中标候选人的推荐情况以及与评标有关的其他情况。

答案:D

60. **解** 《氢气站设计规范》(GB 50177—2005)有以下规定:

8.0.6 有爆炸危险房间内，应设氢气检漏报警装置，并应与相应的事故排风机联锁。当空气中氢气浓度达到 0.4%(体积比)时，事故排风机应能自动开启。

11.0.1 氢气站、供氢站严禁使用明火取暖。当设集中采暖时，应采用易于消除灰尘的散热器。因铸铁散热器不易消除灰尘，因此不宜用于氢气站采暖。

11.0.5　有爆炸危险房间的自然通风换气次数，每小时不得少于3次；事故排风装置换气次数每小时不得少于12次，并与氢气检漏装置联锁。

答案：B

附录一

注册公用设备工程师(暖通空调、动力)执业资格考试
专业基础考试大纲

十、热工学(工程热力学、传热学)

10.1 基本概念
热力学系统 状态 平衡 状态参数 状态公理 状态方程 热力参数及坐标图 功和热量 热力过程 热力循环 单位制

10.2 准静态过程 可逆过程和不可逆过程

10.3 热力学第一定律
热力学第一定律的实质 内能 焓 热力学第一定律在开口系统和闭口系统的表达式 储存能 稳定流动能量方程及其应用

10.4 气体性质
理想气体模型及其状态方程 实际气体模型及其状态方程 压缩因子 临界参数 对比态及其定律 理想气体比热 混合气体的性质

10.5 理想气体基本热力过程及气体压缩
定压 定容 定温和绝热过程 多变过程气体压缩轴功 余隙 多极压缩和中间冷却

10.6 热力学第二定律
热力学第二定律的实质及表述 卡诺循环和卡诺定理 熵 孤立系统 熵增原理

10.7 水蒸汽和湿空气
蒸发 冷凝 沸腾 汽化 定压发生过程 水蒸气图表 水蒸气基本热力过程 湿空气性质 湿空气焓湿图 湿空气基本热力过程

10.8 气体和蒸汽的流动
喷管和扩压管 流动的基本特性和基本方程 流速 音速 流量临界状态 绝热节流

10.9 动力循环 朗肯循环 回热和再热循环 热电循环 内燃机循环

10.10 致冷循环
空气压缩致冷循环 蒸汽压缩致冷循环 吸收式致冷循环 热泵气体的液化

10.11 导热理论基础
导热基本概念 温度场 温度梯度 傅里叶定律 导热系数 导热微分方程 导热过程的单值性条件

10.12 稳态导热
通过单平壁和复合平壁的导热 通过单圆筒壁和复合圆筒壁的导热 临界热绝缘直径 通过肋壁的导热 肋片效率 通过接触面的导热 二维稳态导热问题

10.13 非稳态导热
非稳态导热过程的特点 对流换热边界条件下非稳态导热 诺模图集总参数法

常热流通量边界条件下非稳态导热

10.14　导热问题数值解

有限差分法原理　导热问题的数值计算　节点方程建立　节点方程式求解　非稳态导热问题的数值计算　显式差分格式及其稳定性　隐式差分格式

10.15　对流换热分析

对流换热过程和影响对流换热的因素　对流换热过程微分方程式　对流换热微分方程组　流动边界层　热边界层　边界层换热微分方程组及其求解　边界层换热积分方程组及其求解　动量传递和热量传递的类比　物理相似的基本概念　相似原理　实验数据整理方法

10.16　单相流体对流换热及准则方程式

管内受迫流动换热　外掠圆管流动换热　自然对流换热　自然对流与受迫对流并存的混合流动换热

10.17　凝结与沸腾换热

凝结换热基本特性　膜状凝结换热及计算　影响膜状凝结换热的因素及增强换热的措施　沸腾换热　饱和沸腾过程曲线　大空间泡态沸腾换热及计算　泡态沸腾换热的增强

10.18　热辐射的基本定律

辐射强度和辐射力　普朗克定律　斯蒂芬—波尔兹曼定律　兰贝特余弦定律　基尔霍夫定律

10.19　辐射换热计算

黑表面间的辐射换热　角系数的确定方法　角系数及空间热阻灰表面间的辐射换热　有效辐射　表面热阻　遮热板　气体辐射的特点　气体吸收定律　气体的发射率和吸收率　气体与外壳间的辐射换热　太阳辐射

10.20　传热和换热器

通过肋壁的传热　复合换热时的传热计算　传热的削弱和增强平均温度差　效能—传热单元数　换热器计算

十一、工程流体力学及泵与风机

11.1　流体动力学

流体运动的研究方法　稳定流动与非稳定流动　理想流体的运动方程式　实际流体的运动方程式　伯努利方程式及其使用条件

11.2　相似原理和模型实验方法

物理现象相似的概念　相似三定理　方程和因次分析法　流体力学模型研究方法　实验数据处理方法

11.3　流动阻力和能量损失

层流与紊流现象　流动阻力分类　圆管中层流与紊流的速度分布　层流和紊流沿程阻力系数的计算　局部阻力产生的原因和计算方法　减少局部阻力的措施

11.4　管道计算

简单管路的计算　串联管路的计算　并联管路的计算

11.5　特定流动分析

势函数和流函数概念　简单流动分析　圆柱形测速管原理　旋转气流性质　紊流射流的一般特性　特殊射流

11.6　气体射流压力波传播和音速概念　可压缩流体一元稳定流动的基本方程　渐缩喷管与拉伐尔管的特点　实际喷管的性能

11.7　泵与风机与网络系统的匹配

泵与风机的运行曲线　网络系统中泵与风机的工作点　离心式泵或风机的工况调节　离心式泵或风机的选择　气蚀　安装要求

十二、自动控制

12.1　自动控制与自动控制系统的一般概念

"控制工程"基本含义　信息的传递　反馈及反馈控制　开环及闭环控制系统构成　控制系统的分类及基本要求

12.2　控制系统数学模型

控制系统各环节的特性　控制系统微分方程的拟定与求解　拉普拉斯变换与反变换　传递函数及其方块图

12.3　线性系统的分析与设计

基本调节规律及实现方法　控制系统一阶瞬态响应　二阶瞬态响应频率特性基本概念　频率特性表示方法　调节器的特性对调节质量的影响　二阶系统的设计方法

12.4　控制系统的稳定性与对象的调节性能

稳定性基本概念　稳定性与特征方程根的关系　代数稳定判据对象的调节性能指标

12.5　掌握控制系统的误差分析

误差及稳态误差　系统类型及误差度　静态误差系数

12.6　控制系统的综合与和校正

校正的概念　串联校正装置的形式及其特性

继电器调节系统(非线性系统)及校正:位式恒速调节系统、带校正装置的双位调节系统、带校正装置的位式恒速调节系统

十三、热工测试技术

13.1　测量技术的基本知识

测量　精度　误差　直接测量　间接测量　等精度测量　不等精度测量　测量范围　测量精度　稳定性　静态特性　动态特性　传感器传输通道　变换器

13.2　温度的测量

热力学温标　国际实用温标　摄氏温标　华氏温标　热电材料　热电效应膨胀效应　测温原理及其应用　热电回路性质及理论　热电偶结构及使用方法　热电阻测温原理及常用材料、常用组件的使用方法　单色辐射温度计　全色辐射温度计　比色辐射温度计　电动温度变送器　气动温度变送器　测温布置技术

13.3　湿度的测量

干湿球湿度计测量原理　干湿球电学测量和信号传送传感　光电式露点仪　露点

湿度计　氯化锂电阻湿度计　氯化锂露点湿度计　陶瓷电阻电容湿度计　毛发丝膜湿度计　测湿布置技术

13.4　压力的测量

液柱式压力计　活塞式压力计　弹簧管式压力计　膜式压力计　波纹管式压力计　压电式压力计　电阻应变传感器　电容传感器　电感传感器　霍尔应变传感器　压力仪表的选用和安装

13.5　流速的测量

流速测量原理　机械风速仪的测量及结构　热线风速仪的测量原理及结构　L型动压管　圆柱型三孔测速仪　三管型测速仪　流速测量布置技术

13.6　流量的测量

节流法测流量原理　测量范围　节流装置类型及其使用方法　容积法测流量　其他流量计　流量测量的布置技术

13.7　液位的测量

直读式测液位　压力法测液位　浮力法测液位　电容法测液位　超声波法测液位　液位测量的布置及误差消除方法

13.8　热流量的测量

热流计的分类及使用　热流计的布置及使用

13.9　误差与数据处理

误差函数的分布规律　直接测量的平均值、方差、标准误差、有效数字和测量结果表达　间接测量最优值、标准误差、误差传播理论、微小误差原则、误差分配　组合测量原理　最小二乘法原理　组合测量的误差　经验公式法　相关系数　回归分析　显著性检验及分析　过失误差处理　系统误差处理方法及消除方法　误差的合成定律

十四、机械基础

14.1　机械设计的一般原则和程序　机械零件的计算准则　许用应力和安全系数

14.2　运动副及其分类　平面机构运动简图　平面机构的自由度及其具有确定运动的条件

14.3　铰链四杆机构的基本形式和存在曲柄的条件　铰链四杆机构的演化

14.4　凸轮机构的基本类型和应用　直动从动件盘形凸轮轮廓曲线的绘制

14.5　螺纹的主要参数和常用类型　螺旋副的受力分析、效率和自锁螺纹联接的基本类型　螺纹联接的强度计算　螺纹联接设计时应注意的几个问题

14.6　带传动工作情况分析　普通V带传动的主要参数和选择计算带轮的材料和结构　带传动的张紧和维护

14.7　直齿圆柱齿轮各部分名称和尺寸　渐开线齿轮的正确啮合条件和连续传动条件　轮齿的失效　直齿圆柱齿轮的强度计算　斜齿圆柱齿轮传动的受力分析　齿轮的结构　蜗杆传动的啮合特点和受力分析　蜗杆和蜗轮的材料

14.8　轮系的基本类型和应用　定轴轮系传动比计算　周转轮系及其传动比计算

14.9　轴的分类、结构和材料　轴的计算　轴毂联接的类型

14.10　滚动轴承的基本类型　滚动轴承的选择计算

十五、职业法规

15.1　我国有关基本建设、建筑、房地产、城市规划、环保、安全及节能等方面的法律与法规

15.2　工程设计人员的职业道德与行为规范

15.3　我国有关动力设备及安全方面的标准与规范

注册公用设备工程师（暖通空调、动力）执业资格考试专业基础试题配置说明

热力学（工程热力学、传热学）	20 题
工程流体力学及泵与风机	10 题
自动控制	9 题
热工测试技术	9 题
机械基础	9 题
职业法规	3 题

注：试卷题目数量合计 60 题，每题 2 分，满分为 120 分。考试时间为 4 小时。

2015 全国勘察设计注册工程师执业资格考试用书

注册公用设备工程师(暖通空调、动力)执业资格考试

基础考试历年真题详解

Zhuce Gongyong Shebei Gongchengshi (Nuantong Kongtiao、Dongli) Zhiye Zige Kaoshi
Jichu Kaoshi Linian Zhenti Xiangjie

（上册）

注册工程师考试复习用书编委会 | 编
李洪欣　曹纬浚 | 主编

人民交通出版社股份有限公司
China Communications Press Co.,Ltd.

内 容 提 要

本书分上、下两册，上册为公共基础2005～2014年考试真题，下册为暖通空调、动力专业基础2005～2014年考试真题，各10套，共20套，每套真题后均附有参考答案和解析，部分真题有视频讲解。

本书可供参加注册公用设备工程师（暖通空调、动力）执业资格考试基础考试的考生复习使用。

图书在版编目(CIP)数据

2015注册公用设备工程师（暖通空调、动力）执业资格考试基础考试历年真题详解 / 李洪欣，曹纬浚主编. —北京：人民交通出版社股份有限公司，2015.2

ISBN 978-7-114-12018-3

Ⅰ. ①2… Ⅱ. ①李… ②曹… Ⅲ. ①城市公用设施—供热系统—工程师—资格考试—题解②城市公用设施—通风系统—工程师—资格考试—题解③城市公用设施—空气调节系统—工程师—资格考试—题解 Ⅳ. ①TU8-44

中国版本图书馆CIP数据核字(2015)第016344号

书　　名：2015注册公用设备工程师（暖通空调、动力）**执业资格考试基础考试历年真题详解**
著 作 者：李洪欣　曹纬浚
责任编辑：刘彩云　李　坤
出版发行：人民交通出版社股份有限公司
地　　址：（100011）北京市朝阳区安定门外外馆斜街3号
网　　址：http://www.ccpress.com.cn
销售电话：（010）59757973
总 经 销：人民交通出版社股份有限公司发行部
经　　销：各地新华书店
印　　刷：北京盈盛恒通印刷有限公司
开　　本：787×1092　1/16
印　　张：35.75
字　　数：770千
版　　次：2015年2月　第1版
印　　次：2015年2月　第1次印刷
书　　号：ISBN 978-7-114-12018-3
定　　价：119.00（含上、下两册）

前　言

注册公用设备工程师，是指取得《中华人民共和国注册公用设备工程师执业资格证书》和《中华人民共和国注册公用设备工程师执业资格注册证书》，从事公用设备（暖通空调、给水排水、动力）专业工程设计及相关业务活动的专业技术人员。

注册公用设备工程师（暖通空调、动力）执业资格考试实行全国统一大纲、统一命题的考试制度，为帮助考生在较短时间内掌握注册公用设备工程师（暖通空调、动力）执业资格基础考试大纲要求的考试内容，提高做题速度和熟练度，顺利通过基础考试，特邀请北京市注册工程师考试辅导班和郑州大学的专家、教授共同编写此书。

本书分为上、下两册。上册为 2005～2014 年公共基础考试真题及其解析，共 10 套；下册分为 2005～2014 年暖通空调、动力专业基础考试真题及其解析，共 10 套。全部套题均按照“试题＋答案”的模式编排，便于考生自测和查漏补缺。对于每一道试题，书中不仅给出参考答案，还进行了十分详细的解析，便于考生了解往年考试的范围、难度、风格，通过解析过程熟悉考点，掌握解题思路、方法、步骤。而对于历年考题中，涉及出题不严谨或旧大纲中的考题，我们采用比较经典的模拟题进行了更换，特此说明。

随后，我们会根据最新一年的考题及读者们的反馈意见对本书内容进行修订。

另外，本书中的部分真题配有视频讲解，考生可扫描“二维码”在线学习，或者刮开“学习卡”，登录“注考网”(www.zhukaowang.com.cn)，观看更多精彩视频。

本书由李洪欣、曹纬浚担任主编。其他参编人员还有吴昌泽、范元玮、程学平、谢亚勃、刘燕、钱民刚、李兆年、许怡生、许小重、陈向东、李魁元、高亚静、沈超、张莉红、马雪纯、徐莳、李润玮、贾玲华、毛怀珍、朋改非、吴景坤、吴扬、张翠兰、王彬、张超艳、张文娟、李平、邓华、冯嘉骝、钱程、李广秋、韩雪、陈启佳、翟平、郭虹、曹京、孙琳、李智民、赵思儒、吴越恺、许博超、张云龙、王坤、刘若禹、楼香林、莫培佳、段修谓、王蓓、宋方佳、杨守俊、王志刚、何承奎、葛宝金、李丹枫、王凯、王志伟、韩智铭、涂洪亮、孙玮、黄丽华、高璐、曹欣、阮文依、王金羽、康义荣、杨洪波、任东勇、曹铎、耿京、李铁柱、仲晓雯、冯存强、阮广青、赵欣然、霍新民、何玉章、颜志敏、曹一兰、周庄、张文革、张岩、周迎旭。

由于考试内容涉及面广，书中难免存在疏漏和不足，真诚地希望读者批评指正，提出宝贵意见，以便本书再版时改进。

最后，祝愿各位考生取得好的成绩！

李洪欣

2014 年 12 月

主编致考生

一、注册公用设备工程师(暖通空调、动力)在专业考试之前进行基础考试是和国外接轨的做法。通过基础考试并达到职业实践年限后就可以申请参加专业考试。基础考试是考大学中的基础课程，按考试大纲的安排，上午考试段考公共基础 11 科，120 道题，4 个小时，每题 1 分，共 120 分；下午考试段考暖通空调、动力专业基础 7 科，60 道题，4 个小时，每题 2 分，共 120 分；上、下午共 240 分。试题均为 4 选 1 的单选题，平均每题时间上午 2 分钟，下午 4 分钟，因此不会有复杂的论证和计算，主要是检验考生的基本概念和基本知识。考生在复习时不要偏重难度大或过于复杂的知识，而应将复习的注意力放在弄清基本概念和基本知识方面。

二、考生在复习之前应认真阅读“考试大纲“，清楚地了解考试的内容和范围，并结合”交通版“教程，掌握“考试大纲”要求掌握的基本概念、基本理论、基本计算方法、计算公式和步骤，以及基本知识的应用等内容，明白其中的道理和关系，掌握分析问题的方法。同时还应会使用为减少计算工作量或简化、方便计算所制作的表格等。在对基本概念、基本原理和基本知识有一个整体把握的基础上，结合本书，集中时间，排除干扰，模拟考试气氛，将历年试题全部做一遍，以接近实战地检验一下自己的复习效果。随后与答案、解析进行对照，做对的题，要确保做题的思路准确，而非偶然猜对，做错的题，要明白错在什么地方，哪些知识还没有掌握扎实，以提高临场考试的准确性。

三、注册公用设备工程师(暖通空调、动力专业)基础考试上、下午试卷共计 240 分，上、下午不分段计算成绩，这几年及格线都是 55%，也就是说，上、下午试卷总分达到 132 分就可以通过。因此，考生在准备考试时应注意扬长避短。从道理上讲，自己较弱的科目更应该努力复习，但毕竟时间和精力有限，如 2009 年新增加的“信号与信息技术”，据了解，非信息专业的考生大多未学过，短时间内要掌握好比较困难，而“信号与信息技术”总共只有 6 道题，6 分，只占总分的 2.5%，也就是说，即使“信号与信息技术”1 分未得，其他科目也还有 234 分，从 234 分中考 132 分是完全可以做到的。因此考生可以根据考试分科题量、分数分配和自己的具体情况，计划自己的复习重点和主要得分科目。当然一些主要得分科目是不能放松的，如“高等数学”24 题(上午段)24 分，“热力学(工程热力学、传热学)”20 题(下午段)40 分，都是不能放松的；其他科目则可根据自己过去对课程的掌握情况有所侧重，争取在自己过去学得好的课程中多得分。

四、在考试拿到试卷时，建议考生不要顺着题序顺次往下做。因为有的题会比较难，有的题不很熟悉，耽误的时间会比较多，以致到最后时间不够，题做不完，有些题会做但时间来不及，这就太得不偿失了。建议考生将做题过程分为四遍：

(1)首先用 15～20 分钟将题从头到尾看一遍，一是首先解答出自己很熟悉很有把握的题；二是将那些需要稍加思考估计能在平均答题时间里做出的题做个记号。这里说的平均答题时间，是指上午段 4 个小时考 120 道题，平均每题 2 分钟；下午段 4 个小时考 60 道题，平均每题 4 分钟，这个 2 分钟(上午段)、4 分钟(下午段)就是平均答题时间。将估计在这个时间里能做出来的题做上记号。

(2)第二遍做这些做了记号的题，这些题应该在考试时间里能做完，做完了这些题可以说就考出了考生的基本水平，不管考生基础如何，复习得怎么样，考得如何，至少不会因为题没做完而遗憾了。

(3)这些会做或基本会做的题做完以后，如果还有时间，就做那些需要稍多花费时间的题，能做几个算几个，并适当抽时间检查一下已答题的答案。

(4)考试时间将近结束时，比如还剩 5 分钟要收卷了，这时你就应看看还有多少道题没有答，这些题确实不会了，建议考生也不要放弃。既然是单选，那也不妨估个答案，答对了也是有分的。建议考生回头看看已答题目的答案，A、B、C、D 各有多少，虽然整个卷子四种答案的数量并不一定是平均的，但还是可以这样考虑，看看已答的题 A、B、C、D 中哪个答案最少，然后将不会做没有答的题按这个前边最少的答案通填，这样其中会有 1/4 可能还会多于 1/4 的题能得分，如果考生前边答对的题离及格正好差几分，这样一补充就能及格了。

五、基础考试是不允许带书和资料的，2012 年前，考试时会给每位考生发一本“考试手册”，载有公式和一些数据，考后收回。但从 2012 年起，取消了“考试手册”的配发。据说原因是考生使用不多，事实上也没有更多时间去翻手册。因此一些重要的公式、规定，考生一定要自己记住。

注册公共设备工程师考试已经进行了 10 年，分析这些年的考题，特别是近两年的考题，可以总结出考题考查的一些新趋势。一个趋势就是考试题目考查点越来越细，越来越深入；另一个趋势就是有的题目考查得更加综合，一个题目可能涉及几个知识点，考题难度加大。这都对考生的备考提出了更高的要求。因此，考生需要对大纲涉及的考点做到真正理解，并在此基础上能够灵活应用。

复习中若遇到疑问，可写清楚问题发邮件至 caowj0818@126. com(上册问题)、466362436@qq. com(下册问题)，我们会尽快回复解答。相信这本书能帮助大家准备好考试。

最后，祝愿各位考生取得好成绩！

曹纬浚

2014 年 12 月

目　录(上册)

2005 年度全国勘察设计注册工程师公共基础考试

试　　题

单项选择题(共 120 题,每题 1 分。每题的备选项中只有一个最符合题意)

1. 设 $\vec{a}$、$\vec{b}$ 均为向量,下列等式中正确的是:

A. $(\vec{a}+\vec{b})\cdot(\vec{a}-\vec{b})=|\vec{a}|^2-|\vec{b}|^2$　　B. $\vec{a}(\vec{a}\cdot\vec{b})=|\vec{a}|^2\vec{b}$

C. $(\vec{a}\cdot\vec{b})^2=|\vec{a}|^2|\vec{b}|^2$　　D. $(\vec{a}+\vec{b})\times(\vec{a}-\vec{b})=\vec{a}\times\vec{a}-\vec{b}\times\vec{b}$

2. 过点 $M(3,-2,1)$ 且与直线 L: $\begin{cases}x-y-z+1=0\\2x+y-3z+4=0\end{cases}$ 平行的直线方程是:

A. $\dfrac{x-3}{1}=\dfrac{y+2}{-1}=\dfrac{z-1}{-1}$　　B. $\dfrac{x-3}{2}=\dfrac{y+2}{1}=\dfrac{z-1}{-3}$

C. $\dfrac{x-3}{4}=\dfrac{y+2}{-1}=\dfrac{z-1}{3}$　　D. $\dfrac{x-3}{4}=\dfrac{y+2}{1}=\dfrac{z-1}{3}$

3. 过 z 轴和点 $M(1,2,-1)$ 的平面方程是:

A. $x+2y-z-6=0$　　B. $2x-y=0$

C. $y+2z=0$　　D. $x+z=0$

4. 将椭圆 $\begin{cases}\dfrac{x^2}{9}+\dfrac{z^2}{4}=1\\y=0\end{cases}$,绕 x 轴旋转一周所生成的旋转曲面的方程是:

A. $\dfrac{x^2}{9}+\dfrac{y^2}{9}+\dfrac{z^2}{4}=1$　　B. $\dfrac{x^2}{9}+\dfrac{z^2}{4}=1$

C. $\dfrac{x^2}{9}+\dfrac{y^2}{4}+\dfrac{z^2}{4}=1$　　D. $\dfrac{x^2}{9}+\dfrac{y^2}{4}+\dfrac{z^2}{9}=1$

5. 下列极限计算中,错误的是:

A. $\lim\limits_{x\to\infty}\dfrac{2^n}{x}\cdot\sin\dfrac{x}{2^n}=1$　　B. $\lim\limits_{x\to\infty}\dfrac{\sin x}{x}=1$

C. $\lim\limits_{x\to 0}(1-x)^{\frac{1}{x}}=e^{-1}$　　D. $\lim\limits_{x\to\infty}\left(1+\dfrac{1}{x}\right)^{2x}=e^2$

6. 设函数 $f(x)=\begin{cases}e^{-2x}+a & x\leqslant 0\\\lambda\ln(1+x)+1 & x>0\end{cases}$,要使 $f(x)$ 在 $x=0$ 处连续,则 a 的值是:

A. 0　　B. 1　　C. -1　　D. λ

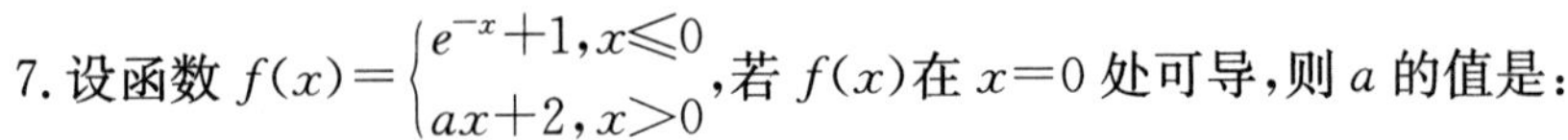

7\. 设函数 $f(x)=\begin{cases} e^{-x}+1, x\leqslant 0 \\ ax+2, x>0 \end{cases}$，若 $f(x)$ 在 $x=0$ 处可导，则 a 的值是：

A. 1　　B. 2　　C. 0　　D. -1

8\. 曲面 $z=x^2-y^2$ 在点$(\sqrt{2},-1,1)$处的法线方程是：

A. $\dfrac{x-\sqrt{2}}{2\sqrt{2}}=\dfrac{y+1}{-2}=\dfrac{z-1}{-1}$　　B. $\dfrac{x-\sqrt{2}}{2\sqrt{2}}=\dfrac{y+1}{-2}=\dfrac{z-1}{1}$

C. $\dfrac{x-\sqrt{2}}{2\sqrt{2}}=\dfrac{y+1}{2}=\dfrac{z-1}{-1}$　　D. $\dfrac{x-\sqrt{2}}{2\sqrt{2}}=\dfrac{y+1}{2}=\dfrac{z-1}{1}$

9\. 下列结论中，错误的是：

A. $\int_{-a}^{a} f(x^2)\mathrm{d}x = 2\int_{0}^{a} f(x^2)\mathrm{d}x$　　B. $\int_{0}^{2\pi}\sin^{10}x\mathrm{d}x = \int_{0}^{2\pi}\cos^{10}x\mathrm{d}x$

C. $\int_{-\pi}^{\pi}\cos 5x\sin 7x\mathrm{d}x = 0$　　D. $\int_{0}^{1}10^{x}\mathrm{d}x = 9$

10\. 设平面闭区域 D 由 $x=0, y=0, x+y=\dfrac{1}{2}, x+y=1$ 所围成，$I_1=\iint\limits_{D}[\ln(x+y)]^3\mathrm{d}x\mathrm{d}y$，$I_2=\iint\limits_{D}(x+y)^3\mathrm{d}x\mathrm{d}y$，$I_3=\iint\limits_{D}[\sin(x+y)]^3\mathrm{d}x\mathrm{d}y$，则 I_1, I_2, I_3 之间的关系应是：

A. $I_1<I_2<I_3$　　B. $I_1<I_3<I_2$

C. $I_3<I_2<I_1$　　D. $I_3<I_1<I_2$

11\. 由曲面 $z=\sqrt{x^2+y^2}$ 及 $z=x^2+y^2$ 所围成的立体体积的三次积分为：

A. $\int_{0}^{2\pi}\mathrm{d}\theta\int_{0}^{1}r\mathrm{d}r\int_{r^2}^{r}\mathrm{d}z$　　B. $\int_{0}^{2\pi}\mathrm{d}\theta\int_{0}^{1}r\mathrm{d}r\int_{r^2}^{1}\mathrm{d}z$

C. $\int_{0}^{2\pi}\mathrm{d}\theta\int_{0}^{\frac{\pi}{4}}\sin\varphi\mathrm{d}\varphi\int_{0}^{1}r^2\mathrm{d}r$　　D. $\int_{0}^{2\pi}\mathrm{d}\theta\int_{\frac{\pi}{4}}^{\frac{\pi}{2}}\sin\varphi\mathrm{d}\varphi\int_{0}^{1}r^2\mathrm{d}r$

12\. 曲线 $y=\dfrac{2}{3}x^{\frac{3}{2}}$ 上相应于 x 从 0 到 1 的一段弧的长度是：

A. $\dfrac{2}{3}(\sqrt[3]{4}-1)$　　B. $\dfrac{4}{3}\sqrt{2}$

C. $\dfrac{2}{3}(2\sqrt{2}-1)$　　D. $\dfrac{4}{15}$

13\. 级数 $\sum\limits_{n=1}^{\infty}\dfrac{\sin\frac{n\pi}{2}}{\sqrt{n^3}}$ 的收敛性是：

A. 绝对收敛　　B. 发散　　C. 条件收敛　　D. 无法判定

14. 级数$\sum_{n=1}^{\infty}(-1)^{n-1}x^n$ 的和函数是：

A. $\frac{1}{1+x}(-1<x<1)$　　B. $\frac{x}{1+x}(-1<x<1)$

C. $\frac{x}{1-x}(-1<x<1)$　　D. $\frac{1}{1-x}(-1<x<1)$

15. 设 $f(x)=\begin{cases}x, 0\leqslant x\leqslant\frac{\pi}{2}\\ \pi, \frac{\pi}{2}<x<\pi\end{cases}$，$S(x)=\sum_{n=1}^{\infty}b_n\sin nx$，其中 $b_n=\frac{2}{\pi}\int_0^{\pi}f(x)\sin nx\mathrm{d}x$，则 $S\left(-\frac{\pi}{2}\right)$的值是：

A. $\frac{\pi}{2}$　　B. $\frac{3\pi}{4}$　　C. $-\frac{3\pi}{4}$　　D. 0

16. 级数$\sum_{n=1}^{\infty}u_n$ 收敛的充要条件是：

A. $\lim_{n\to\infty}u_n=0$

B. $\lim_{n\to\infty}\frac{u_{n+1}}{u_n}=r<1$

C. $u_n\leqslant\frac{1}{n^2}$

D. $\lim_{n\to\infty}S_n$ 存在(其中 $S_n=u_1+u_2+\cdots+u_n$)

17. 正项级数$\sum_{n=1}^{\infty}a_n$，判定 $\lim_{n\to\infty}\frac{a_{n+1}}{a_n}=q<1$ 是此正项级数收敛的什么条件？

A. 充分条件，但非必要条件　　B. 必要条件，但非充分条件

C. 充分必要条件　　D. 既非充分条件，又非必要条件

18. 重复进行一项试验，事件 A 表示“第一次失败且第二次成功”，则事件 $\overline{A}$ 表示：

A. 两次均失败　　B. 第一次成功或第二次失败

C. 第一次成功且第二次失败　　D. 两次均成功

19. 设$(X_1,X_2,\cdots,X_{10})$ 是抽自正态总体 $N(\mu,\sigma^2)$ 的一个容量为 10 的样本，其中 $-\infty<\mu<+\infty$，$\sigma^2>0$，记 $\overline{X}_9=\frac{1}{9}\sum_{i=1}^{9}X_i$，则 $\overline{X}_9-X_{10}$ 所服从的分布是：

A. $N\left(0,\frac{10}{9}\sigma^2\right)$　　B. $N\left(0,\frac{8}{9}\sigma^2\right)$　　C. $N(0,\sigma^2)$　　D. $N\left(0,\frac{11}{9}\sigma^2\right)$

20. 设 $\varphi(x)$ 为连续型随机变量的概率密度，则下列结论中一定正确的是：

A. $0 \leqslant \varphi(x) \leqslant 1$
B. $\varphi(x)$ 在定义域内单调不减
C. $\int_{-\infty}^{+\infty} \varphi(x)\mathrm{d}x = 1$
D. $\lim\limits_{x \to +\infty} \varphi(x) = 1$

21. 设 $\boldsymbol{A}$ 和 $\boldsymbol{B}$ 都是 n 阶方阵，已知 $|\boldsymbol{A}|=2$，$|\boldsymbol{B}|=3$，则 $|\boldsymbol{B}\boldsymbol{A}^{-1}|$ 等于：

A. $\frac{2}{3}$　　B. $\frac{3}{2}$　　C. 6　　D. 5

22. 设 $\boldsymbol{A}=\begin{bmatrix} a_1b_1 & a_1b_2 & \cdots & a_1b_n \\ a_2b_1 & a_2b_2 & \cdots & a_2b_n \\ \vdots & \vdots & & \vdots \\ a_nb_1 & a_nb_2 & \cdots & a_nb_n \end{bmatrix}$，其中 $a_i \neq 0, b_i \neq 0 (i=1,2,\cdots,n)$，则矩阵 $\boldsymbol{A}$ 的秩等于：

A. n　　B. 0　　C. 1　　D. 2

23. 设 $\boldsymbol{A}$ 为矩阵，$\boldsymbol{\alpha}_1=\begin{bmatrix} 1 \\ 0 \\ 2 \end{bmatrix}$，$\boldsymbol{\alpha}_2=\begin{bmatrix} 0 \\ 1 \\ -1 \end{bmatrix}$ 都是线性方程组 $\boldsymbol{Ax}=0$ 的解，则矩阵 $\boldsymbol{A}$ 为：

A. $\begin{bmatrix} 0 & 1 & -1 \\ 4 & -2 & -2 \\ 0 & 1 & 1 \end{bmatrix}$
B. $\begin{bmatrix} 2 & 0 & -1 \\ 0 & 1 & 1 \end{bmatrix}$
C. $\begin{bmatrix} -1 & 0 & 2 \\ 0 & 1 & -1 \end{bmatrix}$
D. $[-2,1,1]$

24. 设 $\varphi(x,y,z)=xy^2z$，$A=xz\vec{i}-xy^2\vec{j}+yz^2\vec{k}$，则 $\frac{\partial(\varphi A)}{\partial z}$ 在点 $(-1,-1,1)$ 处的值为：

A. $2\vec{i}-\vec{j}+3\vec{k}$
B. $4\vec{i}-4\vec{j}-2\vec{k}$
C. $\vec{i}-\vec{j}+\vec{k}$
D. $-\vec{i}+\vec{j}-\vec{k}$

25. 一定质量的理想气体，在温度不变的条件下，当压强降低时，分子的平均碰撞次数 $\overline{Z}$ 和平均自由程 $\overline{\lambda}$ 的变化情况是：

A. $\overline{Z}$ 和 $\overline{\lambda}$ 都增大
B. $\overline{Z}$ 和 $\overline{\lambda}$ 都减小
C. $\overline{\lambda}$ 减小而 $\overline{Z}$ 增大
D. $\overline{\lambda}$ 增大而 $\overline{Z}$ 减小

26. 1mol 刚性双原子分子理想气体，当温度为 T 时，其内能为：

A. $\frac{3}{2}RT$
B. $\frac{3}{2}kT$
C. $\frac{5}{2}RT$
D. $\frac{5}{2}kT$

27. 设高温热源的热力学温度是低温热源的热力学温度的 n 倍，则理想气体在一次卡诺循环中，传给低温热源的热量是从高温热源吸取的热量的：

A. n 倍　　B. $n-1$ 倍　　C. $\frac{1}{n}$倍　　D. $\frac{n+1}{n}$倍

28. 根据热力学第二定律判断下列说法正确的是：

A. 热量能从高温物体传到低温物体，但不能从低温物体传到高温物体
B. 功可以全部变为热，但热不能全部变为功
C. 气体能够自由膨胀，但不能自动收缩
D. 有规则运动的能量能够变为无规则运动的能量，但无规则运动的能量不能变为有规则运动的能量

29. 理想气体向真空做绝热膨胀，则：

A. 膨胀后，温度不变，压强减小　　B. 膨胀后，温度降低，压强减小
C. 膨胀后，温度升高，压强减小　　D. 膨胀后，温度不变，压强增大

30. 若一平面简谐波的波动方程为 $y=A\cos(Bt-Cx)$，式中 A、B、C 为正值恒量，则：

A. 波速为 C　　B. 周期为$\frac{1}{B}$
C. 波长为$\frac{2\pi}{C}$　　D. 圆频率为$\frac{2\pi}{B}$

31. 频率为 100Hz，传播速度为 300m/s 的平面简谐波，波线上两点振动的相位差为$\frac{\pi}{3}$，则此两点相距：

A. 2m　　B. 2.19m　　C. 0.5m　　D. 28.6m

32. 若用衍射光栅准确测定一单色可见光的波长，在下列各种光栅常数的光栅中选择哪一种最好？

A. 1.0×10^{-1}mm　　B. 5.0×10^{-1}mm
C. 1.0×10^{-2}mm　　D. 1.0×10^{-3}mm

33. 波长为 λ 的单色平行光垂直入射到一狭缝上，若第一级暗纹的位置对应的衍射角为 $\theta=\pm\frac{\pi}{6}$，则缝宽的大小为：

A. $\frac{\lambda}{2}$　　B. λ　　C. 2λ　　D. 3λ

34. 在双缝干涉实验中，两缝间距离为 d，双缝与屏幕之间的距离为 $D(D\gg d)$，波长为 λ

的平行单色光垂直照射到双缝上，屏幕上干涉条纹中相邻两暗纹之间的距离是：

A. $2\lambda D/d$　　B. $\lambda d/D$　　C. dD/λ　　D. $\lambda D/d$

35. 如果两个偏振片堆叠在一起，且偏振化方向之间夹角为 60°，假设两者对光无吸收，光强为 I_0 的自然光垂直入射到偏振片上，则出射光强为：

A. $\frac{I_0}{8}$　　B. $\frac{3}{8}I_0$

C. $\frac{I_0}{4}$　　D. $\frac{3}{4}I_0$

36. 有两种理想气体，第一种的压强记作 p_1，体积记作 V_1，温度记作 T_1，总质量记作 m_1，摩尔质量记作 M_1；第二种的压强记作 p_2，体积记作 V_2，温度记作 T_2，总质量记作 m_2，摩尔质量记作 M_2。当 $V_1=V_2$，$T_1=T_2$，$m_1=m_2$ 时，则 $\frac{M_1}{M_2}$ 为：

A. $\frac{M_1}{M_2}=\sqrt{\frac{p_1}{p_2}}$　　B. $\frac{M_1}{M_2}=\frac{p_1}{p_2}$

C. $\frac{M_1}{M_2}=\sqrt{\frac{p_2}{p_1}}$　　D. $\frac{M_1}{M_2}=\frac{p_2}{p_1}$

37. P_z 波函数角度分布的形状是：

A. 双球形　　B. 球形　　C. 四瓣梅花形　　D. 橄榄形

38. 24 号元素 Cr 的基态原子价电子构型正确的是：

A. $3d^6 4s^0$　　B. $3d^5 4s^1$　　C. $3d^4 4s^2$　　D. $3d^3 4s^2 4p^1$

39. 用杂化轨道理论推测下列分子的空间构型，其中为平面三角形的是：

A. NF_3　　B. BF_3　　C. AsH_3　　D. SbH_3

40. 下列氧化物中，既可与稀 H_2SO_4 溶液作用，又可与稀 NaOH 溶液作用的是：

A. Al_2O_3　　B. Cu_2O　　C. SiO_2　　D. CO

41. 在某温度时，已知 0.100mol/dm³ 氢氰酸(HCN)的电离度为 0.010%，该温度时 HCN 的标准电离常数 $K_a^{\ominus}$ 是：

A. 1.0×10^{-5}　　B. 1.0×10^{-4}　　C. 1.0×10^{-9}　　D. 1.0×10^{-6}

42. 在某温度时，下列溶液体系中属缓冲溶液的是：

A. 0.100mol/dm³ 的 NH_4Cl 溶液

B. 0.100mol/dm^3 的 NaAc 溶液

C. 0.400mol/dm^3 的 HCl 与 0.200mol/dm^3 的 $NH_3 \cdot H_2O$ 等体积混合后的溶液

D. 0.400mol/dm^3 的 $NH_3 \cdot H_2O$ 与 0.200mol/dm^3 的 HCl 等体积混合后的溶液

43. 一般来说，某反应在其他条件一定时，温度升高其反应速率会明显增加，主要原因是：

A. 分子碰撞机会增加　　B. 反应物压力增加

C. 活化分子百分率增加　　D. 反应的活化能降低

44. 在一定条件下，已建立化学平衡的某可逆反应，当改变反应条件使化学平衡向正反应方向移动时，下列有关叙述正确的是：

A. 生成物的体积分数一定增加　　B. 生成物的产量一定增加

C. 反应物浓度一定降低　　D. 使用了合适的催化剂

45. 对于化学反应 $3Cl_2 + 6NaOH = NaClO_3 + 5NaCl + 3H_2O$，下列叙述正确的是：

A. Cl_2 既是氧化剂，又是还原剂　　B. Cl_2 是氧化剂，不是还原剂

C. Cl_2 是还原剂，不是氧化剂　　D. Cl_2 既不是氧化剂，又不是还原剂

46. 已知 $\varphi^{\ominus}_{Cu^{2+}/Cu} = 0.342V$，$\varphi^{\ominus}_{I_2/I^-} = 0.536V$，$\varphi^{\ominus}_{Fe^{3+}/Fe^{2+}} = 0.771V$，$\varphi^{\ominus}_{Sn^{4+}/Sn^{2+}} = 0.151V$，试判断下列还原剂的还原性由强到弱的是：

A. Cu、I^-、Fe^{2+}、Sn^{2+}　　B. I^-、Fe^{2+}、Sn^{2+}、Cu

C. Sn^{2+}、Cu、I^-、Fe^{2+}　　D. Fe^{2+}、Sn^{2+}、I^-、Cu

47. 已知柠檬醛的结构式为 $(CH_3)_2C{=}CHCH_2CH_2\overset{\overset{\displaystyle CH_3}{|}}{C}{=}CHCHO$，下列说法不正确的是：

A. 它可使 $KMnO_4$ 溶液褪色　　B. 它可以发生银镜反应

C. 它可使溴水褪色　　D. 它的催化加氢产物为 $C_{10}H_{20}O$

48. 已知乙酸与乙酸乙酯的混合物中氢（H）的质量分数为 7%，其中碳（C）的质量分数是：

A. 42.0%　　B. 44.0%　　C. 48.6%　　D. 91.9%

49. 平面汇交力系（$\vec{F}_1$、$\vec{F}_2$、$\vec{F}_3$、$\vec{F}_4$、$\vec{F}_5$）的力多边形如图所示，该力系的合力 $\vec{R}$ 等于：

A. $\overline{F}_3$　　B. $-\overline{F}_3$　　C. $\overline{F}_2$　　D. $\overline{F}_5$

50. 若将图示三铰钢架中 AC 杆上的力偶移至 BC 杆上，则 A、B、C 处的约束反力：

A. 都改变　　B. 都不改变

C. 仅 C 处改变　　D. 仅 C 处不变

51. 一空间平行力系如图所示，该力系的简化结果是：

A. 一合力　　B. 一合力偶　　C. 一力螺旋　　D. 平衡

（注：此题考查内容 2009 年大纲已删除）

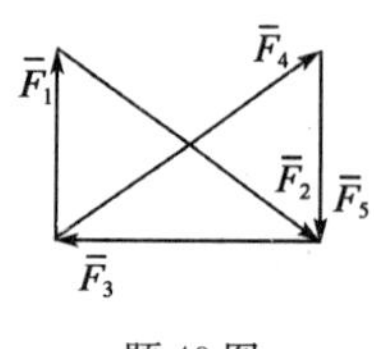

题 49 图

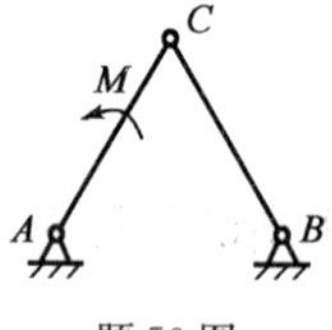

题 50 图

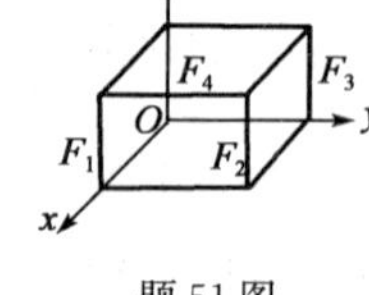

题 51 图

52. 重力 W 的物块置于倾角为 $\alpha=30°$ 的斜面上，如图所示。若物块与斜面间的静摩擦系数 $f_s=0.6$，则该物块：

A. 向下滑动　　B. 处于临界下滑状态

C. 静止　　D. 加速下滑

53. 图示力F，已知 $F=2\text{kN}$。力F对 x 轴之矩为：

A. $3\sqrt{2}\text{kN}\cdot\text{m}$　　B. $\sqrt{2}\text{kN}\cdot\text{m}$　　C. $8\text{kN}\cdot\text{m}$　　D. $4\sqrt{2}\text{kN}\cdot\text{m}$

（注：此题考查内容 2009 年大纲已删除）

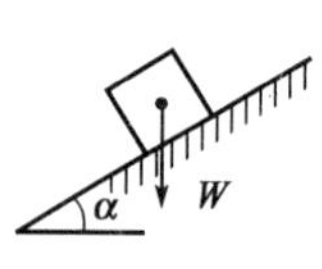

题 52 图

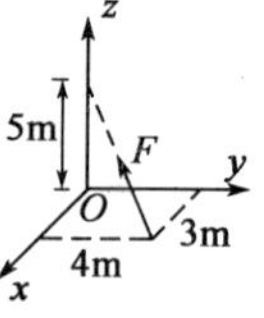

题 53 图

54. 已知点作直线运动，其运动方程为 $x=12-t^3$（x 以 cm 计，t 以 s 计）。则点在前 3s 内走过的路程为：

A. 27cm　　B. 15cm　　C. 12cm　　D. 30cm

55. 图示两个相啮合的齿轮，A、B 分别为齿轮 O_1、O_2 上的啮合点，则 A、B 两点的加速度关系为：

A. $a_{A\tau}=a_{B\tau}, a_{An}=a_{Bn}$　　B. $a_{A\tau}=a_{B\tau}, a_{An}\neq a_{Bn}$

C. $a_{A\tau}\neq a_{B\tau}, a_{An}=a_{Bn}$　　D. $a_{A\tau}\neq a_{B\tau}, a_{An}\neq a_{Bn}$

56. 四连杆机构运动到图示位置时，$AB//O_1O_2$，O_1A 杆的角速度为 ω_1，则 O_2B 杆的角速度 ω_2 为：

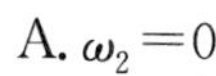

A. $\omega_2=0$　　B. $\omega_2<\omega_1$　　C. $\omega_2>\omega_1$　　D. $\omega_2=\omega_1$

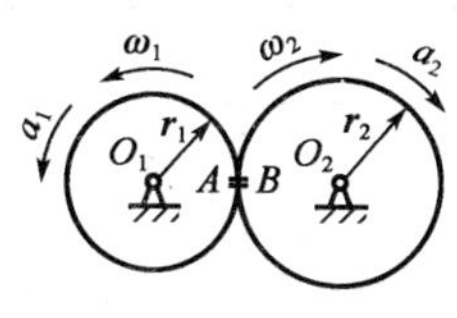

题 55 图

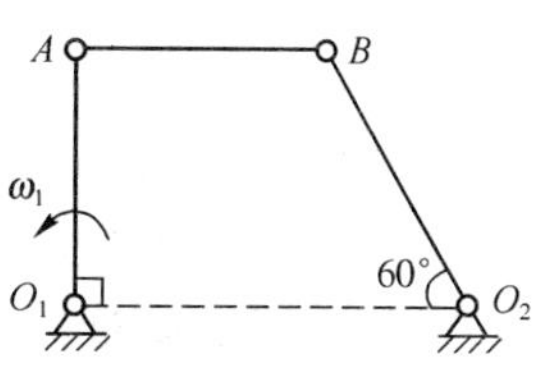

题 56 图

57. 自由质点受力作用而运动时，质点的运动方向是：

A. 作用力的方向　　B. 加速度的方向

C. 速度的方向　　D. 初速度的方向

58. 图示均质细直杆 AB 长为 l，质量为 m，图示瞬时点 A 处的速度为 v，则杆 AB 的动量大小为：

A. mv　　B. $2mv$　　C. $\sqrt{2}mv$　　D. $\frac{mv}{\sqrt{2}}$

59. 在题 58 图中，杆 AB 在该位置的动能为：

A. $\frac{1}{2}mv^2$　　B. $\frac{1}{3}mv^2$　　C. $\frac{2}{3}mv^2$　　D. $\frac{4}{3}mv^2$

60. 均质细直杆 OA 长为 l，质量为 m，A 端固结一质量为 m 的小球（不计尺寸），如图所示。当 OA 杆以匀角速度 ω 绕 O 轴转动时，该系统对 O 轴的动量矩为：

A. $\frac{1}{3}ml^2\omega$　　B. $\frac{2}{3}ml^2\omega$　　C. $ml^2\omega$　　D. $\frac{4}{3}ml^2\omega$

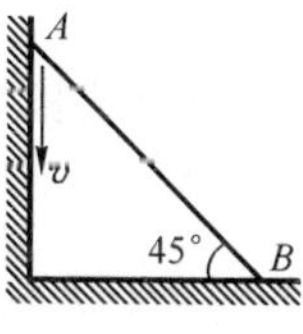

题 58 图

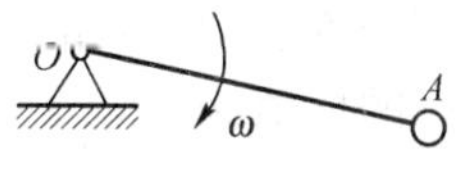

题 60 图

61. 在题 60 图中，将系统的惯性力系向 O 点简化，其主矢 $\boldsymbol{F}_{\mathrm{I}}$ 和主矩 $\boldsymbol{M}_{\mathrm{IO}}$ 的数值分别为：

A. $F_{\mathrm{I}}=\frac{1}{2}ml\omega^2, M_{\mathrm{IO}}=0$　　B. $F_{\mathrm{I}}=\frac{3}{2}ml\omega^2, M_{\mathrm{IO}}=0$

C. $F_{\mathrm{I}}=\frac{1}{2}ml\omega^2, M_{\mathrm{IO}}\neq 0$　　D. $F_{\mathrm{I}}=\frac{3}{2}ml\omega^2, M_{\mathrm{IO}}\neq 0$

62. 已知图示等直杆的轴力图（N 图），则该杆相应的荷载图如哪个图所示？（图中集中荷载单位均为 kN，分布荷载单位均为 kN/m）

A. 图 a)　　　　　　B. 图 b)

C. 图 c)　　　　　　D. 图 d)

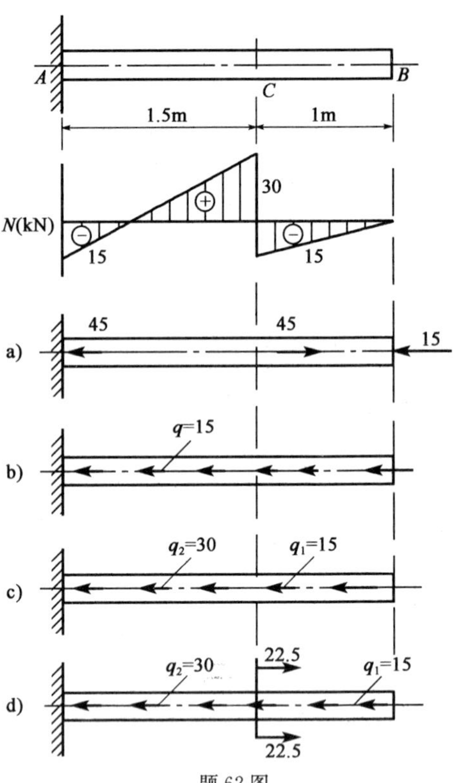

题 62 图

63. 有一横截面面积为 A 的圆截面杆件受轴向拉力作用，在其他条件不变时，若将其横截面改为面积仍为 A 的空心圆，则杆的：

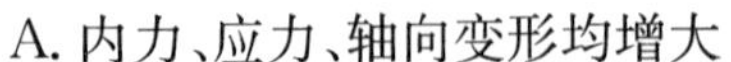
A. 内力、应力、轴向变形均增大

B. 内力、应力、轴向变形均减小

C. 内力、应力、轴向变形均不变

D. 内力、应力不变，轴向变形增大

64. 图示桁架，在结点 C 处沿水平方向受力 P 作用。各杆的抗拉刚度相等。若结点 C 的铅垂位移以 V_C 表示，BC 杆的轴力以 N_{BC} 表示，则：

A. $N_{BC}=0, V_C=0$

B. $N_{BC}=0, V_C\neq0$

C. $N_{BC}\neq0, V_C=0$

D. $N_{BC}\neq0, V_C\neq0$

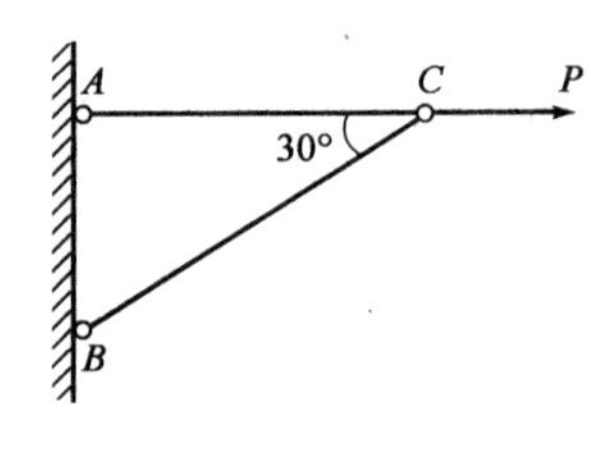

题 64 图

65. 要用冲床在厚度为 t 的钢板上冲出一个圆孔，则冲力大小：

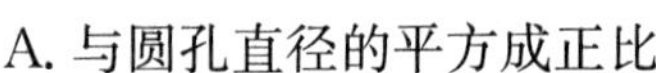
A. 与圆孔直径的平方成正比

B. 与圆孔直径的平方根成正比

C. 与圆孔直径成正比

D. 与圆孔直径的三次方成正比

66. 受扭实心等直圆轴，当直径增大一倍时，其最大剪应力 $\tau_{2\max}$ 和两端相对扭转角 φ_2 与原来的 $\tau_{1\max}$ 和 φ_1 的比值为：

A. $\tau_{2\max}:\tau_{1\max}=1:2, \varphi_2:\varphi_1=1:4$

B. $\tau_{2\max}:\tau_{1\max}=1:4, \varphi_2:\varphi_1=1:8$

C. $\tau_{2\max}:\tau_{1\max}=1:8, \varphi_2:\varphi_1=1:16$

D. $\tau_{2\max}:\tau_{1\max}=1:4, \varphi_2:\varphi_1=1:16$

67. 空心圆轴和实心圆轴的外径相同时，截面的抗扭截面模量较大的是：

A. 空心轴　　　　B. 实心轴　　　　C. 一样大　　　　D. 不能确定

68. 梁的横截面形状如图所示，则截面对 Z 轴的抗弯截面模量 W_z 为：

A. $\frac{1}{12}(BH^3-bh^3)$　　　　B. $\frac{1}{6}(BH^2-bh^2)$

C. $\frac{1}{6H}(BH^3-bh^3)$　　　　D. $\frac{1}{6h}(BH^3-bh^3)$

69. 图示截面，其轴惯性矩的关系为：

A. $I_{Z_1}=I_{Z_2}$　　B. $I_{Z_1}>I_{Z_2}$　　C. $I_{Z_1}<I_{Z_2}$　　D. 不能确定

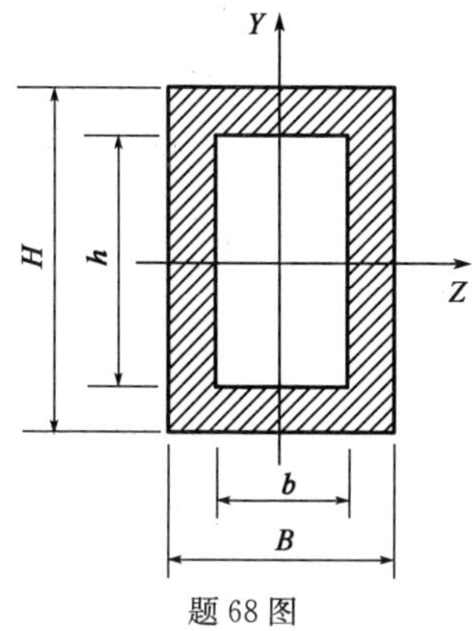

题 68 图

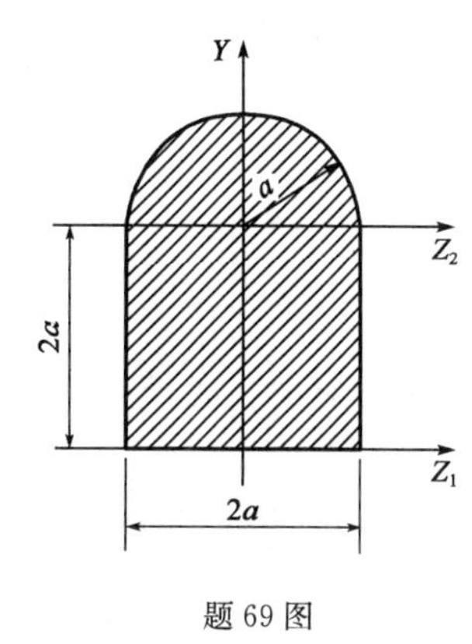

题 69 图

70. 图示梁，剪力等于零的截面位置 x 之值为：

A. $\frac{5a}{6}$　　B. $\frac{6a}{5}$

C. $\frac{6a}{7}$　　D. $\frac{7a}{6}$

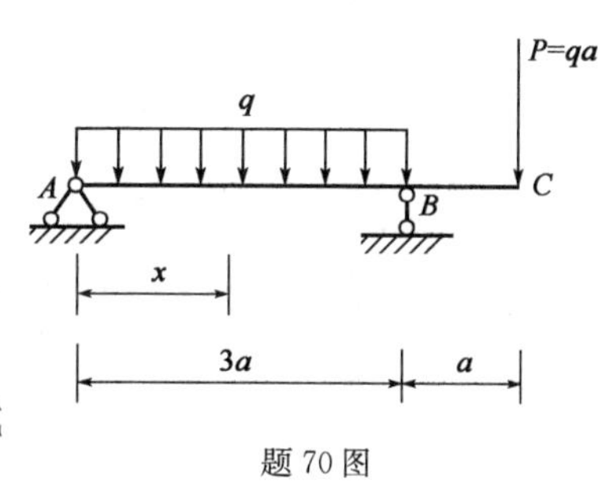

题 70 图

71. 就正应力强度而言，以下梁中，哪个图所示的加载方式最好？

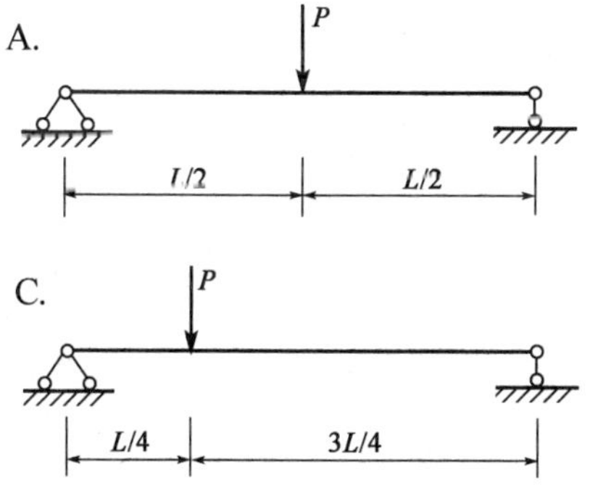

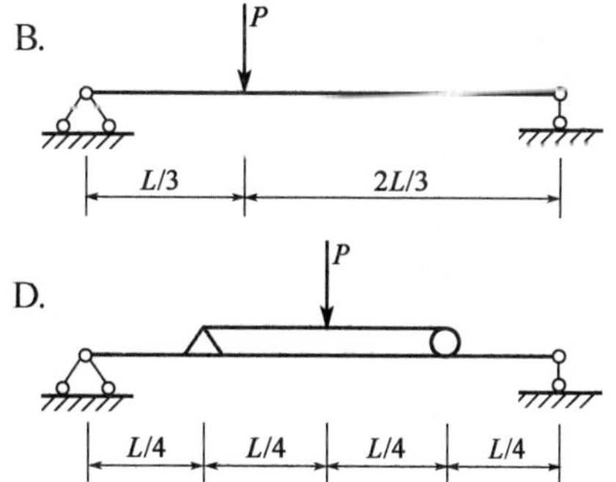

72. 在等直梁平面弯曲的挠曲线上，曲率最大值发生在下面哪项的截面上？

A. 挠度最大　　B. 转角最大　　C. 弯矩最大　　D. 剪力最大

73. 三种平面应力状态如图所示(图中用 n 和 s 分别表示正应力和剪应力)，它们之间的关系是：

A. 全部等价　　B. a)与 b)等价　　C. a)与 c)等价　　D. 都不等价

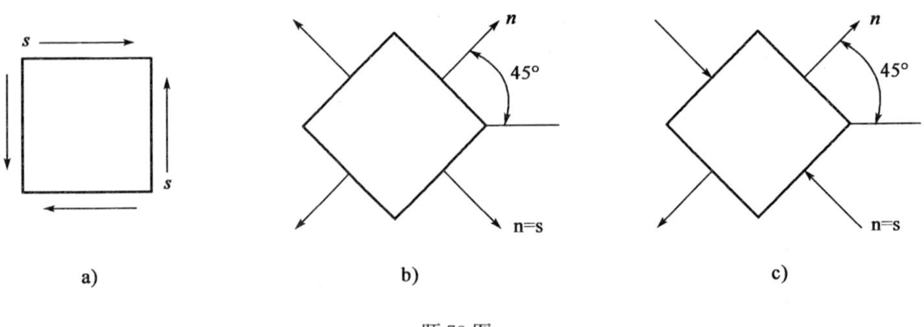

题 73 图

74. 对于平面应力状态，以下说法正确的是：

A. 主应力就是最大正应力
B. 主平面上无剪应力
C. 最大剪应力作用的平面上正应力必为零
D. 主应力必不为零

75. 折杆受力如图所示，以下结论中错误的为：

A. 点 B 和 D 处于纯剪状态
B. 点 A 和 C 处为二向应力状态，两点处 $\sigma_1>0$，$\sigma_2=0$，$\sigma_3<0$
C. 按照第三强度理论，点 A 及 C 比点 B 及 D 危险
D. 点 A 及 C 的最大主应力 σ_1 数值相同

76. 一端固定，一端为球形铰的大柔度压杆，横截面为矩形（如图所示），则该杆临界力 P_{cr} 为：

A. $1.68\dfrac{Ebh^3}{L^2}$　　B. $3.29\dfrac{Ebh^3}{L^2}$

C. $1.68\dfrac{Eb^3h}{L^2}$　　D. $0.82\dfrac{Eb^3h}{L^2}$

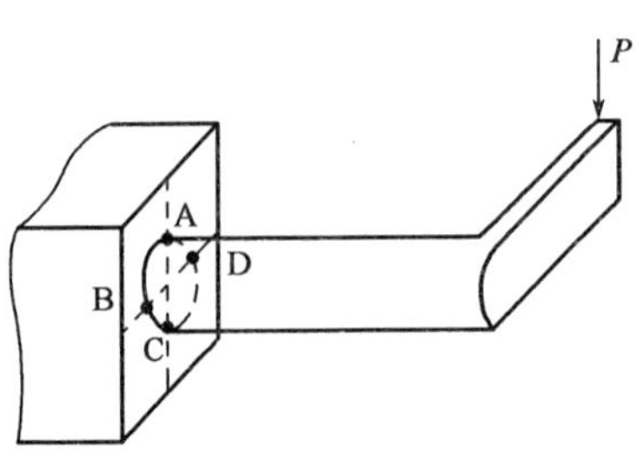

题 75 图

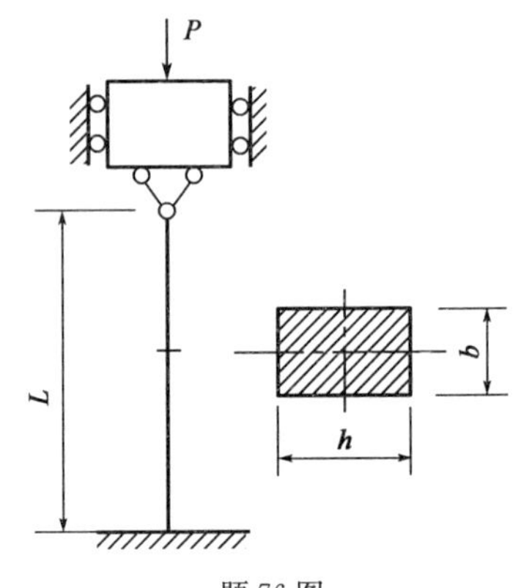

题 76 图

77. 已知空气的密度 ρ 为 1.205kg/m^3，动力黏度(动力黏滞系数)μ 为 $1.83\times10^{-5}\text{Pa}\cdot\text{s}$，那么它的运动黏度(运动黏滞系数)$\nu$ 为：

A. $2.2\times10^{-5}\text{s/m}^2$　　B. $2.2\times10^{-5}\text{m}^2/\text{s}$
C. $15.2\times10^{-6}\text{s/m}^2$　　D. $15.2\times10^{-6}\text{m}^2/\text{s}$

78. 金属压力表的读值是：

A. 相对压强　　B. 相对压强加当地大气压
C. 绝对压强　　D. 绝对压强加当地大气压

79. 已知油的密度 ρ 为 850kg/m^3，在露天油池油面下 5m 处相对压强为：

A. 4.25Pa　　B. 4.25kPa　　C. 41.68Pa　　D. 41.68kPa

80. 输水管道的直径为 200mm，输水量为 1177kN/h(重力流量)，其断面平均流速为：

A. 1.06m/s　　B. 2.06m/s　　C. 3.06m/s　　D. 4.06m/s

81. 如图所示，有一垂直放置的渐缩管，内径由 $d_1=300\text{mm}$ 渐缩至 $d_2=150\text{mm}$，水从下而上自粗管流入细管。测得水在粗管 1-1 断面和细管 2-2 断面处的相对压强分别为 98kPa 和 60kPa，两断面间垂直距离为 1.5m，若忽略摩擦阻力，则通过渐缩管的流量为：

A. $0.125\text{m}^3/\text{s}$　　B. $0.25\text{m}^3/\text{s}$　　C. $0.50\text{m}^3/\text{s}$　　D. $1.00\text{m}^3/\text{s}$

82. 如图所示，一压力水管渐变段，水平放置，已知 $d_1=1.5\text{m}$，$d_2=1\text{m}$，渐变段开始断面相对压强 $p_1=388\text{kPa}$，管中通过流量 $Q=2.2\text{m}^3/\text{s}$，忽略水头损失，渐变段支座所受的轴心力为：

A. 320kN　　B. 340kN　　C. 360kN　　D. 380kN

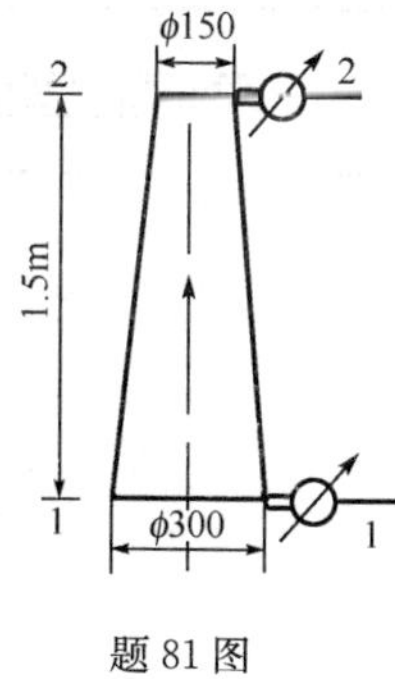

题 81 图

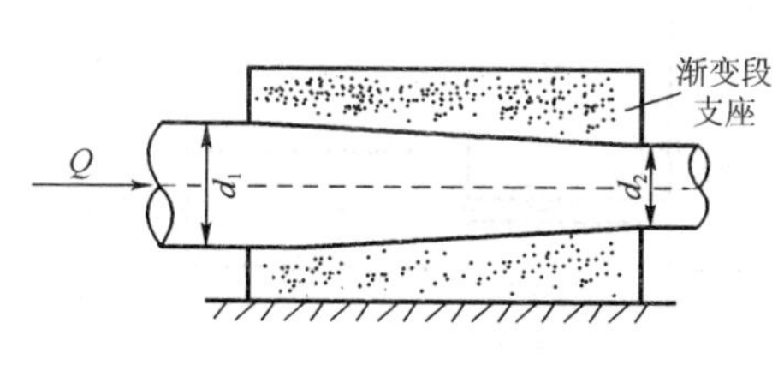

题 82 图

83. 圆管层流运动过流断面上速度分布为：(式中 r_0 为圆管半径)

A. $u=u_{\max}\left[1-\left(\dfrac{r}{r_0}\right)^2\right]$　　B. $u=u_{\max}\left[1-\left(\dfrac{r}{r_0}\right)\right]^n$

C. $u=v_0\left(5.75\lg\dfrac{yv_0}{v}+5.5\right)$　　D. $u=v_0\left(5.75\lg\dfrac{y}{k_s}+8.48\right)$

84. 一圆断面风道，直径为 250mm，输送 10℃ 的空气，其运动黏度为$14.7\times10^{-6}m^2/s$，若临界雷诺数为 2300，则保持层流流态的最大流量为：

A. $12m^3/h$　　B. $18m^3/h$

C. $24m^3/h$　　D. $30m^3/h$

85. 圆管紊流粗糙区（阻力平方区）的沿程摩阻系数 λ 与：

A. 雷诺数 Re 有关　　B. 相对粗糙度$\frac{k_s}{d}$有关

C. 雷诺数 Re 和相对粗糙度$\frac{k_s}{d}$有关　　D. 雷诺数 Re 和管长 l 有关

86. A、B 两点之间并联了三根管道，则 AB 之间的水头损失 h_{fAB} 等于：

A. $h_{f1}+h_{f2}$　　B. $h_{f2}+h_{f3}$

C. $h_{f1}+h_{f2}+h_{f3}$　　D. $h_{f1}=h_{f2}=h_{f3}$

87. 如图所示，两水箱间用一简单管道相连接，在计算该管道的流量时，其作用水头 H_0 为：

A. h_1+h_2　　B. $h_1+\frac{p_1}{\gamma}$

C. $h_2+\frac{p_1}{\gamma}$　　D. $h_1+h_2+\frac{p_1}{\gamma}$

88. 如图所示，用一附有水压差计的毕托管测定某风道中空气流速。已知压差计的读数 $\Delta h=185mm$，水的密度 $\rho=1000kg/m^3$，空气的密度 $\rho_a=1.20kg/m^3$，测得的气流速度 u 约为：

A. 50m/s　　B. 55m/s　　C. 60m/s　　D. 65m/s

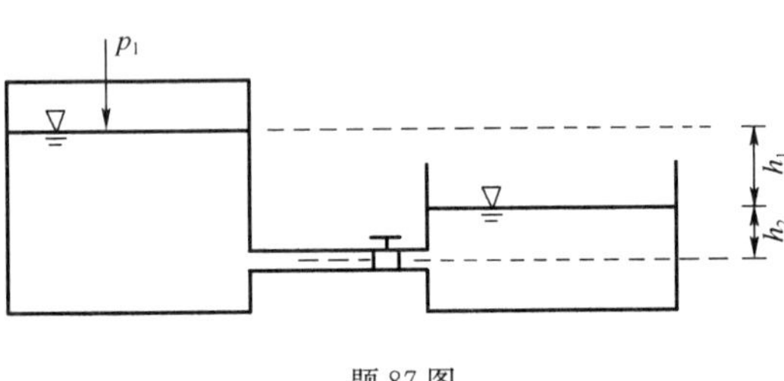

题 87 图

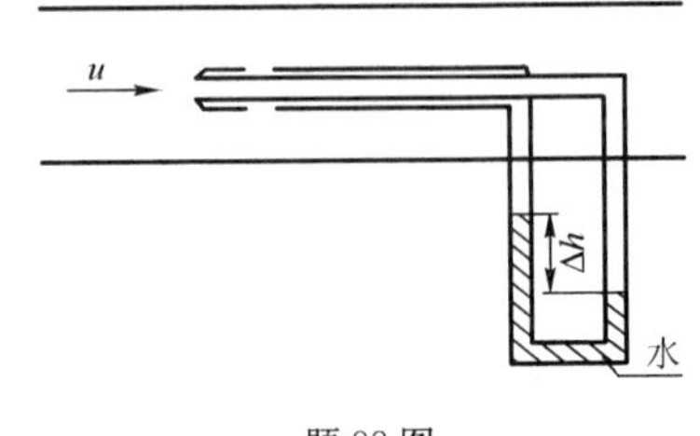

题 88 图

89. 计算机软件系统包括：

A. 系统软件和工具软件　　B. 系统软件和应用软件

C. 字处理和图形软件　　D. 多媒体和系统软件

90. 与十进制数 254 等值的二进制数是：

A. 11111110　　B. 11011111　　C. 11110111　　D. 11011101

91. 在 Windows 中，文件系统目录的组织形式属于：

A. 关系型结构　　B. 网络型结构
C. 树型结构　　D. 直线型结构

92. 在 Windows 中，有的对话框右上角有“?”按钮，它的功能是：

A. 关闭对话框　　B. 获取帮助信息
C. 便于用户输入问号(?)　　D. 将对话框最小化

93. 下述电子邮件地址正确的是：(其中□表示空格)

A. MALIN&NS. CNC. AC. CN　　B. MALIN@NS. CNC. AC. CN
C. LIN□MA&NS. CNC. AC. CN　　D. LIN□MANS. CNC. AC. CN

94. FORTRAN 程序中，可调数组可以出现在：

A. 主程序中　　B. 数据块子程序中
C. 任意子程序中　　D. 函数或子例行程序中

95. FORTRAN 赋值语句 M=5+3.0**2/2 执行后，整型变量 M 的值是：

A. 9.5　　B. 10　　C. 9　　D. 8

96. 阅读以下 FORTRAN 程序

```
    READ(*,*)M,N
    K=MOD(M,N)
10  IF(K.GT.0)THEN
    M=N
    N=K
    K=MOD(M,N)
    GOTO 10
    ENDIF
    WRITE(*,*)N
    END
```

若运行以上程序时，由键盘输入 25.11，则程序输出为：

A. 3　　B. 2　　C. 1　　D. 0

97. 以下子例行程序用于实现向一维数组下标为 P 的数组元素处插入一个整数 X

```
    SUBROUTINE INSERT(B,N,P,X)
    INTEGER B(N),X,P
    DO 20 K=N-1,P,-1
    B(K+1)=______
```

```
20  CONTINUE
    B(P)=X
    END
```

为使程序完整,应在______处放入:

A. X　　B. K　　C. B(P)　　D. B(K)

98. 阅读下列 FORTRAN 程序

```
    INTEGER X(3,3),A
    DATA X/1,2,3,4,5,6,7,8,9/
    DO 10 I=1.3
    DO 10 J=1+1.3
    A=X(I,J)
    X(I,J)=X(J,I)
    X(J,I)=A
10  CONTINUE
    WRITE(*,20)((X(I,J),J=1,3)I=1,3)
20  PORMAT(IX,312)
    END
```

运行上述程序后,其输出是:

A.
```
1 4 7
2 5 8
3 6 9
```

B.
```
1 2 3
4 5 6
7 8 9
```

C.
```
9 6 1
8 5 2
7 4 3
```

D.
```
9 8 7
6 5 4
3 2 1
```

99. 以点电荷 q 所在点为球心,距点电荷 q 的距离为 r 处的电场强度 E 应为:

A. $\frac{q\varepsilon_0}{4\pi r^2}$　　B. $\frac{q}{4\pi r^2\varepsilon_0}$

C. $\frac{4\pi r^2\varepsilon}{q}$　　D. $\frac{4\pi q\varepsilon_0}{r^2}$

100. 如图所示电路,$U=12\text{V}$,$U_E=10\text{V}$,$R=0.4\text{k}\Omega$,则电流 I 等于:

A. 0.055A　　B. 0.03A

C. 0.025A　　D. 0.005A

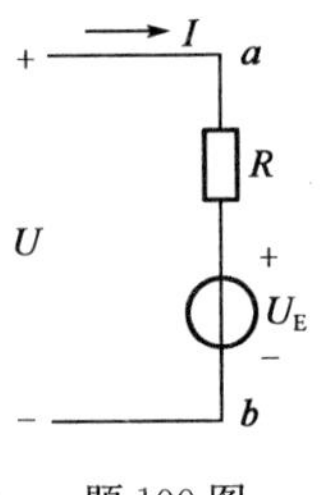

题 100 图

101. 叠加原理只适用于分析下列哪项的电压、电流问题?

A. 无源电路

B. 线性电路

C. 非线性电路

D. 不含电感、电容元件的电路

102. 图示电路，正弦电流 i_2 的有效值 $I_2=1\text{A}$，电流 i_3 的有效值 $I_3=2\text{A}$，因此电流 i_1 的有效值 I_1 等于：

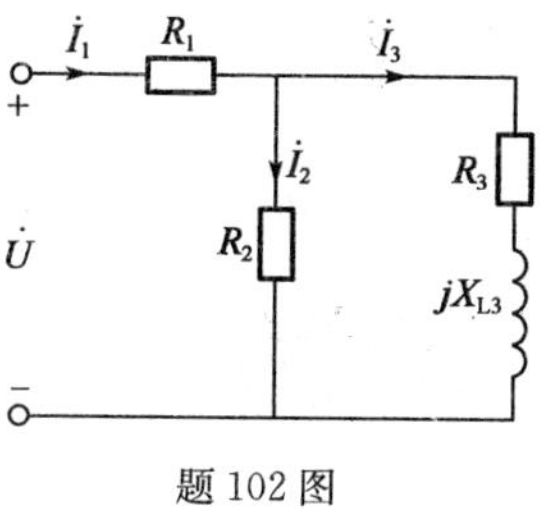

题 102 图

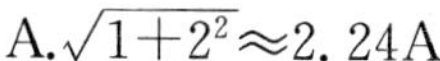
A. $\sqrt{1+2^2}\approx 2.24\text{A}$

B. $1+2=3\text{A}$

C. $2-1=1\text{A}$

D. 不能确定

103. 图示电路中，$u=141\sin(314t-30°)\text{V}$，$i=14.1\sin(314t-60°)\text{A}$，这个电路的有功功率 P 等于：

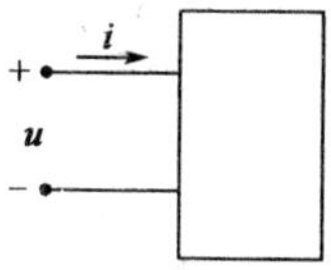

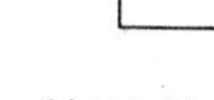

题 103 图

A. 500W　　B. 866W

C. 1000W　　D. 1988W

104. 图示电路中，换路前 $U_{C(0-)}=0.2U_i$，$U_{R(0-)}=0$，电路换路后 $U_{C(0+)}$ 和 $U_{R(0+)}$ 分别为：

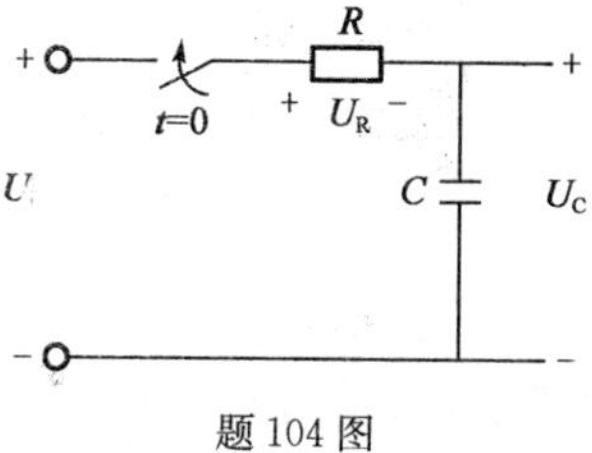

题 104 图

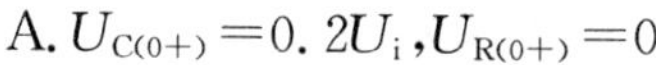
A. $U_{C(0+)}=0.2U_i$，$U_{R(0+)}=0$

B. $U_{C(0+)}=0.2U_i$，$U_{R(0+)}=0.2U_i$

C. $U_{C(0-)}=0.2U_i$，$U_{R(0+)}=0.8U_i$

D. $U_{C(0+)}=0.2U_1$，$U_{R(0+)}=U_i$

105. 图示变压器，一次额定电压 $U_{1N}=220\text{V}$，一次额定电流 $I_{1N}=11\text{A}$，二次额定电压 $U_{2N}=600\text{V}$。该变压器二次额定值 I_{2N} 约为：

A. 1A　　B. 4A　　C. 7A　　D. 11A

106. 三相交流异步电动机可带负载启动，也可空载启动，比较两种情况下，电动机的启动电流 I_{st} 的大小：

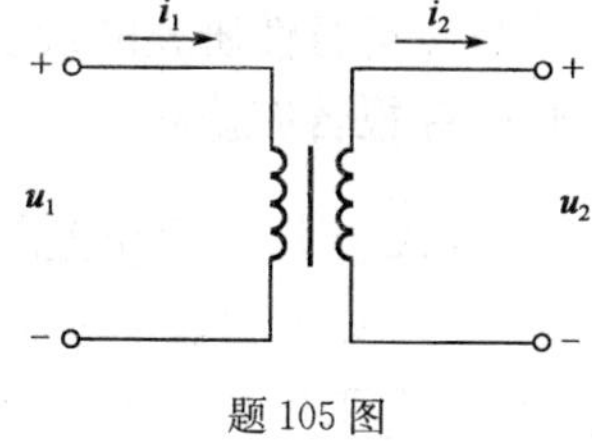

题 105 图

A. 有载>空载

B. 有载<空载

C. 两种情况下启动电流值相同

D. 不好确定

107. 半导体二极管的正向伏安(V-A)特性是一条：

A. 过坐标轴零点的直线

B. 过坐标轴零点，I 随 U 按指数规律变化的曲线

C. 正向电压超过某一数值后才有电流的直线

D. 正向电压超过某一数值后 I 随 U 按指数规律变化的曲线

108. 如图所示电路中，$R_1=50\text{k}\Omega$，$R_2=10\text{k}\Omega$，$R_E=1\text{k}\Omega$，$R_C=5\text{k}\Omega$，晶体管的 $\beta=60$，静态 $U_{BE}=0.7\text{V}$。静态基极电流 I_B 等于：

A. 0.0152mA　　B. 0.0213mA　　C. 0.0286mA　　D. 0.0328mA

109. 图示电路中，输出电压 U_o 与输入电压 U_{11}、U_{12} 的关系式为：

A. $\frac{R_F}{R_f}(U_{11}+U_{12})$　　B. $\left(1+\frac{R_F}{R_f}\right)(U_{11}+U_{12})$

C. $\frac{R_F}{2R_f}(U_{11}+U_{12})$　　D. $\frac{1}{2}\left(1+\frac{R_F}{R_f}\right)(U_{11}+U_{12})$

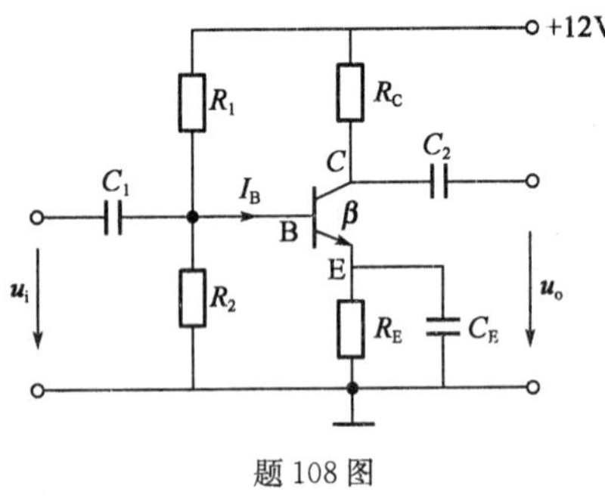

题 108 图

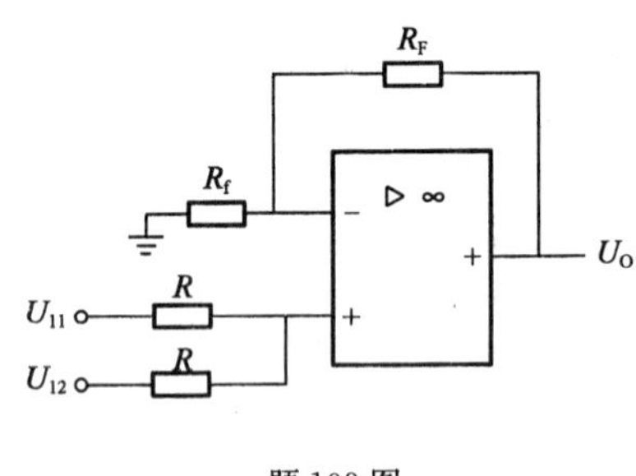

题 109 图

110. 图示电路中，二极管视为理想元件，即正向电压降为零，反向电阻为无穷大。三极管的 $\beta=100$。输入信号 U_A、U_B 的高电平是3.5V(逻辑 1)，低电平是0.3V(逻辑 0)，若该电路的输出电压 U_0 为电压平时定为逻辑 1，图示电路应为：

A. 与门　　B. 与非门

C. 或门　　D. 或非门

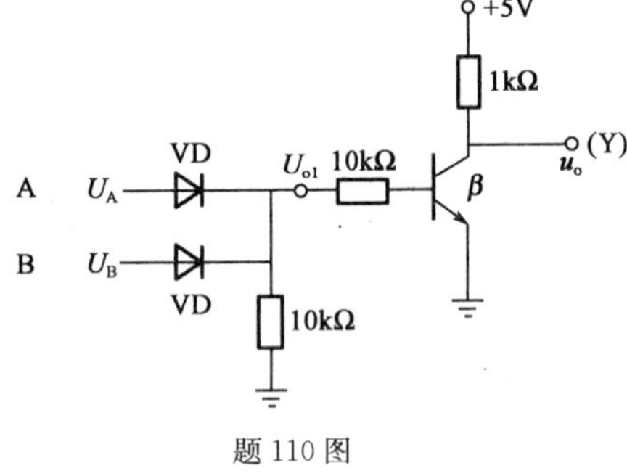

题 110 图

111. 可行性研究的最后成果是编制一份可行性研究报告作为正式文件，工业投资项目可行性研究报告应该附有：

A. 工厂平面布置图和原材料、能源供应协议书

B. 原材料供应单位的意向书和城市规划部门同意选址的证明文件

C. 工厂平面布置图和资金提供单位的意向书

D. 原材料、能源、资金供应单位的意向书，城市规划部门同意选址的证明文件和环境影响报告书

(注：此题考查内容 2009 年大纲已删除)

112. 固定成本是总成本费用的一部分，它是指其中的：

A. 不随产量变动而变动的费用

B. 不随生产规模变动而变动的费用
C. 不随人员变动而变动的费用
D. 在一定生产规模限度内不随产量变动而变动的费用

113. 某企业预计明年销售收入将达到 6000 万元，总成本费用将为 5600 万元，该企业明年应缴纳：

A. 销售税金　　B. 所得税
C. 固定资产投资方向调节税　　D. 所得税和销售税金

114. 价值工程的“价值(V)”对于产品来说，可以表示为 $V=F/C$，F 指产品的功能，而 C 则是指：

A. 产品的制造成本　　B. 产品的寿命周期成本
C. 产品的使用成本　　D. 产品的研发成本

115. 无形资产是企业资产的重要组成部分，它的特点是会遭受：

A. 有形磨损和无形磨损　　B. 有形磨损
C. 无形磨损　　D. 物理磨损

116. 在投资项目盈利能力分析中，若选取的基准年发生变动，则该项目的净现值(NPV)的内部收益率(IRR)的数值将是：

A. NPV 变，IRR 不变　　B. NPV 和 IRR 均变
C. NPV 不变，IRR 变　　D. NPV 和 IRR 均不变

117. 投资项目 W 的净现金流量如下表：

题 117 表

年　　份	0	1	2	3	4	5	6
净现金流量（万元）	−3000	900	1000	1100	1100	1100	1100

则项目 W 的静态投资回收期为：

A. 3.65 年　　B. 3.87 年　　C. 3 年　　D. 3.55 年

118. 某投资项目，当基准折现率取 15% 时，项目的净现值等于零，则该项目的内部收益率：

A. 等于 15%　　B. 大于 15%　　C. 等于 0　　D. 大于 0

119. 采用净现值(NPV)、内部收益率(IRR)和差额内部收益率(ΔIRR)进行互斥方案比选，它们的评价结论是：

A. NPV 和 ΔIRR 总是不一致的　　B. IRR 和 ΔIRR 总是一致的

C. NPV 和 ΔIRR 总是一致的　　D. NPV、IRR 和 ΔIRR 总是不一致的

120. 某投资项目全投资的净现金流量如下表：

题 120 表

年　份	0	1～10
净现金流量(万元)	－5000	600

若该项目初始投资中借款比例为 50%，贷款年利率为 8%，初始投资中自有资金的筹资成本为 12%，则当计算该项目自有资金的净现值时，基准折现率至少应取：

A. 10%　　B. 12%　　C. 8%　　D. 20%

2005年度全国勘察设计注册工程师公共基础考试

试题解析及参考答案

1.解 利用向量数量积的运算性质及两向量数量积的定义计算：

$$(\vec{a}+\vec{b})\cdot(\vec{a}-\vec{b})=\vec{a}\cdot\vec{a}+\vec{b}\cdot\vec{a}-\vec{a}\cdot\vec{b}-\vec{b}\cdot\vec{b}$$
$$=|\vec{a}|^2-|b|^2$$

答案:A

2.解 利用两向量的向量积求出直线 L 的方向向量：

$$\vec{S}=\vec{n}_1\times\vec{n}_2=\begin{vmatrix}\vec{i} & \vec{j} & \vec{k}\\ 1 & -1 & -1\\ 2 & 1 & -3\end{vmatrix}=4\vec{i}+\vec{j}+3\vec{k}$$

直线 L 过点 $M(3,-2,1)$，方向向量 $\vec{S}=\{4,1,3\}$，再利用点向式写出直线 L 的方程为 $\frac{x-3}{4}=\frac{y+2}{1}=\frac{z-1}{3}$。

答案:D

3.解 z 轴的方向向量 $\vec{S}=\{0,0,1\}$，$\overrightarrow{OM}=\{1,2,-1\}$；

平面法向量 $\vec{n}=\vec{S}\times\overrightarrow{OM}=-2\vec{i}+\vec{j}+0\vec{k}$；

平面方程为 $-2(x-1)+1(y-2)=0$，化简得 $2x-y=0$。

答案:B

4.解 利用平面曲线方程和旋转曲面方程的关系直接写出。

如已知平面曲线 $\begin{cases}F(x,y)=0\\ z=0\end{cases}$，绕 x 轴旋转得到的旋转曲面方程为 $F(x,\pm\sqrt{y^2+z^2})=0$，绕 y 轴旋转，旋转曲面方程为 $F(\pm\sqrt{x^2+z^2},y)=0$。

答案:C

5.解 利用无穷小的性质，无穷小量与有界函数乘积为无穷小量。

$$\lim_{x\to\infty}\frac{\sin x}{x}=\lim_{x\to\infty}\frac{1}{x}\cdot\sin x=0$$

答案:B

6.解 分段函数在分界点连续，要满足 $\lim\limits_{x\to x_0^+}f(x)=\lim\limits_{x\to x_0^-}f(x)=f(x_0)$。

$f(0)=1+a$

$\lim\limits_{x\to 0^-}f(x)=\lim\limits_{x\to 0^-}(a+e^{-2x})=a+1$

$\lim\limits_{x\to 0^+}f(x)=\lim\limits_{x\to 0^+}[\lambda\ln(1+x)+1]=1$

所以 $a=0$。

答案:A

7.**解** 已知 $f(x)$ 在 $x=0$ 处可导,要满足 $f'_{+}(0)=f'_{-}(0)$。

$$f(0)=2, f'_{+}(0)=\lim_{x\to 0^+}\frac{f(x)-f(0)}{x-0}=\lim_{x\to 0^+}\frac{ax+2-2}{x}=a,$$

$$f'_{-}(0)=\lim_{x\to 0^-}\frac{f(x)-f(0)}{x-0}=\lim_{x\to 0^-}\frac{e^{-x}+1-2}{x}=\lim_{x\to 0^-}\frac{e^{-x}-1}{x}=\lim_{x\to 0^-}\frac{-x}{x}=-1,$$

得 $a=-1$。

答案:D

8.**解** 写成隐函数 $F(x,y,z)=0$,即 $z-x^2+y^2=0$。

切平面法线向量
$$\vec{n}_{切平面}=\{F_x,F_y,F_z\}|_{M_0(\sqrt{2},-1,1)}=\{-2x,2y,1\}|_{M_0(\sqrt{2},-1,1)}=\{-2\sqrt{2},-2,1\}$$

取 $\vec{S}_{法线}=\{-2\sqrt{2},-2,1\}$,法线方程为 $\frac{x-\sqrt{2}}{-2\sqrt{2}}=\frac{y+1}{-2}=\frac{z-1}{1}$,

即 $\frac{x-\sqrt{2}}{2\sqrt{2}}=\frac{y+1}{2}=\frac{z-1}{-1}$。

答案:C

9.**解** 直接计算选项A、B、C较复杂,可先从简单选项入手,计算选项D,有 $\int_0^1 10^x\mathrm{d}x=\left.\frac{10^x}{\ln 10}\right|_0^1=\frac{9}{\ln 10}$,选项D错误。

选项A、B、C经计算,均成立。

答案:D

10.**解** 为了观察方便,画出平面区域 D 的图形(见题10解图),区域 D 由直线 $x+y=1$ 的下方,直线 $x+y=\frac{1}{2}$ 上方以及直线 $x=0, y=0$ 围成。积分区域 D 上的点满足 $\frac{1}{2}\leqslant x+y\leqslant 1$,故 $\ln(x+y)\leqslant 0$,$[\ln(x+y)]^3\leqslant 0$。

由三角函数知识,当 $0<x<\frac{\pi}{2}$ 时,$\sin x<x$,而 D 上的点满足 $\frac{1}{2}\leqslant x+y\leqslant 1$,也即满足条件 $0<(x+y)<\frac{\pi}{2}$。故 $0<\sin(x+y)<x+y$,$0<[\sin(x+y)]^3<(x+y)^3$。

所以平面区域 D 上的点满足:

$[\ln(x+y)]^3<[\sin(x+y)]^3<(x+y)^3$

由二重积分性质:

$$\iint_D[\ln(x+y)]^3\mathrm{d}x\mathrm{d}y<\iint_D[\sin(x+y)]^3\mathrm{d}x\mathrm{d}y<\iint_D(x+y)^3\mathrm{d}x\mathrm{d}y$$

答案:B

11. **解**　画出图形，如图所示。求出投影区域 D_{xy}。

利用方程组 $\begin{cases} z=\sqrt{x^2+y^2} \\ z=x^2+y^2 \end{cases}$ 消去字母 z，得 D_{xy}：$x^2+y^2\leqslant 1$。

写出在柱面坐标系下计算立体体积的三次积分表示式：$\begin{cases} r^2\leqslant z\leqslant r \\ 0\leqslant r\leqslant 1 \\ 0\leqslant \theta\leqslant 2\pi \end{cases}$，$\mathrm{d}V=r\mathrm{d}r\mathrm{d}\theta\mathrm{d}z$。

$$V=\iiint_{\Omega}1\mathrm{d}V=\int_0^{2\pi}\mathrm{d}\theta\int_0^1 r\mathrm{d}r\int_{r^2}^{r}1\mathrm{d}z$$

答案：A

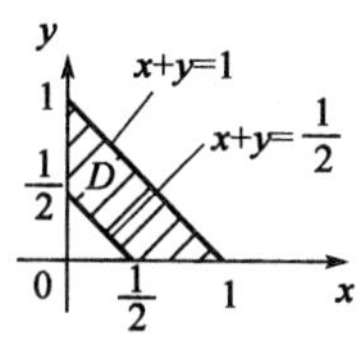

题 10 解图

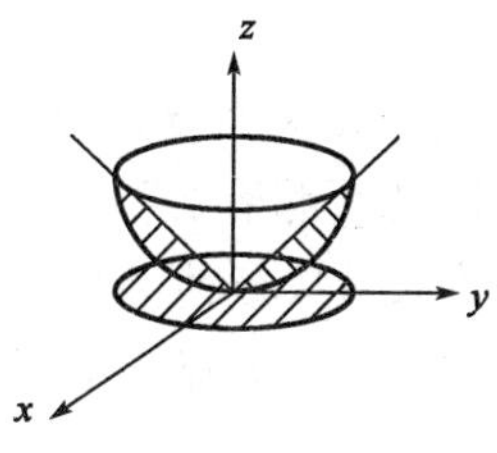

题 11 解图

12. **解**　弧长 $S=\int_L 1\mathrm{d}S$

曲线 L 的参数方程：$\begin{cases} y=\frac{2}{3}x^{\frac{3}{2}} \\ x=x \end{cases}$　　$0\leqslant x\leqslant 1$

$\mathrm{d}S=\sqrt{(x')^2+\left[\left(\frac{2}{3}x^{\frac{3}{2}}\right)'\right]^2}\mathrm{d}x=\sqrt{1+x}\mathrm{d}x$，所以 $S=\int_0^1\sqrt{1+x}\,\mathrm{d}x=\frac{2}{3}(2\sqrt{2}-1)$

答案：C

13. **解**　将级数各项取绝对值得 $\sum\limits_{n=1}^{\infty}\left|\frac{\sin\frac{n\pi}{2}}{\sqrt{n^3}}\right|$，而 $\left|\frac{\sin\frac{n\pi}{2}}{\sqrt{n^3}}\right|\leqslant\frac{1}{n^{\frac{3}{2}}}$；

级数 $\sum\limits_{n=1}^{\infty}\frac{1}{n^{\frac{3}{2}}}$ 中，$P=\frac{3}{2}>1$，故收敛；

由正项级数比较法，级数 $\sum\limits_{n=1}^{\infty}\left|\frac{\sin\frac{n}{2}\pi}{\sqrt{n^3}}\right|$ 收敛；

所以原级数 $\sum\limits_{n=1}^{\infty}\frac{\sin\frac{n}{2}\pi}{\sqrt{n^3}}$ 绝对收敛。

答案：A

14. **解**　级数 $\sum\limits_{n=1}^{\infty}(-1)^{n-1}x^n=x-x^2+x^3-\cdots+(-1)^{n-1}x^n\cdots$，公比 $q=-x$，当 $-1<x<1$ 时，$|q|<1$。

级数的和函数 $S(x)=\dfrac{a_1}{1-q}=\dfrac{x}{1+x} \qquad (-1,1)$

答案:B

15. **解** 将函数奇延拓,并作周期延拓。画出在$(-\pi,\pi)$函数的图形,$x=-\dfrac{\pi}{2}$为函数的间断点。

题 15 解图

由狄利克雷收敛定理:

$$S\left(-\frac{\pi}{2}\right)=\frac{f\left(-\frac{\pi}{2}+0\right)+f\left(-\frac{\pi}{2}-0\right)}{2}=\frac{-\frac{\pi}{2}-\pi}{2}=-\frac{3}{4}\pi$$

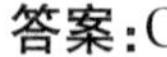

答案:C

16. **解** 题中未说明级数是何种级数。

选项 B、C 仅适用于正项级数,故 B、C 不一定适用。

选项 A 为级数收敛的必要条件,不是充分条件。

选项 D 对任何级数都适用,是级数收敛的充要条件。

答案:D

17. **解** 利用正项级数比值法确定级数收敛,而判定正项级数收敛还有其他的方法,因而选 A。

答案:A

18. **解** 设 B 表示"第一次失败",C 表示"第二次成功",则 $A=BC$,$\overline{A}=\overline{BC}=\overline{B}\cup\overline{C}$,$\overline{B}$表示"第一次成功",$\overline{C}$ 表示"第二次失败"。

答案:B

19. **解** $\overline{X}_9\sim N(\mu,\dfrac{\sigma^2}{9})$,$X_{10}\sim N(\mu,\sigma^2)$,$\overline{X}_9$ 与 X_{10} 独立,$\overline{X}_9-X_{10}\sim N(\mu-\mu,\dfrac{\sigma^2}{9}+\sigma^2)$。

答案:A

20. **解** 概率密度的性质。

答案:C

21. **解** 利用矩阵行列式性质$|\boldsymbol{B}\boldsymbol{A}^{-1}|=|\boldsymbol{B}||\boldsymbol{A}^{-1}|$,又因为 $\boldsymbol{A}\boldsymbol{A}^{-1}=\boldsymbol{E}$,$|\boldsymbol{A}||\boldsymbol{A}^{-1}|=1$,所以$|\boldsymbol{A}^{-1}|=\dfrac{1}{|\boldsymbol{A}|}$,故$|\boldsymbol{B}\boldsymbol{A}^{-1}|=|\boldsymbol{B}|\cdot\dfrac{1}{|\boldsymbol{A}|}=\dfrac{3}{2}$。

答案:B

22. **解** $\boldsymbol{A}=\boldsymbol{B}\boldsymbol{C}=\begin{bmatrix}a_1\\a_2\\\vdots\\a_n\end{bmatrix}[b_1b_2\cdots b_n]$,由矩阵的性质可知,$R(\boldsymbol{B}\boldsymbol{C})\leqslant\min[R(\boldsymbol{B}),R(\boldsymbol{C})]$,因$R(\boldsymbol{B})=1$,$R(\boldsymbol{C})=1$,而 $\boldsymbol{A}$ 是非零矩阵,故 $R(\boldsymbol{A})=R(\boldsymbol{B}\boldsymbol{C})=1$。

答案:C

23. **解** $\boldsymbol{\alpha}_1,\boldsymbol{\alpha}_2$ 是方程组 $\boldsymbol{Ax}=0$ 的两个线性无关的解，方程组含有 3 个未知量，故矩阵 $\boldsymbol{A}$ 的秩 $R(\boldsymbol{A})=3-2=1$。选项 A、B、C 的秩分别为 3、2、2，均不符合要求。将选项 D 代入方程组验证，$[-2,1,1]\begin{bmatrix}x_1\\x_2\\x_3\end{bmatrix}=0$，$-2x_1+x_2+x_3=0$，$x_3=2x_1-x_2$，$\begin{bmatrix}x_1\\x_2\end{bmatrix}$取值$\begin{bmatrix}1\\0\end{bmatrix}$，$\begin{bmatrix}0\\1\end{bmatrix}$，方程组解为

$\boldsymbol{\alpha}_1=\begin{bmatrix}1\\0\\2\end{bmatrix}$，$\boldsymbol{\alpha}_2=\begin{bmatrix}0\\1\\-1\end{bmatrix}$。

答案：D

24. **解** $\dfrac{\partial(\varphi A)}{\partial z}=\varphi\dfrac{\partial A}{\partial z}+\dfrac{\partial\varphi}{\partial z}A=xy^2z(x,0,2yz)+xy^2(xz,-xy^2,yz^2)$

$\left.\dfrac{\partial(\varphi A)}{\partial z}\right|_{(-1,-1,1)}=(-1)(-1,0,-2)+(-1)(-1,1,-1)=(2,-1,3)$

答案：A

25. **解** $\bar{\lambda}=\dfrac{kT}{\sqrt{2}\pi d^2 p}$，$\bar{\lambda}=\dfrac{\bar{V}}{\bar{Z}}$。注意：温度不变，$\bar{V}$ 不变。

答案：D

26. **解** $E_{内}=\dfrac{M}{\mu}\dfrac{i}{2}RT$

答案：C

27. **解** $\eta=1-\dfrac{Q_2}{Q_1}=1-\dfrac{T_2}{T_1}$

答案：C

28. **解** 热力学第二定律。

答案：C

29. **解** 注意"真空"、"绝热"含义。

答案：A

30. **解** 比较波动方程 $y=A\cos\left(\omega t-\dfrac{2\pi\nu x}{u}\right)$，有 $B=\omega=2\pi\nu$，$C=\dfrac{2\pi\nu}{u}$；

因此 $\nu=\dfrac{B}{2\pi}$，$u=\dfrac{2\pi\nu}{C}$，$\lambda=\dfrac{u}{\nu}=\dfrac{2\pi}{C}$。

答案：C

31. **解** $\Delta\phi=\dfrac{2\pi\nu\Delta x}{u}$

答案：C

32. **解**　选光栅常数小的。

答案:D

33. **解**　$a\sin\phi=k\lambda, a\sin30°=1\times\lambda$

答案:C

34. **解**　$\Delta x=\dfrac{D}{d}\lambda$

答案:D

35. **解**　$I=I_0\cos^2\alpha$(注意:自然光通过偏振片后,光强减半。)

出射光强 $I=\dfrac{I_0}{2}\cos^2 60°=\dfrac{I_0}{2}\cdot\dfrac{1}{4},\dfrac{I}{I_0}=\dfrac{1}{8}$。

答案:A

36. **解**　由 $pV=\dfrac{m}{M}RT$,今 $V_1=V_2, T_1=T_2, m_1=m_2$,故 $M\propto\dfrac{1}{p}$,即$\dfrac{M_1}{M_2}=\dfrac{p_2}{p_1}$。

答案:D

37. **解**　s 轨道是角量子数为 0 的原子轨道,无论是 1s 轨道、2s 轨道、3s 轨道……,其角度分布的形状都为球形;p 轨道是角量子数为 1 的轨道,对应于不同的主量子数,有 2p 轨道、3p 轨道等不同的 p 轨道。p 轨道是有方向的,按照其方向,可分为 p_x、p_y、p_z 三种不同 p 轨道,无论哪种 p 轨道,其角度分布的形状都为双球形。

答案:A

38. **解**　原子核外电子排布遵循三个原理:泡利不相容原理;最低能量原理;洪特规则。根据洪特规则:在等价轨道(如 3 个 p 轨道、5 个 d 轨道、7 个 f 轨道)上,电子尽可能分占不同的轨道,而且自旋方向相同。同一电子亚层,电子处于全充满、半充满状态时稳定。

答案:B

39. **解**　B 原子的价电子为 $2s^2 2p^1$,当 B 原子与 F 原子形成化学键的过程中,一个 2s 轨道上的电子跃迁到 2p 轨道上,采取 sp^2 杂化形成三个 sp^2 杂化轨道,三个 sp^2 杂化轨道采取最大夹角原则在空间伸展,形成平面三角形排布。故 BF_3 为三角形。

答案:B

40. **解**　Al_2O_3 为两性氧化物,既可以与酸反应,又可以与碱反应。

答案:A

41. **解**　对于一元弱酸,$K_a^{\ominus}=C_a{}^2$。$K_a^{\ominus}=0.1\times0.0001^2=1.0\times10^{-9}$

答案:C

42. **解**　NH_3 过量，反应后生成的 $NH_3 \cdot H_2O$ 与 NH_4Cl 的浓度均为 0.200mol/dm^3，形成 $NH_3 \cdot H_2O$—NH_4Cl 缓冲溶液。

答案：D

43. **解**　温度升高，分子获得能量，活化分子百分率增加。能够发生化学反应的有效碰撞增加，反应速率明显增加。

答案：C

44. **解**　如果增加反应物浓度，平衡正向移动，生成物的产量增加，但生成物的体积分数和浓度都增加；催化剂能够同时增加正、反向反应速率，不会使平衡移动。

答案：B

45. **解**　氧化还原反应中，失去电子的物质为还原剂，得到电子的物质为氧化剂。此反应中，Cl_2 中氯元素的氧化值既有降低生成 Cl^-，又有升高生成 ClO_3^-。所以 Cl_2 既是氧化剂，又是还原剂。

答案：A

46. **解**　电对的电极电势越大，表示电对中氧化态的氧化能力越强，是强氧化剂；电对的电极电势越小，表示电对中还原态的还原能力越强，是强还原剂。

答案：C

47. **解**　柠檬醛含有三个不饱和基团，可以与高锰酸钾和溴水反应，醛基可以发生银镜反应。催化加氢，最后产物分子式应为 $C_{10}H_{22}O$。

答案：D

48. **解**　乙酸中 H 的质量分数约为$\frac{1}{15}$，C 的质量分数约为$\frac{2}{5}$。

乙酸乙酯中 H 的质量分数约为$\frac{1}{11}$，C 的质量分数约为$\frac{6}{11}$。

设混合物中乙酸的质量分数为 x，则乙酸乙酯的质量分数为$1-x$，

根据 H 的质量分数列方程 $x\times\frac{1}{15}+(1-x)\times\frac{1}{11}=0.07$ 求出 $x=0.86$，

将$x=0.86$ 代入 $x\times\frac{2}{5}+(1-x)\times\frac{6}{11}$，继而求出 C 的质量分数为 42.0%。

答案：A

49. **解**　平面汇交力系几何法合成，各分力首尾相连，力多边形的封闭边是合力。

答案：B

50. **解**　力偶作用在 AC 杆时，BC 杆是二力杆；力偶作用在 BC 杆时，AC 杆是二力杆。

答案：A

51. **解**　根据空间力系的简化结果，当主矢和主矩垂直时，可最后简化为一合力。

答案：A

52. **解**　摩擦角 $\varphi_m = \arctan f_s = 30.96° > \alpha$。

答案:C

53. **解**　将力向 z 轴方向投影,再对 x 轴取矩。

答案:D

54. **解**　点的初始位置在坐标 12cm 处,沿 x 轴负方向运动,3s 时到达坐标 −15cm 处。

答案:A

55. **解**　两轮啮合点的速度和切向加速度应相等,而两轮半径不同,故法向加速度不同。

答案:B

56. **解**　对杆 AB 应用速度投影定理,得到 A、B 两点速度的关系;再由 $\omega_1 = \frac{v_A}{AC}$,$\omega_2 = \frac{v_B}{BD}$,得到 ω_1 和 ω_2 两个角速度之间的关系。

答案:D

57. **解**　作用力与加速度有关,与运动方向无关。

答案:C

58. **解**　动量的大小等于杆 AB 的质量乘以其质心速度的大小。

答案:D

59. **解**　杆 AB 作平面运动,根据动能的定义,其动能等于跟随质心平动的动能与绕质心转动的动能之和。

答案:C

60. **解**　动量矩 $L_O = \frac{1}{3}ml^2\omega + ml^2\omega$

答案:D

61. **解**　惯性力系向 O 点简化时,$\boldsymbol{F}_I = m\boldsymbol{a}_C$,$\boldsymbol{M}_{IO} = J_O\alpha$。

答案:B

62. **解**　由轴力图(N 图)可见,轴力沿轴线是线性渐变的,所以杆上必有沿轴线分布的均布荷载,同时在 C 截面两侧轴力的突变值是 45kN,故在 C 截面上一定对应有集中力 45kN。

答案:D

63. **解**　受轴向拉力杆件的内力 $F_N = \sum F_x$(截面一侧轴向外力代数和),应力 $\sigma = \frac{F_N}{A}$,轴向变形 $\Delta l = \frac{F_N l}{EA}$,若横截面面积 A 和其他条件不变,则内力、应力、轴向变形均不变。

答案:C

64.**解** 由零件判别法可知 BC 杆为零杆，$N_{BC}=0$。但是 AC 杆受拉伸长后与 BC 杆仍然相连，由杆的小变形的威利沃特法（Williot）可知，变形后 C 点位移到 C' 点，如解图所示。

答案：B

65.**解** 在钢板上冲断的圆孔板，如图所示。设冲力为 F，剪力为 Q，钢板的剪切强度极限为 τ_b，圆孔直径为 d，则有 $\tau=\dfrac{Q}{\pi dt}=\tau_b$，故冲力 $F=Q=\pi d\tau_b$。

答案：C

66.**解** $\tau_{2\max}=\dfrac{T}{\dfrac{\pi}{16}(2d)^3}=\dfrac{1}{8}\cdot\dfrac{T}{\dfrac{\pi}{16}d^3}=\dfrac{1}{8}\tau_{1\max}$；$\varphi_2=\dfrac{Tl}{G\dfrac{\pi}{32}(2d)^4}=\dfrac{1}{16}\dfrac{Tl}{G\dfrac{\pi}{32}d^4}=\dfrac{1}{16}\varphi_1$

答案：C

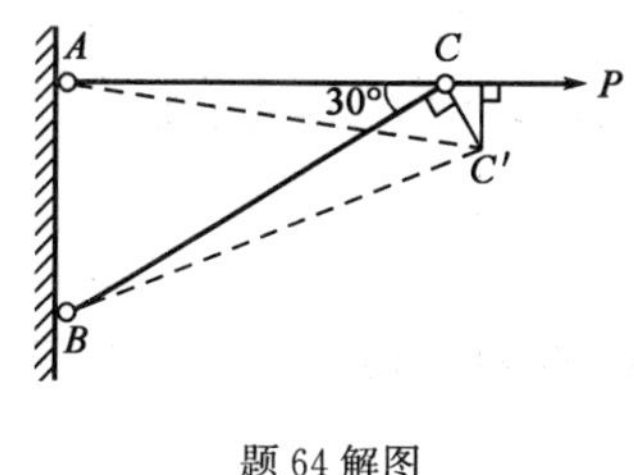

题 64 解图

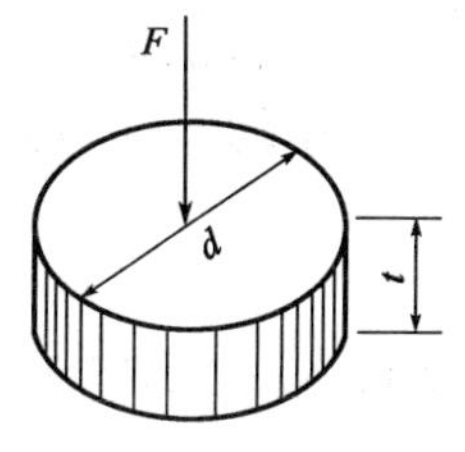

题 65 解图

67.**解** 实心圆轴截面的抗扭截面模量 $W_{P1}=\dfrac{\pi}{16}D^3$，空心圆轴截面的抗扭截面模量 $W_{P2}=\dfrac{\pi}{16}D^3\left(1-\dfrac{d^4}{D^4}\right)$，当外径 D 相同时，显然 $W_{P1}>W_{P2}$。

答案：B

68.**解** 根据定义，$W_z=\dfrac{I_z}{y_{\max}}=\dfrac{\dfrac{Bh^3}{12}-\dfrac{bh^3}{12}}{\dfrac{H}{2}}=\dfrac{BH^3-bh^3}{6H}$

答案：C

69.**解** 由移轴定理 $I_z=I_{zc}+a^2A$ 可知，在所有与形心轴平行的轴中，距离形心轴越远，其惯性矩越大。图示截面为一个正方形与一半圆形的组合截面，其形心轴应在正方形形心和半圆形形心之间。所以 Z_1 轴距离截面形心轴较远，其惯性矩较大。

答案：B

70.**解** 首先求支反力，设 F_A 向上，取整体平衡：$\sum M_B=0$，$F_A\cdot 3a+qa\cdot a=3qa\cdot\dfrac{3}{2}a$，所以 $F_A=\dfrac{7}{6}qa$。由 $F_S(x)=F_A-qx=0$，得 $x=\dfrac{F_A}{q}=\dfrac{7}{6}a$。

答案：D

71. **解** 题图所示四个梁,其支反力和弯矩图分别如下:

就梁的正应力强度条件而言,$\sigma_{max}=\frac{M_{max}}{W_z}\leqslant[\sigma]$,$M_{max}$越小$\sigma_{max}$越小,梁就越安全。题述4个弯矩图中显然D图$M_{max}$最小。

答案:D

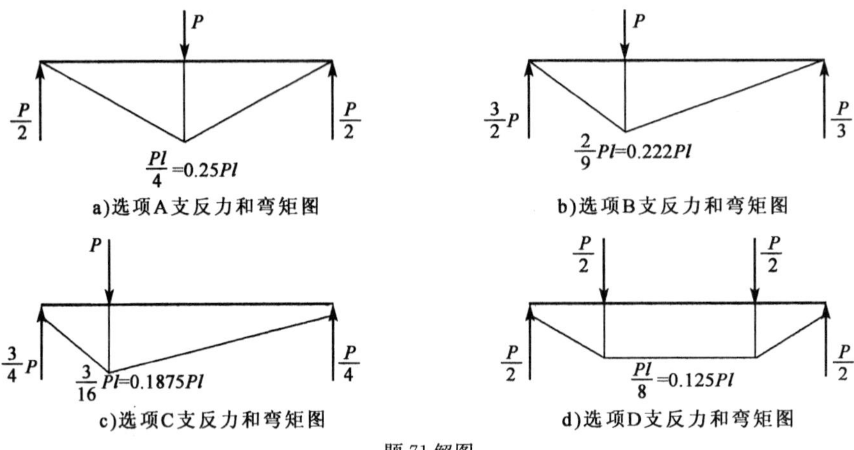

题71解图

72. **解** 根据公式梁的弯曲曲率$\frac{1}{\rho}=\frac{M}{EI}$与弯矩成正比,故曲率的最大值发生在弯矩最大的截面上。

答案:C

73. **解** 图a)为纯剪切应力状态,经分析可知其主应力为$\sigma_1=s,\sigma_2=0,\sigma_3=-s$,方向如图c)所示。

答案:C

74. **解** 根据定义,剪应力等于零的平面为主平面,主平面上的正应力为主应力。可以证明,主应力为该点平面中的最大或最小正应力。主应力可以是零。

答案:B

75. **解** 把P力平移到圆轴线上,再加一个附加力偶。可见圆轴为弯扭组合变形。其中A点的应力状态如解图a)所示,C点的应力状态如解图b)所示。A、C两点的应力状态与梁中各点相同,而B、D两点位于中性轴上,为纯剪应力状态。但由于A点的正应力为拉应力,而C点的正应力为压应力,所以最大拉力$\sigma_1=\frac{\sigma}{2}+\sqrt{\left(\frac{\sigma}{2}\right)^2+\tau^2}$,计算中,$\sigma$的正负号不同,$\sigma_1$的数值也不相同。

答案:D

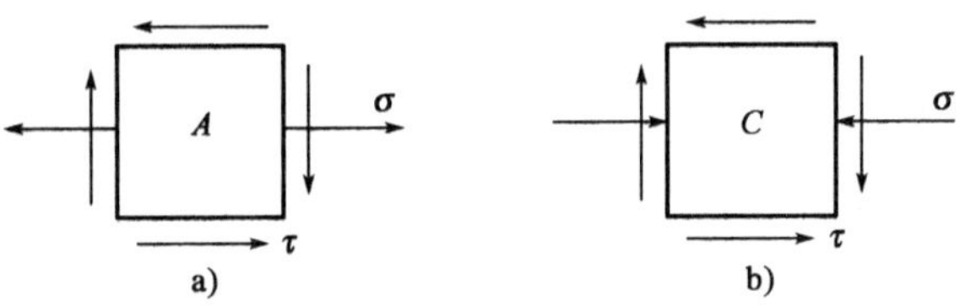

题75解图

76. **解** 压杆临界力公式中的惯性矩应取压杆横截面上的最小惯性矩 $I_{\min}$，

故 $P_{cr}=\frac{\pi EI_{\min}}{(\mu l)^2}=\frac{\pi^2 E\frac{1}{12}hb^3}{(0.7L)^2}=1.68\frac{Eb^3h}{L^2}$。

答案：C

77. **解** $\nu=\frac{\mu}{\rho}=\frac{1.83\times10^{-5}}{1.205}=15.2\times10^{-6}\text{m}^2/\text{s}$

答案：D

78. **解** 参看压强的测量相关内容，金属压力表的读数是相对压强。

答案：A

79. **解** $p=\rho gh=0.85\times9.8\times5=41.68\text{kPa}$

答案：D

80. **解** 平均流速 $v=\frac{Q_G}{\gamma A}=\frac{1177}{1\times9.8\times\frac{\pi}{4}\times(0.2)^2\times3600}=1.06\text{m/s}$

答案：A

81. **解** 用能量方程和连续方程求出平均流速 v，则流量 $Q=vA$。

对断面1-1，2-2写能量方程，有 $\frac{p_1}{\rho g}+\frac{\alpha_1 v_1^2}{2g}=1.5+\frac{p_2}{\rho g}+\frac{\alpha_2 v_2^2}{2g}+0$；

又由连续方程得：$v_2=v_1\left(\frac{d_1}{d_2}\right)^4$，代入上式中，并代入题设数据。

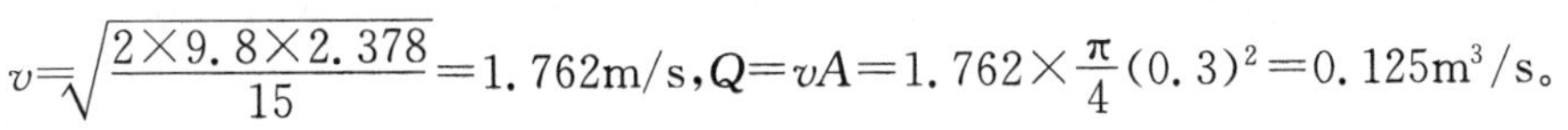

$v=\sqrt{\frac{2\times9.8\times2.378}{15}}=1.762\text{m/s}$，$Q=vA=1.762\times\frac{\pi}{4}(0.3)^2=0.125\text{m}^3/\text{s}$。

答案：A

82. **解** 联合运用连续方程、能量方程、动量方程以及流量公式 $Q=vA$。

$v_1=\frac{Q}{\frac{\pi}{4}d_1^2}=\frac{2.2}{\frac{\pi}{4}\times(1.5)^2}=1.245\text{m/s}$，$v_2=2.801\text{m/s}$，$\frac{p_2}{\rho g}=\frac{p_1}{\rho g}+\frac{v_1^2-v_2^2}{2g}$，所以 $p_2=\rho g\times 39.27\text{m}=384.85\text{kPa}$。

列动量方程 $\sum F_x=\rho Q(v_{2x}-v_{1x})$，$p_1A_1-p_2A_2-R=\rho Q(v_2-v_1)$。

反力 $R=p_1A_1-p_2A_2-\rho Q(v_2-v_1)=388\times\frac{\pi}{4}\times(1.5)^2-384.85\times\frac{\pi}{4}\times(1)^2-1\times2.2\times(2.801-1.245)=380\text{kN}$。

答案：D

83. **解** 参看圆管层流运动流速分布相关内容（流速分布曲线为二次抛物线）。

答案：A

84. **解** 临界雷诺数 $\text{Re}=\frac{v\text{d}}{\nu}$，由此求出流速 v，而流量 $Q=v\times\frac{\pi}{4}d^2$。

$$v=\frac{\mathrm{Re}\times\nu}{d}=\frac{2300\times14.7\times10^{-6}}{0.25}=0.135\mathrm{m/s}$$

$$Q=0.135\times\frac{\pi}{4}\times0.25^2=6.64\times10^{-3}\mathrm{m^3/s}=24\mathrm{m^3/h}$$

答案:C

85. **解** 参看紊流沿程阻力系数相关内容$\left(\text{在阻力平方区,沿程阻力系数与相对粗糙度}\frac{k_s}{d}\text{有关}\right)$。

答案:B

86. **解** 参看并联管道相关内容,并联管道分流点与汇流间管道水头损失相等。

答案:D

87. **解** 参看淹没或短管出流相关内容。

答案:B

88. **解** 参看元流能量方程的应用——毕托管测流速相关内容。

点流速 $u=c\sqrt{2gh_u}$,$h_u=\left(\frac{\rho}{\rho_a}-1\right)\Delta h$,$c\approx1$

$$u=\sqrt{2g\left(\frac{\rho}{\rho_a}-1\right)\Delta h}=\sqrt{2\times9.8\left(\frac{1000}{1.2}\right)\times0.185}=55\mathrm{m/s}$$

答案:B

89. **解** 计算机系统包括硬件和软件部分,而计算机软件系统包括系统软件和应用软件两大类。

答案:B

90. **解** 十进制的偶数对应的二进制整数的尾数一定是0。

答案:A

91. **解** 在Windows中资源管理器的文件栏中,文件夹是按照树型组织的。

答案:C

92. **解** 在Windows中,有的对话框右上角有"?"按钮,表示单击此按钮可以获取帮助。

答案:B

93. **解** Email地址由3个部分组成:用户名、分隔符@、域名。

答案:B

94. **解** 数据块子程序是非执行程序单位,是专门用来给公共区赋值的子程序。在程序中可调数组可以出现在函数或子例行程序中。

答案:D

95. **解** 3.0 * * 2/2=4.5,因为 M 是整形变量,取整后为 4,再加上 5,等于 9。

答案:C

96. **解** MOD 为求余函数。

答案:C

97. **解** 在此可以设置 N=10,P=5。

答案:D

98. **解** 开始赋值按列主序赋值:X(1,1)=1,2,X(3,1)=3,X(1,2)=4,X(2,2)=5,X(3,2)=6,X(1,3)=7,X(2,3)=8,X(3,3)=9。

第一次循环:I=1,J=2,A=X(1,2)=4,X(1,2)=X(2,1)=2,X(2,1)=4,以此类推得到结果。

答案:B

99. **解** 电场强度公式 $E=\frac{q}{4\pi\varepsilon_0 r^3}r$,取绝对值 $E=\frac{q}{4\pi\varepsilon_0 r^2}$。

答案:B

100. **解** 设参考点为 b 点,有 $I=\frac{U-U_S}{R}=\frac{12-10}{400}=0.005\text{A}$

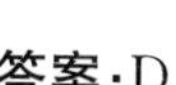

答案:D

101. **解** 叠加原理只适用于分析线性电路的电压、电流问题(线性电路是指由独立电源和线性元件构成的电路)。

答案:B

102. **解** 首先画出该电路的复数电路图[见解图 a)],然后画相量图分析[见解图 b)],可见,由于电参数未定,各相量之间的关系不定。

注意此题可以用"排除法"完成,分析会简单些。

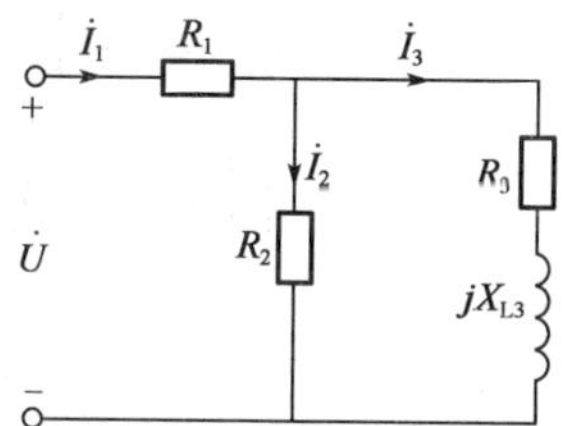

a)　　b)

题 102 解图

答案:D

103. **解** 根据交流电路中有功功率的计算公式

$$
\begin{aligned}
P&=UI\cos\varphi\\
&=\frac{141}{\sqrt{2}}\times\frac{14.1}{\sqrt{2}}\cos[-30^\circ-(-60^\circ)]\\
&=100\times10\times\cos30^\circ=866\text{W}
\end{aligned}
$$

答案:B

104. **解**　根据换路定则：$U_{C(0+)}=U_{C(0-)}=0.2U_i$，$U_{R(0+)}=U_i-U_{C(0+)}=0.8U_i$。

答案：C

105. **解**　该题可以按理想变压器分析(即变压器内部的损耗为 0)，则 $I_{1N}U_{1N}=I_{2N}U_{2N}$

因此 $I_{2N}=\dfrac{U_{1N}I_{1N}}{U_{2N}}=\dfrac{220\times11}{600}=4.03A\approx4A$

答案：B

106. **解**　三相交流异步电动机的启动电流与定子电压和转子的电阻和电抗有关，与负载大小无关。

答案：C

107. **解**　二极管是非线性元件，伏安特性如解图所示。由于半导体性质决定当外加正向电压高于某一数值(死区电压 U_{on})以后，电流随电压按指数规律变化。因此，只有选项 D 正确。

答案：D

108. **解**　根据放大电路的直流通道分析，直流通道如解图所示。

$$U_B=\frac{R_2}{R_1+R_2}\times12=\frac{10}{50+10}\times12=2V$$

$$I_E=\frac{U_B-U_{BE}}{R_E}=\frac{2-0.7}{1}=1.3mA$$

$$I_B=\frac{I_E}{1+\beta}=\frac{1.3}{61}=0.0213mA$$

答案：B

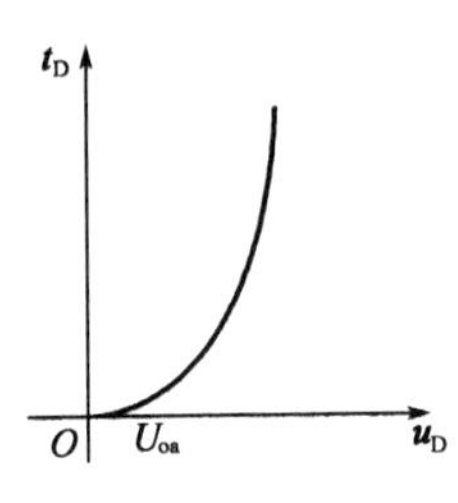

题 107 解图

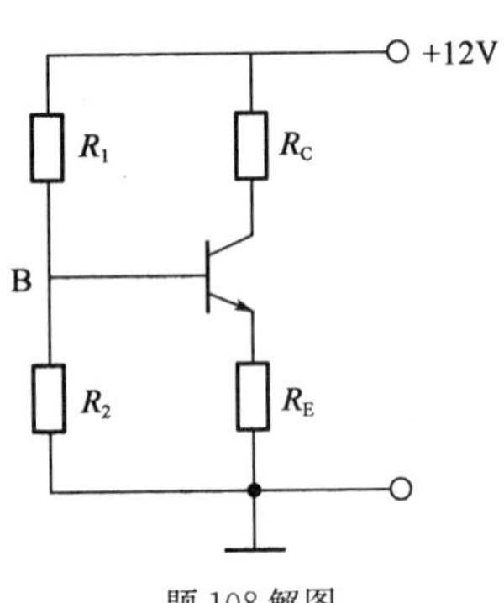

题 108 解图

109. **解**　因为

$$U_o=\left(1+\frac{R_F}{R_f}\right)u_+$$

$$U_+=\frac{R}{R+R}u_{i1}+\frac{R}{R+R}u_{i2}$$

$$=\frac{1}{2}(u_{i1}+u_{i2})$$

所以

$$U_o=\left(1+\frac{R_F}{R_f}\right)\frac{u_{i1}+u_{i2}}{2}$$

答案：D

110. **解**　当 U_A 或 U_B 中有高电位时，u_{o1} 输出高电位，u_{o1} 与 U_A、U_B 符合或门逻辑电路。u_o 与 u_{o1} 的电位关系符合非门逻辑，因此，该电路的输出与输入之间有或非逻辑。电位分析如解表 1 和解表 2 所示。

题 110 解表 1

U_A	U_B	U_0
0.3V	0.3V	5V
0.3V	3.5V	0.3V
3.5V	0.3V	0.3V
3.5V	3.5V	0.3V

题 110 解表 2

A	B	Y
0	0	1
0	1	0
1	0	0
1	1	0

答案：D

111. **解**　根据《投资项目可行性研究指南》，工业投资项目的可行性研究报告应包括的附图、附表和附件包括：附图（场址位置图、工艺流程图、总平面布置图）、附表（投资估算表、财务评价报表、国民经济评价报表）、附件[项目建议书（初步可行性研究报告）的批复文件，环保部门对项目环境影响的批复文件，资源开发项目有关资源勘察及开发的审批文件，主要原材料、燃料及水、电、气供应的意向性协议，项目资本金的承诺证明及银行等金融机构对项目贷款的承诺函，中外合资、合作项目各方草签的协议，引进技术考察报告，土地主管部门对场址批复文件，新技术开发的技术鉴定报告，组织股份公司草签的协议]。另初步可行性研究报告附件要求有金融机构对项目贷款的意向性文件。

答案：A

112. **解**　总成本费用可分为固定成本和变动成本（可变成本），固定成本是指在一定生产规模限度内不随产量变动而变动的费用。

答案：D

113. **解**　根据所得税法，企业每一纳税年度的收入总额，减除不征税收入、免税收入、各项扣除以及允许弥补的以前年度亏损后的余额，为应纳税所得额。该企业有利润，所以应缴纳所得税。企业有销售收入，就应缴纳销售税金。

答案：D

114. **解**　价值工程中的价值可以表示为 $V=F/C$，其中 C 是指产品的寿命周期成本。

答案：B

115. **解**　无形资产的损耗是由于无形损耗形成的，即由于社会科学技术进步而引起无形资产价值减少。

答案:C

116.**解** 由 NPV 公式或 $P=F/(1+i)^n$，显然在不同基准年，净现值不同。由求 IRR 的公式 $\sum(CI-CO)_t(1+IRR)^{-t}=0$，方程两边同乘以 $(1+IRR)^{-m}$，公式不变。或者说折算到基准年的 NPV 为零，将其再折算到其他年(基准年)，净现值还是零。

答案:A

117.**解** 投资项目 W 的累计净现金流量见解表。

题 117 解表

年　份	0	1	2	3	4	5	6
净现金流量(万元)	−3000	900	1000	1100	1100	1100	1100
累计净现金流量(万元)	−3000	−2100	−1100	0	1100	2200	3300

计算累计净现金流量，到第 3 年累计净现金流量正好为 0，故项目投资回收期为 3 年。

答案:C

118.**解** 内部收益率是指使一个项目在整个计算期内各年净现金流量的现值累计为零时的利率，基准折现率取 15%时，项目的净现值等于零，故该项目的内部收益率为 15%。

答案:A

119.**解** 采用净现值(NPV)、内部收益率(IRR)进行互斥方案比选，其结论可能不一致；采用净现值(NPV)和差额内部收益率(ΔIRR)进行互斥方案比选的评价结论的总是一致的。根据互斥方案的净现值函数曲线可以判断。

答案:C

120.**解** 自有资金现金流量表中包括借款还本付息。计算自有资金净现金流量时，已经扣除了借款还本付息，因此计算该项目自有资金的净现值时，基准折现率应至少不低于自有资金的筹资成本。

答案:B

2006 年度全国勘察设计注册工程师公共基础考试

试　题

单项选择题(共 120 题,每题 1 分。每题的备选项中只有一个最符合题意)

1. 已知 $\vec{\alpha}=\vec{i}+a\vec{j}-3\vec{k}$,$\vec{\beta}=a\vec{i}-3\vec{j}+6\vec{k}$,$\vec{\gamma}=-2\vec{i}+2\vec{j}+6\vec{k}$,若 $\vec{\alpha}$,$\vec{\beta}$,$\vec{\gamma}$ 共面,则 $a=$

A. 1 或 2　　B. -1 或 2
C. -1 或 -2　　D. 1 或 -2

2. 设平面 π 的方程为 $3x-4y-5z-2=0$,以下选项中错误的是:

A. 平面 π 过点 $(-1,0,-1)$
B. 平面 π 的法向量为 $-3\vec{i}+4\vec{j}+5\vec{k}$
C. 平面 π 在 z 轴的截距是 $-\dfrac{2}{5}$
D. 平面 π 与平面 $-2x-y-2z+2=0$ 垂直

3. 球面 $x^2+y^2+z^2=9$ 与平面 $x+z=1$ 的交线在 xOy 坐标面上投影的方程是:

A. $x^2+y^2+(1-x)^2=9$　　B. $\begin{cases}x^2+y^2+(1-x)^2=9\\ z=0\end{cases}$

C. $(1-z)^2+y^2+z^2=9$　　D. $\begin{cases}(1-z)^2+y^2+z^2=9\\ x=0\end{cases}$

4. 若 $\lim\limits_{x\to\infty}\left(\dfrac{ax^2-3}{x^2+1}+bx+2\right)=\infty$,则 a 与 b 的值是:

A. $b\neq 0$,a 为任意实数　　B. $a\neq 0$,$b=0$
C. $a=1$,$b=0$　　D. $a=0$,$b=0$

5. 函数 $y=x\sqrt{a^2-x^2}$ 在 x 点的导数是:

A. $\dfrac{a^2-2x^2}{\sqrt{a^2-x^2}}$　　B. $\dfrac{1}{2\sqrt{a^2-x^2}}$

C. $\dfrac{-x}{2\sqrt{a^2-x^2}}$　　D. $\sqrt{a^2-x^2}$

6. 已知函数 $f\left(xy,\dfrac{x}{y}\right)=x^2$,则 $\dfrac{\partial f(x,y)}{\partial x}+\dfrac{\partial f(x,y)}{\partial y}$ 等于:

A. $2x+2y$　　B. $x+y$

C. $2x-2y$　　D. $x-y$

7. 设 $f(x)$在$(-\infty,+\infty)$上是奇函数，在$(0,+\infty)$上 $f'(x)<0$，$f''(x)>0$，则在$(-\infty,0)$上必有：

A. $f'>0$，$f''>0$　　B. $f'<0$，$f''<0$

C. $f'<0$，$f''>0$　　D. $f'>0$，$f''<0$

8. 曲面 $z=1-x^2-y^2$ 在点$\left(\frac{1}{2},\frac{1}{2},\frac{1}{2}\right)$处的切平面方程是：

A. $x+y+z-\frac{3}{2}=0$　　B. $x-y-z+\frac{3}{2}=0$

C. $x-y+z-\frac{3}{2}=0$　　D. $x-y+z+\frac{3}{2}=0$

9. $\int x\sqrt{3-x^2}\,dx$ 等于：

A. $\frac{1}{\sqrt{3-x^2}}+C$　　B. $-\frac{1}{3}(3-x^2)^{\frac{3}{2}}+C$

C. $3-x^2+C$　　D. $(3-x^2)^2+C$

10. 若 $\int_0^k(3x^2+2x)\,dx=0(k\neq 0)$，则 $k=$

A. 1　　B. -1　　C. $\frac{3}{2}$　　D. $\frac{1}{2}$

11. 设 $\int_0^x f(t)\,dt=2f(x)-4$，且 $f(0)=2$，则 $f(x)$是：

A. $e^{\frac{x}{2}}$　　B. $e^{\frac{x}{2}+1}$　　C. $2e^{\frac{x}{2}}$　　D. $\frac{1}{2}e^{2x}$

12. 设 $f(x,y)$是连续函数，则 $\int_0^1 dx\int_0^x f(x,y)\,dy=$

A. $\int_0^x dy\int_0^1 f(x,y)\,dx$　　B. $\int_0^1 dy\int_0^x f(x,y)\,dx$

C. $\int_0^1 dy\int_0^1 f(x,y)\,dx$　　D. $\int_0^1 dy\int_y^1 f(x,y)\,dx$

13. 设 L 为连接$(0,0)$点与$(1,1)$点的抛物线 $y=x^2$，则对弧长的曲线积分 $\int_L x\,ds=$

A. $\frac{1}{12}(5\sqrt{5}-1)$　　B. $\frac{5\sqrt{5}}{12}$　　C. $\frac{2}{3}(5\sqrt{5}-1)$　　D. $\frac{10\sqrt{5}}{3}$

14. 已知函数$\sum_{n=1}^{\infty}(u_{2n-1}-u_{2n})$是收敛的，则下列结果成立的是：

A. $\sum_{n=1}^{\infty}u_n$ 必收敛　　B. $\sum_{n=1}^{\infty}u_n$ 未必收敛

C. $\lim_{n\to\infty}u_n=0$　　D. $\sum_{n=1}^{\infty}u_n$ 发散

15. 级数$\sum_{n=0}^{\infty}(-1)^n x^n$ 在$|x|<1$ 内收敛于函数：

A. $\frac{1}{1-x}$　　B. $\frac{1}{1+x}$　　C. $\frac{x}{1-x}$　　D. $\frac{x}{1+x}$

16. 微分方程$(1+y)\mathrm{d}x-(1-x)\mathrm{d}y=0$ 的通解是：(C 为任意常数)

A. $\frac{1+y}{1-x}=C$　　B. $1+y=C(1-x)^2$

C. $(1-x)(1+y)=C$　　D. $\frac{1+y}{1+x}=C$

17. 微分方程 $y'+\frac{1}{x}y=2$ 满足初始条件 $y|_{x=1}=0$ 的特解是：

A. $x-\frac{1}{x}$　　B. $x+\frac{1}{x}$

C. $x+\frac{C}{x}$，C 为任意常数　　D. $x+\frac{2}{x}$

18. 微分方程 $y''+2y=0$ 的通解是：

A. $y=A\sin\sqrt{2}x$　　B. $y=A\cos\sqrt{2}x$

C. $y=\sin\sqrt{2}x+B\cos\sqrt{2}x$　　D. $y=A\sin\sqrt{2}x+B\cos\sqrt{2}x$

(A，B 为任意常数)

19. 当下列哪项成立时，事件 A 与 B 为对立事件？

A. $AB=\varnothing$　　B. $A+B=\Omega$

C. $\overline{A}+\overline{B}=\Omega$　　D. $AB=\varnothing$ 且 $A+B=\Omega$

20. 袋中有 5 个大小相同的球，其中 3 个是白球，2 个是红球，一次随机地取出 3 个球，其中恰有 2 个是白球的概率是：

A. $\left(\frac{3}{5}\right)^2\frac{2}{5}$　　B. $C_5^3\left(\frac{3}{5}\right)^2\frac{1}{5}$　　C. $\left(\frac{3}{5}\right)^2$　　D. $\frac{C_3^2C_2^1}{C_5^3}$

21. X 的分布函数 $F(x)$，而 $F(x)=\begin{cases}0 & x<0\\ x^3 & 0\leqslant x<1\\ 1 & x\geqslant 1\end{cases}$，则 $E(X)=$

A. 0.7　　B. 0.75　　C. 0.6　　D. 0.8

22. 设 $\boldsymbol{A}$,$\boldsymbol{B}$ 是 n 阶矩阵,且 $\boldsymbol{B}\neq\boldsymbol{0}$,满足 $\boldsymbol{AB}=\boldsymbol{0}$,则以下选项中错误的是:

A. $r(\boldsymbol{A})+r(\boldsymbol{B})\leqslant n$　　B. $|\boldsymbol{A}|=0$ 或 $|\boldsymbol{B}|=0$

C. $0\leqslant r(\boldsymbol{A})<n$　　D. $\boldsymbol{A}=\boldsymbol{0}$

23. 设 $\boldsymbol{B}$ 是三阶非零矩阵,已知 $\boldsymbol{B}$ 的每一列都是方程组 $\begin{cases}x_1+2x_2-2x_3=0\\2x_1-x_2+tx_3=0\\3x_1+x_2-x_3=0\end{cases}$ 的解,则 $t=$

A. 0　　B. 2　　C. -1　　D. 1

24. 设 $\boldsymbol{A}$ 是三阶矩阵,$\boldsymbol{\alpha}_1=(1,0,1)^{\mathrm{T}}$,$\boldsymbol{\alpha}_2=(1,1,0)^{\mathrm{T}}$ 是 $\boldsymbol{A}$ 的属于特征值 1 的特征向量,$\boldsymbol{\alpha}_3=(0,1,2)^{\mathrm{T}}$ 是 $\boldsymbol{A}$ 的属于特征值-1 的特征向量,则:

A. $\boldsymbol{\alpha}_1-\boldsymbol{\alpha}_2$ 是 $\boldsymbol{A}$ 的属于特征值 1 的特征向量

B. $\boldsymbol{\alpha}_1-\boldsymbol{\alpha}_3$ 是 $\boldsymbol{A}$ 的属于特征值 1 的特征向量

C. $\boldsymbol{\alpha}_1-\boldsymbol{\alpha}_3$ 是 $\boldsymbol{A}$ 的属于特征值 2 的特征向量

D. $\boldsymbol{\alpha}_1+\boldsymbol{\alpha}_2+\boldsymbol{\alpha}_3$ 是 $\boldsymbol{A}$ 的属于特征值 1 的特征向量

25. 两瓶不同种类的理想气体,其分子平均平动动能相等,但它们单位体积内的分子数不相同,则这两种气体的温度和压强关系为:

A. 温度相同,但压强不相同　　B. 温度不相同,但压强相同

C. 温度和压强都相同　　D. 温度和压强都不相同

26. 设某种理想气体的麦克斯韦分子速率分布函数为 $f(v)$,则速率在 $v_1\rightarrow v_2$ 区间内分子的平均速率 $\bar{v}$ 表达式为:

A. $\int_{v_1}^{v_2}vf(v)\mathrm{d}v$　　B. $\int_{v_1}^{v_2}f(v)\mathrm{d}v$

C. $\dfrac{\int_{v_1}^{v_2}vf(v)\mathrm{d}v}{\int_{v_1}^{v_2}f(v)\mathrm{d}v}$　　D. $\dfrac{\int_{v_1}^{v_2}f(v)\mathrm{d}v}{\int_{0}^{\infty}f(v)\mathrm{d}v}$

27. 已知某理想气体的体积为 V,压强为 p,温度为 T,k 为玻耳兹曼常量,R 为摩尔气体常量,则该理想气体单位体积内的分子数为:

A. $pV/(kT)$　　B. $p/(kT)$　　C. $pV/(RT)$　　D. $p/(RT)$

28. 一定量的理想气体,从同一状态开始,分别经历等压、等体和等温过程。若气体在各过程中吸收的热量相同,则气体对外做功为最大的过程是:

A. 等压过程　　B. 等体过程　　C. 等温过程　　D. 三个过程相同

29. 某单原子分子理想气体进行卡诺循环时，高温热源的温度为 227℃，低温热源的温度为 127℃。则该循环的效率为：

A. 56％　　B. 34％　　C. 80％　　D. 20％

30. 如果一定量理想气体的体积 V 和压强 p 依照 $V=\dfrac{a}{\sqrt{p}}$ 的规律变化，式中 a 为常量，当气体从 V_1 膨胀到 V_2 时，温度 T_1 和 T_2 的关系为：

A. $T_1>T_2$　　B. $T_1=T_2$　　C. $T_1<T_2$　　D. 无法确定

31. 一列火车驶过车站时，站台边上观察者测得火车鸣笛声频率的变化情况（与火车固有的鸣笛声频率相比）为：

A. 始终变高　　B. 始终变低

C. 先升高，后降低　　D. 先降低，后升高

32. 一平面简谐波的表达式为 $y=0.03\cos(8t+3x+\pi/4)$（SI），则该波的频率 ν(Hz)、波长 λ(m)和波速 u(m/s)依次为：

A. $\dfrac{4}{\pi},\dfrac{2\pi}{3},\dfrac{8}{3}$　　B. $\dfrac{2\pi}{3},\dfrac{4}{\pi},\dfrac{8}{3}$　　C. $\dfrac{\pi}{4},\dfrac{2\pi}{3},\dfrac{8}{3}$　　D. $\dfrac{\pi}{4},\dfrac{3}{2\pi},\dfrac{3}{8}$

33. 在双缝干涉实验中，对于给定的入射单色光，当双缝间距增大时，则屏幕上干涉条纹的变化情况是：

A. 条纹变密并远离屏幕中心　　B. 条纹变密并靠近屏幕中心

C. 条纹变宽并远离屏幕中心　　D. 条纹变宽并靠近屏幕中心

34. 在单缝夫琅禾费衍射实验中，屏上第三级暗纹对应的缝间的波阵面，可划分为半波带的数目为：

A. 3 个　　B. 6 个　　C. 9 个　　D. 2 个

35. 如果两个偏振片堆叠在一起，且偏振化方向之间夹角呈 60°，假设两者对光无吸收，光强为 I_0 的自然光垂直入射在偏振片上，则出射光强为：

A. $\dfrac{I_0}{2}$　　B. $\dfrac{I_0}{4}$　　C. $\dfrac{3I_0}{4}$　　D. $\dfrac{I_0}{8}$

36. 为了提高光学仪器的分辨本领，通常可以采用的措施有：

A. 减小望远镜的孔径，或者减小光的波长

B. 减小望远镜的孔径，或者加大光的波长

C. 加大望远镜的孔径，或者加大光的波长

D. 加大望远镜的孔径，或者减小光的波长

37. 难溶电解质 AgCl 在浓度为 $0.01mol \cdot dm^{-3}$ 的下列溶液中，溶解度最小的是：

A. NH_3

B. NaCl

C. H_2O

D. $Na_2S_2O_3$

38. 为保护轮船不被海水腐蚀，可作阳极牺牲的金属是：

A. Zn　B. Na　C. Cu　D. Pb

39. 用杂化轨道理论推测下列分子的空间构型，其中为平面三角形的是：

A. NF_3　B. AsH_3　C. BF_3　D. SbH_3

40. 下列各种化合物中，分子间有氢键的是：

A. CH_3Br　B. NH_3　C. CH_4　D. CH_3Cl

41. 石墨能够导电的原因，是由于石墨晶体：

A. 层内存在自由电子

B. 层内有杂化轨道

C. 属金属晶体

D. 层内存在着离域大 π 键

42. 标准电极电势是：

A. 电极相对于标准氢电极的电极电势

B. 在标准状态下，电极相对于标准氢电极的电极电势

C. 在任何条件下，可以直接使用的电极电势

D. 与物质的性质无关的电极电势

43. 在一定的条件下，已建立化学平衡的某可逆反应，当改变反应条件使化学平衡向正反应方向移动时，下列有关叙述肯定不正确的是：

A. 生成物的体积分数可能增加

B. 生成物的产量一定增加

C. 反应物浓度可能降低

D. 使用了合适催化剂

44. 为了减少汽车尾气中 NO 和 CO 污染大气，拟按下列反应进行催化转化 $NO(g)+CO(g)=\frac{1}{2}N_2(g)+CO_2(g)$，$\Delta_r H_m^{\ominus}(298.15K)=-374kJ/mol$。为提高转化率，应采取的措施是：

A. 低温高压　B. 高温高压　C. 低温低压　D. 高温低压

45. 25℃时，在$[Cu(NH_3)_4]SO_4$水溶液中，滴加$BaCl_2$时有白色沉淀产生，滴加NaOH时无变化，而滴加Na_2S时则有黑色沉淀生成，以上实验现象说明该溶液中K_S为溶度积常数：

A. 已无SO_4^{2+}离子
B. 已无游离NH_3
C. 已无Cu^{2+}离子
D. $C_{Ba^{2+}} \cdot C_{SO_4^{2-}} \geqslant K_{S(BaSO_4)}$，$C_{Cu^{2+}} \cdot C_{(OH^-)^2} < K_{S[Cu(OH)_2]}$和$C_{Cu^{2+}} \cdot C_{S^{2-}} > K_{S(CuS)}$

46. 下列物质中，分子的空间构型为"V"字形的是：

A. CO_2　　B. BF_3　　C. $BaCl_2$　　D. H_2S

47. 已知柠檬醛的结构式为 $(CH_3)_2C{=}CHCH_2CH_2\overset{\displaystyle CH_3}{\overset{|}{C}}{=}CHCHO$，下列说法不正确的是：

A. 它可使$KMnO_4$溶液褪色　　B. 它可以发生银镜反应
C. 它可使溴水褪色　　D. 它的催化加氢产物为$C_{10}H_{20}O$

48. 下列各组物质中，只用水就能鉴别的一组物质是：

A. 苯　乙酸　四氯化碳
B. 乙醇　乙醛　乙酸
C. 乙醛　乙二醇　硝基苯
D. 甲醇　乙醇　甘油

49. 平面平行力系处于平衡状态时，应有独立的平衡方程个数为：

A. 1　　B. 2　　C. 3　　D. 4

50. 若平面力系不平衡，则其最后简化结果为：

A. 一定是一合力　　B. 一定是一合力偶
C. 或一合力，或一合力偶　　D. 一定是一合力与一合力偶

51. 如图所示，桁架结构中只作用悬挂重块的重力W，此桁架中杆件内力为零的杆数为：

A. 2　　B. 3　　C. 4　　D. 5

52. 已知图示斜面的倾角为θ，若要保持物块A静止，则物块与斜面之间的摩擦因数f所应满足的条件为：

A. $\tan f \leqslant \theta$　　B. $\tan f > \theta$　　C. $\tan\theta \leqslant f$　　D. $\tan\theta > f$

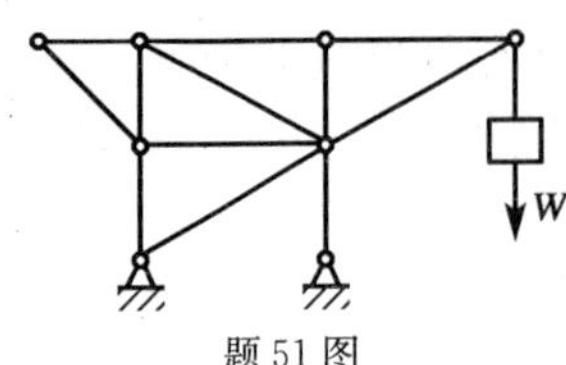

题 51 图

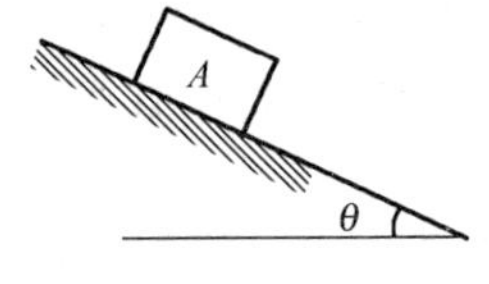

题 52 图

53. 图示结构的载荷与尺寸均已知。B 处约束的全部约束力为：

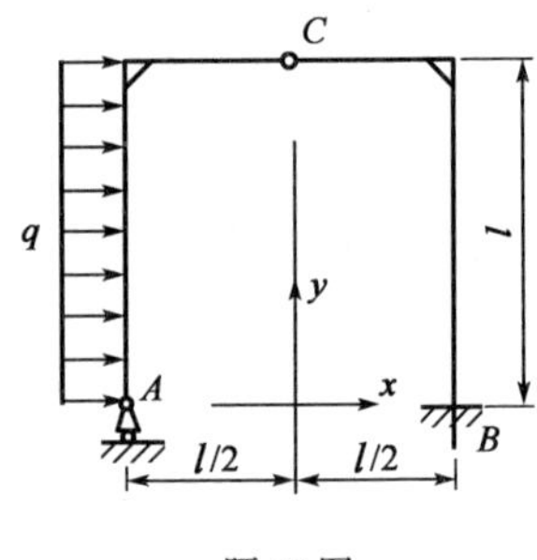

题 53 图

A. 力 $F_{Bx}=ql(\leftarrow)$，$F_{By}=ql(\downarrow)$，力偶 $M_B=\frac{3}{2}ql^2(\curvearrowleft)$

B. 力 $F_{Bx}=ql(\leftarrow)$，$F_{By}=ql(\downarrow)$，力偶 $M_B=0$

C. 力 $F_{Bx}=ql(\leftarrow)$，$F_{By}=0$，力偶 $M_B=\frac{3}{2}ql^2(\curvearrowleft)$

D. 力 $F_{Bx}=ql(\leftarrow)$，$F_{By}=ql(\uparrow)$，力偶 $M_B=\frac{3}{2}ql^2(\curvearrowleft)$

（注：小括号内的箭头指向约束力方向）

54. 已知点 P 在 xOy 平面内的运动方程 $\begin{cases} x=4\sin\frac{\pi}{3}t \\ y=4\cos\frac{\pi}{3}t \end{cases}$，则点的运动为：

A. 直线运动　　B. 圆周运动　　C. 椭圆运动　　D. 不能确定

55. 半径 r 的圆盘以其圆心 O 为轴转动，角速度 ω，角加速度为 α。盘缘上点 P 的速度 v_P，切向加速度 a_{Pt} 与法向加速度 a_{Pn} 的方向如图所示，它们的大小分别为：

A. $v_P=r\omega$，$a_{Pt}=r\alpha$，$a_{Pn}=r\omega^2$　　B. $v_P=r\omega$，$a_{Pt}=r\alpha^2$，$a_{Pn}=r^2\omega$

C. $v_P=r/\omega$，$a_{Pt}=r\alpha^2$，$a_{Pn}=r\omega^2$　　D. $v_P=r/\omega$，$a_{Pt}=r\alpha$，$a_{Pn}=r\omega^2$

56. 细直杆 AB 由另两细杆 O_1A 与 O_2B 铰接悬挂。O_1ABO_2 并组成平等四边形，如图所示。杆 AB 的运动形式为：

A. 平移（或称平动）

B. 绕点 O_1 的定轴转动

C. 绕点 D 的定轴转动（$O_1D=DO_2=BC=\frac{l}{2}$，$AB=l$）

D. 圆周运动

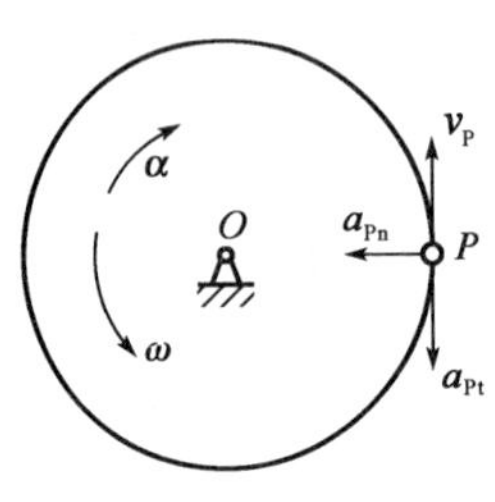

题 55 图

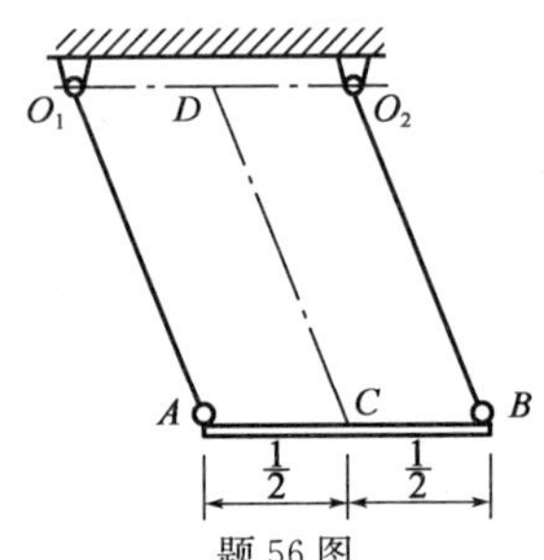

题 56 图

57. 铅垂振动台的运动规律 $y=a\sin\omega t$。图上点 0，1，2 各为台的平衡位置、振动最高点与最低点。台上颗粒重 W。设颗粒与台面永不脱离，则振动台在这三个位置作用于颗粒的约束力 F_N 大小的关系为：

A. $F_{N1}<F_{N0}=W<F_{N2}$　　　　B. $F_{N1}>F_{N0}=W>F_{N2}$

C. $F_{N1}=F_{N0}=F_{N2}=W$　　　　D. $F_{N1}=F_{N2}<F_{N0}=W$

58. 匀质杆 OA 质量为 m，长为 l，角速度为 ω，如图所示。则其动量大小为：

A. $\frac{1}{2}ml\omega$　　B. $ml\omega$　　C. $\frac{1}{3}ml\omega$　　D. $\frac{1}{4}ml\omega$

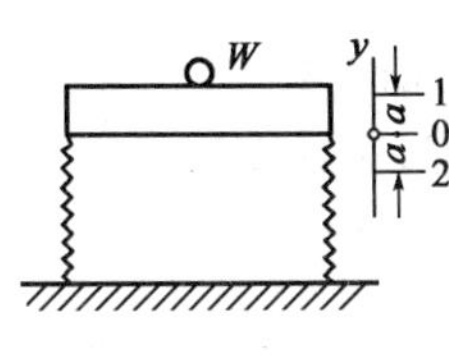

题 57 图

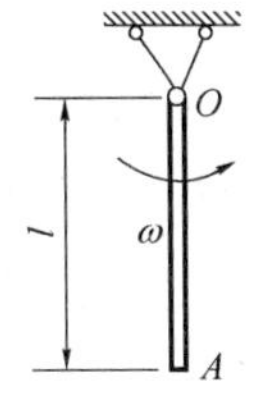

题 58 图

59. 匀质杆质量为 m，长 $OA=l$，在铅垂面内绕定轴 O 转动。杆质心 C 处连接刚度系数 k 较大的弹簧，弹簧另端固定。图示位置为弹簧原长，当杆由此位置逆时针方向转动时，杆上 A 点的速度为 v_A，若杆落至水平位置的角速度为零，则 v_A 的大小应为：

A. $\sqrt{\frac{1}{2}(2-\sqrt{2})^2\frac{k}{m}l^2-2gl}$　　　　B. $\sqrt{\frac{1}{4}(2-\sqrt{2})^2\frac{k}{m}l^2-gl}$

C. $\sqrt{\frac{1}{2}(2-\sqrt{2})^2\frac{k}{m}l^2-8gl}$　　　　D. $\sqrt{\frac{3}{4}(2-\sqrt{2})^2\frac{k}{m}l^2-3gl}$

60. 质点质量 m，悬挂质点的弹簧刚度系数 k（如图所示），系统作直线自由振动的固有频率 ω_0 与周期 T 的正确表达式为：

A. $\omega_0=\frac{k}{m}, T=\frac{1}{\omega_0}$　　　　B. $\omega_0=\frac{m}{k}, T=\frac{2\pi}{\omega_0}$

C. $\omega_0=\sqrt{\frac{m}{k}}, T=\frac{1}{\omega_0}$　　　　D. $\omega_0=\sqrt{\frac{k}{m}}, T=\frac{2\pi}{\omega_0}$

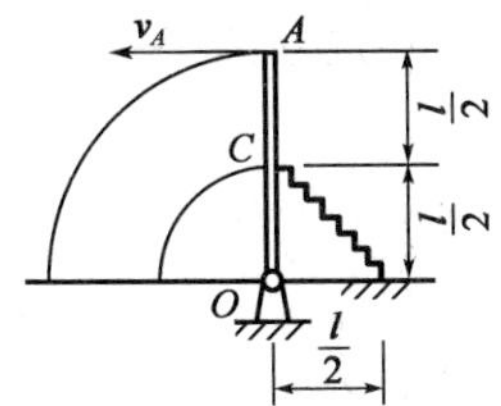

题 59 图

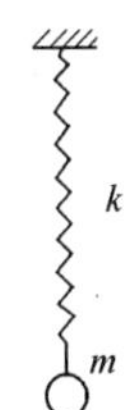

题 60 图

61.《理论力学》讲授虚位移原理的数学表达式$\sum_{i=1}^{n} F_i \cdot \delta r_i = 0$中，$F_i(i=1,\cdots,n)$的物理意义是：

A. 所作用的全部外力　　B. 所作用的全部内力

C. 所作用的全部主动力　　D. 所作用的全部约束力

（注：此题考查内容 2009 年大纲已删除）

62. 如图所示变截面杆中，AB段、BC段的轴力为：

A. $N_{AB}=-10\text{kN}, N_{BC}=4\text{kN}$　　B. $N_{AB}=6\text{kN}, N_{BC}=4\text{kN}$

C. $N_{AB}=-6\text{kN}, N_{BC}=4\text{kN}$　　D. $N_{AB}=10\text{kN}, N_{BC}=4\text{kN}$

63. 变形杆如图所示，其中在BC段内：

A. 有位移，无变形　　B. 有变形，无位移

C. 既有位移，又有变形　　D. 既无位移，又无变形

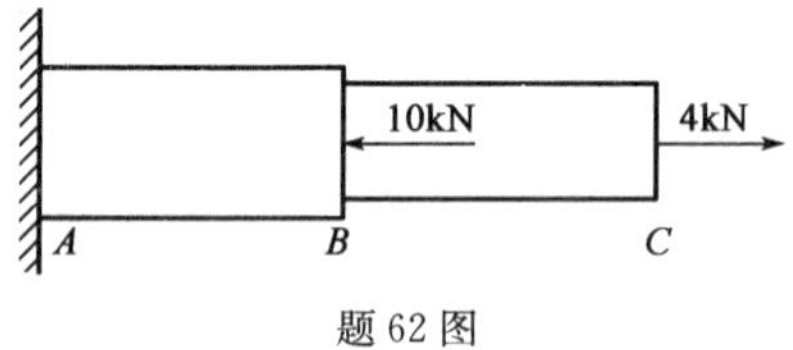

题 62 图

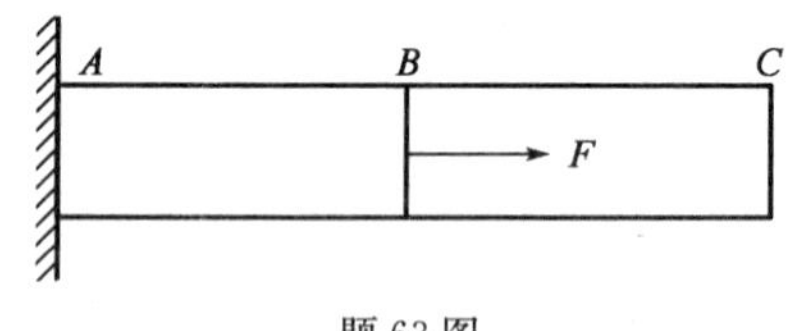

题 63 图

64. 如图所示，插销穿过水平放置平板上的圆孔，在其下端受有一拉力P，该插销的剪切面积和挤压面积分别为：

A. $\pi dh, \frac{1}{4}\pi D^2$　　B. $\pi dh, \frac{1}{4}\pi(D^2-d^2)$

C. $\pi Dh, \frac{1}{4}\pi D^2$　　D. $\pi Dh, \frac{1}{4}\pi(D^2-d^2)$

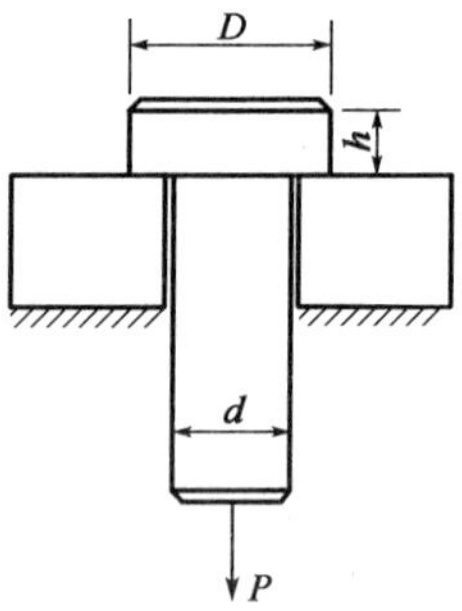

题 64 图

65. 两端受扭转力偶矩作用的实心圆轴，不发生屈服的最大许可荷载为M_0，若将其横截面面积增加 1 倍，则最大许可荷载为：

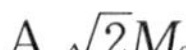

A. $\sqrt{2}M_0$　　B. $2M_0$　　C. $2\sqrt{2}M_0$　　D. $4M_0$

66. 如图所示，直杆受扭转力偶作用，在截面 1-1 和 2-2 处的扭矩为：

A. $5\text{kN}\cdot\text{m}, 5\text{kN}\cdot\text{m}$　　B. $25\text{kN}\cdot\text{m}, -5\text{kN}\cdot\text{m}$

C. $35\text{kN}\cdot\text{m}, -5\text{kN}\cdot\text{m}$　　D. $-25\text{kN}\cdot\text{m}, 25\text{kN}\cdot\text{m}$

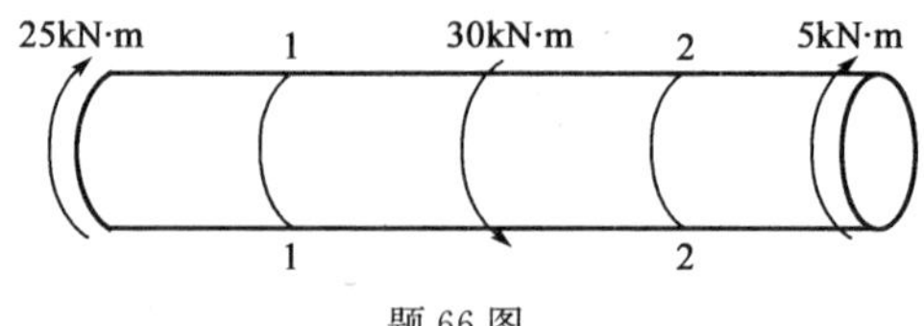

题 66 图

67. 图示的矩形截面和正方形截面具有相同的面积。设它们对对称轴 y 的惯性矩分别为 I_y^a、I_y^b，对对称轴 z 的惯性矩分别为 I_z^a、I_z^b，则：

A. $I_z^a > I_z^b, I_y^a < I_y^b$
B. $I_z^a > I_z^b, I_y^a > I_y^b$
C. $I_z^a < I_z^b, I_y^a > I_y^b$
D. $I_z^a < I_z^b, I_y^a < I_y^b$

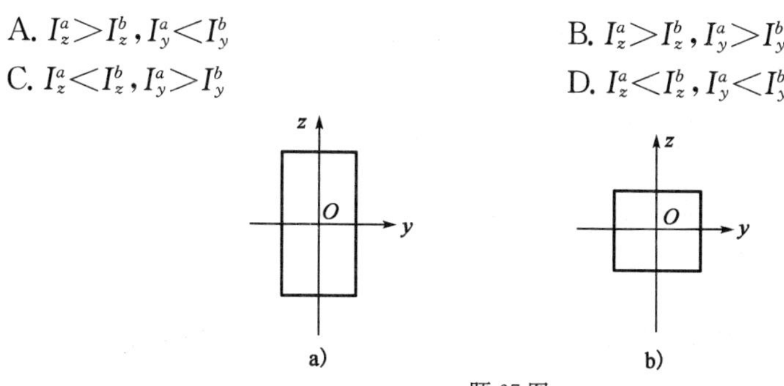

题 67 图

68. 在图形对通过某点的所有轴的惯性矩中，图形对主惯性轴的惯性矩一定：

A. 最大　　B. 最小　　C. 最大或最小　　D. 为零

69. 一跨度为 l 的简支架，若仅承受一个集中力 P，当 P 在梁上任意移动时，梁内产生的最大剪力 Q_{max} 和最大弯矩 M_{max} 分别满足：

A. $Q_{max} \leqslant P, M_{max} = Pl/4$
B. $Q_{max} \leqslant P/2, M_{max} = Pl/4$
C. $Q_{max} \leqslant P, M_{max} = Pl/4$
D. $Q_{max} \leqslant P/2, M_{max} = Pl/2$

70. 矩形截面梁横力弯曲时，在横截面的中性轴处：

A. 正应力最大，剪应力为零
B. 正应力为零，剪应力最大
C. 正应力和剪应力均最大
D. 正应力和剪应力均为零

（注：剪应力又称为切应力）

71. 题图 a)所示悬臂梁，给出了 1、2、3、4 点处的应力状态，如题图 b)所示，其中应力状态错误的位置点是：

A. 1 点　　B. 2 点　　C. 3 点　　D. 4 点

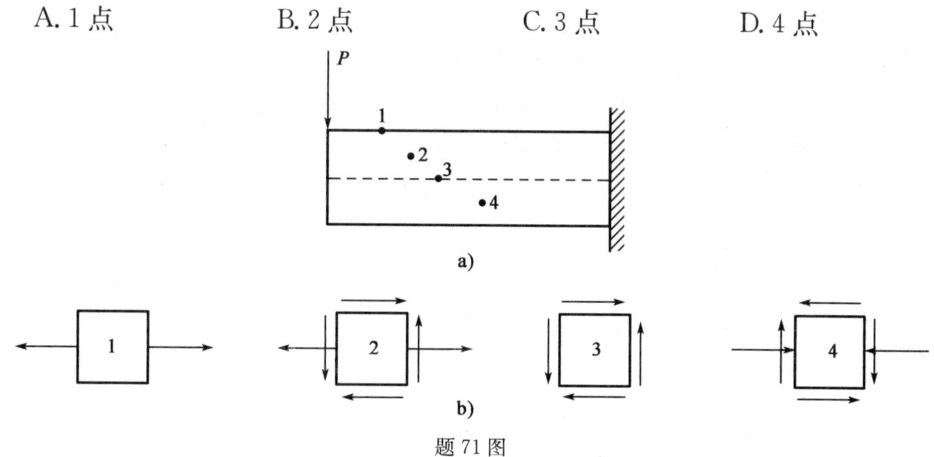

题 71 图

72. 单元体的应力状态如图所示，其 σ_1 的方向：

A. 在第一、三象限内，且与 x 轴成小于 45°的夹角
B. 在第一、三象限内，且与 y 轴成小于 45°的夹角
C. 在第二、四象限内，且与 x 轴成小于 45°的夹角
D. 在第二、四象限内，且与 y 轴成小于 45°的夹角

73. 一正方形截面短粗立柱（见图 a)，若将其低面加宽一倍（见图 b)，原厚度不变，则该立柱的强度：

A. 提高一倍　　B. 提高不到一倍　　C. 不变　　D. 降低

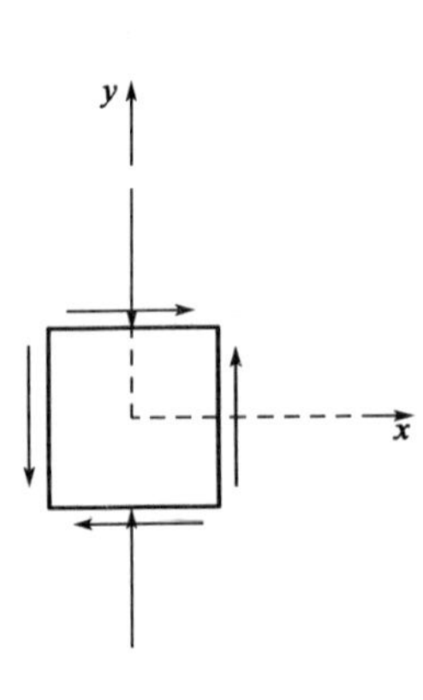

题 72 图

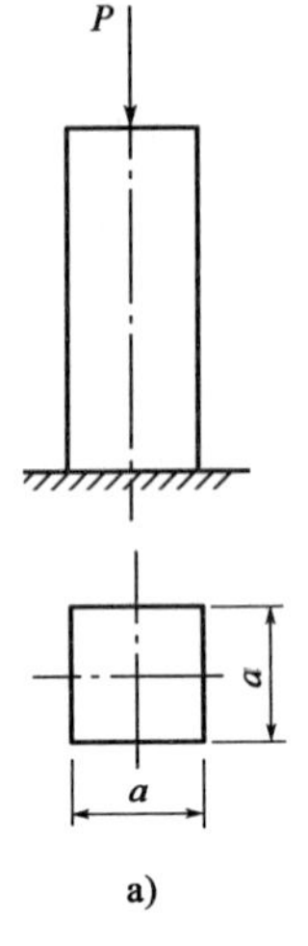

P
a
a
a
b)

题 73 图

74. 图示应力状态为其危险点的应力状态，则杆件为：

A. 斜弯曲变形　　B. 偏心拉弯变形
C. 拉弯组合变形　　D. 弯扭组合变形

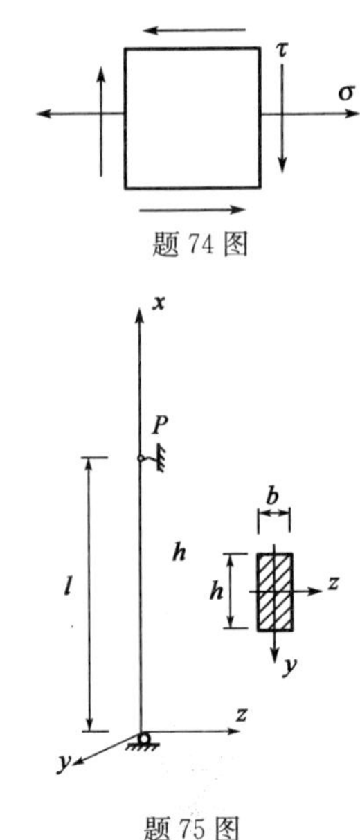

75. 图示两端铰支压杆的截面为矩形，当其失稳时：

A. 临界压力 $P_{cr}=\pi^2EI_y/l^2$，挠曲线位于 xy 面内
B. 临界压力 $P_{cr}=\pi^2EI_z/l^2$，挠曲线位于 xz 面内
C. 临界压力 $P_{cr}=\pi^2EI_z/l^2$，挠曲线位于 xy 面内
D. 临界压力 $P_{cr}=\pi^2EI_z/l^2$，挠曲线位于 xz 面内

题 75 图

76. 在材料相同的条件下，随着柔度的增大：

A. 细长杆的临界应力是减小的，中长杆不是
B. 中长杆的临界应力是减小的，细长杆不是
C. 细长杆和中长杆的临界应力均是减小的
D. 细长杆和中长杆的临界应力均不是减小的

77. 理想液体与实际液体的主要差别在于：

A. 密度　　B. 黏性　　C. 压缩性　　D. 表面张力

78. 液体中某点的绝对压强为 100kN/m^2，则该点的相对压强为：（注：当地大气压强为 1 个工程大气压）

A. 1kN/m^2　　B. 2kN/m^2　　C. 5kN/m^2　　D. 10kN/m^2

79. 图示圆弧形闸门 AB（1/4 圆），闸门宽 4m，圆弧半径 R＝1m，A 点以上的水深 H＝1.4m，水面为大气压强。该闸门 AB 上作用静水总压力的铅垂分力 P_y 为：

A. 54.88kN　　B. 94.08kN

C. 85.65kN　　D. 74.48kN

（注：此题考查内容 2009 年大纲已删除）

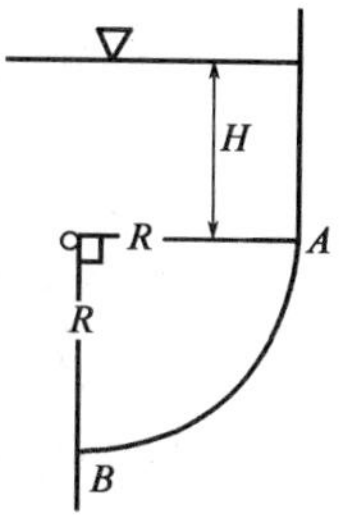

题 79 图

80. 非恒定均匀流是：

A. 当地加速度为零，迁移加速度不为零

B. 当地加速度不为零，迁移加速度为零

C. 当地加速度与迁移加速度均不为零

D. 当地加速度与迁移加速度均不为零，但合加速度为零

81. 有一引水虹吸管，出口通大气（如图所示）。已知 h_1＝1.5m，h_2＝3m，不计水头损失，取动能修正系数 α＝1。则断面 c-c 中心处的压强 p_c 为：

A. 14.7kPa　　B. －14.7kPa

C. 44.1kPa　　D. －44.1kPa

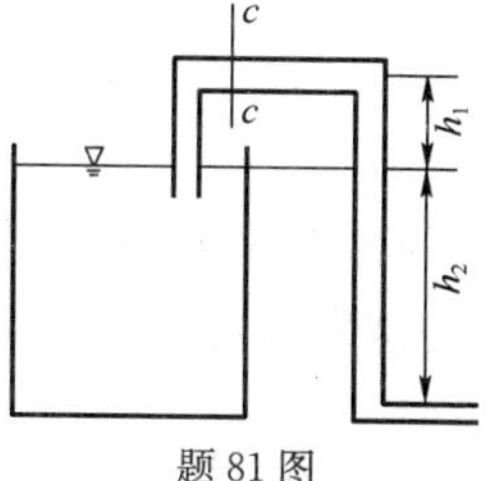

题 81 图

82. 温度为 10℃时水的运动黏性系数为 1.31×10^{-6}m^2/s，要保持直径 25mm 的水管管中水流为层流，允许的最大流速为：

A. 1.00m/s　　B. 0.02m/s　　C. 2.00m/s　　D. 0.12m/s

83. 在附壁紊流中，黏性底层厚度 δ 比绝对粗糙高度 Δ 大得多的壁面称为：

A. 水力光滑面　　B. 水力过渡粗糙面

C. 水力粗糙面　　D. 以上答案均不对

84. 图示两水箱水位恒定，水面高差 H＝10m，已知管道沿程水头损失 h_f＝6.8m，局部阻力系数：转弯 0.8、阀门 0.26、进口 0.5、出口 0.8，则通过管道的平均流速为：

A. 3.98m/s　　B. 5.16m/s

C. 7.04m/s　　D. 5.80m/s

85. 边界层分离不会：

A. 产生旋涡　　B. 减小摩擦阻力
C. 产生压强阻力　　D. 增加能量损失

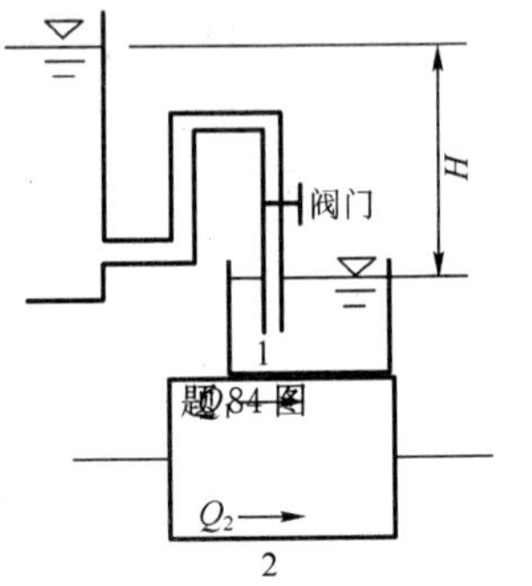

86. 图示长管并联管段 1、2，两管段直径相等($d_1=d_2$)，沿程阻力系数相等，长度 $l_1=2l_2$。两管段的流量比 Q_1/Q_2 为：

A. 0.71　　B. 0.50
C. 1.41　　D. 2.00

题 86 图

87. 对明渠恒定均匀流，在已知通过流量 Q、渠道底坡 i、边坡系数 m 及粗糙系数 n 的条件下，计算梯形断面渠道尺寸的补充条件及设问不能是：

A. 给定水深 h，求底宽 b
B. 给定宽深比 β，求水深 h 与底宽 b
C. 给定最大允许流速$[v]_{max}$，求水深 h 与底宽 b
D. 给定水力坡度 J，求水深 h 与底宽 b

88. 对一维渐变渗流，完全潜水井的含水层厚度 H 为 8m，井的半径 r_0 为0.2m，抽水时井的涌水量 Q 为 0.03m^3/s，井中水深 h 为 5m，若取影响半径 $R=400$m，计算渗流系数 k 为：

A. 0.0025m/s　　B. 0.0018m/s　　C. 0.018m/s　　D. 0.025m/s

89. 在 Windows 操作下，要获取屏幕上的显示内容，把它复制在剪贴板上可以通过下列哪个按键来实现？

A. Home　　B. Ctrl+C　　C. Shift+C　　D. Print　Screen

90. 与二进制数 11110100 等值的八进制数是：

A. 364　　B. 750　　C. 3310　　D. 154

91. Windows 系统下可执行的文件名是：

A. *. DOC　　B. *. bmp　　C. *. EXP　　D. *. EXE

92. 当个人计算机以拨号方式接入因特网时，使用的专门接入设备是：

A. 网卡　　B. 调制解调器
C. 浏览器软件　　D. 传真卡

93. FORTRAN 语句 $M=1.5+1/3+1/5+1.2$ 执行后，M 的值是：

A. 2.7　　B. 3.7　　C. 2　　D. 3.2

94. 阅读以下 FORTRAN 程序：

```
      READ(*,*)M
      IF(M.LT.100.AND.M.GT.999)STOP
      K=M/100
      L=(M-K*100)/10
      N=M-K*100-L*10
      MM=K+N
      WRITE(*,(2X,I3))MM
      END
```

键盘输入 600，则程序的输出结果是：

A. 8　　B. 3　　C. 7　　D. 6

95. 函数子程序 FJ 求一组数的和。

```
      FUNCTION FJ(X,N)
      DIMENSIONX(N)
      S=0.
      DO 10 K=1,N
      S=S+X(K)
10    CONTINUE
      FJ=______
      END
```

为了完整程序，在______处应填入：

A. 0.0　　B. S　　C. X(N)　　D. N

96. 阅读以下 FORTRAN 程序：

```
      INTEGER X(7)
      DATA X/10,20,45,70,80,15,14/
      M/X(1)
      DO 10 I=2,7
      IF(X(I).GIM)THEN
      M=X(I)
      K=1
      END IF
10    CONTINUE
      N=X(K)
      X(K)=X(I)
      X(I)=N
      WRITE(*,100)(X(I),I=1,7)
```

```
100  FORMAT(2X,7I3)
     END
```

程序运行的结果是：

A. 10 20 45 70 80 15 14　　B. 14 20 45 70 80 15 10

C. 80 20 45 70 10 15 14　　D. 20 45 70 80 15 14 10

97. 已知顺序数据文件 FILEI. DAT 的内容如下：

```
1,2,3
4,5,6
7,8,9
```

程序：

```
     OPEN(9,FILE=FILE1.DAT)
     READ(9,*)A,B,C
     READ(9,*)X,Y
     BACKSPACE(9)
     READ(9,*)D,E,F
     WRITE(*,100)D,E,F
100  FOEMAT(2X,3F4.1)
     END
```

程序运行后的输出结果是：

A. 4.0　5.0　6.0　　B. 5.0　6.0　7.0

C. 7.0　8.0　9.0　　D. 1.0　2.0　3.0

98. 阅读 FORTRAN 程序：

```
     READ(*,*)I,J,K
     DO 10 N=1,2
     I=I+J+K
     J=I+K+J
     K=I+J+K
10   CONTINUE
     WRITE(*,20)I,J,K
20   FORMAT(2X,3I5)
     END
```

键盘输入 1,0,0 则程序运行后的输出结果是：

A. 4　7　13　　B. 2　3　4　　C. 1　1　2　　D. 6　9　15

99. 两个电量都是 $+q$ 的点电荷，在真空中相距 a，如果在这两个点电荷连线的中点放上另一个点电荷 $+q'$，则点电荷 $+q'$ 受力为：

A. 0　　B. $\frac{qq'}{4\pi\varepsilon_0 a^2}$　　C. $\frac{qq'}{\pi\varepsilon_0 a^2}$　　D. $\frac{2qq'}{4\pi\varepsilon_0 a^2}$

100. 观察图示的直流电路，可知在该电路中：

A. I_S 和 R_1 形成一个电流源模型，U_S 和 R_2 形成一个电压源模型

B. 理想电流源 I_S 的端电压为 0

C. 理想电流源 I_S 的端电压由 U_1 和 U_2 共同决定

D. 流过理想电压源的电流与 I_S 无关

101. 图示电路中，电压源 U_{S_2} 单独作用时，电流源端电压分量 U'_{I_S} 为：

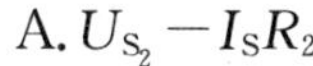
A. $U_{S_2}-I_S R_2$　　B. U_{S_2}　　C. 0　　D. $I_S R_2$

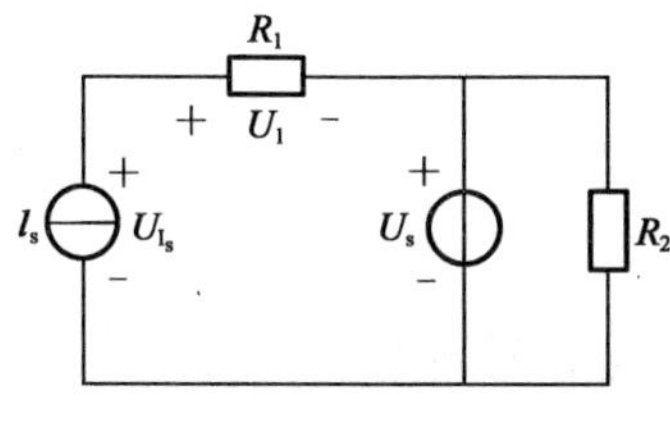

题 100 图

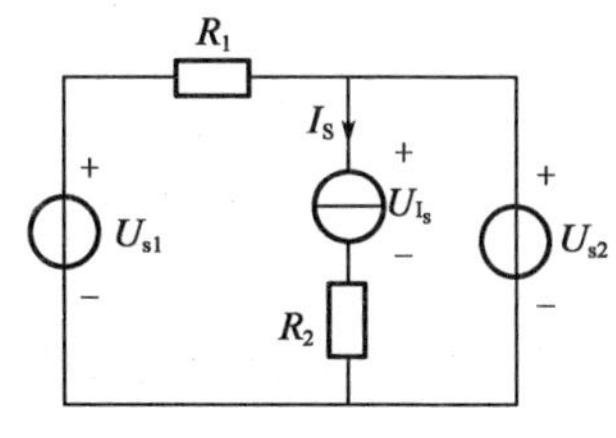

题 101 图

102. 图中给出了某正弦电压的波形图，由图可知，该正弦量的：

A. 有效值为 10V　　B. 角频率为 314rad/s

C. 初相位为 60°　　D. 周期为(20－5)ms

103. 当图示电路的激励电压 $u_i=\sqrt{2}U_1\sin(\omega t+\varphi)$时，电感元件上的响应电压 U_L 为：

A. $\frac{L}{R+L}u_i$　　B. $\frac{\omega L}{R+\omega L}u_i$

C. $\frac{\omega L}{|R+j\omega L|}u_i$　　D. $\frac{j\omega L}{R+j\omega L}u_i$

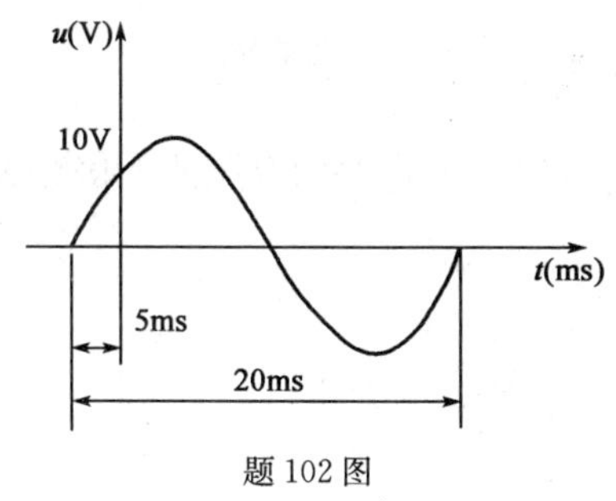

题 102 图

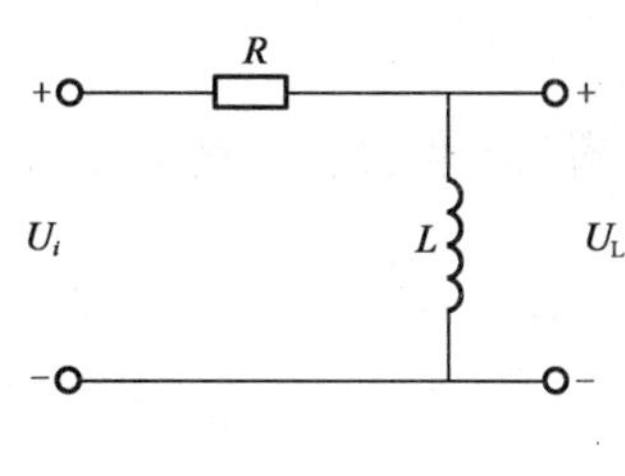

题 103 图

104. 图 a)所示电路中，$R_1=500\Omega$，$R_2=500\Omega$，$L=1\text{H}$，电路激励 u_i 如图 b)所示，如果用三要素法求解电压 u_0，$t\geqslant 0$，则：

A. $u_{o(1+)}=u_{o(1-)}$　　B. $u_{o(1+)}=0.5\text{V}$　　C. $u_{o(1+)}=0\text{V}$　　D. $u_{o(1+)}=i_{L(1-)}R_2$

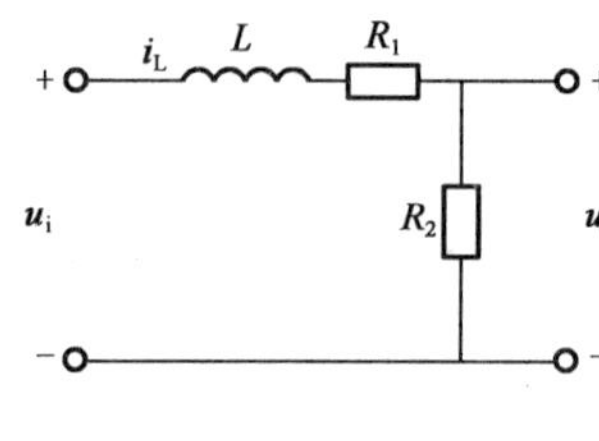

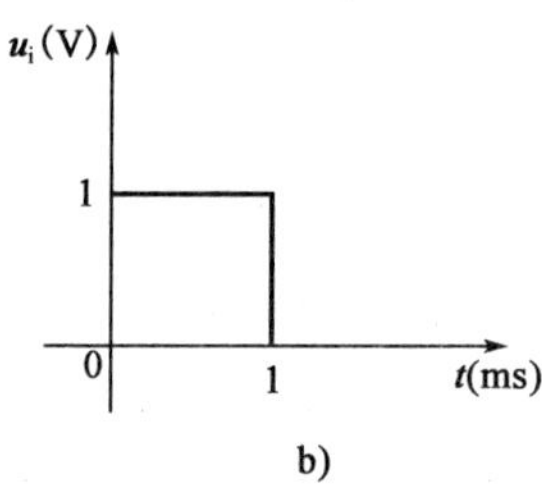

题 104 图

105. 图示电路中，$u_i=220\sqrt{2}\sin ax$，变压器视为理想的，$\frac{N_1}{N_2}=2$，$R_2=R_1$，则输出电压与输入电压的有效值之比$\frac{U_L}{U_1}$为：

A. 1/4　　B. 1　　C. 4　　D. 1/2

106. 额定转速为 1450r/min 的三相异步电动机，空载运行时转差率为：

A. $s=\frac{1500-1450}{1500}=0.033$　　B. $s=\frac{1500-1450}{1450}=0.035$

C. $0.033<s<0.035$　　D. $s<0.033$

107. 图示电路中，设 VD 为理想二极管，输入电压 u_i 按正弦规律变化，则在输入电压的负半周，输出电压为：

A. $u_o=u_i$　　B. $u_o=0$　　C. $u_o=-u_i$　　D. $u_o=\frac{1}{2}u_i$

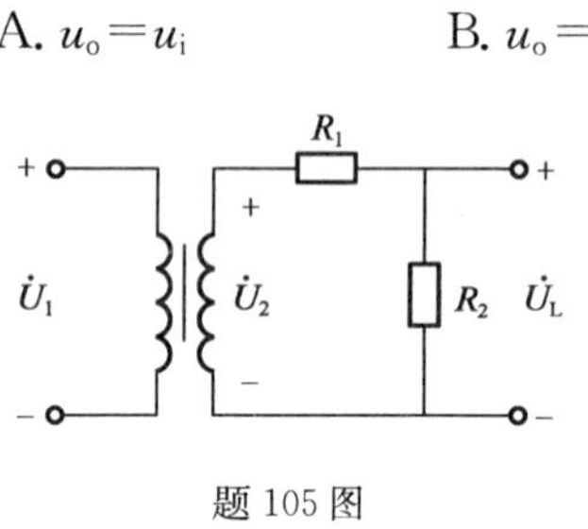

题 105 图

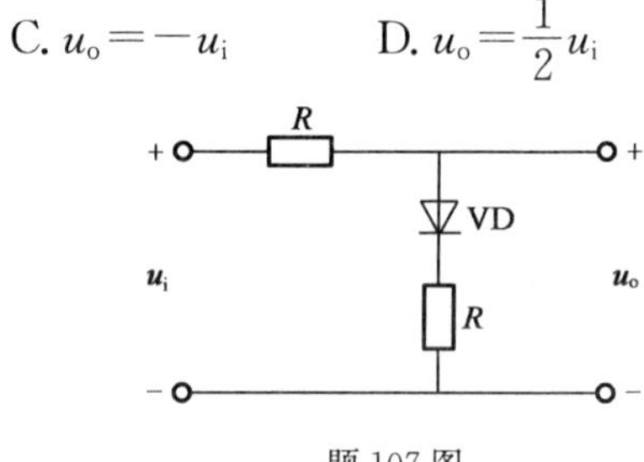

题 107 图

108. 图示单管放大电路中，设晶体管工作于线性区，此时，该电路的电压放大倍数为：

A. $A_u=\frac{\beta R_C}{r_{be}}$　　B. $A_u=\frac{\beta R_C}{r_{be}//R_B}$

C. $A_u=\frac{-\beta(R_C//R_L)}{r_{be}}$　　D. $A_u=\frac{\beta(R_C//R_L)}{r_{be}//R_B}$

109. 运算放大器应用电路如图所示，在运算放大器线性工作区，输出电压与输入电压之间的运算关系是：

A. $u_o=-10u_i$　　B. $u_o=10u_i$　　C. $u_o=11u_i$　　D. $u_o=5.5u_i$

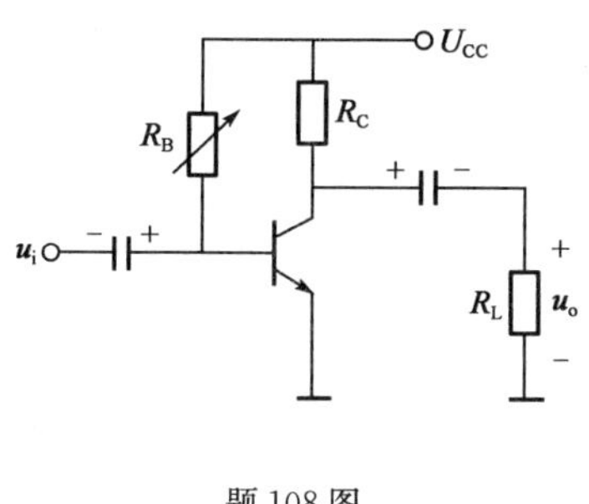

题 108 图

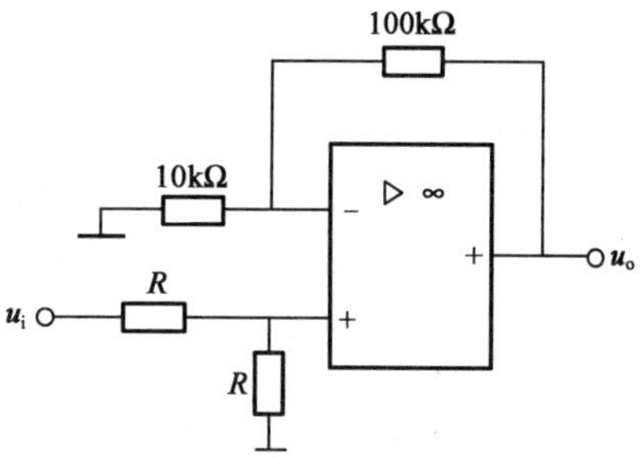

100kΩ
10kΩ
R
R
u_i
u_o

题 109 图

110. 逻辑图和输入 A、B 的波形如图所示，分析当输出 F 为“1”时刻应是：

A. t_1　　B. t_2　　C. t_3　　D. t_4

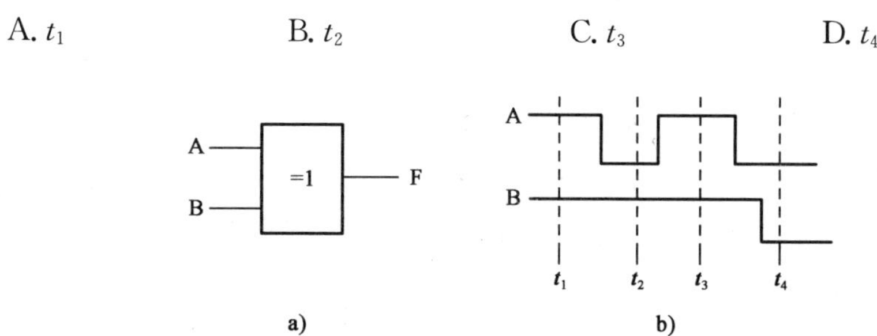

题 110 图

111. 在下面的现金流量图中，若横轴的时间单位为年，则大小为 40 的现金流量的发生时点为：

A. 第 2 年年末　　B. 第 3 年年初　　C. 第 3 年年中　　D. 第 3 年年末

112. 经营成本中包括：

A. 工资及福利费　　B. 固定资产折旧费　　C. 贷款利息支出　　D. 无形资产摊销费

113. 某现金流量如图所示，如果利率为 i，则下面的 4 个表达式中，正确的是：

A. $P(P/F,i,l)=A(P/A,i,n-m)(P/F,i,m)$

B. $P(F/P,i,m-l)=A(P/A,i,n-m)$

C. $P=A(P/A,i,n-m)(P/F,i,m-l)$

D. $P(F/P,i,n-l)=A(F/A,i,n-m+1)$

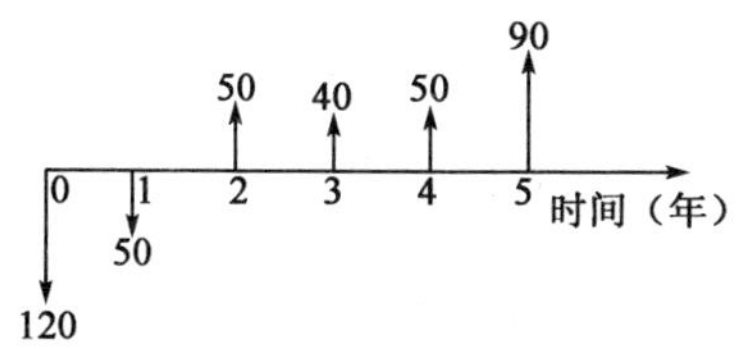

题 111 图

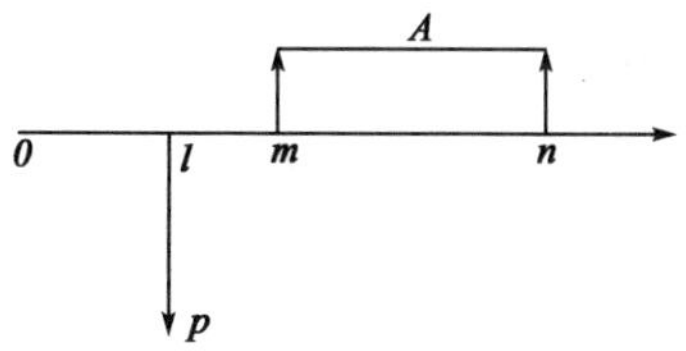

A
0
l
m
n
p

题 113 图

114. 某项目的净年值小于零，则：

A. 该项目是可行的
B. 该项目的内部收益率小于基准折现率
C. 该项目的动态投资回收期小于寿命期
D. 该项目的内部收益率大于基准折现率

115. 与静态投资回收期计算无关的量是：

A. 现金流入　　B. 现金流出　　C. 净现金流量　　D. 基准收益率

116. 某项目从银行贷款 500 万元，期限 5 年，年利率 5%，采取等额还本利息照付方式还本付息，每年末还本付息一次，第 2 年应付利息是：

A. 5 万元　　B. 20 万元　　C. 23 万元　　D. 25 万元

117. 某企业拟投资生产一种产品，设计生产能力为 15 万件/年，单位产品可变成本 120 元，总固定成本 1500 万元，达到设计生产能力时，保证企业不亏损的单位产品售价最低为：

A. 150 元　　B. 200 元　　C. 220 元　　D. 250 元

118. 在几个产品相同的备选方案比选中，最低价格法是：

A. 按主要原材料推算成本，其中原材料价格较低的方案为优
B. 按净现值为 0 计算方案的产品价格，其中产品价格较低的方案为优
C. 按市场风险最低推算产品价格，其中产品价格较低的方案为优
D. 按市场需求推算产品价格，其中产品价格较低的方案为优

119. 计算经济效益净现值采用的折现率应是：

A. 企业设定的折现率　　B. 国债平均利率
C. 社会折现率　　D. 银行贷款利率

120. 某企业原采用甲工艺生产某种产品，现采用新技术乙工艺生产，不仅达到甲工艺相同的质量，而且成本降低了 15%。根据价值工程原理，该企业提高产品价值的途径是：

A. 功能不变，成本降低　　B. 功能和成本都降低，但成本降幅较大
C. 功能提高，成本降低　　D. 功能提高，成本不变

（注：2006 年试题原资料中第 116～120 题缺失，为方便考生复习，我们另选了 5 道工程经济试题补缺。）

2006年度全国勘察设计注册工程师公共基础考试

试题解析及参考答案

1. 解 方法1：因为 $\vec{\alpha},\vec{\beta},\vec{\gamma}$ 共面，则 $\vec{\alpha}\times\vec{\beta}$ 垂直于 $\vec{\gamma}$，即 $(\vec{\alpha}\times\vec{\beta})\cdot\vec{\gamma}=0$

$$\vec{\alpha}\times\vec{\beta}=\begin{vmatrix}\vec{i}&\vec{j}&\vec{k}\\1&a&-3\\a&-3&6\end{vmatrix}\xlongequal{\text{按第一行展开}}\vec{i}\cdot(-1)^{1+1}\begin{vmatrix}a&-3\\-3&6\end{vmatrix}+\vec{j}\cdot(-1)^{1+2}\begin{vmatrix}1&-3\\a&6\end{vmatrix}+$$

$$\vec{k}\cdot(-1)^{1+3}\begin{vmatrix}1&a\\a&-3\end{vmatrix}=(6a-9)\vec{i}+(-3a-6)\vec{j}+(-a^2-3)\vec{k}$$

$$\begin{aligned}(\vec{\alpha}\times\vec{\beta})\cdot\vec{\gamma}&=\{6a-9,-3a-6,-a^2-3\}\cdot\{-2,2,6\}\\&=-2(6a-9)+2(-3a-6)+6(-a^2-3)\\&=-6(a+1)(a+2)=0\end{aligned}$$

得 $a=-1$ 或 -2。

方法2：直接利用 $\vec{\alpha},\vec{\beta},\vec{\gamma}$ 共面，混合积 $[\vec{\alpha},\vec{\beta},\vec{\gamma}]=0$

即 $\begin{vmatrix}1&a&-3\\a&-3&6\\-2&2&6\end{vmatrix}=0$，利用行列式运算性质计算

$$[\vec{\alpha},\vec{\beta},\vec{\gamma}]=\begin{vmatrix}1&a&-3\\a&-3&6\\-2&2&6\end{vmatrix}=-2\begin{vmatrix}1&a&-3\\a&-3&6\\-1&1&3\end{vmatrix}=-2\begin{vmatrix}1&a+1&0\\a&-3+a&6+3a\\-1&0&0\end{vmatrix}$$

$$=-2(-1)(-1)^{3+1}\begin{vmatrix}a+1&0\\-3+a&6+3a\end{vmatrix}=2(a+1)(6+3a)=0$$

得 $a=-1$ 或 -2。

答案：C

2. 解 已知平面 π 法向量 $\vec{n}=\{3,-4,-5\}$

平面 $-2x-y-2z+2=0$ 的法向量 $\vec{n}_2=\{-2,-1,-2\}$

若两平面垂直，则其法向量 $\vec{n}_1,\vec{n}_2$ 应垂直，即 $\vec{n}_1\cdot\vec{n}_2=0$

但 $\vec{n}_1\cdot\vec{n}_2=-6+4+10=8\neq0$

因此，$\vec{n}_1,\vec{n}_2$ 不垂直。

答案：D

3. 解 通过方程组 $\begin{cases}x^2+y^2+z^2=9\\x+z=1\end{cases}$，消去 z，得 $x^2+y^2+(1-x)^2=9$ 为空间曲线在 xOy 平面上的投影柱面。

空间曲线在 xOy 平面上的投影曲线为$\begin{cases} x^2+y^2+(1-x)^2=9 \\ z=0 \end{cases}$

答案:B

4. **解** 将等式左边通分,利用多项式 $x\to\infty$时的结论计算。

$\lim\limits_{x\to\infty}\left(\frac{ax^2-3}{x^2+1}+bx+2\right)=\lim\limits_{x\to\infty}\frac{bx^3+(a+2)x^2+bx-1}{x^2+1}=\infty$

只要最高次幂 x^3 的系数 $b\neq 0$ 即可。

即 $b\neq 0$,a 可为任意实数。

答案:A

5. **解** 利用两函数乘积的导数公式计算。

$$y'=x'\cdot\sqrt{a^2-x^2}+x(\sqrt{a^2-x^2})'=\frac{a^2-2x^2}{\sqrt{a^2-x^2}}$$

答案:A

6. **解** 将 $f(xy,\frac{x}{y})$化为 $f(x,y)$形式。

设 $xy=u,\frac{x}{y}=v$

而 $u\cdot v=xy\cdot\frac{x}{y}=x^2$,即 $x^2=uv$

代入 $f(xy,\frac{x}{y})=x^2$,化为 $f(u,v)=uv$

即 $f(x,y)=xy$,对函数 $f(x,y)$求编导,得$\frac{\alpha f}{\alpha x}=y,\frac{\alpha f}{\alpha y}=x$

所以$\frac{\alpha f}{\alpha x}+\frac{\alpha f}{\alpha y}=y+x$

答案:B

7. **解** 已知 $f(x)$在$(-\infty,+\infty)$上为奇函数,图形关于原点对称,由已知条件 $f(x)$在$(0,+\infty)$,$f'<0$ 单减,$f''>0$ 凹向,即 $f(x)$在$(0,+\infty)$画出的图形为凹减,从而可推出关于原点对称的函数在$(-\infty,0)$应为凸减,因而 $f'<0,f''<0$。

答案:B

8. **解** 把显函数化为隐函数形式。

$F(x,y,z)=x^2+y^2+z-1=0$,曲面切平面的法向量 $\vec{n}=\{F_x,F_y,F_z\}=\{2x,2y,1\}$

已知 M_0 的坐标为$\left(\frac{1}{2},\frac{1}{2},\frac{1}{2}\right)$,$\vec{n}_{M_0}=\{2x,2y,1\}_{M_0}=\{1,1,1\}$

则切平面方程为 $1\times(x-\frac{1}{2})+1\times(y-\frac{1}{2})+1\times(z-\frac{1}{2})=0$

整理得 $x+y+z-\frac{3}{2}=0$

答案:A

9. **解**　利用不定积分第一类换元积分法计算。

原式$=-\frac{1}{2}\int\sqrt{3-x^2}\,\mathrm{d}(3-x^2)=-\frac{1}{3}(3-x^2)^{\frac{3}{2}}+C$

答案:B

10. **解**　计算定积分。

$\int_0^k(3x^2+2x)\,\mathrm{d}x=(x^3+x^2)\Big|_0^k=k^3+k^2=0$,又 $k\neq0$,则 $k=-1$。

答案:B

11. **解**　将方程两边求导,等式左边为积分上限函数的导数,求导后化为一阶微分方程,再利用一阶微分方程知识计算。

求导得 $f(x)=2f'(x)$,令 $f(x)=y,f'(x)=y'$,得微分方程 $2y'=y$,

分离变量$\frac{2}{y}\mathrm{d}y=\mathrm{d}x$,求通解:

$2\ln y=x+c,y=e^{\frac{1}{2}(x+c)},y=e^{\frac{1}{2}c}\cdot e^{\frac{1}{2}x},y=c_1e^{\frac{1}{2}x}$(其中 $c_1=e^{\frac{1}{2}c}$),代入初始条件 $x=0,y=2$,得 $c_1=2$,所以 $y=2e^{\frac{x}{2}}$。

答案:C

12. **解**　本题要求改变二重积分的积分顺序。将先对 y 积分、后对 x 积分,换成先对 x 积分、后对 y 积分。

通过给出的条件 $D:\begin{cases}0\leqslant y\leqslant x\\0\leqslant x\leqslant1\end{cases}$,把积分区域(见解图)$D$ 复原;

再写出先对 x 积分、后对 y 积分

$D:\begin{cases}0\leqslant y\leqslant1\\y\leqslant x\leqslant1\end{cases}$

原式$=\int_0^1\mathrm{d}y\int_y^1f(x,y)\mathrm{d}x$

题 12 解图

答案:D

13. **解**　本题为对弧长的曲线积分。

$L:\begin{cases}y=x^2\\x=x\end{cases}(0\leqslant x\leqslant1),\mathrm{d}s=\sqrt{1+4x^2}\,\mathrm{d}x$

原式$=\int_0^1x\sqrt{1+4x^2}\,\mathrm{d}x=\frac{1}{8}\int_0^1\sqrt{1+4x^2}\,\mathrm{d}(1+4x^2)=\frac{1}{8}\times\frac{2}{3}(1+4x^2)^{\frac{3}{2}}\Big|_0^1$

$=\frac{1}{12}(5\sqrt{5}-1)$

答案:A

14. **解**　举反例说明,符合题目条件的级数有两种不同的结果,一种可能收敛,另一种可能发散。

例:令 $u_n=0$,级数 $\sum\limits_{n=1}^{\infty}u_n$,则 $\sum\limits_{n=1}^{\infty}(u_{2n-1}-u_{2n})=\sum\limits_{n=1}^{\infty}0=0$,

而 $\sum\limits_{n=1}^{\infty}u_n$ 收敛,说明选项 D 错误。

例：令 $u_n=1$，级数 $\sum\limits_{n=1}^{\infty}u_n$，则 $\sum\limits_{n=1}^{\infty}(u_{2n-1}-u_{2n})=\sum\limits_{n=1}^{\infty}0=0$，

而 $\sum\limits_{n=1}^{\infty}u_n$ 发散，说明选项 A、C 错误。

综合以上两例，满足条件的级数未必收敛。

答案：B

15. **解** 级数 $\sum\limits_{n=0}^{\infty}(-1)^n x^n=1-x+x^2-x^3+\cdots+(-1)^n x^n$ 为公比 $q=-x$ 的等比级数，且 $|q|=|x|<1$。

故级数收敛，和函数 $S(x)=\dfrac{a_1}{1-q}=\dfrac{1}{1+x}$。

答案：B

16. **解** 此题为一阶可分离变量方程，分离变量后，两边积分。微分方程 $(1+y)\mathrm{d}x-(1-x)\mathrm{d}y=0$，$\dfrac{1}{1-x}\mathrm{d}x-\dfrac{1}{1+y}\mathrm{d}y=0$。两边积分：$-\ln(1-x)-\ln(1+y)=-\ln C$，$(1-x)(1+y)=C$。

答案：C

17. **解** 此题为一阶线性微分方程，直接代入公式计算，设方程为 $y'+p(x)y=\theta(x)$，则通解为 $y=e^{-\int p(x)\mathrm{d}x}[\int Q(x)e^{\int p(x)\mathrm{d}x}\mathrm{d}x+C]$。

本题 $p(x)=\dfrac{1}{x}$，$\theta(x)=2$，代入公式，有

$y=\mathrm{e}^{-\int\frac{1}{x}\mathrm{d}x}(\int 2e^{\int\frac{1}{x}\mathrm{d}x}\mathrm{d}x+C)=e^{-\ln x}[\int 2e^{\ln x}\mathrm{d}x+C]=\dfrac{1}{x}(x^2+C)$

代入初始条件，当 $x=1$，$y=0$，即 $0=\dfrac{1}{1}(1+C)$

得 $C=-1$，故 $y=x-\dfrac{1}{x}$。

答案：A

18. **解** 本题为二阶常系数线性齐次方程求通解，写出方程对应的特征方程 $r^2+2=0$，$r=\pm\sqrt{2}i$。

则 $\alpha=0$，$\beta=\sqrt{2}$，通解 $y=e^{0x}(C_1\cos\sqrt{2}x+C_2\sin\sqrt{2}x)$，即 $y=C_1\cos\sqrt{2}x+C_2\sin\sqrt{2}x$。

答案：D

19. **解** 可依据对立事件的定义分析。

答案：D

20. **解** 用公式 $P(A)=\dfrac{C_M^m C_{N-M}^{n-m}}{C_N^n}$，代入 $N=5$，$n=3$，$M=3$，$m=2$。

或直接用古典概型公式 $P(A)=\dfrac{m}{n}$，分母 n 为所有可能结果数（从 5 个中取

出 3 个)，$n=C_5^3$；分子 m 为 A 包含的可能结果数(从 3 个白球中取出 2 个，从 2 个红球中取出 1 个)，$m=C_3^2C_2^1$。

答案:D

21. **解** X 的概率密度 $f(x)=F'(x)=\begin{cases}3x^2, 0\leqslant x<1\\0,其他\end{cases}$

$E(X)=\int_{-\infty}^{+\infty}xf(x)\mathrm{d}x=\int_0^1 x\cdot 3x^2\mathrm{d}x=\frac{3}{4}x^4\Big|_0^1=\frac{3}{4}$

答案:B

22. **解** 根据矩阵乘积秩的性质，$\boldsymbol{B}\neq 0$，而 $\boldsymbol{AB}=0$，有 $r(\boldsymbol{A})+r(\boldsymbol{B})\leqslant n$ 成立，选项 A 正确。$\boldsymbol{AB}=0$，取矩阵的行列式，$|\boldsymbol{A}||\boldsymbol{B}|=0$，$|\boldsymbol{A}|=0$ 或 $|\boldsymbol{B}|=0$，选项 B 正确。又因为 $\boldsymbol{B}\neq 0$，$\boldsymbol{B}$ 为非零矩阵，$r(\boldsymbol{B})\geqslant 1$，由上式 $r(\boldsymbol{A})+r(\boldsymbol{B})\leqslant n$，推出 $0\leqslant r(\boldsymbol{A})<n$，选项 C 也正确。所以选项 D 错误。

答案:D

23. **解** 已知条件 $\boldsymbol{B}$ 是三阶非零矩阵，而 $\boldsymbol{B}$ 的每一列都是方程组的解，可知齐次方程 $\boldsymbol{A}x=0$ 有非零解。所以齐次方程组的系数行列式为 0，即 $\begin{vmatrix}1 & 2 & -2\\2 & -1 & t\\3 & 1 & -1\end{vmatrix}=0$，计算此行列式，得 $t=1$。

答案:D

24. **解** 已知 $\boldsymbol{\alpha}_1,\boldsymbol{\alpha}_2$ 是矩阵 $\boldsymbol{A}$ 属于特征值 1 的特征向量，即有 $\boldsymbol{A\alpha}_1=1\cdot\boldsymbol{\alpha}_1$，$\boldsymbol{A\alpha}_2=1\cdot\boldsymbol{\alpha}_2$ 成立，则 $\boldsymbol{A}(\boldsymbol{\alpha}_1-\boldsymbol{\alpha}_2)=1\cdot(\boldsymbol{\alpha}_1-\boldsymbol{\alpha}_2)$，$\boldsymbol{\alpha}_1-\boldsymbol{\alpha}_2$ 为非零向量，因此 $\boldsymbol{\alpha}_1-\boldsymbol{\alpha}_2$ 是 $\boldsymbol{A}$ 属于特征值 1 的特征向量。

答案:A

25. **解** $\bar{\varepsilon}_{平动}=\frac{3}{2}kT$，$\bar{\varepsilon}_{平动}$ 相等，则温度相同。又 $p=nkT$，知 n 不同，则 P 不同。

答案:A

26. **解** 设分子速率在 $v_1\sim v_2$ 区间内的分子数为 N，其速率的算术平均值为 $\bar{v}$，

$$\bar{v}=\frac{v_1\Delta N_1+v_2\Delta N_2+\cdots+v_i\Delta N_i+\cdots+v_N\Delta N_N}{N}，即\ \bar{v}=\frac{\int_{v_1}^{v_2}v\mathrm{d}N}{\int_{v_1}^{v_2}\mathrm{d}N} \quad ①$$

由 $f(v)=\frac{\mathrm{d}N}{N\mathrm{d}v}$，有

$$\mathrm{d}N=Nf(v)\mathrm{d}u \quad ②$$

将②代入①式，得 $\bar{v}=\frac{\int_{v_1}^{v_2}vNf(v)\mathrm{d}v}{\int_{v_1}^{v_2}Nf(v)\mathrm{d}v}=\frac{\int_{v_1}^{v_2}vf(v)\mathrm{d}v}{\int_{v_1}^{v_2}f(v)\mathrm{d}v}$

答案:C

27. **解** $p=nkT$，n 为单位体积内分子数，因此 $n=\frac{P}{KT}$。

答案：B

28. **解** 因等体过程作功为零，现只要考察等压和等温过程。

由等压过程 $Q_P=A_P+\Delta E_{P内}$；等温过程温度不变，$\Delta T=0$，$\Delta E_{T内}=0$，$Q_T=A_T$；令 $Q_P=Q_T$，即 $Q_P=A_P+\Delta E_{P内}=A_T$，因 $\Delta E_{P内}>0$，故 $A_T>A_P$。

答案：C

29. **解** $\eta_{卡}=1-\frac{T_2}{T_1}=1-\frac{400}{500}=20\%$

答案：D

30. **解** V_1 膨胀到 V_2，即 $V_1<V_2$。由 $V=\frac{a}{\sqrt{p}}$，知 $P_1>P_2$；$p=nkT$，知 $T_1>T_2$。

答案：A

31. **解** 考虑多普勒效应：观察者和波源相互靠近，接收到的频率就高于原来波源的频率；反之，两者相互远离，则接收到的频率就低于原波源频率。

答案：C

32. **解** 比较波动方程 $y=A\cos 2\pi\left(\frac{1}{T}+\frac{x}{\lambda}+\phi_0\right)=A\cos\left(2\pi\nu t+\frac{2\pi x}{\lambda}+\phi_0\right)$，$T=\frac{1}{V}$。

原式 $y=0.03\cos\left(8t+3x+\frac{\pi}{4}\right)=0.03\cos\left[\left(8t+\frac{2\pi x}{\frac{2\pi}{3}}\right)+\frac{\pi}{4}\right]$，由此可知 $T=\frac{2\pi}{8}$，则 $\nu=\frac{4}{\pi}$，$\lambda=\frac{2\pi}{3}$。

又 $u=\lambda\nu=\frac{8}{3}$。

答案：A

33. **解** 注意区别“双缝间距”和“条纹之间间距”。条纹之间间距 $\Delta x=\frac{D\lambda}{nd}$，题中“双缝间距增大”指的是缝宽 d 增大，条纹之间间距变小，即条纹变密。又明纹距中心位置为 $x_{明}=\pm kD\lambda/nd$，令缝宽 d 增大，$x_{明}$ 变小，靠近中央明纹即屏幕中心。

答案：B

34. **解** 按夫琅和费尔缝衍射暗纹条件，$a\sin\phi=k\lambda=2k\frac{\lambda}{2}$，令 $k=3$，即 6 个半波带（$\frac{\lambda}{2}$）。

答案：B

35. **解** $I=I_0\cos^2\alpha$，注意：自然光通过偏振片后，光强减半为 $\frac{I_0}{2}$，由马吕斯定律得出射光强 $I=\frac{I_0}{2}\cos^2 60°=\frac{I_0}{8}$。

答案:D

36. **解**　最小分辨角 $\theta=1.22\dfrac{\lambda}{D}$,注意:对于光学仪器,最小分辨角越小,仪器越精密。

答案:D

37. **解**　在难溶电解质饱和溶液中,加入含有与难溶物组成相同离子的强电解质,使难溶电解质的溶解度降低的现象称为多相同离子效应。A、D 溶液中 NH_3 和 $S_2O_3^{2-}$ 可以和 Ag^+ 反应,可使 AgCl 的溶解度增加。B 溶液中存在 Cl^-,根据多相同离子效应,AgCl 的溶解度降低。

答案:B

38. **解**　牺牲阳极保护法指用较活泼的金属(Zn、Al)连接在被保护的金属上组成原电池,活泼金属作为腐蚀电池的阳极而被腐蚀,被保护的金属作为阴极而达到不遭腐蚀的目的。此法常用于保护海伦外壳及海底设备。所以应使用比轮船外壳 Fe 活泼的金属作为阳极。四个选项中 Zn、Na 比 Fe 活泼,但 Na 可以和水强烈反应,Zn 作为阳极最合适。

答案:A

39. **解**　B 原子的价电子为 $2s^2 2p^1$,在 B 原子与 F 原子形成化学键的过程中,一个 2s 轨道上的电子跃迁到 2p 轨道上,采取 sp^2 杂化形成三个 sp^2 杂化轨道,三个 sp^2 杂化轨道采取最大夹角原则在空间伸展,形成平面三角形排布。每个杂化轨道与 F 原子形成一个 σ 键。故 BF_3 为三角形。

答案:C

40. **解**　形成氢键条件:氢原子与电负性大、半径小、有弧对电子的原子 X(如 F、O、N)形成强极性共价键后,还能吸引另一个电负性较大的原子 Y(如 F、O、N)中的弧对电子而形成氢键。只有 B 符合形成氢键条件。

答案:B

41. **解**　石墨为层状结构晶体,层内 C 原子为 sp^2 杂化,层内 C 原子上没有参与杂化的 P 轨道互相平行,形成碳碳间大 π 键,电子可以在大 π 键内自由移动。

答案:D

42. **解**　标准电极电势定义:标准状态时,电极相对于标准氢电极的电极电势。标准状态:当温度为 298K,离子浓度为 1mol/L,气体分压为 100kPa,固体为纯固体,液体为纯液体的状态。

答案:B

43. **解**　催化剂的主要特征:改变反应途径,降低活化能,使反应速率增大;只能改变达到平衡的时间而不能改变平衡的状态。催化剂能够同时增加正、反向反应速率,不会使平衡移动。

答案:D

44. **解**　压力对固相或液相的平衡没有影响,对反应前后气体计量数不变的反应的平衡也没有影响。对于反应前后气体计量系数不同的反应，增大压力，平衡向气体分子数减少的方向移动；减少压力，平衡向气体分子数增加的方向移动。

温度对化学平衡的影响，是通过$K^{\ominus}$值改变，从而使平衡发生移动。对于吸热反应，温度T升高，$K^{\ominus}$值增大，平衡正向运动；对于放热反应，温度T升高，$K^{\ominus}$降低，平衡逆向移动。

此反应为气体分子数减少的反应，所以增加压力平衡正向移动；此反应还是放热反应，降低温度平衡正向移动。

答案：A

45.**解** 根据溶度积规则，滴加$BaCl_2$有白色沉淀，则滴加NaOH无沉淀，滴加Na_2S有黑色沉淀。

答案：D

46.**解** H_2S中S为sp^3不等性杂化，四个杂化轨道中，两个杂化轨道有孤对电子，两个杂化轨道有单电子，有单电子的杂化轨道与H原子形成两个共价键，H_2S分子呈"V"形。

答案：D

47.**解** 柠檬醛含有三个不饱和基团，可以和高锰酸钾和溴水反应，醛基可以发生银镜反应，它在催化剂的作用下加氢，最后产物为醇，分子式为$C_{10}H_{22}O$。

答案：D

48.**解** 苯不溶水，密度比水小；乙酸溶于水；四氯化碳不溶水，密度比水大。所以分别向盛有三种物质的试管中加入水，与水互溶的物质为乙酸，不溶水且密度比水小的为苯，不溶水且密度比水大的为四氯化碳。

答案：A

49.**解** 根据平面平行力系向任意点的简化结果，可得一主矢和一主矩，由于主矢与平行力系中各分立平行，故满足平衡条件所需要的平衡方程：主矢为零需要一个力的投影方程$\sum F_x=0$（投影轴x与平行力系中各力不垂直），主矩为零需要一个力矩方程$\sum M_O(F)=0$。

答案：B

50.**解** 根据平面任意力系的简化结果分析：

题50解表

F_R'（主矢）	M_O（主矩）	最后结果	说　明
$F'_R\neq0$	$M_O\neq0$	合力	合力作用线：$d=\frac{\lvert M_O\rvert}{F'_R}$
	$M_O=0$	合力	合力作用线通过简化中心
$F'_R=0$	$M_O\neq0$	合力偶	主矩与简化中心无关

答案：C

51.**解** 根据节点法，如图由节点E的平衡，可判断出杆EC、EF为零杆，再由节点C和G，可判断出杆CD、GD为零杆；由系统的整体平衡可知，支座A处只有铅垂方向的约束力，故通过分析节点A，可判断出杆AD为零杆。

答案:D

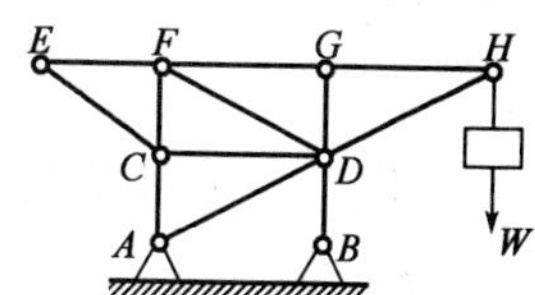

题51解图

52. **解** 根据斜面自锁的条件:$\theta \leqslant \varphi_m = \arctan f$,故 $\tan\theta \leqslant f$。

答案:C

53. **解** 选 AC 为研究对象,受力如图 b)所示,列平衡方程:

$$\sum M_C(F)=0$$

$$qL \cdot \frac{L}{2} - F_A \cdot \frac{L}{2} = 0$$

$$F_A = qL$$

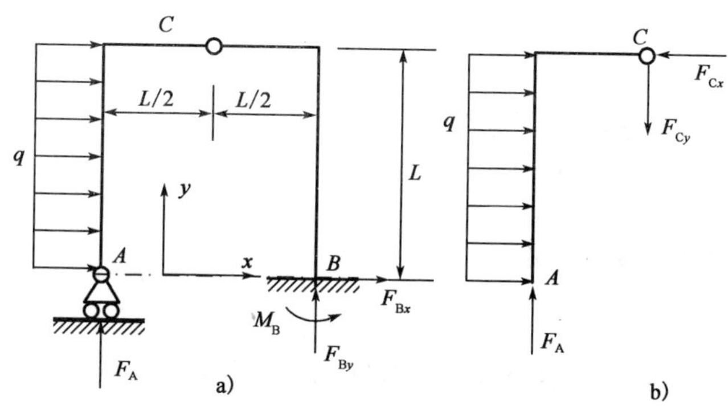

题53解图

再选结构整体为研究对象受力如图 a)所示,列平衡方程:

$\sum F_x = 0, F_{Bx} + qL = 0, F_{Bx} = -qL$

$\sum F_y = 0, F_A + F_{By} = 0, F_{By} = -qL$

$\sum M_B(F) = 0, M_B - qL \cdot \frac{L}{2} - F_A \cdot L = 0, M_B = \frac{3}{2}qL^2$

答案:A

54. **解** 将两个运动方程平方相加:$x^2 + y^2 = 4^2\left(\sin^2\frac{\pi}{3}t + \cos^2\frac{\pi}{3}t\right) = 4^2$,为一圆方程。

答案:B

55. **解** 根据定轴转动刚体上一点速度、加速度的公式:$v = r \cdot \omega, a_t = r \cdot \alpha, a_n = r \cdot \omega^2$。

答案:A

56. **解** 根据平移刚体得定义,AB 杆在运动过程中,始终与初始位置平行。

答案:A

57. **解** 应用牛顿第二定律:$\frac{W}{g}\ddot{y} = F_N - W$,0 位置时 $\ddot{y} < 0$;1 位置时 $\ddot{y} < 0$;2 位置时 $\ddot{y} > 0$;因此 $F_{N0} = W, F_{N1} < W, F_{N2} > W$。

答案:A

58. **解** 运量的大小等于杆 AB 的质量乘以其质心速度,即 $m\cdot\frac{1}{2}\omega$。

答案:A

59. **解** 应用动能定理 $T_2-T_1=W_{12}$,其中:$T_2=0$;$T_1=\frac{1}{2}\cdot\frac{1}{3}ml^2\left(\frac{V_A}{l}\right)^2$;$W_{12}=mg\frac{l}{2}-\frac{1}{2}k\left(l-\frac{\sqrt{2}l}{2}\right)^2$。

答案:D

60. **解** 根据公式:$\omega_0=\sqrt{\frac{k}{m}}$;$T=\frac{2\pi}{\omega_0}$。

答案:D

61. **解** 根据虚位移原理的定义。

答案:C

62. **解** 用直接法求轴力,可得 $N_{AB}=-6\text{kN}$,$N_{BC}=4\text{kN}$。

答案:C

63. **解** 用直接法求内力,可得 AB 段轴力为 $\boldsymbol{F}$,既有变形,又有位移;BC 段没有轴力,所以没有变形,但是由于 AB 段的位移带动 BC 段有一个向右的位移。

答案:A

64. **解** 插销中心部分有向下的趋势,插销帽周边部分受平板支撑,有向上的趋势,故插销的剪切面积是一个圆柱面积 πdh,而插销帽与平板的接触面积面积就是挤压面积,为一个圆环面积$\frac{\pi}{4}(D^2-d^2)$。

答案:B

65. **解** 设实心圆轴原来横截面面积为 $A=\frac{\pi}{4}d^2$,增大后面积 $A_1=\frac{\pi}{4}d_1^2$,则有 $A_1=2A$,即 $\frac{\pi}{4}d_1^2=2\ \frac{\pi}{4}d^2$,所以 $d_1=\sqrt{2}d$。原面积不发生屈服时,$\tau_{\max}=\frac{M_0}{W_p}=\frac{M_0}{\frac{\pi}{16}d^3}\leqslant\tau_S$,$M_0\leqslant\frac{\pi}{16}d^3\tau_S$,将面积增大后,$\tau_{\max1}=\frac{M_1}{W_{p1}}=\frac{M_1}{\frac{\pi}{16}d_1^3}\leqslant\tau_S$,最大许可荷载 $M_1\leqslant\frac{\pi}{16}d_1^3\tau_S=2\sqrt{2}\frac{\pi}{16}d^3\tau_S=2\sqrt{2}M_0$。

答案:C

66. **解** 用截面法(或直接法)可求出截面 1-1 处扭矩为 25kN·m,截面 2-2 处的扭矩为 −5kN·m。

答案:B

67. **解**　根据定义 $I_z=\int_A y^2\mathrm{d}A, I_y=\int_a z^2\mathrm{d}A$,可知惯性矩的大小与面积到轴的距离有关。面积分布离轴越远,其惯性矩越大;面积分布离轴越近,其惯性矩越小。可见 I_y^a 最大,I_z^a 最小。

答案:C

68. **解**　图形对主惯性轴的惯性积为零,对主惯性轴的惯性矩是对通过某点的所有轴的惯性矩中的极值,也就是最大或最小的惯性矩。

答案:C

69. **解**　经分析可知,移动荷载作用在跨中 $\frac{l}{2}$ 处时,有最大弯矩 $M_{\max}=\frac{Pl}{4}$,支反力和弯矩图如解图 a)所示。当移动荷载作用在支座附近、无限接近支座时,有最大剪力 $Q_{\max}$ 趋近于 P 值,如解图 b)所示。

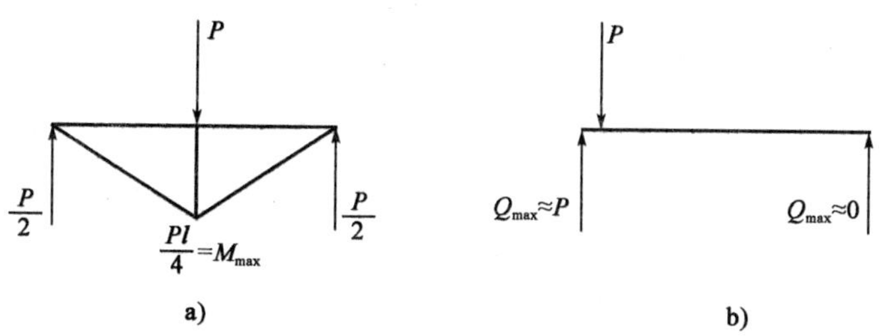

题 69 解图

答案:A

70. **解**　矩形截面梁横力弯曲时,横截面上的正应力 σ 沿截面高度线性分布,如解图 a)所示。在上下边缘 σ 最大,在中性轴上正应力为零。横截面上的剪应力 τ 沿截面高度呈抛物线分布,如解图 b)所示。在上下边缘 τ 为零,在中性轴处剪应力最大。

答案:B

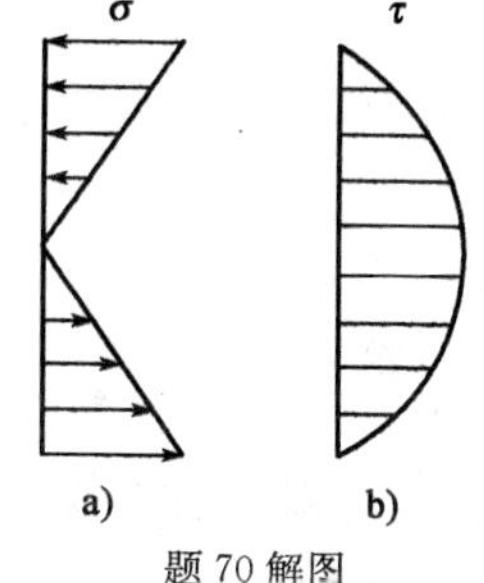

题 70 解图

71. **解**　首先分析各横截面上的内力——剪力 Q 和弯矩 M,如解图 a)所示。再分析各横面上的正应力 σ 和剪应力 γ 沿高度的分布,如解图 b)和 c)所示。可见 4 点的剪应力方向不对。

答案:D

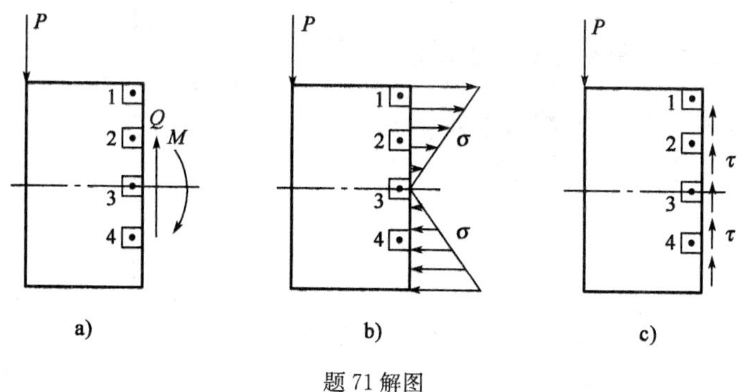

题 71 解图

72. **解**　题图单元体的主方向可用叠加法判断。把图中单元体看成是单向压缩和纯剪切两种应力状态的叠加，如解图 a)和 b)所示。

其中，解图 a)主压应力 σ_3'的方向即为 σ_y 的方向(沿 y 轴)，而解图 b)与解图 c)等价，其主应压力σ_3''的方向沿与 y 轴成 45°的方向。因此题中单元体主力主应力 σ_3 的方向应为σ_3'和σ_3''的合力方向。根据求合力的平行四边形法则，σ_3 与 y 轴的夹角σ 必小于 45°，而σ_1 与 σ_3 相互垂直，故σ_1 与 x 轴夹角也是α<45°，如解图 d)所示。

答案:A

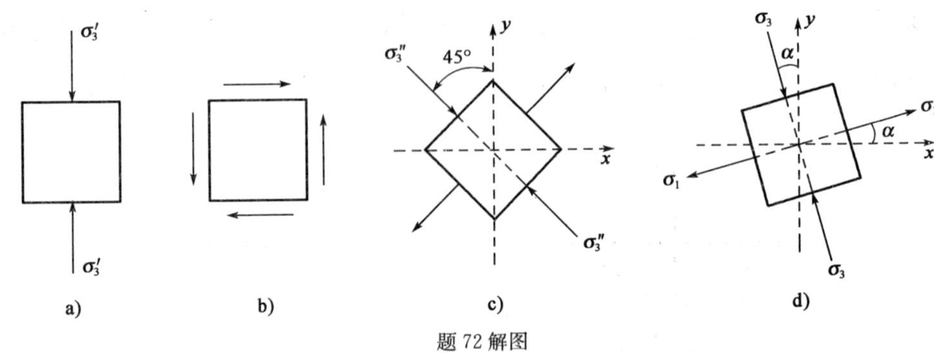

题 72 解图

73. **解**　图 a)是轴向受压变形，最大压应力 $\sigma_{max}^{a}=-\dfrac{P}{a^2}$；图 b)底部是偏心受压力变形，偏心矩为$\dfrac{a}{2}$，最大压应力 $\sigma_{max}^{b}=\dfrac{F_N}{A}-\dfrac{M_z}{W_z}=-\dfrac{P}{2a^2}-\dfrac{P\cdot\dfrac{a}{2}}{\dfrac{a}{6}(2a)^2}=-\dfrac{5P}{4a^2}$。显然图 b)最大压应力数值大于图 a)，该立柱的强度降低了。

答案:D

74. **解**　斜弯曲、偏心拉弯和拉弯组合变形中单元体上只有正应力没有剪应力，只有弯扭组合变形中才既有正应力 σ、又有剪应力 τ。

答案:D

75. **解**　根据临界压力的概念，临界压力是指压杆由稳定开始转化为不稳定的最小轴向压力。由公式 $P_{cr}=\dfrac{\pi EL}{(\mu l)^2}$可知，当压杆截面对某轴惯性矩最小时，则压杆截面绕该轴转动并发生弯曲最省力，即这时的轴向压力最小。显然图示矩形截面中 I_y 是最小惯性矩，且挠曲线应位于 xz 面内。

答案:B

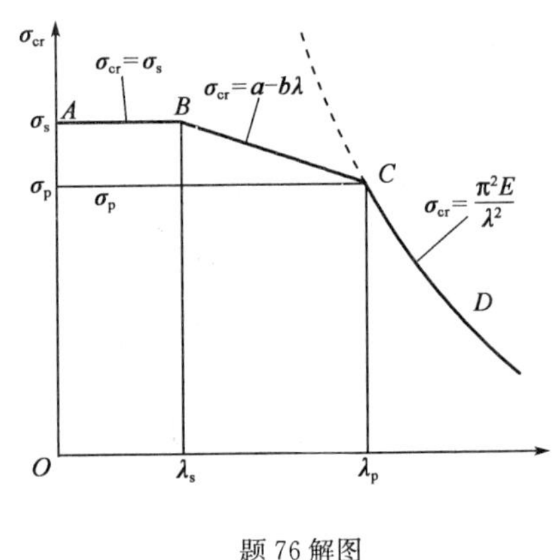

题 76 解图

76. **解**　不同压杆的临界应力如解图所示。图中 AB 段表示短杆的临界应力，BC 段表示中长杆的临界应力，CD 段表示细长杆的临界应力。从图中可以看出，在材料相同的条件下，随着柔度的增大，细长杆和中长杆的临界应力均是减小的。

答案:C

77. **解** 参看理想流体元流能量方程相关内容(理想流体与实际流体的主要差别在于黏性)。

答案:B

78. **解** 相对压强等于绝对压强减去当地大气压强。$p=100-98=2\text{kN/m}^2$。

答案:B

79. **解** 曲面总压的铅直分力 $p_z=\rho g\nabla=9.8\times\left(1.4\times1+\frac{1}{4}\pi\times1^2\right)\times4=85.65\text{kN}$。

答案:C

80. **解** 非恒定流当地加速度不为零，均匀流迁移加速度为零。

答案:B

81. **解** 运用能量方程求解。对 C-C 断面与管道出口断面写能量方程：

$$h_1+h_2+\frac{p_c}{\rho g}+\frac{v_c^2}{2g}=0+0+\frac{v_c^2}{2g}$$

$p_c=\rho g(-h_1-h_2)=-9.8\times(1.5+3)=-44.1\text{kPa}$

答案:D

82. **解** 临界雷诺数 $\text{Re}_k=2300$，而 $\text{Re}_k=\frac{v_k d}{\nu}$，所以 $v_k=\frac{\text{Re}_k\times\nu}{\text{d}}=\frac{2300\times1.31\times10^{-6}}{0.025}=0.12\text{m/s}$。

答案:D

83. **解** 黏性底层厚度 δ 比绝对粗糙度 Δ 大得多的壁面称为水力光滑壁面。

答案:A

84. **解** 短管淹没出流，$v=\sqrt{\frac{2g(H-h_f)}{\sum\zeta}}=\sqrt{\frac{2\times9.8\times(10-6.8)}{0.5+3\times0.8+0.26+0.8}}=3.98\text{m/s}$。

答案:A

85. **解** 边界层分离不会减小摩擦阻力。

答案:B

86. **解** 并联管道流量与阻抗平方根成反比，$\frac{Q_1}{Q_2}=\sqrt{\frac{S_2}{S_1}}=\sqrt{\frac{8\lambda L_2}{\pi^2 gd^5}/\frac{8\lambda L_1}{\pi^2 gd^5}}=\sqrt{\frac{L_2}{L_1}}=\sqrt{0.5}=0.707$。

答案:A

87. **解** 明渠均匀流的水力坡度 τ 与河底坡度 i 相等,题中已经给定河底坡度 i,补充条件就不能再给定 i。

答案:D

88. **解** 由完全潜水井流量公式 $Q=1.366\dfrac{k(H^2-h^2)}{\lg\dfrac{R}{r_0}}$,反求 k。

$$k=\frac{Q\lg\dfrac{R}{r_0}}{1.366(H^2-h^2)}=\frac{0.03\times\lg\dfrac{400}{0.2}}{1.366\times(8^2-5^2)}=0.00185\text{m/s}$$

答案:B

89. **解** 获取屏幕上显示的内容,是指全屏幕拷贝,而 Print Screen 键是用来完成全屏幕拷贝的。

答案:D

90. **解** 三位二进制数对应一位八进制数,从最后一位开始向前每三位为一组,100 对应 4,110 对应 6,011 对应 3。

答案:A

91. **解** Windows 系统下可执行的文件名有 *.EXE,*.BAT。

答案:D

92. **解** 一台计算机、一个 Modem 和可通话的电话。将电话线从电话机上拔下来,插在 Modem 的接口就可以拨号上网了。

答案:B

93. **解** 每一位数除完后再取整运算,即 1+0+0+1=2,M 为整形数。

答案:C

94. **解** K=6,L=(600−6*100)=0,N=(600−6*100−L*10)=0,MM=K+N=6+0=6。

答案:D

95. **解** 在此函数名返回函数值,而函数值就是 S,即一组数之和。

答案:B

96. **解** 利用 DATA 语句赋值,X(1)=10,X(2)=20,X(3)=45,X(4)=70,X(5)=80,X(6)=15,X(7)=14。在读取置换后,X(1)=80,X(2)=20,X(3)=45,X(4)=70,X(5)=10,X(6)=15,X(7)=14。

答案:C

97. **解** BACKSPACE 为回退语句,是指定文件的文件读写指针从当前记录回退一个记录。运行程序后指针在第二条记录上,回退到第一条记录,第一节记录数据为:1.0,2.0,3.0。

答案:D

98. **解** 当 N=1 时,I=1+0+0=1,J=1+0+0=1,K=1+1+0=2;

当 N=2 时,I=1+1+2=4,J=4+2+1=7,K=4+7+2=13。

答案:A

99. **解** 根据静电场的叠加定理可见,两个正电荷$+q$对于$+q'$的作用力大小相等,方向相反(见解图)。可见$+q'$所受的合力为 0。

答案:A

100. **解** 实际的电压源模型内阻与电压源串联,实际的电流源模型中内阻与电流源并联,此题中电阻R_1和R_2均不属于电源内阻,另外电流源的端电压由外电路U_1和U_S决定,即$U_{I_S}=U_1+U_S$。

答案:C

101. **解** 当电压源U_{S_2}单独作用时需将U_{S_1}短路,电流源I_S断路处理。题图的电路应等效为解图所示电路,即$U'_{S_1}=U_{S_2}$。

答案:B

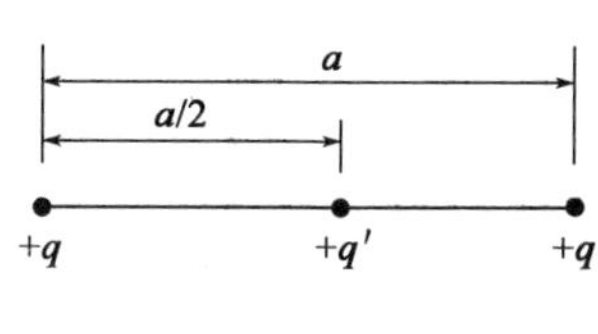

题 99 解图

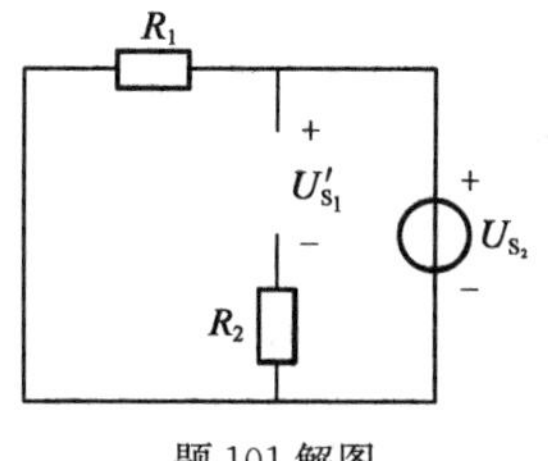

题 101 解图

102. **解** 由图观察交流电的三要素。

最大值:$U_m=10V$;有效值:$U=10/\sqrt{2}=7.07V$。

初相位:$\Psi=\frac{5}{20}\times360°=90°$。

角频率:$\omega=2\pi f=2\pi\frac{1}{T}=\frac{2\pi}{20\times10^{-3}}=314rad/s$;符合题意。

答案:B

103. **解** 该题可以用复数符号法分析,画出电路的复电路模型如解图所示,计算如下。

$$\dot{U}_L=\frac{jX_L}{R+jX_L}\dot{U}_i$$

$$U_L=|\dot{U}_L|=\frac{|jX_L\dot{U}_i|}{|R+jX_L|}=\frac{X_LU_i}{|R+jX_L|}=\frac{\omega LU_i}{|R+j\omega L|}$$

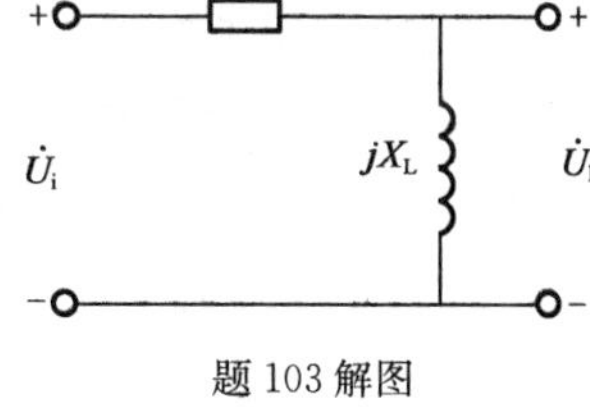

题 103 解图

答案:C

104. **解** 根据一阶暂态电路的三要素公式,电感电流的计算公式为:

$$i_{L(t)} = i_{L(\infty)} + [i_{L(t_0^+)} - i_{L(\infty)}]e^{-1/\tau}$$

当 $0<t<1$ms 时，

$$i_{L(0+)} = i_{L(0-)} = \frac{0}{R_1 + R_2} = 0\text{A}$$

$$i_{L(\infty)} = \frac{1}{2 \times 500} = 0.001\text{A}$$

$$\tau = \frac{L}{R_1 + R_2} = \frac{1}{2 \times 500} = 1\text{ms}$$

$$i_{L(\tau)} = 0.001 - 0.001 \times e^{-1000t}(0 \leqslant t < 1)$$

$$u_{0(1+)} = i_{L(1+)} \times R_2 = (0.001 - 0.001e^{-1}) \times 500 = 0.316\text{V}$$

所以选项 B、C 错误。

而选项 D：$u_{0(1+)} = i_{L(1+)}R_2 = i_{L(1-)}R_2 = u_{0(1-)}R_2$，正确。

答案：A、D

105. **解** 根据变压器的变化关系，得：

$$k = \frac{N_1}{N_2} = \frac{U_1}{U_2} = 2$$

$$\frac{U_L}{U_1} = \frac{U_L}{U_2} \cdot \frac{U_2}{U_1} = \frac{1}{2} \times \frac{1}{2} = \frac{1}{4}$$

答案：A

106. **解** ①电动机的自然机械特性如图所示。

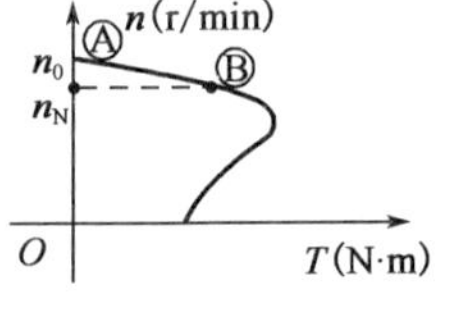

题 106 解图

电动机正常工作时转速运行在ⒶⒷ段。电机空载转速接近Ⓐ点，当负载增加时转速下降。

②电动机的转差率公式为

$$s_N = \frac{n_0 - n_N}{n_0} \times 100\%$$

通常 s 为 1%～9%，当电机的额定转速 $n_N = 1450$r/min 时，可判定空载转速 $n_0 = 1500$r/min。

因此 $s_N = \frac{1500 - 1450}{1500} \times 100\% = 0.033 \times 100\% = 3.3\%$ 。

电动机的空载转差率 s_0 小于额定转差率 s_N。

答案：D

107. **解** 分析理想二极管电路的电压电流关系时，通常的做法是首先设二极管截止，然后判断二极管的偏置电压。如二极管是正向偏置，可以按二极管短路分析；如果二极管是反偏的，则将二极管用断路模型代替。

此题中，$u_i<0$，则二极管反向偏置，将其断开，则横向连接的电阻 R 上无压降，$u_0=u_i$。

答案：A

108. **解** 该电路为固定偏置放在电路，放大倍数 $A_u = \frac{-\beta(R_C//R_L)}{\gamma_{be}}$ 。

答案：C

109. **解** 该电路是同相比例放大电路，分析时注意同相端电阻的作用。

$$u_{+}=\frac{R}{R+R}u_{i}=\frac{1}{2}u_{i}$$

$$u_{o}=\left(1+\frac{100}{10}\right)\frac{R}{R+R}u_{i}=11\times\frac{1}{2}u_{i}=5.5u_{i}$$

答案:D

110. **解** 该电路为异或门电路，逻辑关系为：$F=A\overline{B}+\overline{A}B$

当 $t=t_2$ 时，A=0，B=1，F=1，其余时刻 F 均为 0。

答案:B

111. **解** 在现金流量图中，横轴上任意一时点 t 表示第 t 期期末，同时也是第 $t+1$ 期的期初。

答案:D

112. **解** 经营成本中不包括折旧费、摊销费和贷款利息支出。经营成本是指建设项目总成本费用扣除折旧费、摊销费和财务费用以后的全部费用。

答案:A

113. **解** 根据安全等值计算公式，将现金流入和现金流出折算到同一年进行比较判断。根据资金等值计算公式，选项 D 的方程两边是分别将现金流出和现金流入折算到 n 年末，等式成立。

答案:D

114. **解** 从图解的净现值函数曲线中可以看出，当某项目的净现值小于零时，该项目的内部收益率 IRR 小于基准折现率 i_e。

答案:B

NPV

0

IRR

i_e

i

题 114 解图

115. **解** 计算静态投资回收期仅考虑各年的现金流入、现金流出和净现金流量，不考虑资金的时间价值，基准收益率是反映资金时间价值的参数，因此基准收益率是与静态投资回收期计算无关的量。

答案:D

116. **解** 等额还本则每年还本 100 万元，次年以未还本金为基数计算利息。

第 1 年应还本金=500/5=100 万元，应付利息=500×5%=25 万元；

第 2 年应还本金=500/5=100 万元，应付利息=(500−100)×5%=20 万元。

答案:B

117. **解** 用盈亏平衡分析公式计算。

$$单位产品最低售价=\frac{年固定成本}{设计生产能力}+单位产品可变成本=\frac{1500}{15}+120=220\ 元$$

答案:C

118. **解** 最低价格法是在相同产品方案比选中,按净现值为0推算备选方案的产品价格,以最低产品价格较低的方案为优。

答案:B

119. **解** 进行经济费用效益分析采用社会折现率参数。

答案:C

120. **解** 质量相同,功能上没有变化。

答案:A

2007 年度全国勘察设计注册工程师公共基础考试

试　　题

单项选择题(共 120 题,每题 1 分。每题的备选项中只有一个最符合题意)

1. 设直线的方程为$\frac{x-1}{-2}=\frac{y+1}{-1}=\frac{z}{1}$,则直线:

A. 过点$(1,-1,0)$,方向向量为$2\vec{i}+\vec{j}-\vec{k}$

B. 过点$(1,-1,0)$,方向向量为$2\vec{i}-\vec{j}+\vec{k}$

C. 过点$(-1,1,0)$,方向向量为$-2\vec{i}-\vec{j}+\vec{k}$

D. 过点$(-1,1,0)$,方向向量为$2\vec{i}+\vec{j}-\vec{k}$

2. 设平面π的方程为$2x-2y+3=0$,以下选项中错误的是:

A. 平面π的法向量为$\vec{i}-\vec{j}$

B. 平面π垂直于z轴

C. 平面π平行于z轴

D. 平面π与xOy面的交线为$\frac{x}{1}=\frac{y-\frac{3}{2}}{1}=\frac{z}{0}$

3. 下列方程中代表单叶双曲面的是:

A. $\frac{x^2}{2}+\frac{y^2}{3}-z^2=1$

B. $\frac{x^2}{2}+\frac{y^2}{3}+z^2=1$

C. $\frac{x^2}{2}-\frac{y^2}{3}-z^2=1$

D. $\frac{x^2}{2}+\frac{y^2}{3}+z^2=0$

4. 若有$\lim\limits_{x\to a}\frac{f(x)}{x-a}=0$,则当$x\to a$时,$f(x)$是:

A. 有极限的函数

B. 有界函数

C. 无穷小量

D. 比$(x-a)$高阶的无穷小

5. 函数$y=\frac{x}{\sqrt{1-x^2}}$在x处的微分是:

A. $\frac{1}{(1-x^2)^{\frac{3}{2}}}\mathrm{d}x$

B. $2\sqrt{1-x^2}\,\mathrm{d}x$

C. $x\mathrm{d}x$

D. $\frac{1}{1-x^2}\mathrm{d}x$

6. 已知 $xy=kz$(k 为正常数),则$\frac{\partial x}{\partial y}\cdot\frac{\partial y}{\partial z}\cdot\frac{\partial z}{\partial x}$等于:

A. 1　　B. -1　　C. k　　D. $\frac{1}{k}$

7. 函数 $y=f(x)$在点 $x=x_0$ 处取得极小值,则必有:

A. $f'(x_0)=0$　　B. $f''(x_0)>0$

C. $f'(x_0)=0$ 且 $f''(x_0)>0$　　D. $f'(x_0)=0$ 或导数不存在

8. 对于曲线 $y=\frac{1}{5}x^5-\frac{1}{3}x^3$,下列说法不正确的是:

A. 有 3 个极值点　　B. 有 3 个拐点

C. 有 2 个极值点　　D. 对称原点

9. 若 $\int f(x)\mathrm{d}x = x^3 + C$, 则 $\int f(\cos x)\sin x\mathrm{d}x$ 等于:(式中 C 为任意常数)

A. $-\cos^3 x+C$　　B. $\sin^3 x+C$

C. $\cos^3 x+C$　　D. $\frac{1}{3}\cos^3 x+C$

10. $\int_{-3}^{3} x\sqrt{9-x^2}\mathrm{d}x$ 等于:

A. 0　　B. 9π　　C. 3π　　D. $\frac{9}{2}\pi$

11. $\int_{0}^{+\infty} xe^{-2x}\mathrm{d}x$ 等于:

A. $-\frac{1}{4}$　　B. $\frac{1}{2}$　　C. $\frac{1}{4}$　　D. 4

12. 设 D 是曲线 $y = x^2$ 与 $y = 1$ 所围闭区域,$\iint\limits_{D} 2x\mathrm{d}\sigma =$

A. 1　　B. $\frac{1}{2}$　　C. 0　　D. 2

13. 直线 $y=\frac{H}{R}x\,(x\geqslant 0)$与 $y=H$ 及 y 轴所围图形绕 y 轴旋转一周所得旋转体的体积为:(H,R 为任意常数)

A. $\frac{1}{3}\pi R^2 H$　　B. $\pi R^2 H$

C. $\frac{1}{6}\pi R^2 H$　　D. $\frac{1}{4}\pi R^2 H$

14. 下列各级数发散的是：

A. $\sum_{n=1}^{\infty}\sin\frac{1}{n}$　　B. $\sum_{n=1}^{\infty}(-1)^{n-1}\frac{1}{\ln(n+1)}$

C. $\sum_{n=1}^{\infty}\frac{n+1}{3^{\frac{n}{2}}}$　　D. $\sum_{n=1}^{\infty}(-1)^{n-1}\left(\frac{2}{3}\right)^n$

15. 函数$\frac{1}{x}$展开成$(x-2)$的幂级数是：

A. $\sum_{n=0}^{\infty}(-1)^n\frac{(x-2)^n}{2^{n+1}}$　　B. $\sum_{n=0}^{\infty}\frac{(x-2)^n}{2^{n+1}}$

C. $\sum_{n=0}^{\infty}\frac{(x-2)^n}{2^n}$　　D. $\sum_{n=0}^{\infty}(x-2)^n$

16. 微分方程 $\cos y\mathrm{d}x+(1+e^{-x})\sin y\mathrm{d}y=0$ 满足初始条件 $y|_{x=0}=\frac{\pi}{3}$的特解是：

A. $\cos y=\frac{1}{4}(1+e^x)$　　B. $\cos y=1+e^x$

C. $\cos y=4(1+e^x)$　　D. $\cos^2 y=1+e^x$

17. 微分方程 $y''=x+\sin x$ 的通解是(C_1,C_2 为任意常数)：

A. $\frac{1}{3}x^2+\sin x+C_1x+C_2$　　B. $\frac{1}{6}x^3-\sin x+C_1x+C_2$

C. $\frac{1}{2}x^2-\cos x+C_1x-C_2$　　D. $\frac{1}{2}x^2+\sin x-C_1x+C_2$

18. 微分方程 $y''-4y=4$ 的通解是(C_1,C_2 为任意常数)：

A. $C_1e^{2x}-C_2e^{-2x}+1$　　B. $C_1e^{2x}+C_2e^{-2x}-1$

C. $e^{2x}-e^{-2x}+1$　　D. $C_1e^{2x}+C_2e^{-2x}-2$

19. 若 $P(A)=0.8$,$P(A\overline{B})=0.2$,则 $P(\overline{A}\cup\overline{B})$ 等于：

A. 0.4　　B. 0.6　　C. 0.5　　D. 0.3

20. 离散型随机变量 X 的分布为 $P(X=k)=C\lambda^k(k=0,1,2,\cdots)$,则不成立的是：

A. $C>0$　　B. $0<\lambda<1$　　C. $C=1-\lambda$　　D. $C=\frac{1}{1-\lambda}$

21. 设总体 X 的概率密度为 $f(x)=\begin{cases}(\theta+1)x^\theta, & 0<x<1\\ 0, & 其他\end{cases}$,其中 $\theta>-1$ 是未知参数，$X_1,X_2,\cdots,X_n$ 是来自总体 X 的样本，则 θ 的矩估计量是：

A. $\overline{X}$　　B. $\dfrac{2\overline{X}-1}{1-\overline{X}}$　　C. $2\overline{X}$　　D. $\overline{X}-1$

22. 设行列式 $\begin{vmatrix} 2 & 1 & 3 & 4 \\ 1 & 0 & 2 & 0 \\ 1 & 5 & 2 & 1 \\ -1 & 1 & 5 & 2 \end{vmatrix}$，$A_{ij}$ 表示行列式元素 a_{ij} 的代数余子式，则 $A_{13}+4A_{33}+A_{43}$ 等于：

A. -2　　B. 2　　C. -1　　D. 1

23. 设 $\boldsymbol{A}=\begin{bmatrix} 1 & -1 & 2 \\ 2 & 1 & 1 \\ -1 & 1 & -2 \end{bmatrix}$，$\boldsymbol{B}=\begin{bmatrix} 2 & a & 1 \\ 0 & 3 & a \\ 0 & 0 & -1 \end{bmatrix}$，则秩 $r(\boldsymbol{AB}-\boldsymbol{A})=$

A. 1　　B. 2

C. 3　　D. 与 a 的取值有关

24. 设 $\boldsymbol{\beta}_1$，$\boldsymbol{\beta}_2$ 是线性方程组 $\boldsymbol{Ax}=\boldsymbol{b}$ 的两个不同的解，$\boldsymbol{\alpha}_1$、$\boldsymbol{\alpha}_2$ 是导出组 $\boldsymbol{Ax}=\boldsymbol{0}$ 的基础解系，k_1、k_2 是任意常数，则 $\boldsymbol{Ax}=\boldsymbol{b}$ 的通解是：

A. $\dfrac{\boldsymbol{\beta}_1-\boldsymbol{\beta}_2}{2}+k_1\boldsymbol{\alpha}_1+k_2(\boldsymbol{\alpha}_1-\boldsymbol{\alpha}_2)$　　B. $\boldsymbol{\alpha}_1+k_1(\boldsymbol{\beta}_1-\boldsymbol{\beta}_2)+k_2(\boldsymbol{\alpha}_1-\boldsymbol{\alpha}_2)$

C. $\dfrac{\boldsymbol{\beta}_1+\boldsymbol{\beta}_2}{2}+k_1\boldsymbol{\alpha}_1+k_2(\boldsymbol{\alpha}_1-\boldsymbol{\alpha}_2)$　　D. $\dfrac{\boldsymbol{\beta}_1+\boldsymbol{\beta}_2}{2}+k_1\boldsymbol{\alpha}_1+k_2(\boldsymbol{\beta}_1-\boldsymbol{\beta}_2)$

25. 一容器内储有某种理想气体，如果容器漏气，则容器内气体分子的平均平动动能和气体内能变化的情况是：

A. 分子的平均平动动能和气体的内能都减少

B. 分子的平均平动动能不变，但气体的内能减少

C. 分子的平均平动动能减少，但气体的内能不变

D. 分子的平均平动动能和气体的内能都不变

26. 容器内储有一定量的理想气体，若保持容积不变，使气体的温度升高，则分子的平均碰撞次数$\overline{Z}$和平均自由程$\overline{\lambda}$的变化情况：

A. $\overline{Z}$ 增大，但 $\overline{\lambda}$ 不变　　B. $\overline{Z}$ 不变，但 $\overline{\lambda}$ 增大

C. $\overline{Z}$ 和 $\overline{\lambda}$ 都增大　　D. $\overline{Z}$ 和 $\overline{\lambda}$ 都不变

27. 已知某理想气体的压强为 p，体积为 V，温度为 T，气体的摩尔质量为 M，k 为玻兹曼常量，R 为摩尔气体常量，则该理想气体的密度为：

A. $\dfrac{M}{V}$　　B. $\dfrac{pM}{RT}$　　C. $\dfrac{pM}{kT}$　　D. $\dfrac{p}{RT}$

28. 在麦克斯韦速率分布律中，速率分布函数 $f(v)$ 的意义可理解为：

A. 速率大小等于 v 的分子数
B. 速率大小在 v 附近的单位速率区间内的分子数
C. 速率大小等于 v 的分子数占总分子数的百分比
D. 速率大小在 v 附近的单位速率区间内的分子数占总分子数的百分比

29. 某理想气体在进行卡诺循环时，低温热源的温度为 T，高温热源的温度为 nT，则该理想气体在一次卡诺循环中，从高温热源吸取的热量与向低温热源放出的热量之比为：

A. $\frac{n+1}{n}$　　B. $\frac{n-1}{n}$　　C. n　　D. $n-1$

30. 摩尔数相同的氧气(O_2)和氦气(He)(均视为理想气体)，分别从同一状态开始作等温膨胀，终态体积相同，则此两种气体在这一膨胀过程中：

A. 对外做功和吸热都相同　　B. 对外做功和吸热均不相同
C. 对外做功相同，但吸热不同　　D. 对外做功不同，但吸热相同

31. 频率 4Hz 沿 X 轴正向传播的简谐波，波线上有两点 a 和 b，若它们开始振动的时间差为 0.25s，则它们的相位差为：

A. $\frac{\pi}{2}$　　B. π　　C. $\frac{3\pi}{2}$　　D. 2π

32. 一平面谐波的表达式为 $y=0.002\cos(400\pi t-20\pi x)$(SI)，取 $k=0,\pm1,\pm2,\cdots$，则 $t=1$s 时各波谷所在的位置为：(单位：m)

A. $\frac{400-2k}{20}$　　B. $\frac{400+k}{20}$
C. $\frac{399-2k}{20}$　　D. $\frac{399+k}{20}$

33. 在双缝干涉实验中，当入射单色光的波长减小时，屏幕上干涉条纹的变化情况是：

A. 条纹变密并远离屏幕中心　　B. 条纹变密并靠近屏幕中心
C. 条纹变宽并远离屏幕中心　　D. 条纹变宽并靠近屏幕中心

34. 在单缝夫琅禾费衍射实验中，若单缝两端处的光线到达屏幕上某点的光程差为 $\delta=2.5\lambda$(λ 为入射单色光的波长)，则此衍射方向上的波阵面可划分的半波带数目和屏上该点的衍射条纹情况是：

A. 4 个半波带，明纹　　B. 4 个半波带，暗纹
C. 5 个半波带，明纹　　D. 5 个半波带，暗纹

35. 如果两个偏振片堆叠在一起，且偏振化方向之间夹角为 30°，假设两者对光无吸收，光

强为 I_0 的自然光垂直入射在偏振片上，则出射光强为：

A. $\frac{I_0}{2}$　　B. $\frac{3I_0}{2}$　　C. $\frac{3I_0}{4}$　　D. $\frac{3I_0}{8}$

36. 波长为 λ 的 X 射线，投射到晶体常数为 d 的晶体上，取 $k=0,2,3,\cdots$，出现 X 射线衍射加强的衍射角 θ（衍射的 X 射线与晶面的夹角）满足的公式为：

A. $2d\sin\theta = k\lambda$　　B. $d\sin\theta = k\lambda$

C. $2d\cos\theta = k\lambda$　　D. $d\cos\theta = k\lambda$

37. 下列物质与 H_2O_2 水溶液相遇时，能使 H_2O_2 显还原性的是：（已知：$\varphi^{\ominus}_{MnO_4^-/Mn^{2+}}=1.507V$，$\varphi^{\ominus}_{Sn^{4+}/Sn^{2+}}=0.151V$，$\varphi^{\ominus}_{Fe^{3+}/Fe^{2+}}=0.771V$，$\varphi^{\ominus}_{O_2/H_2O_2}=0.695V$，$\varphi^{\ominus}_{H_2O/H_2O_2}=1.776V$，$\varphi^{0}_{O_2/OH^-}=0.401V$）

A. $KMnO_4$（酸性）　　B. $SnCl_2$

C. Fe^{2+}　　D. NaOH

38. 难溶电解质 $BaCO_3$ 在下列溶液中溶解度最大的是：

A. 0.1 mol/dm^3 HAc 溶液　　B. 纯水

C. 0.1 mol/dm^3 $BaCl_2$ 溶液　　D. 0.1 mol/dm^3 Na_2CO_3 溶液

39. 下列分子中，键角最大的是：

A. NH_3　　B. H_2S　　C. $BeCl_2$　　D. CCl_4

40. 下列物质中，酸性最强的是：

A. H_3BO_3　　B. HVO_3　　C. HNO_3　　D. H_2SiO_3

41. 已知 $K_b^{\ominus}(NH_3)=1.77\times10^{-5}$，用广泛 pH 试纸测定 0.10mol/dm^3 氨水溶液的pH 约是：

A. 13　　B. 12　　C. 14　　D. 11

42. 能同时溶解 $Zn(OH)_2$、AgI 和 $Fe(OH)_3$ 三种沉淀的试剂是：

A. 氨水　　B. 草酸

C. KCN 溶液　　D. 盐酸

43. 47 号元素 Ag 的基态价层电子结构为 $4d^{10}5s^1$，它在周期表中的位置是：

A. ds 区　　B. s 区

C. d 区　　D. p 区

44. 下列关于化学反应速率常数 k 的说法正确的是：

A. k 值较大的反应，其反应速率在任何情况下都大
B. 通常一个反应的温度越高，其 k 值越大
C. 一个反应的 k 值大小与反应物的性质无关
D. 通常一个反应的浓度越大，其 k 值越大

45. 3d 轨道的磁量子数 m 的合理值是：

A. 1、2、3　　B. 0、1、2　　C. 3　　D. 0、±1、±2

46. 下列各物质的化学键中，只存在 σ 键的是：

A. PH_3　　B. $H_2C=CH_2$
C. CO_2　　D. C_2H_2

47. 各物质浓度均为 $0.10mol/dm^3$ 的下列水溶液中，其 pH 最小的是：
[已知 $K_b^\ominus(NH_3)=1.77\times10^{-5}$，$K_b^\ominus(CH_3COOH)=1.76\times10^{-5}$]

A. NH_4Cl　　B. NH_3
C. CH_3COOH　　D. $CH_3COOH+CH_3COONa$

48. ABS 树脂是下列哪几种物质的共聚物？

A. 丙烯腈、乙烯　　B. 丙烯腈、1,3-丁二烯、苯乙烯
C. 丙烯腈、1,3-丁二烯　　D. 乙烯腈、苯

49. 图示三力矢 F_1，F_2，F_3 的关系是：

A. $F_1+F_2+F_3=0$　　B. $F_3=F_1+F_2$
C. $F_2=F_1+F_3$　　D. $F_1=F_2+F_3$

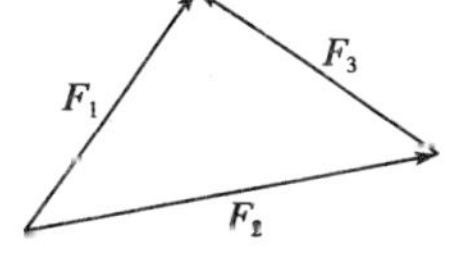

题 49 图

50. 重 W 的圆球置于光滑的斜槽内（如题图所示）。右侧斜面对球的约束力 F_{NB} 的大小为：

A. $F_{NB}=\dfrac{W}{2\cos\theta}$　　B. $F_{NB}=\dfrac{W}{\cos\theta}$

C. $F_{NB}=W\cos\theta$　　D. $F_{NB}=\dfrac{W}{2}\cos\theta$

51. 物块 A 重 $W=10N$，被用水平力 $F_p=50N$ 挤压在粗糙的铅垂墙面 B 上，且处于平衡，如图所示。物块与墙间的摩擦系数 $f=0.3$。A 与 B 间的摩擦力大小为：

A. $F=15N$　　B. $F=10N$
C. $F=3N$　　D. 只依据所给条件则无法确定

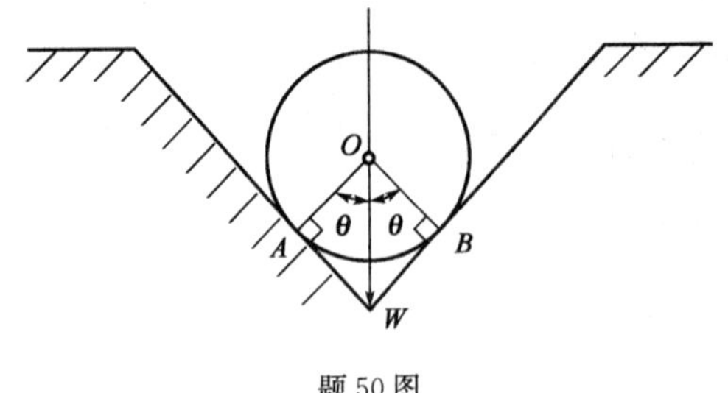

题 50 图

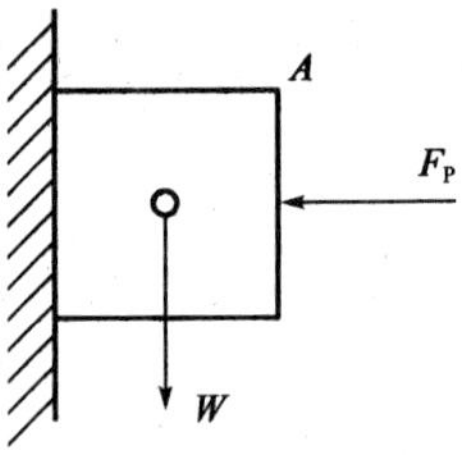

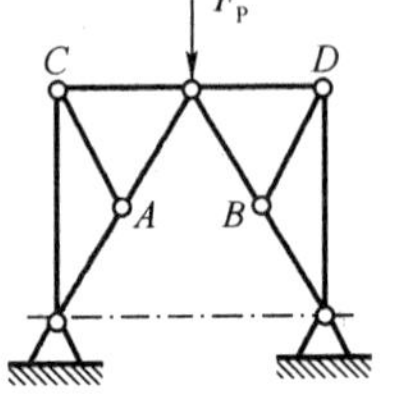

题 51 图

52. 桁架结构形式与荷载 F_P 均已知，如图所示。结构中杆件内力为零的杆件数为：

A. 0 根　B. 2 根　C. 4 根　D. 6 根

题 52 图

53. 图示水平梁 AB 由铰 A 与杆 BD 支撑。在梁上 O 处用小轴安装滑轮。轮上跨过软绳。绳一端水平地系于墙上，另端悬持重 W 的物块。构件均不计重。铰 A 的约束力大小为：

A. $F_{Ax}=\frac{5}{4}W, F_{Ay}=\frac{3}{4}W$　B. $F_{Ax}=W, F_{Ay}=\frac{1}{2}W$

C. $F_{Ax}=\frac{3}{4}W, F_{Ay}=\frac{1}{4}W$　D. $F_{Ax}=\frac{1}{2}W, F_{Ay}=W$

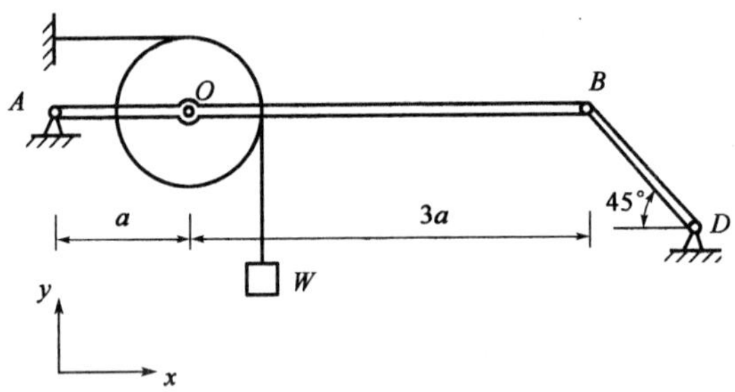

题 53 图

54. 点在铅垂平面 Oxy 内的运动方程 $\begin{cases}x=v_0t\\ y=\frac{1}{2}gt^2\end{cases}$，其中 t 为时间，v_0、g 为常数。点的运动轨迹应为：

A. 直线　B. 圆　C. 抛物线　D. 直线与圆连接

55. 图示圆轮上绕一细绳，绳端悬挂物块。物块的速度 v、加速度 a。圆轮与绳的直线段相切之点为 P，该点速度与加速度的大小分别为：

A. $v_P=v, a_P>a$　B. $v_P>v, a_P<a$　C. $v_P=v, a_P<a$　D. $v_P>v, a_P>a$

56. 图示单摆由长 l 的摆杆与摆锤 A 组成，其运动规律 $\varphi=\varphi_0\sin\omega t$。锤 A 在 $t=\frac{\pi}{4\omega}$s 时的

速度、切向加速度与法向加速度分别为：

A. $v=\frac{1}{2}l\varphi_0\omega, a_\tau=-\frac{1}{2}l\varphi_0\omega^2, a_n=\frac{\sqrt{2}}{2}l\varphi_0{}^2\omega^2$

B. $v=\frac{1}{2}l\varphi_0\omega, a_\tau=\frac{1}{2}l\varphi_0\omega^2, a_n=-\frac{\sqrt{2}}{2}l\varphi_0{}^2\omega^2$

C. $v=\frac{\sqrt{2}}{2}l\varphi_0\omega, a_\tau=\frac{\sqrt{2}}{2}l\varphi_0\omega^2, a_n=\frac{1}{2}l\varphi_0{}^2\omega^2$

D. $v=\frac{\sqrt{2}}{2}l\varphi_0\omega, a_\tau=\frac{\sqrt{2}}{2}l\varphi_0\omega^2, a_n=-\frac{1}{2}l\varphi_0{}^2\omega^2$

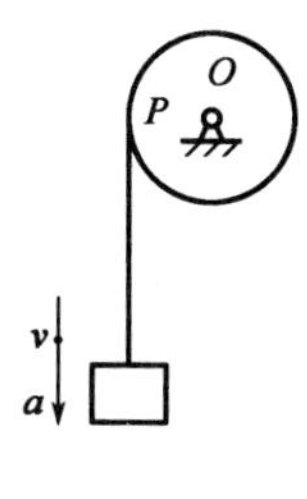

题 55 图

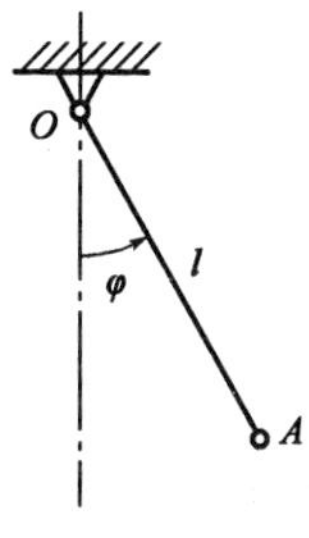

题 56 图

57. 三角形物块沿水平地面运动的加速度为 a，方向如图。物块倾斜角为 α。重 W 的小球在斜面上用细绳拉住，绳另端固定在斜面上。设物块运动中绳不松软，则小球对斜面的压力 F_N 的大小为：

A. $F_N<W\cos\alpha$

B. $F_N>W\cos\alpha$

C. $F_N=W\cos\alpha$

D. 只根据所给条件则不能确定

58. 忽略质量的细杆 $OC=l$，其端部固结匀质圆盘。杆上点 C 为圆盘圆心。盘质量为 m，半径为 r。系统以角速度 ω 绕轴 O 转动，如图所示。系统的动能是：

A. $T=\frac{1}{2}m(l\omega)^2$

B. $T=\frac{1}{2}m[(l+r)\omega]^2$

C. $T=\frac{1}{2}(\frac{1}{2}mr^2)\omega^2$

D. $T=\frac{1}{2}(\frac{1}{2}mr^2+ml^2)\omega^2$

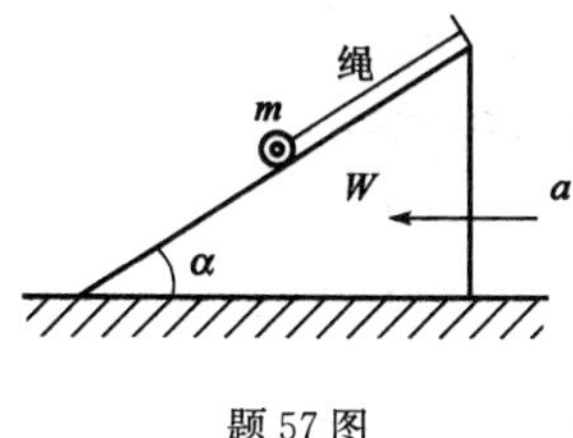

题 57 图

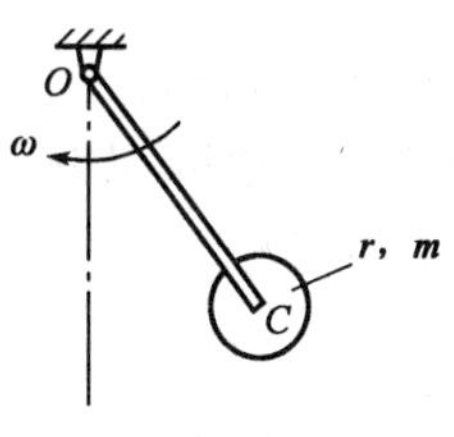

题 58 图

59. 弹簧—物块直线振动系统位于铅垂面内，如图所示。弹簧刚度系数为 k，物块质量为 m。若已知物块的运动微分方程为 $m\ddot{x}+kx=0$，则描述运动的坐标 Ox 的坐标原点应为：

A. 弹簧悬挂处点 O_1

B. 弹簧原长 l_0 处之点 O_2

C. 弹簧由物块重力引起静伸长 δ_{st}之点 O_3

D. 任意点皆可

60. 在图示的固定坐标系 $Oxyz$ 中，长方体作平移(或称平动)。长方体的自由度数为：

A. 1 个　　B. 2 个　　C. 3 个　　D. 4 个

(注：此题考查内容 2009 年大纲已删除)

61. 图示两重物的质量均为 m，分别系在两软绳上。此两绳又分别绕在半径各为 r 与 $2r$，并固结在一起的两圆轮上。两圆轮构成的鼓轮的质量亦为 m，对轴 O 的回转半径为 ρ_O。两重物中一铅垂悬挂，一置于光滑平面上。当系统在左重物重力作用下运动时，鼓轮的角加速度 α 为：

A. $\alpha=\dfrac{2gr}{5r^2+\rho_O^{\ 2}}$　　B. $\alpha=\dfrac{2gr}{3r^2+\rho_O^{\ 2}}$　　C. $\alpha=\dfrac{2gr}{\rho_O^{\ 2}}$　　D. $\alpha=\dfrac{gr}{5r^2+\rho_O^{\ 2}}$

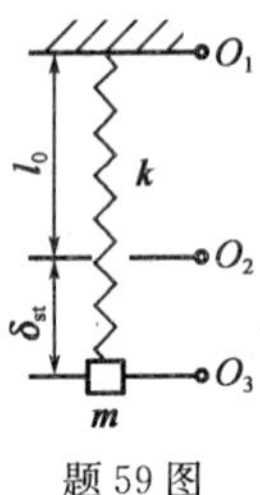

题 59 图

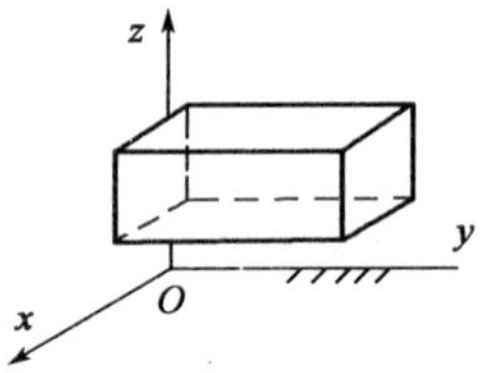

题 60 图

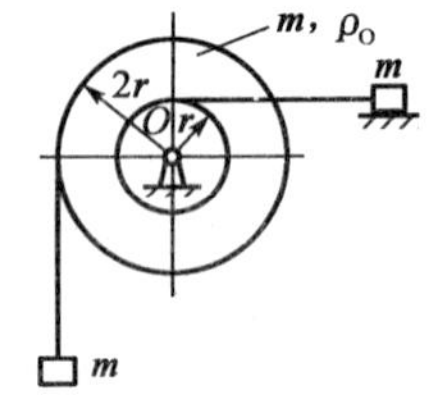

题 61 图

62. 等直杆的受力情况如图所示，则杆内最大轴力 N_{max}和最小轴力 N_{min}分别为：

A. $N_{max}=60\text{kN}$，$N_{min}=15\text{kN}$　　B. $N_{max}=60\text{kN}$，$N_{min}=-15\text{kN}$

C. $N_{max}=30\text{kN}$，$N_{min}=-30\text{kN}$　　D. $N_{max}=90\text{kN}$，$N_{min}=-60\text{kN}$

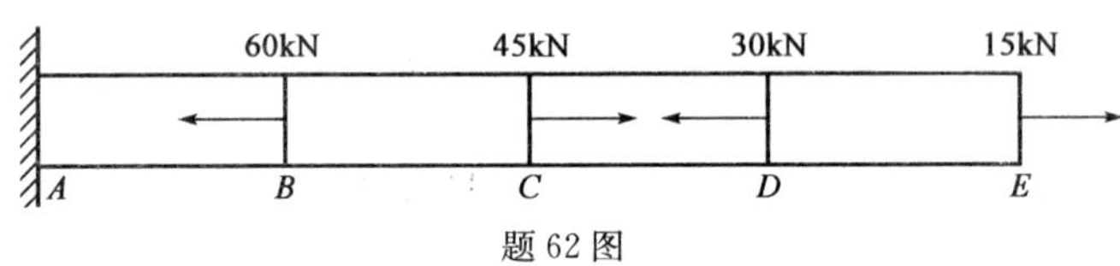

题 62 图

63. 图示刚梁 AB 由杆 1 和杆 2 支撑。已知两杆的材料相同，长度不等，横截面面积分别为 A_1 和 A_2，若荷载 P 使刚梁平行下移，则其横截面面积：

A. $A_1<A_2$　　B. $A_1=A_2$

C. $A_1>A_2$　　D. A_1、A_2 为任意

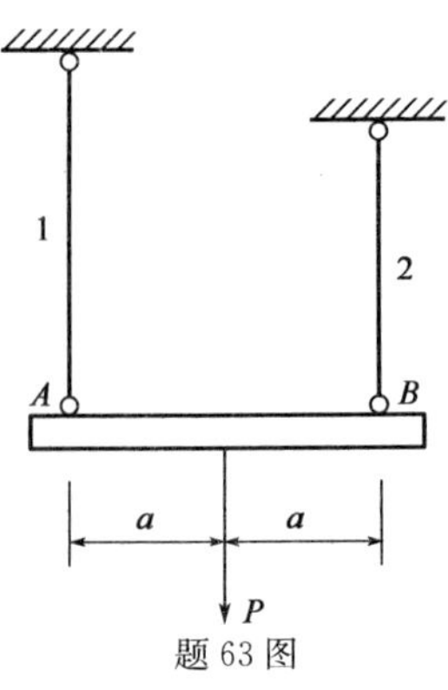

题 63 图

64. 图示铆接件，设钢板和铝铆钉的挤压应力分别为 $\sigma_{jy,1}$、$\sigma_{jy,2}$，则两者的大小关系是：

A. $\sigma_{jy,1}<\sigma_{jy,2}$ B. $\sigma_{jy,1}=\sigma_{jy,2}$ C. $\sigma_{jy,1}>\sigma_{jy,2}$ D. 不确定

65. 直径为 D 的实心圆轴，两端受扭转力矩作用，轴内最大剪应力为 τ。若轴的直径改为 $D/2$，则轴内的最大剪应力应为：

A. 2τ B. 4τ C. 8τ D. 16τ

66. 如图所示，圆轴的扭矩图为：

A.
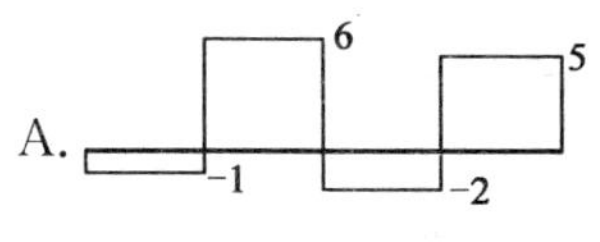

B.
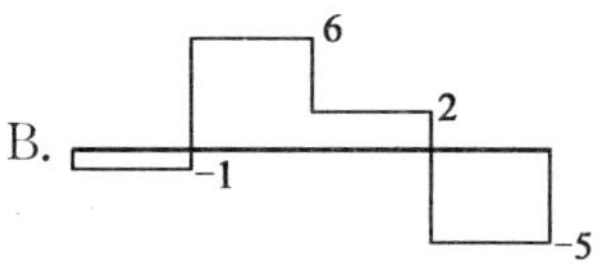

C.
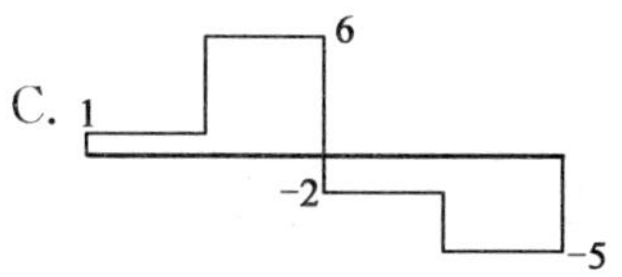

D.
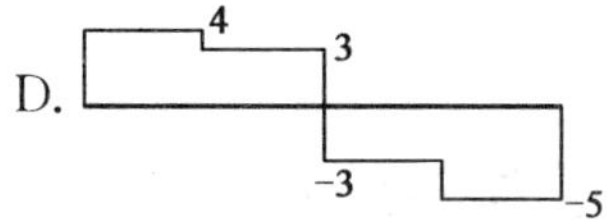

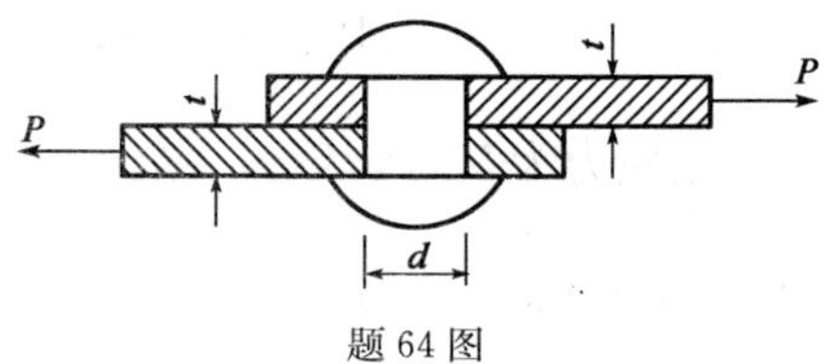

题 64 图

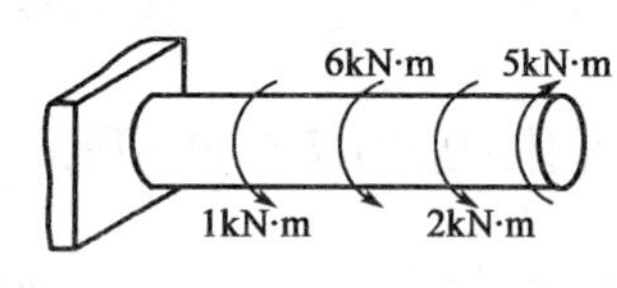

题 66 图

67. 图示矩形截面，m-m 线以上部分和以下部分对形心轴 z 的两个静矩：

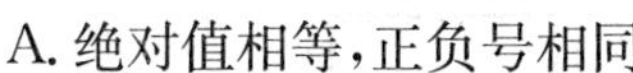

A. 绝对值相等，正负号相同

B. 绝对值相等，正负号不同

C. 绝对值不等，正负号相同

D. 绝对值不等，正负号不同

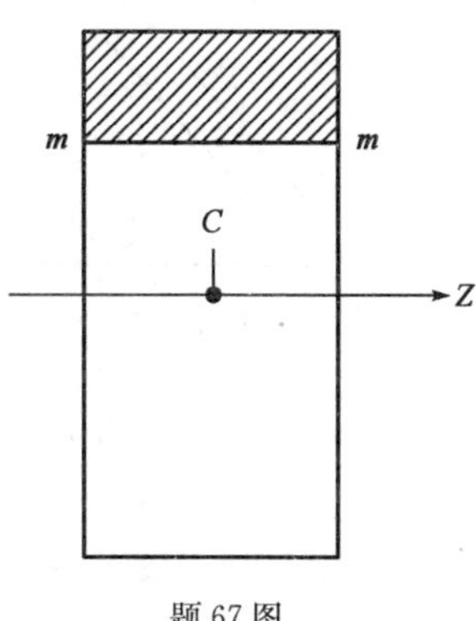

题 67 图

68. 直径为 d 的圆形对其形心轴的惯性半径 i 等于：

A. $d/2$ B. $d/4$ C. $d/6$ D. $d/8$

69. 悬臂梁受载情况如图所示，在截面 C 上：

A. 剪力为零，弯矩不为零 B. 剪力不为零，弯矩为零

C. 剪力和弯矩均为零 D. 剪力和弯矩均不为零

70. 已知图示两梁的抗弯截面刚度 EI 相同，若两者自由端的挠度相等，则 P_1/P_2 为：

A. 2 B. 4 C. 8 D. 16

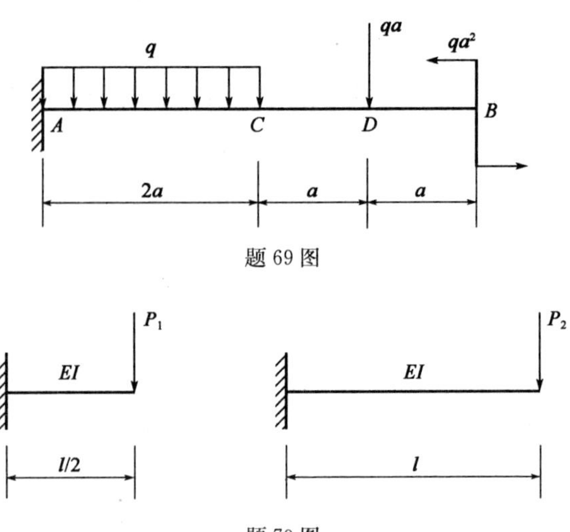

题 69 图

题 70 图

71. 图示等腰直角三角形单元体，已知两直角边表示的截面上只有剪应力，且等于 τ_0，则底边表示的截面上的正应力 σ 和剪应力 τ 分别为：

A. $\sigma=\tau_0,\tau=\tau_0$　　B. $\sigma=\tau_0,\tau=0$　　C. $\sigma=-\tau_0,\tau=\tau_0$　D. $\sigma=-\tau_0,\tau=0$

72. 单元体的应力状态如图所示，若已知其中一个主应力为 5MPa，则另一个主应力为：

A. -85MPa　　B. 85MPa　　C. -75MPa　　D. 75MPa

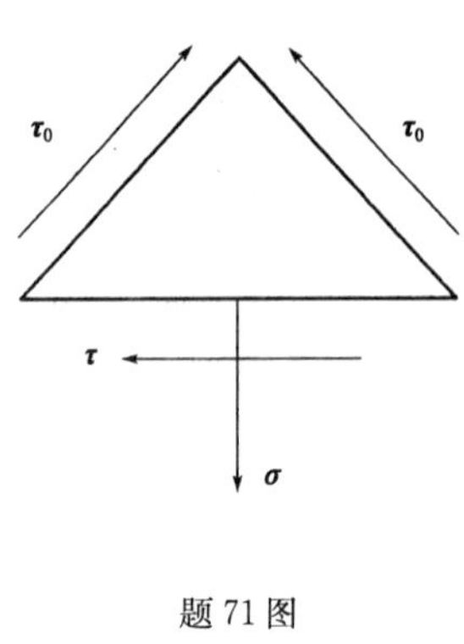

题 71 图

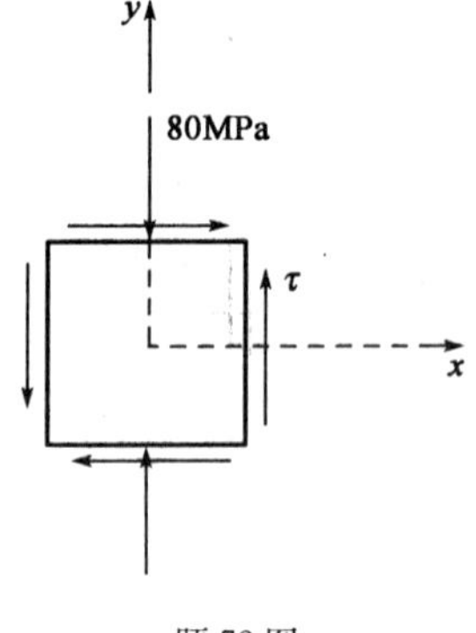

题 72 图

73. 工字形截面梁在图示荷载作用上，截面 m-m 上的正应力分布为：

A. 图(1)　　B. 图(2)　　C. 图(3)　　D. 图(4)

74. 矩形截面杆的截面宽度沿杆长不变，杆的中段高度为 $2a$，左、右段高度为 $3a$，在图示三角形分布荷载作用下，杆的截面 m-m 和截面 n-n 分别发生：

A. 单向拉伸、拉弯组合变形　　B. 单向拉伸、单向拉伸变形
C. 拉弯组合、单向拉伸变形　　D. 拉弯组合、拉弯组合变形

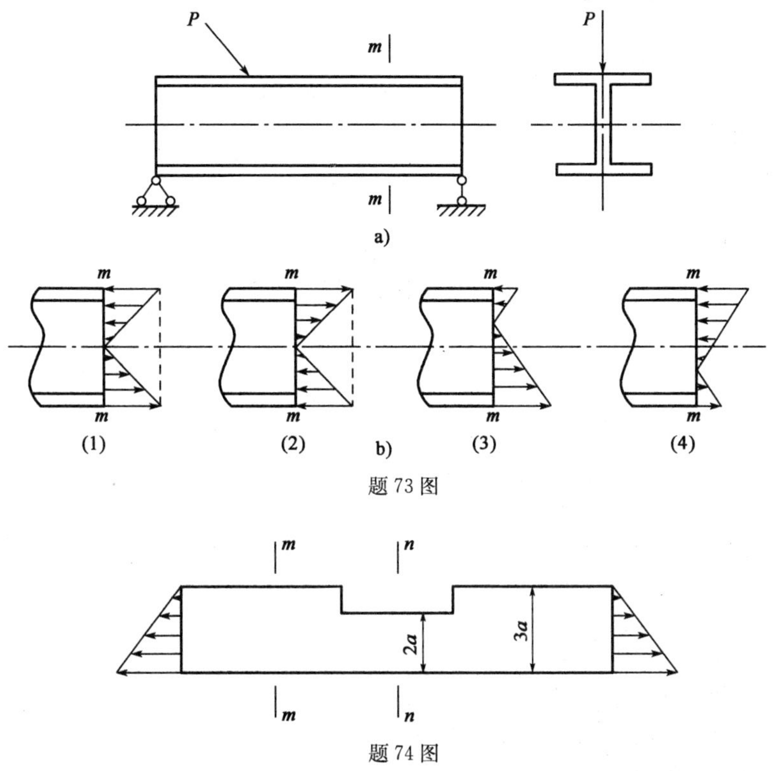

题 73 图

题 74 图

75. 压杆失衡是指压杆在轴向压力的作用下：

A. 局部横截面的面积迅速变化　　B. 危险截面发生屈服或断裂
C. 不能维持平衡状态而突然发生运动　　D. 不能维持直线平衡状态而突然变弯

76. 假设图示三个受压结构失稳时临界压力分别为 P_{cr}^{a}、P_{cr}^{b}、P_{cr}^{c}，比较三者的大小，则：

A. P_{cr}^{a}最小　　B. P_{cr}^{b}最小　　C. P_{cr}^{c}最小　　D. $P_{cr}^{a}=P_{cr}^{b}=P_{cr}^{c}$

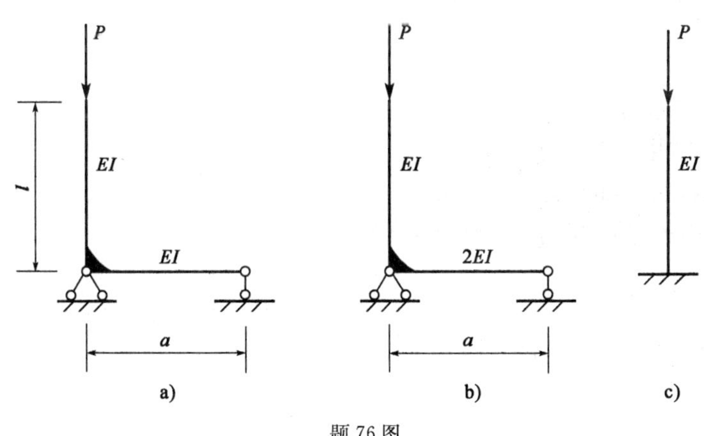

题 76 图

77. 理想流体的基本特征是：

A. 黏性系数是常数　B. 不可压缩　　　C. 无黏性　　　D. 符合牛顿内摩擦定律

78. 根据静水压强的特性，静止液体中同一点各方向的压强：

A. 数值相等　　　　　　　　　　　B. 数值不等
C. 仅水平方向数值相等　　　　　　D. 铅直方向数值最大

79. 图示弧形闸门 AB(1/4 圆)，闸门宽 4m，圆弧半径 R=1m，A 点以上的水深 H=1.4m，水面为大气压强。该闸门 AB 上静水总压力的水平分力 P_x 为：

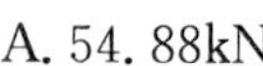

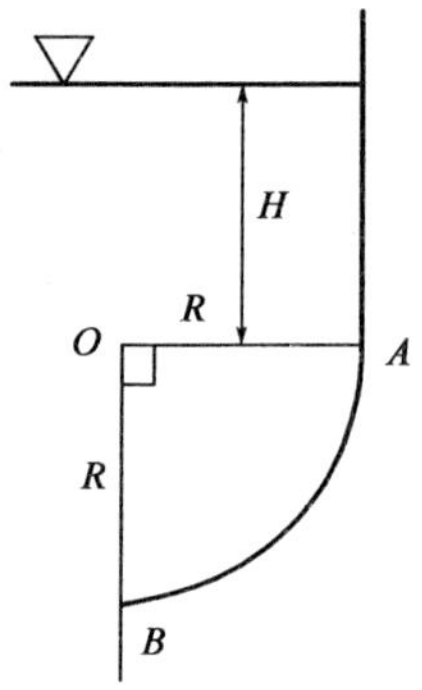

A. 54.88kN　　　　　　　　　　B. 112.9kN
C. 94.08kN　　　　　　　　　　D. 74.48kN

（注：此题考查内容 2009 年大纲已删除）

题 79 图

80. 描述液体运动有迹线和流线的概念：

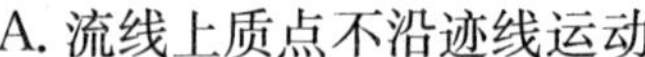

A. 流线上质点不沿迹线运动
B. 质点运动的轨迹称为流线
C. 流线上质点的流速矢量与流线相切
D. 质点的迹线和流线都重合

81. 黏性流体总水头线沿程的变化是：

A. 沿程下降　　　　　　　　　　B. 沿程上升
C. 保持水平　　　　　　　　　　D. 前三种情况都有可能

82. 变直径圆管流，细断面直径 d_1，粗断面直径 $d_2=2d_1$，粗细断面雷诺数的关系是：

A. $Re_1=0.5Re_2$　　B. $Re_1=Re_2$　　C. $Re_1=1.5Re_2$　　D. $Re_1=2Re_2$

83. 层流沿程阻力系数 λ：

A. 只与雷诺数有关
B. 只与相对粗糙度有关
C. 只与流程长度和水力半径有关
D. 既与雷诺数有关，又与相对粗糙度有关

84. 两水箱水位恒定，水面高差 H=10m，管道直径 d=10cm，总长度 l=20m，沿程阻力系数 λ=0.042，已知所有的转弯、阀门、进、出口局部水头损失合计为 h_j=3.2m，如图所示。则通过管道的平均流速为：

A. 3.98m/s　　　B. 4.83m/s　　　C. 2.73m/s　　　D. 15.8m/s

85. 图示长管并联管段 1、2，两管段长度 l 相等，直径 $d_1=2d_2$，沿程阻力系数相等，则两管

段的流量比 Q_1/Q_2 为：

A. 8.00　　B. 5.66　　C. 2.83　　D. 2.00

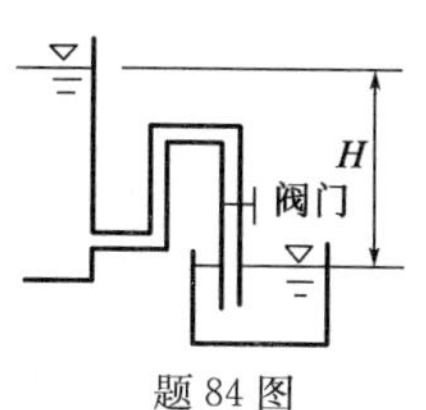

题 84 图

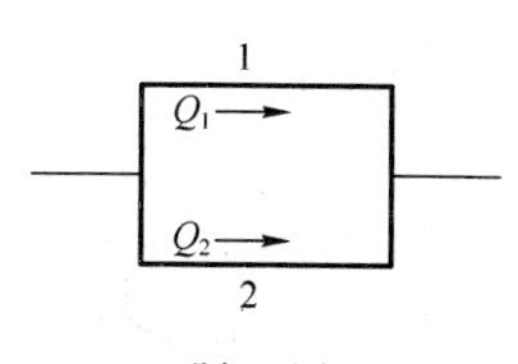

题 85 图

86. 梯形断面水渠按均匀流设计，已知过水断面 $A=5.04\text{m}^2$，湿周 $\chi=6.73\text{m}$，粗糙系数 $n=0.025$，按曼宁公式计算谢才系数 C 为：

A. $30.80\text{m}^{\frac{1}{2}}/\text{s}$　　B. $30.13\text{m}^{\frac{1}{2}}/\text{s}$　　C. $38.80\text{m}^{\frac{1}{2}}/\text{s}$　　D. $38.13\text{m}^{\frac{1}{2}}/\text{s}$

87. 用完全潜水井进行抽水试验计算渗透系数 k，两位工程师各按一种经验公式选取影响半径 R，分别为 $R_1=3000r_0$，$R_2=2000r_0$，其他条件相同，则计算结果 k_1/k_2 为：

A. 1.50　　B. 0.95　　C. 0.67　　D. 1.05

88. 速度 u、长度 l、运动黏度 ν 的无量纲组合是：

A. $\frac{ul^2}{\nu}$　　B. $\frac{u^2l}{\nu}$　　C. $\frac{u^2l^2}{\nu}$　　D. $\frac{ul}{\nu}$

89. 一个完整的计算机系统应该指的是：

A. 硬件系统和软件系统　　B. 主机与外部设备
C. 运算器、控制器和寄存器　　D. 操作系统与应用程序系统

90. Windows 98 或 Windows 2000 系统中的“剪贴板”是：

A. 硬盘中的一块区域　　B. 光盘中的一块区域
C. 内存中的一块区域　　D. U 盘中的一块区域

91. 在不同进制的数中，下列最小的数是：

A. $(125)_{10}$　　B. $(1101011)_2$　　C. $(347)_8$　　D. $(\text{FF})_{16}$

92. 按照网络分布和覆盖的地理范围，可以将计算机网络划分为：

A. Internet 网　　B. 广域网、互联网和城域网
C. 局域网、互联网和 Internet 网　　D. 广域网、局域网和城域网

93. 在 FORTAN 程序中，正确调用 $\sin(x)$ 的表达式是：

A. SIN(20)　　B. SIN(π/6)　　C. SIN(0.523)　　D. SIN(π+30°)

94. 阅读以下 FORTAN 程序：

```
      K1=M(5)
      K2=M(K1)
      K3=M(K1)+M(K2)
      K4=M(K1+K2+K3)
      WRITE(*,100)K4
100   FORMAT(2X,K4=I3)
      END
      FUNCTION M(N)
      M=N+1
      RETURN
      END
```

程序的输出结果是：

A. K4=28　　B. K4=27　　C. K4=30　　D. K4=29

95. 阅读下列 FORTAN 程序：

```
      INTEGER X(7)
      DATA X/4,5,7,8,10,12,11/
      DO 10 K=1,7
      IF(MOD(X(K),2)NE.0)THEN
      S=S+X(K)
      N=N+1
      END IF
10    CONTINUE
      T=S/N
      WRITE(*,20)S,T
20    FORMAT(2X,3F6.1)
      END
```

程序运行后的输出结果是：

A. 23.0　7.7　　B. 47.0　6.7　　C. 34.0　8.5　　D. 57.0　11.4

96. 下面的子程序求一方阵的次对角线上的元素之和。

```
      SUBROUTINE CDJX(M,N,K)
      DIMENSION M(N,50)
      DO 10 J=1,N
      K=______
10    CONTINUE
      RETURN
```

```
      END
```
为了使程序完整，应在______处填入的是：

A. K+M(J,J)　　B. K+M(J,N+1−J)

C. K+M(N+J,J)　　D. K+M(N+J,N−J)

97. 阅读 FORTAN 程序：

```
      OPEN(8,FILE=FILE2.DAT,STATUS=NEW)
      DO 10 I=1,3
      WRITE(8,(4I4))(J+I,J=1,4)
10    CONTINUE
      CLOSE(8)
      END
```
程序运行后，数据文件 FIFE2.DAT 的内容是：

A.
```
2  3  4  5
3  4  5  6
4  5  6  7
```
B.
```
1  2  3  4
5  6  7  8
9  10 11 12
```
C.
```
1  2  3  4
2  3  4  5
3  4  5  6
```
D.
```
1  1  1  1
2  2  2  2
3  3  3  3
```

98. 阅读 FORTAN 程序：

```
      READ( * , * )N
      DO 10 K=1,N
      S=S+K * * 2
10    CONTINUE
      WRITE( * ,100)S
100    FORMAT(2X,F8.0)
      END
```
键盘输入 5 则程序运行后的输出结果是：

A. 35　　B. 45　　C. 65　　D. 55

99. 设真空中点电荷$+q_1$和点电荷$+q_2$相距$2a$，且$q_2=2q_1$以$+q_1$为中心、a为半径形成封闭球面，则通过该球面的电通量为：

A. $3q_1$　　B. $2q_1$　　C. q_1　　D. 0

100. RLC 串联电路如图所示，其中，$R=1\text{k}\Omega$，$L=1\text{mH}$，$C=1\mu\text{F}$。如果用一个 100V 的直流电压加在该电路的 A—B 端口，则电路电流 I 为：

A. 0A　　B. 0.1A　　C. −0.1A　　D. 100A

101. 图 b)所示电源与图 a)所示电路等效，则计算 U_S 和 R_0 的正确算式为：

A. $U'_S=U_S+I_SR_1, R_0=R_1//R_2+R_3$

B. $U'_S=U_S-I_SR_1, R_0=R_1//R_2+R_3$

C. $U'_S=U_S-I_SR_1, R_0=R_1+R_3$

D. $U'_S=U_S+I_SR_1, R_0=R_1+R_3$

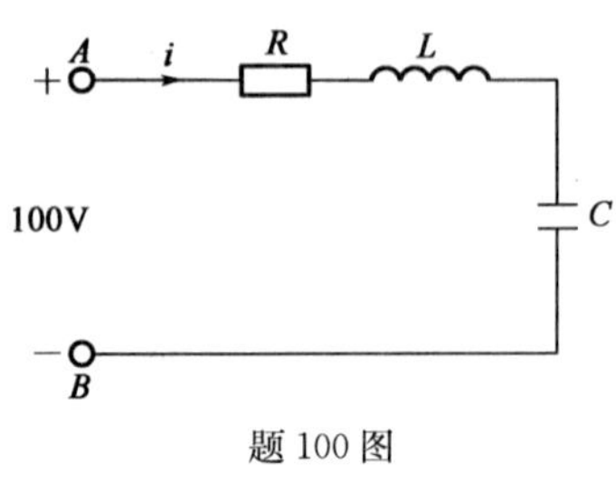

题 100 图

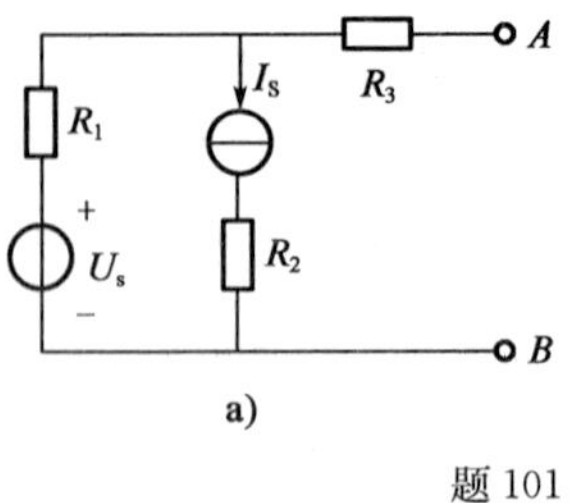

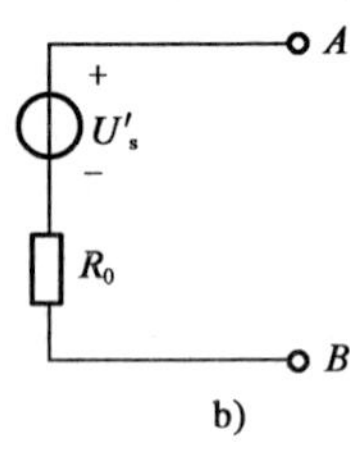

题 101 图

102. 当 RLC 串联电路发生谐振时，一定有：

A. $L=C$　　B. $\omega L=\omega C$　　C. $\omega L=\dfrac{1}{\omega C}$　　D. $U_L+U_C=0$

103. 当图示电路的激励电压 $u_i=\sqrt{2}U_i\sin(\omega t+\varphi)$ 时，电感元件上的响应电压 u_L 的初相位为：

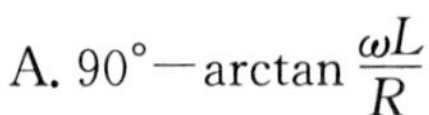

A. $90°-\arctan\dfrac{\omega L}{R}$　　B. $90°-\arctan\dfrac{\omega L}{R}+\varphi$

C. $\arctan\dfrac{\omega L}{R}$　　D. $\varphi-\arctan\dfrac{\omega L}{R}$

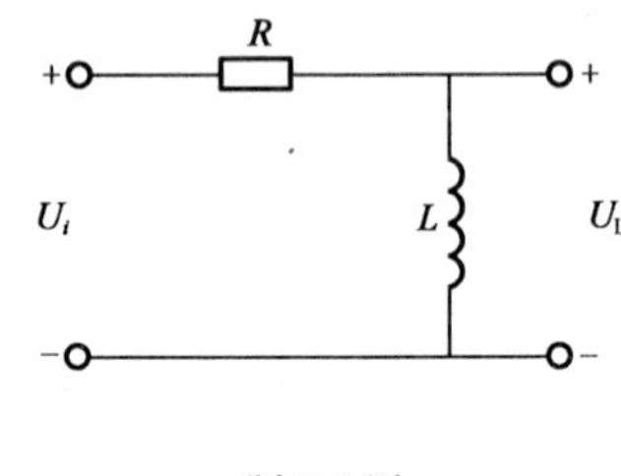

题 103 图

104. 题图所示电路中，$R=1\text{k}\Omega$，$C=1\mu\text{F}$，$U_1=1\text{V}$，电容无初始储能，如果开关 S 在 $t=0$ 时刻闭合，则给出输出电压波形的是：

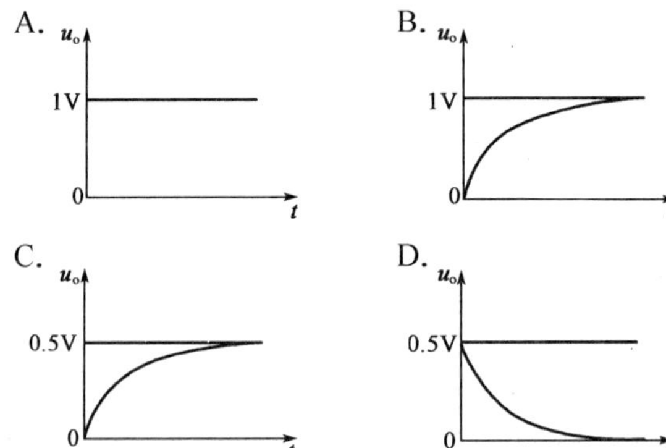

105. 如果把图示电路中的变压器视为理想器件，则当 $U_1=110\sqrt{2}\sin\omega t\text{V}$ 时，有：

A. $U_2=\dfrac{N_1}{N_2}U_1$　　B. $I_2=\dfrac{N_1}{N_2}I_1$

C. $P_2=\frac{N_1}{N_2}P_1$　　　　D. 以上均不成立

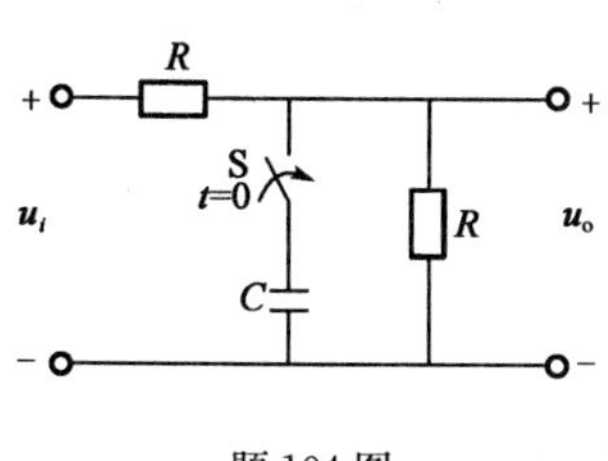

题 104 图

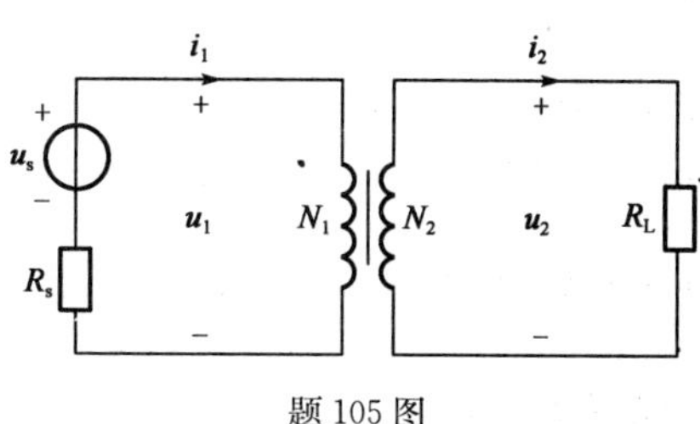

题 105 图

106. 有一台 6kW 的三相异步电动机，其额定运行转速为 1480r/min，额定电压为 380V，全压启动转矩是额定运行转矩的 1.2 倍，现采用△-Y 启动以降低其启动电流，此时的启动转矩为：

A. 15.49N·m　　　　B. 26.82N·m

C. 38.7N·m　　　　D. 46.44N·m

107. 全波整流、滤波电路如图所示，如果输入信号 $u_i=10\sin(\omega t+30°)$V，则开关 S 闭合前，输出电压 u_o 为：

A. 0V　　　　B. 7.64V

C. 10V　　　　D. 12V

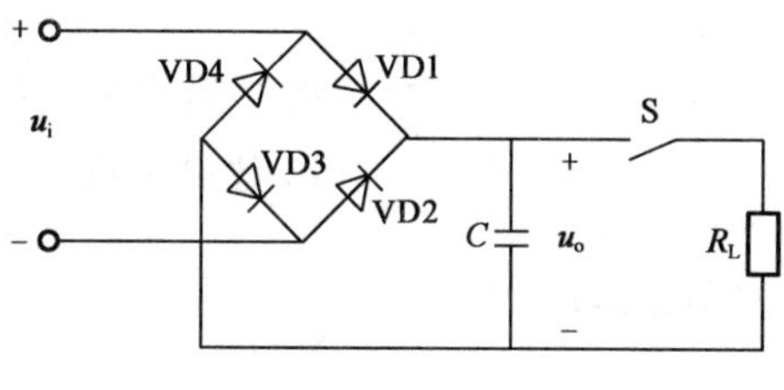

题 107 图

108. 晶体管单管放大电路如图 a)所示，其中电阻 R_B 可调，当输入 u_i、输出 u_o 的波形如图 b)所示，输出波形：

A. 出现了饱和失真，应调大 R_B　　　　B. 出现了饱和失真，应调小 R_B

C. 出现了截止失真，应调大 R_B　　　　D. 出现了截止失真，应调小 R_B

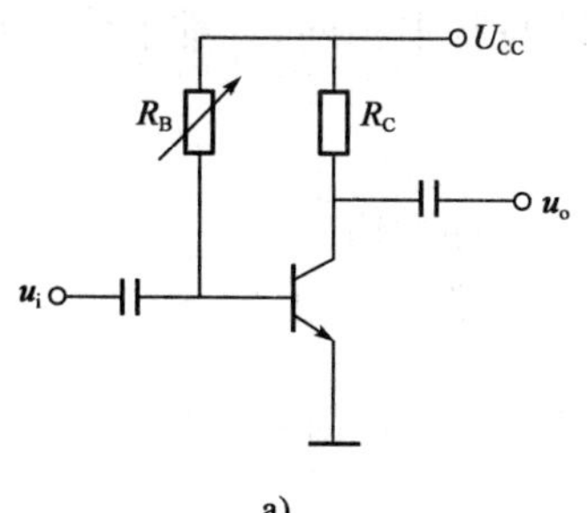

a)

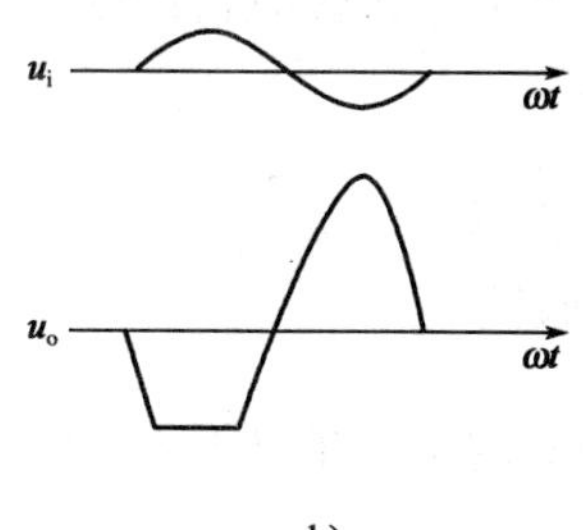

b)

题 108 图

109. 运算放大器应用电路如图所示，在运算放大器线性工作区，输出电压与输入电压之间的运算关系是：

A. $u_o = 10(u_1 - u_2)$　　B. $u_o = 10(u_2 - u_1)$

C. $u_o = -10u_1 + 11u_2$　　D. $u_o = 10u_1 - 11u_2$

110. 图示电路具有：

A. 保持功能　　B. 置“0”功能

C. 置“1”功能　　D. 计数功能

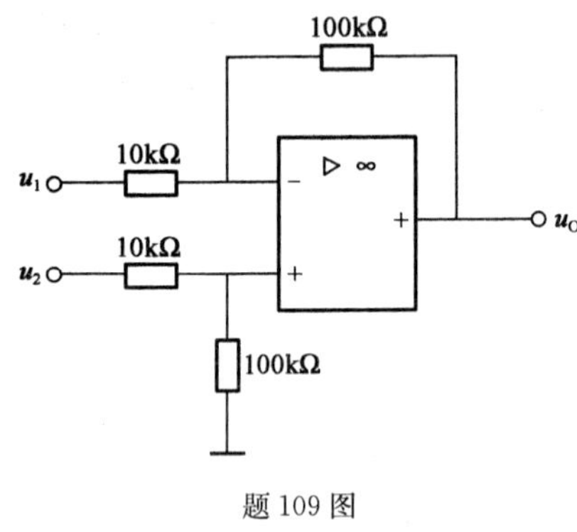

题 109 图

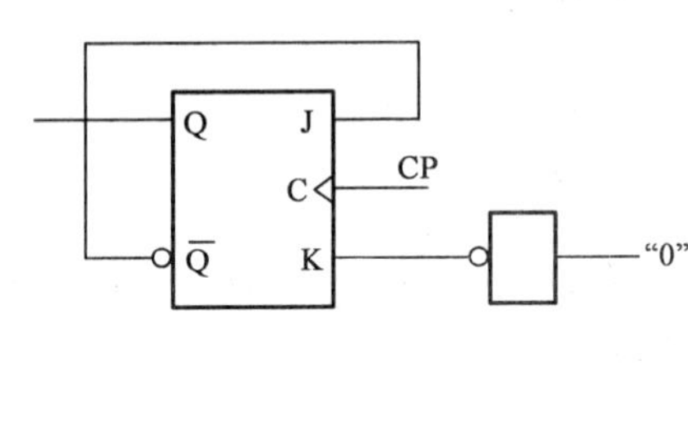

题 110 图

111. 生产性项目总投资包括铺底流动资金和：

A. 设备工器具投资　　B. 建筑安装工程投资

C. 流动资金　　D. 建设投资

112. 销售收入的决定因素不包括：

A. 生产负荷　　B. 销售价格　　C. 销售量　　D. 所得税

113. 某公司准备建立一项为期 10 年的奖励基金，用于奖励有突出贡献的员工，每年计划颁发 100000 元奖金，从第 1 年开始至第 10 年正好用完账户中的所有款项，若利率为 6%，则第 1 年初存入的奖励基金应为：

A. 1318079 元　　B. 1243471 元　　C. 780169 元　　D. 736009 元

114. 在进行互斥方案选优时，若备选方案的收益基本相同，且难于估计时，比选计算应考虑采用：

A. 内部收益率　　B. 净现值

C. 投资回收期　　D. 费用现值

115. 某项目财务现金流量见下表，则该项目的静态投资回收期为：

A. 5.4 年　　B. 5.6 年　　C. 7.4 年　　D. 7.6 年

题 115 表

时　间	1	2	3	4	5	6	7	8	9	10
净现金流量(万元)	−1200	−1000	200	300	500	500	500	500	500	500

116. 盈亏平衡分析是一种特殊形式的临界点分析，它适用于财务评价，其计算应按项目投产后以下哪项计算？

A. 正常年份的销售收入和成本费用数据利润总额
B. 计算期内的平均值
C. 年产量
D. 单位产品销售价格

117. 可行性研究的内容不包括：

A. 市场调查与市场预测　　B. 设计概算
C. 建设规模与产品方案　　D. 劳动安全卫生与消防
（注：此题考查内容 2009 年大纲已删除）

118. 现代主要的权益投资方式不包括：

A. 股权式合资结构　　B. 契约式合资结构
C. 合资式结构　　D. 合伙制结构

119. 以下有关现金流量表的描述中，说法不正确的是：

A. 财务现金流量表主要用于财务评价
B. 自有资金现金流量表反映投资者各方权益投资的获利能力
C. 通过全投资财务现金流量表可计算项目财务内部收益率、财务净现值和投资回收期等评价指标
D. 全投资财务现金流量表是以项目为一独立系统，从融资前的角度进行设置的

120. 开展价值工程活动的目的是：

A. 思想方法的更新和技术管理
B. 对功能和成本进行系统分析和不断创新
C. 提高功能对成本的比值
D. 多领域协作降低产品成本

2007 年度全国勘察设计注册工程师公共基础考试

试题解析及参考答案

1. **解**　由直线方程$\frac{x-x_0}{m}=\frac{y-y_0}{n}=\frac{z-z_0}{l}$可知，直线过$(x_0,y_0,z_0)$点，方向向量$\vec{S}=\{m,n,l\}$。所以直线过点$M(1,-1,0)$，方向向量$\vec{S}=\{-2,-1,1\}$；方向向量也可取为$\vec{S}=\{2,1,-1\}$。

答案：A

2. **解**　平面π的法向量$\vec{n}=\{2,-2,0\}$，z轴方向向量$\vec{S}_z=\{0,0,1\}$，$\vec{n}$、$\vec{S}_z$坐标不成比例，因而$\vec{S}_z$与$\vec{n}$不平行，所以平面π不垂直于z轴。

答案：B

3. **解**　单叶双曲面的标准方程为$\frac{x^2}{a^2}+\frac{y^2}{b^2}-\frac{z^2}{c^2}=1$，所以$\frac{x^2}{2}+\frac{y^2}{3}-z^2=1$为单叶双曲面。

答案：A

4. **解**　由极限运算法则，选项 A、B、C 均不成立，利用两个无穷小比较知识，当$x\to a$时，$\alpha\to 0$，$\beta\to 0$。若$\lim\limits_{x\to a}\frac{\alpha}{\beta}=0$，称在$x\to a$时，$\alpha$是$\beta$的高阶无穷小，所以选项 D 成立。$f(x)$是比$(x-a)$高阶的无穷小。

答案：D

5. **解**　$y=f(x)$，$\mathrm{d}y=f'(x)\mathrm{d}x$，计算$y=f(x)$的导数。

$$y'=\left(\frac{x}{\sqrt{1-x^2}}\right)'=\frac{\sqrt{1-x^2}+\frac{x^2}{\sqrt{1-x^2}}}{1-x^2}=\frac{1-x^2+x^2}{(1-x^2)^{\frac{3}{2}}}=\frac{1}{(1-x^2)^{\frac{3}{2}}}$$

即 $\mathrm{d}y=\frac{1}{(1-x^2)^{\frac{3}{2}}}\mathrm{d}x$

答案：A

6. **解**　$xy=kz$，$xy-kz=0$。由$F(x,y,z)=0$，分别求出F_x、F_y、F_z。

$$\frac{\partial x}{\partial y}=-\frac{Fy}{Fx},\frac{\partial y}{\partial z}=-\frac{Fz}{Fy},\frac{\partial z}{\partial x}=-\frac{Fx}{Fz}$$

计算
$$F_x=y,F_y=x,F_z=-k$$

故
$$\frac{\partial x}{\partial y}=-\frac{x}{y},\frac{\partial y}{\partial z}=\frac{k}{x},\frac{\partial z}{\partial x}=\frac{y}{k}$$

即
$$\frac{\partial x}{\partial y}\cdot\frac{\partial y}{\partial z}\cdot\frac{\partial z}{\partial x}=-1$$

答案：B

7. **解** 已知 $y=f(x)$ 在 $x=x_0$ 处取得极小值，但在题中 $f(x)$ 是否具有一阶、二阶导数，均未说明，从而选项 A、B、C 就不一定成立。答案 D 包含了在 $x=x_0$ 可导或不可导两种情况，如 $y=|x|$ 在 $x=0$ 处导数不存在，但函数 $y=|x|$ 在 $x=0$ 取得极小值。

答案：D

8. **解** 通过计算 $f(x)$ 的极值点确定。

$$y'=x^4-x^2=x^2(x^2-1)=x^2(x+1)(x-1)$$

令 $y'=0$，知驻点为 $x_1=0,x_2=1,x_3=-1$。

利用驻点将定义域分割为 $(-\infty,-1)$、$(-1,0)$、$(0,1)$、$(1,+\infty)$。

题 8 解表

x	$(-\infty,-1)$	-1	$(-1,0)$	0	$(0,1)$	1	$(1,+\infty)$
$f'(x)$	$+$	0	$-$	0	$-$	0	$+$
$f(x)$	↗	极大值	↘	无极值	↘	极小值	↗

函数只有 2 个极值点，选项 C 成立，选项 A 不正确。

还可判定选项 B、D 成立。

答案：A

9. **解** 已知 $\int f(x)\mathrm{d}x=x^3+C$，利用下式得：

$$\int f(\cos x)\sin x\mathrm{d}x=-\int f(\cos x)\mathrm{d}(\cos x)=-\cos^3 x+C$$

答案：A

10. **解** $f(x)=x\sqrt{9-x^2}$ 为奇函数，$f(-x)=-f(x)$，积分区间 $x:[-3,3]$，由定积分的性质可知，奇函数在对称区间积分为零。

答案：A

11. **解** 本题为函数 $f(x)$ 在无穷区间的广义积分。

计算如下：

$$\begin{aligned}\int_0^{+\infty}xe^{-2x}\mathrm{d}x&=-\frac{1}{2}\int_0^{+\infty}xe^{-2x}\mathrm{d}(-2x)\\&=-\frac{1}{2}\int_0^{+\infty}x\mathrm{d}e^{-2x}=-\frac{1}{2}\left[xe^{-2x}\Big|_0^{+\infty}-\int_0^{+\infty}e^{-2x}\mathrm{d}x\right]\\&=-\frac{1}{2}\left[\lim_{x\to+\infty}xe^{-2x}-0+\frac{1}{2}\int_0^{+\infty}e^{-2x}\mathrm{d}(-2x)\right]\\&=-\frac{1}{2}\left(\frac{1}{2}e^{-2x}\Big|_0^{+\infty}\right)=-\frac{1}{2}\left[\frac{1}{2}(\lim_{x\to+\infty}e^{-2x}-1)\right]=\frac{1}{4}\end{aligned}$$

答案：C

12. **解** 画出积分区域图形。求 $\begin{cases}y=x^2\\y=1\end{cases}$，得交点 $(-1,1)$，$(1,1)$，

区域 $D:\begin{cases}-1\leqslant x\leqslant 1\\ x^2\leqslant y\leqslant 1\end{cases}$，

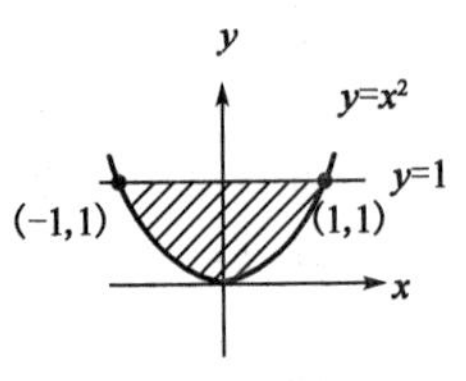

题 12 解图

$$原式=\int_{-1}^{1}\mathrm{d}x\int_{x^2}^{1}2x\mathrm{d}y=\int_{-1}^{1}2xy\Big|_{x^2}^{1}\mathrm{d}x=\int_{-1}^{1}2x(1-x^2)\mathrm{d}x$$

$$=\int_{-1}^{1}(2x-2x^3)\mathrm{d}x=\left(x^2-\frac{1}{2}x^4\right)\Big|_{-1}^{1}=0$$

或利用二重积分的对称性质计算。积分区域 D 关于 y 轴对称，函数满足 $f(-x,y)=-f(x,y)$，即函数 $f(x,y)$ 是关于 x 的奇函数，则二重积分 $\iint\limits_D f(x,y)\mathrm{d}x\mathrm{d}y=0$。

答案：C

13. **解** 画出平面图形，平面图形绕 y 轴旋转，旋转体的体积可通过下面方法计算。

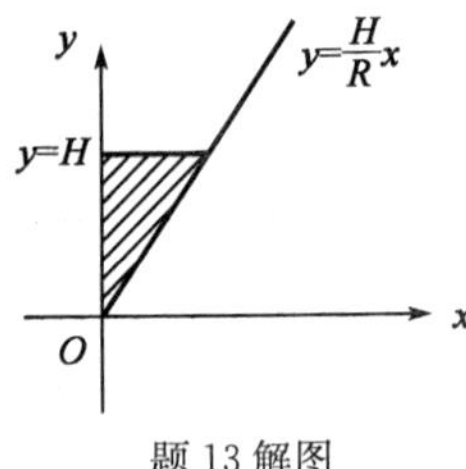

题 13 解图

$y:[0,H]$

$[y,y+\mathrm{d}y]:\mathrm{d}V=\pi x^2\mathrm{d}y=\pi\dfrac{R^2}{H^2}y^2\mathrm{d}y$

$$V=\int_0^H\pi\cdot\frac{R^2}{H^2}y^2\mathrm{d}y=\frac{\pi R^2}{H^2}\int_0^H y^2\mathrm{d}y=\frac{1}{3}\pi R^2 H$$

答案：A

14. **解** 选项 B 为交错级数，由莱布尼兹判别法，判定收敛；选项 C，由正项级数比值收敛法，判定收敛。

$$\lim_{n\to\infty}\frac{u_{n+1}}{u_n}=\lim_{n\to\infty}\frac{\dfrac{n+2}{3^{\frac{n+1}{2}}}}{\dfrac{n+1}{3^{\frac{n}{2}}}}=\lim_{n\to\infty}\frac{1}{\sqrt{3}}\cdot\frac{n+2}{n+1}=\frac{1}{\sqrt{3}}<1$$

选项 D 为等比级数，公比 $|q|=\dfrac{2}{3}<1$，收敛。

选项 A 发散，用正项级数比较法判定。

$$\lim_{n\to\infty}\frac{\sin\dfrac{1}{n}}{\dfrac{1}{n}}=\lim_{t\to 0}\frac{\sin t}{t}=1$$

因为调和级数 $\sum\limits_{n=1}^{\infty}\dfrac{1}{n}$ 发散，所以 $\sum\limits_{n=1}^{\infty}\sin\dfrac{1}{n}$ 发散。

答案：A

15. **解** 将函数 $\dfrac{1}{x}$ 变形后，再利用已知函数 $\dfrac{1}{1+x}$ 的展开式写出结果。

$$\frac{1}{x}=\frac{1}{2+(x-2)}=\frac{1}{2}\frac{1}{1+\dfrac{x-2}{2}}$$

因$\frac{1}{1+x}=1-x+x^2-\cdots=\sum_{n=0}^{\infty}(-1)^n x^n$

所以$\frac{1}{x}=\frac{1}{2}\frac{1}{1+\frac{x-2}{2}}=\frac{1}{2}\sum_{n=0}^{\infty}(-1)^n\left(\frac{x-2}{2}\right)^n=\sum_{n=0}^{\infty}(-1)^n\frac{1}{2^{n+1}}(x-2)^n$

答案:A

16. **解** 本题为一阶可分离变量方程,分离变量后两边积分求解。

$\cos y\mathrm{d}x+(1+e^{-x})\sin y\mathrm{d}y=0$

$\frac{1}{1+e^{-x}}\mathrm{d}x+\frac{\sin y}{\cos y}\mathrm{d}y=0$

$\frac{e^x}{1+e^x}\mathrm{d}x+\frac{\sin y}{\cos y}\mathrm{d}y=0$

$\int\frac{e^x}{1+e^x}\mathrm{d}x+\int\frac{\sin y}{\cos y}\mathrm{d}y=C_1$

$\int\frac{1}{1+e^x}\mathrm{d}(e^x+1)-\int\frac{1}{\cos y}\mathrm{d}\cos y=C_1$

$\ln(1+e^x)-\ln\cos y=\ln C_1,\ln\frac{e^x+1}{\cos y}=\ln C_1$

所以$\frac{e^x+1}{\cos y}=C$

代入初始条件 $x=0,y=\frac{\pi}{3}$,得 $C=4$

因此 $\frac{e^x+1}{\cos y}=4$,即 $\cos y=\frac{1}{4}(1+e^x)$

答案:A

17. **解** 本题为可降阶的高阶微分方程,连续积分二次,得通解。

$y''=x+\sin x$

$y'=\int(x+\sin x)\mathrm{d}x-\frac{1}{2}x^3-\cos x+C_1$

$y=\int\left(\frac{1}{2}x^2-\cos x+C_1\right)\mathrm{d}x=\frac{1}{6}x^3-\sin x+C_1x+C_2$

答案:B

18. **解** 本题为二阶常系数线性非齐次方程。

非齐次通解 y=齐次的通解 y+非齐次一个特解 y^*,$y''-4y=0$,特征方程 $r^2-4=0$,$r=\pm2$。齐次通解为 $y=C_1e^{2x}+C_2e^{-2x}$。

将 $y^*=-1$ 代入非齐次方程,满足方程,为非齐次特解。

故通解 $y=C_1\mathrm{e}^{2x}+C_2\mathrm{e}^{-2x}-1$。

答案:B

19. **解** $P(A\overline{B})=P(A-B)=P(A)-P(AB)$,$P(AB)=P(A)-P(A\overline{B})=0.8-$

$0.2=0.6, P(\overline{A}\cup\overline{B})=P(\overline{AB})=1-P(AB)=1-0.6=0.4$

答案:A

20. **解**　由分布律性质(1)

$$p(x=k)=c\lambda^k\geqslant 0, k=0,1,2,\cdots$$

得 $c>0,\lambda>0$。

由分布律性质(2) $\sum\limits_{k=0}^{\infty}p(x=k)=\sum\limits_{k=0}^{\infty}c\lambda^k=1$;

知等比函数 $\sum\limits_{k=0}^{\infty}c\lambda^k$ 收敛,则有 $|\lambda|<1$;

因为 $\sum\limits_{k=0}^{\infty}c\lambda^k=\dfrac{c}{1-\lambda}=1, c=1-\lambda$;

所以 $c>0, 0<\lambda<1, c=1-\lambda$,选项 D 不成立。

答案:D

21. **解**　$E(X)=\int_0^1 x(\theta+1)x^\theta \mathrm{d}x=\dfrac{\theta+1}{\theta+2}x^{\theta+2}\Big|_0^1=\dfrac{\theta+1}{\theta+2}$

$(\theta+2)E(X)=\theta+1, \theta(E(X)-1)=1-2E(X), \theta=\dfrac{2E(X)-1}{1-E(X)}$,用 $\overline{X}$ 替换 $E(X)$,得 θ 的矩估计量 $\hat{\theta}=\dfrac{2\overline{X}-1}{1-\overline{X}}$。

答案:B

22. **解**　将行列式的第 3 列换成 1,0,4,1,得到新的行列式,然后再计算新行列式的值。

把行列式 $\begin{vmatrix}2&1&1&4\\1&0&0&0\\1&5&4&1\\-1&1&1&2\end{vmatrix}$ 按第 3 列展开,得:

$$A_{13}+4A_{33}+A_{43}=\begin{vmatrix}2&1&1&4\\1&0&0&0\\1&5&4&1\\-1&1&1&2\end{vmatrix}\xlongequal[\text{按第二行展开计算}]{\text{计算行列式的值}}1\cdot(-1)^{2+1}\begin{vmatrix}1&1&4\\5&4&1\\1&1&2\end{vmatrix}$$

$$=-\begin{vmatrix}1&1&4\\5&4&1\\0&0&-2\end{vmatrix}=-2$$

答案:A

23. **解**　由矩阵秩的性质可知,若 $\boldsymbol{A}$ 可逆,则 $r(\boldsymbol{AB})=r(\boldsymbol{B})$,若 $\boldsymbol{B}$ 可逆,则 $r(\boldsymbol{AB})=r(\boldsymbol{A})$。$\boldsymbol{AB}-\boldsymbol{A}=\boldsymbol{A}(\boldsymbol{B}-\boldsymbol{E}), \boldsymbol{B}-\boldsymbol{E}=\begin{vmatrix}1&\alpha&1\\0&2&\alpha\\0&0&-2\end{vmatrix}$, $|\boldsymbol{B}-\boldsymbol{E}|=-4\neq 0$, $\boldsymbol{B}-\boldsymbol{E}$ 可逆, $r[\boldsymbol{A}(\boldsymbol{B}-\boldsymbol{E})]=r(\boldsymbol{A})$。

计算矩阵 $\mathbf{A}$ 的秩：$\mathbf{A}=\begin{bmatrix}1 & -1 & 2\\ 2 & 1 & 1\\ -1 & 1 & -2\end{bmatrix}\sim\begin{bmatrix}1 & -1 & 2\\ 0 & 3 & -3\\ 0 & 0 & 0\end{bmatrix}$，所以 $r(\mathbf{A})=2$。

答案：B

24. **解**　非齐次方程组的通解 $\boldsymbol{y}=\boldsymbol{y}$(齐次方程的通解)$+\boldsymbol{y}^*$(非齐次方程的一个特解)，可验证$\frac{1}{2}(\boldsymbol{\beta}_1+\boldsymbol{\beta}_2)$是 $\mathbf{A}\boldsymbol{x}=\boldsymbol{b}$ 的一个特解。

因为 $\boldsymbol{\beta}_1,\boldsymbol{\beta}_2$ 是线性方程组 $\mathbf{A}\boldsymbol{x}=\boldsymbol{b}$ 的两个不同的解：

$$\mathbf{A}[\frac{1}{2}(\boldsymbol{\beta}_1+\boldsymbol{\beta}_2)]=\frac{1}{2}\mathbf{A}\boldsymbol{\beta}_1+\frac{1}{2}\mathbf{A}\boldsymbol{\beta}_2=\frac{1}{2}\boldsymbol{b}+\frac{1}{2}\boldsymbol{b}=\boldsymbol{b}$$

又已知 $\boldsymbol{\alpha}_1,\boldsymbol{\alpha}_2$ 为导出组 $\mathbf{A}\boldsymbol{x}=\mathbf{0}$ 的基础解系，可知 $\boldsymbol{\alpha}_1,\boldsymbol{\alpha}_2$ 是 $\mathbf{A}\boldsymbol{x}=\mathbf{0}$ 的解，同样可验证 $\boldsymbol{\alpha}_1-\boldsymbol{\alpha}_2$ 也是 $\mathbf{A}\boldsymbol{x}=\mathbf{0}$ 的解，$\mathbf{A}(\boldsymbol{\alpha}_1-\boldsymbol{\alpha}_2)=\mathbf{A}\boldsymbol{\alpha}_1-\mathbf{A}\boldsymbol{\alpha}_2=\mathbf{0}-\mathbf{0}=\mathbf{0}$。

还可验证 $\boldsymbol{\alpha}_1,\boldsymbol{\alpha}_1-\boldsymbol{\alpha}_2$ 线性无关。

设有任意两个实数 K_{11},K_{22} 使 $K_{11}\boldsymbol{\alpha}_1+K_{22}(\boldsymbol{\alpha}_1-\boldsymbol{\alpha}_2)=0$，即 $(K_{11}+K_{22})\boldsymbol{\alpha}_1-K_{22}\boldsymbol{\alpha}_2=0$，因 $\boldsymbol{\alpha}_1,\boldsymbol{\alpha}_2$ 线性无关，所以 $\boldsymbol{\alpha}_1,\boldsymbol{\alpha}_2$ 的系数，$K_{11}+K_{22}=0,-K_{22}=0$。

即$\begin{cases}K_{11}+K_{22}=0\\ K_{22}=0\end{cases}$，解得 $K_{11}=0,K_{22}=0$；因此 $\boldsymbol{\alpha}_1,\boldsymbol{\alpha}_1-\boldsymbol{\alpha}_2$ 线性无关。

故齐次方程组 $\mathbf{A}x=0$ 的通解为 $y=K_1\boldsymbol{\alpha}_1+K_2(\boldsymbol{\alpha}_1-\boldsymbol{\alpha}_2)$。

又 $y^*=\frac{1}{2}(\boldsymbol{\beta}_1+\boldsymbol{\beta}_2)$ 是 $\mathbf{A}x=\boldsymbol{b}$ 的一个特解；

所以 $\mathbf{A}x=\boldsymbol{b}$ 的通解为 $y=\frac{(\boldsymbol{\beta}_1+\boldsymbol{\beta}_2)}{2}+K_1\boldsymbol{\alpha}_1+K_2(\boldsymbol{\alpha}_1-\boldsymbol{\alpha}_2)$。

答案：C

25. **解**　由 $\varepsilon_{平动}=\frac{3}{2}kT$，温度不变则平均平动动能不变，又 $E_{内}=\frac{m}{M}\frac{i}{2}RT$，漏气即 m 减少。

答案：B

26. **解**　平均碰撞次数 $\overline{Z}=\sqrt{2}\pi d^2 n\overline{v}$，平均速率 $\overline{v}=1.6\sqrt{\frac{RT}{M}}$，若温度升高则分子平均速度 $\overline{v}$ 增大，$\overline{Z}$ 增长。而平均自由程 $\overline{\lambda}=\frac{\overline{v}}{\overline{Z}}$ 不变。

答案：A

27. **解**　注意"气体的密度"不是气体分子数密度，气体的密度$=\frac{m(气体质量)}{V(气体体格)}$。

气体状态方程 $pV=\frac{m}{M}RT$，得$\frac{m}{V}=\frac{pM}{RT}$。

答案：B

28. **解**　麦克斯韦速率分布律。

答案：D

29. **解**　由 $\eta_{卡}=1-\frac{T_{低}}{T_{高}}=1-\frac{Q_{放}}{Q_{吸}}$，知$\frac{Q_{吸}}{Q_{放}}=\frac{T_{高}}{T_{低}}=n$。

答案:C

30. **解**　理想气体在等温膨胀中从外界吸收的热量全部转化对外做功(内能不变)。即 $Q_T=A_r=\frac{m}{M}RT\ln\frac{V_2}{V_1}$，现“两种 1mol 气体分别从同一状态开始做等温膨胀，终态体积相同”，所以它们对外做功和吸热都相同。

答案:A

31. **解**　对同一列波，振动频率为 4Hz，周期 $T=\frac{1}{\nu}=\frac{1}{4}=0.25\text{s}$，$a$、$b$ 两点时间差正好是一周期，那么它们的相位差$=2\pi$。

答案:D

32. **解**　波谷位置应满足 $y=-0.002$，得出 $\cos(400\pi t-20\pi x)=-1$，即 $400\pi t-20\pi x=(2k+1)\pi$，推出 $x=\frac{400\pi\text{t}-(2k+1)\pi}{20\pi}=\frac{400t-(2k+1)}{20}$。

令 $t=1\text{s}$，得 $x=\frac{400-(2k+1)}{20}=\frac{399-2k}{20}$。

答案:C

33. **解**　条纹之间间距 $\Delta x=\frac{D\lambda}{nd}$，明纹位置 $x_{明}=\pm\frac{kD\lambda}{nd}$。

答案:B

34. **解**　光程差为 2.5λ，满足明纹条件，$\delta=2.5\lambda=(2k+1)\frac{\lambda}{2}$，即 $2.5\lambda=5\times\frac{\lambda}{2}$。

答案:C

35. **解**　$I=I_0\cos^2\alpha$，注意到自然光通过偏振片后，光强减半。

出射光强 $I=\frac{I_0}{2}\cos^2 30°=\frac{3I_0}{8}$。

答案:D

36. **解**　根据布拉格公式：$2d\sin\varphi=k\lambda(k=0,1,2,3,\cdots)$。

答案:A

37. **解**　电对中，斜线右边为氧化态，斜线左边为还原态。电对的电极电势越大，表示电对中氧化态的氧化能力越强，是强氧化剂；电对的电极电势越小，表示电对中还原态的还原能力越强，是强还原剂。H_2O_2 作为还原剂被氧化为 O_2 时的电极电势为 0.695V，所以 MnO_4^{2-} 和 Fe^{3+} 可以使 H_2O_2 显还原性。

答案:A

38.**解** 在难溶电解质饱和溶液中,加入含有与难溶物组成相同离子的强电解质,使难溶电解质的溶解度降低的现象称为多相同离子效应。由于同离子效应,选项C、D溶液使$BaCO_3$的溶解度减小。选项A溶液中的氢离子和碳酸根离子结合生成CO_2,使$BaCO_3$的溶解平衡向溶解方向移动,溶解度增大。

答案:A

39.**解** NH_3中N为不等性sp^3杂化,分子为三角锥形,键角小于109°28′;H_2S中S为不等性sp^3杂化,分子为"V"字型,键角小于109°28′;$BeCl_2$中Be为sp杂化,$BeCl_2$为直线型分子,键角为180°;CCl_4中C为sp^3杂化,分子为正四面体型,键角等于109°28′。

答案:C

40.**解** 元素周期表中,元素最高价态的氧化物及其水合物,同周期从左至右酸性增强,碱性减弱;同族自上而下酸性减弱,碱性增强。也就是元素周期表中,右上角元素最高价态的氧化物及其水合物酸性最强,所以HNO_3酸性最强。

答案:C

41.**解** NH_3为一元弱碱,$C_{OH^-}=\sqrt{K_b \cdot C}=\sqrt{1.77\times10^{-5}\times0.1}=1.33\times10^{3}(mol/dm^{-3})$,$C_{H^+}=10^{-14}\div C_{OH^-}=7.52\times10^{-12}$,$pH=-\lg C_{H^+}\approx11$。

答案:D

42.**解** 沉淀溶解的条件:降低溶度积常数中相关离子的浓度,使得$Q<K_{sp}$。沉淀溶解的方法:酸解溶解法、氧化还原溶解法、配合溶解法。CN^-能和Zn^{2+}、Ag^+和Fe^{3+}形成非常稳定的配离子。

答案:C

43.**解** 核外电子排布与周期表的关系:元素所在周期数等于该元素原子基态时电子层数;核外电子排布与族的关系:主族及IB、IIB的族数等于最外层电子数;IIIB~VIIB的族数等于最外层s电子数加次外层的d电子数$[(n-1)d+ns]$;$[(n-1)d+ns]=8\sim10$时为第VIII族。

元素的分区:s区,包括IA、IIA元素;p区,包括IIIA~VIIA和零族元素;d区,包括IIIB~VIIB和VIII族元素;ds区,包括IB、IIB元素;f区,包括镧系和锕系元素。Ag为IB元素,为ds区。

答案:A

44.**解** 速率常数表示反应物均为单位浓度时的反应速率。速率常数的大小取决于反应的本质及反应温度,而与浓度无关。

反应速率常数与温度的定量关系式(阿伦尼乌斯公式):$k=Ae^{-\frac{E_a}{RT}}$,A指前因子;E_a为反应的活化能。A与E_a都是反应的特性常数,基本与温度无关。

结论:反应温度越高,速率常数越大,速率也越大;温度一定时,活化能越大,速率常数越小，速率越小。

答案：B

45. **解**　3d轨道的$n=3$，$l=2$，磁量子数$m=0$，±1，±2。

答案：D

46. **解**　共价单键中σ只存在σ键；双键存在一个σ键，一个π键；三键存在一个σ键，两个π键。CO_2和乙烯中存在双键，乙炔中有三键。

答案：A

47. **解**　选项A为强酸弱碱盐，选项B为一元弱碱，选项C为一元弱酸，选项D为缓冲溶液。选项A的氢离子浓度计算公式$C_{H^-}=\sqrt{C\cdot K_W/K_b}$；选项D的氢离子浓度计算公式$C_{H^-}=\dfrac{K_W}{\sqrt{K_bC}}$；选项C的氢离子浓度计算公式$C_{H^-}=\sqrt{K_a\cdot C}$；选项D的氢离子浓度计算公式$C_{H^-}=K_a\dfrac{C_{酸}}{C_{盐}}$。$pH=-\lg C_{H^-}$。

答案：C

48. **解**　ABS树脂又称丙丁苯树脂，学名丙烯腈-丁二烯-苯乙烯共聚物。

答案：B

49. **解**　根据力多边形法则：分力首尾相连，合力从第一个力的起点指向最后一个力的矢端。

答案：D

50. **解**　采用平面汇交力系的两个平衡方程求解：以圆球为研究对象，沿OA、OB方向有约束力F_{NA}和F_{NB}（如图），由对称性可知两约束力大小相等，对圆球列铅垂方向的平衡方程：

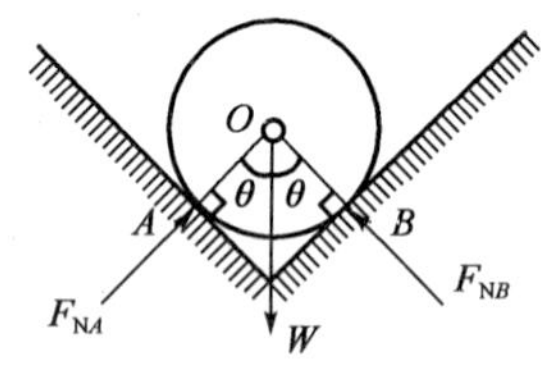

题50解图

$$\sum F_y=0$$

$$F_{NA}\cos\theta+F_{NB}\cos\theta-W=0$$

得

$$F_{NB}=\frac{W}{2\cos\theta}$$

答案：A

51. **解**　因为$F_{max}=F_p\cdot f=50\times0.3=15N$，所以此时物体处于平衡状态，可用铅垂方向的平衡方程计算摩擦力$F=10N$。

答案：B

52. **解**　应用零杆的判断方法，先分别分析节点A和B的平衡，可知杆AC、BD为零杆，再分别分析节点C和D的平衡，两水平和铅垂杆均为零杆。

答案：D

53. **解**　取 AB 为研究对象，受力如图所示。列平衡方程：

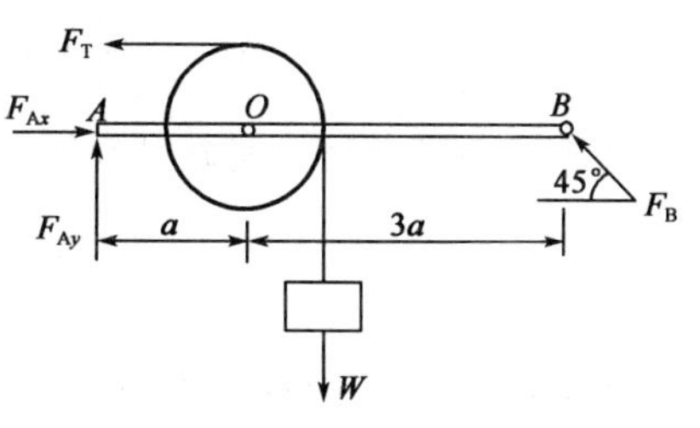

题 53 解图

$\sum M_B(F)=0$

$F_T \cdot r - F_{Ay} \cdot 4a + W(3a-r)=0$

因为 $F_T=W$，所以 $F_{Ay}=\frac{3}{4}W$。

答案：A

54. **解**　将运动方程中的参数 t 消去。即 $t=\frac{x}{v_0}$，代入运动方程，$y=\frac{1}{2}g\left(\frac{x}{v_0}\right)^2$，为抛物线方程。

答案：C

55. **解**　定轴转动刚体上 P 点与绳直线段的速度和切向加速度相同，而 P 点还有法向加速度，即 $a_p=\sqrt{a^2+a_n^2}>a$。

答案：A

56. **解**　根据定轴转动刚体的转动方程、角速度、角加速度以及刚体上一点的速度、加速度公式：$\omega_{OA}=\dot{\varphi}=\varphi_0\omega\cos\omega t$，$\alpha_{OA}=\ddot{\varphi}=-\varphi_0\omega^2\sin\omega t$，$v=l\omega_{OA}$，$a_t=l\alpha_{OA}$，$a_n=l\omega_{OA}^2$。

答案：C

57. **解**　小球受力如图，应用牛顿第二定律：沿垂直于斜面方向，$\frac{W}{g}a\sin\alpha=F_N'-W\cos\alpha$；所以 $F_N=F_N'=\frac{W}{g}a\sin\alpha+W\cos\alpha>W\cos\alpha$。

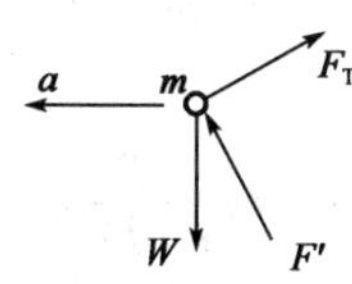

题 57 解图

答案：B

58. **解**　圆盘绕轴 O 作定轴转动，其动能为 $T=\frac{1}{2}J_O\omega^2$，且 $J_O=\frac{1}{2}mr^2+ml^2$。

答案：D

59. **解**　参考微分方程的推导过程(见教程)。

答案：C

60. **解**　根据刚体平移的定义，平移刚体在空间只有三个移动的自由度，不能转动。

答案：C

61. **解**　应用动能定理：$T_2-T_1=W_{12}$。若设重物 A 下降 h 时鼓轮的角速度为 ω_O，则系统的动能为 $T_2=\frac{1}{2}mv_A^2+\frac{1}{2}mv_B^2+\frac{1}{2}J_O\omega_O^2$，$T_1=$ 常量。其中 $v_A=2r\omega_O$；$v_B=r\omega_O$；$J_O=m\rho_O^2$。力所做的功为 $W_{12}=mgh$。

代入动能定理

$$\frac{5}{2}mr^2\omega_O^2+\frac{1}{2}m\rho_0^2\omega_O^2-T_1=mgh$$

将上式的等号两边同时对时间 t 求导数，可得：

$$5mr^2\omega_O\alpha+\frac{1}{2}m\rho_0^2\omega_O\alpha=mg\dot{h}$$

式中：$\dot{h}=v_A=2r\omega_O$，则鼓轮的角加速度为 $\alpha=\dfrac{2rg}{5r^2+\rho_0^2}$。

答案:A

62. **解**　用直接法求轴力可得 $N_{AB}=-30\text{kN}$，$N_{BC}=30\text{kN}$，$N_{CD}=-15\text{kN}$，$N_{DE}=15\text{kN}$。

答案:C

63. **解**　$N_1=N_2=\dfrac{P}{2}$，若使刚梁平行下移，则应使两杆位移相同：$\Delta l_1=\dfrac{\frac{P}{2}l_1}{EA_1}=\Delta l_2\dfrac{\frac{P}{2}l_2}{EA_2}$，即$\dfrac{A_1}{A_2}=\dfrac{l_1}{l_2}>1$。

答案:C

64. **解**　挤压应力等于挤压力除以挤压面积。钢板和铝铆钉的挤压力互为作用力和反作用力，大小相等、方向相反；而挤压面积就是相互接触面的正投影面积，也相同。

答案:B

65. **解**　设直径为 D 的实心圆轴最大剪应力 $\tau=\dfrac{T}{\frac{\pi}{16}D^3}$，则直径为$\dfrac{D}{2}$的实心圆轴最大剪应力 $\tau_1=\dfrac{T}{\frac{\pi}{16}\left(\frac{D}{2}\right)^3}=8\dfrac{T}{\frac{\pi}{16}D^3}=8\tau$。

答案:C

66. **解**　首先考虑整体平衡，设左端反力偶 m 在外表面由外向里转，则有 $\sum M_x=0$，即 $m-1-6-2+5=0$，得 $m=4\text{kN}\cdot\text{m}$。

再由直接法求出各段扭矩，从左至右各段扭矩分别为 $4\text{kN}\cdot\text{m}$、$3\text{kN}\cdot\text{m}$、$-3\text{kN}\cdot\text{m}$、$-5\text{kN}\cdot\text{m}$，在各集中力偶两侧截面上扭矩的变化量就等于集中偶矩的大小。显然符合这些规律的扭矩图只有 D 图。

答案:D

67. **解**　根据静矩定义 $S_z=\int_A y\text{d}A$，图示矩形截面的静矩等于 m-m 线以上部分和以下部分静矩之和，即 $S_z=S_z^{上}+S_z^{下}$，又由于 z 轴是形心轴，$S_z=0$，故 $S_z^{上}+S_z^{下}=0$，$S_z^{上}=-S_z^{下}$。

答案:B

68. **解**　$i=i_y=i_z=\sqrt{\dfrac{I_z}{A}}=\sqrt{\dfrac{\pi}{64}d^4\Big/\left(\dfrac{\pi}{4}d^2\right)}=\dfrac{d}{4}$

答案:B

69. **解** 用直接法,取截面 C 右侧计算比较简单：$F_{CD}=qa$,$M_C=qa^2-qa\cdot a=0$。

答案:B

70. **解** 设 $f_1=\dfrac{P_1\left(\dfrac{l}{2}\right)^3}{3EI}$,$f_2=\dfrac{P_2l^3}{3EI}$,令 $f_1=f_2$,则有 $P_1\left(\dfrac{l}{2}\right)^3=P_2l^3$,$\dfrac{P_1}{P_2}=8$。

答案:C

71. **解** 该题有两种解法。

方法一:对比法。

把图示等腰三角形单元体与纯剪切应力状态对比。把两个直角边看作是纯剪切应力状态中单元体的两个边,则 σ 和 τ 所在截面就相当于纯剪切单元体的主平面,故 $\sigma=\tau_0$,$\tau=0$。

方法二:小块平衡法。

设两个直角边截面面积为 A,则底边截面面积为$\sqrt{2}A$。由平衡方程

$\sum F_y=0$,$\sigma\cdot\sqrt{2}A=2\tau_0A\cdot\sin45°$,所以 $\sigma=\tau_0$;

$\sum F_x=0$,$\tau\cdot\sqrt{2}A+\tau_0A\cos45°=\tau_0A\cdot\cos45°$,所以 $\tau=0$。

答案:B

72. **解** 图示单元体应力状态类同于梁的应力状态:$\sigma_2=0$ 且 $\sigma_x=0$(或 $\sigma_y=0$),故其主应力的特点与梁相同,即有如下规律:

$$\sigma_1=\frac{\sigma}{2}+\sqrt{\left(\frac{\sigma}{2}\right)^2+\tau^2}>0$$

$$\sigma_3=\frac{\sigma}{2}-\sqrt{\left(\frac{\sigma}{2}\right)^2+\tau^2}<0$$

已知其中一个主应力为 5MPa>0,即 $\sigma_1=\dfrac{-80}{2}+\sqrt{\left(\dfrac{-80}{2}\right)^2+\tau^2}=5\text{MPa}$,所以 $\sqrt{\left(\dfrac{-80}{2}\right)^2+\tau^2}=45\text{MPa}$,则另一个主应力必为 $\sigma_3=\dfrac{-80}{2}-\sqrt{\left(\dfrac{80}{2}\right)^2+\tau^2}=-85\text{MPa}$。

答案:A

73. **解** 从截面 m-m 截开后取右侧部分分析可知,右边只有一个铅垂的反力,只能在 m-m 截面上产生图(1)所示的弯曲正应力。

答案:A

74. **解** 图中三角形分布荷载可简化为一个合力,其作用线距杆的截面下边缘的距离为$\dfrac{3a}{3}=a$,所以这个合力对 m-m 截面是一个偏心拉力,m-m 截面要发生拉弯组合变形;而这个合力作用线正好通过 n-n 截面的形心,n-n 截面要发生单向拉伸变形。

答案:C

75. **解** 根据压杆稳定的概念,压杆稳定是指压杆直线平衡的状态在微小外力干扰去除后自我恢复的能力。因此只有选项D正确。

答案:D

76. **解** 根据压杆临界压力的公式 P_{cr} 可知,当 EI 相同时,杆端约束超强,μ 值越小,压杆的临界压力越大,图a)中压杆下边杆端约束最弱(刚度为 EI),图c)中杆端约束最强(刚度为无穷大)。故 P_{cr}^{a} 最小。

答案:A

77. **解** 参见理想流体定义。

答案:C

78. **解** 静止流体中同一点压强,各方向数值相等。

答案:A

79. **解** 水平分力 $p_x=\rho g h_c A_x=9.8\text{kN/m}^3\times(1.4+0.5)\text{m}\times1\text{m}\times4\text{m}=74.48\text{kN}$。

答案:D

80. **解** 参见迹线和流线的定义。

答案:C

81. **解** 参见黏性流体总水头线的图示。

答案:A

82. **解** $\text{Re}=\dfrac{vd}{\nu}$,$v_2=v_1\left(\dfrac{d_1}{d_2}\right)^2$。以 $d_2=2d_1$ 代入式中,$v_2=\dfrac{v_1}{4}$,$\text{Re}_1=\dfrac{v_1d_1}{\nu}=\dfrac{4v_2\times\dfrac{d_2}{2}}{\nu}=2\dfrac{v_2d_2}{\nu}=2\text{Re}_2$。

答案:D

83. **解** 参见沿程阻力系数相关内容(层流沿程阻力系数只与雷诺数有关)。

答案:A

84. **解** 对水箱自由液面与管道出口水池自由液面写能量方程:

$$H=h_w=h_f+h_j=\lambda\frac{L}{d}\frac{v^2}{2g}+h_j$$

$$v=\sqrt{\frac{2gd(H-h_j)}{\lambda L}}=\sqrt{\frac{2\times9.8\times0.1\times(10-3.2)}{0.042\times20}}=3.98\text{m/s}$$

答案:A

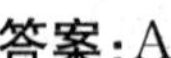

85. **解** 并联管,$\dfrac{Q_1}{Q_2}=\sqrt{\dfrac{S_2}{S_1}}$,$S=\dfrac{8\lambda L}{\pi^2 gd^5}$。以题设条件代入后有:

$$\frac{Q_1}{Q_2}=\sqrt{\frac{8\lambda L}{\pi^2 g d_2^5}/\left(\frac{8\lambda L}{\pi^2 g d_1^5}\right)}=\sqrt{\left(\frac{d_1}{d_2}\right)^5}=\sqrt{2^5}=5.66$$

答案:B

86.**解** $C=\frac{1}{n}R^{\frac{1}{6}}, R=\frac{A}{x}, C=\frac{1}{0.025}\left(\frac{5.04}{6.73}\right)^{\frac{1}{6}}=38.13\sqrt{\mathrm{m}}/\mathrm{s}$

答案:D

87.**解** 由完全潜水井公式 $Q=1.366\frac{k(H^2-h^2)}{\lg\frac{R}{r_0}}$,反推 k。代入题设条件后有:

$$\frac{k_1}{k_2}=\frac{\lg 3000}{\lg 2000}=1.053$$

答案:D

88.**解** 无量纲组合应是量纲为1的量,$\dim=\frac{\mathrm{LT^{-1}}\cdot\mathrm{L}}{\mathrm{L^2T^{-1}}}=1$。

答案:D

89.**解** 计算机系统包括硬件系统和软件系统。

答案:A

90.**解** 在 Windows 98 或 Windows 2000 系统中,剪贴板是程序和文件之间用来传递信息的临时存储区。

答案:C

91.**解** 125 十进制数转换为二进制数为 1111101,347 八进制数转换为二进制数为 011100111,FF 十六进制数转换为二进制数为 11111111。

答案:B

92.**解** 按照地理范围划分可以把各种网络类型划分为局域网、城域网、广域网。

答案:D

93.**解** 在 FORTRAN 程序中,三角函数是以弧度来表示角度的。

答案:C

94.**解** K1=6,K2=M(K1)=7,K3=7+8=15,K4=M(6+7+15)=M(28)=29。

答案:D

95.**解** 此题为将读入的奇数相加,并除以奇数的个数。即 5+7+11=23,23/3=7.7。

答案:A

96.**解** (1)方阵是行和列数目相等的矩阵,方阵次对角线指从左下角到右上角的直线。

(2)N 值是由主程序调用子例行子程序时传递过来的。

(3)子例行子程序定义的两维数组下标上界最大为 50。

(4)方阵的行和列由传递过来的 N 值决定。

(5)可以设置 N=5,有下列 25 个数组元素:

M(1,1)	M(2,1)	M(3,1)	M(4,1)	M(5,1)
M(1,2)	M(2,2)	M(3,2)	M(4,2)	M(5,2)
M(1,3)	M(2,3)	M(3,3)	M(4,3)	M(5,3)
M(1,4)	M(2,4)	M(3,4)	M(4,4)	M(5,4)
M(1,5)	M(2,5)	M(3,5)	M(4,5)	M(5,5)

从方阵中可以看出次对角线上所有元素之和为 M(1,5)+M(2,4)+M(3,3)+M(4,2)+M(5,1)。

可以看出它们的下标下界正好是循环中 J 的值,而下标上界又是循环中(N+1−J)的值。

答案:B

97. **解** I=1,J 分别为 1,2,3,4,J+I 分别为 2,3,4,5;

I=2,J 分别为 1,2,3,4,J+I 分别为 3,4,5,6;

I=3,J 分别为 1,2,3,4,J+I 分别为 4,5,6,7。

答案:A

98. **解** 当 K=5 时,S 的值为 $30+5^2=55$。

答案:D

99. **解** 根据电势高斯定理,真空中通过任意闭合曲面的电通量所包围自由电荷的代数和。

答案:C

100. **解** 直流电源的频率为 0,则感抗 $X_L=0\Omega$,容抗 $X_C\to\infty$(电容开路),因此电路电流 $I=0A$。

答案:A

101. **解** 根据戴维南定理,图 b)中的电压源 U'_S为图 a)的开路电压,电阻 R_0 的数值为图 a)的除源电阻。

$$U'_S=U_S+R_1(-I_S)$$
$$R_0=R_1+R_3$$

答案:C

102. **解** 交流电路中如果有储能元件 L、C 同时存在,且总电压与电流同相则称“谐振”。RLC 串联电路谐振条件 $X_L=X_C$,且$\begin{cases}X_L=\omega L\\X_C=1/\omega C\end{cases}$,可知选项 C 正确。

答案:C

103. **解** 用复数符号法分析

$$\dot{U}_L=\frac{j\omega L}{R+j\omega L}\dot{U}_i=|U_L|\angle\varphi_L$$

$$\varphi_L = 90° - \arctan\frac{\omega L}{R} + \varphi$$

答案:B

104. **解** 电容无初始储能,即 $U_{C(0-)}=0$。由换路定则可知

$$U_{C(0+)} = U_{C(0-)} = 0V$$

开关闭合后经过一定时间,电路重新进入稳态,电容开路;

$U_0 = U_{C(\infty)} = U_i\frac{R}{R+R} = \frac{1}{2}U_i = 0.5V$,根据初始值 $U_{C(0+)}$ 和稳态值 $U_{C(\infty)}$,即可判断。

答案:C

105. **解** 根据变压器基本关系式,得

$$k = \frac{N_1}{N_2} = \frac{U_1}{U_2} = \frac{I_2}{I_1}$$

可以写出

$$I_2 = I_1\frac{N_1}{N_2}$$

答案:B

106. **解** 电动机采用△-Y 启动时,电动机的启动转矩是额定力矩的 1/3,则三角形接法时额定转矩和启动转矩分别是

$$T_{N\triangle} = 9550\times\frac{P_N}{n_N} = 9550\times\frac{6}{1480} = 38.72N\cdot m$$

$$T_{N\triangle st} = 1.2T_{N\triangle} = 46.46N\cdot m$$

当采用△-Y 启动时,启动转矩时

$$T_{NYst} = \frac{1}{3}T_{N\triangle st} = \frac{46.46}{3} = 15.49N\cdot m$$

答案:A

107. **解** 该电路为全波整流电容滤波电路,当开关 S 闭合前输出端有直流电压 u_o 与输入交流电压 u_i 的有效值 U_i 关系为

$$U_o = \sqrt{2}U_i$$

因此

$$U_o = \sqrt{2}\times\frac{10}{\sqrt{2}} = 10V$$

答案:C

108. **解** 根据放大电路的输出特征曲线分析可知,该反相放大电路出现了饱和失真,原因是静态工作点对应的基极电流 I_{BQ}过大,可以加大 R_B 电阻的数值。

答案:A

109. **解** $u_o = u_{o1} + u_{o2} = -\frac{100}{10}u_1 + \left(\frac{10+100}{10}\right)\frac{100}{10+100}u_2$

$= -10u_1 + 10u_2 = 10(u_2 - u_1)$

答案:B

110. **解** JK触发器的功能表分析，该电路 $K=1, J=\overline{Q}$。

当 $Q=0, \overline{Q}=1=J$ 时，输出端 Q 的下一个状态为1；当 $Q=1, \overline{Q}=0=J$ 时，输出端 Q 的状态为0，即 $Q_{n+1}=\overline{Q}_n$，所以该电路有计数功能。

答案:D

111. **解** 生产性项目总投资包括建设投资、建设期贷款利息和铺底流动资金(粗略计算时，建设期贷款利息可并入建设投资)。

答案:D

112. **解** 销售收入的多少与生产负荷大小、销售价格高低以及销售量的多少有关，但与所得税无关。

答案:D

113. **解** 根据等额支付现值公式 $P = 100000(P/A, 6\%, 10) = 100000 \times 7.36009 = 736009$ 元。

答案:D

114. **解** 在进行互斥方案选优时，若备选方案的收益率基本相同，可计算方案的费用现值或费用年值进行方案比选。

答案:D

115. **解** 计算项目的累积净现金流量，见解表。

题115解表

时间	1	2	3	4	5	6	7	8	9	10
净现金流量(万元)	−1200	−1000	200	300	500	500	500	500	500	500
累计净现金流量(万元)	−1200	−2200	−2000	−1700	−1200	−700	−200	300	800	1300

静态投资回收期：$T=7+1-|-200|/500=7.4$ 年。

答案:C

116. **解** 盈亏平衡分析应按项目投产后正常年份的销售收入和成本费用数据利润总额进行计算。

答案:A

117. **解** 在可行性研究阶段，需要进行投资估算，不需要编制设计概算。设计概算是在初步设计阶段由设计单位编制的建设项目所需全部费用的文件。

答案:B

118. **解** 现代主要的权益投资有股权式合资结构、契约式合资结构和合伙制结构3种方式。

答案:C

119.**解** 自有资金现金流量表(资本金现金流量表)反映自有资金投资的获利能力,投资者各方权益投资的获利能力采用投资各方现金流量表。

答案:B

120.**解** 开展价值工程活动的目的是提高产品的价值,即提高功能对成本的比值。

答案:C

2008年度全国勘察设计注册工程师公共基础考试

试　　题

单项选择题(共120题,每题1分。每题的备选项中只有一个最符合题意)

1. 设$\vec{\alpha}=\vec{i}+2\vec{j}+3\vec{k}$,$\vec{\beta}=\vec{i}-3\vec{j}-2\vec{k}$,则与$\vec{\alpha}$、$\vec{\beta}$都垂直的单位向量为:

A. $\pm(\vec{i}+\vec{j}-\vec{k})$

B. $\pm\frac{1}{\sqrt{3}}(\vec{i}-\vec{j}+\vec{k})$

C. $\pm\frac{1}{\sqrt{3}}(-\vec{i}+\vec{j}+\vec{k})$

D. $\pm\frac{1}{\sqrt{3}}(\vec{i}+\vec{j}-\vec{k})$

2. 已知平面π过点$M_1(1,1,0)$,$M_2(0,0,1)$,$M_3(0,1,1)$,则与平面π垂直且过点$(1,1,1)$的直线的对称方程为:

A. $\frac{x-1}{1}=\frac{y-1}{0}=\frac{z-1}{1}$

B. $\frac{x-1}{1}=\frac{z-1}{1},y=1$

C. $\frac{x-1}{1}=\frac{z-1}{1}$

D. $\frac{x-1}{1}=\frac{y-1}{0}=\frac{z-1}{-1}$

3. 下列方程中代表锥面的是:

A. $\frac{x^2}{3}+\frac{y^2}{2}-z^2=0$

B. $\frac{x^2}{3}+\frac{y^2}{2}-z^2=1$

C. $\frac{x^2}{3}-\frac{y^2}{2}-z^2=1$

D. $\frac{x^2}{3}+\frac{y^2}{2}+z^2=1$

4. 函数$f(x)=\begin{cases}2x, & 0\leqslant x<1\\ 4-x, & 1\leqslant x\leqslant 3\end{cases}$,在$x\to 1$时,$f(x)$的极限是:

A. 2　　B. 3　　C. 0　　D. 不存在

5. 函数$y=\sin^2\frac{1}{x}$在x处的导数$\frac{dy}{dx}$是:

A. $\sin\frac{2}{x}$　　B. $\cos\frac{1}{x}$　　C. $-\frac{1}{x^2}\sin\frac{2}{x}$　　D. $\frac{1}{x^2}$

6. 已知$f(x)$是二阶可导的函数,$y=e^{2f(x)}$,则$\frac{d^2y}{dx^2}$为:

A. $e^{2f(x)}$

B. $e^{2f(x)}f''(x)$

C. $e^{2f(x)}[2f'(x)]$　　D. $2e^{2f(x)}\{2[f'(x)]^2+f''(x)\}$

7. 曲线 $y=x^3-6x$ 上切线平行于 x 轴的点是：

A. $(0,0)$　　B. $(\sqrt{2},1)$

C. $(-\sqrt{2},4\sqrt{2})$和$(\sqrt{2},-4\sqrt{2})$　　D. $(1,2)$和$(-1,2)$

8. 设函数 $f(x)$在$(-\infty,+\infty)$上是偶函数，且在$(0,+\infty)$内有 $f'(x)>0$，$f''(x)>0$，则在$(-\infty,0)$内必有：

A. $f'>0,f''>0$　　B. $f'<0,f''>0$

C. $f'>0,f''<0$　　D. $f'<0,f''<0$

9. 若在区间(a,b)内，$f'(x)=g'(x)$，则下列等式中错误的是：

A. $f(x)=Cg(x)$　　B. $f(x)=g(x)+C$

C. $\int \mathrm{d}f(x)=\int \mathrm{d}g(x)$　　D. $\mathrm{d}f(x)=\mathrm{d}g(x)$

10. 设 $f(x)$函数在$[0,+\infty)$上连续，且满足 $f(x)=xe^{-x}+e^x\int_0^1 f(x)\mathrm{d}x$，则$f(x)$是：

A. xe^{-x}　　B. $xe^{-x}-e^{x-1}$

C. e^{x-2}　　D. $(x-1)e^{-x}$

11. 广义积分$\int_0^{+\infty}\frac{C}{2+x^2}\mathrm{d}x=1$，则 $C=$

A. π　　B. $\frac{\pi}{\sqrt{2}}$　　C. $\frac{2\sqrt{2}}{\pi}$　　D. $-\frac{2}{\pi}$

12. D 域由 x 轴、$x^2+y^2-2x=0(y\geqslant 0)$及 $x+y=2$ 所围成，$f(x,y)$是连续函数，化$\iint\limits_D f(x,y)\mathrm{d}x\mathrm{d}y$ 为二次积分是：

A. $\int_0^{\frac{\pi}{4}}\mathrm{d}\varphi\int_0^{2\cos\varphi}f(\rho\cos\varphi,\rho\sin\varphi)\rho\mathrm{d}\rho$　　B. $\int_0^1\mathrm{d}y\int_{1-\sqrt{1-y^2}}^{2-y}f(x,y)\mathrm{d}x$

C. $\int_0^{\frac{\pi}{3}}\mathrm{d}\varphi\int_0^1 f(\rho\cos\varphi,\rho\sin\varphi)\rho\mathrm{d}\rho$　　D. $\int_0^1\mathrm{d}x\int_0^{\sqrt{2x-x^2}}f(x,y)\mathrm{d}y$

13. 在区间$[0,2\pi]$上，曲线 $y=\sin x$ 与 $y=\cos x$ 之间所围图形的面积是：

A. $\int_{\frac{\pi}{4}}^{\pi}(\sin x-\cos x)\mathrm{d}x$　　B. $\int_{\frac{\pi}{4}}^{\frac{5}{4}\pi}(\sin x-\cos x)\mathrm{d}x$

C. $\int_0^{2\pi}(\sin x-\cos x)\mathrm{d}x$　　D. $\int_0^{\frac{5}{4}\pi}(\sin x-\cos x)\mathrm{d}x$

14. 级数$\sum_{n=1}^{\infty}\frac{(-1)^{n-1}}{n}$的收敛性是：

A. 绝对收敛　　B. 条件收敛

C. 等比级数收敛　　D. 发散

15. 函数 e^x 展开成为 $x-1$ 的幂函数是：

A. $\sum_{n=0}^{\infty}\frac{(x-1)^n}{n!}$　　B. $e\sum_{n=0}^{\infty}\frac{(x-1)^n}{n!}$

C. $\sum_{n=0}^{\infty}\frac{(x-1)^n}{n}$　　D. $\sum_{n=0}^{\infty}\frac{(x-1)^n}{ne}$

16. 微分方程$(1+2y)x\mathrm{d}x+(1+x^2)\mathrm{d}y$ 的通解为：

A. $\frac{1+x^2}{1+2y}=C$　　B. $(1+x^2)(1+2y)=C$

C. $(1+2y)^2=\frac{C}{1+x^2}$　　D. $(1+x^2)^2(1+2y)=C$

（以上各式中，C 为任意常数）

17. 微分方程 $y''=(y')^2$ 的通解是：

A. $\ln x+C$　　B. $\ln(x+C)$

C. $C_2+\ln|x+C_1|$　　D. $C_2-\ln|x+C_1|$

（以上各式中，C_1、C_2 为任意常数）

18. 下列函数中不是方程 $y''-2y'+y=0$ 的解的函数是：

A. x^2e^x　　B. e^x

C. xe^x　　D. $(x+2)e^x$

19. 若 $P(A)>0,P(B)>0,P(A\mid B)=P(A)$，则下列各式不成立的是：

A. $P(B\mid A)=P(B)$　　B. $P(A\mid \bar{B})=P(A)$

C. $P(AB)=P(A)P(B)$　　D. A,B 互斥

20. 10 张奖券含有 2 张中奖的奖券，每人购买 1 张，则前四个购买者恰有 1 人中奖的概率是：

A. 0.8^4　　B. 0.1　　C. $C_{10}^{6}0.2\ 0.8^3$　　D. $0.8^3 0.2$

21. 总体 X 的概率分布见题表，其中 $\theta\left(0<\theta<\frac{1}{2}\right)$是未知参数，利用样本值 3、1、3、0、3、1、2、3，所得 θ 的矩估计值是：

A. $\frac{1}{4}$　　B. $\frac{1}{2}$　　C. 2　　D. 0

题21表

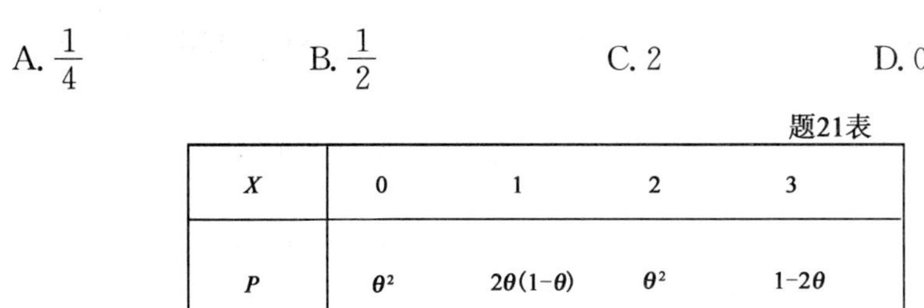

X	0	1	2	3
P	θ^2	$2\theta(1-\theta)$	θ^2	$1-2\theta$

22. 已知矩阵 $\boldsymbol{A}=\begin{bmatrix}1&0&0\\0&1&2\\0&2&4\end{bmatrix}$，则 $\boldsymbol{A}$ 的秩 $r(\boldsymbol{A})=$

A. 0　　B. 1　　C. 2　　D. 3

23. 设 $\vec{\alpha},\vec{\beta},\vec{\gamma},\vec{\delta}$ 是 n 维向量，已知 $\vec{\alpha},\vec{\beta}$ 线性无关，$\vec{\gamma}$ 可以由 $\vec{\alpha},\vec{\beta}$ 线性表示，$\vec{\delta}$ 不能由 $\vec{\alpha},\vec{\beta}$ 线性表示，则以下选项中正确的是：

A. $\vec{\alpha},\vec{\beta},\vec{\gamma},\vec{\delta}$ 线性无关　　B. $\vec{\alpha},\vec{\beta},\vec{\gamma}$ 线性无关
C. $\vec{\alpha},\vec{\beta},\vec{\delta}$ 线性相关　　D. $\vec{\alpha},\vec{\beta},\vec{\delta}$ 线性无关

24. 设 λ_1,λ_2 是矩阵 $\boldsymbol{A}$ 的 2 个不同的特征值，$\boldsymbol{\xi},\boldsymbol{\eta}$ 是 $\boldsymbol{A}$ 的分别属于 λ_1,λ_2 的特征向量，则以下选项中正确的是：

A. 对任意的 $k_1\neq0$ 和 $k_2\neq0$，$k_1\boldsymbol{\xi}+k_2\boldsymbol{\eta}$ 都是 $\boldsymbol{A}$ 的特征向量
B. 存在常数 $k_1\neq0$ 和 $k_2\neq0$，使得 $k_1\boldsymbol{\xi}+k_2\boldsymbol{\eta}$ 是 $\boldsymbol{A}$ 的特征向量
C. 存在任意的 $k_1\neq0$ 和 $k_2\neq0$，$k_1\boldsymbol{\xi}+k_2\boldsymbol{\eta}$ 都不是 $\boldsymbol{A}$ 的特征向量
D. 仅当 $k_1=k_2=0$ 时，$k_1\boldsymbol{\xi}+k_2\boldsymbol{\eta}$ 是 $\boldsymbol{A}$ 的特征向量

25. 质量相同的氢气（H_2）和氧气（O_2），处在相同的室温下，则它们的分子平均平动动能和内能的关系是：

A. 分子平均平动动能相同，氢气的内能大于氧气的内能
B. 分子平均平动动能相同，氧气的内能大于氢气的内能
C. 内能相同，氢气的分子平均平动动能大于氧气的分子平均平动动能
D. 内能相同，氧气的分子平均平动动能大于氢气的分子平均平动动能

26. 某种理想气体的总分子数为 N，分子速率分布函数为 $f(v)$，则速率在 $v_1\rightarrow v_2$ 区间内的分子数是：

A. $\int_{v_1}^{v_2} f(v)\mathrm{d}v$　　B. $N\int_{v_1}^{v_2} f(v)\mathrm{d}v$
C. $\int_{0}^{\infty} f(v)\mathrm{d}v$　　D. $N\int_{0}^{\infty} f(v)\mathrm{d}v$

27. 已知某理想气体的摩尔数为 ν，气体分子的自由度为 i，k 为玻尔兹曼常量，R 为摩尔气

体常量。当该气体从状态 1(p_1,V_1,T_1)到状态 2(p_2,V_2,T_2)的变化过程中,其内能的变化为:

A. $\nu\frac{i}{2}k(T_2-T_1)$　　B. $\frac{i}{2}(p_2V_2-p_1V_1)$

C. $\frac{i}{2}R(T_2-T_1)$　　D. $\nu\frac{i}{2}(p_2V_2-p_1V_2)$

28. 两种摩尔质量不同的理想气体,它们压强相同,温度相同,体积不同。则它们的:

A. 单位体积内的分子数不同
B. 单位体积内气体的质量相同
C. 单位体积内气体分子的总平均平动动能相同
D. 单位体积内气体的内能相同

29. 一定量的理想气体在进行卡诺循环时,高温热源的温度为 500K,低温热源的温度为 400K,则该循环的效率为:

A. 56%　　B. 34%　　C. 80%　　D. 20%

30. 根据热力学第二定律可知:

A. 功可以完全转换为热量,但热量不能全部转换为功
B. 热量可以从高温物体传到低温物体,但不能从低温物体传到高温物体
C. 不可逆过程就是不能向相反方向进行的过程
D. 一切自发过程都是不可逆的

31. 有两列频率不同的声波在空气中传播,已知频率 $\nu_1=500\text{Hz}$ 的声波在其传播方向相距为 l 的两点的振动相位差为 π,那么频率 $\nu_2=1000\text{Hz}$ 的声波在其传播方向相距为 $\frac{l}{2}$ 的两点的相位差为:

A. $\pi/2$　　B. π　　C. $3\pi/4$　　D. $3\pi/2$

32. 一平面谐波的表达式为 $y=0.05\cos(20\pi t+4\pi x)$ (SI),取 $k=0,\pm1,\pm2,\cdots$,则 $t=0.5\text{s}$时各波峰所处的位置为:(单位:m)

A. $\frac{2k-10}{4}$　　B. $\frac{k+10}{4}$

C. $\frac{2k-9}{4}$　　D. $\frac{k+9}{4}$

33. 在双缝干涉实验中,在给定入射单色光的情况下,用一片能透过光的薄介质片(不吸收光线)遮住下面的一条缝,则屏幕上干涉条纹的变化情况是:

A. 零级明纹仍在中心,其他条纹上移

B. 零级明纹仍在中心，其他条纹下移
C. 零级明纹和其他条纹一起上移
D. 零级明纹和其他条纹一起下移

34. 在单缝夫琅禾费衍射实验中，屏上第三级明纹对应的缝间的波阵面，可划分的半波带的数目为：

A. 5 个　　B. 6 个　　C. 7 个　　D. 8 个

35. 如果两个偏振片堆叠在一起，且偏振化方向之间夹角为 45°，假设两者对光无吸收，光强为 I_0 的自然光垂直射在偏振片上，则出射光强为：

A. $I_0/4$　　B. $3I_0/8$　　C. $I_0/2$　　D. $3I_0/4$

36. 一束波长为 λ 的单色光分别在空气中和在玻璃中传播，则在相同的传播时间内：

A. 传播的路程相等，走过的光程相等
B. 传播的路程相等，走过的光程不相等
C. 传播的路程不相等，走过的光程相等
D. 传播的路程不相等，走过的光程不相等

37. 关于盐桥叙述错误的是：

A. 分子通过盐桥流动
B. 盐桥中的电解质可以中和两个半电池中的过剩电荷
C. 可维持氧化还原反应进行
D. 盐桥中的电解质不参加电池反应

38. 在一定温度下，下列反应 $2CO(g)+O_2(g)=2CO_2(g)$ 的 K_p 与 K_c 之间的关系正确的是：

A. $K_p=K_c$　　B. $K_p=K_c\times(RT)$
C. $K_p=K_c/(RT)$　　D. $K_p=1/K_c$

39. 将 pH＝2.00 的 HCl 溶液与 pH＝13.00 的 NaOH 溶液等体积混合后，溶液的 pH 是：

A. 7.00　　B. 12.65　　C. 3.00　　D. 11.00

40. 下列各组元素中，其性质的相似是由镧系收缩引起的是：

A. Zr 与 Hf　　B. Fe 与 Co、Ni　　C. Li 与 Mg　　D. 锕系

41. 暴露在常温空气中的碳并不燃烧，这是由于反应 $C(s)+O_2(g)=\!=\!=CO_2(g)$ 的：[已知：$CO_2(g)$ 的 $\Delta_f G_m^{\ominus}(298.15K)=-394.36kJ/mol$]

A. $\Delta_f G_m^{\ominus}>0$，不能自发进行　　B. $\Delta_f G_m^{\ominus}<0$，但反应速率缓慢

C. 逆反应速率大于正反应速率　　D. 上述原因均不正确

42. 下列分子中，属于极性分子的是：

A. O_2　　B. CO_2　　C. BF_3　　D. C_2H_3F

43. 下列各系列中，按电离能增加的顺序排列的是：

A. Li，Na，K　　B. B，Be，Li　　C. O，F，Ne　　D. C，B，As

44. 分别在四杯 $100cm^3$ 水中加入 5g 乙二酸、甘油、季戊四醇、蔗糖形成四种溶液，则这四种溶液的凝固点：

A. 都相同　　B. 加蔗糖的低
C. 加乙二酸的低　　D. 无法判断

45. 一定温度下，某反应的标准平衡常数 $K^{\ominus}$ 的数值：

A. 恒为常数，并与反应方程式的写法有关
B. 由反应方程式的写法而定
C. 由平衡浓度及平衡分压而定
D. 由加入反应物的量而定

46. 按近代量子力学的观点，核外电子运动的特征：

A. 具有波粒二象性
B. 可用 ψ^2 表示电子在核外出现的几率
C. 原子轨道的能量呈连续变化
D. 电子运动的轨道可用 ψ 的图像表示

47. 下列各物质的化学键中，只存在 σ 键的是：

A. C_2H_2　　B. H_2O　　C. CO_2　　D. CH_3COOH

48. 在热力学标准条件下，0.100mol 的某不饱和烃在一定条件下能和 0.200gH_2 发生加成反应生成饱和烃，完全燃烧时生成 0.300molCO_2 气体，该不饱和烃是：

A. $CH_2=CH_2$　　B. $CH_3CH_2CH=CH_2$
C. $CH_3CH=CH_2$　　D. $CH_3CH_2C\equiv CH$

49. 作用在平面上的三力 $\boldsymbol{F}_1$、$\boldsymbol{F}_2$、$\boldsymbol{F}_3$，组成图示等边三角形，此力系的最后简化结果为：

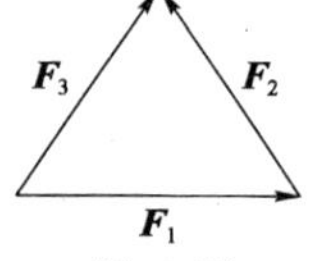

题 49 图

A. 平衡力系　　B. 一合力
C. 一合力偶　　D. 一合力与一合力偶

50. 图示水平梁 CD 的支承力与荷载均已知，其中 $F_p=aq, M=a^2q$，支座 A、B 的约束力分别为：

A. $F_{Az}=0, F_{Ay}=aq(\uparrow), F_{By}=\frac{3}{2}aq(\uparrow)$

B. $F_{Az}=0, F_{Ay}=\frac{3}{4}aq(\uparrow), F_{By}=\frac{5}{4}aq(\uparrow)$

C. $F_{Az}=0, F_{Ay}=\frac{1}{2}aq(\uparrow), F_{By}=\frac{5}{2}aq(\uparrow)$

D. $F_{Az}=0, F_{Ay}=\frac{1}{4}aq(\uparrow), F_{By}=\frac{7}{4}aq(\uparrow)$

51. 重力大小为 W 的物块能在倾斜角为 α 的粗糙斜面上往下滑，为了维持物块在斜面上平衡，在物块上作用向左的水平力 $\boldsymbol{F}_Q$（如图所示）。在求解力 $\boldsymbol{F}_Q$ 的大小时，物块与斜面间的摩擦力 $\boldsymbol{F}$ 的方向为：

A. $\boldsymbol{F}$ 只能沿斜面向上

B. $\boldsymbol{F}$ 只能沿斜面向下

C. $\boldsymbol{F}$ 既可能沿斜面向上，也可能向下

D. $\boldsymbol{F}=0$

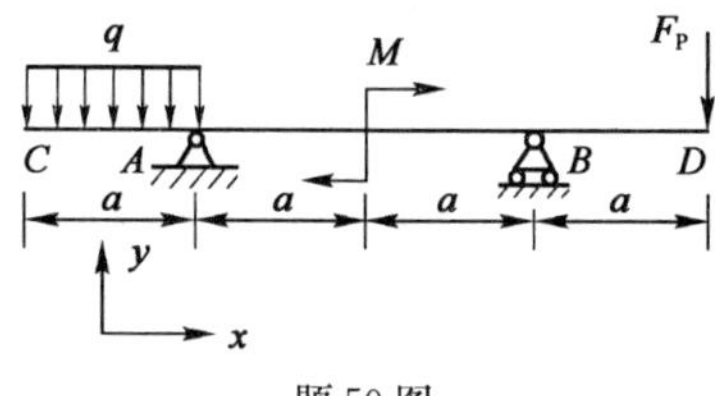

题 50 图

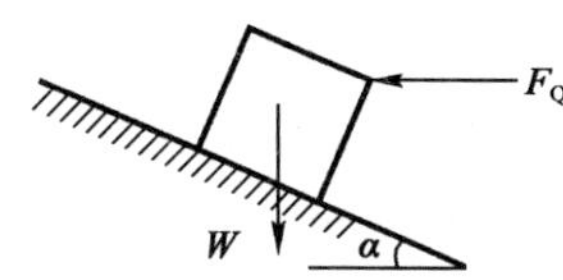

题 51 图

52. 图示平面桁架的尺寸与荷载均已知。其中，杆 1 的内力 F_{S1} 为：

A. $F_{S1}=\frac{5}{3}F_P$(压)

B. $F_{S1}=\frac{5}{3}F_P$(拉)

C. $F_{S1}=\frac{3}{4}F_P$(压)

D. $F_{S1}=\frac{3}{4}F_P$(拉)

53. 图示平面刚性直角曲杆的支撑力、尺寸与荷载均已知，且 $F_Pa>m$，B 处插入端约束的全部约束力各为：

A. $F_{Bx}=0, F_{By}=F_P(\uparrow)$，力偶 $m_B=F_Pa$(↶)

B. $F_{Bx}=0, F_{By}=F_P(\uparrow)$，力偶 $m_B=0$

C. $F_{Bx}=0, F_{By}=F_P(\uparrow)$，力偶 $m_B=F_Pa-m$(↶)

D. $F_{Bx}=0, F_{By}=F_P(\uparrow)$，力偶 $m_B=F_Pb-m$(↶)

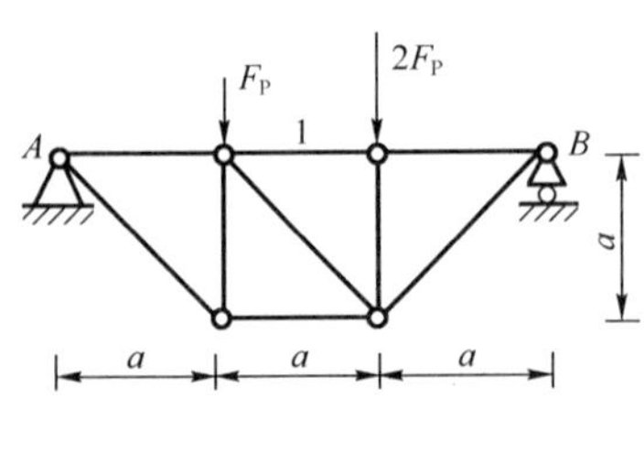

题 52 图

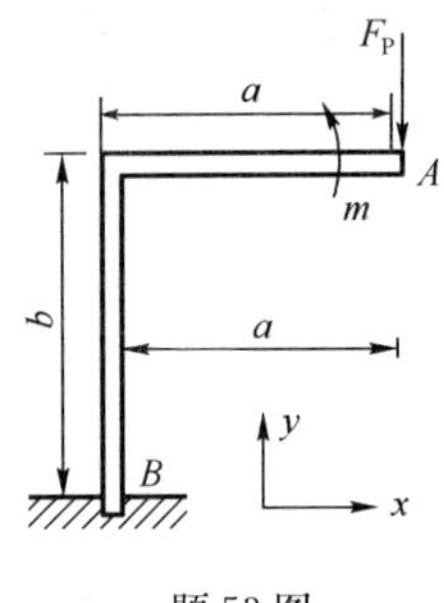

题 53 图

54. 点在平面 xOy 内的运动方程为 $\begin{cases} x=3\cos t \\ y=3-5\sin t \end{cases}$（式中，$t$ 为时间）。点的运动轨迹应为：

A. 直线　　B. 圆　　C. 正弦曲线　　D. 椭圆

55. 图示杆 $OA=l$，绕定轴 O 以角速度 ω 转动，同时通过 A 端推动滑块 B 沿轴 x 运动，设分析运动的时间内杆与滑块并不脱离，则滑块的速度 v_B 的大小用杆的转角 φ 与角速度 ω 表示为：

A. $v_B=l\omega\sin\varphi$　　B. $v_B=l\omega\cos\varphi$

C. $v_B=l\omega\cos^2\varphi$　　D. $v_B=l\omega\sin^2\varphi$

56. 图示点沿轨迹已知的平面曲线运动时，其速度大小不变，加速度 a 应为：

A. $a_n=a\neq0, a_\tau=0$

B. $a_n=0, a_\tau=a\neq0$

C. $a_n\neq0, a_\tau\neq0, a_n+a_\tau=a$

D. $a=0$

（a_n：法向加速度，a_τ：切向加速度）

57. 图示匀质杆 AB 长 l，质量为 m，质心为 C。点 D 距点 A 为 $\frac{1}{4}l$。杆对通过点 D 且垂直于 AB 的轴 y 的转动惯量为：

A. $J_{Dy}=\frac{1}{12}ml^2+m\left(\frac{1}{4}l\right)^2$　　B. $J_{Dy}=\frac{1}{3}ml^2+m\left(\frac{1}{4}l\right)^2$

C. $J_{Dy}=\frac{1}{12}ml^2+m\left(\frac{3}{4}l\right)^2$　　D. $J_{Dy}=m\left(\frac{1}{4}l\right)^2$

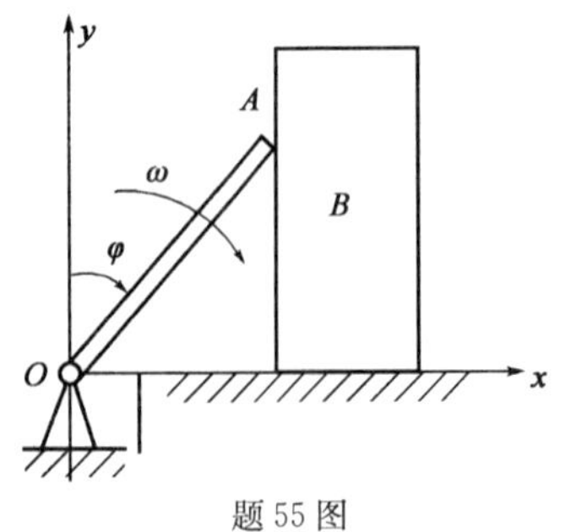

题 55 图

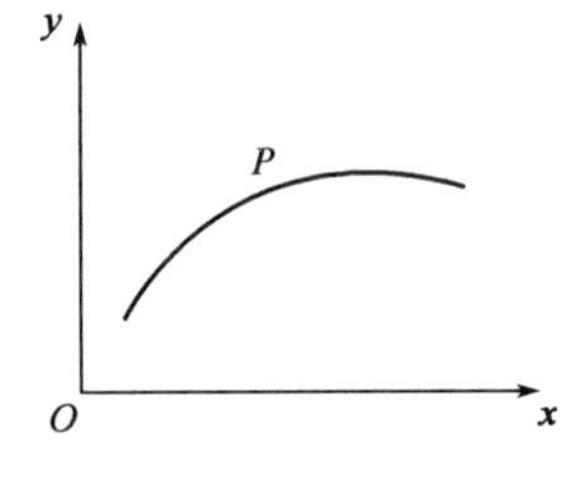

题 56 图

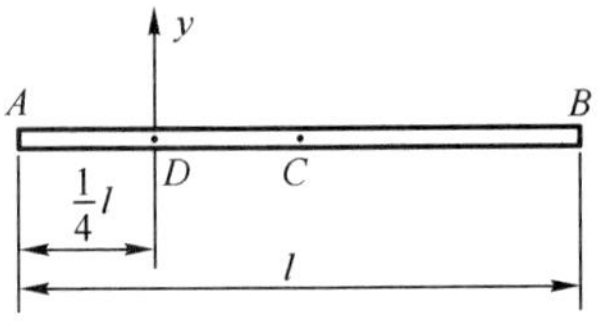

题 57 图

58. 图示质量为 m 的三角形物块，其倾斜角为 θ，可在光滑的水平地面上运动。质量为 m 的矩形物块又沿斜面运动。两块间也是光滑的。该系统的动力学特征（动量、动量矩、机械能）有守恒情形的数量为：

A. 0 个　　B. 1 个　　C. 2 个　　D. 3 个

59. 图示质量为 m，半径为 r 的定滑轮 O 上绕有细绳，依靠摩擦使绳在轮上不打滑，并带动滑轮转动。绳之两端均系质量 m 的物块 A 与 B。块 B 放置的光滑斜面倾角为 α，$0<\alpha<\frac{\pi}{2}$。假设定滑轮 O 的轴承光滑，当系统在两物块的重力作用下运动时，B 与 O 间，A 与 O 间的绳力 F_{T1} 和 F_{T2} 的大小有关系：

A. $F_{T1}=F_{T2}$　　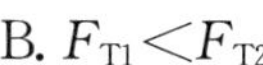B. $F_{T1}<F_{T2}$

C. $F_{T1}>F_{T2}$　　D. 只依据已知条件不能确定

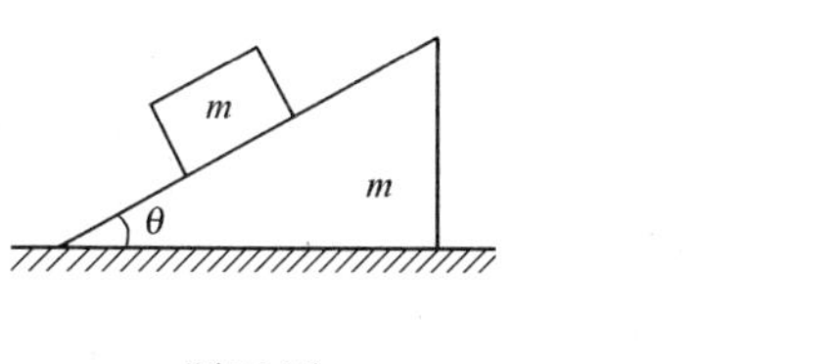

题 58 图

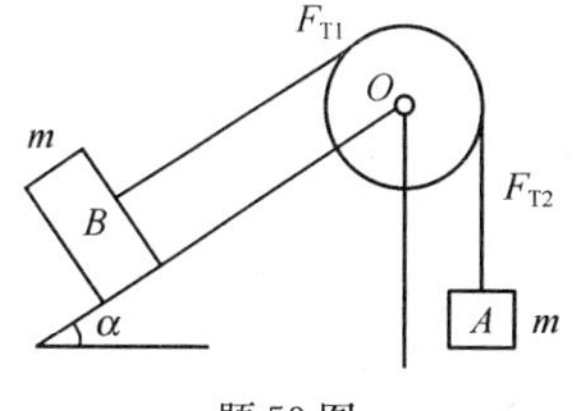

题 59 图

60. 图示弹簧—物块直线振动系统中，物块质量 m，两根弹簧的刚度系数各为 k_1 和 k_2。若用一根等效弹簧代替这两根弹簧，则其刚度系数 k 为：

A. $k=\frac{k_1k_2}{k_1+k_2}$　　B. $k=\frac{2k_1k_2}{k_1+k_2}$　　C. $k=\frac{k_1+k_2}{2}$　　D. $k=k_1+k_2$

61. 在图示定平面 Oxy 内，杆 OA 可绕轴 O 转动，杆 AB 在点 A 与杆 OA 铰接，即杆 AB 可绕点 A 转动。该系统称为双摆，其自由度数为：

A. 1 个　　B. 2 个　　C. 3 个　　D. 4 个

62. 图示拉杆承受轴向拉力 $\boldsymbol{P}$ 的作用，设斜截面 m-m 的面积为 A，则 $\sigma=P/A$ 为：

A. 横截面上的正应力　　B. 斜截面上的正应力

C. 斜截面上的应力　　D. 斜截面上的剪应力

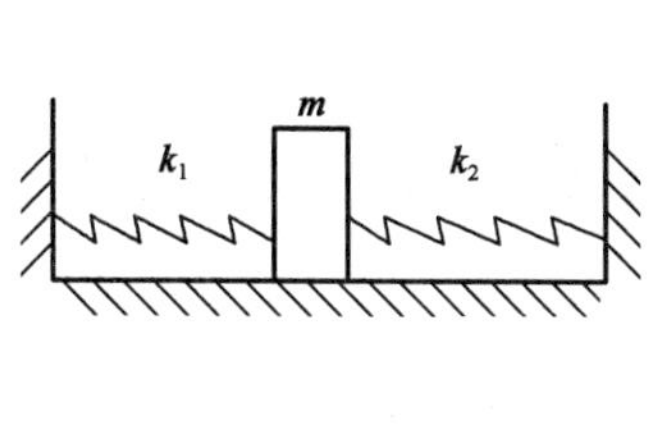

题 60 图

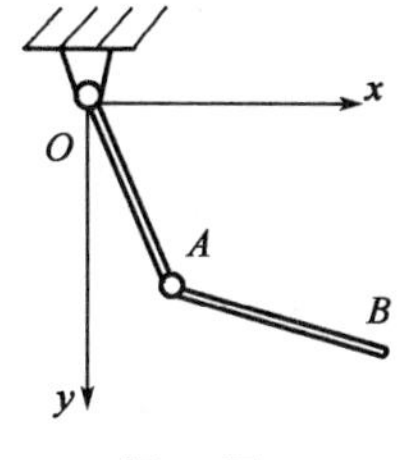

题 61 图

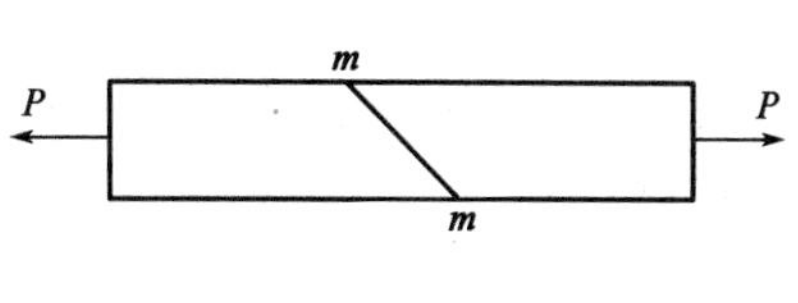

题 62 图

63. 两拉杆的材料和所受拉力都相同，且均处在弹性范围内，若两杆长度相等，横截面面积 $A_1 > A_2$，则：

A. $\Delta l_1 < \Delta l_2, \varepsilon_1 = \varepsilon_2$　　B. $\Delta l_1 = \Delta l_2, \varepsilon_1 < \varepsilon_2$

C. $\Delta l_1 < \Delta l_2, \varepsilon_1 < \varepsilon_2$　　C. $\Delta l_1 = \Delta l_2, \varepsilon_1 = \varepsilon_2$

64. 图示连接件，两端受拉力 **P** 作用，接头的挤压面积为：

A. *ab*　　B. *cb*　　C. *lb*　　D. *lc*

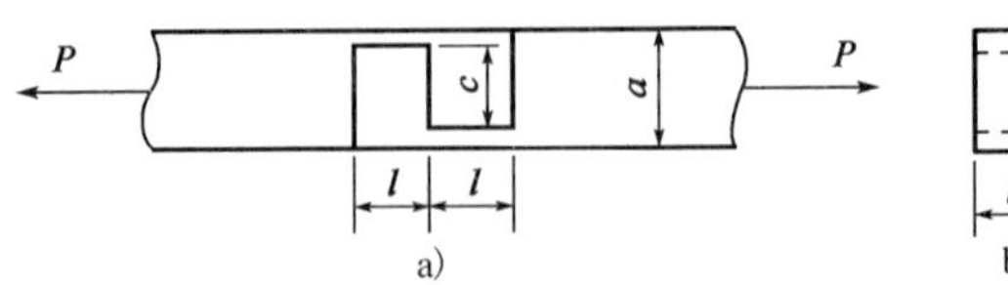

题 64 图

65. 如图所示，在平板和受拉螺栓之间垫上一个垫圈，可以提高：

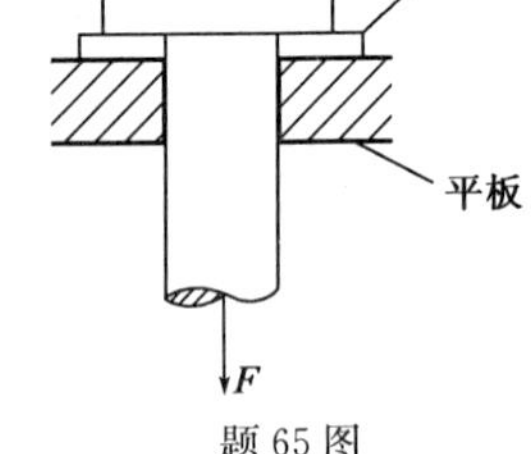

题 65 图

A. 螺栓的拉伸强度　　B. 螺栓的剪切强度

C. 螺栓的挤压强度　　D. 平板的挤压强度

66. 设受扭圆轴中的最大剪应力为 τ，则最大正应力：

A. 出现在横截面上，其值为 τ　　B. 出现在 45°斜截面上，其值为 2τ

C. 出现在横截面上，其值为 2τ　　D. 出现在 45°斜截面上，其值为 τ

67. 如图所示，左端固定的直杆受扭转力偶作用，在截面 1-1 和 2-2 处的扭矩为：

A. 12.5kN·m，−3kN·m　　B. −2.5kN·m，−3kN·m

C. −2.5kN·m，3kN·m　　D. 2.5kN·m，−3kN·m

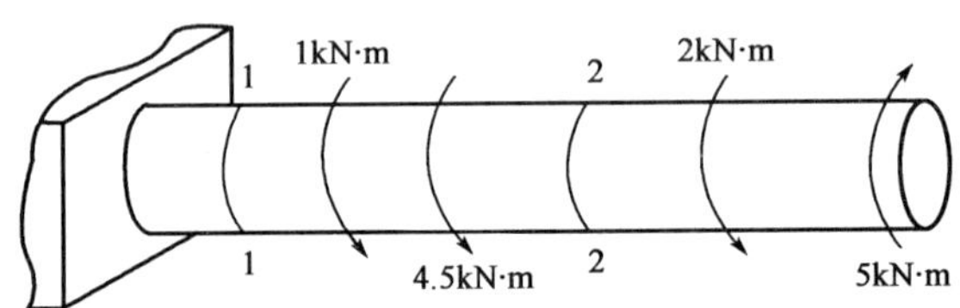

题 67 图

68. 在 yOz 正交坐标系中，设图形对 y、z 轴的惯性矩分别为 I_y 和 I_z，则图形对坐标原点的极惯性矩为：

A. $I_P = 0$　　B. $I_P = I_z + I_y$

C. $I_P = \sqrt{I_z^2 + I_y^2}$　　D. $I_P = I_z^2 + I_y^2$

69. 面积相等的两个图形分别如图 a)和图 b)所示。它们对对称轴 y、z 轴的惯性矩之间的关系为：

A. $I_z^a < I_z^b, I_y^a = I_y^b$　　　　B. $I_z^a > I_z^b, I_y^a = I_y^b$

C. $I_z^a = I_z^b, I_y^a = I_y^b$　　　　D. $I_z^a = I_z^b, I_y^a > I_y^b$

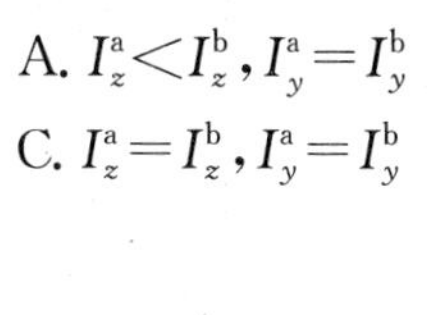

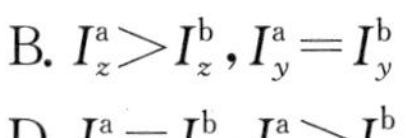

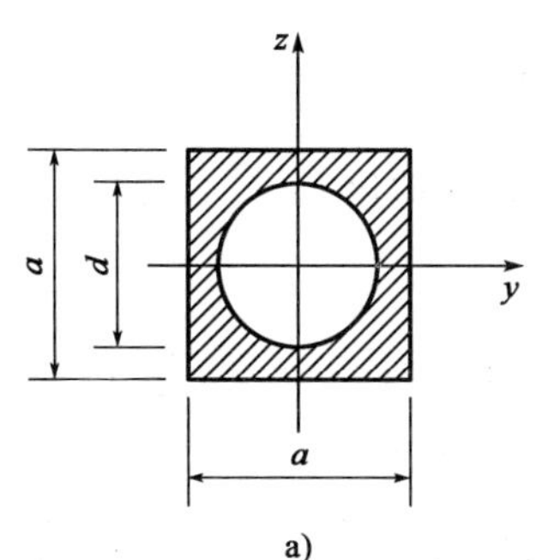

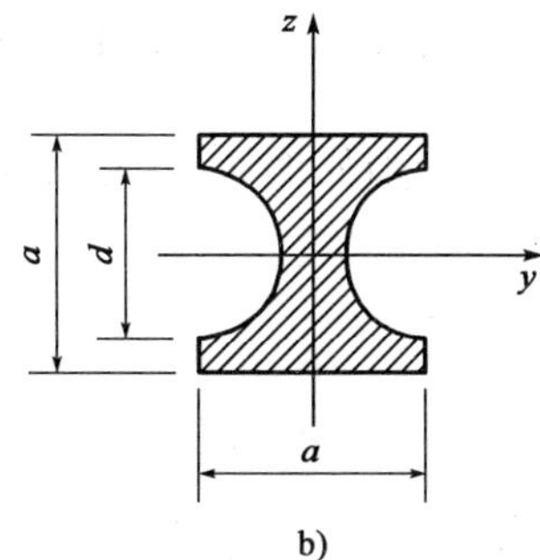

题 69 图

70. 带有中间铰的静定梁受载情况如图所示，则：

A. a 越大，则 M_A 越大　　　　B. l 越大，则 M_A 越大

C. a 越大，则 R_A 越大　　　　D. l 越大，则 R_A 越大

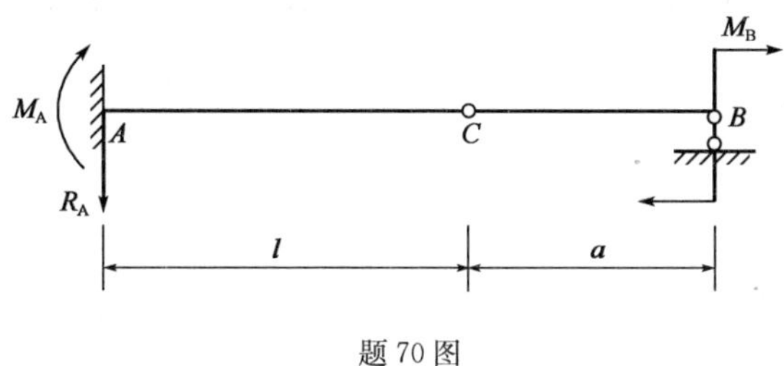

题 70 图

71. 设图示两根圆截面梁的直径分别为 d 和 $2d$，许可荷载分别为$[P_1]$和$[P_2]$。若两梁的材料相同，则$[P_2]/[P_1]=$

A. 2　　　　B. 4

C. 8　　　　D. 16

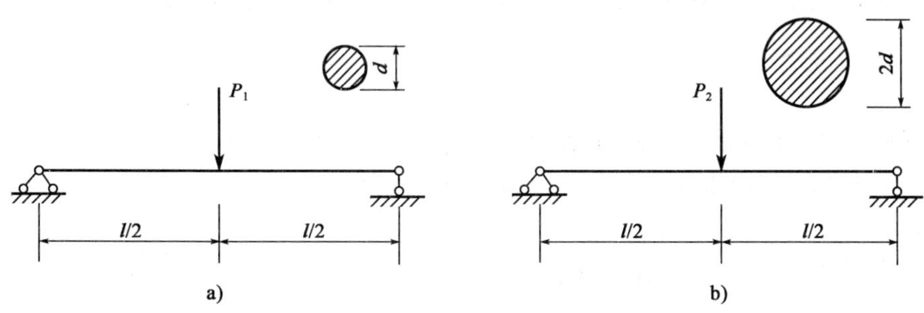

题 71 图

72. 图示为三角形单元体，已知 ab、ca 两斜面上的正应力为 σ，剪应力为零。在竖正面 bc 上有：

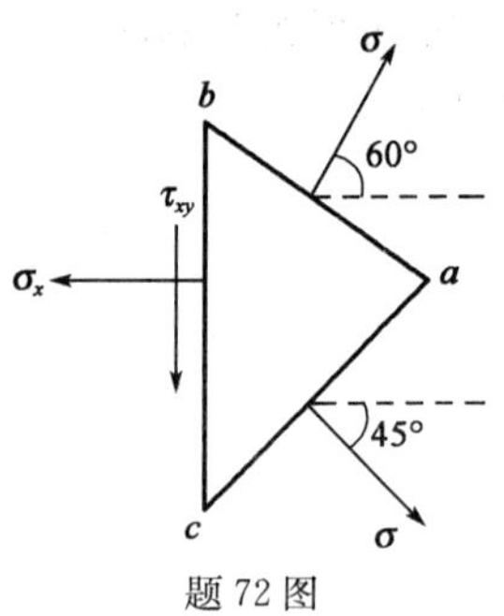

题 72 图

A. $\sigma_x=\sigma, \tau_{xy}=0$

B. $\sigma_x=\sigma, \tau_{xy}=\sin60°-\sigma\sin45°$

C. $\sigma_x=\sigma\cos60°+\sigma\cos45°, \tau_{xy}=0$

D. $\sigma_x=\sigma\cos60°+\sigma\cos45°, \tau_{xy}=\sigma\sin60°-\sigma\sin45°$

73. 四种应力状态分别如图所示，按照第三强度理论，其相当应力最大的是：

A. 状态(1)　　B. 状态(2)　　C. 状态(3)　　D. 状态(4)

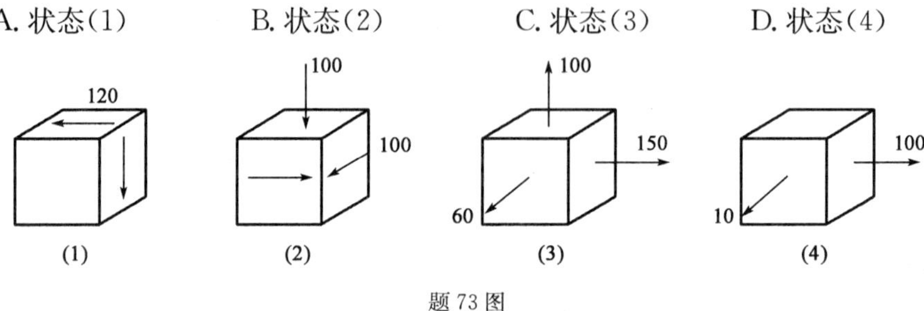

题 73 图

74. 图示为正方形截面等直杆，抗弯截面模量为 W，在危险截面上，弯矩为 M，扭矩为 M_n，A 点处有最大正应力 σ 和最大剪应力 γ。若材料为低碳钢，则其强度条件为：

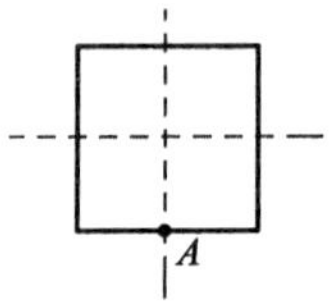

A. $\sigma \leqslant [\sigma], \tau < [\tau]$

B. $\frac{1}{W}\sqrt{M^2+0.75M_n^2} \leqslant [\sigma]$

C. $\frac{1}{W}\sqrt{M^2+M_n^2} \leqslant [\sigma]$

D. $\sqrt{\sigma+4\tau^2} \leqslant [\sigma]$

题 74 图

75. 圆截面细长压杆的材料和杆端约束保持不变，若将其直径缩小一半，则压杆的临界压力为原压杆的：

A. 1/2　　B. 1/4　　C. 1/8　　D. 1/16

76. 压杆下端固定，上端与水平弹簧相连，如图所示，该杆长度系数 μ 值为：

A. $\mu<0.5$　　B. $0.5<\mu<0.7$　　C. $0.7<\mu<2$　　D. $\mu>2$

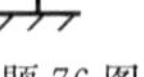

题 76 图

77. 盛水容器 a 和 b 的上方密封，测压管水面位置如图所示，其底部压强分别为 p_a 和 p_b。若两容器内水深相等，则 p_a 和 p_b 的关系为：

A. $p_a>p_b$　　B. $p_a<p_b$　　C. $p_a=p_b$　　D. 无法确定

78. 欧拉法描述液体运动时，表示同一时刻因位置变化而形成的加速度称为：

A. 当地加速度　　　　　　　　　　　　B. 迁移加速度

C. 液体质点加速度　　　　　　　　　　D. 加速度

79. 图中相互之间可以列总流伯努利方程的断面是：

A. 1-1 断面和 2-2 断面　　　　　　　　B. 2-2 断面和 3-3 断面

C. 1-1 断面和 3-3 断面　　　　　　　　D. 3-3 断面和 4-4 断面

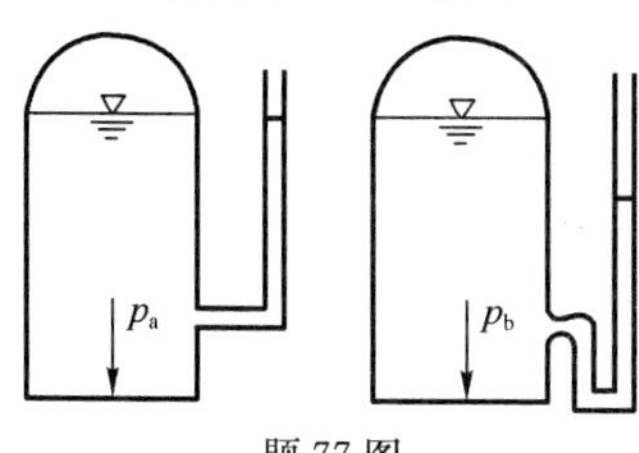

题 77 图

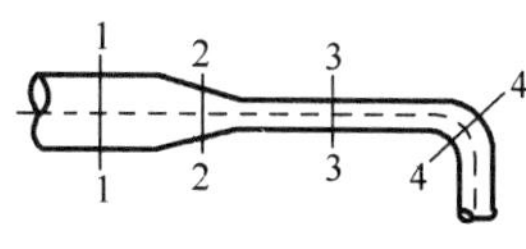

题 79 图

80. A、B 两根圆形输水管，管径相同，雷诺数相同，A 管为热水，B 管为冷水，则两管流量 q_{V_A}、q_{V_B} 的关系为：

A. $q_{V_A} > q_{V_B}$　　　　　　　　　　B. $q_{V_A} = q_{V_B}$

C. $q_{V_A} < q_{V_B}$　　　　　　　　　　D. 不能确定大小

81. 紊流附加切应力 $\bar{\tau}_2$ 等于：

A. $\rho \overline{u_x' u_y'}$　　　　B. $-\rho \overline{u_x' u_y'}$　　　　C. $\overline{u_x' u_y'}$　　　　D. $-\overline{u_x' u_y'}$

82. 图示直径为 20mm、长 5m 的管道自水池取水并泄入大气中，出口比水池水面低 2m，已知沿程水头损失系数 $\lambda = 0.02$，进口局部水头损失系数 $\zeta = 0.5$，则泄流量 Q 为：

A. 0.88L/s　　　　　　　　　　　　B. 1.90L/s

C. 0.77L/s　　　　　　　　　　　　D. 0.39L/s

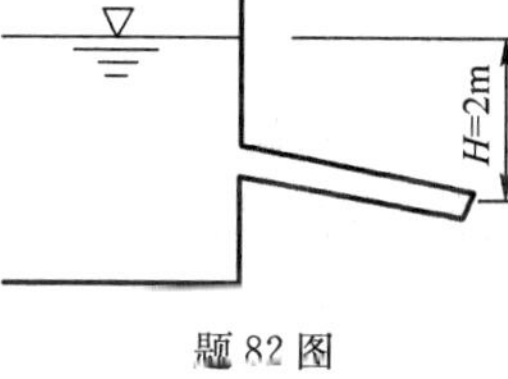

题 82 图

83. 边界层分离的必要条件是：

A. 来流流速分布均匀　　　　　　　　B. 有逆压梯度和物面黏性阻滞作用

C. 物面形状不规则　　　　　　　　　D. 物面粗糙

84. 作用水头相同时，孔口的过流量要比相同直径的管嘴过流量：

A. 大　　　　B. 小　　　　C. 相同　　　　D. 无法确定

85. 明渠均匀流的流量一定，当渠道断面形状、尺寸和壁面粗糙程度一定时，正常水深随底坡增大而：

A. 增大　　　　B. 减小　　　　C. 不变　　　　D. 不确定

86. 图示承压含水层的厚度 $t=7.5\text{m}$，用完全井进行抽水试验，在半径 $r_1=6\text{m}$、$r_2=24\text{m}$ 处，测得相应的水头降落 $s_1=0.76\text{m}$、$s_2=0.44\text{m}$，井的出流量 $Q=0.01\text{m}^3/\text{s}$，则承压含水层的渗流系数 k 为：[注：$s=\dfrac{Q}{2\pi kt}(\ln R-\ln r)$，$R$ 为影响半径]

A. $9.2\times10^{-3}\text{m/s}$　　B. $8.2\times10^{-4}\text{m/s}$

C. $9.2\times10^{-4}\text{m/s}$　　D. $8.2\times10^{-3}\text{m/s}$

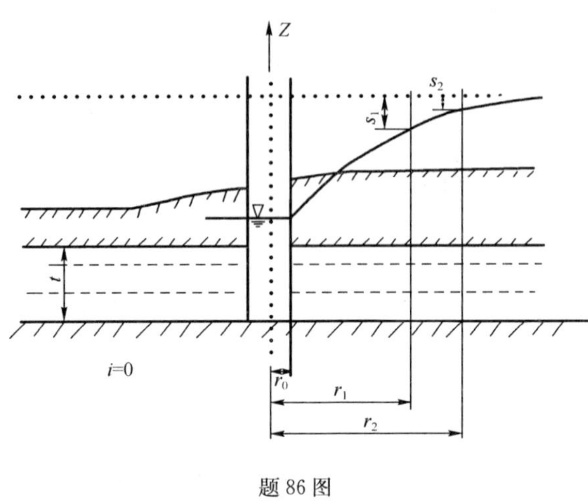

题 86 图

87. 模型与原形采用相同介质，为满足黏性阻力相似，若几何比尺为 10，设计模型应使流速比尺为：

A. 10　　B. 1

C. 0.1　　D. 5

88. 如图所示，一倒置 U 形管，上部为油，其密度 $\rho_{油}=800\text{kg/m}^3$，用来测定水管中的 A 点流速 u_A，若读数 $\Delta h=200\text{mm}$，则该点流速 u_A 为：

A. 0.885m/s　　B. 1.980m/s

C. 1.770m/s　　D. 2.000m/s

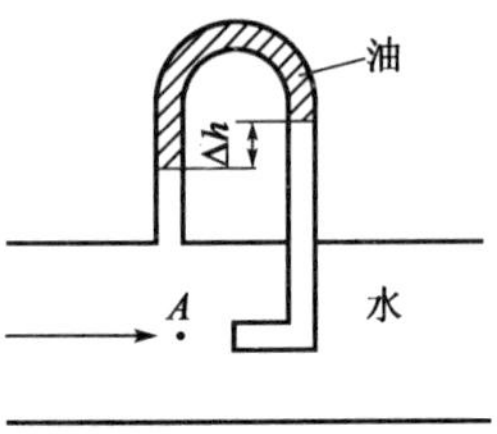

题 88 图

89. 在微机组成系统中用于传输信息的总线指的是：

A. 数据总线，连接硬盘的总线，连接软盘的总线

B. 地址线，与网络连接的总线，与打印机连接的总线

C. 数据总线，地址总线，控制总线

D. 控制总线，光盘的连接总线，U 盘的连接总线

90. Windows 98 操作系统是：

A. 单用户多任务系统　　B. 单用户单任务系统

C. 多用户单任务系统　　D. 多用户多任务系统

91. 与二进制数 11011101.1101 等值的八进制数是：

A. 135.61　　B. 335.64　　C. 235.61　　D. 235.64

92. Internet 网使用的协议是：

A. Token　　B. x.25/x.75
C. CSMA/CD　　D. TCP/IP

93. 判断 A、B 变量不同时为零（至少 1 个为零）的逻辑表达式是：

A. AE.0.AND.B.NE.0　　B. A*B EQ.0.AND.A+B.NE.0
C. A+B.NE.0　　D. A*B EQ.0

94. 以下程序求两个整数 M,N 的最大公约数：

```
    SUBROUTINE ZDGUS(M,N)
    K=______
    DO 10 J=2,K
    IF(MOD(N,J).EQ.0.AND.MOD(M,J).EQ.0)L=J
10  CONTINUE
    WRITE(*,'(2X,15)')L
    RETURN
    END
```

为了使程序完整，在______处应填入的是：

A. M　　B. N　　C. MIN(M,N)　　D. M/N

95. 阅读下列 FORTRAN 程序：

```
    DIMENSION M(6)
    READ(*,*)M
    DO 10 J=1,6
    DO 10 K=J,6
    IF(M(K)LTM(J))THEN
    N=M(K)
    M(K)=M(J)
    M(J)=N
    END IF
10  CONTINUE
    WRITE(*,100)(M(I),I=1,6)
100  FORMAT(2X,614)
    END
```

键盘输入 10,7,9,2,1,3；程序运行后的输出结果是：

A. 1 2 3 7 9 10　　B. 10 9 7 3 2 1　　C. 7 9 2 1 3 10　　D. 3 1 2 9 7 10

96. 阅读下列 FORTRAN 程序：

```
      MOIUH=N(5)+N(10)
      WRITE(*,'(2X,15)')MQIUH
      END
      FUNCTION N(K)
      N=0
      DO 10 J=1,K
      N=N+J
10    CONTINUE
      RETURN
      END
```

程序运行后的结果是：

A. 65　　B. 85　　C. 90　　D. 70

97. 已知顺序数据文件 FILE3. DAT 有如下数据：

```
      50,54,64,65
      65,70,85,90
      46,73,60,72
```

阅读 FORTRAN 程序

```
      DIMENSION M(12)
      OPEN(10,FILE=:FILE3. DAT,)
      READ(10,*)(M(I),I=1,12)
      DO 10J=1,12
      IF (M(J). GE. 60)N=N+1
10    CONTINUE
      WRITE(*,20)N
20    FORMAT(2X,'N=',12)
      END
```

程序输出后的结果是：

A. N=7　　B. N=8　　C. N=4　　D. N=9

98. 阅读 FORTRAN 程序：

```
      DIMENSION M(4,3)
      DATE M/-10,12,24,11,20,-15,61,78,93,30,44,-45/
      N(M(1,1)
      DO 10I=1,4
      DO 10J=1,3
      IF (M(I,J)LT. N) THEN
```

```
      N=M(I,J)
      K1=1
      K2=J
      ENDIF
10    CONTINUE
      WRITE( * ,'(2X,3I4)')N,K1,K2
```

程序运行后的输出结果是：

A. 93,3,1　　B. −10,1,1　　C. −45,4,3　　D. 78,3,2

99. 图示电路中，磁性材料上绕有两个导电线圈，若上方线圈加的是100V 的直流电压，则：

A. 下方线圈两端不会产生磁感应电动势

B. 下方线圈两端产生方向为左“−”右“+”的磁感应电动势

C. 下方线圈两端产生方向为左“+”右“−”的磁感应电动势

D. 磁性材料内部的磁通取逆时针方向

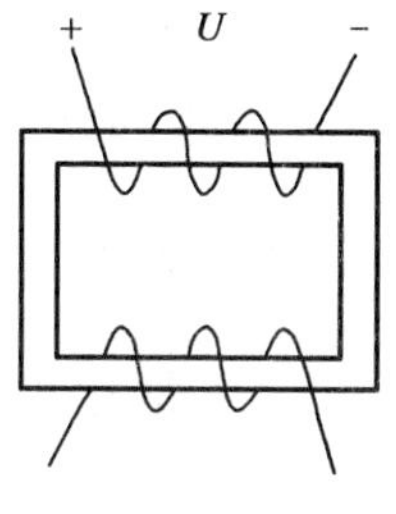

题 99 图

100. 图示电路中，I_{S1}、I_{S2}、U_S 均为已知的恒定直流量，设流过电阻上的电流 I_R 如图所示，则以下说法正确的是：

A. 按照基尔霍夫定律可求得 $I_R=I_{S1}+I_{S2}$

B. $I_R=I_{S1}-I_{S2}$

C. 因为电感元件的直流电路模型是短接线，所以 $I_R=\dfrac{U_S}{R}$

D. 因为电感元件的直流电路模型是断路，所以 $I_R=I_{S2}$

101. 图 a)电路按戴维南定理等效成图 b)所示电压源时，计算 R_0 的正确算式为：

A. $R_0=R_1//R_2$

B. $R_0=R_1+R_2$

C. $R_0=R_1$

D. $R_0=R_2$

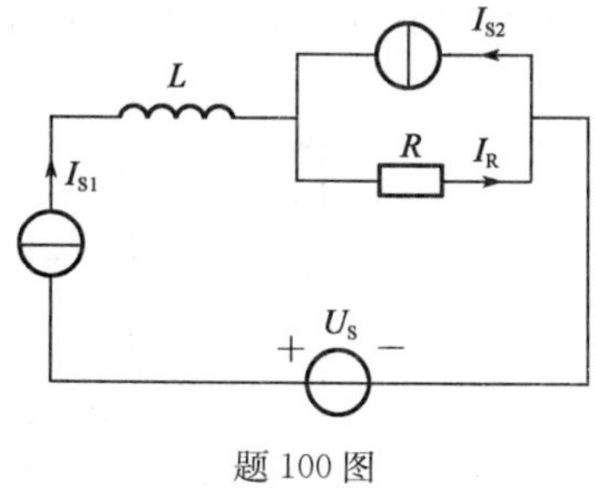

题 100 图

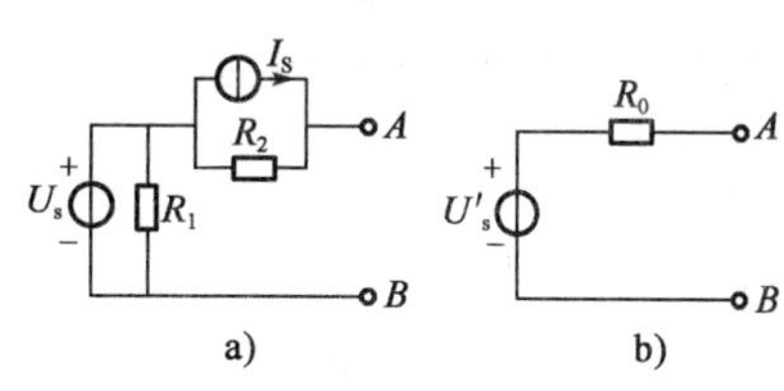

题 101 图

102. 有三个 100Ω 的线性电阻接成△三相对称负载，然后挂接在电压为 220V 的三相对称电源上，这时供电线路上的电流为：

A. 6.6A　　B. 3.8A　　C. 2.2A　　D. 1.3A

103. 图示电路中，电容的初始能量为 0，设开关 S 在 $t=0$ 时刻闭合，此后电路将发生过渡过程，那么，决定该过渡过程的时间常数 τ 为：

A. $\tau=(R_1+R_2)C$　　B. $\tau=(R_1//R_2)C$

C. $\tau=R_2C$　　D. 与电路的外加激励 U_i 有关

104. 某 $\cos\varphi$ 为 0.4 的感性负载，外加 100V 的直流电压时，消耗功率 100W，则该感性负载的感抗为：

A. 100Ω　　B. 229Ω

C. 0.73Ω　　D. 329Ω

105. 实际变压器工作时：

A. 存在铁损，不存在铜损　　B. 存在铜损，不存在铁损

C. 铁损、铜损均存在　　D. 铁损、铜损均不存在

106. 在电动机的断电接触控制电路中，实现零压保护的电器是：

A. 停止按钮　　B. 热继电器

C. 时间继电器　　D. 交流接触器

107. 图示电路中，若输入电压 $u_i=10\sin(\omega t+30°)$V，则输出直电压数值 U_L 为：

A. 3.18V　　B. 5V　　C. 6.36V　　D. 10V

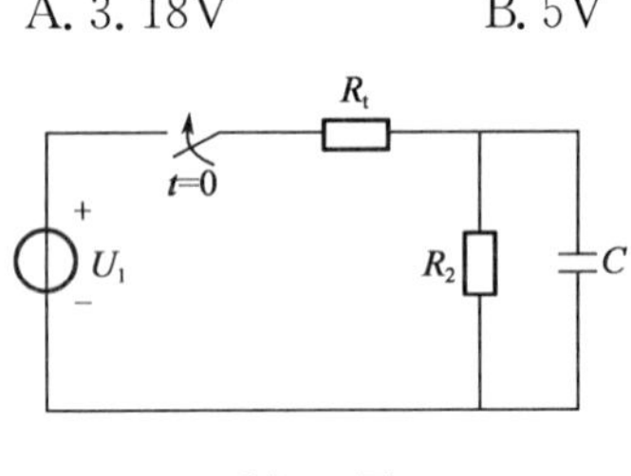

题 103 图

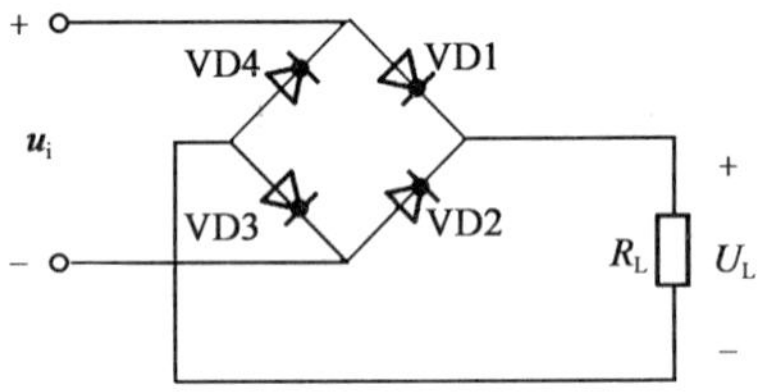

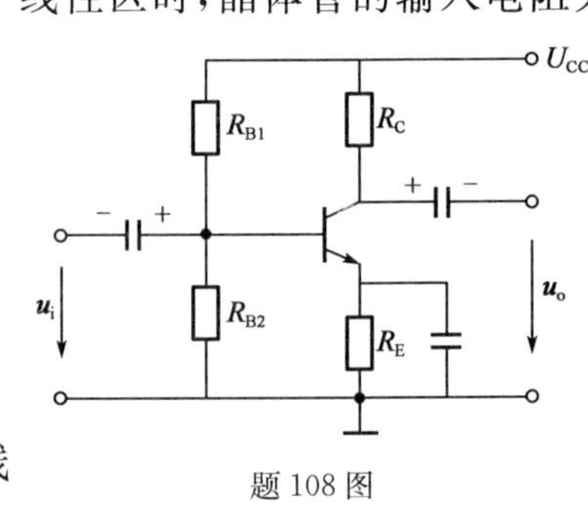

题 107 图

108. 晶体管单管放大电路如图所示，当晶体管工作于线性区时，晶体管的输入电阻为 R_{be}，那么，该放大电路的输入电阻为：

A. R_{be}

B. $R_{B1}//R_{B2}//R_{be}$

C. $R_{B1}//R_{B2}//(R_E+R_{be})$

D. $R_{B1}//R_{B2}//[R_E+(1+\beta)R_{be}]$

题 108 图

109. 运算放大器应用电路如图所示，在运算放大器线性工作区，输出电压与输入电压之间的运算关系是：

A. $u_0=-\frac{1}{R_1C}\int u_i\mathrm{d}t$　　　　B. $u_0=\frac{1}{R_1C}\int u_i\mathrm{d}t$

C. $u_0=-\frac{1}{(R_1+R_2)C}\int u_i\mathrm{d}t$　　　　D. $u_0=\frac{1}{(R_1+R_2)C}\int u_i\mathrm{d}t$

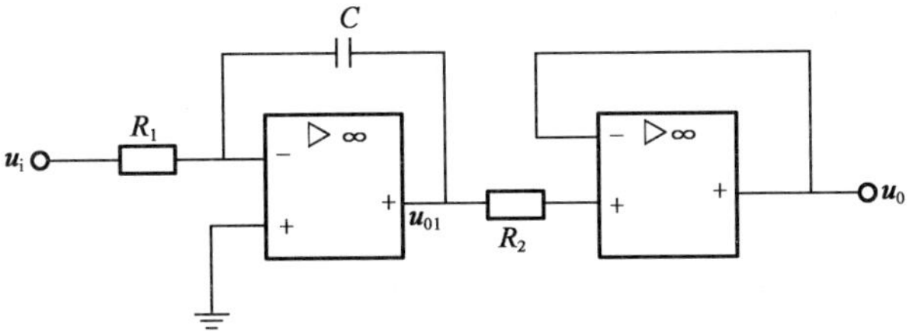

题 109 图

110. 如图所示电路中，Q_1、Q_0 的原始状态为“1 1”，当送入两个脉冲后的新状态为：

A. “0 0”　　　　B. “0 1”

C. “1 1”　　　　D. “1 0”

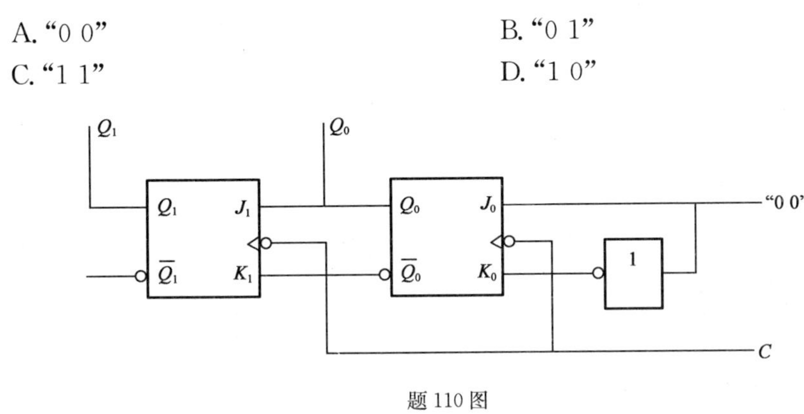

题 110 图

111. 下面不属于工程建设其他投资的是：

A. 土地使用费　　　　B. 与项目建设有关的其他费用

C. 预备费　　　　D. 联合试运转费

112. 下面不属于产品销售收入的是：

A. 材料销售收入　　　　B. 工业性劳务收入

C. 自制半成品销售收入　　　　D. 产成品销售收入

113. 某人第 1 年年初向银行借款 10 万元，第 1 年年末又借款 10 万元，第 3 年年初再次借 10 万元，年利率为 10%，到第 4 年末连本带利一次还清，应付的本利和为：

A. 31.00 万元　　B. 76.20 万元　　C. 52.00 万元　　D. 40.05 万元

114. 某项目初期投资 150 万元，年运营成本 90 万元，寿命期 5 年，寿命期末回收残值 20 万元，企业基准折现率 10%，则该项目的费用现值为：

A. 478.75 万元　　B. 503.59 万元　　C. 511.63 万元　　D. 538.95 万元

115. 当社会通货膨胀率趋于上升，其他因素没有变化时，基准折现率应：

A. 降低　　B. 提高　　C. 保持不变　　D. 无法确定

116. 下面属于变动成本的是：

A. 折旧费　　B. 无形资产摊销费
C. 管理费　　D. 包装费

117. 在单因素敏感分析图中，下列哪一项影响因素说明该因素越敏感？

A. 直线的斜率为负　　B. 直线的斜率为正
C. 直线的斜率绝对值越大　　D. 直线的斜率绝对值越小

118. 财务评价主要财务报表不包括：

A. 现金流量表　　B. 损益表
C. 资金来源与运用表　　D. 债务偿还表

119. 全投资财务现金流量表中不包括：

A. 销售收入　　B. 贷款成本　　C. 经营成本　　D. 资产回收

120. 价值工程的价值是：

A. 研究对象的使用价值
B. 研究对象的交换价值
C. 研究对象的使用和交换价值
D. 研究对象所具有的功能与获得该功能的全部费用的比值

2008年度全国勘察设计注册工程师公共基础考试

试题解析及参考答案

1. **解** 求出与$\vec{\alpha}$、$\vec{\beta}$垂直的向量：

$$\vec{\alpha}\times\vec{\beta}=\begin{vmatrix}\vec{i} & \vec{j} & \vec{k}\\ 1 & 2 & 3\\ 1 & -3 & -2\end{vmatrix}=\vec{i}\begin{vmatrix}2 & 3\\ -3 & -2\end{vmatrix}+\vec{j}(-1)^{1+2}\begin{vmatrix}1 & 3\\ 1 & -2\end{vmatrix}+\vec{k}(-1)^{1+3}\begin{vmatrix}1 & 2\\ 1 & -3\end{vmatrix}$$

$$=5\vec{i}+5\vec{j}-5\vec{k}$$

利用$\vec{a^0}=\dfrac{\vec{a}}{|\vec{a}|}$求单位向量，与$\vec{a^0}$方向相同或相反的都符合要求。

因此，$\pm\vec{a^0}=\pm\dfrac{\vec{a}}{|\vec{a}|}=\pm\dfrac{1}{5\sqrt{3}}(5\vec{i}+5\vec{j}-5\vec{k})=\pm\dfrac{1}{\sqrt{3}}(\vec{i}+\vec{j}-\vec{k})$

答案:D

2. **解** 求过M_1,M_2,M_3三点平面的法线向量：$\vec{S}_{M_1M_2}=\{-1,-1,1\}$，$\vec{S}_{M_1M_3}=\{-1,0,1\}$。

平面法向量 $\vec{n}=\vec{S}_{M_1M_2}\times\vec{S}_{M_1M_3}=\begin{vmatrix}\vec{i} & \vec{j} & \vec{k}\\ -1 & -1 & 1\\ -1 & 0 & 1\end{vmatrix}=-\vec{i}+0\vec{j}-\vec{k}$。

直线的方向向量取$\vec{S}=\vec{n}=\{-1,0,-1\}$。

已知点坐标(1,1,1)，故所求直线的点向式方程$\dfrac{x-1}{-1}=\dfrac{y-1}{0}=\dfrac{z-1}{-1}$。

即$\dfrac{x-1}{1}=\dfrac{y-1}{0}=\dfrac{z-1}{1}$。

答案:A

3. **解** 以原点为顶点，z轴为主轴的圆锥面标准方程$\dfrac{x^2}{a^2}+\dfrac{y^2}{a^2}=z^2$。以原点为顶点，$z$轴为主轴的椭圆锥面标准方程为$\dfrac{x^2}{a^2}+\dfrac{y^2}{b^2}=z^2\quad(a\neq b)$。

选项A中$\dfrac{x^2}{3}+\dfrac{y^2}{2}-z^2=0$，变为$\dfrac{x^2}{3}+\dfrac{y^2}{2}=z^2$，即$\dfrac{x^2}{(\sqrt{3})^2}+\dfrac{y^2}{(\sqrt{2})^2}=z^2$。

答案:A

4. **解** 计算$f(x)$在$x=1$的左、右极限：

$$\lim_{x\to1^+}f(x)=\lim_{x\to1^+}(4-x)=3,\ \lim_{x\to1^-}f(x)=\lim_{x\to1^-}2x=2$$

$$\lim_{x\to1^+}f(x)\neq\lim_{x\to1^-}f(x)$$

答案:D

5. **解**　利用复合函数导数计算公式：$y'=2\sin\frac{1}{x}\cdot\cos\frac{1}{x}\cdot\left(-\frac{1}{x^2}\right)=-\frac{1}{x^2}\sin\frac{2}{x}$。

答案：C

6. **解**　计算抽象函数的复合函数的二次导数：

$y'=e^{2f(x)}\cdot 2f'(x)=2f'(x)e^{2f(x)}$

$y''=2[f''(x)e^{2f(x)}+f'(x)\cdot e^{2f(x)}\cdot 2f'(x)]=2e^{2f(x)}\{f''(x)+2[f'(x)]^2\}$

答案：D

7. **解**　x 轴的斜率 $k=0$，在曲线 $y=x^3-6x$ 上找出一点在该点切线的斜率也为 $k=0$，对函数 $y=x^3-6x$ 求导。

$y'=3x^2-6$，令 $3x^2-6=0$，得 $x=\pm\sqrt{2}$；

当 $x=\sqrt{2}$ 时，$y_1=-4\sqrt{2}$；当 $x=-\sqrt{2}$ 时，$y_2=4\sqrt{2}$。

答案：C

8. **解**　已知 $f(x)$ 在 $(-\infty,+\infty)$ 上是偶函数，函数图像关于 y 轴对称，已知函数在 $(0,+\infty)$，$f'(x)>0$，$f''(x)>0$ 表明在 $(0,+\infty)$ 上函数图像为单增且凹向，由对称性可知，$f(x)$ 在 $(-\infty,0)$ 单减且凹向，所以 $f'(x)<0$，$f''(x)>0$。

答案：B

9. **解**　对 A 求导，得 $f'(x)=Cg'(x)$。

答案：A

10. **解**　已知 $f(x)$ 在 $[0,+\infty)$ 上连续，则 $\int_0^1 f(x)\mathrm{d}x$ 为一常数，设 $\int_0^1 f(x)\mathrm{d}x=A$，于是原题化为

$$f(x)=xe^{-x}+Ae^x \qquad ①$$

对①式两边积分：$\int_0^1 f(x)\mathrm{d}x=\int_0^1(xe^{-x}+Ae^x)\mathrm{d}x$

即
$$A=\int_0^1 xe^{-x}\mathrm{d}x+A\int_0^1 e^x\mathrm{d}x \qquad ②$$

分别计算出定积分值：

$\int_0^1 xe^{-x}\mathrm{d}x=-\int_0^1 x\mathrm{d}e^{-x}=-[xe^{-x}\Big|_0^1-\int_0^1 e^{-x}\mathrm{d}x]=-[xe^{-x}\Big|_0^1+e^{-x}\Big|_0^1]=-[(e^{-1}-0)+(e^{-1}-1)]=1-\frac{2}{e}$，$\int_0^1 e^x\mathrm{d}x=e^x\Big|_0^1=e-1$。

代入式②：$A=1-\frac{2}{e}+A(e-1)$，$A(2-e)=\frac{e-2}{e}$，得 $A=-\frac{1}{e}$。

将 $A=-\frac{1}{e}$ 代入式①：$f(x)=xe^{-x}+e^x\left(-\frac{1}{e}\right)$，$f(x)=xe^{-x}-e^{x-1}$。

答案：B

11. **解**　计算出左边广义积分即可。

$$\int_0^{+\infty}\frac{C}{2+x^2}\mathrm{d}x=C\int_0^{+\infty}\frac{1}{2+x^2}\mathrm{d}x=C\cdot\frac{1}{\sqrt{2}}\arctan\frac{x}{\sqrt{2}}\bigg|_0^{+\infty}$$

$$=\frac{C}{\sqrt{2}}\left(\lim_{x\to+\infty}\arctan\frac{x}{\sqrt{2}}-0\right)=\frac{C}{\sqrt{2}}\cdot\frac{\pi}{2}=1$$

得 $C=\frac{2\sqrt{2}}{\pi}$

答案:C

12. **解**　$x^2+y^2-2x=0,(x-1)^2+y^2=1,D$ 由 $(x-1)^2+y^2=1(y\geqslant0),x+y=2$ 与 x 轴围成,画出平面区域 D。

由 $(x-1)^2+y^2=1,(x-1)^2=1-y^2,x-1=\pm\sqrt{1-y^2},x=1\pm\sqrt{1-y^2}$,取 $x=1-\sqrt{1-y^2}$。

由图形确定二重积分,先对 x 积,后对 y 积。

$$D:\begin{cases}0\leqslant y\leqslant1\\1-\sqrt{1-y^2}\leqslant x\leqslant2-y\end{cases}$$

故 $\iint\limits_D f(x,y)\mathrm{d}x\mathrm{d}y=\int_0^1\mathrm{d}y\int_{1-\sqrt{1-y^2}}^{2-y}f(x,y)\mathrm{d}x$

答案:B

13. **解**　画出 $y=\sin x,y=\cos x$ 图形,在 $[0,2\pi]$ 上求出交点 $\left(\frac{\pi}{4},\frac{\sqrt{2}}{2}\right),\left(\frac{5}{4}\pi,-\frac{\sqrt{2}}{2}\right)$。

$x:\left[\frac{\pi}{4},\frac{5}{4}\pi\right]$

$[x,x+\mathrm{d}x]:\mathrm{d}A=(\sin x-\cos x)\mathrm{d}x$

$A=\int_{\frac{\pi}{4}}^{\frac{5}{4}\pi}(\sin x-\cos x)\mathrm{d}x$

答案:B

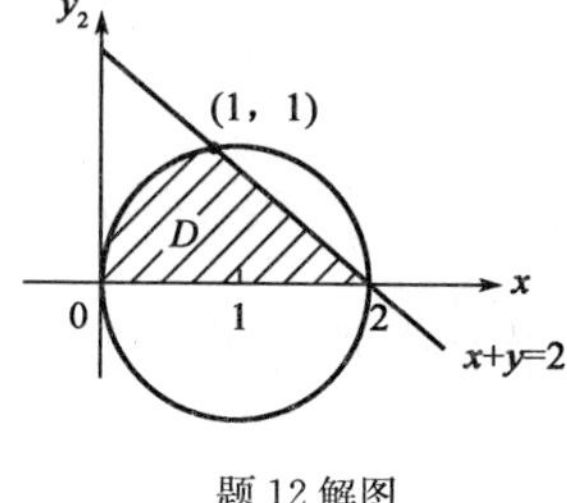

题 12 解图

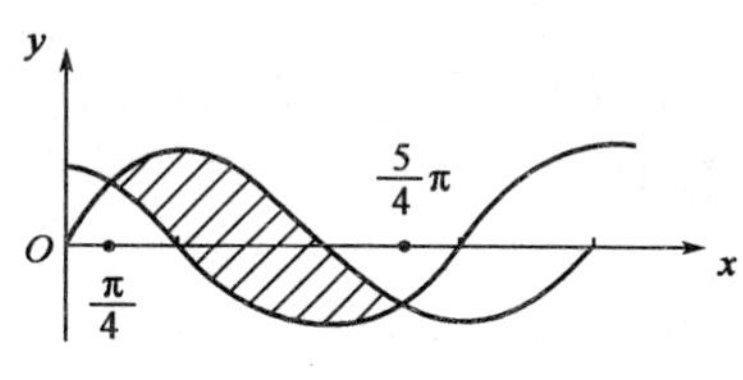

题 13 解图

14. **解**　把级数各项取绝对值 $\sum_{n=1}^{\infty}\left|\frac{(-1)^{n-1}}{n}\right|=\sum_{n=1}^{\infty}\frac{1}{n}$,调和级数 $\sum_{n=1}^{\infty}\frac{1}{n}$ 发散,即取绝对值后级数发散。

原级数为交错级数，满足 $u_n \geqslant u_{n+1}$，且 $\lim\limits_{n\to\infty} u_n = 0$，级数 $\sum\limits_{n=1}^{\infty}(-1)^{n-1}\frac{1}{n}$ 收敛。

故原级数条件收敛。

答案:B

15. **解**　已知 $e^x = e^{x-1+1} = e \cdot e^{x-1}$。

利用已知函数的展开式 $e^x = 1 + \frac{1}{1!}x + \frac{1}{2!}x^2 + \cdots + \frac{1}{n!}x^n + \cdots \quad (-\infty, +\infty)$

函数 e^{x-1} 展开式为：

$e^{x-1} = 1 + \frac{1}{1!}(x-1) + \frac{1}{2!}(x-1)^2 + \cdots + \frac{1}{n!}(x-1)^n + \cdots = \sum\limits_{n=0}^{\infty}\frac{1}{n!}(x-1)^n \quad (-\infty, +\infty)$

所以 $e^x = e \cdot e^{x-1} = e\sum\limits_{n=0}^{\infty}\frac{1}{n!}(x-1)^n \quad (-\infty, +\infty)$

答案:B

16. **解**　方程为一阶可分离变量方程，分离变量后求解。

$$(1+2y)x\mathrm{d}x + (1+x^2)\mathrm{d}y = 0$$

$$\frac{x}{1+x^2}\mathrm{d}x + \frac{1}{1+2y}\mathrm{d}y = 0$$

$$\int \frac{x}{1+x^2}\mathrm{d}x + \int \frac{1}{1+2y}\mathrm{d}y = 0$$

$$\frac{1}{2}\ln(1+x^2) + \frac{1}{2}\ln(1+2y) = \ln C$$

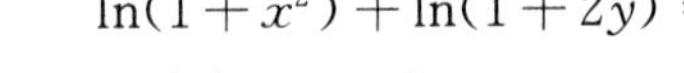

$$\ln(1+x^2) + \ln(1+2y) = 2\ln C$$

故 $(1+x^2)(1+2y) = C_1$，其中 $C_1 = C^2$。

答案:B

17. **解**　此题为可降阶的高阶微分方程，按方程不显含变量 y 计算。

设 $y' = p$，$y'' = p'$，则方程为 $p' = p^2$，$\frac{\mathrm{d}p}{\mathrm{d}x} = p^2$，$\frac{1}{p^2}\mathrm{d}p = \mathrm{d}x$

得 $-\frac{1}{p} = x + C_1$，即 $p = -\frac{1}{x+C_1}$

$\frac{\mathrm{d}y}{\mathrm{d}x} = -\frac{1}{x+C_1}$，$y = -\int \frac{1}{x+C_1}\mathrm{d}x$，得 $y = -\ln|x+C_1| + C_2$

答案:D

18. **解**　方法 1：方程为二阶常系数线性齐次方程，对应特征方程为 $r^2 - 2r + 1 = 0$，$r = 1$（二重根）。

通解 $y = (C_1 + C_2 x)e^x$　　　（其中 C_1，C_2 为任意常数）

令 C_1，C_2 为一些特殊值，可验证选项 B、C、D 均为方程的解。C_1，C_2 无论取何值均得不出选项 A，所以 A 不满足。

方法 2：把选项 A 设为函数，即 $y = x^2 e^x$，对函数 y，求 y'、y'' 后代入方程 $y'' - 2y' + y = 0$，不

满足微分方程，因此 A 不满足。

答案:A

19. **解**　因 $P(A|B)=P(A)$，所以 $\dfrac{P(AB)}{P(B)}=P(A)$，$P(AB)=P(A)P(B)$（C 成立），A、B 相互独立；

因 $P(A)>0$，$P(B)>0$，所以 $P(AB)>0$。

答案:D

20. **解**　设 A_i 表示第 i 个买者中奖（$i=1,2,3,4$），B 表示前 4 个购买者恰有 1 个人中奖。

则 $B=A_1\overline{A}_2\overline{A}_3\overline{A}_4+\overline{A}_1A_2\overline{A}_3\overline{A}_4+\overline{A}_1\overline{A}_2A_3\overline{A}_4+\overline{A}_1\overline{A}_2\overline{A}_3A_4$

显然 $A_1\overline{A}_2\overline{A}_3\overline{A}_4$、$\overline{A}_1A_2\overline{A}_3\overline{A}_4$、$\overline{A}_1\overline{A}_2A_3\overline{A}_4$ 和 $\overline{A}_1\overline{A}_2\overline{A}_3A_4$ 两两互斥，

$P(B)=P(A_1\overline{A}_2\overline{A}_3\overline{A}_4)+P(\overline{A}_1A_2\overline{A}_3\overline{A}_4)+P(\overline{A}_1\overline{A}_2A_3\overline{A}_4)+P(\overline{A}_1\overline{A}_2\overline{A}_3A_4)$

而 $P(A_1\overline{A}_2\overline{A}_3\overline{A}_4)=\dfrac{2\times8\times7\times6}{10\times9\times8\times7}=\dfrac{2}{15}$

或 $P(A_1\overline{A}_2\overline{A}_3\overline{A}_4)=P(A_1)P(\overline{A}_2|A_1)P(\overline{A}_3|A_1\overline{A}_2)P(\overline{A}_4|A_1\overline{A}_2\overline{A}_3)$

$=\dfrac{2}{10}\times\dfrac{8}{9}\times\dfrac{7}{8}\times\dfrac{6}{7}=\dfrac{2}{15}$

同理 $P(\overline{A}_1A_2\overline{A}_3\overline{A}_4)=P(\overline{A}_1\overline{A}_2A_3\overline{A}_4)=P(\overline{A}_1\overline{A}_2\overline{A}_3A_4)=\dfrac{2}{15}$，则 $P(B)=4\times\dfrac{2}{15}=\dfrac{8}{15}$。

（A、B、C、D 均不对）。

答案:无答案

21. **解**　$E(X)=0\cdot\theta^2+1\cdot2\theta(1-\theta)+2\cdot\theta^2+3\cdot(1-2\theta)=3-4\theta$，$\theta=\dfrac{3-E(X)}{4}$，用 $\overline{X}$ 替换 $E(X)$ 得 θ 的矩估计量 $\hat{\theta}=\dfrac{3-\overline{X}}{4}$，代入 $\overline{X}=\dfrac{3+1+3+0+3+1+2+3}{8}=2$，得 θ 的矩估计值 $\hat{\theta}=\dfrac{3-2}{4}=\dfrac{1}{4}$。

答案:A

22. **解**　可以利用矩阵秩的定义验证。

三阶行列式 $\begin{vmatrix}1&0&0\\0&1&2\\0&2&4\end{vmatrix}=0$，二阶行列式 $\begin{vmatrix}1&0\\0&1\end{vmatrix}\neq0$。

故 $r(\boldsymbol{A})=2$。

答案:C

23. **解**　已知 $\vec{\boldsymbol{\alpha}},\vec{\boldsymbol{\beta}}$ 线性无关，$\vec{\boldsymbol{\gamma}}$ 可以由 $\vec{\boldsymbol{\alpha}},\vec{\boldsymbol{\beta}}$ 线性表示。故 $\vec{\alpha},\vec{\beta},\vec{\gamma}$ 线性相关，可推出 $\vec{\boldsymbol{\alpha}},\vec{\boldsymbol{\beta}},\vec{\boldsymbol{\gamma}},\vec{\boldsymbol{\delta}}$ 也相关。所以选项 A、B 错误。

选项 C、D 其中有一个错误，用反证法。

设 $\vec{\boldsymbol{\alpha}},\vec{\boldsymbol{\beta}},\vec{\boldsymbol{\delta}}$ 相关，由已知条件 $\vec{\boldsymbol{\alpha}},\vec{\boldsymbol{\beta}}$ 线性无关，而 $\vec{\boldsymbol{\alpha}},\vec{\boldsymbol{\beta}},\vec{\boldsymbol{\delta}}$ 线性相关，则 $\vec{\boldsymbol{\delta}}$ 可由 $\vec{\boldsymbol{\alpha}},\vec{\boldsymbol{\beta}}$ 线性表示，与已知条件 $\vec{\boldsymbol{\delta}}$ 不能由 $\vec{\boldsymbol{\alpha}},\vec{\boldsymbol{\beta}}$ 线性表示矛盾。

所以 $\vec{\boldsymbol{\alpha}},\vec{\boldsymbol{\beta}},\vec{\boldsymbol{\delta}}$ 线性无关。

答案：D

24. **解** 特征向量必须是非零向量，选项 D 错误。

由矩阵的特征值、特征向量关系可知：①当 $\boldsymbol{\xi}$、$\boldsymbol{\eta}$ 是 $\boldsymbol{A}$ 对应特征值 λ 的特征向量，当 $k_1\neq 0,k_2\neq 0$ 时，$k_1\boldsymbol{\xi}+k_2\boldsymbol{\eta}$ 仍是 $\boldsymbol{A}$ 对应特征值 λ 的特征向量。②如果 $\boldsymbol{\xi}$、$\boldsymbol{\eta}$ 是 $\boldsymbol{A}$ 对应不同特征值的特征向量，则 $k_1\boldsymbol{\xi}+k_2\boldsymbol{\eta}$ 不是 $\boldsymbol{A}$ 的特征向量。

所以选项 A、B 均不成立。

答案：C

25. **解** 由 $\varepsilon_{平动}=\frac{3}{2}kT$ 知分子平均平动能相同，又 $E_{内}=\frac{m}{M}\frac{i}{2}RT$，摩尔质量 $M(H_2)<M(O_2)$；H_2 和 O_2 均为双原子分子，$i=5$，故 $E_{内}(H_2)>E_{内}(O_2)$。

答案：A

26. **解** ①$f(v)$ 表示在速率 v 附近，单位速率区间内的分子数占总分子数的百分率 $f(v)=\frac{\mathrm{d}N}{N\mathrm{d}v}$；

②$f(v)\mathrm{d}v$ 表示速率在 $v\to v+\mathrm{d}v$ 区间内的分子数占总分子数的百分率 $f(v)\mathrm{d}v=\frac{\mathrm{d}N}{N}$；

③$Nf(v)\mathrm{d}v$ 表示速率在 $v\to v+\mathrm{d}v$ 区间内的分子数 $\mathrm{d}N$；

④ $N\int_{v_1}^{v_2}f(v)\mathrm{d}v$ 表示速率在 $v_1\to v_2$ 区间内的分子数。

答案：B

27. **解** 由 $E_{内}=\frac{i}{2}\frac{m}{M}RT=\frac{i}{2}pV$，可得 $\Delta E_{内}=\frac{i}{2}\frac{m}{M}R(T_2-T_1)=\frac{i}{2}(p_2V_2-p_1V_1)$。

答案：B

28. **解** ①由 $p=nkT$ 知选项 A 不正确；

②由 $pV=\frac{m}{M}RT$ 知选项 B 不正确；

③由 $\varepsilon_{平动}=\frac{3}{2}KT$ 知选项 C 正确；

④由 $E_{内}=\frac{i}{2}\frac{m}{M}RT=\frac{i}{2}pV$ 知选项 D 不正确。

答案：C

29. **解** 对卡诺循环：$\eta_{卡}=1-\frac{T_2}{T_1}=1-\frac{400}{500}=20\%$。

答案：D

30. **解** 热力学第二定律。

答案:D

31. **解** $\Delta\phi=\frac{2\pi\nu\Delta x}{u}$,令 $\Delta\phi=\pi$,$\Delta x=l$,$v_1=500\text{Hz}$,$\pi=\frac{2\pi l\times 500}{u}$,即 $l=\frac{u}{1000}$,又 $v_2=1000\text{Hz}$,$\Delta x'=\frac{l}{2}$,故 $\Delta\phi'=\frac{2\pi\times 1000\times\frac{l}{2}}{u}=\frac{\pi\times 1000\times l}{u}=\frac{\pi\times 1000\times\frac{4}{1000}}{u}=\pi$。

答案:B

32. **解** 依题意 $t=0.5\text{s}$,$y=+0.05\text{m}$ 代入波动方程,$\cos(10\pi+4\pi x)=1$,$(10\pi+4\pi x)=2k\pi$,$x=\frac{2k-10}{4}$。

答案:A

33. **解** 考察零级明纹向何方移动,如图所示。

①薄介质片未遮住时,光程差 $\delta=r_1-r_2=0$,O 处为零级明纹;

②薄介质片遮住下缝后,光程差 $\delta'=r_1-(nd+r_2-d)=r_1-[r_2+(n-1)d]$。显然$(n-1)d>0$,要 $\delta'=0$,只有零级明纹下移至 O'处才能实现。

答案:D

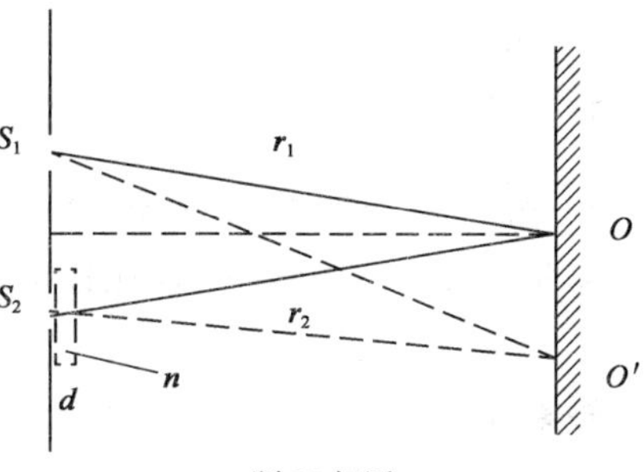

题 33 解图

34. **解** $\delta=(2k+1)\frac{\lambda}{2}=(2\times 3+1)\frac{\lambda}{2}=\frac{7}{2}\lambda$

答案:C

35. **解** 由 $I=I_0\cos^2\alpha$ 注意到自然光通过偏振片后,光强减半。出射光强 $I=\frac{I_0}{2}\cos^2 45°=\frac{I_0}{4}$。

答案:A

36. **解** 设光波在空气中传播速率为 v,则在玻璃中传播速率为 $\frac{v}{n_{玻璃}}$,因而在相同传播时间内传播的路程不相等,根据光程的概念,它们走过的光程相等。

答案:C

37. **解** 盐桥的作用为沟通内电路,补充电荷,维持电荷平衡,使电流持续产生。分子不通过盐桥流动。

答案:A

38. **解** K_p 与 K_c 均为实验平衡常数。对于气体反应,实验平衡常数既可以用浓度表示,也可以用平衡时各气体的分压表示。K_p 与 K_c 的关系为:$K_p=K_c(RT)^{\Delta n}$(Δn 为气体生成物系数之和减去气体反应物系数之和)。本反应 $\Delta n=-1$,根据公式计算,$K_p=K_c/(RT)$。

答案:C

39. **解** pH=2 的 HCl 溶液，C_{H^+}=0.01M，pH=13 的 NaOH 溶液，C_{OH^-}=0.1M。等体积混合后溶液中 C_{OH}^{-}=(0.1−0.01)÷2=0.045M，则 $C_{H}^{+}=10^{-14}\div0.045=2.22\times10^{-13}$，pH=$-\lg C_{H}^{+}$=12.65。

答案：B

40. **解** 第五、六周期副族元素由于镧系收缩原子半径相差很小，性质极为相似。镧系收缩的结果使 Zr 和 Hf，Nb 和 Ta，Mo 和 W 性质极为相似。

答案：A

41. **解** 根据化学反应的摩尔吉布斯函数变化值的计算公式：

$\Delta_r G_m^{\ominus}(298.15K)=\sum v_r \Delta_f G_m^{\ominus}$(生成物)$-\sum v_r \Delta_f G_m^{\ominus}$(反应物)

求得反应的 $\Delta_r G_m^{\ominus}(298.15K)=-394.36(kJ/mol)$；根据反应自发性判据，$\Delta_r G_m^{\ominus}(298.15K)<0$，反应能够正向进行，但常温下反应速率很慢。

答案：B

42. **解** 分子极性不仅看化学键是否有极性，还要看分子的空间构型。当分子的正负电荷中心不重合时为极性分子。CO_2 为直线型分子，BF_3 为平面三角形分子，均为非极性分子。C_2H_3F 可以看作甲烷分子(四面体分子)的一个 H 原子被 F 取代，分子中正负电荷重心不重合，为极性分子。

答案：D

43. **解** 同一周期自左至右，第一电离能一般增加，但有一些波动。满或半充满时，其第一电离能相应较大。主族(包括 IIIB 族)，自上而下第一电离能依次减小；副族，自上而下第一电离能略有增加。

答案：C

44. **解** 溶液沸点上升和凝固点下降的定量关系为拉乌尔定律。根据拉乌尔定律，溶液中粒子浓度越大，溶液凝固点越低。根据分子量和电离综合考虑，C 中粒子浓度最大，凝固点最低。

答案：C

45. **解** 标准平衡常数特征：不随压力和组成而变，只是温度的函数。符合多重平衡规则，与方程式的书写有关。

答案：A

46. **解** 核外电子属于微观粒子，微观粒子具有波粒二象性。

答案：A

47. **解** 共价单键中只存在 σ 键；双键存在一个 σ 键，一个 π 键；三键存在一个 σ 键，两个 π 键。CO_2 和乙酸中存在双键，乙炔中有三键。

答案：B

48. **解** 根据题意：0.100mol 的不饱和烃可以和 0.200g(0.100mol)H_2 反应，所以一个不饱和烃分子中含有一个不饱和键；0.100mol 的不饱和烃完全燃烧生成 0.300molCO_2，该不饱和烃的一个分子应该含三个碳原子。C符合条件。

答案:C

49.**解** 根据平面力系简化理论,若将各力向O点简化,可得一主矢和一主矩,只要主矢不为零,简化的最后结果为一合力。该题中的三个力并未形成首尾相连的自行封闭的三角形,故主矢不为零。

答案:B

50.**解** 根据平衡方程$\sum M_{B}=0$,$qa\cdot 2.5a-M-F_{p}2a-F_{Av}a=0$,得$F_{Av}=\frac{1}{4}aq(\uparrow)$,便可作出选择。

答案:D

51.**解** 维持物块平衡的力F_{Q}可在一个范围内,求F_{Qmax}时摩擦力F向下,求F_{Qmin}时摩擦力F向上。

答案:C

52.**解** 先取整体为研究对象计算出B处约束力,即$\sum M_{A}=0$,$F_{B}\cdot 3a-F_{P}\cdot a-2F_{P}\cdot 2a=0$,$F_{B}=\frac{3}{5}F_{P}$,再用$m-m$截面将桁架截开,取右半部分(如图),列平衡方程$\sum M_{O}=0$,$F_{B}\cdot a+F_{s1}\cdot a=0$,可得杆1受压,其内力与$F_{B}$大小相等。

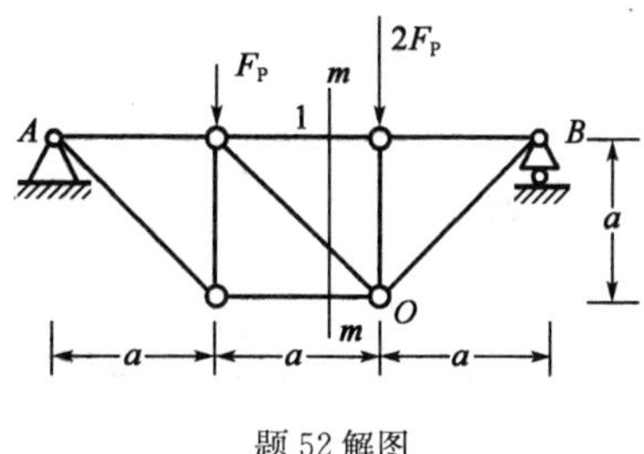

题52解图

答案:A

53.**解** 将B处的约束解除,固定端处有约束力F_{Bx}、F_{By}及约束力偶M_{B},对整体列出力矩的平衡方程:$\sum m_{B}=0$,$M_{B}+M-F_{P}\cdot a=0$,即$M_{B}=F_{P}\cdot a-M$。

答案:C

54.**解** 将两个运动方程平方相加,即可得到轨迹方程$\frac{x^2}{3^2}+\frac{(3-y)^2}{5^2}=1$为一椭圆。

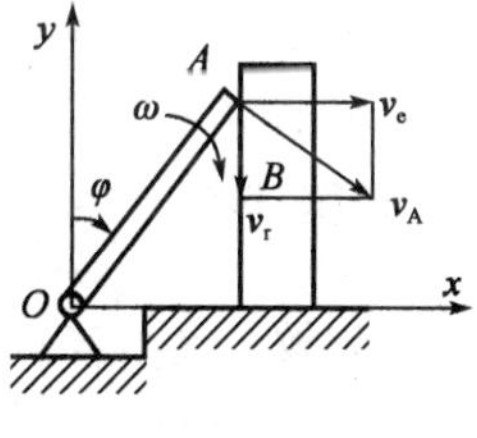

题55解图

答案:D

55.**解** 根据图中速度合成图可知:

$$v_{A}=\omega l,v_{B}=v_{e}=v_{A}\cos\varphi=l\omega\cos\varphi$$

答案:B

56.**解** 点作匀速曲线运动,其切向加速度为零,法向加速度不为零即为点的全加速度。

答案:A

57.**解** 根据平行移轴公式:$J_{Dy}=J_{Cy}+md^2=\frac{1}{12}ml^2+m\left(\frac{1}{4}\right)^2$。

答案:A

58. **解** 因为整个系统水平方向所受外力为零,故系统水平方向动量守恒;又因为做功的力为保守力,有系统机械能守恒。

答案:C

59. **解** 在右侧物体重力作用下,滑轮顺时针方向转动,故轮上作用的合力矩应有:$(F_{T2}-F_{T1})r>0$,即 $F_{T1}<F_{T2}$。

答案:B

60. **解** 系统为并联弹簧,其等效的弹簧刚度应为两弹簧刚度之和。

答案:D

61. **解** 在平面内自由运动的两杆件应有 6 个自由度,而 O、A 处有 4 个约束,所以该系统的自由度是 2。

答案:B

62. **解** 由于 A 是斜截面 m-m 的面积,轴向拉力 $\boldsymbol{P}$ 沿斜截面是均匀分布的,所以 $\sigma=\dfrac{P}{A}$ 应为力斜截面上沿轴线方向的总应力,而不是垂直于斜截面的正应力。

答案:C

63. **解** $\Delta l_1=\dfrac{F_N l}{EA_1}l$,$\Delta l_2=\dfrac{F_N l}{EA_2}$,因为 $A_1>A_2$,所以 $\Delta l_1<\Delta l_2$。又 $\varepsilon_1=\dfrac{\Delta l_1}{l}$,$\varepsilon_2=\dfrac{\Delta l_2}{l}$,故 $\varepsilon_1<\varepsilon_2$。

答案:C

64. **解** 当挤压的接触面为平面时,接触面面积 cb 就是挤压面积。

答案:B

65. **解** 加垫圈后,螺栓的剪切面、挤压面、拉伸面积都无改变,只有平板的挤压面积增加了,平板的挤压强度提高了。

答案:D

66. **解** 受扭圆轴最大剪应力 τ 发生在圆轴表面,是纯剪切应力状态(见解图 a),而其主应力 $\sigma_1=\tau$ 出现在 45°斜截面上(见解图 b),其值为 τ。

答案:D

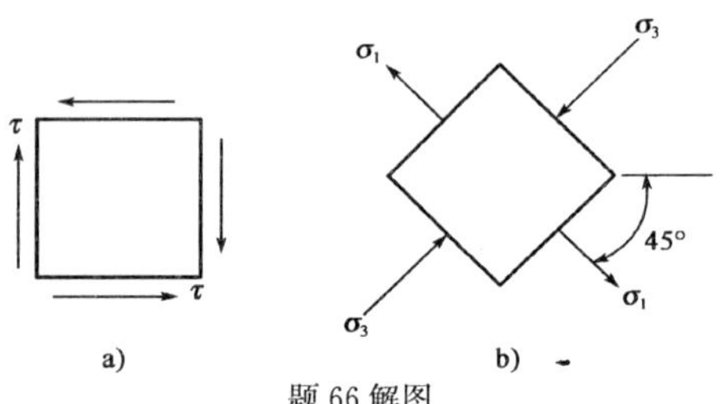

题 66 解图

67. **解** 首先考虑整体平衡，设左端反力偶 m 由外向里转，则有 $\sum M_x=0$，$m-1-4.5-2+5=0$，得 $m=2.5\text{kN}\cdot\text{m}$。再由截面法平衡求出：$T_1=m=2.5\text{kN}\cdot\text{m}$，$T_2=2-5=-3\text{kN}\cdot\text{m}$。

答案:D

68. **解** 由定义 $I_P=\int_A\rho^2\text{d}A$，$I_z=\int_A y^2\text{d}A$，$I_y=\int_A z^2\text{d}A$，以及勾股定理 $\rho^2=y^2+z^2$，两边积分就可得 $I_P=I_z+I_y$。

答案:B

69. **解** 由定义 $I_z=\int_A y^2\text{d}A$ 可知，a)、b)两图形面积相同，但图 a)中的面积距离 z 轴较远，因此 $I_z^a>I_z^b$；而两图面积距离 y 轴远近相同，故 $I_y^a=I_y^b$。

答案:B

70. **解** 由中间铰链 C 处断开，分别画出 AC 和 BC 的受力图(见解图)。

先取 BC 杆：$\sum M_B=0$，$F_C\cdot a=M_O$，即 $F_C=\dfrac{M_O}{a}$

再取 AC 杆：$\sum F_y=0$，$R_A=F_C=\dfrac{M_O}{a}$

$$\sum M_A=0,M_A=F_Cl=\frac{M_O}{a}l$$

可见只有选项 B 是正确的。

答案:B

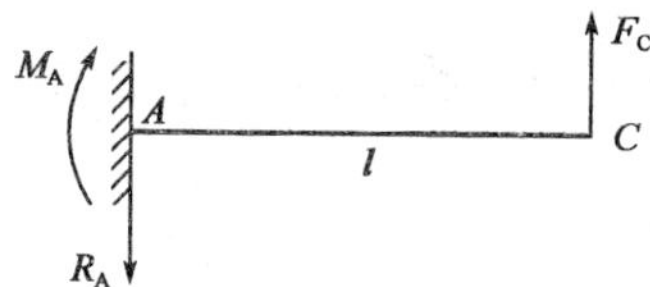

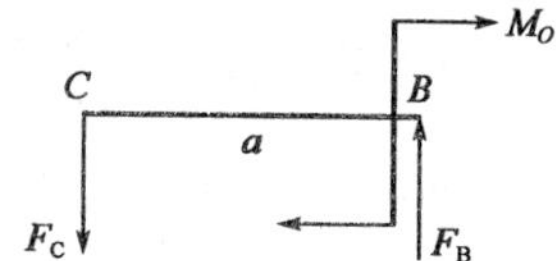

题 70 解图

71. **解** 对图 a)，$M_{max}=\dfrac{P_1l}{4}$，$\sigma_{max}=\dfrac{M_{max}}{W_z}=\dfrac{\dfrac{P_1l}{4}}{\dfrac{\pi}{32}d^3}=\dfrac{8P_1l}{\pi d^3}\leqslant[\sigma]$，所以 $P_1\leqslant\dfrac{\pi d^3[\sigma]}{8l}$；对图 b)，$M_{max}=\dfrac{P_2l}{4}$，同理 $P_2\leqslant\dfrac{\pi(2d^3)[\sigma]}{8l}$，可见 $\dfrac{P_2}{P_1}=\dfrac{(2d)^3}{d^3}=8$。

答案:C

72. **解** 设 ab、bc、ac 三个面的面积相等，都等于 A，且水平方向为 x 轴，竖直方向为 y 轴。

$\sum F_x=0$：$\sigma_xA-\sigma A\cos60°-\sigma A\cos45°=0$，所以 $\sigma_x=\sigma\cos60°+\sigma\cos45°$。

$\sum F_y=0$：$\sigma A\sin60°-\sigma A\sin45°-\tau_{xy}A=0$，所以 $\tau_{xy}=\sigma\sin60°-\sigma\sin45°$。

答案:A

73.**解**　状态(1)：$\sigma_{r3}=\sigma_1-\sigma_3=120-(-120)=240$；

状态(2)：$\sigma_{r3}=\sigma_1-\sigma_3=100-(-100)=200$；

状态(3)：$\sigma_{r3}=\sigma_1-\sigma_3=150-60=90$；

状态(4)：$\sigma_{r3}=\sigma_1-\sigma_3=100-0=100$；

显然状态(1)相当应力 σ_{r3} 最大。

答案：A

74.**解**　在弯扭组合变形情况下，A 点属于复杂应力状态，既有最大正应力，又有最大剪应力 τ(见解图)。和梁的应力状态相同：$\sigma_y=0$，$\sigma_2=0$，$\sigma_1=\frac{\sigma}{2}+\sqrt{\left(\frac{\sigma}{2}\right)^2+\tau^2}$，$\sigma_3=\frac{\sigma}{2}-\sqrt{\left(\frac{\sigma}{2}\right)^2+\tau^2}$，$\sigma_{r3}=\sigma_1-\sigma_3=\sqrt{\sigma^2+4\tau^2}$。

选项中，A 为单向应力状态，B、C 只适用于圆截面。

答案：D

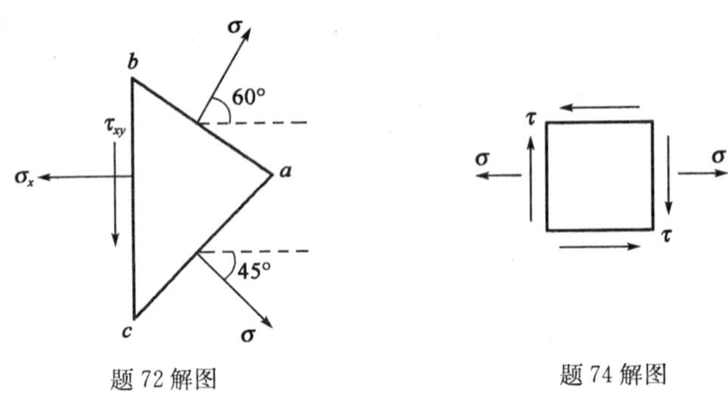

题 72 解图　　　　题 74 解图

75.**解**　细长压杆临界力：$P_{cr}=\frac{\pi EL}{(\mu l)^2}$，对圆截面：$I=\frac{\pi}{64}d^4$，当直径 d 缩小一半变为 $\frac{d}{2}$ 时，压杆的临界压力 P_{cr} 为压杆的 $\left(\frac{1}{2}\right)^4=\frac{1}{16}$。

答案：D

76.**解**　从常用的四种杆端约束压杆的长度系数 μ 的值变化规律中可看出，杆端约束越强，μ 值越小(压杆的临界力越大)。图示压杆的杆端约束一端固定、一端弹性支承，比一端固定、一端自由时($\mu=2$)强，但又比一端固定、一端支铰支进($\mu=0.7$)弱，故 $0.7<\mu<2$，即为 C 的范围内。

答案：C

77.**解**　静止流体中，仅受重力作用的等压面是水平面(小范围)。

答案：A

78.**解**　参见描述流体运动的欧拉方法中关于加速度的定义。

答案：B

79.**解**　伯努利方程只能用于流线近于平行直线的渐变流。

答案:C

80. **解** 热水的运动黏度小于冷水的运动黏度,即 $\nu_A < \nu_B$,又因 $Re_A = Re_B$,即 $\frac{v_A d}{\nu_A} = \frac{v_B d}{\nu_B}$,得 $v_A < v_B$,因此 $q_{v_A} < q_{v_B}$。

答案:C

81. **解** 紊流附加切应力 $\bar{\tau}_2$ 即为紊流的惯性切应力。$\bar{\tau}_2 = -\rho \overline{u_x'} \ \overline{u_y'}$。

答案:B

82. **解** 可按自由出流短管计算,$H = \frac{\alpha v^2}{2g} + h_w = \frac{\alpha v^2}{2g} + \left(\lambda \frac{L}{d} + \zeta\right)\frac{v^2}{2g}$。

代入题设数据后有:

$$2 = \left(1 + 0.02 \times \frac{5}{0.02} + 0.5\right)\frac{v^2}{2g} = 6.5\ \frac{v^2}{2g}$$

$$\text{得 } v = \sqrt{\frac{2 \times 2g}{6.5}} = \sqrt{\frac{2 \times 2 \times 9.8}{6.5}} = 2.456\text{m/s}$$

$$Q = v \times \frac{\pi}{4} d^2 = 2.456 \times \frac{\pi}{4} \times (0.02)^2 = 7.7 \times 10^{-4}\text{m}^3/\text{s} = 0.77\text{L/s}$$

答案:C

83. **解** 参见边界层分离相关内容(由于递压梯度与边界上的黏性阻力而形成)。

答案:B

84. **解** 由于圆柱形外管嘴收缩断面处有直空,故流量大于同水头、同直径的孔口。

答案:B

85. **解** 可用谢才公式分析,$Q = CA\sqrt{Ri}$。$C = \frac{1}{n} R^{\frac{1}{6}}$,在题设条件下,随底坡 i 增大,流速增大,水深应减小。

答案:B

86. **解** 先由 $\frac{s_1}{s_2} = \frac{\ln R - \ln r_1}{\ln R - \ln r_2}$,则 $\ln R = \frac{s_1 \ln r_2 - s_2 \ln r_1}{s_1 - s_2}$,求得影响半径 R,再由承压井流量公式 $Q = \frac{2\pi kts}{\ln \frac{R}{r}}$,反求渗流系数 $k = \frac{Q}{2\pi st}(\ln R - \ln r)$,式中的 s 和 r 应该对应代入,例如可用 s_1、r_1 代入。

答案:C

87. **解** 应使用雷诺准则设计该模型,其比尺公式为 $\frac{\lambda_v \lambda_L}{\lambda_\nu} = 1$。因为用相同介质,故 $\lambda_\nu = 1$,所以流速比尺 $\lambda_v = \frac{1}{\lambda_L} = \frac{1}{10} = 0.1$。

答案:C

88. **解** 参见毕托管求流速公式 $u_A=C\sqrt{2g\Delta h_u}$，并由压差计公式知，$\Delta h_u=\left(\frac{\rho_水-\rho_油}{\rho_水}\right)\Delta h$。代入题设数据有

$$\Delta h_u=\left(\frac{1000-800}{1000}\right)\times 0.02\text{m}=0.04\text{m}$$

$$u_A=\sqrt{2\times 9.8\times 0.04}=0.885\text{m/s}$$

答案：A

89. **解** 在计算机内部每个有效信息，必须具有3个基本属性：内容、指向和行为，这3个属性要通过3个总线实现：数据总线、地址总线、控制总线。

答案：C

90. **解** 多任务就是能同时运行多个程序，比如在听歌的同时可以聊天，单用户就是操作系统只允许一个用户登录。Windows 98属于单用户多任务操作系统。

答案：A

91. **解** 三位二进制数对应一位八进制数，小数点向后每三位为一组，110对应6，100对应4，小数点向前每三位为一组101对应5，011对应3，011对应3。

答案：B

92. **解** TCP/IP是运行在Internet上的一个网络通信协议。

答案：D

93. **解** 结构化FORTRAN有一些控制的结构，关系控制即是其中之一种，用以比较两变量之间关系，包含有：

.LT. 表示小于；

.GT. 表示大于；

.EQ. 表示等于；

.LE. 表示小于或等于；

.GE. 表示大于或等于；

.NE. 表示不等于。

答案：B

94. **解** 几个数公有的约数，称做这几个数的公约数；其中最大的一个，则为这几个数的最大公约数。例如，12的约数有：1，2，3，4，6，12。18的约数有：1，2，3，6，9，18。

12和18的公约数有：1，2，3，6。其中6是12和18的最大公约数，记作(12，18)=6。

答案：C

95. **解** 数组赋值以后，各数组元素的值为：

M(1)=10，M(2)=7，M(3)=9，M(4)=2，M(5)=1，M(6)=3。

当循环一次后M(1)的值就确定下来了，因此不需要再做下去。此时M(1)=1。

答案:A

96. **解**　这是一个函数子程序调用题,第一次 5 与 K 对应,N(S)=1+2+3+4+5=15,第 2 次 10 与 K 对应,N(10)=1+2+3+4+5+6+7+8+9+10=55,N(S)+N(10)=70。

答案:D

97. **解**　数组元素赋值分别为:M(1)=50,M(2)=54,M(3)=64,M(4)=55,M(5)=65,M(6)=70,M(7)=85,M(8)=90,M(9)=46,M(10)=73,M(11)=60,M(12)=72。

循环判断数组元素的值大于等于 60 的数,而后记录它们的个数,总共有 8 个。

答案:B

98. **解**　数组元素的值分别为:

M(1,1)=−10,M(2,1)=−12,M(3,1)=−24,M(4,1)=11;

M(1,2)=−20,M(2,2)=−15,M(3,2)=61,M(4,2)=78;

M(1,3)=93,M(2,3)=30,M(3,3)=44,M(4,3)=−45;

最后一次循环:N=M(4,3)=−45,K1=4,K2=3。

答案:C

99. **解**　根据电磁感应定律 $e=-\dfrac{\mathrm{d}\phi}{\mathrm{d}t}$,当外加压 U 为直流量时,$e=\dfrac{\mathrm{d}\phi}{\mathrm{d}t}=0$,且 $e=0$,因此下方的线圈中不会产生感应电动势。

答案:A

100. **解**　因为此题中的电源均为直流量,则电感线圈可用作短路处理,原电路图等效图见解图,但该电路符合节点电流关系。因此在电路的节点 a 有 $I_{S1}+I_{S2}=I_R$ 。

答案:A

101. **解**　图 b)中的 R_0 等效于图 a)的端口 AB 间除源电阻(除源指的是让电源作用为零,将电压源短路,电流源断路),即 $R_0=R_2$。

答案:D

102. **解**　根据题意可画出三相电路图(见解图),它是一个三角形接法的对称电路,各线电线 I_A、I_B、I_C 相同,即

$$I_A=I_B=I_C=I_{线}=\sqrt{3}I_{相}$$

$$I_{相}=\frac{U_{相}}{R}=\frac{220}{100}=2.2\text{A}$$

$$I_{线}=\sqrt{3}\times 2.2=3.8\text{A}$$

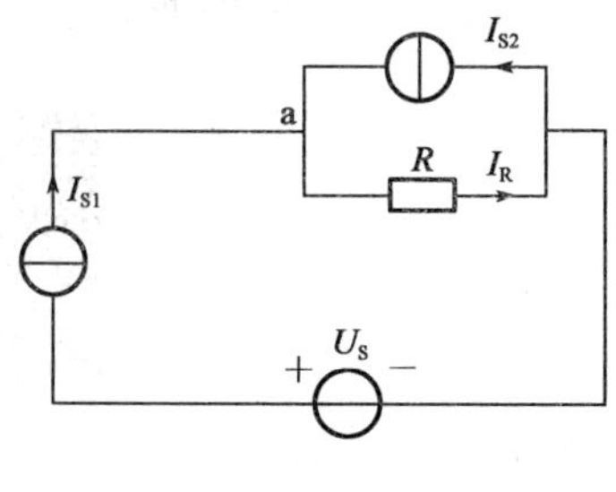

题 100 解图

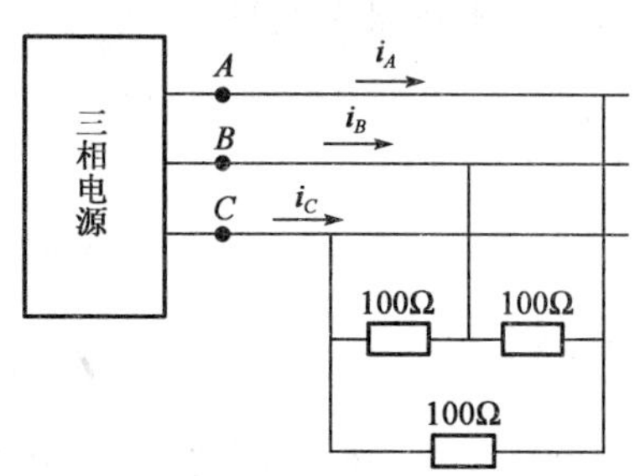

题 102 解图

答案:B

103.**解**　R-C 一阶电路的时间常数为：$\tau = R \cdot C, R = R_1//R_2, \tau = (R_1//R_2) \cdot C$。

答案:B

104.**解**　该电路等效为 RL 串联电路，外加直流电源时感抗为 0，可以计算电阻 R 值为：

$$R = \frac{U^2}{P} = \frac{100^2}{100} = 100\Omega$$

由 $\cos\varphi = 0.4$，得 $\varphi = \arccos 0.4 = 66.42°$，电路中电阻和感抗数值可以用三角形说明。$\tan\varphi = \frac{X_L}{R}$。

则 $X_L = R\tan\varphi \cdot = 100\tan 66.42 = 229\Omega$。

答案:B

105.**解**　变压器铁损（P_{Fe}）与铁芯磁通量的大小有关，磁通量中与电流电压成正比，与负载变化无关，而铜损（P_{CU}）的大小与变压器工作用状态（I_1、I_2）的情况有关，变压器有载工作时两种损耗都存在。

答案:C

106.**解**　在电动机的继电接触控制电路中，交流接触器具有零压保护作用，热继电器具有过载保护功能，停止按钮的作用是切断或接通电源。

答案:D

107.**解**　该电路为桥式整流电路：$U_L = 0.9U_i = 0.9 \times \frac{10}{\sqrt{2}} = 6.36\text{V}$。

其中：U_L 为输出电压平均值，U_i 为输入交流电压有效值。

答案:C

108.**解**　画出放大电路的微变等效电路如解图所示。

可见该电路的输入电阻为：$r_i = R_{be}//R_{B1}//R_{B2}$。

答案:B

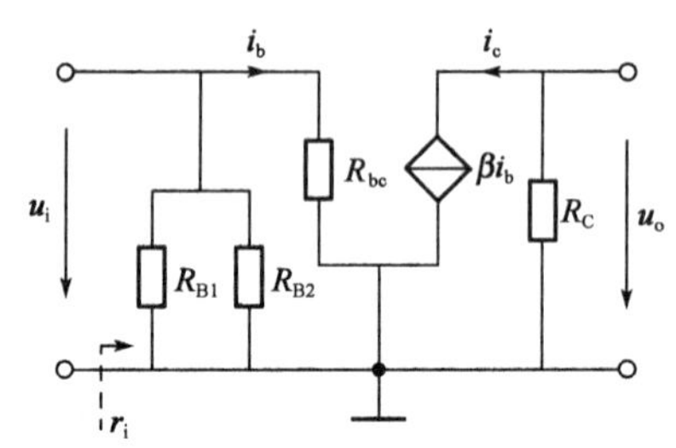

题 108 解图

109.**解**　该题为两级放大电路，第一级为积分器

$$u_{o1} = -\frac{1}{R_1C}\int u_i \mathrm{d}t$$

第二级是电压跟随电路

$$u_o = u_{01}$$

因此

$$u_o = -\frac{1}{R_1C}\int u_i \mathrm{d}t$$

答案:A

110.**解**　该电路为时序逻辑电路，具有移位、存储功能，两个脉冲过后的新状态

为$Q_1Q_0=00$。

答案:A

111.**解** 建设投资由工程费用(包括建筑工程费、设备购置费、安装工程费),工程建设其他费用和预备费(包括基本预备费和涨价预备费)所组成。工程建设其他费用包括土地使用费、与项目建设有关的其他费用(包括建设单位管理费、研究试验费、勘察设计费、工程监理费、工程保险费、建设单位临时设施费、引进技术和设备进口项目的其他费用、环境影响评价费、劳动安全卫生评价费、特殊设备安全监督检验费、市政公用设施费)和与未来企业生产经营有关的费用(包括联合试运转费、生产准备费、办公和生活家具购置费)。

答案:C

112.**解** 产品销售收入包括企业销售的产成品、自制半成品及工业性劳务所获得的收入。

答案:A

113.**解** ①应用资金等值公式计算:$F=A(P/A,10\%,3)(F/P,10\%,5)$。

②按$F=A(F/A,10\%,3)(F/P,10\%,2)$计算。

③按复利公式计算:$F=10(1+10\%)^4+10(1+10\%)^3+10(1+10\%)^2=40.05$万元。

答案:D

114.**解** 根据资金等值公式计算:$90\times(P/A,10\%,5)+150-20/(1+10\%)^5=487.75$万元

答案:A

115.**解** 基准收益率的计算公式为:

$$i_c=(1+i_1)(1+i_2)(1+i_3)-1$$

式中,i_c为基准收益率;i_1为年资金费用率与机会成本中较高者;i_2为年风险贴补率;i_3为年通货膨胀率。在i_1、i_2、i_3都很小的情况下,公式可简化为:$i_c=i_1+i_2+i_3$。因此当通货膨胀率上升,则基准折现率应提高。

答案:B

116.**解** 固定成本一般包括折旧费、摊销费、管理费、工资及福利费(计件工资除外)和其他费用等。通常把运营期间发生的全部利息也作为固定成本。包装费随产量变动而变动,属于变动成本。

答案:D

117.**解** 在单因素敏感性分析图中,直线斜率的绝对值越大,较小的不确定性因素变化幅度会引起敏感性分析评价指标较大的变化,即该因素越敏感。

答案:C

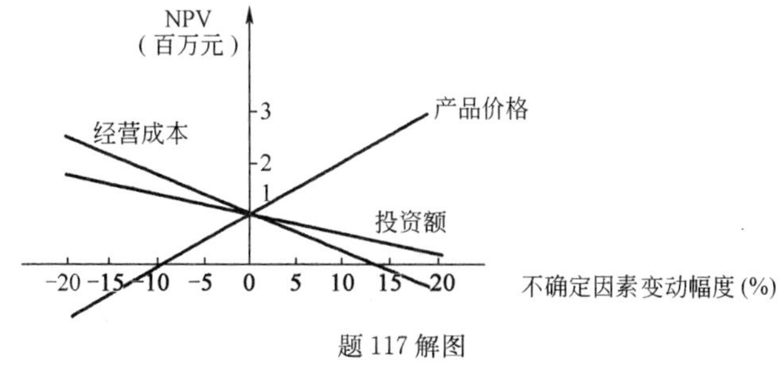

题117解图

118. **解** 根据《建设项目评价方法与参数》(第二版)建设项目评价的基本报表包括:现金流量表(全部投资)、现金流量表(自有资金)、损益表、资金来源与运用表、资产负债表、财务外汇平衡表,不包括债务偿还表。本题依据《建设项目评价方法与参数》(第二版)命题,故不包括债务偿还表,正确选项为D。《建设项目评价方法与参数》已改为第三版。根据《建设项目评价方法与参数》(第三版),财务评价的主要财务报表包括:项目投资现金流量表、项目醬金现金流量表、投资各方现金流量表、利润与利润分配表、财务计划现金流量表、资产负债表、借款还本付息计划表。

答案:D

119. **解** 全投资财务现金流量表(现称为项目投资现金流量表)属于融资前分析,不考虑融资方案,表中不包括贷款成本。

答案:B

120. **解** 根据价值工程的定义。价值工程中的"价值",是指产品或作业的功能与实现其功能的总成本(寿命周期成本)的比值。

答案:D

2009 年度全国勘察设计注册工程师公共基础考试

试　　题

单项选择题(共 120 分,每题 1 分。每题的备选项中只有一个最符合题意)

1. 设$\vec{\alpha}=-\vec{i}+3\vec{j}+\vec{k}$,$\vec{\beta}=\vec{i}+\vec{j}+t\vec{k}$,已知$\vec{\alpha}\times\vec{\beta}=-4\vec{i}-4\vec{k}$,则 $t=$

A. -2　　B. 0　　C. -1　　D. 1

2. 设平面方程为 $x+y+z+1=0$,直线方程为 $1-x=y+1=z$,则直线与平面:

A. 平行　　B. 垂直　　C. 重合　　D. 相交但不垂直

3. 设函数 $f(x)=\begin{cases}1+x & x\geqslant 0\\ 1-x^2 & x<0\end{cases}$,在$(-\infty,+\infty)$内:

A. 单调减少　　B. 单调增加　　C. 有界　　D. 偶函数

4. 若函数 $f(x)$在点 x_0 间断,$g(x)$在点 x_0 连续,则 $f(x)g(x)$在点 x_0:

A. 间断　　B. 连续　　C. 第一类间断　　D. 可能间断可能连续

5. 函数 $y=\cos^2\dfrac{1}{x}$在 x 处的导数是:

A. $\dfrac{1}{x^2}\sin\dfrac{2}{x}$　　B. $-\sin\dfrac{2}{x}$　　C. $-\dfrac{2}{x^2}\cos\dfrac{1}{x}$　　D. $-\dfrac{1}{x^2}\sin\dfrac{2}{x}$

6. 设 $y=f(x)$是(a,b)内的可导函数,$x,x+\Delta x$ 是(a,b)内的任意两点,则:

A. $\Delta y=f'(x)\Delta x$

B. 在 $x,x+\Delta x$ 之间恰好有一点 ξ,使 $\Delta y=f'(\xi)\Delta x$

C. 在 $x,x+\Delta x$ 之间至少存在一点 ξ,使 $\Delta y=f'(\xi)\Delta x$

D. 在 $x,x+\Delta x$ 之间的任意一点 ξ,使 $\Delta y=f'(\xi)\Delta x$

7. 设 $z=f(x^2-y^2)$,则 $\mathrm{d}z=$

A. $2x-2y$　　B. $2x\mathrm{d}x-2y\mathrm{d}y$

C. $f'(x^2-y^2)\mathrm{d}x$　　D. $2f'(x^2-y^2)(x\mathrm{d}x-y\mathrm{d}y)$

8. 若$\int f(x)\mathrm{d}x=F(x)+C$,则$\int\dfrac{1}{\sqrt{x}}f(\sqrt{x})\mathrm{d}x=$

A. $\frac{1}{2}F(\sqrt{x})+C$　　B. $2F(\sqrt{x})+C$　　C. $F(x)+C$　　D. $\frac{F(\sqrt{x})}{\sqrt{x}}$

9. $\int \frac{\cos 2x}{\sin^2 x\cos^2 x}\mathrm{d}x=$

A. $\cot x-\tan x+C$　　B. $\cot x+\tan x+C$

C. $-\cot x-\tan x+C$　　D. $-\cot x+\tan x+C$

10. $\frac{\mathrm{d}}{\mathrm{d}x}\int_0^{\cos x}\sqrt{1-t^2}\mathrm{d}t$ 等于：

A. $\sin x$　　B. $|\sin x|$　　C. $-\sin^2 x$　　D. $-\sin x|\sin x|$

11. 下列结论中正确的是：

A. $\int_{-1}^{1}\frac{1}{x^2}\mathrm{d}x$ 收敛　　B. $\frac{\mathrm{d}}{\mathrm{d}x}\int_0^{x^2}f(t)\mathrm{d}t=f(x^2)$

C. $\int_1^{+\infty}\frac{1}{\sqrt{x}}\mathrm{d}x$ 发散　　D. $\int_{-\infty}^{0}e^{-\frac{x^2}{2}}\mathrm{d}x$ 发散

12. 曲面 $x^2+y^2+z^2=2z$ 之内及曲面 $z=x^2+y^2$ 之外所围成的立体的体积 $V=$

A. $\int_0^{2\pi}\mathrm{d}\theta\int_0^1 r\mathrm{d}r\int_r^{\sqrt{1-r^2}}\mathrm{d}z$　　B. $\int_0^{2\pi}\mathrm{d}\theta\int_0^r r\mathrm{d}r\int_{r^2}^{1-\sqrt{1-r^2}}\mathrm{d}z$

C. $\int_0^{2\pi}\mathrm{d}\theta\int_0^r r\mathrm{d}r\int_r^{1-r}\mathrm{d}z$　　D. $\int_0^{2\pi}\mathrm{d}\theta\int_0^1 r\mathrm{d}r\int_{1-\sqrt{1-r^2}}^{r^2}\mathrm{d}z$

13. 已知级数$\sum_{n=1}^{\infty}(u_{2n}-u_{2n+1})$是收敛的，则下列结论成立的是：

A. $\sum_{n=1}^{\infty}u_n$ 必收敛　　B. $\sum_{n=1}^{\infty}u_n$ 未必收敛

C. $\lim_{n\to\infty}u_n=0$　　D. $\sum_{n=1}^{\infty}u_n$ 发散

14. 函数$\frac{1}{3-x}$展开成$(x-1)$的幂级数是：

A. $\sum_{n=0}^{\infty}\frac{x^n}{2^n}$　　B. $\sum_{n=0}^{\infty}\left(\frac{1-x}{2}\right)^n$　　C. $\sum_{n=0}^{\infty}\frac{(x-1)^n}{2^{n+1}}$　　D. $\sum_{n=0}^{\infty}(-1)^n\frac{x^n}{4^{n+1}}$

15. 微分方程$(3+2y)x\mathrm{d}x+(1+x^2)\mathrm{d}y=0$ 的通解为：

A. $1+x^2=Cy$　　B. $(1+x^2)(3+2y)=C$

C. $(3+2y)^2=\frac{C}{1+x^2}$　　D. $(1+x^2)^2(3+2y)=C$

16. 微分方程 $y''+ay'^2=0$ 满足条件 $y|_{x=0}=0, y'|_{x=0}=-1$ 的特解是：

A. $\frac{1}{a}\ln|1-ax|$　　B. $\frac{1}{a}\ln|ax|+1$　　C. $ax-1$　　D. $\frac{1}{a}x+1$

17. 设 $\alpha_1,\alpha_2,\alpha_3$ 是 3 维列向量，$|A|=|\alpha_1,\alpha_2,\alpha_3|$，则与 $|A|$ 相等的是：

A. $|\alpha_2,\alpha_1,\alpha_3|$　　B. $|-\alpha_2,-\alpha_3,-\alpha_1|$

C. $|\alpha_1+\alpha_2,\alpha_2+\alpha_3,\alpha_3+\alpha_1|$　　D. $|\alpha_1,\alpha_1+\alpha_2,\alpha_1+\alpha_2+\alpha_3|$

18. 设 $\boldsymbol{A}$ 是 $m\times n$ 非零矩阵，$\boldsymbol{B}$ 是 $n\times l$ 非零矩阵，满足 $\boldsymbol{AB}=\boldsymbol{0}$，以下选项中不一定成立的是：

A. $\boldsymbol{A}$ 的行向量组线性相关　　B. $\boldsymbol{A}$ 的列向量组线性相关

C. $\boldsymbol{B}$ 的行向量组线性相关　　D. $r(\boldsymbol{A})+r(\boldsymbol{B})\leqslant n$

19. 设 $\boldsymbol{A}$ 是 3 阶实对称矩阵，$\boldsymbol{P}$ 是 3 阶可逆矩阵，$\boldsymbol{B}=\boldsymbol{P}^{-1}\boldsymbol{AP}$，已知 $\boldsymbol{\alpha}$ 是 $\boldsymbol{A}$ 的属于特征值 λ 的特征向量，则 $\boldsymbol{B}$ 的属于特征值 λ 的特征向量是：

A. $\boldsymbol{P\alpha}$　　B. $\boldsymbol{P}^{-1}\boldsymbol{\alpha}$　　C. $\boldsymbol{P}^{\mathrm{T}}\boldsymbol{\alpha}$　　D. $(\boldsymbol{P}^{-1})^{\mathrm{T}}\boldsymbol{\alpha}$

20. 设 $\boldsymbol{A}=\begin{bmatrix}1 & 1\\ 1 & 2\end{bmatrix}$，与 $\boldsymbol{A}$ 合同的矩阵是：

A. $\begin{bmatrix}1 & -1\\ -1 & 2\end{bmatrix}$　　B. $\begin{bmatrix}-1 & 1\\ 1 & -2\end{bmatrix}$　　C. $\begin{bmatrix}1 & 1\\ -1 & 2\end{bmatrix}$　　D. $\begin{bmatrix}1 & -1\\ 1 & 2\end{bmatrix}$

21. 若 $P(A)=0.5, P(B)=0.4, P(\overline{A}-B)=0.3$，则 $P(A\cup B)=$

A. 0.6　　B. 0.7　　C. 0.8　　D. 0.9

22. 设随机变量 $X\sim N(0,\sigma^2)$，则对任何实数 λ，都有：

A. $P(X\leqslant\lambda)=P(X\geqslant\lambda)$　　B. $P(X\geqslant\lambda)=P(X\leqslant-\lambda)$

C. $X-\lambda\sim N(\lambda,\sigma^2-\lambda^2)$　　D. $\lambda X\sim N(0,\lambda\sigma^2)$

23. 设随机变量 X 的概率密度为 $f(x)=\begin{cases}\frac{3}{8}x^2, & 0<x<2\\ 0, & 其他\end{cases}$，则 $Y=\frac{1}{X}$ 的数学期望是：

A. $\frac{3}{4}$　　B. $\frac{1}{2}$　　C. $\frac{2}{3}$　　D. $\frac{1}{4}$

24. 设总体 X 的概率密度为 $f(x,\theta)=\begin{cases}e^{-(x-\theta)}, & x\geqslant\theta\\ 0, & x<\theta\end{cases}$，而 $X_1,X_2,\cdots,X_n$ 是来自该总体的样本，则未知参数 θ 的最大似然估计是：

A. $\overline{X}-1$

B. $n\overline{X}$

C. $\min(X_1, X_2, \cdots, X_n)$

D. $\max(X_1, X_2, \cdots, X_n)$

25. 1mol 刚性双原子理想气体，当温度为 T 时，每个分子的平均平动动能为：

A. $\frac{3}{2}RT$　　B. $\frac{5}{2}RT$　　C. $\frac{3}{2}kT$　　D. $\frac{5}{2}kT$

26. 在恒定不变的压强下，气体分子的平均碰撞频率 $\overline{Z}$ 与温度 T 的关系为：

A. $\overline{Z}$ 与 T 无关

B. $\overline{Z}$ 与 $\sqrt{T}$ 成正比

C. $\overline{Z}$ 与 $\sqrt{T}$ 成反比

D. $\overline{Z}$ 与 T 成正比

27. 汽缸内有一定量的理想气体，先使气体做等压膨胀，直至体积加倍，然后做绝热膨胀，直至降到初始温度，在整个过程中，气体的内能变化 ΔE 和对外做功 W 为：

A. $\Delta E=0, W>0$

B. $\Delta E=0, W<0$

C. $\Delta E>0, W>0$

D. $\Delta E<0, W<0$

28. 一个汽缸内储有一定量的单原子分子理想气体，在压缩过程中对外界做功 209J，此过程中气体内能增加 120J，则外界传给气体的热量为：

A. －89J　　B. 89J　　C. 329J　　D. 0

29. 已知平面简谐波的方程为 $y=A\cos(Bt-Cx)$，式中 A、B、C 为正常数，此波的波长和波速分别为：

A. $\frac{B}{C}, \frac{2\pi}{C}$　　B. $\frac{2\pi}{C}, \frac{B}{C}$　　C. $\frac{\pi}{C}, \frac{2B}{C}$　　D. $\frac{2\pi}{C}, \frac{C}{B}$

30. 一平面简谐波在弹性媒质中传播，在某一瞬间，某质元正处于其平衡位置，此时它的：

A. 动能为零，势能最大

B. 动能为零，热能为零

C. 动能最大，势能最大

D. 动能最大，势能为零

31. 通常声波的频率范围是：

A. 20～200Hz

B. 20～2000Hz

C. 20～20000Hz

D. 20～200000Hz

32. 在空气中用波长为 λ 的单色光进行双缝干涉实验，观测到相邻明条纹的间距为 1.33mm，当把实验装置放入水中（水的折射率 $n=1.33$）时，则相邻明条纹的间距变为：

A. 1.33mm　　B. 2.66mm　　C. 1mm　　D. 2mm

33. 波长为 λ 的单色光垂直照射到置于空气中的玻璃劈尖上，玻璃的折射率为 n，则第三级暗条纹处的玻璃厚度为：

A. $\frac{3\lambda}{2n}$　　B. $\frac{\lambda}{2n}$　　C. $\frac{3\lambda}{2}$　　D. $\frac{2n}{3\lambda}$

34. 若在迈克尔逊干涉仪的可动反射镜 M 移动 0.620mm 过程中，观察到干涉条纹移动了 2300 条，则所用光波的波长为：

A. 269nm　　B. 539nm　　C. 2690nm　　D. 5390nm

35. 波长分别为 $\lambda_1=450$nm 和 $\lambda_2=750$nm 的单色平行光，垂直入射到光栅上，在光栅光谱中，这两种波长的谱线有重叠现象，重叠处波长为 λ_2 谱线的级数为：

A. 2,3,4,5,…　　B. 5,10,15,20,…　　C. 2,4,6,8,…　　D. 3,6,9,12,…

36. 一束自然光从空气投射到玻璃板表面上，当折射角为 30°时，反射光为完全偏振光，则此玻璃的折射率为：

A. $\frac{\sqrt{3}}{2}$　　B. $\frac{1}{2}$　　C. $\frac{\sqrt{3}}{3}$　　D. $\sqrt{3}$

37. 化学反应低温自发，高温非自发，该反应的：

A. $\Delta H<0,\Delta S<0$　　B. $\Delta H>0,\Delta S<0$
C. $\Delta H<0,\Delta S>0$　　D. $\Delta H>0,\Delta S>0$

38. 已知氯电极的标准电势为 1.358V，当氯离子浓度为 0.1mol·L^{-1}，氯气分压为 0.1×100kPa时，该电极的电极电势为：

A. 1.358V　　B. 1.328V　　C. 1.388V　　D. 1.417V

39. 已知下列电对电极电势的大小顺序为：$E(F_2/F)>E(Fe^{3+}/Fe^{2+})>E(Mg^{2+}/Mg)>E(Na^+/Na)$，则下列离子中最强的还原剂是：

A. F　　B. Fe^{2+}　　C. Na^+　　D. Mg^{2+}

40. 升高温度，反应速率常数最大的主要原因是：

A. 活化分子百分数增加　　B. 混乱度增加
C. 活化能增加　　D. 压力增大

41. 下列各波函数不合理的是：

A. $\psi(1,1,0)$　　B. $\psi(2,1,0)$　　C. $\psi(3,2,0)$　　D. $\psi(5,3,0)$

42. 将反应 $MnO_2+HCl\rightarrow MnCl_2+Cl_2+H_2O$ 配平后，方程式中 $MnCl_2$ 的系数是：

A. 1　　B. 2　　C. 3　　D. 4

43. 某一弱酸 HA 的标准解离常数为 1.0×10^{-5}，则相应弱酸强碱盐 MA 的标准水解常数为：

A. 1.0×10^{-9}　　B. 1.0×10^{-2}　　C. 1.0×10^{-19}　　D. 1.0×10^{-5}

44. 某化合物的结构式为（苯环，邻位取代基：$-CHO$，$-CH_2OH$），该有机化合物不能发生的化学反应类型是：

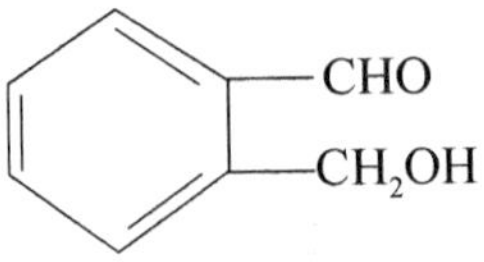

A. 加成反应　　B. 还原反应　　C. 消除反应　　D. 氧化反应

45. 聚丙烯酸酯的结构式为 $\left[CH_2-\underset{\displaystyle CO_2R}{\underset{|}{CH}} \right]_n$，它属于：

①无机化合物；②有机化合物；③高分子化合物；④离子化合物；⑤共价化合物

A. ①③④　　B. ①③⑤　　C. ②③⑤　　D. ②③④

46. 下列物质中不能使酸性高锰酸钾溶液褪色的是：

A. 苯甲醛　　B. 乙苯　　C. 苯　　D. 苯乙烯

47. 设力 $\boldsymbol{F}$ 在 x 轴上的投影为 F，则该力在与 x 轴共面的任一轴上的投影：

A. 一定不等于零　　B. 不一定不等于零
C. 一定等于零　　D. 等于 F

48. 等边三角形 ABC，边长为 a，沿其边缘作用大小均为 F 的力 $\boldsymbol{F}_1$、$\boldsymbol{F}_2$、$\boldsymbol{F}_3$，方向如图所示，力系向 A 点简化的主矢及主矩的大小分别为：

A. $F_R = 2F$，$M_A = \dfrac{\sqrt{3}}{2}Fa$　　B. $F_R = 0$，$M_A = \dfrac{\sqrt{3}}{2}Fa$

C. $F_R = 2F$，$M_A = \sqrt{3}Fa$　　D. $F_R = 2F$，$M_A = Fa$

49. 已知杆 AB 和杆 CD 的自重不计，且在 C 处光滑接触，若作用在杆 AB 上力偶矩为 M_1，若欲使系统保持平衡，作用在 CD 杆上力偶矩 M_2 的，转向如图所示，则其矩值为：

A. $M_2 = M_1$　　B. $M_2 = \dfrac{4M_1}{3}$　　C. $M_2 = 2M_1$　　D. $M_2 = 3M_1$

50. 物块重力的大小 $W = 100\text{kN}$，置于 $\alpha = 60°$ 的斜面上，与斜面平行力的大小 $F_P = 80\text{kN}$（如图所示），若物块与斜面间的静摩擦系数 $f = 0.2$，则物块所受的摩擦力 $\boldsymbol{F}$ 为：

A. $F = 10$ kN,方向为沿斜面向上　　　　B. $F = 10$ kN,方向为沿斜面向下

C. $F = 6.6$ kN,方向为沿斜面向上　　　　D. $F = 6.6$ kN,方向为沿斜面向下

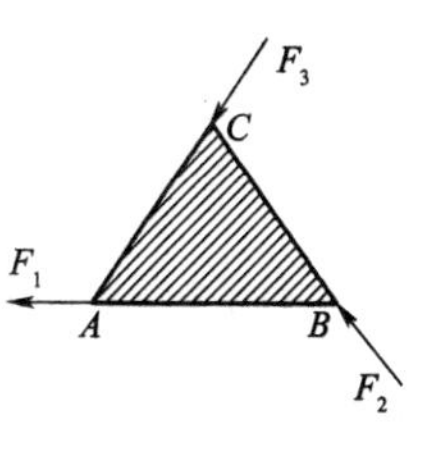

题 48 图

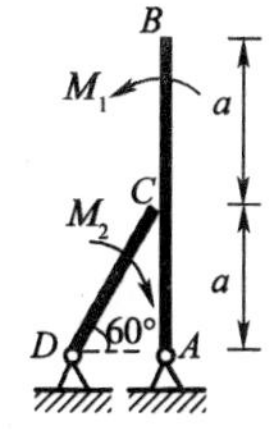

题 49 图

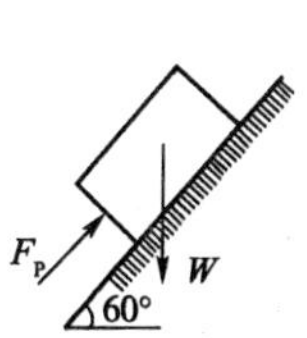

题 50 图

51. 若某点按 $s = 8 - 2t^2$(s 以 m 计,t 以 s 计)的规律运动,则 $t = 3$s 时点经过的路程为:

A. 10m　　　　B. 8m

C. 18m　　　　D. 8m 至 18m 以外的一个数值

52. 杆 $OA = l$,绕固定轴 O 转动,某瞬时杆端 A 点的加速度 a 如图所示,则该瞬时杆 OA 的角速度及角加速度分别为:

A. $0;\ \dfrac{a}{l}$　　　　B. $\sqrt{\dfrac{a\cos\alpha}{l}}$; $\dfrac{a\sin\alpha}{l}$

C. $\sqrt{\dfrac{a}{l}}$;0　　　　D. $0;\sqrt{\dfrac{a}{l}}$

53. 图示绳子的一端绕在滑轮上,另一端与置于水平面上的物块 B 相连,若物块 B 的运动方程为 $x=kt^2$,其中 k 为常数,轮子半径为 R。则轮缘上 A 点的加速度大小为:

A. $2k$　　B. $\sqrt{\dfrac{4k^2t^2}{R}}$　　C. $\dfrac{2k + 4k^2t^2}{R}$　　D. $\sqrt{4k^2 + \dfrac{16k^4t^4}{R^2}}$

54. 质量为 m 的质点 M,受有两个力 F 和 R 的作用,产生水平向左的加速度 a,如图所示,它在 x 轴方向的动力学方程为:

A. $ma = R - F$　　B. $-ma = F - R$　　C. $ma = R + F$　　D. $-ma = R - F$

55. 均质圆盘质量为 m,半径为 R,在铅垂平面内绕 O 轴转动,图示瞬时角速度为 ω,则其对 O 轴的动量矩和动能大小分别为:

A. $mR\omega,\ \dfrac{1}{4}mR\omega$　　　　B. $\dfrac{1}{2}mR\omega$, $\dfrac{1}{2}mR\omega$

C. $\dfrac{1}{2}mR^2\omega$, $\dfrac{1}{2}mR^2\omega^2$　　　　D. $\dfrac{3}{2}mR^2\omega$, $\dfrac{3}{4}mR^2\omega^2$

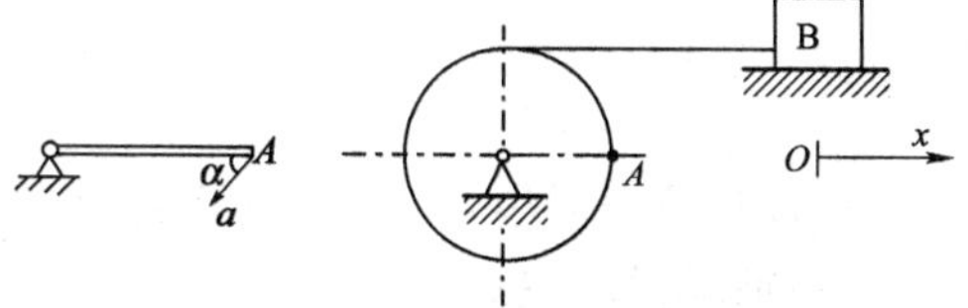

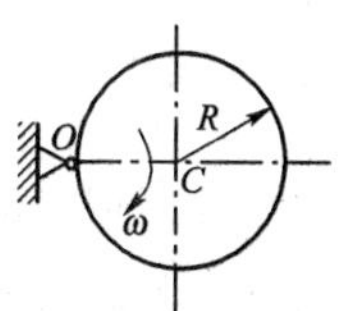

题 52 图　　题 53 图　　题 54 图　　题 55 图

56. 质量为 m，长为 $2l$ 的均质细杆初始位于水平位置，如图所示。A 端脱落后，杆绕轴 B 转动，当杆转到铅垂位置时，AB 杆角加速度的大小为：

A. 0　　B. $\frac{3g}{4l}$　　C. $\frac{3g}{2l}$　　D. $\frac{6g}{l}$

57. 均质细杆 AB 重力为 $\boldsymbol{P}$，长为 $2l$，A 端铰支，B 端用绳系住，处于水平位置，如图所示。当 B 端绳突然剪断瞬时，AB 杆的角加速度大小为 $\frac{3g}{4l}$，则 A 处约束力大小为：

A. $F_{Ax}=0, F_{Ay}=0$　　B. $F_{Ax}=0, F_{Ay}=\frac{P}{4}$

C. $F_{Ax}=P, F_{Ay}=\frac{P}{2}$　　D. $F_{Ax}=0, F_{Ay}=P$

58. 图示弹簧质量系统，置于光滑的斜面上，斜面的倾角 α 可以在 0°～90°间改变，则随 α 的增大，系统振动的固有频率：

A. 增大　　B. 减小　　C. 不变　　D. 不能确定

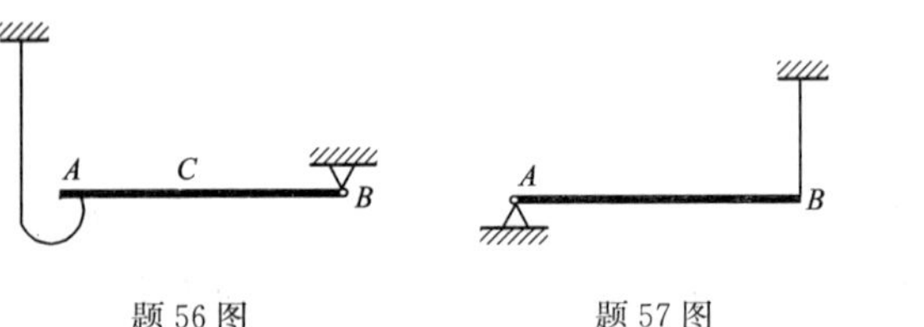

题 56 图　　题 57 图　　题 58 图

59. 在低碳钢拉伸实验中，冷作硬化现象发生在：

A. 弹性阶段　　B. 屈服阶段　　C. 强化阶段　　D. 局部变形阶段

60. 螺钉受力如图所示，已知螺钉和钢板的材料相同，拉伸许用应力[σ]是剪切许用应力[τ]的 2 倍，即[σ]=2[τ]，钢板厚度 t 是螺钉头高度 h 的 1.5 倍，则螺钉直径 d 的合理值为：

A. $d=2h$　　B. $d=0.5h$

C. $d^2=2Dt$　　D. $d^2=Dt$

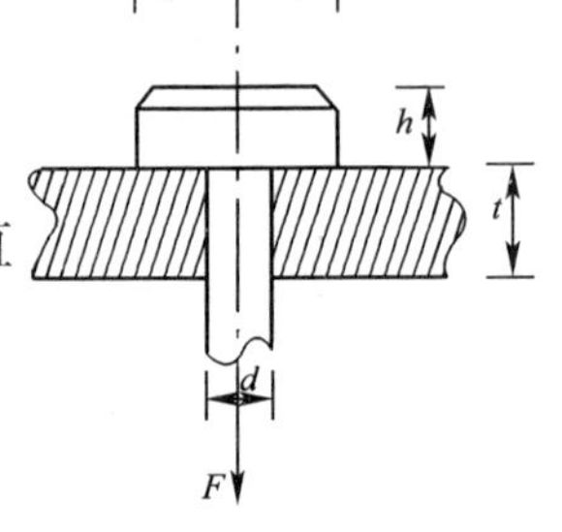

题 60 图

61. 直径为 d 的实心圆轴受扭，若使扭转角减小一半，圆轴的直径需变为：

A. $\sqrt[4]{2}d$　　B. $\sqrt[3]{\sqrt{2}}d$

C. $0.5d$　　D. $2d$

62. 图示圆轴抗扭截面模量为 W_t，剪切模量为 G，扭转变形后，圆轴表面 A 点处截取的单元体互相垂直的相邻边线改变了 γ 角，如图所示。圆轴承受的扭矩 T 为：

A. $T=G\gamma W_{t}$　　B. $T=\dfrac{G\gamma}{W_{t}}$　　C. $T=\dfrac{\gamma}{G}W_{t}$　　D. $T=\dfrac{W_{t}}{G\gamma}$

63. 矩形截面挖去一个边长为 a 的正方形，如图所示，该截面对 z 轴的惯性矩 I_z 为：

A. $I_z=\dfrac{bh^3}{12}-\dfrac{a^4}{12}$　　B. $I_z=\dfrac{bh^3}{12}-\dfrac{13a^4}{12}$

C. $I_z=\dfrac{bh^3}{12}-\dfrac{a^4}{3}$　　D. $I_z=\dfrac{bh^3}{12}-\dfrac{7a^4}{12}$

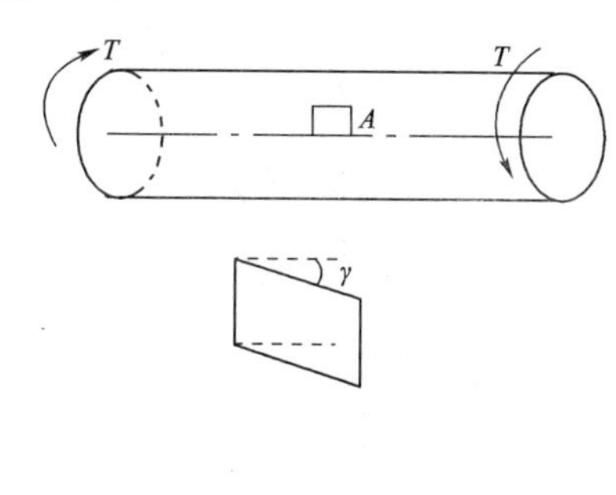

题 62 图

题 63 图

64. 图示外伸梁，A 截面的剪力为：

A. 0　　B. $\dfrac{3m}{2L}$　　C. $\dfrac{m}{L}$　　D. $-\dfrac{m}{L}$

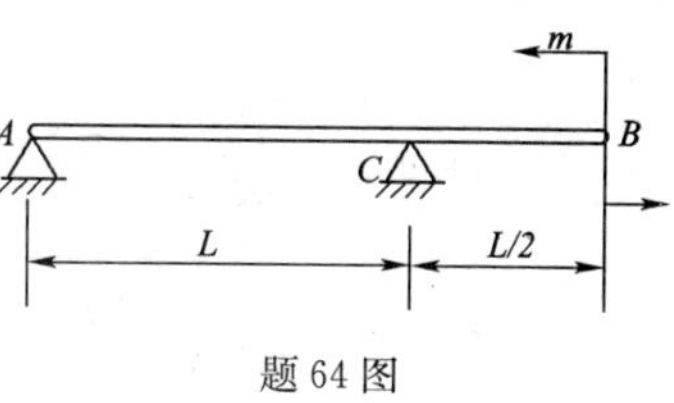

题 64 图

65. 两根梁长度、截面形状和约束条件完全相同，一根材料为钢，另一根材料为铝。在相同的外力作用下发生弯曲变形，两者不同之处为：

A. 弯曲内力　　B. 弯曲正应力　　C. 弯曲切应力　　D. 挠曲线

66. 图示四个悬臂梁中挠曲线是圆弧的为：

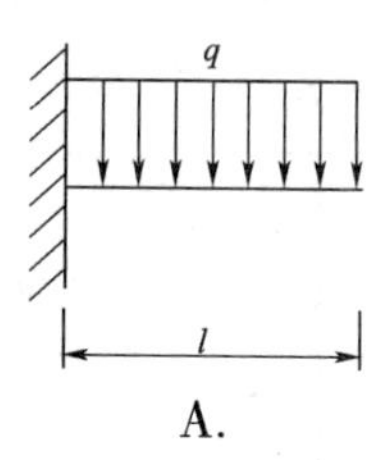

A.

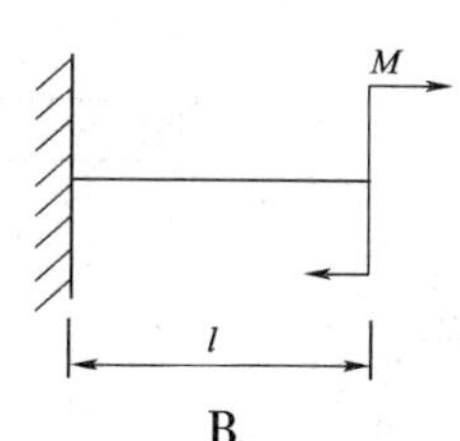

B.

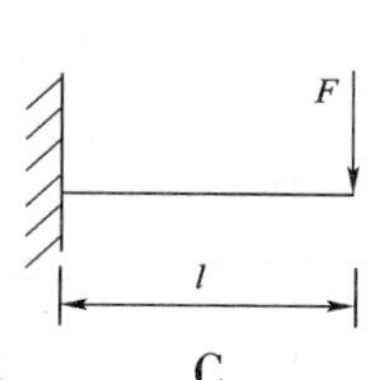

C.

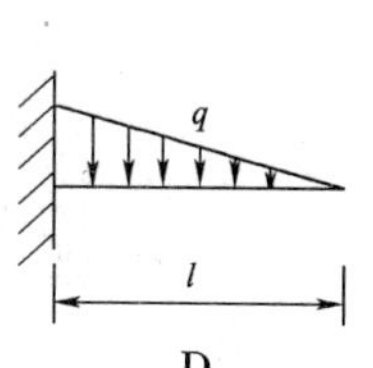

D.

67. 受力体一点处的应力状态如图所示，该点的最大主应力 σ_1 为：

A. 70MPa　　B. 10MPa　　C. 40MPa　　D. 50MPa

68. 图示 T 形截面杆，一端固定一端自由，自由端的集中力 F 作用在截面的左下角点，并与杆件的轴线平行。该杆发生的变形为：

A. 绕 y 和 z 轴的双向弯曲
B. 轴向拉伸和绕 y、z 轴的双向弯曲
C. 轴向拉伸和绕 z 轴弯曲
D. 轴向拉伸和绕 y 轴弯曲

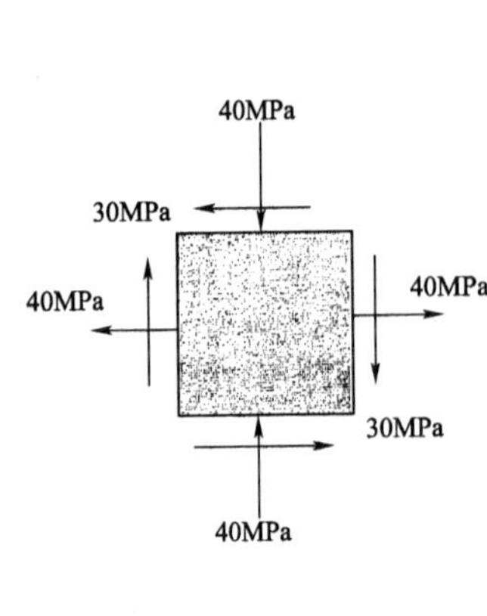

题 67 图

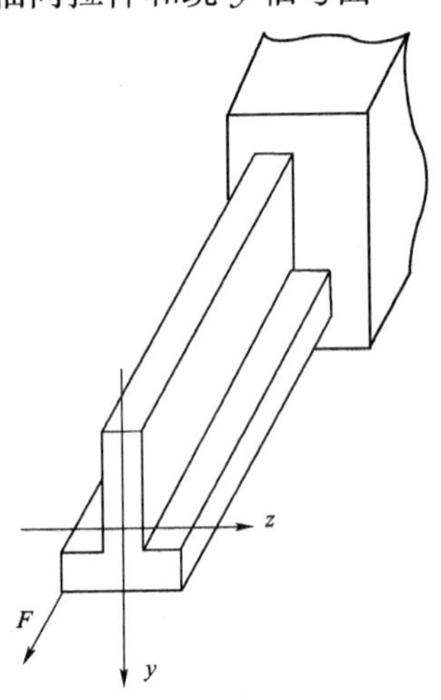

题 68 图

69. 图示圆轴，在自由端圆周边界承受竖直向下的集中力 F，按第三强度理论，危险截面的相当应力 σ_{eq3} 为：

A. $\sigma_{eq3}=\dfrac{16}{\pi d^3}\sqrt{(FL)^2+4\left(\dfrac{Fd}{2}\right)^2}$
B. $\sigma_{eq3}=\dfrac{16}{\pi d^3}\sqrt{(FL)^2+\left(\dfrac{Fd}{2}\right)^2}$

C. $\sigma_{eq3}=\dfrac{32}{\pi d^3}\sqrt{(FL)^2+4\left(\dfrac{Fd}{2}\right)^2}$
D. $\sigma_{eq3}=\dfrac{32}{\pi d^3}\sqrt{(FL)^2+\left(\dfrac{Fd}{2}\right)^2}$

70. 两根完全相同的细长（大柔度）压杆 AB 和 CD 如图所示，杆的下端为固定铰链约束，上端与刚性水平杆固结。两杆的弯曲刚度均为 EI，其临界载荷 F_a 为：

A. $2.04\times\dfrac{\pi^2 EI}{L^2}$　B. $4.08\times\dfrac{\pi^2 EI}{L^2}$　C. $8\times\dfrac{\pi^2 EI}{L^2}$　D. $2\times\dfrac{\pi^2 EI}{L^2}$

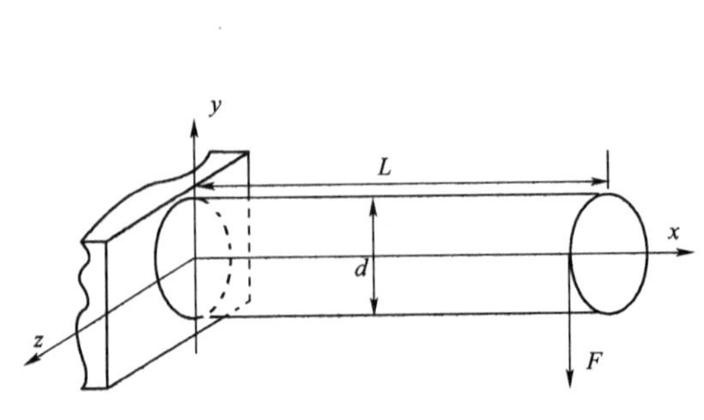

题 69 图

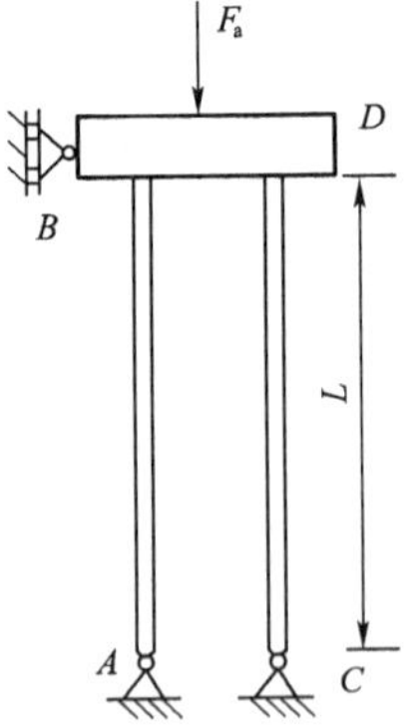

题 70 图

71. 静止的流体中，任一点的压强的大小与下列哪一项无关？

A. 当地重力加速度　　B. 受压面的方向
C. 该点的位置　　D. 流体的种类

72. 静止油面（油面上为大气）下 3m 深度处的绝对压强为下列哪一项？（油的密度为 $800kg/m^3$，当地大气压为 100kPa）

A. 3kPa　　B. 23.5kPa　　C. 102.4kPa　　D. 123.5kPa

73. 根据恒定流的定义，下列说法中正确的是：

A. 各断面流速分布相同
B. 各空间点上所有运动要素均不随时间变化
C. 流线是相互平行的直线
D. 流动随时间按一定规律变化

74. 正常工作条件下的薄壁小孔口与圆柱形外管嘴，直径 d 相等，作用水头 H 相等，则孔口流量 Q_1 和孔口收缩断面流速 v_1 与管嘴流量 Q_2 和管嘴出口流速 v_2 的关系是：

A. $v_1 < v_2, Q_1 < Q_2$　　B. $v_1 < v_2, Q_1 > Q_2$　　C. $v_1 > v_2, Q_1 < Q_2$　　D. $v_1 > v_2, Q_1 > Q_2$

75. 明渠均匀流只能发生在：

A. 顺坡棱柱形渠道　　B. 平坡棱柱形渠道
C. 逆坡棱柱形渠道　　D. 变坡棱柱形渠道

76. 在流量、渠道断面形状和尺寸、壁面粗糙系数一定时，随底坡的增大，正常水深将会：

A. 减小　　B. 不变　　C. 增大　　D. 随机变化

77. 有一个普通完全井，其直径为 1m，含水层厚度 $H=11m$，土壤渗透系数 $k=2m/h$。抽水稳定后的井中水深 $h_0=8m$，试估算井的出水量：

A. $0.084m^3/s$　　B. $0.017m^3/s$　　C. $0.17m^3/s$　　D. $0.84m^3/s$

78. 研究船体在水中航行的受力试验，其模型设计应采用：

A. 雷诺准则　　B. 弗劳德准则　　C. 韦伯准则　　D. 马赫准则

79. 在静电场中，有一个带电体在电场力的作用下移动，由此所做的功的能量来源是：

A. 电场能　　B. 带电体自身的能量
C. 电场能和带电体自身的能量　　D. 电场外部的能量

80. 图示电路中，$u_C=10V$，$i_1=1mA$，则：

A. 因为 $i_2=0$，使电流 $i_1=1\mathrm{mA}$　　B. 因为参数 C 未知，无法求出电流 i

C. 虽然电流 i_2 未知，但是 $i>i_1$ 成立　　D. 电容储存的能量为 0

81. 图示电路中，电流 I_1 和电流 I_2 分别为：

A. 2.5A 和 1.5A　　B. 1A 和 0A　　C. 2.5A 和 0A　　D. 1A 和 1.5A

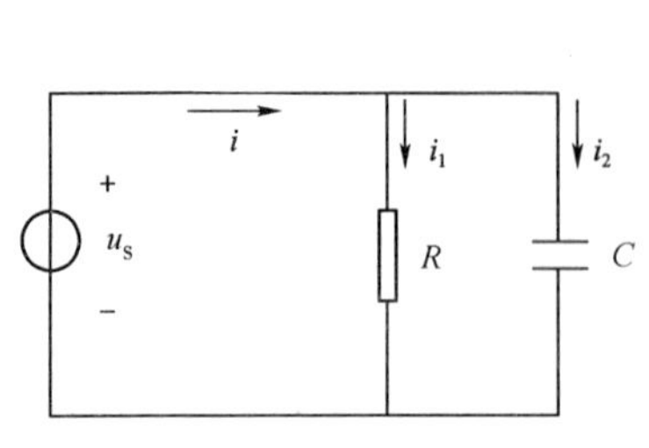

题 80 图

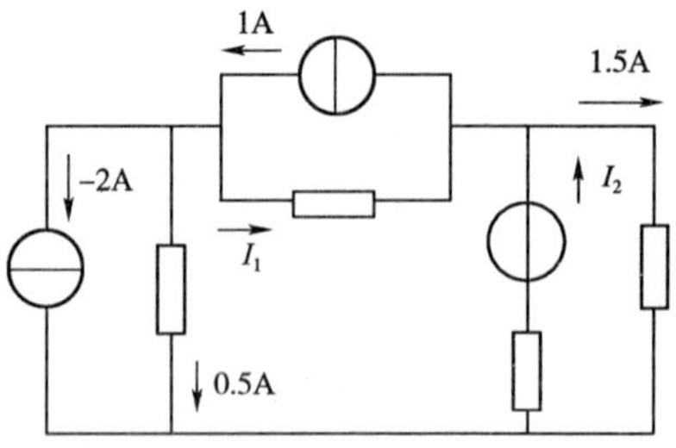

1A　1.5A　−2A　I_2　I_1　0.5A

题 81 图

82. 正弦交流电压的波形图如图所示，该电压的时域解析表达式为：

A. $u(t)=155.56\sin(\omega t-5°)\mathrm{V}$　　B. $u(t)=110\sqrt{2}\sin(314t-90°)\mathrm{V}$

C. $u(t)=110\sqrt{2}\sin(50t+60°)\mathrm{V}$　　D. $u(t)=155.56\sin(314t-60°)\mathrm{V}$

83. 图示电路中，若 $u=U_{\mathrm{M}}\sin(\omega t+\psi_{\mathrm{u}})$，则下列表达式中一定成立的是：

式 1：$u=u_{\mathrm{R}}+u_{\mathrm{L}}+u_{\mathrm{C}}$

式 2：$u_{\mathrm{X}}=u_{\mathrm{L}}-u_{\mathrm{C}}$

式 3：$U_{\mathrm{X}}<U_{\mathrm{L}}$ 及 $U_{\mathrm{X}}<U_{\mathrm{C}}$

式 4：$U^2=U_{\mathrm{R}}^2+(U_{\mathrm{L}}+U_{\mathrm{C}})^2$

A. 式 1 和式 3　　B. 式 2 和式 4

C. 式 1，式 3 和式 4　　D. 式 2 和式 3

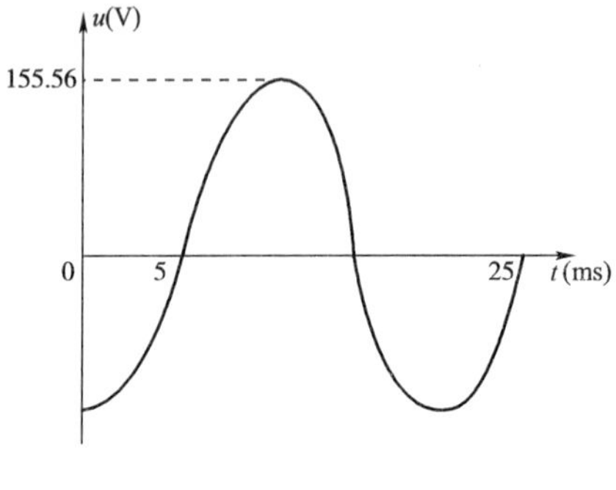

题 82 图

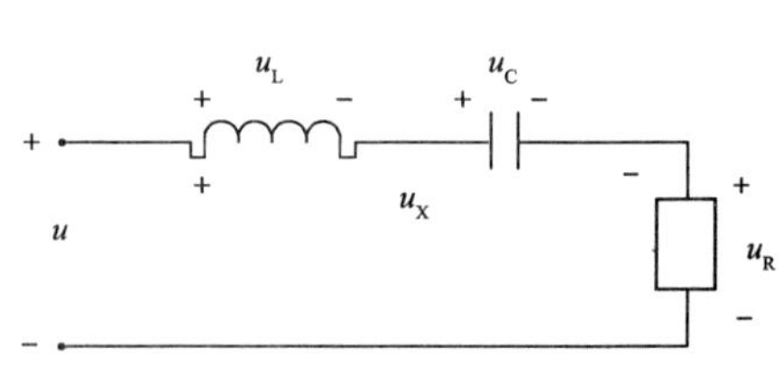

题 83 图

84. 图 a）所示电路的激励电压如图 b）所示，那么，从 $t=0$ 时刻开始，电路出现暂态过程的次数和在换路时刻发生突变的量分别是：

A. 3 次，电感电压　　B. 4 次，电感电压和电容电流

C. 3 次，电容电流　　D. 4 次，电阻电压和电感电压

85. 在信号源(u_S,R_S)和电阻 R_L 之间插入一个理想变压器，如图所示，若电压表和电流表的读数分别为 100V 和 2A，则信号源供出电流的有效值为：

A. 0.4A　　B. 10A　　C. 0.28A　　D. 7.07A

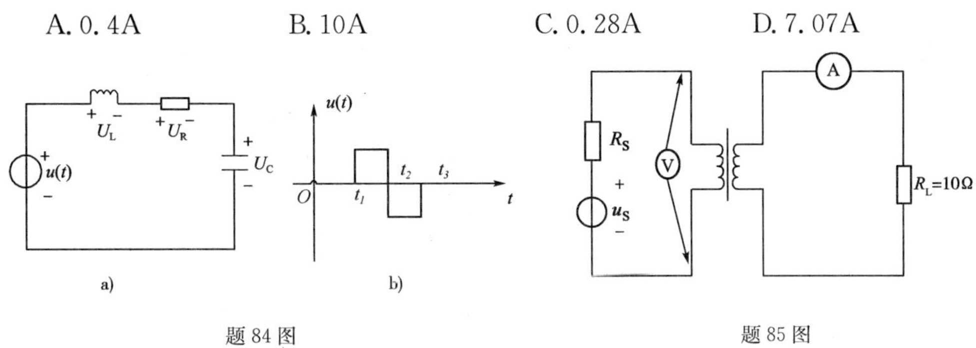

题 84 图　　题 85 图

86. 三相异步电动机的工作效率与功率因数随负载的变化规律是：

A. 空载时，工作效率为 0，负载越大功率越高
B. 空载时，功率因数较小，接近满负荷时达到最大值
C. 功率因数与电动机的结构和参数有关，与负载无关
D. 负载越大，功率因数越大

87. 在如下关于信号与信息的说法中，正确的是：

A. 信息含于信号之中　　B. 信号含于信息之中
C. 信息是一种特殊的信号　　D. 同一信息只能承载于一种信号之中

88. 数字信号如图所示，如果用其表示数值，那么，该数字信号表示的数量是：

A. 3 个 0 和 3 个 1　　B. 一万零一十一
C. 3　　D. 19

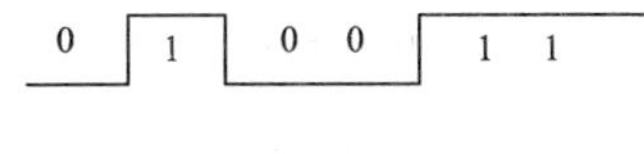

题 88 图

89. 用传感器对某管道中流动的液体流量 $x(t)$ 进行测量，测量结果为 $u(t)$，用采样器对 $u(t)$ 采样后得到信号 $u^*(t)$，那么：

A. $x(t)$ 和 $u(t)$ 均随时间连续变化，因此均是模拟信号
B. $u^*(t)$ 仅在采样点上有定义，因此是离散时间信号
C. $u^*(t)$ 仅在采样点上有定义，因此是数字信号
D. $u^*(t)$ 是 $x(t)$ 的模拟信号

90. 模拟信号 $u(t)$ 的波形图如图所示，它的时间域描述形式是：

A. $u(t)=2(1-e^{-10t})\cdot 1(t)$
B. $u(t)=2(1-e^{-0.1t})\cdot 1(t)$
C. $u(t)=[2(1-e^{-10t})-2]\cdot 1(t)$
D. $u(t)=2(1-e^{-10t})\cdot 1(t)-2\cdot 1(t-2)$

91. 模拟信号放大器是完成对输入模拟量：

A. 幅度的放大　　B. 频率的放大　　C. 幅度和频率的放大　　D. 低频成分的放大

92. 某逻辑问题的真值表如表所示，由此可以得到，该逻辑问题的输入输出之间的关系为：

A. $F=0+1=1$　　B. $F=\overline{A}\overline{B}C+ABC$

C. $F=A\overline{B}C+A\overline{B}C$　　D. $F=\overline{A}\overline{B}+AB$

93. 电路如图所示，D 为理想二极管，$u_i=6\sin\omega t$(V)，则输出电压的最大值 U_{oM} 为：

A. 6V　　B. 3V

C. −3V　　D. −6V

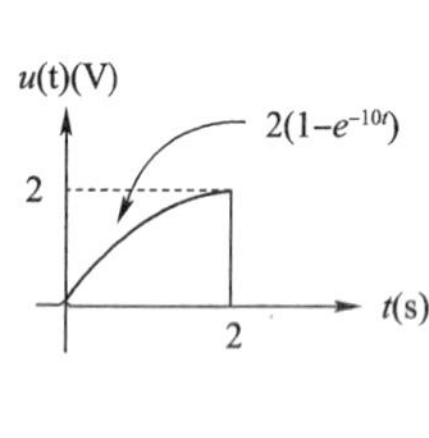

题 90 图

C A B	F
1 0 0	1
1 0 1	0
1 1 0	0
1 1 1	1

题 92 图

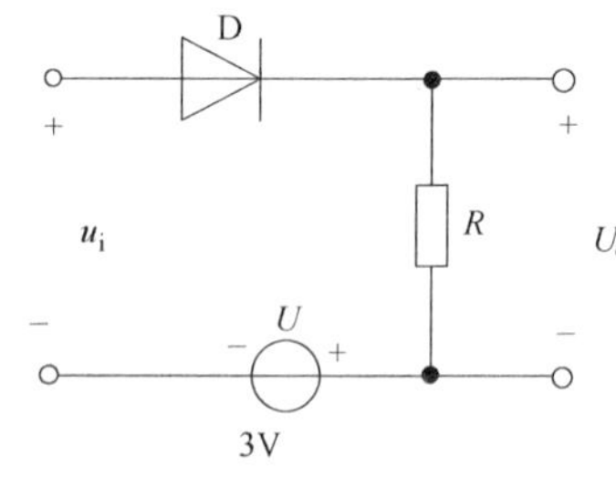

题 93 图

94. 将放大倍数为 1、输入电阻为 100Ω、输出电阻为 50Ω 的射极输出器插接在信号源（u_S，R_S）与负载（R_L）之间，形成图 b）电路，与图 a）电路相比，负载电压的有效值：

A. $U_{L2}>U_{L1}$　　B. $U_{L2}=U_{L1}$

C. $U_{L2}<U_{L1}$　　D. 因为 u_S 未知，不能确定 U_{L1} 和 U_{L2} 之间的关系

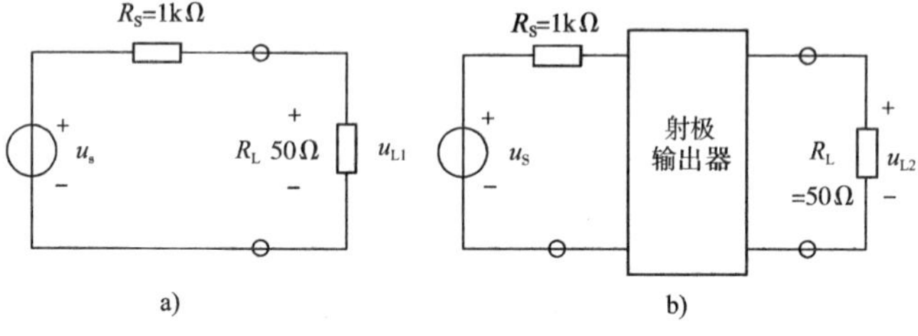

题 94 图

95. 数字信号 B=1 时，图示两种基本门的输出分别为：

A. $F_1=A$，$F_2=1$

B. $F_1=1$，$F_2=A$

C. $F_1=1$，$F_2=0$

D. $F_1=0$，$F_2=A$

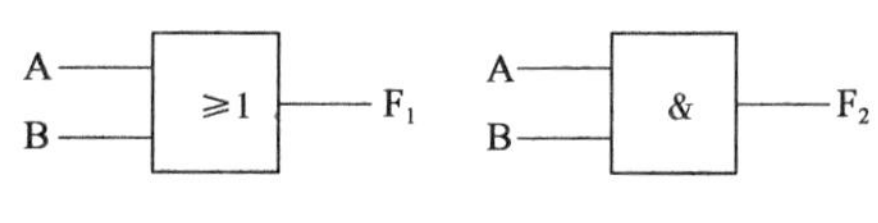

题 95 图

96. JK 触发器及其输入信号波形如图所示，该触发器的初值为 0，则它的输出 Q 为：

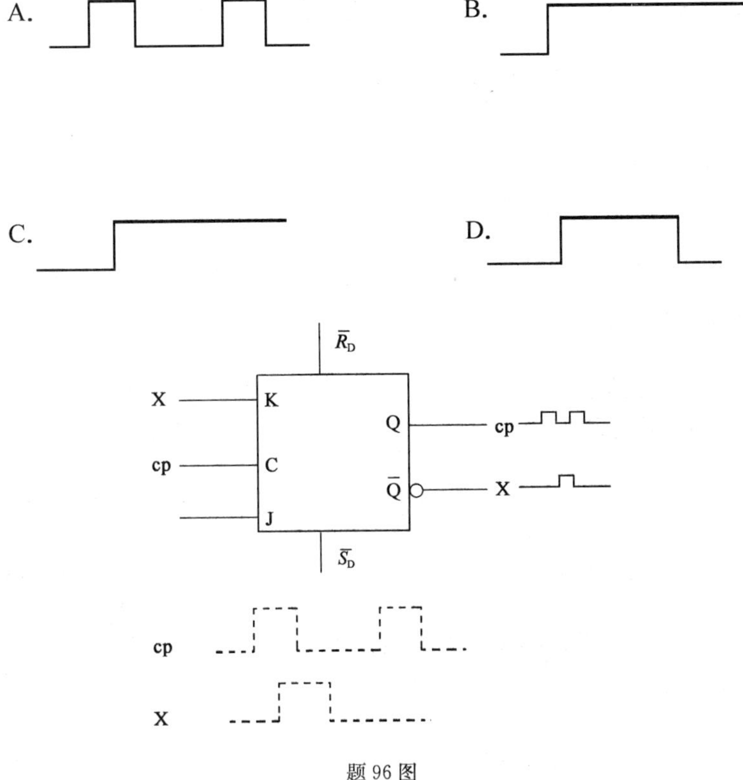

题 96 图

97. 存储器的主要功能是：

A. 自动计算
B. 进行输入/输出
C. 存放程序和数据
D. 进行数值计算

98. 按照应用和虚拟机的观点，软件可分为：

A. 系统软件，多媒体软件，管理软件
B. 操作系统，硬件管理系统和网络系统
C. 网络系统，应用软件和程序设计语言
D. 系统软件，支撑软件和应用软件

99. 信息具有多个特征，下列四条关于信息特征的叙述中，有错误的一条是：

A. 信息的可识别性，信息的可变性，信息的可流动性
B. 信息的可处理性，信息的可存储性，信息的属性
C. 信息的可再生性，信息的有效性和无效性，信息的使用性
D. 信息的可再生性，信息的独立存在性，信息的不可失性

100. 将八进制数 763 转换成相应的二进制数，其正确的结果是：

A. 110101110　　B. 110111100　　C. 100110101　　D. 111110011

101. 计算机的内存储器以及外存储器的容量通常：

A. 以字节即 8 位二进制数为单位来表示
B. 以字即 16 位二进制数为单位来表示
C. 以二进制数为单位来表示
D. 以双字即 32 位二进制数为单位来表示

102. 操作系统是一个庞大的管理控制程序，它由五大管理功能组成，在下面四个选项中，不属于这五大管理功能的是：

A. 作业管理，存储管理　　B. 设备管理，文件管理
C. 进程与处理器调度管理，存储管理　　D. 中断管理，电源管理

103. 在 Windows 中，对存储器采用分页存储管理技术时，规定一个页的大小为：

A. 4G 字节　　B. 4K 字节　　C. 128M 字节　　D. 16K 字节

104. 为解决主机与外围设备操作速度不匹配的问题，Windows 采用了下列哪项技术来解决这个矛盾：

A. 缓冲技术　　B. 流水线技术　　C. 中断技术　　D. 分段、分页技术

105. 计算机网络技术涉及：

A. 通信技术和半导体工艺技术
B. 网络技术和计算机技术
C. 通信技术和计算机技术
D. 航天技术和计算机技术

106. 计算机网络是一个复合系统，共同遵守的规则称为网络协议，网络协议主要由：

A. 语句、语义和同步三个要素构成
B. 语法、语句和同步三个要素构成
C. 语法、语义和同步三个要素构成
D. 语句、语义和异步三个要素构成

107. 关于现金流量的下列说法中，正确的是：

A. 同一时间点上现金流入和现金流出之和，称为净现金流量
B. 现金流量图表示现金流入、现金流出及其与时间的对应关系
C. 现金流量图的零点表示时间序列的起点，同时也是第一个现金流量的时间点
D. 垂直线的箭头表示现金流动的方向，箭头向上表示现金流出，即表示费用

108. 项目前期研究阶段的划分，下列正确的是：

A. 规划，研究机会和项目建议书
B. 机会研究，项目建议书和可行性研究
C. 规划，机会研究，项目建议书和可行性研究
D. 规划，机会研究，项目建议书，可行性研究，后评价

109. 某项目建设期3年，共贷款1000万元，第一年贷款200万元，第二年贷款500万元，第三年贷款300万元，贷款在各年内均衡发生，贷款年利率为7%，建设期内不支付利息，建设期利息为：

A. 98.00万元　　B. 101.22万元　　C. 138.46万元　　D. 62.33万元

110. 下列不属于股票融资特点的是：

A. 股票融资所筹备的资金是项目的股本资金，可作为其他方式筹资的基础
B. 股票融资所筹资金没有到期偿还问题
C. 普通股票的股利支付，可视融资主体的经营好坏和经营需要而定
D. 股票融资的资金成本较低

111. 融资前分析和融资后分析的关系，下列说法中正确的是：

A. 融资前分析是考虑债务融资条件下进行的财务分析
B. 融资后分析应广泛应用于各阶段的财务分析
C. 在规划和机会研究阶段，可以只进行融资前分析
D. 一个项目财务分析中融资前分析和融资后分析两者必不可少

112. 经济效益计算的原则是：

A. 增量分析的原则
B. 考虑关联效果的原则
C. 以全国居民作为分析对象的原则
D. 支付意愿原则

113. 某建设项目年设计生产能力为8万台，年固定成本为1200万元，产品单台售价为1000元，单台产品可变成本为600元，单台产品销售税金及附加为150元，则该项目的盈亏平衡点的产销量为：

A. 48000台　　B. 12000台　　C. 30000台　　D. 21819台

114. 下列可以提高产品价值的是：

A. 功能不变，提高成本
B. 成本不变，降低功能

C. 成本增加一些,功能有很大提高
D. 功能很大降低,成本降低一些

115. 按照《中华人民共和国建筑法》规定,建设单位申领施工许可证,应该具备的条件之一是:

A. 拆迁工作已经完成
B. 已经确定监理企业
C. 有保证工程质量和安全的具体措施
D. 建设资金全部到位

116. 根据《中华人民共和国招标投标法》的规定,下列包括在招标公告中的是:

A. 招标项目的性质、数量
B. 招标项目的技术要求
C. 对投标人员资格的审查标准
D. 拟签订合同的主要条款

117. 按照《中华人民共和国合同法》的规定,招标人在招标时,招标公告属于合同订立过程中的:

A. 邀约
B. 承诺
C. 要约邀请
D. 以上都不是

118. 根据《中华人民共和国节约能源法》的规定,为了引导用能单位和个人使用先进的节能技术、节能产品,国务院管理节能工作的部门会同国务院有关部门:

A. 发布节能技术政策大纲
B. 公布节能技术、节能产品的推广目录
C. 支持科研单位和企业开展节能技术的应用研究
D. 开展节能共性和关键技术,促进节能技术创新和成果转化

119. 根据《中华人民共和国环境保护法》的规定,有关环境质量标准的下列说法中,正确的是:

A. 对国家污染物排放标准中已经作出规定的项目,不得再制定地方污染物排放标准
B. 地方人民政府对国家环境质量标准中未作出规定的项目,不得制定地方标准
C. 地方污染物排放标准必须经过国务院环境主管部门的审批
D. 向已有地方污染物排放标准的区域排放污染物的,应当执行地方排放标准

120. 根据《建设工程勘察设计管理条例》的规定,编制初步设计文件应当:

A. 满足编制方案设计文件和控制概算的需要
B. 满足编制施工招标文件、主要设备材料订货和编制施工图设计文件的需要
C. 满足非标准设备制作,并注明建筑工程合理使用年限
D. 满足设备材料采购和施工的需要

2009年度全国勘察设计注册工程师公共基础考试

试题解析及参考答案

1.**解** $\vec{\alpha}\times\vec{\beta}=\begin{vmatrix}\vec{i}&\vec{j}&\vec{k}\\-1&3&1\\1&1&t\end{vmatrix}=\vec{i}(-1)^{1+1}\begin{vmatrix}3&1\\1&t\end{vmatrix}+\vec{j}(-1)^{1+2}\begin{vmatrix}-1&1\\1&t\end{vmatrix}+$

$$\vec{k}(-1)^{1+3}\begin{vmatrix}-1&3\\1&1\end{vmatrix}=(3t-1)\vec{i}+(t+1)\vec{j}-4\vec{k}$$

已知$\vec{\alpha}\times\vec{\beta}=-4\vec{i}-4\vec{k}$

则$-4=3t-1,t=-1$

或$t+1=0,t=-1$

答案:C

2.**解** 直线的点向式方程为$\frac{x-1}{-1}=\frac{y+1}{1}=\frac{z-0}{1}$,$\vec{s}=\{-1,1,1\}$。平面$x+y+z+1=0$,平面法向量$\vec{n}=\{1,1,1\}$。而$\vec{n}\cdot\vec{s}=\{1,1,1\}\cdot\{-1,1,1\}=1\neq0$,故$\vec{n}$不垂直于$\vec{s}$。且$\vec{s}$,$\vec{n}$坐标不成比例,即$\frac{-1}{1}\neq\frac{1}{1}$,因此$\vec{n}$不平行于$\vec{s}$。从而可知直线与平面不平行、不重合且直线也不垂直于平面。

答案:D

3.**解** 方法1:可通过画出函数图形判定(如图)。

方法2:求导数 $f'(x)=\begin{cases}1 & x>0\\-2x & x<0\end{cases}$,

在$(-20,+20)$内,$f'(x)>0$。

答案:B

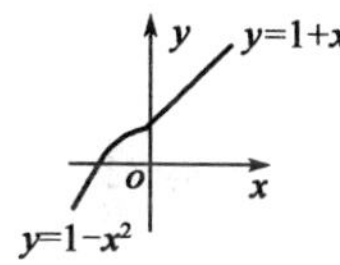

题3解图

4.**解** 通过举例来说明。

连续的例题:设$x_0=0$,$f(x)=\begin{cases}1,x\geqslant0\\0,x<0\end{cases}$,在$x_0=0$间断,$g(x)=0$,在$x_0=0$连续,而$f(x)\cdot g(x)=0$,在$x_0=0$连续。

间断的例题:设$x_0=0$,$f(x)=\begin{cases}1,x\geqslant0\\0,x<0\end{cases}$,在$x_0=0$间断,$g(x)=1$,在$x_0=0$连续,而$f(x)\cdot g(x)=\begin{cases}1,x\geqslant0\\0,x<0\end{cases}$,在$x_0=0$间断。

答案:D

5.**解** 利用复合函数求导公式计算,本题由$y=u^2$,$u=\cos v$,$v=\frac{1}{x}$复合而成。

所以 $y'=\left(\cos^2\dfrac{1}{x}\right)'=2\cos\dfrac{1}{x}\cdot\left(-\sin\dfrac{1}{x}\right)\cdot\left(-\dfrac{1}{x^2}\right)=\dfrac{1}{x^2}\sin\dfrac{2}{x}$。

答案:A

6. **解** 利用拉格朗日中值定理计算，$f(x)$在$[x,x+\Delta x]$连续，在$(x,x+\Delta x)$可导，则有 $f(x+\Delta x)-f(x)=f'(\xi)\Delta x$。

即 $\Delta y=f'(\xi)\Delta x$(至少存在一点 ξ，$x<\xi<x+\Delta x$)。

答案:C

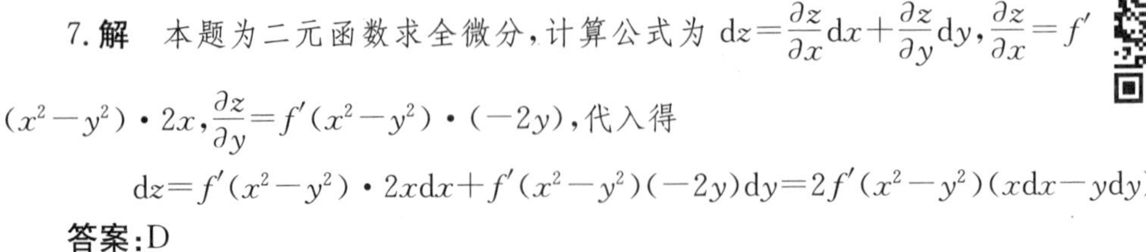

7. **解** 本题为二元函数求全微分，计算公式为 $dz=\dfrac{\partial z}{\partial x}dx+\dfrac{\partial z}{\partial y}dy$，$\dfrac{\partial z}{\partial x}=f'(x^2-y^2)\cdot 2x$，$\dfrac{\partial z}{\partial y}=f'(x^2-y^2)\cdot(-2y)$，代入得

$$dz=f'(x^2-y^2)\cdot 2x dx+f'(x^2-y^2)(-2y)dy=2f'(x^2-y^2)(x dx-y dy)$$

答案:D

8. **解** 将积分变形：$\int\dfrac{1}{\sqrt{x}}f(\sqrt{x})dx=\int f(\sqrt{x})d(2\sqrt{x})=2\int f(\sqrt{x})d\sqrt{x}$，利用已知条件 $\int f(x)dx=F(x)+C$，得出 $\int\dfrac{1}{\sqrt{x}}f(\sqrt{x})dx=2F(\sqrt{x})+C$。

答案:B

9. **解** 利用公式 $\cos 2x=\cos^2 x-\sin^2 x$，将被积函数变形：

$$\begin{aligned}原式&=\int\frac{\cos^2 x-\sin^2 x}{\sin^2 x\cos^2 x}dx=\int\left(\frac{1}{\sin^2 x}-\frac{1}{\cos^2 x}\right)dx\\&=\int\frac{1}{\sin^2 x}dx-\int\frac{1}{\cos^2 x}dx\\&=-\cot x-\tan x+C\end{aligned}$$

答案:C

10. **解** 本题为求复合的积分上限函数的导数，利用公式$\dfrac{d}{dx}\int_0^{g(x)}\sqrt{1-t^2}dt=\sqrt{1-g^2(x)}\cdot g'(x)$计算。

所以$\dfrac{d}{dx}\int_0^{\cos x}\sqrt{1-t^2}dt=\sqrt{1-\cos^2 x}\cdot(-\sin x)=-\sin x|\sin x|$。

答案:D

11. **解** 逐项排除法。

选项 A：$x=0$ 为被积函数 $f(x)=\dfrac{1}{x^2}$的无穷不连续点，计算方法：

$$\int_{-1}^{1}\frac{1}{x^2}dx=\int_{-1}^{0}\frac{1}{x^2}dx+\int_{0}^{1}\frac{1}{x^2}dx$$

只要判断其中一个发散，即广义积分发散，计算 $\int_0^1\dfrac{1}{x^2}dx=-\dfrac{1}{x}\Big|_0^1=-1+\lim\limits_{x\to 0^+}\dfrac{1}{x}=+\infty$，所以选项 A 错误。

选项 B：$\frac{d}{dx}\int_0^{x^2} f(t)dt = f(x^2)\cdot 2x$，B 显然错误。

选项 C：$\int_1^{+\infty} \frac{1}{\sqrt{x}}dx = 2\sqrt{x}\Big|_1^{+\infty} = +\infty$发散，选项正确。

选项 D：由 $\frac{1}{\sqrt{2\pi}} e^{-\frac{x^2}{2}}$ 为标准正态分布的概率密度函数，可知 $\int_{-\infty}^0 e^{-\frac{x^2}{2}}dx$ 收敛。

也可用该方法判定：$\int_{-\infty}^0 e^{-\frac{x^2}{2}}dx = \int_{-\infty}^0 e^{-\frac{y^2}{2}}dy$，$\int_{-\infty}^0 e^{-\frac{x^2}{2}}dx\int_{-\infty}^0 e^{-\frac{y^2}{2}}dy = \int_{-\infty}^0\int_{-\infty}^0 e^{-\frac{x^2+y^2}{2}}dxdy = \int_{\pi}^{\frac{3}{2}\pi}d\theta\int_{-\infty}^0 re^{-\frac{r^2}{2}}dr = \frac{\pi}{2}\left[-\int_0^{+\infty} e^{-\frac{r^2}{2}}d\left(-\frac{r^2}{2}\right)\right] = -\frac{\pi}{2}e^{-\frac{r^2}{2}}\Big|_0^{+\infty} = \frac{\pi}{2}$；因此，$\left(\int_{-\infty}^0 e^{-\frac{x^2}{2}}dx\right)^2 = \frac{\pi}{2}$，$\int_{-\infty}^0 e^{-\frac{x^2}{2}}dx = \sqrt{\frac{\pi}{2}}$ 收敛，选项 D 错误。

答案：C

12. **解** 利用柱面坐标计算三重积分。

立体体积 $V = \iiint 1dV$，联立$\begin{cases} x^2+y^2+z^2 = 2z \\ z = x^2+y^2 \end{cases}$，消 z 得 $D_{xy}: x^2+y^2 \leqslant 1$，

由 $x^2+y^2+z^2 = 2z$，得到 $x^2+y^2+(z-1)^2 = 1$，$(z-1)^2 = 1-x^2-y^2$，$z-1 = \pm\sqrt{1-x^2-y^2}$，$z = 1\pm\sqrt{1-x^2-y^2}$，取 $z = 1-\sqrt{1-x^2-y^2}$。

$1-\sqrt{1-x^2-y^2} \leqslant z \leqslant x^2+y^2$，即 $1-\sqrt{1-r^2} \leqslant z \leqslant r^2$，积分区域 Ω 在柱面坐标下的形式为$\begin{cases} 1-\sqrt{1-r^2} \leqslant z \leqslant r^2 \\ 0 \leqslant r \leqslant 1 \\ 0 \leqslant \theta \leqslant 2\pi \end{cases}$，$dV = rdrd\theta dz$，写成三次积分。

先对 z 积分，再对 r 积分，最后对 θ 积分，即得选项 D。

答案：D

13. **解** 通过举例说明。

①取 $u_n = 1$，级数 $\sum_{n=1}^{\infty} u_n = \sum_{n=1}^{\infty} 1$，级数发散，而 $\sum_{n=1}^{\infty}(u_{2n}-u_{2n+1}) = \sum_{n=1}^{\infty}(1-1) = \sum_{n=1}^{\infty} 0$，级数收敛。

②取 $u_n = 0$，$\sum_{n=1}^{\infty} u_n = \sum_{n=1}^{\infty} 0$，级数收敛，而 $\sum_{n=1}^{\infty}(u_{2n}-u_{2n+1}) = \sum_{n=1}^{\infty} 0$，级数收敛。

答案：B

14. **解** 将函数$\frac{1}{3-x}$变形，利用公式$\frac{1}{1-x} = 1+x+x^2+\cdots+x^n+\cdots \quad (-1,1)$，将函数展开成 $x-1$ 幂级数，即变形$\frac{1}{3-x} = \frac{1}{2-(x-1)} = \frac{1}{2\left(1-\frac{x-1}{2}\right)} = \frac{1}{2}\cdot\frac{1}{1-\frac{x-1}{2}}$，利用公式写出最后结果。

所以$\frac{1}{3-x} = \frac{1}{2}\left[1+\frac{x-1}{2}+\left(\frac{x-1}{2}\right)^2+\cdots+\left(\frac{x-1}{2}\right)^n\right] = \frac{1}{2}\sum_{n=0}^{\infty}\left(\frac{x-1}{2}\right)^n = \sum_{n=0}^{\infty}\frac{(x-1)^n}{2^{n+1}}$。

答案：C

15. **解**　方程的类型为可分离变量方程，将方程分离变量得$-\frac{1}{3+2y}\mathrm{d}y=\frac{x}{1+x^2}\mathrm{d}x$，两边积分：

$$-\int\frac{1}{3+2y}\mathrm{d}y=\int\frac{x}{1+x^2}\mathrm{d}x$$

$$-\frac{1}{2}\int\frac{1}{3+2y}\mathrm{d}(3+2y)=\frac{1}{2}\int\frac{1}{1+x^2}\mathrm{d}(x^2+1)$$

$$-\frac{1}{2}\ln(3+2y)=\frac{1}{2}\ln(1+x^2)+C$$

$$\frac{1}{2}\ln(1+x^2)+\frac{1}{2}\ln(3+2y)=-C$$

$$\ln(1+x^2)(3+2y)=\ln 2C_1$$

故$(1+x^2)(3+2y)=C_2$　（其中$C_2=2C_1$）

答案:B

16. **解**　本题为可降阶的高阶微分方程，按不显含变量x计算。设$y'=P$，$y''=P'$，方程化为$P'+aP^2=0$，$\frac{\mathrm{d}P}{\mathrm{d}t}=-aP^2$，分离变量，$\frac{1}{P^2}\mathrm{d}P=-a\mathrm{d}x$，积分得$-\frac{1}{P}=-ax+C_1$，代入初始条件$x=0$，$P=y'=-1$，得$C_1=1$，即$-\frac{1}{P}=-ax+1$，$P=\frac{1}{ax-1}$，$\frac{\mathrm{d}y}{\mathrm{d}x}=\frac{1}{ax-1}$，求出通解，代入初始条件，求出特解。

即$y=\int\frac{1}{ax-1}\mathrm{d}x=\frac{1}{a}\ln|ax-1|+C$，代入初始条件$x=0$，$y=0$，得$C=0$。

故特解为$y=\frac{1}{a}\ln|1-ax|$。

答案:A

17. **解**　利用行列式的运算性质分析。

A项：$|\alpha_2,\alpha_1,\alpha_3|\xlongequal{c_1\leftrightarrow c_2}-|\alpha_1,\alpha_2,\alpha_3|$，错误。

B项：$|-\alpha_2,-\alpha_3,-\alpha_1|=(-1)^3|\alpha_2,\alpha_3,\alpha_1|\xlongequal{c_1\leftrightarrow c_3}(-1)^3(-1)|\alpha_1,\alpha_3,\alpha_2|\xlongequal{c_2\leftrightarrow c_3}(-1)^3(-1)(-1)|\alpha_1,\alpha_2,\alpha_3|=-|\alpha_1,\alpha_2,\alpha_3|$，错误。

C项：$|\alpha_1+\alpha_2,\alpha_2+\alpha_3,\alpha_3+\alpha_1|=|\alpha_1,\alpha_2+\alpha_3,\alpha_3+\alpha_1|+|\alpha_2,\alpha_2+\alpha_3,\alpha_3+\alpha_1|=|\alpha_1,\alpha_2+\alpha_3,\alpha_3|+|\alpha_2,\alpha_3,\alpha_3+\alpha_1|=|\alpha_1,\alpha_2,\alpha_3|+|\alpha_2,\alpha_3,\alpha_1|=|\alpha_1,\alpha_2,\alpha_3|+|\alpha_1,\alpha_2,\alpha_3|=2|\alpha_1,\alpha_2,\alpha_3|$，错误。

D项：$|\alpha_1,\alpha_2,\alpha_3+\alpha_2+\alpha_1|\xlongequal{(-1)c_1+c_3}|\alpha_1,\alpha_2,\alpha_3+\alpha_2|\xlongequal{(-1)c_2+c_3}|\alpha_1,\alpha_2,\alpha_3|$，正确。

答案:D

18. **解**　$\boldsymbol{A}$、$\boldsymbol{B}$为非零矩阵且$\boldsymbol{AB}=\boldsymbol{0}$，由矩阵秩的性质可知$r(\boldsymbol{A})+r(\boldsymbol{B})\leqslant n$，而$\boldsymbol{A}$、$\boldsymbol{B}$为非零矩阵，则$r(\boldsymbol{A})\geqslant 1$，$r(\boldsymbol{B})\geqslant 1$，又因$r(\boldsymbol{A})<n$，$r(\boldsymbol{B})<n$，则由$1\leqslant r(\boldsymbol{A})<n$，知$\boldsymbol{A}_{m\times n}$的列向量相关，$1\leqslant r(\boldsymbol{B})<n$，$\boldsymbol{B}_{n\times l}$的行向量相关，从而选项B、C、D均成立。

答案:A

19. **解**　利用矩阵的特征值、特征向量的定义判定，即问满足式子$\boldsymbol{Bx}=\lambda\boldsymbol{x}$中的$\boldsymbol{x}$是什么向量？已知$\boldsymbol{\alpha}$是$\boldsymbol{A}$属于特征值$\lambda$的特征向量，故

$$\boldsymbol{A\alpha}=\lambda\boldsymbol{\alpha} \qquad ①$$

将已知式子 $\boldsymbol{B}=\boldsymbol{P}^{-1}\boldsymbol{AP}$ 两边,左乘矩阵 $\boldsymbol{P}$,右乘矩阵 $\boldsymbol{P}^{-1}$,得 $\boldsymbol{PBP}^{-1}=\boldsymbol{PP}^{-1}\boldsymbol{APP}^{-1}$,化简为 $\boldsymbol{PBP}^{-1}=\boldsymbol{A}$,即

$$\boldsymbol{A}=\boldsymbol{PBP}^{-1} \qquad ②$$

将式②代入式①,得

$$\boldsymbol{PBP}^{-1}\boldsymbol{\alpha}=\lambda\boldsymbol{\alpha} \qquad ③$$

将③两边左乘 $\boldsymbol{P}^{-1}$,得 $\boldsymbol{BP}^{-1}\boldsymbol{\alpha}=\lambda\boldsymbol{P}^{-1}\boldsymbol{\alpha}$,即 $\boldsymbol{B}(\boldsymbol{P}^{-1}\boldsymbol{\alpha})=\lambda(\boldsymbol{P}^{-1}\boldsymbol{\alpha})$,成立。

答案:B

20.**解** 由合同矩阵定义,若存在一个可逆矩阵 $\boldsymbol{C}$,使 $\boldsymbol{C}^{\mathrm{T}}\boldsymbol{AC}=\boldsymbol{B}$,则称 $\boldsymbol{A}$ 合同于 $\boldsymbol{B}$。

取 $\boldsymbol{C}=\begin{bmatrix}-1 & 0\\ 0 & 1\end{bmatrix}$,$|\boldsymbol{C}|=-1\neq 0$,$\boldsymbol{C}$ 可逆,可验证 $\boldsymbol{C}^{\mathrm{T}}\boldsymbol{AC}=\begin{bmatrix}1 & -1\\ -1 & 2\end{bmatrix}$。

另一方法,矩阵 $\boldsymbol{A}$ 为实对称矩阵,合同矩阵的特征值相同,易得答案为 A。

答案:A

21.**解** $P(\overline{A}-\overline{B})=P(\overline{A}\,\overline{B})=P(\overline{A\cup B})=0.3$,$P(A\cup B)=1-P(\overline{A\cup B})=0.7$

答案:B

22.**解** (1)判断选项 A、B 对错。

方法 1:利用定积分、广义积分的几何意义

$$P(a<x<b)=\int_a^b f(x)\mathrm{d}x=S$$

S 为$[a,b]$上曲边梯形的面积。

$N(0,\sigma^2)$的概率密度为偶函数,图形关于直线 $x=0$ 对称。

因此选项 B 对,选项 A 错。

方法 2:利用正态分布概率计算公式

$$P(x\leqslant\lambda)=\Phi\left(\frac{\lambda-0}{\sigma}\right)=\Phi\left(\frac{\lambda}{\sigma}\right)$$

$$P(x\geqslant\lambda=1-P(x<\lambda)-1 \quad \Phi\left(\frac{\lambda}{\sigma}\right)$$

$$P(x\leqslant-\lambda)=\Phi\left(\frac{-\lambda}{\sigma}\right)=1-\Phi\left(\frac{\lambda}{\sigma}\right)$$

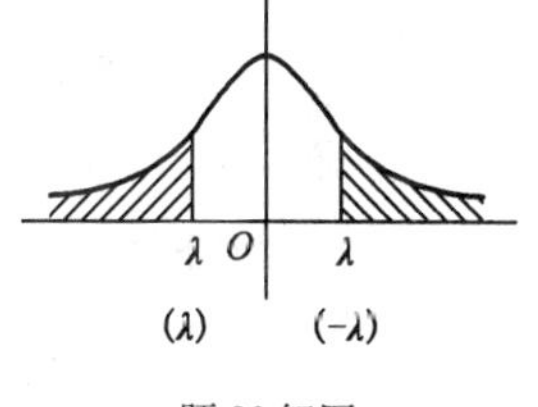

题 22 解图

选项 B 对,选项 A 错。

(2)判断选项 C、D 对错。

方法 1:验算数学期望与方差

$E(X-\lambda)=\mu-\lambda\neq\lambda(\lambda\neq 0$ 时$)$,选项 C 错;

$D(\lambda X)=\lambda^2\sigma^2\neq\lambda\sigma^2(\lambda\neq 0,x\neq 1)$ 时,选项 D 错。

方法 2:利用结论

若 $X\sim N(M,\sigma^2)$,a、b 为常数且 $a\neq 0$,则 $aX+b\sim N(a\mu+b,a^2\sigma^2)$;

$X-\lambda\sim N(-\lambda,\sigma^2)$,选项 C 错;

$\lambda X \sim N(0, \lambda^2\sigma^2)$，选项 D 错。

答案:B

23.**解**　$E(Y) = E\left(\frac{1}{X}\right) = \int_0^2 \frac{1}{x}\frac{3}{8}x^2 \mathrm{d}x = \frac{3}{16}x^2\Big|_0^2 = \frac{3}{4}$。

答案:A

24.**解**　极大似然函数：

$$L(\theta) = \prod_{i=1}^{n} e^{-(x_i-\theta)}, x_1, x_2, \cdots, x_n \geqslant \theta$$

$$\ln L(\theta) = \sum_{i=1}^{n} \ln e^{-(x_i-\theta)} = \sum_{i=1}^{n}(\theta - x_i) = n\theta - \sum_{i=1}^{n} x_i$$

$$\frac{\mathrm{d}\ln L(\theta)}{\mathrm{d}\theta} = \theta > 0$$

$\ln L(\theta)$ 及 $L(\theta)$ 均为 θ 的单调增函数，θ 取最大值时，$L(\theta)$ 取最大值。

由于 $x_1, x_2 \cdots, x_n \geqslant \theta$，因此 θ 的极大似然估计值为 $\min(x_1, x_2, \cdots, x_n)$。

答案:C

25.**解**　分子平均平动动能 $\varepsilon_{平动} = \frac{3}{2}kT$。

答案:C

26.**解**　气体分子的平均碰撞频率 $\overline{Z} = \sqrt{2}\pi d^2 n\overline{v}$，其中 $\overline{v}$ 为分子的平均速率，n 为分子数密度（单位体积内分子数），$\overline{v} = 1.6\sqrt{\frac{RT}{M}}$，$p = nkT$，于是 $\overline{Z} = \sqrt{2}\pi d^2 \frac{p}{kT} 1.6\sqrt{\frac{RT}{M}} = \sqrt{2}\pi d^2 \frac{p}{k}$ $1.6\sqrt{\frac{R}{MT}}$，所以 p 不变时，$\overline{Z}$ 与 $\sqrt{T}$ 成反比。

答案:C

27.**解**　因为气体内能与温度有关，今降到初始温度”，$\Delta T = 0$，则 $\Delta E_{内} = 0$；又等压膨胀和绝热膨胀都对外做功，$W > 0$。

答案:A

28.**解**　根据热力学第一定律 $Q = \Delta E + W$，注意到“在压缩过程中外界做功 209J”，即系统对外做功 $W = -209$J。又 $\Delta E = 120$J，故 $Q = 120 + (-209) = -89$J，即系统对外放热 89J，也就是说外界传给气体的热量为 -89J。

答案:A

29.**解**　比较平面谐波的波动方程 $y = A\cos 2\pi(\frac{t}{T} - \frac{x}{\lambda})$。

$y = A\cos(Bt - Cx) = A\cos 2\pi(\frac{Bt}{2\pi} - \frac{Cx}{2\pi}) = A\cos 2\pi\left(\frac{t}{\frac{2\pi}{B}} + \frac{x}{\frac{2\pi}{C}}\right)$，故周期 $T = \frac{2\pi}{B}$，频率 $\nu = \frac{B}{2\pi}$，波长 $\lambda = \frac{2\pi}{C}$，由此波速 $u = \lambda\nu = \frac{B}{C}$。

答案:B

30.**解** 质元经过平衡位置时,速度最大,故动能最大,根据机械波动特征,质元动能最大势能也最大。

答案:C

31.**解** 声学常识。

答案:C

32.**解** 双缝干涉时,条纹间距 $\Delta x=\lambda\dfrac{D}{d}$,在空气中干涉,有 $1.33\approx\lambda_0\dfrac{D}{d}$,此光在水中的波长为 $\lambda=\dfrac{\lambda_0}{n}$,此时条纹间距 $\Delta x(\text{水})=\dfrac{\lambda_0 D}{nd}=\dfrac{1.33}{n}=1\text{mm}$。

答案:C

33.**解** 劈尖暗纹出现的条件为 $\delta=2ne+\dfrac{\lambda}{2}=(2k+1)\dfrac{\lambda}{2}$,$k=0,1,2,\cdots$。令 $k=3$,有 $2ne+\dfrac{\lambda}{2}=\dfrac{7\lambda}{2}$,得出 $e=\dfrac{3\lambda}{2n}$。

答案:A

34.**解** 对迈克尔逊干涉仪,条纹移动 $\Delta x=\Delta n\dfrac{\lambda}{2}$,令 $\Delta x=0.62$,$\Delta n=2300$,则

$$\lambda=\frac{2\times\Delta x}{\Delta n}=\frac{2\times 0.62}{2300}=5.39\times10^{-4}\text{mm}=539\text{nm}$$

注:$1\text{nm}=10^{-9}\text{m}=10^{-6}\text{mm}$。

答案:B

35.**解** $(a+b)\sin\phi=k\lambda$,$k=1,2,3,\cdots$,即 $k_1\lambda_1=k_2\lambda_2$,$\dfrac{k_1}{k_2}=\dfrac{\lambda_2}{\lambda_1}=\dfrac{750}{450}=\dfrac{5}{3}$。

故重叠处波长 λ_2 的级数 k_2 必须是 3 的整数倍,即 3,6,9,12,…。

答案:D

36.**解** 注意到"当折射角为 30°时,反射光为完全偏振光",说明此时入射角即起偏角 i_0。根据 $i_0+\gamma_0=\dfrac{\pi}{2}$,$i_0=60°$,再由 $\tan i_0=\dfrac{n_2}{n_1}$,$n_1\approx1$,可得 $n_2=\tan60°=\sqrt{3}$。

答案:D

37.**解** 反应自发性判据(最小自由能原理):$\Delta G<0$,自发过程,过程能向正方向进行;$\Delta G=0$,平衡状态;$\Delta G>0$,非自发过程,过程能向逆方向进行。

由公式 $\Delta G=\Delta H-T\Delta S$ 及自发判据可知,当 ΔH 和 ΔS 均小于零时,ΔG 在低温时小于零,所以低温自发,高温非自发。转换温度 $T=\dfrac{\Delta H}{\Delta S}$。

答案:A

38. **解** 根据电极电势的能斯特方程式 $\varphi(Cl_2/Cl^-)=\varphi^{\ominus}(Cl_2/Cl^-)+\frac{0.0592}{n}\lg\frac{\left[\frac{p(Cl_2)}{p^{\ominus}}\right]}{\left[\frac{c(Cl)}{c^{\ominus}}\right]^2}=$ $1.358+\frac{0.0592}{2}\times\lg10=1.388V$。

答案:C

39. **解** 电对中,斜线右边为氧化态,斜线左边为还原态。电对的电极电势越大,表示电对中氧化态的氧化能力越强,是强氧化剂;电对的电极电势越小,表示电对中还原态的还原能力越强,是强还原剂。所以依据电对电极电势大小顺序,知氧化剂强弱顺序:$F_2>Fe^{3+}>Mg^{2+}>Na^+$;还原剂强弱顺序:$Na>Mg>Fe^{2+}>F$。

答案:B

40. **解** 反应速率常数:表示反应物均为单位浓度时的反应速率。升高温度能使更多分子获得能量而成为活化分子,活化分子百分数可显著增加,发生化学反应的有效碰撞增加,从而增大反应速率常数。

答案:A

41. **解** 波函数 $\psi(n, l, m)$可表示一个原子轨道的运动状态。n, l, m 的取值范围:主量子数 n 可取的数值为 1, 2, 3, 4,…;角量子数 l 可取的数值为 0, 1, 2, …, $(n-1)$;磁量子数 m 可取的数值为 0, ±1, ±2, ±3,…, $\pm l$。A 中 n 取 1 时,l 最大取 $n-1=0$。

答案:A

42. **解** 可以用氧化还原配平法。配平后的方程式为 $MnO_2+4HCl=MnCl_2+Cl_2+2H_2O$。

答案:A

43. **解** 弱酸强碱盐的标准水解常数为:$K_h=\frac{K_w}{K_a}=\frac{1.0\times10^{-14}}{1.0\times10^{-5}}=1.0\times10^{-9}$。

答案:A

44. **解** 苯环含有双键,可以发生加成反应;醛基既可以发生氧化反应,也可以发生还原反应。

答案:C

45. **解** 聚丙烯酸酯不是无机化合物,是有机化合物,是高分子化合物,不是离子化合物;是共价化合物。

答案:C

46. **解** 苯甲醛和乙苯可以被高锰酸钾氧化为苯甲酸而使高锰酸钾溶液褪色,苯乙烯的乙烯基可以使高锰酸钾溶液褪色。苯不能使高锰酸钾褪色。

答案:C

47. **解** 根据力的投影公式,$F_x = F\cos\alpha$,当 $\alpha = 0$ 时 $F_x = F$,即力 $\boldsymbol{F}$ 与 x 轴平行,故只有当力 $\boldsymbol{F}$ 在与 x 轴垂直的 y 轴($\alpha = 90°$)上投影为 0 外,在其余与 x 轴共面轴上的投影均不为 0。

答案:B

48. **解** 将力系向 A 点简化,F_3 沿作用线移到 A 点,F_3 平移到 A 点附加力偶即主矩 $M_A = M_A(F_2) = \frac{\sqrt{3}}{2}aF$,三个力的主矢 $F_{Ry} = 0$,$F_{Rx} = F_1 + F_2\sin30° + F_3\sin30° = 2F$(向左)。

答案:A

49. **解** 根据受力分析,A、C、D 处的约束力均为水平方向(如图),考虑杆 AB 的平衡 $\sum M = 0$,$m_1 - F_{NC}\cdot a = 0$,可得 $F_{NC} = \frac{m_1}{a}$;分析杆 DC,采用力偶的平衡方程 $F'_{NC}\cdot a - m_2 = 0$,$F'_{NC} = F_{NC}$,即得 $m_2 = m_1$。

答案:A

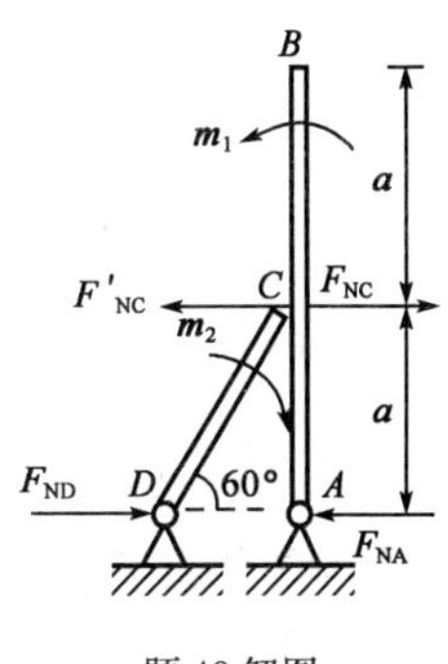

题 49 解图

50. **解** 根据摩擦定律 $F_{max} = W\cos60° \times f = 10\text{kN}$,沿斜面的主动力为 $W\sin60° - F_P = 6.6\text{kN}$,方向向下。由平衡方程得摩擦力的大小应为 6.6kN。

答案:C

51. **解** 当 $t = 0\text{s}$ 时,$s = 8\text{m}$,当 $t = 3\text{s}$ 时,$s = -10\text{m}$,点的速度 $v = \frac{\mathrm{d}s}{\mathrm{d}t} = -4t$,即沿与 s 正方向相反的方向从 8m 处经过坐标原点运动到了 -10m 处,故所经路程为 18m。

答案:C

52. **解** 根据定轴转动刚体上一点加速度与转动角速度、角加速度的关系:$a_n = \omega^2 l$,$a_t = \alpha l$,而题中 $a_n = a\cos\alpha = \omega^2 l$,$\omega = \sqrt{\frac{a\cos\alpha}{l}}$,$a_t = a\sin\alpha = \alpha l$,$\alpha = \frac{a\sin\alpha}{l}$。

答案:B

53. **解** 物块 B 的速度为:$v_B = \frac{\mathrm{d}x}{\mathrm{d}t} = 2kt$;加速度为:$a_B = \frac{\mathrm{d}^2x}{\mathrm{d}t^2} = 2k$;而轮缘点 A 的速度与物块 B 的速度相同,即 $v_A = v_B = 2kt$;轮缘点 A 的切向加速度与物块 B 的加速度相同,则 $a_A = \sqrt{a_{An}^2 + a_{At}^2} = \sqrt{\left(\frac{v_B^2}{R}\right)^2 + a_B^2} = \sqrt{\frac{16k^4t^4}{R^2} + 4k^2}$。

答案:D

54. **解** 将动力学矢量方程 $ma = F + R$,在 x 方向投影,有 $-ma = F - R$。

答案:B

55. **解** 根据定轴转动刚体动量矩和动能的公式：$L_O = J_O\omega$，$T = \frac{1}{2}J_O\omega^2$，其中：$J_O = \frac{1}{2}mR^2 + mR^2 = \frac{3}{2}mR^2$，$L_O = \frac{3}{2}mR^2\omega$，$T = \frac{3}{4}mR^2\omega$。

答案：D

56. **解** 根据定轴转动微分方程 $J_B\alpha = M_B(F)$，当杆转动到铅垂位置时，受力如图，杆上所有外力对 B 点的力矩为零，即 $M_B(F) = 0$。

答案：A

题 56 解图

57. **解** 绳剪断瞬时（如图），杆的 $\omega = 0$，$\alpha = \frac{3g}{4l}$；则质心的加速度 $a_{Cx} = 0$，$a_{Cy} = \alpha l = \frac{3g}{4}$。根据质心运动定理：$\frac{P}{g}a_{Cy} = P - F_{Ay}$，$F_{Ax} = 0$，$F_{Ay} = P - \frac{P}{g} \times \frac{3}{4}g = \frac{P}{4}$。

答案：B

58. **解** 质点振动的固有频率与倾角无关。

答案：C

59. **解** 由低碳钢拉伸实验的应力-应变曲线图可知，卸载时的直线规律和再加载时的冷作硬化现象都发生在强化阶段。

答案：C

题 57 解图

60. **解** 把螺钉杆拉伸强度条件 $\sigma = \frac{F}{\frac{\pi}{4}d^2} = [\sigma]$ 和螺母的剪切强度条件 $\tau = \frac{F}{\pi dh} = [\tau]$，代入 $[\sigma] = 2[\tau]$，即得 $d = 2h$。

答案：A

61. **解** 使 $\varphi_1 = \frac{\varphi}{2}$，即 $\frac{T}{GI_{P1}} = \frac{1}{2}\frac{T}{GI_P}$，所以 $I_{P1} = 2I_P$，$\frac{\pi}{32}d_1^4 = 2\frac{\pi}{32}d^4$，得 $d_1 = \sqrt[4]{2}d$。

答案：A

62. **解** 圆轴表面 $\tau = \frac{T}{W_t}$，又 $\tau = G\gamma$，所以 $T = \tau W_t = G\gamma W_t$。

答案：A

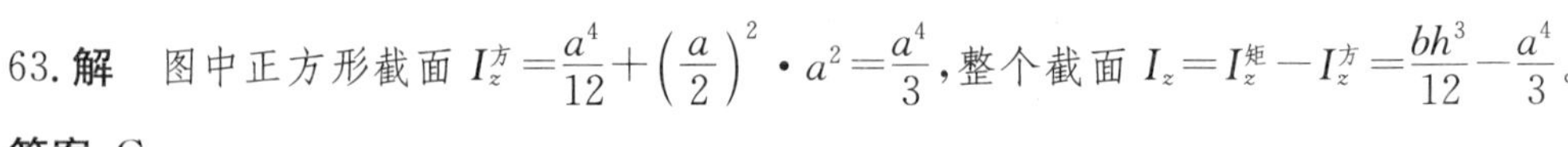

63. **解** 图中正方形截面 $I_z^{方} = \frac{a^4}{12} + \left(\frac{a}{2}\right)^2 \cdot a^2 = \frac{a^4}{3}$，整个截面 $I_z = I_z^{矩} - I_z^{方} = \frac{bh^3}{12} - \frac{a^4}{3}$。

答案：C

64. **解** 设 F_A 向上，$\sum M_C = 0$，$m - F_A L = 0$，则 $F_A = \frac{m}{L}$，再用直接法求 A 截面的剪力 $F_s = F_A = \frac{m}{L}$。

答案:C

65. **解** 因为钢和铝的弹性模量不同,而4个选项之中只有挠曲线与弹性模量有关,所以选挠曲线。

答案:D

66. **解** 由集中力偶 M 产生的挠曲线方程 $f=\frac{Mx^2}{2EI}$ 是 x 的二次曲线可知,挠曲线是圆弧的为选项B。

答案:B

67. **解** $\sigma_1=\frac{\sigma_x+\sigma_y}{2}+\sqrt{\left(\frac{\sigma_x-\sigma_y}{2}\right)^2+\tau_x^2}=\frac{40+(-40)}{2}+\sqrt{\left[\frac{40-(-40)}{2}\right]^2+30^2}=50\text{MPa}$

答案:D

68. **解** 这显然是偏心拉伸,而且对 y、z 轴都有偏心。把力 F 平移到截面形心,要加两个附加力偶矩,该杆将发生轴向拉伸和绕 y、z 轴的双向弯曲。

答案:B

69. **解** 把力 F 沿轴线 z 平移至圆轴截面中心,并加一个附加力偶,则使圆轴产生弯曲和扭转组合变形。最大弯矩 $M=FL$,最大扭矩 $T=F\frac{d}{2}$,$\sigma_{eq3}=\frac{\sqrt{M^2+T^2}}{W_z}=\frac{32}{\pi d^3}\sqrt{(FL)^2+\left(\frac{Fd}{2}\right)^2}$。

答案:D

70. **解** 当压杆 AB 和 CD 同时达到临界荷载时,结构的临界荷载:

$$F_a=2F_{cr}=2\times\frac{\pi^2EI}{(0.7L)^2}=4.08\frac{\pi^2EI}{L^2}$$

答案:B

71. **解** 静压强特性为流体静压强的大小与受压面的方向无关。

答案:B

72. **解** 绝对压强要计及液面大气压强,$p=p_0+\rho gh$,$p_0=100\text{kPa}$,代入题设数据后有:$p'=1000\text{kPa}+0.8\times9.8\times3\text{kPa}=123.52\text{kPa}$。

答案:D

73. **解** 根据恒定流定义可得。

答案:B

74. **解** 相同直径、相同水头的孔口流速大于圆柱形外管嘴流速,但流量小于后者。

答案:C

75. **解** 根据明渠均匀流发生的条件可得(明渠均匀流只能发生在顺坡渠道中)。

答案:A

76. **解**　根据谢才公式 $v=C\sqrt{Ri}$，当底坡 i 增大时，流速增大，在题设条件下，水深应减小。

答案：A

77. **解**　先用经验公式 $R=3000S\sqrt{k}$，求影响半径 R；

再应用普通完全井公式 $Q=1.366\dfrac{k(H^2-h^2)}{\lg\dfrac{R}{r_0}}$。

代入题设数据后有：$R=3000\times(11-8)\times\sqrt{2/3600}=212.1\text{m}$，

流量 $Q=1.366\dfrac{2}{3600}\times\dfrac{11^2-8^2}{\lg\dfrac{212.1}{0.5}}=0.0164\text{m}^3/\text{s}$。

答案：B

78. **解**　船在明渠中航行试验，是属于明渠重力流性质，应选用弗劳德准则。

答案：B

79. **解**　带电体是在电场力的作用下做功，其能量来自电场和自身的能量。

答案：C

80. **解**　在直流电源的作用下电容相当于断路 $i_2=0$，电容元件存储的能量与电压的平方成正比。此题中电容电压为 $Ri_1\neq0$，$i=i_1+i_2=i_1$。

答案：A

81. **解**　根据节电的电流关系 KCL：

$I_1=1-(-2)-0.5=2.5\text{A}$，$I_2=1.5+1-I_1=0$

答案：C

82. **解**　对正弦交流电路的三要素在函数式和波形图表达式的关系分析可知：

$U_m=155.56\text{V}$；$\varphi_u=-90°$；$\omega=2\pi/T=314\text{rad/s}$

答案：B

83. **解**　在正弦交流电路中，分电压与总电压的大小符合相量关系，电感电压超前电流 90°，电容电流落后电流 90°。

式 2 应该为：$u_x=u_L+u_C$

式 4 应该为：$U^2=U_R^2+(U_L-U_C)^2$

答案：A

84. **解**　在有储能原件存在的电路中，电感电流和电容电压不能跃变。本电路的输入电压发生了三次跃变。在图示的 RLC 串联电路中因为电感电流不跃变，电阻的电流、电压和电容的电流不会发生跃变。

答案：A

85. **解**　理想变压器的内部损耗为零，$U_1I_1=U_2I_2$，$U_2=I_2R_L$。

答案:A

86. **解**　三相交流电动机的功率因素和效率均与负载的大小有关，电动机接近空载时，功率因素和效率都较低，只有当电动机接近满载工作时，电动机的功率因素和效率才达到较大的数值。

答案:B

87. **解**　"信息"指的是人们通过感官接收到的关于客观事物的变化情况；"信号"是信息的表示形式，是传递信息的工具，如声、光、电等。信息是存在于信号之中的。

答案:A

88. **解**　图示信号是用电位高低表示的二进制数010011，将其转换为十进制的数值是19。

答案:D

89. **解**　$x(t)$是原始信号，$u(t)$是模拟信号，它们都是时间的连续信号；而$u^*(t)$是经过采样器以后的采样信号，是离散信号。

答案:B

90. **解**　此题可以用叠加原理分析，将信号分解为一个指数信号和一个阶跃信号的叠加。

答案:D

91. **解**　模拟信号放大器的基本要求是不能失真，即要求放大信号的幅度，不可以改变信号的频率。

答案:A

92. **解**　此题要求掌握的是如何将逻辑真值表标示为逻辑表达式。输出变量F为在输入变量ABC不同组合情况下，为1的或逻辑。

答案:B

93. **解**　分析二极管电路的方法，是先将二极管视为断路，判断二极管的端部电压。如果二极管处于正向偏置状态，可将二极管视为短路；如果二极管处于反向偏置状态，可将二极管视为断路。简化后含有二极管的电路已经成为线性电路，用线性电路理论分析可得结果。

答案:B

94. **解**　理解放大电路输入电阻和输出电阻的概念，利用其等效电路计算可得结果。

图a)：$U_{L1}=\dfrac{R_L}{R_s+R_L}U_s=\dfrac{50}{1000+50}U_s=\dfrac{U_s}{21}$

图b)：等效电路图

$u_i=u_s\dfrac{r_i\cdot u_s}{r_i+R_s}=\dfrac{U_s}{11}$

$$u_{os2}=A_u u_i=\frac{U_s}{11}$$

$$U_{L2}=\frac{R_L}{R_L+r_o}U_{os2}=\frac{U_s}{22}$$

所以 $U_{L2}<U_{L1}$。

答案:C

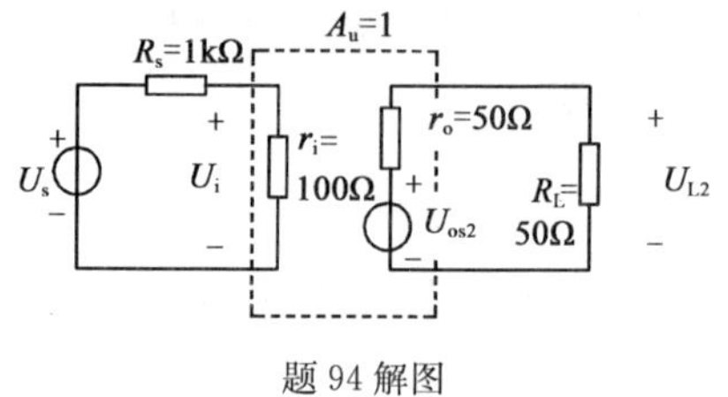

题 94 解图

95. **解** 左边电路是或门,右边电路是与门。根据逻辑电路的基本关系即可得到答案。

答案:B

96. **解** 图示电路是电位触发的 JK 触发器。当 cp=1 时,触发器取输入信号 JK。触发器的状态由 JK 触发器的功能表(略)确定。

答案:B

97. **解** 存放正在执行的程序和当前使用的数据,它具有一定的运算能力。

答案:C

98. **解** 按照应用和虚拟机的观点,计算机软件可分为系统软件、支撑软件、应用软件三类。

答案:D

99. **解** 信息有以下主要特征:可识别性、可变性、可流动性、可存储性、可处理性、可再生性、有效性和无效性、属性和可使用性。

答案:D

100. **解** 一位八进制对应三位二进制,7 对应 111,6 对应 110,3 对应 011。

答案:D

101. **解** 内存储器容量是指内存存储容量,即内容储存器能够存储信息的字节数。外储器是可将程序和数据永久保存的存储介质,可以说其容量是无限的。字节是信息存储中常用的基本单位。

答案:A

102. **解** 操作系统通常包括几大功能模块:处理器管理、作业管理、存储器管理、设备管理、文件管理、进程管理。

答案:D

103. **解** Windows 中,对存储器的管理采取分段存储、分页存储管理技术。一个存储段可以小至 1 个字节,大至 4G 字节,而一个页的大小规定为 4K 字节。

答案:B

104. **解** Windows 采用了缓冲技术来解决主机与外设的速度不匹配问题,如使用磁盘高速缓冲存储器,以提高磁盘存储速率,改善系统整体功能。

答案:A

105.**解** 计算机网络是计算机技术和通信技术的结合产物。

答案:C

106.**解** 计算机网络协议的三要素:语法、语义、同步。

答案:C

107.**解** 现金流量图表示的是现金流入、现金流出与时间的对应关系。同一时间点上的现金流入和现金流出之差,称为净现金流量。箭头向上表示现金流入,向下表示现金流出。现金流量图的零点表示时间序列的起点,但第一个现金流量不一定发生在零点。

答案:B

108.**解** 投资项目前期研究可分为机会研究(规划)阶段、项目建议书(初步可行性研究)阶段、可行性研究阶段。

答案:B

109.**解** 根据题意,贷款在各年内均衡发生,建设期内不支付利息,则

第一年利息:(200/2)×7%=7 万元

第二年利息:(200+500/2+7)×7%=31.99 万元

第三年利息:(200+500+300/2+7+31.99)×7%=62.23 万元

建设期贷款利息:7+31.99+62.23=101.22 万元

答案:B

110.**解** 股票融资(权益融资)的资金成本一般要高于债权融资的资金成本。

答案:D

111.**解** 融资前分析不考虑融资方案,在规划和机会研究阶段,一般只进行融资前分析。

答案:C

112.**解** 经济效益的计算应遵循支付意愿原则和接受补偿原则(受偿意愿原则)。

答案:D

113.**解** 按盈亏平衡产量公式计算。

$$\text{盈亏平衡点产销量}=\frac{1200\times 10^4}{1000-600-150}=48000\text{ 台}$$

答案:A

114.**解** 根据价值公式进行判断:价值(V)=功能(F)/成本(C)。

答案:C

115. **解** 《中华人民共和国建筑法》第八条规定，申请领取施工许可证，应当具备下列条件。

（一）已经办理该建筑工程用地批准手续；

（二）在城市规划区的建筑工程，已经取得规划许可证；

（三）需要拆迁的，其拆迁进度符合施工要求；

（四）已经确定建筑施工企业；

（五）有满足施工需要的施工图纸及技术资料；

（六）有保证工程质量和安全的具体措施；

（七）建设资金已经落实；

（八）法律、行政法规规定的其他条件。

拆迁进度符合施工要求即可，不是拆迁全部完成，所以A错；并非所有工程都需要监理，所以B错；建设资金落实不是资金全部到位，所以D错。

答案:C

116. **解** 《中华人民共和国招标投标法》第十六条规定，招标人采用公开招标方式的，应当发布招标公告。依法必须进行招标的项目的招标公告，应当通过国家指定的报刊、信息网络或者其他媒介发布。招标公告应当载明招标人的名称和地址，招标项目的性质、数量、实施地点和时间以及获取招标文件的办法等事项，所以A对。其他几项内容应在招标文件中载明，而不是招标公告中。

答案:A

117. **解** 参见《中华人民共和国合同法》的下列条款。

第十三条 当事人订立合同，采取要约、承诺方式。

第十四条 要约是希望和他人订立合同的意思表示，该意思表示应当符合下列规定：

（一）内容具体确定；

（二）表明经受要约人承诺，要约人即受该意思表示约束。

第十五条 要约邀请是希望他人向自己发出要约的意思表示。寄送的价目表、拍卖公告、招标公告、招股说明书、商业广告等为要约邀请。

答案:C

118. **解** 根据《中华人民共和国节约能源法》第五十八条规定，国务院管理节能工作的部门会同国务院有关部门制定并公布节能技术、节能产品的推广目录，引导用能单位和个人使用先进的节能技术、节能产品。

答案:B

119. **解** 《中华人民共和国环境保护法》第十五条规定，国务院环境保护行政主管部门，制定国家环境质量标准。省、自治区、直辖市人民政府对国家环境质量标准中未作规定的项目，可以制定地方环境质量标准；对国家环境质量标准中已作规定的项目，可以制定严于国家环境质量标准。地方环境质量标准必须报国务院环境保护主管部门备案。凡是向已有地方环境质量标准的区域排放污染物的，应当执行地方环境质量标准。选项C错在“审批”二字，是备案不是审批。

答案:D

120.**解** 《建设工程勘察设计管理条例》第二十六条规定,编制建设工程勘察文件,应当真实、准确,满足建设工程规划、选址、设计、岩土治理和施工的需要。编制方案设计文件,应当满足编制初步设计文件和控制概算的需要。编制初步设计文件,应当满足编制施工招标文件、主要设备材料订货和编制施工图设计文件的需要。编制施工图设计文件,应当满足设备材料采购、非标准设备制作和施工的需要,并注明建设工程合理使用年限。

答案:B

2010 年度全国勘察设计注册工程师公共基础考试

试　　题

单项选择题(共 120 题,每题 1 分。每题的备选项中只有一个最符合题意)

1. 设直线方程为$\begin{cases}x=t+1\\y=2t-2\\z=-3t+3\end{cases}$,则直线:

A. 过点$(-1,2,-3)$,方向向量为$\vec{i}+2\vec{j}-3\vec{k}$

B. 过点$(-1,2,-3)$,方向向量为$-\vec{i}-2\vec{j}+3\vec{k}$

C. 过点$(1,2,-3)$,方向向量为$\vec{i}-2\vec{j}+3\vec{k}$

D. 过点$(1,-2,3)$,方向向量为$-\vec{i}-2\vec{j}+3\vec{k}$

2. 设$\vec{\alpha},\vec{\beta},\vec{\gamma}$都是非零向量,若$\vec{\alpha}\times\vec{\beta}=\vec{\alpha}\times\vec{\gamma}$,则:

A. $\vec{\beta}=\vec{\gamma}$

B. $\vec{\alpha}/\!/\vec{\beta}$且$\vec{\alpha}/\!/\vec{\gamma}$

C. $\vec{\alpha}/\!/(\vec{\beta}-\vec{\gamma})$

D. $\vec{\alpha}\perp(\vec{\beta}-\vec{\gamma})$

3. 设$f(x)=\dfrac{e^{3x}-1}{e^{3x}+1}$,则:

A. $f(x)$为偶函数,值域为$(-1,1)$

B. $f(x)$为奇函数,值域为$(-\infty,0)$

C. $f(x)$为奇函数,值域为$(-1,1)$

D. $f(x)$为奇函数,值域为$(0,+\infty)$

4. 下列命题正确的是:

A. 分段函数必存在间断点

B. 单调有界函数无第二类间断点

C. 在开区间内连续,则在该区间必取得最大值和最小值

D. 在闭区间上有间断点的函数一定有界

5. 设函数$f(x)=\begin{cases}\dfrac{2}{x^2+1},x\leqslant 1\\ax+b,x>1\end{cases}$可导,则必有:

A. $a=1,b=2$　　B. $a=-1,b=2$

C. $a=1,b=0$　　D. $a=-1,b=0$

6. 求极限 $\lim\limits_{x\to 0}\dfrac{x^2\sin\dfrac{1}{x}}{\sin x}$ 时，下列各种解法中正确的是：

A. 用洛必达法则后，求得极限为 0

B. 因为 $\lim\limits_{x\to 0}\sin\dfrac{1}{x}$ 不存在，所以上述极限不存在

C. 原式 $=\lim\limits_{x\to 0}\dfrac{x}{\sin x}x\sin\dfrac{1}{x}=0$

D. 因为不能用洛必达法则，故极限不存

7. 下列各点中为二元函数 $z=x^3-y^3-3x^2+3y-9x$ 的极值点的是：

A. $(3,-1)$　　B. $(3,1)$　　C. $(1,1)$　　D. $(-1,-1)$

8. 若函数 $f(x)$ 的一个原函数是 e^{-2x}，则 $\int f''(x)\mathrm{d}x$ 等于：

A. $e^{-2x}+C$　　B. $-2e^{-2x}$　　C. $-2e^{-2x}+C$　　D. $4e^{-2x}+C$

9. $\int xe^{-2x}\mathrm{d}x$ 等于：

A. $-\dfrac{1}{4}e^{-2x}(2x+1)+C$　　B. $\dfrac{1}{4}e^{-2x}(2x-1)+C$

C. $-\dfrac{1}{4}e^{-2x}(2x-1)+C$　　D. $-\dfrac{1}{2}e^{-2x}(x+1)+C$

10. 下列广义积分中收敛的是：

A. $\int_0^1\dfrac{1}{x^2}\mathrm{d}x$　　B. $\int_0^2\dfrac{1}{\sqrt{2-x}}\mathrm{d}x$

C. $\int_{-\infty}^0 e^{-x}\mathrm{d}x$　　D. $\int_1^{+\infty}\ln x\mathrm{d}x$

11. 圆周 $\rho=\cos\theta,\rho=2\cos\theta$ 及射线 $\theta=0,\theta=\dfrac{\pi}{4}$ 所围的图形的面积 $S=$

A. $\dfrac{3}{8}(\pi+2)$　　B. $\dfrac{1}{16}(\pi+2)$

C. $\dfrac{3}{16}(\pi+2)$　　D. $\dfrac{7}{8}\pi$

12. 计算 $I=\iiint\limits_{\Omega}z\mathrm{d}v$，其中 Ω 为 $z^2=x^2+y^2,z=1$ 围成的立体，则正确的解法是：

A. $I=\int_0^{2\pi}d\theta\int_0^1 rdr\int_0^1 zdz$

B. $I=\int_0^{2\pi}d\theta\int_0^1 rdr\int_r^1 zdz$

C. $I=\int_0^{2\pi}d\theta\int_0^1 dz\int_r^1 rdr$

D. $I=\int_0^1 dz\int_0^{\pi}d\theta\int_0^z zrdr$

13. 下列各级数中发散的是：

A. $\sum_{n=1}^{\infty}\frac{1}{\sqrt{n+1}}$

B. $\sum_{n=1}^{\infty}(-1)^{n-1}\frac{1}{\ln(n+1)}$

C. $\sum_{n=1}^{\infty}\frac{n+1}{3^n}$

D. $\sum_{n=1}^{\infty}(-1)^{n-1}\left(\frac{2}{3}\right)^n$

14. 幂级数$\sum_{n=1}^{\infty}\frac{(x-1)^n}{3^n n}$的收敛域是：

A. $[-2,4)$　　B. $(-2,4)$　　C. $(-1,1)$　　D. $\left[-\frac{1}{3},\frac{4}{3}\right)$

15. 微分方程 $y''+2y=0$ 的通解是：

A. $y=A\sin 2x$

B. $y=A\cos x$

C. $y=\sin\sqrt{2}x+B\cos\sqrt{2}x$

D. $y=A\sin\sqrt{2}x+B\cos\sqrt{2}x$

16. 微分方程 $y\mathrm{d}x+(x-y)\mathrm{d}y=0$ 的通解是：

A. $\left(x-\frac{y}{2}\right)y=C$

B. $xy=C\left(x-\frac{y}{2}\right)$

C. $xy=C$

D. $y=\frac{C}{\ln\left(x-\frac{y}{2}\right)}$

17. 设 $\boldsymbol{A}$ 是 m 阶矩阵，$\boldsymbol{B}$ 是 n 阶矩阵，行列式$\begin{vmatrix}0 & \boldsymbol{A}\\ \boldsymbol{B} & 0\end{vmatrix}=$

A. $-|\boldsymbol{A}||\boldsymbol{B}|$

B. $|\boldsymbol{A}||\boldsymbol{B}|$

C. $(-1)^{m+n}|\boldsymbol{A}||\boldsymbol{B}|$

D. $(-1)^{mn}|\boldsymbol{A}||\boldsymbol{B}|$

18. 设 $\boldsymbol{A}$ 是 3 阶矩阵，矩阵 $\boldsymbol{A}$ 的第 1 行的 2 倍加到第 2 行，得矩阵 $\boldsymbol{B}$，则下列选项中成立的是：

A. $\boldsymbol{B}$ 的第 1 行的 -2 倍加到第 2 行得 $\boldsymbol{A}$

B. $\boldsymbol{B}$ 的第 1 列的 -2 倍加到第 2 列得 $\boldsymbol{A}$

C. $\boldsymbol{B}$ 的第 2 行的 -2 倍加到第 1 行得 $\boldsymbol{A}$

D. $\boldsymbol{B}$ 的第 2 列的 -2 倍加到第 1 列得 $\boldsymbol{A}$

19. 已知三维列向量 $\boldsymbol{\alpha},\boldsymbol{\beta}$ 满足 $\boldsymbol{\alpha}^{\mathrm{T}}\boldsymbol{\beta}=3$，设 3 阶矩阵 $\boldsymbol{A}=\boldsymbol{\beta}\boldsymbol{\alpha}^{\mathrm{T}}$，则：

A. $\boldsymbol{\beta}$ 是 $\boldsymbol{A}$ 的属于特征值 0 的特征向量
B. $\boldsymbol{\alpha}$ 是 $\boldsymbol{A}$ 的属于特征值 0 的特征向量
C. $\boldsymbol{\beta}$ 是 $\boldsymbol{A}$ 的属于特征值 3 的特征向量
D. $\boldsymbol{\alpha}$ 是 $\boldsymbol{A}$ 的属于特征值 3 的特征向量

20. 设齐次线性方程组 $\begin{cases} x_1-kx_2=0 \\ kx_1-5x_2+x_3=0 \\ x_1+x_2+x_3=0 \end{cases}$，当方程组有非零解时，$k$ 值为：

A. -2 或 3　　B. 2 或 3　　C. 2 或 -3　　D. -2 或 -3

21. 设事件 A,B 相互独立，且 $P(A)=\frac{1}{2}$，$P(B)=\frac{1}{3}$，则 $P(B|A\cup\overline{B})$ 等于：

A. $\frac{5}{6}$　　B. $\frac{1}{6}$　　C. $\frac{1}{3}$　　D. $\frac{1}{5}$

22. 将 3 个球随机地放入 4 个杯子中，则杯中球的最大个数为 2 的概率为：

A. $\frac{1}{16}$　　B. $\frac{3}{16}$　　C. $\frac{9}{16}$　　D. $\frac{4}{27}$

23. 设随机变量 X 的概率密度为 $f(x)=\begin{cases} \frac{1}{x^2} & x\geqslant 1 \\ 0 & \text{其他} \end{cases}$，则 $P(0\leqslant X\leqslant 3)=$

A. $\frac{1}{3}$　　B. $\frac{2}{3}$　　C. $\frac{1}{2}$　　D. $\frac{1}{4}$

24. 设随机变量 (X,Y) 服从二维正态分布，其概率密度为 $f(x,y)=\frac{1}{2\pi}e^{-\frac{1}{2}(x^2+y^2)}$，则 $E(X^2+Y^2)=$

A. 2　　B. 1　　C. $\frac{1}{2}$　　D. $\frac{1}{4}$

25. 一定量的刚性双原子分子理想气体储于一容器中，容器的容积为 V，气体压强为 p，则气体的内能为：

A. $\frac{3}{2}pV$　　B. $\frac{5}{2}pV$　　C. $\frac{1}{2}pV$　　D. pV

26. 理想气体的压强公式是：

A. $p=\frac{1}{3}nmv^2$

B. $p=\frac{1}{3}nm\overline{v}$

C. $p=\frac{1}{3}nm\overline{v^2}$

D. $p=\frac{1}{3}n\overline{v^2}$

27. “理想气体和单一热源接触做等温膨胀时，吸收的热量全部用来对外做功。”对此说法，有如下几种讨论，哪种是正确的：

A. 不违反热力学第一定律，但违反热力学第二定律
B. 不违反热力学第二定律，但违反热力学第一定律
C. 不违反热力学第一定律，也不违反热力学第二定律
D. 违反热力学第一定律，也违反热力学第二定律

28. 一定量的理想气体，由一平衡态 p_1,V_1,T_1 变化到另一平衡态 p_2,V_2,T_2，若 $V_2>V_1$，但 $T_2=T_1$，无论气体经历什么样的过程：

A. 气体对外做的功一定为正值
B. 气体对外做的功一定为负值
C. 气体的内能一定增加
D. 气体的内能保持不变

29. 在波长为 λ 的驻波中，两个相邻的波腹之间的距离为：

A. $\frac{\lambda}{2}$　　B. $\frac{\lambda}{4}$　　C. $\frac{3\lambda}{4}$　　D. λ

30. 一平面简谐波在弹性媒质中传播时，某一时刻在传播方向上一质元恰好处在负的最大位移处，则它的：

A. 动能为零，势能最大
B. 动能为零，势能为零
C. 动能最大，势能最大
D. 动能最大，势能为零

31. 一声波波源相对媒质不动，发出的声波频率是 ν_0。设一观察者的运动速度为波速的 $\frac{1}{2}$，当观察者迎着波源运动时，他接收到的声波频率是：

A. $2\nu_0$　　B. $\frac{1}{2}\nu_0$　　C. ν_0　　D. $\frac{3}{2}\nu_0$

32. 在双缝干涉实验中，光的波长 600nm，双缝间距 2mm，双缝与屏的间距为 300cm，则屏上形成的干涉图样的相邻明条纹间距为：

A. 0.45mm

B. 0.9mm

C. 9mm

D. 4.5mm

33. 在双缝干涉实验中，若在两缝后（靠近屏一侧）各覆盖一块厚度均为 d，但折射率分别为 n_1 和 n_2（$n_2>n_1$）的透明薄片，从两缝发出的光在原来中央明纹处相遇时，光程差为：

A. $d(n_2-n_1)$　　B. $2d(n_2-n_1)$　　C. $d(n_2-1)$　　D. $d(n_1-1)$

34. 在空气中做牛顿环实验，如图所示，当平凸透镜垂直向上缓慢平移而远离平面玻璃时，可以观察到这些环状干涉条纹：

A. 向右平移　　B. 静止不动

C. 向外扩张　　D. 向中心收缩

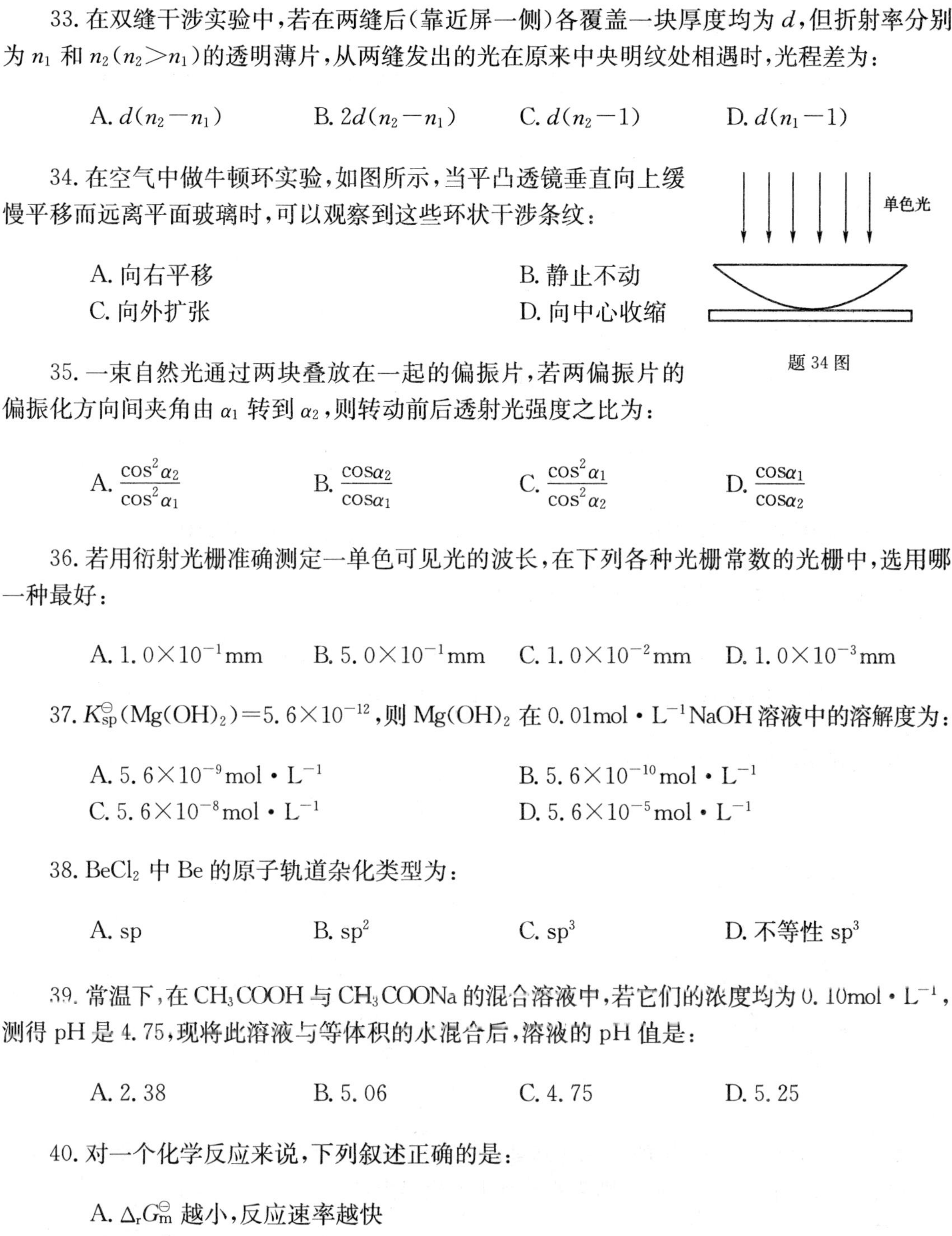

题 34 图

35. 一束自然光通过两块叠放在一起的偏振片，若两偏振片的偏振化方向间夹角由 α_1 转到 α_2，则转动前后透射光强度之比为：

A. $\frac{\cos^2\alpha_2}{\cos^2\alpha_1}$　　B. $\frac{\cos\alpha_2}{\cos\alpha_1}$　　C. $\frac{\cos^2\alpha_1}{\cos^2\alpha_2}$　　D. $\frac{\cos\alpha_1}{\cos\alpha_2}$

36. 若用衍射光栅准确测定一单色可见光的波长，在下列各种光栅常数的光栅中，选用哪一种最好：

A. 1.0×10^{-1}mm　　B. 5.0×10^{-1}mm　　C. 1.0×10^{-2}mm　　D. 1.0×10^{-3}mm

37. $K_{sp}^{\ominus}(Mg(OH)_2)=5.6\times10^{-12}$，则 $Mg(OH)_2$ 在 $0.01mol\cdot L^{-1}$ NaOH 溶液中的溶解度为：

A. $5.6\times10^{-9}mol\cdot L^{-1}$　　B. $5.6\times10^{-10}mol\cdot L^{-1}$

C. $5.6\times10^{-8}mol\cdot L^{-1}$　　D. $5.6\times10^{-5}mol\cdot L^{-1}$

38. $BeCl_2$ 中 Be 的原子轨道杂化类型为：

A. sp　　B. sp^2　　C. sp^3　　D. 不等性 sp^3

39. 常温下，在 CH_3COOH 与 CH_3COONa 的混合溶液中，若它们的浓度均为 $0.10mol\cdot L^{-1}$，测得 pH 是 4.75，现将此溶液与等体积的水混合后，溶液的 pH 值是：

A. 2.38　　B. 5.06　　C. 4.75　　D. 5.25

40. 对一个化学反应来说，下列叙述正确的是：

A. $\Delta_r G_m^{\ominus}$ 越小，反应速率越快

B. $\Delta_r H_m^{\ominus}$ 越小，反应速率越快

C. 活化能越小，反应速率越快

D. 活化能越大，反应速率越快

41. 26 号元素原子的价层电子构型为：

A. $3d^5 4s^2$　　B. $3d^6 4s^2$　　C. $3d^6$　　D. $4s^2$

42. 确定原子轨道函数 ψ 形状的量子数是：

A. 主量子数　　B. 角量子数　　C. 磁量子数　　D. 自旋量子数

43. 下列反应中 $\Delta_r S_m^{\ominus}>0$ 的是：

A. $2H_2(g)+O_2(g)\rightarrow 2H_2O(g)$

B. $N_2(g)+3H_2(g)\rightarrow 2NH_3(g)$

C. $NH_4Cl(s)\rightarrow NH_3(g)+HCl(g)$

D. $CO_2(g)+2NaOH(aq)\rightarrow Na_2CO_3(aq)+H_2O(l)$

44. 下称各化合物的结构式，不正确的是：

A. 聚乙烯：$\left[CH_2-CH_2\right]_n$

B. 聚氯乙烯：$\left[CH_2-\underset{\displaystyle Cl}{\underset{|}{CH}}\right]_n$

C. 聚丙烯：$\left[CH_2CH_2CH_2\right]_n$

D. 聚 1-丁烯：$\left[CH_2CH(C_2H_5)\right]_n$

45. 下列化合物中，没有顺、反异构体的是：

A. $CHCl=CHCl$

B. $CH_3CH=CHCH_2Cl$

C. $CH_2=CHCH_2CH_3$

D. $CHF=CClBr$

46. 六氯苯的结构式正确的是：

A.

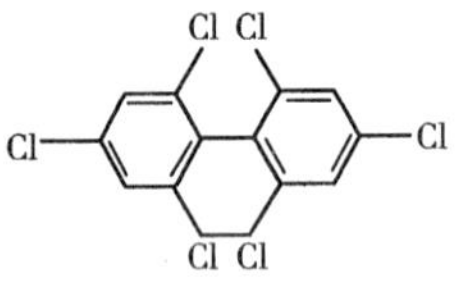

B.

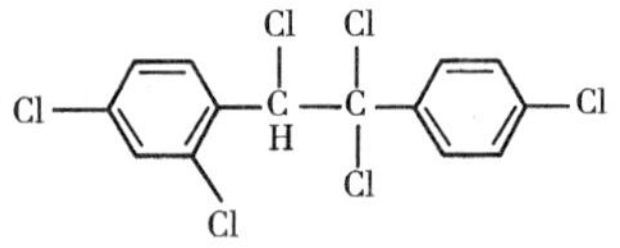

C.

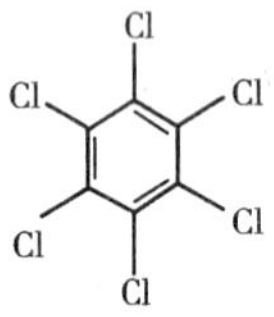

D.

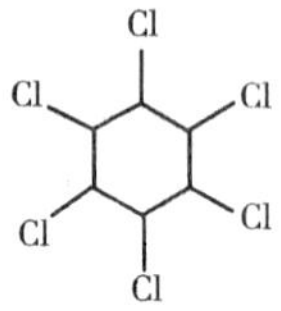

47. 将大小为 100N 的力 $\boldsymbol{F}$ 沿 x、y 方向分解，如图所示，若 $\boldsymbol{F}$ 在 x 轴上的投影为 50N，而沿 x 方向的分力的大小为 200N，则 $\boldsymbol{F}$ 在 y 轴上的投影为：

A. 0　　B. 50N　　C. 200N　　D. 100N

48. 图示等边三角形 ABC，边长 a，沿其边缘作用大小均为 F 的力，方向如图所示。则此力系简化为：

A. $F_R=0$；$M_A=\frac{\sqrt{3}}{2}Fa$

B. $F_R=0$；$M_A=Fa$

C. $F_R=2F;M_A=\frac{\sqrt{3}}{2}Fa$　　D. $F_R=2F;M_A=\sqrt{3}Fa$

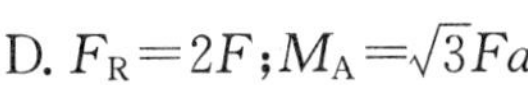

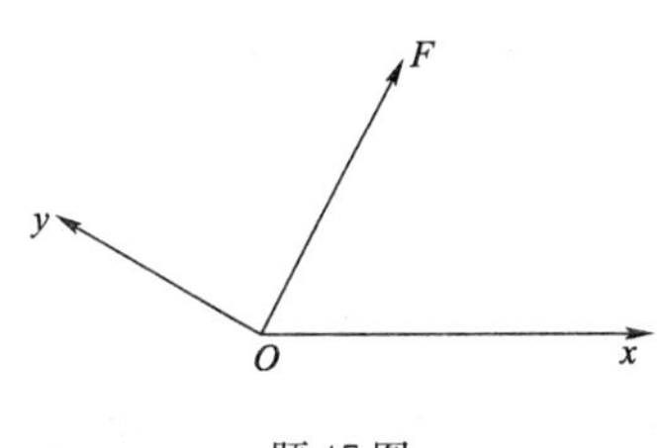

题 47 图

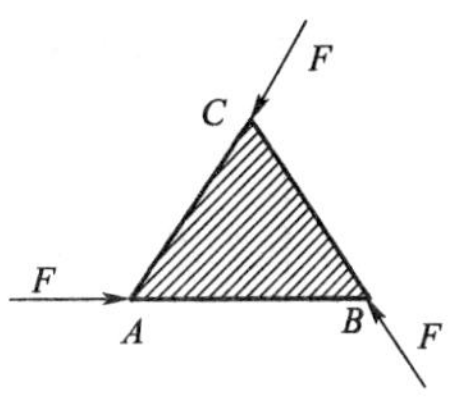

题 48 图

49. 三铰拱上作用有大小相等，转向相反的二力偶，其力偶矩大小为 M，如图所示。略去自重，则支座 A 的约束力大小为：

A. $F_{Ax}=0;F_{Ay}=\frac{M}{2a}$

B. $F_{Ax}=\frac{M}{2a};F_{Ay}=0$

C. $F_{Ax}=\frac{M}{a};F_{Ay}=0$

D. $F_{Ax}=\frac{M}{2a};F_{Ay}=M$

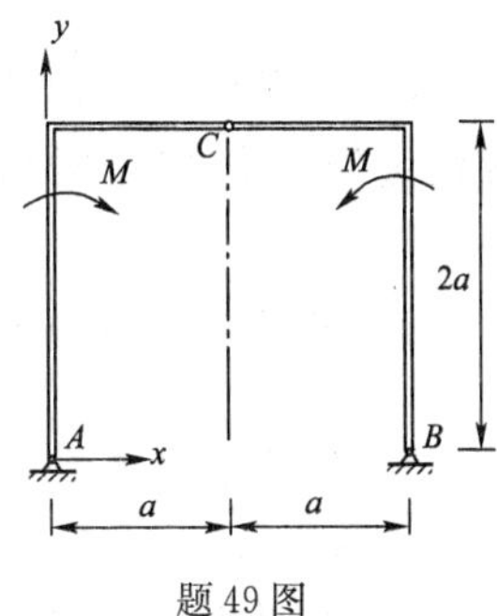

题 49 图

50. 简支梁受分布荷载作用如图所示。支座 A、B 的约束力为：

A. $F_A=0,F_B=0$　　B. $F_A=\frac{1}{2}qa\uparrow,F_B=\frac{1}{2}qa\uparrow$

C. $F_A=\frac{1}{2}qa\uparrow,F_B=\frac{1}{2}qa\downarrow$　　D. $F_A=\frac{1}{2}qa\downarrow,F_B=\frac{1}{2}qa\uparrow$

51. 已知质点沿半径为 40cm 的圆周运动，其运动规律为 $s=20t$（s 以 cm 计，t 以 s 计）。若 $t=1$s，则点的速度与加速度的大小为：

A. 20cm/s；$10\sqrt{2}$cm/s^2　　B. 20cm/s；10cm/s^2

C. 40cm/s；20cm/s^2　　D. 40cm/s；10cm/s^2

52. 已知点的运动方程为 $x=2t,y=t^2-t$，则其轨迹方程为：

A. $y=t^2-t$　　B. $x=2t$

C. $x^2-2x-4y=0$　　D. $x^2+2x+4y=0$

53. 直角刚杆 OAB 在图示瞬间角速度 $\omega=2$rad/s，角加速度 $\varepsilon=5$rad/s^2，若 $OA=40$cm，$AB=30$cm，则 B 点的速度大小、法向加速度的大小和切向加速度的大小为：

A. 100cm/s；200cm/s^2；250cm/s^2　　B. 80cm/s^2；160cm/s^2；200cm/s^2

C. 60cm/s^2；120cm/s^2；150cm/s^2　　D. 100cm/s^2；200cm/s^2；200cm/s^2

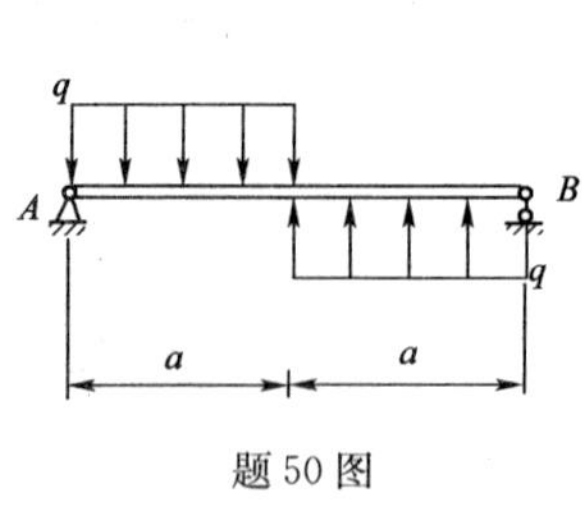

题 50 图

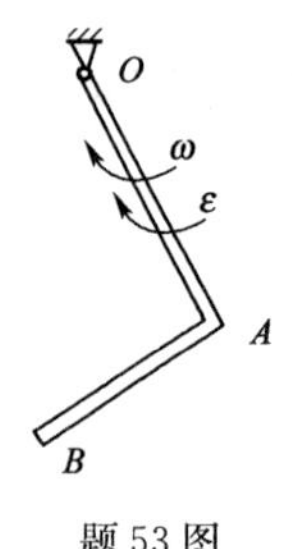

题 53 图

54. 重为 W 的货物由电梯载运下降，当电梯加速下降、匀速下降及减速下降时，货物对地板的压力分别为 R_1、R_2、R_3，它们之间的关系为：

A. $R_1=R_2=R_3$　　B. $R_1>R_2>R_3$　　C. $R_1<R_2<R_3$　　D. $R_1<R_2>R_3$

55. 如图所示，两重物 M_1 和 M_2 的质量分别为 m_1 和 m_2，两重物系在不计质量的软绳上，绳绕过匀质定滑轮，滑轮半径为 r，质量为 m，则此滑轮系统对转轴 O 之动量矩为：

A. $L_O=\left(m_1+m_2-\frac{1}{2}m\right)rv \downarrow$　　B. $L_O=\left(m_1-m_2-\frac{1}{2}m\right)rv \downarrow$

C. $L_O=\left(m_1+m_2+\frac{1}{2}m\right)rv \downarrow$　　D. $L_O=\left(m_1+m_2+\frac{1}{2}m\right)rv \uparrow$

56. 质量为 m，长为 $2l$ 的均质杆初始位于水平位置，如图所示。A 端脱落后，杆绕轴 B 转动，当杆转到铅垂位置时，AB 杆 B 处的约束力大小为：

A. $F_{Bx}=0, F_{By}=0$　　B. $F_{Bx}=0, F_{By}=\frac{mg}{4}$

C. $F_{Bx}=l, F_{By}=mg$　　D. $F_{Bx}=0, F_{By}=\frac{5mg}{2}$

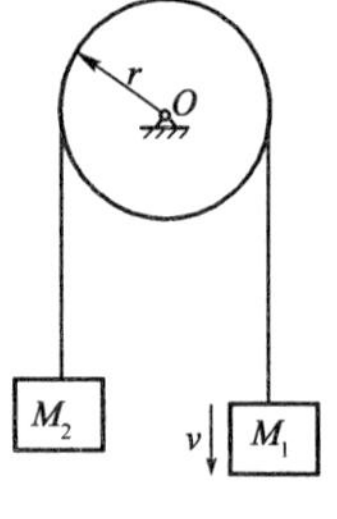

题 55 图

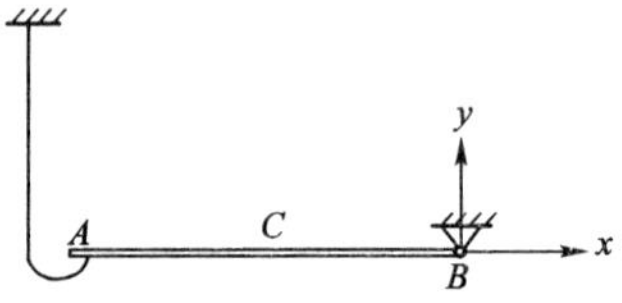

题 56 图

57. 图示均质圆轮，质量为 m，半径为 r，在铅垂图面内绕通过圆盘中心 O 的水平轴转动，角速度为 ω，角加速度为 ε，此时将圆轮的惯性力系向 O 点简化，其惯性力主矢和惯性力主矩的大小分别为：

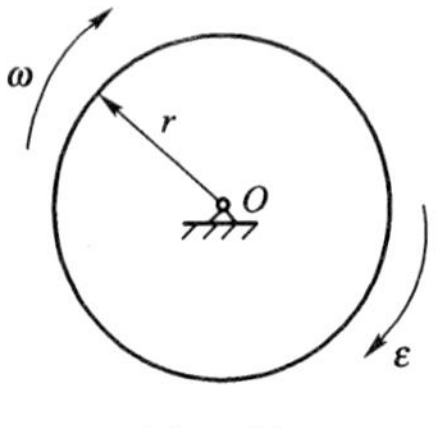

A. $0;0$　　B. $mr\varepsilon;\frac{1}{2}mr^2\varepsilon$

C. $0;\frac{1}{2}mr^2\varepsilon$　　D. $0;\frac{1}{4}mr^2\omega^2$

题 57 图

58. 5 根弹簧系数均为 k 的弹簧，串联与并联时的等效弹簧刚度系数分别为：

A. $5k;\frac{k}{5}$　　B. $\frac{5}{k};5k$　　C. $\frac{k}{5};5k$　　D. $\frac{1}{5k};5k$

59. 等截面杆，轴向受力如图所示。杆的最大轴力是：

A. 8kN　　B. 5kN　　C. 3kN　　D. 13kN

60. 钢板用两个铆钉固定在支座上，铆钉直径为 d，在图示荷载下，铆钉的最大切应力是：

A. $\tau_{max}=\frac{4F}{\pi d^2}$　　B. $\tau_{max}=\frac{8F}{\pi d^2}$

C. $\tau_{max}=\frac{12F}{\pi d^2}$　　D. $\tau_{max}=\frac{2F}{\pi d^2}$

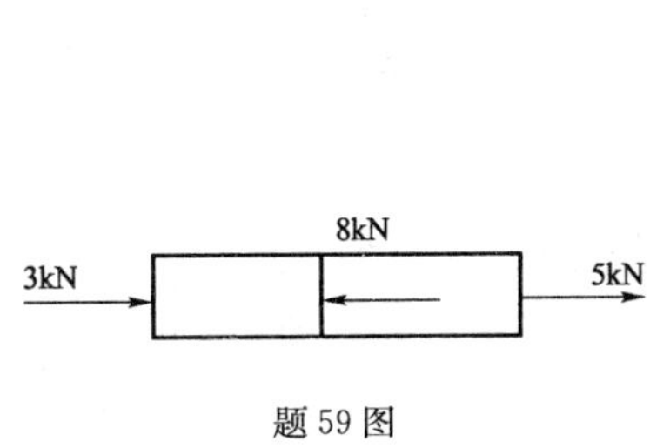

题 59 图

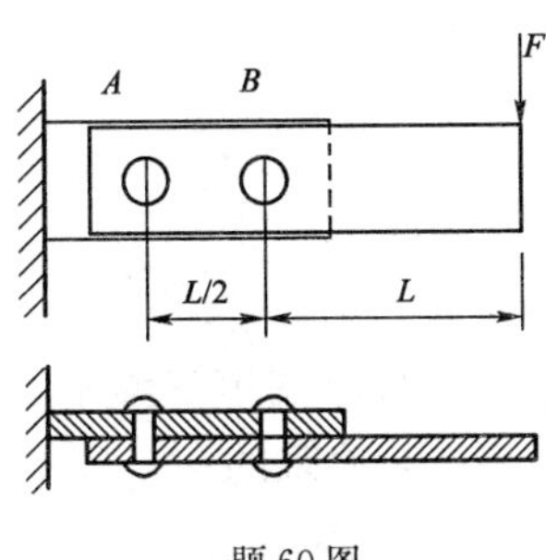

题 60 图

61. 圆轴直径为 d，剪切弹性模量为 G，在外力作用下发生扭转变形，现测得单位长度扭转角为 θ，圆轴的最大切应力是：

A. $\tau=\frac{16\theta G}{\pi d^3}$　　B. $\tau=\theta G\frac{\pi d^3}{16}$

C. $\tau=\theta Gd$　　D. $\tau=\frac{\theta Gd}{2}$

62. 直径为 d 的实心圆轴受扭，为使扭转最大切应力减小一半，圆轴的直径应改为：

A. $2d$　　B. $0.5d$　　C. $\sqrt{2}d$　　D. $\sqrt[3]{2}d$

63. 图示矩形截面对 z_1 轴的惯性矩 I_{z1} 为：

A. $I_{z1}=\frac{bh^3}{12}$　　B. $I_{z1}=\frac{bh^3}{3}$　　C. $I_{z1}=\frac{7bh^3}{6}$　　D. $I_{z1}=\frac{13bh^3}{12}$

64. 图示外伸梁，在 C、D 处作用相同的集中力 F，截面 A 的剪力和截面 C 的弯矩分别是：

A. $F_{SA}=0, M_C=0$　　B. $F_{SA}=F, M_C=FL$

C. $F_{SA}=F/2, M_C=FL/2$　　D. $F_{SA}=0, M_C=2FL$

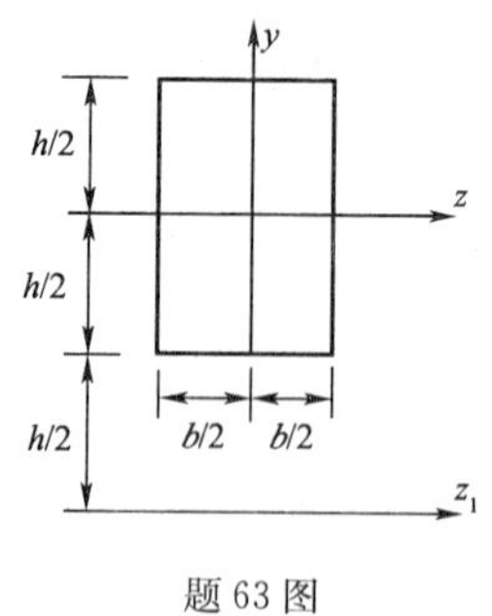

题 63 图

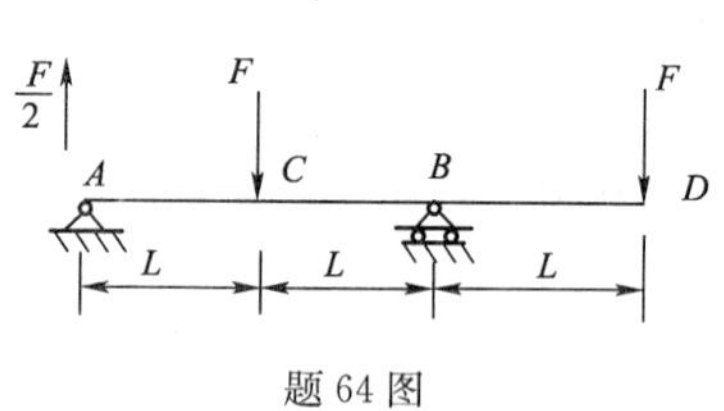

题 64 图

65. 悬臂梁 AB 由两根相同的矩形截面梁胶合而成。若胶合面全部开裂，假设开裂后两杆的弯曲变形相同，接触面之间无摩擦力，则开裂后梁的最大挠度是原来的：

A. 两者相同　　B. 2 倍　　C. 4 倍　　D. 8 倍

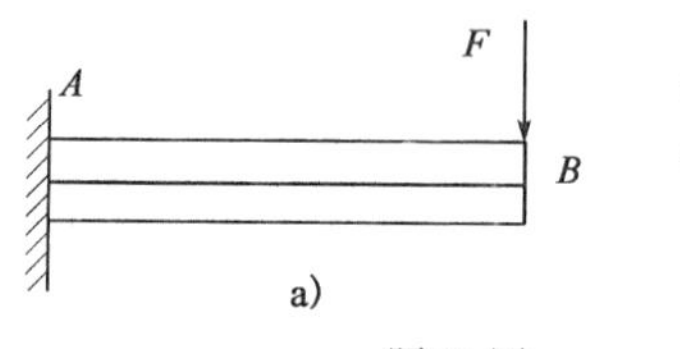

题 65 图

66. 图示悬臂梁自由端承受集中力偶 M。若梁的长度减小一半，梁的最大挠度是原来的：

A. 1/2　　B. 1/4

C. 1/8　　D. 1/16

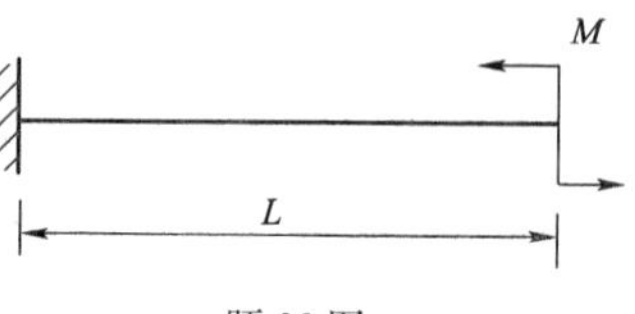

题 66 图

67. 在图示 4 种应力状态中，切应力值最大的应力状态是：

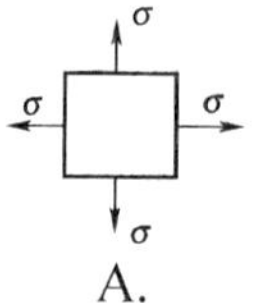

A.

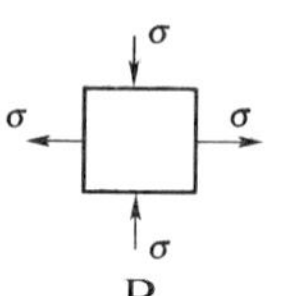

B.

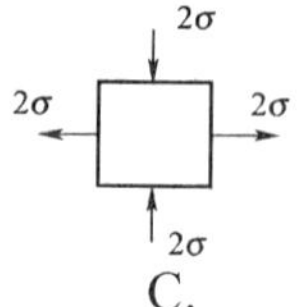

C.

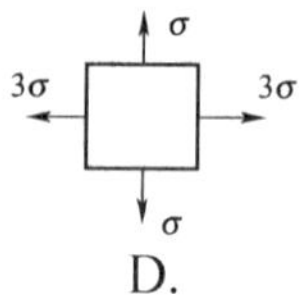

D.

68. 图示矩形截面杆 AB，A 端固定，B 端自由。B 端右下角处承受与轴线平行的集中力 F，杆的最大正应力是：

A. $\sigma=\dfrac{3F}{bh}$

B. $\sigma=\dfrac{4F}{bh}$

C. $\sigma=\dfrac{7F}{bh}$

D. $\sigma=\dfrac{13F}{bh}$

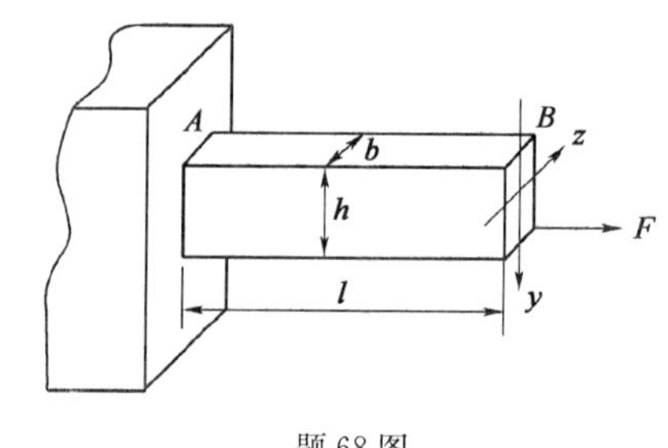

题 68 图

69. 图示圆轴固定端最上缘 A 点的单元体的应力状态是：

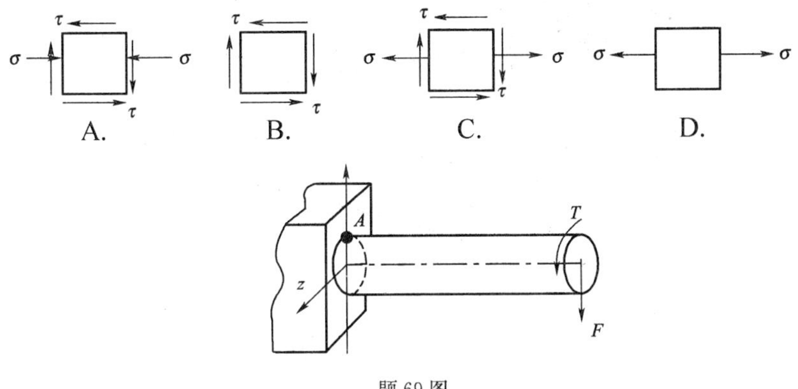

题 69 图

70. 图示三根压杆均为细长(大柔度)压杆，且弯曲刚度均为 EI。三根压杆的临界荷载 F_{cr} 的关系为：

A. $F_{cra}>F_{crb}>F_{crc}$　　B. $F_{crb}>F_{cra}>F_{crc}$

C. $F_{crc}>F_{cra}>F_{crb}$　　D. $F_{crb}>F_{crc}>F_{cra}$

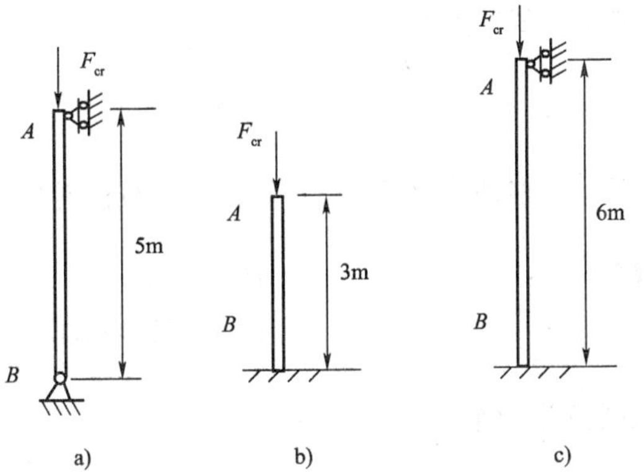

题 70 图

71. 如图，上部为气体下部为水的封闭容器装有 U 形水银测压计，其中 1、2、3 点位于同一平面上，其压强的关系为：

A. $p_1<p_2<p_3$　　B. $p_1>p_2>p_3$

C. $p_2<p_1<p_3$　　D. $p_2=p_1=p_3$

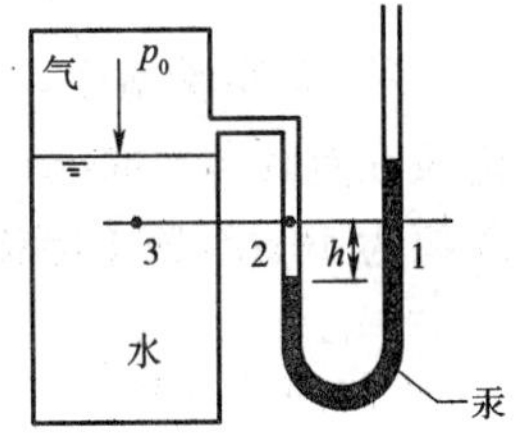

题 71 图

72. 如图，下列说法中，哪一个是错误的：

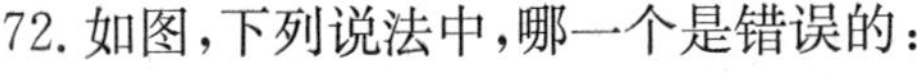

A. 对理想流体，该测压管水头线(H_p 线)应该沿程无变化

B. 该图是理想流体流动的水头线

C. 对理想流体，该总水头线(H_0 线)沿程无变化

D. 该图不适用于描述实际流体的水头线

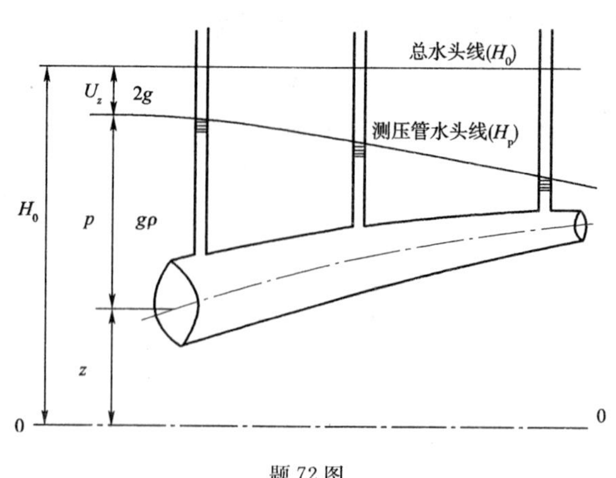

题 72 图

73. 一管径 $d=50\text{mm}$ 的水管，在水温 $t=10℃$ 时，管内要保持层流的最大流速是：(10℃时水的运动黏滞系数 $\nu=1.31\times10^{-6}\text{m}^2/\text{s}$)

A. 0.21m/s　　B. 0.115m/s　　C. 0.105m/s　　D. 0.0524m/s

74. 管道长度不变，管中流动为层流，允许的水头损失不变，当直径变为原来 2 倍时，若不计局部损失，流量将变为原来的多少倍？

A. 2　　B. 4　　C. 8　　D. 16

75. 圆柱形管嘴的长度为 l，直径为 d，管嘴作用水头为 H_0，则其正常工作条件为：

A. $l=(3\sim4)d, H_0>9\text{m}$　　B. $l=(3\sim4)d, H_0<6\text{m}$
C. $l>(7\sim8)d, H_0>9\text{m}$　　D. $l>(7\sim8)d, H_0<6\text{m}$

76. 如图所示，当阀门的开度变小时，流量将：

A. 增大　　B. 减小
C. 不变　　D. 条件不足，无法确定

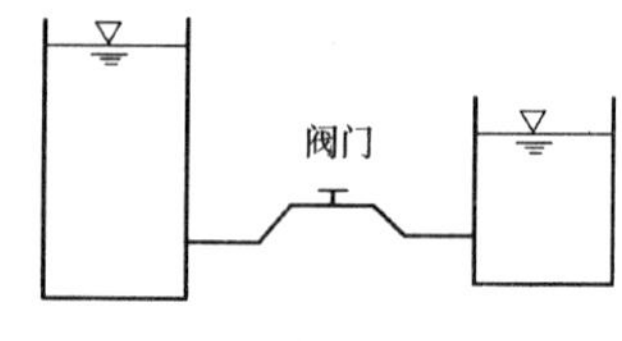

题 76 图

77. 在实验室中，根据达西定律测定某种土壤的渗透系数，将土样装在直径 $d=30\text{cm}$ 的圆筒中，在 90cm 水头差作用下，8h 的渗透水量为 100L，两测压管的距离为 40cm，该土壤的渗透系数为：

A. 0.9m/d　　B. 1.9m/d　　C. 2.9m/d　　D. 3.9m/d

78. 流体的压强 p、速度 v、密度 ρ，正确的无量纲数组合是：

A. $\dfrac{p}{\rho v^2}$　　B. $\dfrac{\rho p}{v^2}$　　C. $\dfrac{\rho}{p v^2}$　　D. $\dfrac{p}{\rho v}$

79. 在图中，线圈 a 的电阻为 R_a，线圈 b 的电阻为 R_b，两者彼此靠近如图所示，若外加激励 $u=U_M\sin\omega t$，则：

A. $i_a=\frac{u}{R_a}, i_b=0$　　B. $i_a\neq\frac{u}{R_a}, i_b\neq 0$

C. $i_a=\frac{u}{R_a}, i_b\neq 0$　　D. $i_a\neq\frac{u}{R_a}, i_b=0$

80. 图示电路中，电流源的端电压 U 等于：

A. 20V　　B. 10V　　C. 5V　　D. 0V

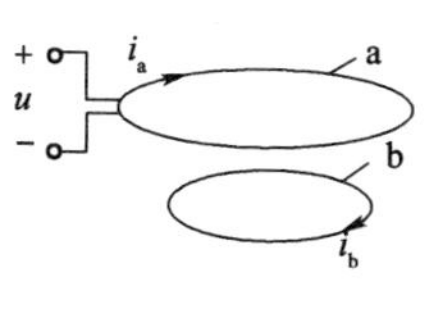

题 79 图

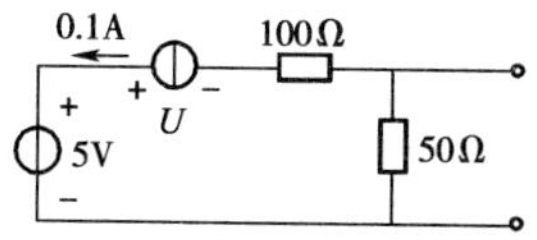

题 80 图

81. 已知电路如图所示，若使用叠加原理求解图中电流源的端电压 U，正确的方法是：

A. $U'=(R_2/\!/R_3+R_1)I_S, U''=0, U=U'$

B. $U'=(R_1+R_2)I_S, U''=0, U=U'$

C. $U'=(R_2/\!/R_3+R_1)I_S, U''=\frac{R_2}{R_2+R_3}U_S, U=U'-U''$

D. $U'=(R_2/\!/R_3+R_1)I_S, U''=\frac{R_2}{R_2+R_3}U_S, U=U'+U''$

82. 图示电路中，A_1、A_2、V_1、V_2 均为交流表，用于测量电压或电流的有效值 I_1、I_2、U_1、U_2，若 $I_1=4A$，$I_2=2A$，$U_1=10V$，则电压表 V_2 的读数应为：

A. 40V　　B. 14.14V　　C. 31.62V　　D. 20V

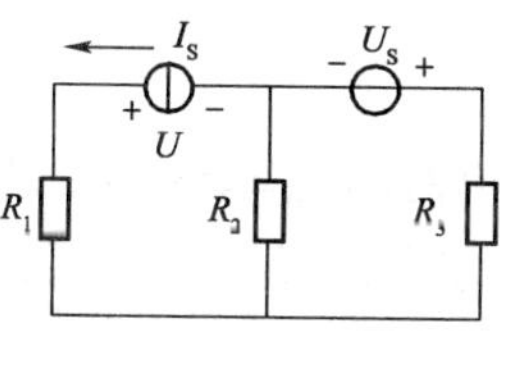

题 81 图

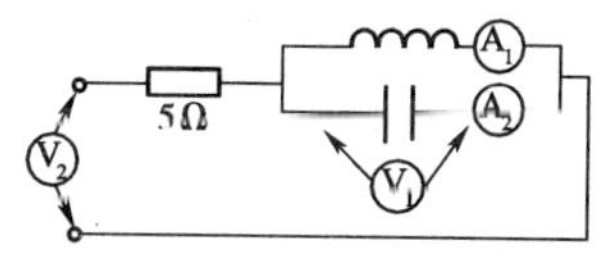

题 82 图

83. 三相五线供电机制下，单相负载 A 的外壳引出线应：

A. 保护接地　　B. 保护接种　　C. 悬空　　D. 保护接 PE 线

84. 某滤波器的幅频特性波特图如图所示，该电路的传递函数为：

A. $\frac{j\omega/10}{1+j\omega/10}$　　B. $\frac{j\omega/20\pi}{1+j\omega/20\pi}$

C. $\frac{j\omega/2\pi}{1+j\omega/2\pi}$　　D. $\frac{1}{1+j\omega/20\pi}$

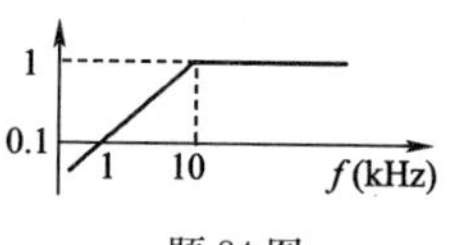

题 84 图

85. 若希望实现三相异步电动机的向上向下平滑调速，则应采用：

A. 串转子电阻调速方案　　B. 串定子电阻调速方案

C. 调频调速方案　　D. 变磁极对数调速方案

86. 在电动机的继电接触控制电路中，具有短路保护、过载保护、欠压保护和行程保护，其中，需要同时接在主电路和控制电路中的保护电器是：

A. 热继电器和行程开关　　B. 熔断器和行程开关

C. 接触器和行程开关　　D. 接触器和热继电器

87. 信息可以以编码的方式载入：

A. 数字信号之中　　B. 模拟信号之中　　C. 离散信号之中　　D. 采样保持信号之中

88. 七段显示器的各段符号如图所示，那么，字母“E”的共阴极七段显示器的显示码 abcdefg 应该是：

A. 1001111　　B. 0110000

C. 10110111　　D. 10001001

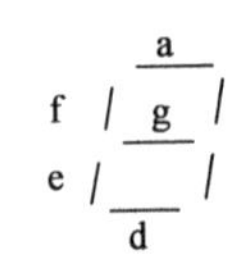

a
f　g　b
e　c
d

题 88 图

89. 某电压信号随时间变化的波形图如图所示，该信号应归类于：

A. 周期信号　　B. 数字信号　　C. 离散信号　　D. 连续时间信号

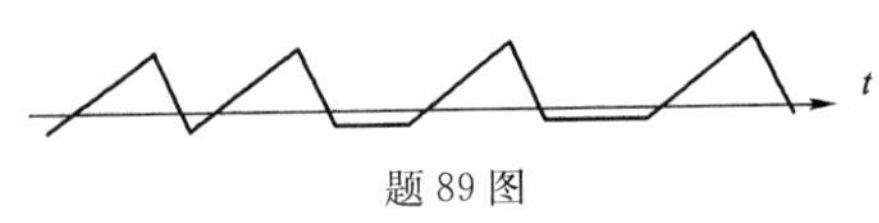

题 89 图

90. 非周期信号的幅度频谱是：

A. 连续的　　B. 离散的，谱线正负对称排列

C. 跳变的　　D. 离散的，谱线均匀排列

91. 图 a)所示电压信号波形经电路 A 变换成图 b)波形，再经电路 B 变换成图 c)波形，那么，电路 A 和电路 B 应依次选用：

A. 低通滤波器和高通滤波器

B. 高通滤波器和低通滤波器

C. 低通滤波器和带通滤波器

D. 高通滤波器和带通滤波器

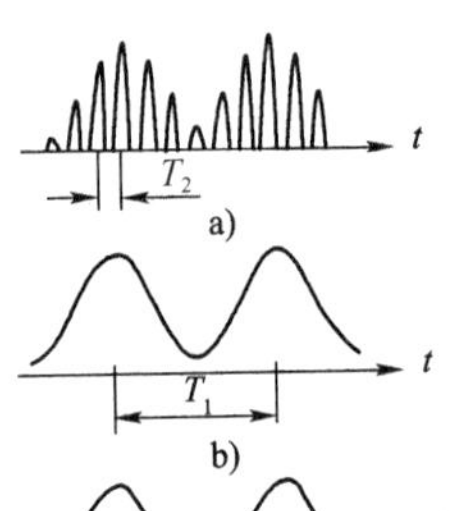

题 91 图

92. 由图示数字逻辑信号的波形可知，三者的函数关系是：

A. $F=\overline{AB}$　　B. $F=\overline{A+B}$

C. $F=AB+\overline{A}\,\overline{B}$　　D. $F=\overline{AB}+A\overline{B}$

93. 某晶体管放大电路的空载放大倍数 $A_k=-80$、输入电阻 $r_i=1\text{k}\Omega$ 和输出电阻 $r_o=3\text{k}\Omega$，将信号源（$u_S=10\sin\omega t\text{mV}$，$R_S=1\text{k}\Omega$）和负载（$R_L=5\text{k}\Omega$）接于该放大电路之后（见图），负载电压 u_o 将为：

A. $-0.8\sin\omega t\text{V}$　　B. $-0.5\sin\omega t\text{V}$　　C. $-0.4\sin\omega t\text{V}$　　D. $-0.25\sin\omega t\text{V}$

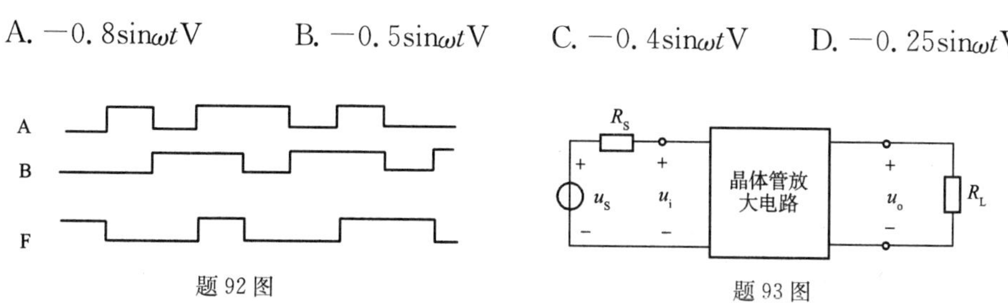

题 92 图　　题 93 图

94. 将运算放大器直接用于两信号的比较，如图 a）所示，其中，$u_a=-1\text{V}$，u_a 的波形由图 b）给出，则输出电压 u_o 等于：

A. u_a　　B. $-u_a$　　C. 正的饱和值　　D. 负的饱和值

95. D 触发器的应用电路如图所示，设输出 Q 的初值为 0，那么，在时钟脉冲 cp 的作用下，输出 Q 为：

A. 1　　B. cp

C. 脉冲信号，频率为时钟脉冲频率的 1/2　　D. 0

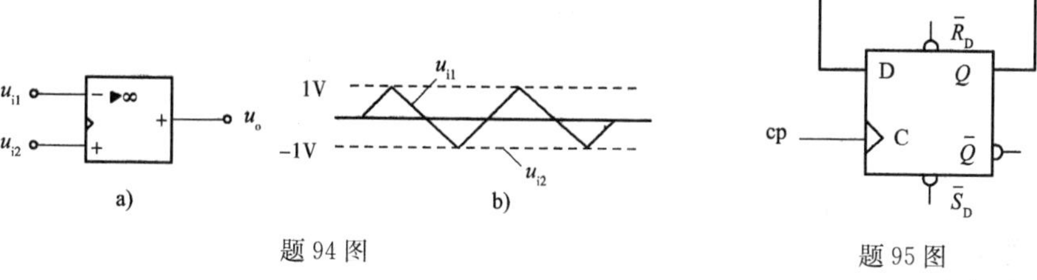

题 94 图　　题 95 图

96. 由 JK 触发器组成的应用电器如图所示，设触发器的初值都为 0，经分析可知是一个：

A. 同步二进制加法计算器　　B. 同步四进制加法计算器

C. 同步三进制加法计算器　　D. 同步三进制减法计算器

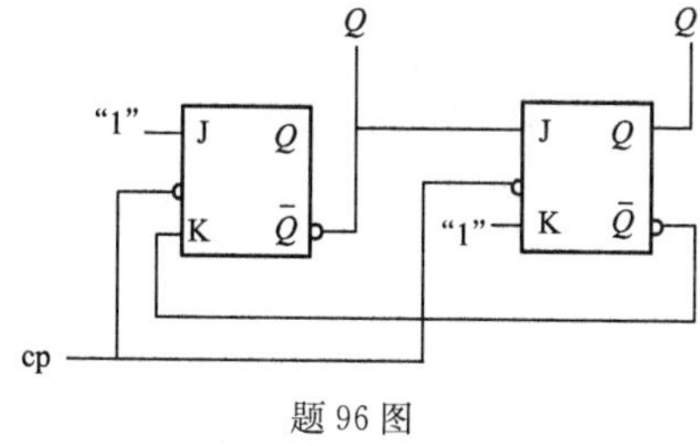

题 96 图

97. 总线能为多个部件服务，它可分时地发送与接收各部件的信息。所以，可以把总线看成是：

A. 一组公共信息传输线路
B. 微机系统的控制信息传输线路
C. 操作系统和计算机硬件之间的控制线
D. 输入/输出的控制线

98. 计算机内的数字信息、文字信息、图像信息、视频信息、音频信息等所有信息，都是用：

A. 不同位数的八进制数来表示的
B. 不同位数的十进制数来表示的
C. 不同位数的二进制数来表示的
D. 不同位数的十六进制数来表示的

99. 将二进制小数 0.1010101111 转换成相应的八进制数，其正确结果是：

A. 0.2536　　B. 0.5274　　C. 0.5236　　D. 0.5281

100. 影响计算机图像质量的主要参数有：

A. 颜色深度、显示器质量、存储器大小
B. 分辨率、颜色深度、存储空间大小
C. 分辨率、存储器大小、图像加工处理工艺
D. 分辨率、颜色深度、图像文件的尺寸

101. 数字签名是最普遍、技术最成熟、可操作性最强的一种电子签名技术，当前已得到实际应用的是在：

A. 电子商务、电子政务中
B. 票务管理、股票交易中
C. 股票交易、电子政务中
D. 电子商务、票务管理中

102. 在 Windows 中，对存储器采用分段存储管理时，每一个存储器段可以小至 1 个字节，大至：

A. 4K 字节　　B. 16K 字节　　C. 4G 字节　　D. 128M 字节

103. Windows 的设备管理功能部分支持即插即用功能，下面四条后续说明中有错误的一条是：

A. 这意味着当将某个设备连接到计算机上后即可立刻使用
B. Windows 自动安装有即插即用设备及其设备驱动程序
C. 无需在系统中重新配置该设备或安装相应软件
D. 无需在系统中重新配置该设备但需安装相应软件才可立刻使用

104. 信息化社会是信息革命的产物，它包含多种信息技术的综合应用。构成信息化社会的三个主要技术支柱是：

A. 计算机技术、信息技术、网络技术
B. 计算机技术、通信技术、网络技术
C. 存储器技术、航空航天技术、网络技术
D. 半导体工艺技术、网络技术、信息加工处理技术

105. 网络软件是实现网络功能不可缺少的软件环境。网络软件主要包括：

A. 网络协议和网络操作系统
B. 网络互联设备和网络协议
C. 网络协议和计算机系统
D. 网络操作系统和传输介质

106. 因特网是一个联结了无数个小网而形成的大网，也就是说：

A. 因特网是一个城域网
B. 因特网是一个网际网
C. 因特网是一个局域网
D. 因特网是一个广域网

107. 某公司拟向银行贷款 100 万元，贷款期为 3 年，甲银行的贷款利率为 6%（按季计息），乙银行的贷款利率为 7%，该公司向哪家银行贷款付出的利息较少：

A. 甲银行　　B. 乙银行　　C. 两家银行的利息相等　　D. 不能确定

108. 关于总成本费用的计算公式，下列正确的是：

A. 总成本费用＝生产成本＋期间费用
B. 总成本费用＝外购原材料、燃料和动力费＋工资及福利费＋折旧费
C. 总成本费用＝外购原材料、燃料和动力费＋工资及福利费＋折旧费＋摊销费
D. 总成本费用＝外购原材料、燃料和动力费＋工资及福利费＋折旧费＋摊销费＋修理费

109. 关于准股本资金的下列说法中，正确的是：

A. 准股本资金具有资本金性质，不具有债务资金性质
B. 准股本资金主要包括优先股股票和可转换债券
C. 优先股股票在项目评价中应视为项目债务资金
D. 可转换债券在项目评价中应视为项目资本金

110. 某项目建设工期为两年，第一年投资 200 万元，第二年投资 300 万元，投产后每年净现金流量为 150 万元，项目计算期为 10 年，基准收益率 10%，则此项目的财务净现值为：

A. 331.97万元　B. 188.63万元　C. 171.18万元　D. 231.60万元

111. 可外贸货物的投入或产出的影子价格应根据口岸价格计算，下列公式正确的是：

A. 出口产出的影子价格（出厂价）＝离岸价（FOB）×影子汇率＋出口费用
B. 出口产出的影子价格（出厂价）＝到岸价（CIF）×影子汇率－出口费用
C. 进口投入的影子价格（到厂价）＝到岸价（CIF）×影子汇率＋进口费用
D. 进口投入的影子价格（到厂价）＝离岸价（FOB）×影子汇率－进口费用

112. 关于盈亏平衡点的下列说法中，错误的是：

A. 盈亏平衡点是项目的盈利与亏损的转折点
B. 盈亏平衡点上，销售（营业、服务）收入等于总成本费用
C. 盈亏平衡点越低，表明项目抗风险能力越弱
D. 盈亏平衡分析只用于财务分析

113. 属于改扩建项目经济评价中使用的五种数据之一的是：

A. 资产　B. 资源　C. 效益　D. 增量

114. ABC分类法中，部件数量占60%～80%、成本占5%～10%的为：

A. A类　B. B类　C. C类　D. 以上都不对

115. 根据《安全生产法》的规定，生产经营单位使用的涉及生命安全、危险性较大的特种设备，以及危险物品的容器、运输工具，必须按照国家有关规定，由专业生产单位生产，并经取得专业资质的检测，检验机构检测、检验合格，取得：

A. 安全使用证和安全标志，方可投入使用
B. 安全使用证或安全标志，方可投入使用
C. 生产许可证和安全使用证，方可投入使用
D. 生产许可证或安全使用证，方可投入使用

116. 根据《招标投标法》的规定，招标人和中标人按照招标文件和中标人的投标文件，订立书面合同的时间要求是：

A. 自中标通知书发出之日起15日内
B. 自中标通知书发出之日起30日内
C. 自中标单位收到中标通知书之日起15日内
D. 自中标单位收到中标通知书之日起30日内

117. 根据《行政许可法》的规定，下列可以不设行政许可事项的是：

A. 有限自然资源开发利用等需要赋予特定权利的事项
B. 提供公众服务等需要确定资质的事项

C. 企业或者其他组织的设立等，需要确定主体资格的事项
D. 行政机关采用事后监督等其他行政管理方式能够解决的事项

118. 根据《节约能源法》的规定，对固定资产投资项目国家实行：

A. 节能目标责任制和节能考核评价制度
B. 节能审查和监管制度
C. 节能评估和审查制度
D. 能源统计制度

119. 按照《建设工程质量管理条例》规定，施工人员对涉及结构安全的试块、试件以及有关材料进行现场取样时应当：

A. 在设计单位监督现场取样
B. 在监督单位或监理单位监督下现场取样
C. 在施工单位质量管理人员监督下现场取样
D. 在建设单位或监理单位监督下现场取样

120. 按照《建设工程安全生产管理条例》规定，工程监理单位在实施监理过程中，发现存在安全事故隐患的，应当要求施工单位整改；情况严重的，应当要求施工单位暂时停止施工，并及时报告：

A. 施工单位　　B. 监理单位　　C. 有关主管部门　　D. 建设单位

2010年度全国勘察设计注册工程师公共基础考试

试题解析及参考答案

1. **解**　把直线的参数方程化成点向式方程，得到$\frac{x-1}{1}=\frac{y+2}{2}=\frac{z-3}{-3}$；

则直线L的方向向量取$\vec{s}=\{1,2,-3\}$或$\vec{s}=\{-1,-2,3\}$均可。另外由直线的点向式方程，可知直线过M点，$M(1,-2,3)$。

答案：D

2. **解**　已知$\vec{\alpha}\times\vec{\beta}=\vec{\alpha}\times\vec{\gamma}$，$\vec{\alpha}\times\vec{\beta}-\vec{\alpha}\times\vec{\beta}=0$，得$\vec{\alpha}\times(\vec{\beta}-\vec{\gamma})=0$。由向量积的运算性质可知，$\vec{a}$，$\vec{b}$为非零向量，若$\vec{a}//\vec{b}$，则$\vec{a}\times\vec{b}=0$；若$\vec{a}\times\vec{b}=0$，则$\vec{a}//\vec{b}$，可知$\vec{\alpha}//(\vec{\beta}-\vec{\gamma})$。

答案：C

3. **解**　用奇偶函数定义判定。有$f(-x)=-f(x)$成立，$f(-x)=\frac{e^{-3x}-1}{e^{-3x}+1}=\frac{1-e^{3x}}{1+e^{3x}}=-\frac{e^{3x}-1}{e^{3x}+1}=-f(x)$确定为奇函数。另外，通过函数的定义域$(-\infty,+\infty)$，确定值域为$(-1,1)$。

答案：C

4. **解**　通过题中给出的命题，较容易判断选项A、C、D是错误的。

对于选项B，给出条件“有界”，函数不含有无穷间断点，给出条件单调函数不会出现振荡间断点，从而可判定函数无第二类间断点。

答案：B

5. **解**　根据给出的条件可知，函数在$x=1$可导，则在$x=1$必连续。就有$\lim\limits_{x\to1^+}f(x)=\lim\limits_{x\to1^-}f(x)=f(1)$成立，得到$a+b=1$。

再通过给出条件在$x=1$可导，即有$f'_+(1)=f'_-(1)$成立，利用定义计算$f(x)$在$x=1$处左右导数：

$$f'_-(1)=\lim_{x\to1-}\frac{f(x)-f(1)}{x-1}=\lim_{x\to1-}\frac{\frac{2}{x^2+1}-1}{x-1}=\lim_{x\to1-}\frac{1-x^2}{(x^2+1)(x-1)}=-1$$

$$f'_+(1)=\lim_{x\to1+}\frac{f(x)-f(1)}{x-1}=\lim_{x\to1+}\frac{ax+b-1}{x-1}=\lim_{x\to1+}\frac{ax-a}{x-1}=a$$

则$a=-1$，$b=2$。

答案：B

6. **解**　分析题目给出的解法，选项A、B、D均不正确。

正确的解法为选项C，原式$=\lim\limits_{x\to0}\frac{x}{\sin x}x\sin\frac{1}{x}=1\times0=0$。

因$\lim\limits_{x\to 0}\dfrac{x}{\sin x}=1$，第一重要极限；而$\lim\limits_{x\to 0}x\sin\dfrac{1}{x}=0$为无穷小量乘有界函数极限。

答案：C

7. **解** 利用多元函数极值存在的充分条件确定。

①由$\begin{cases}\dfrac{\partial z}{\partial x}=0\\ \dfrac{\partial z}{\partial y}=0\end{cases}$，即$\begin{cases}3x^2-6x-9=0\\ -3y^2+3=0\end{cases}$求出驻点(3,1)，(3，−1)，(−1,1)，(−1，−1)。

②求出$\dfrac{\partial^2 z}{\partial x^2},\dfrac{\partial^2 z}{\partial x\partial y},\dfrac{\partial^2 z}{\partial y^2}$分别代入每一驻点，得到$A,B,C$的值。

当$AC-B^2>0$取得极点，再由$A>0$取得极小值，$A<0$取得极大值。

$\dfrac{\partial^2 z}{\partial x^2}=6x-6,\dfrac{\partial^2 z}{\partial x\partial y}=0,\dfrac{\partial^2 z}{\partial y^2}=-6y$

将$x=3,y=-1$代入得$A=12,B=0,C=6$

$AC-B=72>0,A>0$

所以在(3，−1)点取得极小值，其他点均不取得极值。

答案：A

8. **解** 利用原函数的定义求出$f(x)=-2e^{-2x}$，$f'(x)=4e^{-2x}$，$f''(x)=-8e^{-2x}$，将$f''(x)$代入积分即可。计算如下：$\int f''(x)\mathrm{d}x=\int -8\mathrm{e}^{-2x}\mathrm{d}x=4\int e^{-2x}\mathrm{d}(-2x)=4e^{-2x}+C$。

答案：D

9. **解** 对于此不定积分，可利用分部积分方法计算$\int u\mathrm{d}v=uv-\int v\mathrm{d}u$，

即$\int xe^{-2x}\mathrm{d}x=\dfrac{1}{2}\int \times e^{-2x}d(-2x)=-\dfrac{1}{2}\int x\mathrm{d}e^{-2x}$

$$=-\frac{1}{2}\left(xe^{-2x}-\int e^{-2x}\mathrm{d}x\right)$$

$$=-\frac{1}{2}\left[xe^{-2x}+\frac{1}{2}\int e^{-2x}d(-2x)\right]$$

$$=-\frac{1}{2}\left(xe^{-2x}+\frac{1}{2}e^{-2x}\right)+C$$

$$=-\frac{1}{4}(2x+1)e^{-2x}+C$$

答案：A

10. **解** 利用广义积分的方法计算。

对于选项B：因$\lim\limits_{x\to 2^-}\dfrac{1}{\sqrt{2-x}}=+\infty$，知$x=2$为无穷不连续点，

$$\int_0^2\frac{1}{\sqrt{2-x}}\mathrm{d}x=-\int_0^2(2-x)^{-\frac{1}{2}}\mathrm{d}(2-x)=-2(2-x)^{\frac{1}{2}}\Big|_0^2=2\sqrt{2}$$

答案：B

11. **解** 由题目给出的条件知，围成的图形如解图所示化为极坐标计算，$S=\iint\limits_D 1\mathrm{d}x\mathrm{d}y$，面积元素 $\mathrm{d}x\mathrm{d}y=r\mathrm{d}r\mathrm{d}\theta$。具体计算如下：

$$D:\begin{cases}0\leqslant\theta\leqslant\frac{\pi}{4}\\ \cos\theta\leqslant r\leqslant 2\cos\theta\end{cases},S=\int_0^{\frac{\pi}{4}}\mathrm{d}\theta\int_{\cos\theta}^{2\cos\theta}r\mathrm{d}r=\int_0^{\frac{\pi}{4}}\left(\frac{1}{2}r^2\right)\Big|_{\cos\theta}^{2\cos\theta}\mathrm{d}\theta=$$

$$\frac{1}{2}\int_0^{\frac{\pi}{4}}(4\cos^2\theta-\cos^2\theta)\mathrm{d}\theta=\frac{3}{2}\int_0^{\frac{\pi}{4}}\cos^2\theta\mathrm{d}\theta=\frac{3}{2}\int_0^{\frac{\pi}{4}}\frac{1+\cos2\theta}{2}\mathrm{d}\theta=\frac{3}{16}(\pi+2)$$

0 1 2 r

题 11 解图

答案:C

12. **解** 通过题目给出的条件画出图形见图，利用柱面坐标计算，联立消 z：$\begin{cases}z^2=x^2+y^2\\ z=1\end{cases}$，得 $x^2+y^2=1$。

$$D_{xy}:x^2+y^2\leqslant1,\Omega:\begin{cases}r\leqslant z\leqslant1\\ 0\leqslant r\leqslant1\\ 0\leqslant\theta\leqslant2\pi\end{cases},\mathrm{d}V=r\mathrm{d}r\mathrm{d}\theta\mathrm{d}z$$

z y x

题 12 解图

则 $V=\iiint\limits_{\Omega}z\mathrm{d}V=\iiint\limits_{\Omega}zr\mathrm{d}r\mathrm{d}\theta\mathrm{d}z$，再化为柱面坐标系下的三次积分。先对 z 积，再对 r 积，最后对 θ 积分，即 $V=\int_0^{2\pi}\mathrm{d}\theta\int_0^1 r\mathrm{d}r\int_r^1 z\mathrm{d}z$。

答案:B

13. **解** 利用交错级数收敛法可判定选项 B 的级数收敛，利用正项级数比值法可判定选项 C 的级数收敛，利用等比级数收敛性的结论知选项级数 D 的级数收敛，故发散的是选项 A 的级数。或直接通过正项级数比较法的极限形式判定，$\lim\limits_{n\to\infty}\frac{U_n}{V_n}=\lim\limits_{n\to\infty}\frac{\frac{1}{\sqrt{n+1}}}{\frac{1}{n}}=\lim\limits_{n\to\infty}\frac{n}{\sqrt{n+1}}=\infty$，

因级数 $\sum\limits_{n=\infty}^{\infty}\frac{1}{n}$ 发散，故 $\sum\limits_{n=1}^{\infty}\frac{1}{\sqrt{n+1}}$ 发散。

答案:A

14. **解** 设 $x-1=t$，级数化为 $\sum\limits_{n=1}^{\infty}\frac{t^n}{3^n n}$，求级数的收敛半径。

因 $\lim\limits_{n\to\infty}\left|\frac{a_{n+1}}{a_n}\right|=\lim\limits_{n\to\infty}\frac{\frac{1}{3^{n+1}(n+1)}}{\frac{1}{3^n\cdot n}}=\lim\limits_{n\to\infty}\frac{n\cdot3^n}{(n+1)3^{n+1}}=\frac{1}{3}$，

则 $R=\frac{1}{\rho}=3$，即 $|t|<3$ 收敛。

再判定 $t=3$，$t=-3$ 时的敛散性，当 $t=3$ 时发散，$t=-3$ 时收敛。

计算如下：$t=3$ 代入级数，$\sum\limits_{n=1}^{\infty}\frac{1}{n}$ 为调和级数发散；

$t=-3$ 代入级数，$\sum\limits_{n=1}^{\infty}(-1)^n\frac{1}{n}$ 为交错级数，满足莱布尼兹条件收敛。因此 $-3\leqslant x-1<3$，即

$-2\leqslant x<4$。

答案:A

15.**解**　写出微分方程对应的特征方程 $r^2+2=0$,得 $r=\pm\sqrt{2}i$,即 $\alpha=0,\beta=\sqrt{2}$,写出通解 $y=A\sin\sqrt{2}x+B\cos\sqrt{2}x$。

答案:D

16.**解**　将微分方程化成 $\frac{dx}{dy}+\frac{1}{y}x=1$,方程为一阶线性方程。

其中 $P(y)=\frac{1}{y},Q(y)=1$

代入求通解公式 $x=e^{-\int P(y)dy}\left[\int\theta(y)e^{\int P(y)dy}dy+C\right]$

计算如下:$x=e^{-\int\frac{1}{y}dy}\left[\int e^{\int\frac{1}{y}dy}dy+C\right]=e^{-\ln y}\left[\int e^{\ln y}dy+C\right]=\frac{1}{y}\left[\int ydy+C\right]=\frac{1}{y}\left[\frac{1}{2}y^2+c\right]$

变形得 $xy=\frac{1}{2}y^2+C,\left(x-\frac{y}{2}\right)y=C$

或将方程化为齐次方程 $\frac{dy}{dx}=-\frac{\frac{y}{x}}{1-\frac{y}{x}}$ 计算

答案:A

17.**解**　①将分块矩阵变形为 $\begin{vmatrix}\boldsymbol{A}&0\\0&\boldsymbol{B}\end{vmatrix}$ 的形式。

②利用分块矩阵计算公式 $\begin{vmatrix}\boldsymbol{A}&0\\0&\boldsymbol{B}\end{vmatrix}=|\boldsymbol{A}|\cdot|\boldsymbol{B}|$。

将矩阵 $\boldsymbol{B}$ 的第一行与矩阵 $\boldsymbol{A}$ 的行互换,换的方法是从矩阵 $\boldsymbol{A}$ 最下面一行开始换,逐行往上换,换到第一行一共换了 m 次,行列式更换符号 $(-1)^m$。再将矩阵 $\boldsymbol{B}$ 的第二行与矩阵 $\boldsymbol{A}$ 的各行互换,换到第二行,又更换符号为 $(-1)^m$,……,最后再将矩阵 $\boldsymbol{B}$ 的最后一行与矩阵 $\boldsymbol{A}$ 的各行互换到矩阵的第 n 行位置,这样原矩阵 $\begin{vmatrix}0&\boldsymbol{A}\\\boldsymbol{B}&0\end{vmatrix}=\underbrace{(-1)^m\cdot(-1)^m\cdots(-1)^m}_{n\text{个}}$ $\begin{vmatrix}\boldsymbol{B}&0\\0&\boldsymbol{A}\end{vmatrix}=(-1)^{m\cdot n}\begin{vmatrix}\boldsymbol{B}&0\\0&\boldsymbol{A}\end{vmatrix}=(-1)^{mn}|\boldsymbol{B}||\boldsymbol{A}|=(-1)^{mn}|\boldsymbol{A}||\boldsymbol{B}|$。

答案:D

18.**解**　由题目给出的运算写出相应行列式,再验证还原到原行列式时应用哪一种运算方法。

答案:A

19.**解**　通过矩阵的特征值、特征向量的定义判定。只要满足式子 $\boldsymbol{Ax}=\lambda\boldsymbol{x}$,非零向量 $\boldsymbol{x}$ 即为矩阵 $\boldsymbol{A}$ 对应特征值 λ 的特征向量。

再利用题目给出的条件:

$$\boldsymbol{\alpha}^{\mathrm{T}}\boldsymbol{\beta}=3 \qquad ①$$

$$\boldsymbol{A}=\boldsymbol{\beta}\boldsymbol{\alpha}^{\mathrm{T}} \qquad ②$$

将等式②两边右乘$\boldsymbol{\beta}$,得$\boldsymbol{A}\cdot\boldsymbol{\beta}=\boldsymbol{\beta}\boldsymbol{\alpha}^{\mathrm{T}}\cdot\boldsymbol{\beta}$

即$\boldsymbol{A\beta}=\boldsymbol{\beta}(\boldsymbol{\alpha}^{\mathrm{T}}\boldsymbol{\beta})$,代入式①得$\boldsymbol{A\beta}=\boldsymbol{\beta}\cdot 3$

故$\boldsymbol{A\beta}=3\cdot\boldsymbol{\beta}$成立

答案:C

20.**解** 齐次线性方程组,当变量的个数与方程的个数相同时,方程组有非零解的充要条件是系数行列式为零。即$\begin{vmatrix}1 & -k & 0\\ k & -5 & 1\\ 1 & 1 & 1\end{vmatrix}=0$

则
$$\begin{vmatrix}1 & -k & 0\\ k & -5 & 1\\ 1 & 1 & 1\end{vmatrix}\xlongequal{(-1)r_2+r_3}\begin{vmatrix}1 & -k & 0\\ k & -5 & 1\\ 1-k & 6 & 0\end{vmatrix}$$

$$=1\cdot(-1)^{2+3}\begin{vmatrix}1 & -k\\ 1-k & 6\end{vmatrix}$$

$$=-[6-(-k)(1-k)]=-(6+k-k^2)$$

即$k^2-k-6=0$,解得$k_1=3,k_2=-2$。

答案:A

21.**解** $P(B|A\cup\bar{B})=\dfrac{P(B(A\cup\bar{B}))}{P(A\cup\bar{B})}=\dfrac{P(AB\cup B\bar{B})}{P(A\cup\bar{B})}=\dfrac{P(AB)}{P(A)+P(B)-P(A\bar{B})}$

因为A、B相互独立,所以A、$\bar{B}$也相互独立。

有$P(AB)=P(A)P(B),P(A\bar{B})=P(A)P(\bar{B})$

$$P(B|A\cup\bar{B})=\frac{P(A)P(B)}{P(A)+P(\bar{B})-P(A)P(\bar{B})}=\frac{\dfrac{1}{2}\times\dfrac{1}{3}}{\dfrac{1}{2}+\dfrac{2}{3}-\dfrac{1}{2}\times\dfrac{2}{3}}=\frac{1}{5}$$

答案:D

22.**解** 显然为古典概型,$P(A)=\dfrac{m}{n}$。

一个球一个球地放入杯中,每个球都有4种放法,所以所有可能结果数$n=4\times4\times4=64$,事件A"杯中球的最大个数为2"即4个杯中有一个杯子里有2个球,有1个杯子有1个球,还有两个空杯。第一个球有4种放法,从第二个球起有两种情况:①第2个球放到已有一个球的杯中(一种放法),第3个球可放到3个空杯中任一个(3种放法);②第2个球放到3个空杯中任一个(3种放法),第3个球可放到两个有球杯中(2种放法)。则$m=4\times[1\times3+3\times2]=36$,因此$P(A)=\dfrac{36}{64}=\dfrac{9}{16}$。

答案:C

23. **解**　$P(0 \leqslant x \leqslant 3) = \int_0^3 f(x)\mathrm{d}x = \int_1^3 \frac{1}{x^2}\mathrm{d}x = -\frac{1}{x}\Big|_1^3 = \frac{2}{3}$

答案:B

24. **解**　因 $f(x,y) = \frac{1}{2\pi}e^{-\frac{x^2+y^2}{2}} = \frac{1}{\sqrt{2\pi}}e^{-\frac{x^2}{2}} \cdot \frac{1}{\sqrt{2\pi}}e^{-\frac{y^2}{2}}$,

所以 $X \sim N(0,1)$,$Y \sim N(0,1)$,X,Y 相互独立。

$E(X^2+Y^2) = E(X^2)+E(Y^2) = D(X)+E^2(X)+D(Y)+E^2(Y) = 1+1 = 2$

或 $E(X^2+Y^2) = \int_{-\infty}^{+\infty}\int_{-\infty}^{+\infty}(x^2+y^2)\frac{1}{2\pi}e^{-\frac{x^2+y^2}{2}}\mathrm{d}x\mathrm{d}y$

$$= \int_0^{2\pi}\int_0^{+\infty} r^2 \frac{1}{2\pi}e^{-\frac{r^2}{2}} r\mathrm{d}r\mathrm{d}Q$$

$$= \int_0^{2\pi}\mathrm{d}Q\int_0^{+\infty} r^2 \frac{1}{4\pi}e^{-\frac{r^2}{2}}\mathrm{d}r^2 \quad (令\ t = r^2)$$

$$= 2\pi \cdot \frac{1}{4\pi}\int_0^{+\infty} te^{-\frac{t}{2}}\mathrm{d}t$$

$$= \frac{1}{2}\left[-2te^{-\frac{t}{2}}\Big|_0^{+\infty} + \int_0^{+\infty} 2e^{-\frac{t}{2}}\mathrm{d}t\right]$$

$$= -2e^{-\frac{t}{2}}\Big|_0^{+\infty} = 2$$

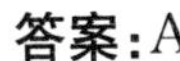

答案:A

25. **解**　由 $E_{内} = \frac{m}{M}\frac{i}{2}RT$,又 $pV = \frac{m}{M}RT$,$E_{内} = \frac{i}{2}pV$,对双原子分子 $i=5$。

答案:B

26. **解**　$p = \frac{2}{3}n\bar{\varepsilon}_{平动} = \frac{2}{3}n\left(\frac{1}{2}m\overline{v^2}\right) = \frac{1}{3}nm\overline{v^2}$

答案:C

27. **解**　单一等温膨胀过程并非循环过程,可以做到从外界吸收的热量全部用来对外做功,既不违反热力学第一定律也不违反热力学第二定律。

答案:C

28. **解**　对于给定的理想气体,内能的增量只与系统的起始和终了状态有关,与系统所经历的过程无关。

内能增量 $\Delta E = \frac{M}{\mu}\frac{i}{2}R(T_2-T_1) = \frac{M}{\mu}\frac{i}{2}R\Delta T$,若 $T_2 = T_1$,则 $\Delta E = 0$,气体内能保持不变。

答案:D

29. **解**　波腹的位置由公式 $x_{腹} = k\frac{\lambda}{2}$($k$ 为整数)决定。相邻两波腹之间距离即 $\Delta x = x_{k+1} - x_k = (k+1)\frac{\lambda}{2} - k\frac{\lambda}{2} = \frac{\lambda}{2}$。

答案:A

30. **解** 质元在最大位移处,速度为零,“形变”为零,故质元的动能为零,势能也为零。

答案:B

31. **解** 按多普勒效应公式 $\nu=\frac{u+v_0}{u}\nu_0$,今 $v_0=\frac{u}{2}$,故 $\nu=\frac{u+\frac{u}{2}}{u}\nu_0=\frac{3}{2}\nu_0$。

答案:D

32. **解** 注意,所谓双缝间距指缝宽 d。由 $\Delta x=\frac{D}{d}\lambda$($\Delta x$ 为相邻两明纹之间距离),所以 $\Delta x=\frac{3000}{2}\times600\times10^{-6}\text{mm}=0.9\text{mm}$。

注:$1\text{nm}=10^{-9}\text{m}=10^{-6}\text{mm}$。

答案:B

33. **解** 如图所示光程差 $\delta=n_2d+r_2-d-(n_1d+r_1-d)$,注意到 $r_1=r_2$,$\delta=(n_2-n_1)d$。

答案:A

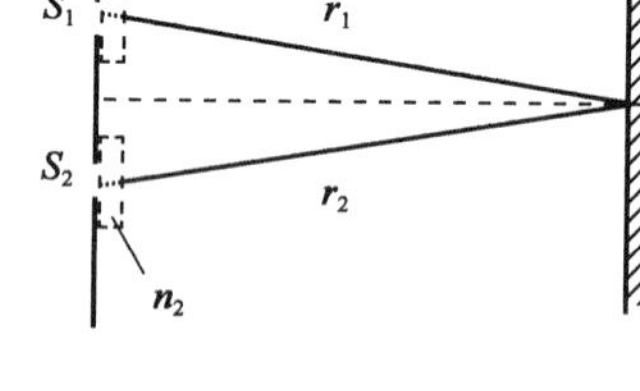

题 33 解图

34. **解** 牛顿环属超纲题(超出大纲范围)。

答案:D

35. **解** 转动前 $I_1=I_0\cos^2\alpha_1$,转动后 $I_2=I_0\cos^2\alpha_2$,$\frac{I_1}{I_2}=\frac{\cos^2\alpha_1}{\cos^2\alpha_2}$。

答案:C

36. **解** 光栅常数越小,分辨率越高。

答案:D

37. **解** $Mg(OH)_2$ 的溶解度为 s,则 $K_{SP}=s(0.01+2s^2)$,因 s 很小,$0.01+2s\approx0.01$,则 $5.6\times10^{-12}=s\times0.01^2$,$s=5.6\times10^{-8}$。

答案:C

38. **解** 利用价电子对互斥理论确定杂化类型及分子空间构型的方法。

对于 AB_n 型分子、离子(A 为中心原子):

(1)确定 A 的价电子对数(x)

$x=\frac{1}{2}$[A 的价电子数+B 提供的价电子数±离子电荷数(负/正)]

原则:A 的价电子数=主族序数;B 原子为 H 和卤素每个原子各提供一个价电子,为氧与硫不提供价电子;正离子应减去电荷数,负离子应加上电荷数。

(2)确定杂化类型

价电子对数	2	3	4
杂化类型	sp 杂化	sp^2 杂化	sp^3 杂化

(3)确定分子空间构型

原则：根据中心原子杂化类型及成键情况分子空间构型。如果中心原子的价电子对数等于σ键电子对数，杂化轨道构型为分子空间构型；如果中心原子的价电子对数大于σ键电子对数，分子空间构型发生变化。

$$价电子对数(x)=\sigma键电子对数+孤对电子数$$

根据价电子对互斥理论：$BeCl_2$ 的价电子对数 $x=\frac{1}{2}$(Be 的价电子数+2 个 Cl 提供的价电子数)$=\frac{1}{2}\times(2+2)=2$，$BeCl_2$ 分子中，Be 原子形成了两 Be-Clσ 健，价电子对数等于σ健数，所以两个 Be-Cl 夹角为 180°，$BeCl_2$ 为直线型分子，Be 为 sp 杂化。

答案：A

39. **解** 醋酸和醋酸钠组成缓冲溶液，醋酸和醋酸钠的浓度相等，与等体积水稀释后，醋酸和醋酸钠的浓度仍然相等。缓冲溶液的 $pH=pK_a-\lg\frac{C_{酸}}{C_{盐}}$，溶液稀释 pH 不变。

答案：C

40. **解** 由阿仑尼乌斯公式 $k=Ze^{\frac{-\varepsilon}{RT}}$ 可知：温度一定时，活化能越小，速率常数就越大，反应速率也越大。活化能越小，反应越易正向进行。活化能越小，反应放热越大。

答案：C

41. **解** 根据原子核外电子排布规律，26 号元素的原子核外电子排布为：$1s^2 2s^2 2p^6 3s^2 3p^6 3d^6 4s^2$，为 d 区副族元素。其价电子构型为 $3d^6 4s^2$。

答案：B

42. **解** 一组合理的量子数 n、l、m 取值对应一个合理的波函数 $\psi=\psi_{n,l,m}$，即可以确定一个原子轨道。

(1)主量子数

①n=1,2,3,4…对应于第一、第二、第三、第四，…电子层，用 K,L,M,N 表示。

②表示电子到核的平均距离。

③决定原子轨道能量。

(2)角量子数

①l=0,1,2,3 的原子轨道分别为 s、p、d、f 轨道。

②确定原子轨道的形状。s 轨道为球形、p 轨道为双球形、d 轨道为四瓣梅花形。

③对于多电子原子，与 n 共同确定原子轨道的能量。

(3)磁量子数

①确定原子轨道的取向。

②确定亚层中轨道数目。

答案：B

43. **解** 物质的标准熵值大小一般规律：

(1)对于同一种物质，$S_g>S_l>S_s$。

(2)同一物质在相同的聚集状态时，其熵值随温度的升高而增大，$S_{高温}>S_{低温}$。

(3)对于不同种物质，$S_{复杂分子}>S_{简单分子}$。

(4)对于混合物和纯净物，$S_{混合物}>S_{纯物质}$。

(5)对于一个化学反应的熵变，反应前后气体分子数增加的反应熵变大于零，反应前后气体分子数减小的反应熵变小于零。

4个选项化学反应前后气体分子数的变化：

A=2−2−1=−1

B=2−1−3=−2

C=1+1−1=1

D=0−1=−1

答案:C

44. **解** 聚丙烯的结构式为 $\left[\mathrm{CH_2}-\underset{\displaystyle\mathrm{CH_3}}{\underset{|}{\mathrm{CH}}}\right]$。

答案:C

45. **解** 烯烃双键两边C原子均通过δ键与不同基团时，才有顺反异构体。

答案:C

46. **解** 苯环上六个氢被氯取代为六氯苯。

答案:C

47. **解** 如解图，根据力的投影公式，$F_x=F\cos\alpha$，故$\alpha=60°$。而分力$\boldsymbol{F}_x$的大小是力$\boldsymbol{F}$大小的2倍，故力$\boldsymbol{F}$与y轴垂直。

答案:A

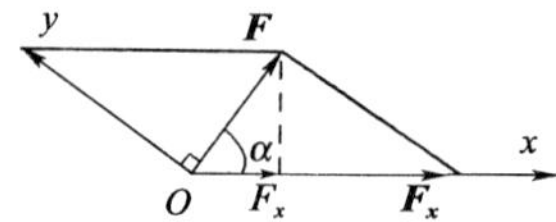

题47解图

48. **解** 将力系向A点简化，作用于C点的力F沿作用线移到A点，作用于B点的力F平移到A点附加的力偶即主矩：$M_A=M_A(F)=\dfrac{\sqrt{3}}{2}aF$；三个力的主矢：$F_{Ry}=0$，$F_{Rx}=F-F\sin30°-F\sin30°=0$。

答案:A

49. **解** 根据受力分析，A、B、C处的约束力均为水平方向，分别考虑AC、BC的平衡，采用力偶的平衡方程即可。

答案:B

50. **解** 均布力组成了力偶矩为qa^2的逆时针转向力偶。A、B处的约束力沿铅垂方向组成顺时针转向力偶。

答案:C

51. **解** 点的速度、切向加速度和法向加速度分别为：$v=\dfrac{\mathrm{d}s}{\mathrm{d}t}=20\mathrm{cm/s}$，$a_t=\dfrac{\mathrm{d}v}{\mathrm{d}t}=0$，$a_n=\dfrac{v^2}{R}$

$=\frac{400}{40}=10\text{cm/s}^2$。

答案:B

52. **解** 将运动方程中的参数 t 消去,即 $t=\frac{x}{2}$,$y=\left(\frac{x}{2}\right)^2-\frac{x}{2}$,整理易得 $x^2-2x-4y=0$。

答案:C

53. **解** 根据定轴转动刚体上一点速度、加速度与转动角速度、角加速度的关系,$v_B=OB\cdot\omega=50\times2=100\text{cm/s}$,$a_B^t=OB\cdot\varepsilon=50\times5=250\text{cm/s}$,$a_B^n=OB\cdot\omega^2=50\times2^2=200\text{cm/s}$。

答案:A

54. **解** 根据质点运动微分方程 $m\boldsymbol{a}=\sum\boldsymbol{F}$,当货物加速下降、匀速下降和减速下降时,加速度分别向下、为零、向上,代入公式有 $ma=W-R_1$,$0=W-R_2$,$-ma=W-R_3$。

答案:C

55. **解** 根据动量矩定义和公式:$L_O=M_O(m_1v)+M_O(m_2v)+J_{O轮}\omega=m_1vr+m_2r+\frac{1}{2}mr^2\omega$,$\omega=\frac{v}{r}$,$L_O=(m_1+m_2+\frac{1}{2}m)rv$。

答案:C

56. **解** 根据动能定理,当杆从水平转动到铅垂位置时,$T_1=0$;$T_2=\frac{1}{2}J_B\omega^2=\frac{1}{2}\cdot\frac{1}{3}m(2l)^2\omega^2=\frac{2}{3}ml^2\omega^2$;$W_{12}=mgl$ 代入 $T_2-T_1=W_{12}$,得 $\omega^2=\frac{3g}{2l}$

再根据定轴转动微分方程:$J_B\alpha=M_B(F)=0$,$\alpha=0$

质心运动定理:$a_{Ct}=l\alpha=0$,$a_{Cn}=1\omega^2=\frac{3g}{2}$

受力如图:$ml\omega^2=F_{By}-mg$,$F_{By}=\frac{5}{2}mg$,$F_{Bx}=0$

答案:D

题 56 解图

57. **解** 根据定轴转动刚体惯性力系的简化结果,惯性力主矢和主矩的大小分别为 $F_I=ma_C=0$,$M_{IO}=J_O\varepsilon=\frac{1}{2}mr^2\varepsilon$。

答案:C

58. **解** 根据串、并联弹簧等效弹簧刚度的计算公式。

答案:C

59. **解** 轴向受力杆左段轴力是 -3kN,右段轴力是 5kN。

答案:B

60. **解** 把 F 力平移到铆钉群中心 O,并附加一个力偶 $m=F\cdot\frac{5}{4}L$,在铆钉上将产生剪力

Q_1 和 Q_2，其中 $Q_1=\frac{F}{2}$，而 Q_2 计算方法如下。

$$\sum M_O=0, Q_2 \cdot \frac{L}{2}=F \cdot \frac{5}{4}L$$

得

$$Q_2=\frac{5}{2}F$$

所以 $Q=Q_1+Q_2=3F$，$\tau_{max}=\frac{Q}{\frac{\pi}{4}d^2}=\frac{12F}{\pi d^2}$

答案：C

61. **解**　由 $\theta=\frac{T}{GI_P}$，得 $\frac{T}{I_P}=\theta G$，故 $\tau_{max}=\frac{T}{I_P} \cdot \frac{d}{2}=\frac{\theta Gd}{2}$。

答案：D

62. **解**　为使 $\tau_1=\frac{1}{2}\tau$，应使 $\frac{T}{\frac{\pi}{16}d_1^3}=\frac{1}{2}\frac{T}{\frac{\pi}{16}d^3}$，即 $d_1^3=2d^3$，故 $d_1=\sqrt[3]{2}d$。

答案：D

63. **解**　$I_{z1}=I_z+a^2A=\frac{bh^3}{12}+h^2 \cdot bh=\frac{13}{12}bh^3$

答案：D

64. **解**　考虑梁的整体平衡：$\sum M_B=0$，$F_A=0$，应用直接法求剪力和弯矩，得 $F_{SA}=0$，$M_C=0$。

答案：A

65. **解**　开裂前，$f=\frac{Fl^3}{3EI}$，其中 $I=\frac{b(2a)^3}{12}=8\frac{ba^3}{12}=8I_1$；

开裂后，$f_1=\frac{\frac{F}{2}l^3}{3EI_1}=\frac{\frac{1}{2}Fl^3}{3E\frac{I}{8}}=4 \cdot \frac{Fl^3}{3EI}=4f$。

答案：C

66. **解**　原来，$f=\frac{Ml^2}{2EI}$；梁长减半后，$f_1=\frac{M\left(\frac{l}{2}\right)^2}{2EI}=\frac{1}{4}f$。

答案：B

67. **解**　图 c）中 σ_1 和 σ_3 的差值最大。

$$\tau_{max}=\frac{\sigma_1-\sigma_3}{2}=\frac{2\sigma-(-2\sigma)}{2}=2\sigma$$

答案：C

68. **解**　图示杆是偏心拉伸，等价于轴向拉伸和两个方向弯曲的组合变形。

$$\sigma_{max}^{+}=\frac{F_N}{bh}+\frac{M_g}{W_g}+\frac{M_y}{W_y}=\frac{F}{bh}+\frac{F\frac{h}{2}}{\frac{bh^2}{6}}+\frac{F\frac{b}{2}}{\frac{hb^2}{6}}=7\frac{F}{bh}$$

答案:C

69.**解**　力 F 产生的弯矩引起 A 点的拉应力,力偶 T 产生的扭矩引起 A 点的切应力 τ,故 A 点应为既有拉应力 σ 又有 τ 的复杂应力状态。

答案:C

70.**解**　图 a)$\mu l=1\times5=5\text{m}$,图 b)$\mu l=2\times3=6\text{m}$,图 c)$\mu l=0.7\times6=4.2\text{m}$。由公式$F_{cr}=\frac{\pi^2 EI}{(\mu l)^2}$,可知图 b)$F_{cr}$最小,图 c)$F_{cr}$最大。

答案:C

71.**解**　静止流体等压面应是一水平面,且应绘出于连通、连续同一种流体中,据此可绘出两个等压面以判断压强 p_1、p_2、p_3 的大小。

答案:A

72.**解**　测压管水头线的变化是由于过流断面面积的变化引起流速水头的变化,进而引起压强水头的变化,而与是否理想流体无关,故选项 A 说法是错误的。

答案:A

73.**解**　由判别流态的下临界雷诺数 $\text{Re}_k=\frac{v_k d}{\nu}$解出下临界流速 v_k 即可,$v_k=\frac{\text{Re}_k\nu}{d}$,而 $\text{Re}_k=2000$。代入题设数据后有:$v_k=\frac{2000\times1.31\times10^{-6}}{0.05}=0.0524\text{m/s}$。

答案:D

74.**解**　根据沿程损失计算公式 $h_f=\lambda\frac{L}{d}\frac{v^2}{2g}$及层流阻力系数计算公式 $\lambda=\frac{64}{\text{Re}}$联立求解可得。

代入题设条件后有:$\frac{v_1}{d_1^2}=\frac{v_2}{d_2^2}$,而 $v_2=v_1\left(\frac{d_2}{d_1}\right)^2=v_1 2^2=4v_1$

$\frac{Q_2}{Q_1}=\frac{v_2}{v_1}\left(\frac{d_2}{d_1}\right)^2=4\times2^2=16$

答案:D

75.**解**　圆柱形外管嘴正常工作的条件:$L=(3-4)d$,$H_0<9\text{m}$。

答案:B

76.**解**　根据有压管基本公式 $H=SQ^2$,可解出流量 $Q=\sqrt{\frac{H}{S}}$。阀门关小,阻抗 S 增加,流量应减小。

答案:B

77. **解** 按达西公式 $Q=kAJ$，可解出渗流系数 $k=\frac{Q}{AJ}=\frac{0.1}{\frac{\pi}{4}(0.3)^2\times\frac{90}{40}\times8\times3600}=2.183\times10^{-5}\text{m/s}=1.886\text{m/d}$。

答案:B

78. **解** 无量纲量即量纲为1的量，$\dim\frac{p}{\rho v^2}=\frac{ML^{-1}T^{-2}}{ML^{-3}(LT^{-1})^2}=1$。

答案:A

79. **解** 根据电磁感应定律，线圈 a 中是变化的电源，将产生变化的电流，考虑电磁作用 $i_a\neq\frac{u}{R_a}$；变化磁通将与线圈 b 交链，由此产生感应电流 $i_b\neq0$。

答案:B

80. **解** 电流源的端电压由外电路决定：$U=5+0.1\times(100+50)=20\text{V}$。

答案:A

81. **解** 用叠加原理分析，将电路分解为各个电源单独作用的电路。不作用的电压源短路，不作用的电流源断路。

答案:D

82. **解** 交流电路中电压电流符合相量关系，此题用画相量图的方法会简捷一些。

答案:B

83. **解** 三相五线制供电系统中单相负载的外壳引出线应该与"PE线"(保护零线)连接。

答案:D

84. **解** 从图形判断这是一个高通滤波器的频率特性图。它反映了电路的输出电压和输入电压对于不同频率信号的响应关系，利用传递函数或者直接代入频率计算即可得到结果。

答案:B

85. **解** 三相交流异步电动机的转速关系公式为 $n\approx n_0=\frac{60f}{p}$，可以看到电动机的转速 n 取决于电源的频率 f 和电机的极对数 p，要想实现平滑调速应该使用改变频率 f 的方法。

另外，电动机挂子串电阻的方法调整只能用于向下平滑调速。

答案:C

86. **解** 在电动机的继电接触控制电路中，熔断器对电路实现短路保护，热继电器对电路实现过载保护，接触器起欠压保护的作用，行程开关一般只连接在电机的控制回路中。

答案:D

87. **解** 信息通常是以编码的方式载入数字信号中的。

答案:A

88. **解** 七段显示器的各段符号是用发光二极管制作的,各段符号如图所示。在共阴极七段显示器电路中,高电平"1"字段发光,"0"熄灭。显示字母"E"的共阴极七段显示器显示时 b、c 段熄灭,显示码 abcdefg 应该是 1001111。

答案:A

89. **解** 图示电压信号是连续的时间信号,对其他的周期信号、数字信号、离散信号的定义均不符合。

答案:D

90. **解** 根据对模拟信号的频谱分析可知:周期信号的频谱是离散的,非周期信号的频谱是连续的。

答案:A

91. **解** 该电路是利用滤波技术进行信号处理,从图 a)到图 b)经过了低通滤波,从图 b)到图 c)利用了高通滤波技术(消去了直流分量)。

答案:A

92. **解** 此题的分析方法是先根据给定的波形图写输出和输入之间的真值表,然后观察输出与输入的逻辑关系,写出逻辑表达式即可。观察 $F=A\cdot B+\overline{A}\cdot\overline{B}$,属同或门关系。

答案:C

93. **解** 首先应清楚放大电路中输入电阻和输出电阻的概念,然后将放大电路的输入端等效成一个输入电阻,输出端等效成一个等效电压源,最后用电路理论计算可得结果。

其中:$u_i=\dfrac{r_i}{R_s+r_i}u_s$;$u_{os}=A_k u_i$;$u_o=\dfrac{R_L}{r_o+R_L}u_{os}$。

答案:D

94. **解** 该电路是电压比较电路。当反向输入信号 u_{i1} 大于基准信号 u_{i2} 时,输出为负的饱和值,当 u_{i1} 小于基准信号 u_{i2} 时,输出为正的饱和值。

答案:D

95. **解** 该电路是 D 触发器,这种连接方法构成保持状态。

答案:D

96. **解** 该题为两个触发器构成的计数器,考生可以列表分析,输出济经三个时钟脉冲完成一次循环,但无增 1,或减 1 规律。可见该电路是同步三进制计数器。

答案:C

97. **解** 微型计算机是以总线结构来连接各个功能部件的。

答案:C

98. **解** 信息可采用某种度量单位进行度量,并进行信息编码。现代计算机使用的是二进制。

答案:C

99. **解** 三位二进制对应一位八进制，将小数点后每三位二进制分成一组，101 对应 5，010 对应 2，111 对应 7，100 对应 4。

答案:B

100. **解** 图像的主要参数有分辨率(包括屏幕分辨率、图像分辨率、像素分辨率)、颜色深度、图像文件的大小。

答案:B

101. **解** 电子签名应用领域包括电子商务，企业信息系统，网上政府采购中，金融、财会、保险行业，食品、医药，教育，科学研究以及文件管理等方面。但最主要的还是表现在电子商务方面，在网上将买方、卖方以及服务于他们的中间商(如金融机构)之间的信息交换和交易行为集成到一起的电子运作方式，如签定合同、订购、付费等。数字签名是目前保证数据的完整无性、真实性和不可抵赖的最可靠的方法。什么地方需要，那就可以应用在什么地方。现在典型的应用如:网上银行、电子商务、电子政务、网络通信等。

答案:A

102. **解** 一个存储器段可以小至一个字节，可大至 4G 字节。而一个页的大小则规定为 4k 字节。

答案:C

103. **解** 即插即用就是在加上新的硬件以后不用为此硬件再安装驱动程序了。而 D 项说需安装相应软件才可立刻使用是错误的。

答案:D

104. **解** 构成信息化社会的三个主要技术支柱是计算机技术、通信技术和网络技术。

答案:B

105. **解** 网络软件是实现网络功能不可缺少的软件环境，主要包括网络传输协议和网络操作系统。

答案:A

106. **解** 网际网络是由相互连接的网络组成的网络。这些相互连接的网络中有一部分由大型公有组织和私有组织(如政府机构或工业企业)拥有并保留供其专用。在向公众开放的网际网络中，最著名并被广为使用的便是 Internet。Internet 是将属于 Internet 服务商提供商(ISP)的网络相互连接后建立的。这些 ISP 网络相互连接，为世界各地的用户提供接入服务。要确保通过这种多元化基础架构有效通信，需要采用统一的公认技术和协议，也需要众多网络管理机构相互协作。

答案:B

107.**解**　比较两家银行的年实际利率，其中较低者利息较少。

甲银行的年实际利率：$i_{甲}=\left(1+\frac{r}{m}\right)^{m}-1=\left(1+\frac{6\%}{4}\right)^{4}-1=6.14\%$；乙银行的年实际利率为7%，故向甲银行贷款付出的利息较少。

答案：A

108.**解**　总成本费用有生产成本加期间费用和按生产要素两种估算方法。生产成本加期间费用计算公式为：总成本费用＝生产成本＋期间费用。

答案：A

109.**解**　准股本资金是一种既具有资本金性质又具有债务资金性质的资金，主要包括优先股股票和可转换债券。

答案：B

110.**解**　按计算财务净现值的公式计算。FNPV＝－200－300(P/F,10%,1)＋150(P/A,10%,8)(P/F,10%,2)＝－200－300×0.90909＋150×5.33493×0.82645＝188.63万元。

答案：B

111.**解**　可外贸货物影子价格：直接进口投入物的影子价格（到厂价）＝到岸价(CIF)×影子汇率＋进口费用。

答案：C

112.**解**　盈亏平衡点越低，说明项目盈利的可能性越大，项目抵抗风险的能力越强。

答案：C

113.**解**　改扩建项目盈利能力分析可能涉及的五种数据：①“现状”数据；②“无项目”数据；③“有项目”数据；④新增数据；⑤增量数据。

答案：D

114.**解**　在ABC分类法中，A类部件占部件总数的比重较少，但占总成本的比重较大；C类部件占部件总数的比重较大，约占总数的60%～80%，但占总成本的比重较小，占5%～10%。

答案：C

115.**解**　《中华人民共和国安全生产法》第三十条规定，生产经营单位使用的涉及生命安全、危险性较大的特种设备，以及危险物品的容器、运输工具，必须按照国家有关规定，由专业生产单位生产，并经取得专业资质的检测、检验机构检测、检验合格，取得安全使用证或者安全标志，方可投入使用。检测、检验机构对检测、检验结果负责。

答案：B

116.**解**　《中华人民共和国招标投标法》第四十六条规定，招标人和中标人应当自中标通知书发出之日起三十日内，按照招标文件和中标人的投标文件订立书面合同。招标人和中标人不得再行订立背离合同实质性内容的其他协议。

答案:B

117.**解** 《中华人民共和国行政许可法》第十三条规定,本法第十二条所列事项,通过下列方式能够予以规范的,可以不设行政许可:

(一)公民、法人或者其他组织能够自主决定的;

(二)市场竞争机制能够有效调节的;

(三)行业组织或者中介机构能够自律管理的;

(四)行政机关采用事后监督等其他行政管理方式能够解决的。

答案:D

118.**解** 《中华人民共和国节约能源法》第十五条规定,国家实行固定资产投资项目节能评估和审查制度。不符合强制性节能标准的项目,依法负责项目审批或者核准的机关不得批准或者核准建设;建设单位不得开工建设;已经建成的,不得投入生产、使用。具体办法由国务院管理节能工作的部门会同国务院有关部门制定。

答案:C

119.**解** 《建设工程质量管理条例》第三十一条规定,施工人员对涉及结构安全的试块、试件以及有关材料,应当在建设单位或者工程监理单位监督下现场取样,并送具有相应资质等级的质量检测单位进行检测。

答案:D

120.**解** 《建设工程安全生产管理条例》第十四条规定,工程监理单位在实施监理过程中,发现存在安全事故隐患的,应当要求施工单位整改;情况严重的,应当要求施工单位暂时停止施工,并及时报告建设单位。施工单位拒不整改或者不停止施工的,工程监理单位应当及时向有关主管部门报告。

答案:D

2011年度全国勘察设计注册工程师公共基础考试

试　　题

单项选择题(共120题,每题1分。每题的备选项中只有一个最符合题意)

1. 设直线方程为 $x=y-1=z$,平面方程为 $x-2y+z=0$,则直线与平面:

A. 重合　　B. 平行不重合　　C. 垂直相交　　D. 相交不垂直

2. 在三维空间中,方程 $y^2-z^2=1$ 所代表的图形是:

A. 母线平行 x 轴的双曲柱面　　B. 母线平行 y 轴的双曲柱面
C. 母线平行 z 轴的双曲柱面　　D. 双曲线

3. 当 $x\to 0$ 时,3^x-1 是 x 的:

A. 高阶无穷小　　B. 低阶无穷小
C. 等价无穷小　　D. 同阶但非等价无穷小

4. 函数 $f(x)=\dfrac{x-x^2}{\sin\pi x}$ 的可去间断点的个数为:

A. 1个　　B. 2个　　C. 3个　　D. 无穷多个

5. 如果 $f(x)$ 在 x_0 点可导,$g(x)$ 在 x_0 点不可导,则 $f(x)g(x)$ 在 x_0 点:

A. 可能可导也可能不可导　　B. 不可导
C. 可导　　D. 连续

6. 当 $x>0$ 时,下列不等式中正确的是:

A. $e^x<1+x$　　B. $\ln(1+x)>x$　　C. $e^x<ex$　　D. $x>\sin x$

7. 若函数 $f(x,y)$ 在闭区域 D 上连续,下列关于极值点的陈述中正确的是:

A. $f(x,y)$ 的极值点一定是 $f(x,y)$ 的驻点

B. 如果 P_0 是 $f(x,y)$ 的极值点,则 P_0 点处 $B^2-AC<0$ $\left(\text{其中},A=\dfrac{\partial^2 f}{\partial x^2},B=\dfrac{\partial^2 f}{\partial x\partial y},C=\dfrac{\partial^2 f}{\partial y^2}\right)$

C. 如果 P_0 是可微函数 $f(x,y)$ 的极值点,则在 P_0 点处 $\mathrm{d}f=0$

D. $f(x,y)$ 的最大值点一定是 $f(x,y)$ 的极大值点

8. $\int \frac{dx}{\sqrt{x}(1+x)}=$

A. $\arctan\sqrt{x}+C$　　B. $2\arctan\sqrt{x}+C$

C. $\tan(1+x)$　　D. $\frac{1}{2}\arctan x+C$

9. 设 $f(x)$是连续函数,且 $f(x)=x^2+2\int_0^2 f(t)dt$,则 $f(x)=$

A. x^2　　B. x^2-2　　C. $2x$　　D. $x^2-\frac{16}{9}$

10. $\int_{-2}^{2}\sqrt{4-x^2}dx=$

A. π　　B. 2π　　C. 3π　　D. $\frac{\pi}{2}$

11. 设 L 为连接(0,2)和(1,0)的直线段,则对弧长的曲线积分$\int_L(x^2+y^2)dS=$

A. $\frac{\sqrt{5}}{2}$　　B. 2　　C. $\frac{3\sqrt{5}}{2}$　　D. $\frac{5\sqrt{5}}{3}$

12. 曲线 $y=e^{-x}(x\geqslant 0)$ 与直线 $x=0,y=0$ 所围图形,绕 ox 轴旋转所得旋转体的体积为:

A. $\frac{\pi}{2}$　　B. π　　C. $\frac{\pi}{3}$　　D. $\frac{\pi}{4}$

13. 若级数$\sum_{n=1}^{\infty}u_n$ 收敛,则下列级数中不收敛的是:

A. $\sum_{n=1}^{\infty}ku_n(k\neq 0)$　　B. $\sum_{n=1}^{\infty}u_{n+100}$　　C. $\sum_{n=1}^{\infty}\left(u_{2n}+\frac{1}{2^n}\right)$　　D. $\sum_{n=1}^{\infty}\frac{50}{u_n}$

14. 设幂级数$\sum_{n=0}^{\infty}a_nx^n$ 的收敛半径为 2,则幂级数$\sum_{n=1}^{\infty}na_n(x-2)^{n+1}$的收敛区间是:

A. (−2,2)　　B. (−2,4)　　C. (0,4)　　D. (−4,0)

15. 微分方程 $xydx=\sqrt{2-x^2}dy$ 的通解是:

A. $y=e^{-C\sqrt{2-x^2}}$　　B. $y=e^{-\sqrt{2-x^2}}+C$

C. $y=Ce^{-\sqrt{2-x^2}}$　　D. $y=C-\sqrt{2-x^2}$

16. 微分方程$\frac{dy}{dx}-\frac{y}{x}=\tan\frac{y}{x}$的通解是:

A. $\sin\frac{y}{x}=Cx$

B. $\cos\frac{y}{x}=Cx$

C. $\sin\frac{y}{x}=x+C$

D. $Cx\sin\frac{y}{x}=1$

17. 设 $\boldsymbol{A}=\begin{bmatrix}1 & 0 & 1\\ 0 & 1 & 2\\ -2 & 0 & -3\end{bmatrix}$，则 $\boldsymbol{A}^{-1}=$

A. $\begin{bmatrix}3 & 0 & 1\\ 4 & 1 & 2\\ 2 & 0 & 1\end{bmatrix}$

B. $\begin{bmatrix}3 & 0 & 1\\ 4 & 1 & 2\\ -2 & 0 & -1\end{bmatrix}$

C. $\begin{bmatrix}-3 & 0 & -1\\ 4 & 1 & 2\\ -2 & 0 & -1\end{bmatrix}$

D. $\begin{bmatrix}3 & 0 & 1\\ -4 & -1 & -2\\ 2 & 0 & 1\end{bmatrix}$

18. 设 3 阶矩阵 $\boldsymbol{A}=\begin{bmatrix}1 & 1 & a\\ 1 & a & 1\\ a & 1 & 1\end{bmatrix}$，已知 $\boldsymbol{A}$ 的伴随矩阵的秩为 1，则 $a=$

A. -2　　B. -1　　C. 1　　D. 2

19. 设 $\boldsymbol{A}$ 是 3 阶矩阵，$\boldsymbol{P}=(\alpha_1,\alpha_2,\alpha_3)$ 是 3 阶可逆矩阵，且 $\boldsymbol{P}^{-1}\boldsymbol{A}\boldsymbol{P}=\begin{bmatrix}1 & 0 & 0\\ 0 & 2 & 0\\ 0 & 0 & 0\end{bmatrix}$。若矩阵 $\boldsymbol{Q}=(\alpha_2,\alpha_1,\alpha_3)$，则 $\boldsymbol{Q}^{-1}\boldsymbol{A}\boldsymbol{Q}=$

A. $\begin{bmatrix}1 & 0 & 0\\ 0 & 2 & 0\\ 0 & 0 & 0\end{bmatrix}$

B. $\begin{bmatrix}2 & 0 & 0\\ 0 & 1 & 0\\ 0 & 0 & 0\end{bmatrix}$

C. $\begin{bmatrix}0 & 1 & 0\\ 2 & 0 & 0\\ 0 & 0 & 0\end{bmatrix}$

D. $\begin{bmatrix}0 & 2 & 0\\ 1 & 0 & 0\\ 0 & 0 & 0\end{bmatrix}$

20. 齐次线性方程组 $\begin{cases}x_1-x_2+x_4=0\\ x_1-x_3+x_4=0\end{cases}$ 的基础解系为：

A. $\alpha_1=(1,1,1,0)^{\mathrm{T}},\alpha_2=(-1,-1,1,0)^{\mathrm{T}}$

B. $\alpha_1=(2,1,0,1)^{\mathrm{T}},\alpha_2=(-1,-1,1,0)^{\mathrm{T}}$

C. $\alpha_1=(1,1,1,0)^{\mathrm{T}},\alpha_2=(-1,0,0,1)^{\mathrm{T}}$

D. $\alpha_1=(2,1,0,1)^{\mathrm{T}},\alpha_2=(-2,-1,0,1)^{\mathrm{T}}$

21. 设 A,B 是两个事件，$P(A)=0.3$，$P(B)=0.8$，则当 $P(A\cup B)$ 为最小值时，$P(AB)=$

A. 0.1　　B. 0.2　　C. 0.3　　D. 0.4

22. 三个人独立地破译一份密码，每人能独立译出这份密码的概率分别为$\frac{1}{5}$、$\frac{1}{3}$、$\frac{1}{4}$，则这份密码被译出的概率为：

A. $\frac{1}{3}$　　B. $\frac{1}{2}$　　C. $\frac{2}{5}$　　D. $\frac{3}{5}$

23. 设随机变量 X 的概率密度为 $f(x)=\begin{cases}2x, 0<x<1\\0, \text{其他}\end{cases}$，则 Y 表示对 X 的 3 次独立重复观察中事件$\{X\leqslant\frac{1}{2}\}$出现的次数，则 $P\{Y=2\}$等于：

A. $\frac{3}{64}$　　B. $\frac{9}{64}$　　C. $\frac{3}{16}$　　D. $\frac{9}{16}$

24. 设随机变量 X 和 Y 都服从 $N(0,1)$分布，则下列叙述中正确的是：

A. $X+Y\sim$正态分布　　B. $X^2+Y^2\sim\chi^2$ 分布

C. X^2 和 Y^2 都$\sim\chi^2$ 分布　　D. $\frac{X^2}{Y^2}\sim F$ 分布

25. 一瓶氦气和一瓶氮气，它们每个分子的平均平动动能相同，而且都处于平衡态，则它们：

A. 温度相同，氦分子和氮分子的平均动能相同
B. 温度相同，氦分子和氮分子的平均动能不同
C. 温度不同，氦分子和氮分子的平均动能相同
D. 温度不同，氦分子和氮分子的平均动能不同

26. 最概然速率 v_p 的物理意义是：

A. v_p 是速率分布中的最大速率
B. v_p 是大多数分子的速率
C. 在一定的温度下，速率与 v_p 相近的气体分子所占的百分率最大
D. v_p 是所有分子速率的平均值

27. 1mol 理想气体从平衡态 $2p_1$、V_1 沿直线变化到另一平衡态 p_1、$2V_1$，则此过程中系统的功和内能的变化是：

A. $W>0, \Delta E>0$　　B. $W<0, \Delta E<0$

C. $W>0, \Delta E=0$　　D. $W<0, \Delta E>0$

28. 在保持高温热源温度 T_1 和低温热源温度 T_2 不变的情况下，使卡诺热机的循环曲线所包围的面积增大，则会：

A. 净功增大，效率提高　　B. 净功增大，效率降低

C. 净功和功率都不变　　D. 净功增大，效率不变

29. 一平面简谐波的波动方程为 $y=0.01\cos 10\pi(25t-x)$(SI)，则在 $t=0.1$s 时刻，$x=2$m 处质元的振动位移是：

A. 0.01cm　　B. 0.01m　　C. −0.01m　　D. 0.01mm

30. 对于机械横波而言，下面说法正确的是：

A. 质元处于平衡位置时，其动能最大，势能为零

B. 质元处于平衡位置时，其动能为零，势能最大

C. 质元处于波谷处时，动能为零，势能最大

D. 质元处于波峰处时，动能与势能均为零

31. 在波的传播方向上，有相距为 3m 的两质元，两者的相位差为 $\frac{\pi}{6}$，若波的周期为 4s，则此波的波长和波速分别为：

A. 36m 和 6m/s　　B. 36m 和 9m/s　　C. 12m 和 6m/s　　D. 12m 和 9m/s

32. 在双缝干涉实验中，入射光的波长为 λ，用透明玻璃纸遮住双缝中的一条缝（靠近屏一侧），若玻璃纸中光程比相同厚度的空气的光程大 2.5λ，则屏上原来的明纹处：

A. 仍为明条纹　　B. 变为暗条纹

C. 既非明纹也非暗纹　　D. 无法确定是明纹还是暗纹

33. 在真空中，可见光的波长范围为：

A. 400～760nm　　B. 400～760mm　　C. 400～760cm　　D. 400～760m

34. 有一玻璃劈尖，置于空气中，劈尖角为 θ，用波长为 λ 的单色光垂直照射时，测得相邻明纹间距为 l，若玻璃的折射率为 n，则 θ、λ、l 与 n 之间的关系为：

A. $\theta=\frac{\lambda n}{2l}$　　B. $\theta=\frac{l}{2n\lambda}$　　C. $\theta=\frac{l\lambda}{2n}$　　D. $\theta=\frac{\lambda}{2nl}$

35. 一束自然光垂直穿过两个偏振片，两个偏振片的偏振化方向成 45°角。已知通过此两偏振片后的光强为 I，则入射至第二个偏振片的线偏振光强度为：

A. I　　B. $2I$　　C. $3I$　　D. $\frac{I}{2}$

36. 一单缝宽度 $a=1\times10^{-4}$m，透镜焦距 $f=0.5$m，若用 $\lambda=400$nm 的单色平行光垂直入射，中央明纹的宽度为：

A. 2×10^{-3}m　　B. 2×10^{-4}m　　C. 4×10^{-4}m　　D. 4×10^{-3}m

37. 29 号元素的核外电子分布式为：

A. $1s^2 2s^2 2p^6 3s^2 3p^6 3d^9 4s^2$　　B. $1s^2 2s^2 2p^6 3s^2 3p^6 3d^{10} 4s^1$

C. $1s^2 2s^2 2p^6 3s^2 3p^6 4s^1 3d^{10}$　　D. $1s^2 2s^2 2p^6 3s^2 3p^6 4s^2 3d^9$

38. 下列各组元素的原子半径从小到大排序错误的是：

A. Li<Na<K　　B. Al<Mg<Na

C. C<Si<Al　　D. P<As<Se

39. 下列溶液混合，属于缓冲溶液的是：

A. 50mL0. 2mol • $L^{-1}CH_3COOH$ 与 50mL0. 1mol • L^{-1}NaOH

B. 50mL0. 1mol • $L^{-1}CH_3COOH$ 与 50mL0. 1mol • L^{-1}NaOH

C. 50mL0. 1mol • $L^{-1}CH_3COOH$ 与 50mL0. 2mol • L^{-1}NaOH

D. 50mL0. 2mol • L^{-1}HCl 与 50mL0. 1mol • $L^{-1}NH_3H_2O$

40. 在一容器中，反应 $2NO_2(g)\rightleftharpoons 2NO(g)+O_2(g)$，恒温条件下达到平衡后，加一定量 Ar 气体保持总压力不变，平衡将会：

A. 向正方向移动　　B. 向逆方向移动

C. 没有变化　　D. 不能判断

41. 某第 4 周期的元素，当该元素原子失去一个电子成为正 1 价离子时，该离子的价层电子排布式为 $3d^{10}$，则该元素的原子序数是：

A. 19　　B. 24　　C. 29　　D. 36

42. 对于一个化学反应，下列各组中关系正确的是：

A. $\Delta_r G_m^\ominus>0, K^\ominus<1$　　B. $\Delta_r G_m^\ominus>0, K^\ominus>1$

C. $\Delta_r G_m^\ominus<0, K^\ominus=1$　　D. $\Delta_r G_m^\ominus<0, K^\ominus<1$

43. 价层电子构型为 $4d^{10}5s^1$ 的元素在周期表中属于：

A. 第四周期 VIIB 族　　B. 第五周期 IB 族

C. 第六周期 VIIB 族　　D. 镧系元素

44. 下列物质中，属于酚类的是：

A. C_3H_7OH　　B. $C_6H_5CH_2OH$

C. C_6H_5OH　　D. $CH_2(OH)—CH(OH)—CH_2(OH)$

45. 有机化合物 $H_3C-\underset{\displaystyle CH_3}{\underset{|}{CH}}-\underset{\displaystyle CH_3}{\underset{|}{CH}}-CH_2-CH_3$ 的名称是：

A. 2-甲基-3-乙基丁烷　　B. 3,4-二甲基戊烷

C. 2-乙基-3-甲基丁烷　　D. 2,3-二甲基戊烷

46. 下列物质中，两个氢原子的化学性质不同的是：

A. 乙炔　　B. 甲酸

C. 甲醛　　D. 乙二酸

47. 两直角刚杆 AC、CB 支承如图所示，在铰 C 处受力 F 作用，则 A、B 两处约束力的作用线与 x 轴正向所成的夹角分别为：

A. $0°;90°$　　B. $90°;0°$

C. $45°;60°$　　D. $45°;135°$

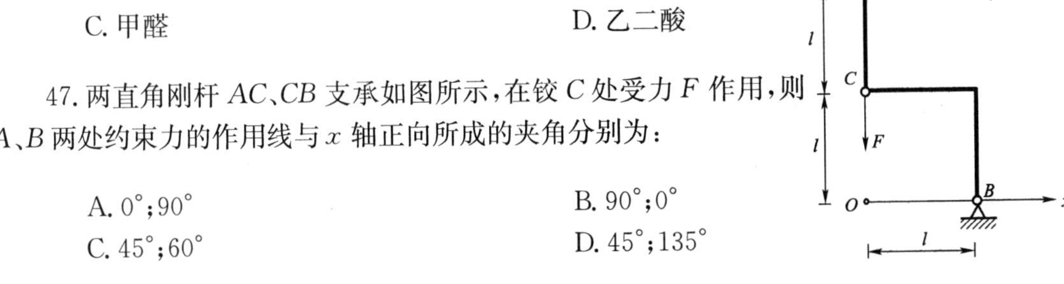

题 47 图

48. 在图示四个力三角形中，表示 $\boldsymbol{F}_R=\boldsymbol{F}_1+\boldsymbol{F}_2$ 的图是：

A.

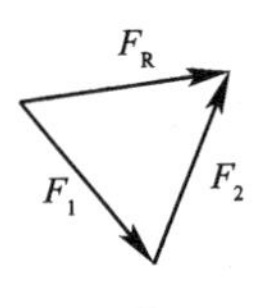

B.

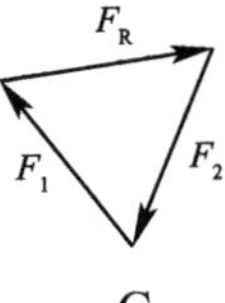

C.

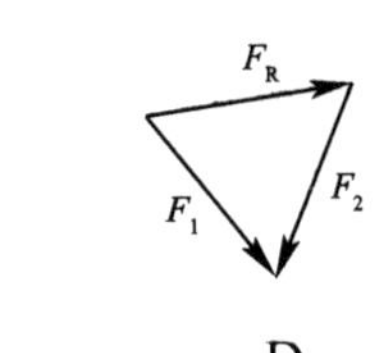

D.

49. 均质杆 AB 长为 l，重为 $\boldsymbol{W}$，受到如图所示的约束，绳索 ED 处于铅垂位置，A、B 两处为光滑接触，杆的倾角为 α，又 $CD=l/4$，则 A、B 两处对杆作用的约束力大小关系为：

A. $F_{NA}=F_{NB}=0$　　B. $F_{NA}=F_{NB}\neq 0$

C. $F_{NA}\leqslant F_{NB}$　　D. $F_{NA}\geqslant F_{NB}$

50. 一重力大小为 $W=60\text{kN}$ 的物块自由放置在倾角为 $\alpha=30°$ 的斜面上，如图所示，若物块与斜面间的静摩擦系数为 $f=0.4$，则该物块的状态为：

A. 静止状态　　B. 临界平衡状态

C. 滑动状态　　D. 条件不足，不能确定

51. 当点运动时，若位置矢大小保持不变，方向可变，则其运动轨迹为：

A. 直线　　B. 圆周　　C. 任意曲线　　D. 不能确定

52. 刚体做平动时，某瞬时体内各点的速度和加速度为：

A. 体内各点速度不相同，加速度相同

B. 体内各点速度相同，加速度不相同

C. 体内各点速度相同，加速度也相同

D. 体内各点速度不相同，加速度也不相同

53. 在图示机构中，杆 $O_1A = O_2B$，$O_1A /\!/ O_2B$，杆 $O_2C =$ 杆 O_3D，$O_2C /\!/ O_3D$，且 $O_1A = 20\text{cm}$，$O_2C = 40\text{cm}$，若杆 O_1A 以角速度 $\omega = 3\text{rad/s}$ 匀速转动，则杆 CD 上任意点 M 速度及加速度的大小分别为：

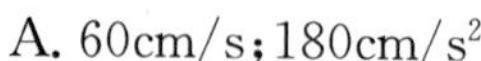

A. 60cm/s；180cm/s^2　　　　B. 120cm/s；360cm/s^2

C. 90cm/s；270cm/s^2　　　　D. 120cm/s；150cm/s^2

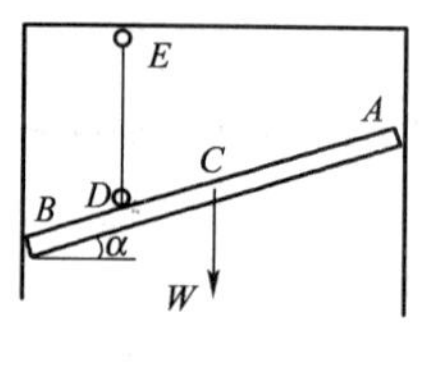

题 49 图

题 50 图

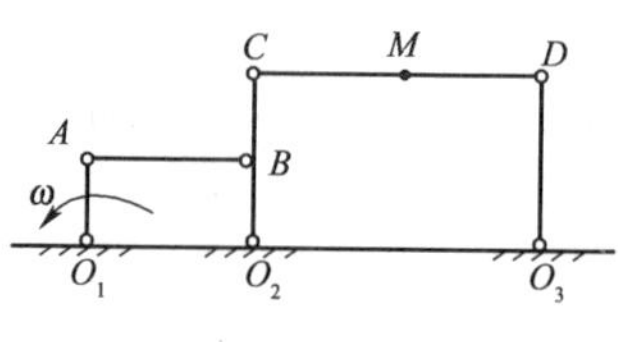

题 53 图

54. 图示均质圆轮，质量为 m，半径为 r，在铅垂图面内绕通过圆轮中心 O 的水平轴以匀角速度 ω 转动。则系统动量、对中心 O 的动量矩、动能的大小分别为：

A. 0；$\frac{1}{2}mr^2\omega$；$\frac{1}{4}mr^2\omega^2$　　　　B. $mr\omega$；$\frac{1}{2}mr^2\omega$；$\frac{1}{4}mr^2\omega^2$

C. 0；$\frac{1}{2}mr^2\omega$；$\frac{1}{2}mr^2\omega^2$　　　　D. 0；$\frac{1}{4}mr^2\omega$；$\frac{1}{4}mr^2\omega^2$

55. 如图所示，两重物 M_1 和 M_2 的质量分别为 m_1 和 m_2，两重物系在不计质量的软绳上，绳绕过均质定滑轮，滑轮半径 r，质量为 m，则此滑轮系统的动量为：

A. $(m_1 - m_2 + \frac{1}{2}m)v\downarrow$　　　　B. $(m_1 - m_2)v\downarrow$

C. $(m_1 + m_2 + \frac{1}{2}m)v\uparrow$　　　　D. $(m_1 - m_2)v\uparrow$

56. 均质细杆 AB 重力为 $\boldsymbol{P}$、长 $2L$，A 端铰支，B 端用绳系住，处于水平位置，如图所示，当 B 端绳突然剪断瞬时，AB 杆的角加速度大小为：

A. 0　　　　B. $\frac{3g}{4L}$　　　　C. $\frac{3g}{2L}$　　　　D. $\frac{6g}{L}$

57. 质量为 m，半径为 R 的均质圆盘，绕垂直于图面的水平轴 O 转动，其角速度为 ω。在图示瞬间，角加速度为 0，盘心 C 在其最低位置，此时将圆盘的惯性力系向 O 点简化，其惯性力主矢和惯性力主矩的大小分别为：

A. $m\frac{R}{2}\omega^2$；0　　　　B. $mR\omega^2$；0　　　　C. 0；0　　　　D. 0；$\frac{1}{2}m\frac{R}{2}\omega^2$

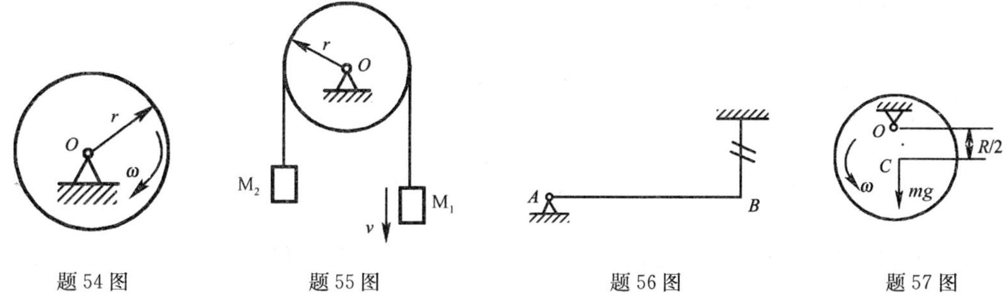

题 54 图　　题 55 图　　题 56 图　　题 57 图

58. 图示装置中，已知质量 $m = 200\text{kg}$，弹簧刚度 $k = 100\text{N/cm}$，则图中各装置的振动周期为：

A. 图 a)装置振动周期最大　　B. 图 b)装置振动周期最大

C. 图 c)装置振动周期最大　　D. 三种装置振动周期相等

59. 圆截面杆 ABC 轴向受力如图，已知 BC 杆的直径 $d=100\text{mm}$，AB 杆的直径为 $2d$。杆的最大的拉应力为：

A. 40MPa　　B. 30MPa　　C. 80MPa　　D. 120MPa

60. 已知铆钉的许可切应力为$[\tau]$，许可挤压应力为$[\sigma_{bs}]$，钢板的厚度为 t，则图示铆钉直径 d 与钢板厚度 t 的关系是：

A. $d=\dfrac{8t[\sigma_{bs}]}{\pi[\tau]}$　　B. $d=\dfrac{4t[\sigma_{bs}]}{\pi[\tau]}$

C. $d=\dfrac{\pi[\tau]}{8t[\sigma_{bs}]}$　　D. $d=\dfrac{\pi[\tau]}{4t[\sigma_{bs}]}$

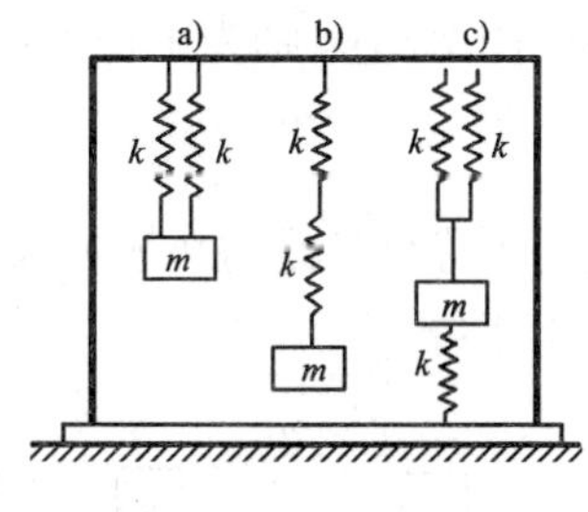

题 58 图

题 59 图

题 60 图

61. 图示受扭空心圆轴横截面上的切应力分布图中，正确的是：

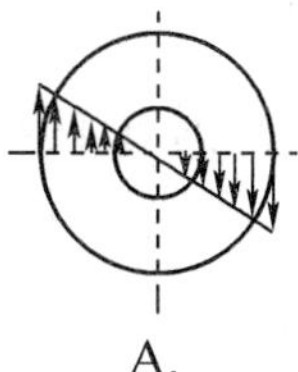

A.

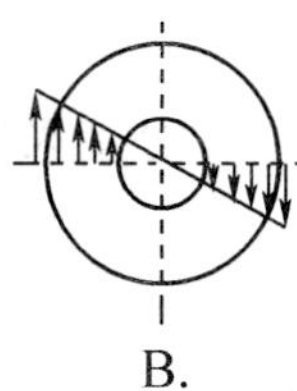

B.

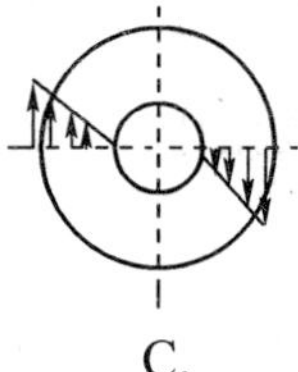

C.

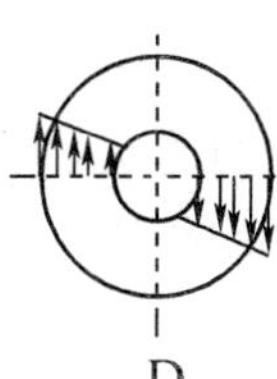

D.

62. 图示截面的抗弯截面模量 W_z 为：

A. $W_z=\frac{\pi d^3}{32}-\frac{a^3}{6}$　　B. $W_z=\frac{\pi d^3}{32}-\frac{a^4}{6d}$

C. $W_z=\frac{\pi d^3}{32}-\frac{a^3}{6d}$　　D. $W_z=\frac{\pi d^4}{64}-\frac{a^4}{12}$

63. 梁的弯矩图如图所示，最大值在 B 截面。在梁的 A、B、C、D 四个截面中，剪力为 0 的截面是：

A. A 截面　　B. B 截面　　C. C 截面　　D. D 截面

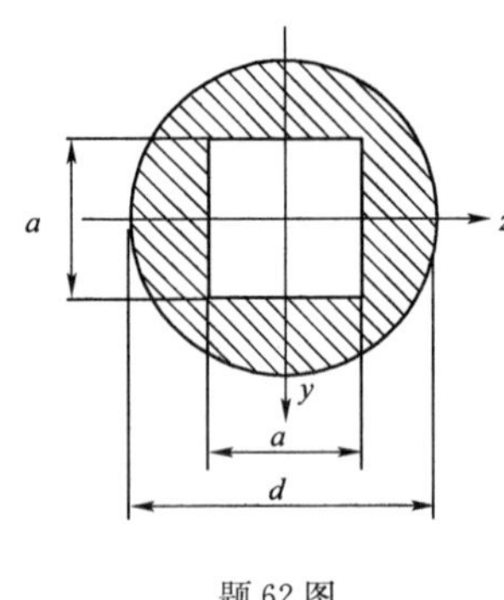

题 62 图

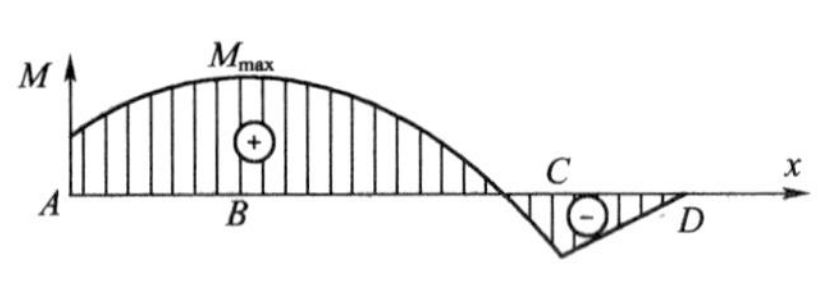

题 63 图

64. 图示悬臂梁 AB 由三根相同的矩形截面直杆胶合而成，材料的许可应力为$[\sigma]$。若胶合面开裂，假设开裂后三根杆的挠曲线相同，接触面之间无摩擦力，则开裂后的梁承载能力是原来的：

A. 1/9　　B. 1/3　　C. 两者相同　　D. 3 倍

65. 梁的横截面是由狭长矩形构成的工字形截面，如图所示，z 轴为中性轴，截面上的剪力竖直向下，该截面上的最大切应力在：

A. 腹板中性轴处　　B. 腹板上下缘延长线与两侧翼缘相交处

C. 截面上下缘　　D. 腹板上下缘

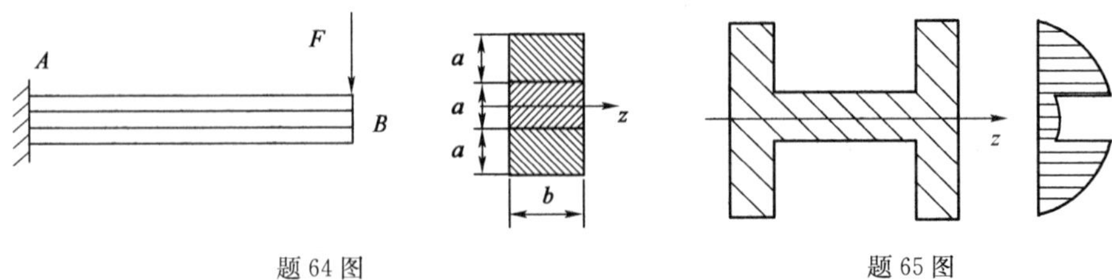

题 64 图　　题 65 图

66. 矩形截面简支梁中点承受集中力 F。若 $h=2b$，分别采用图 a)、图 b) 两种方式放置，图 a) 梁的最大挠度是图 b) 梁的：

A. 1/2　　B. 2 倍　　C. 4 倍　　D. 8 倍

67. 在图示 xy 坐标系下，单元体的最大主应力 σ_1 大致指向：

A. 第一象限，靠近 x 轴　　B. 第一象限，靠近 y 轴

C. 第二象限，靠近 x 轴　　D. 第二象限，靠近 y 轴

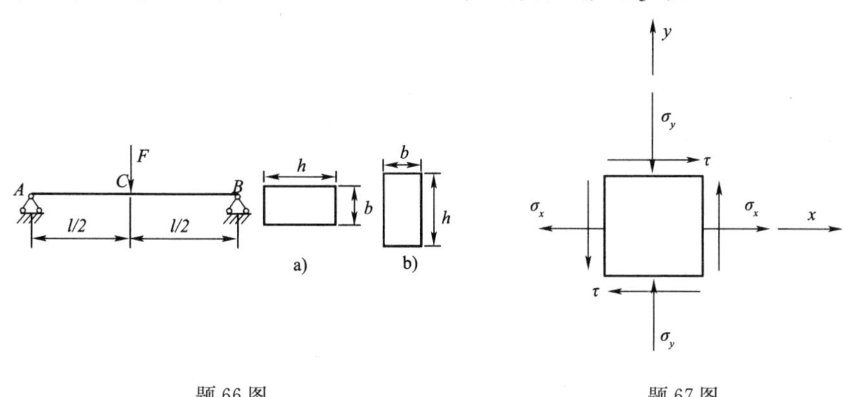

题 66 图　　题 67 图

68. 图示变截面短杆，AB 段压应力 σ_{AB} 与 BC 段压应力 σ_{BC} 的关系是：

A. σ_{AB} 比 σ_{BC} 大 1/4　　B. σ_{AB} 比 σ_{BC} 小 1/4

C. σ_{AB} 是 σ_{BC} 的 2 倍　　D. σ_{AB} 是 σ_{BC} 的 1/2

69. 图示圆轴，固定端外圆上 $y=0$ 点（图中 A 点）的单元体的应力状态是：

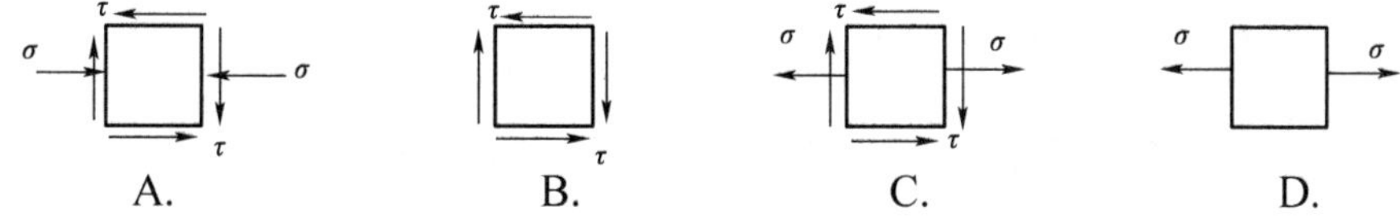

70. 一端固定一端自由的细长（大柔度）压杆，长为 L（图 a），当杆的长度减小一半时（图 b），其临界荷载 F_{cr} 比原来增加：

A. 4 倍　　B. 3 倍　　C. 2 倍　　D. 1 倍

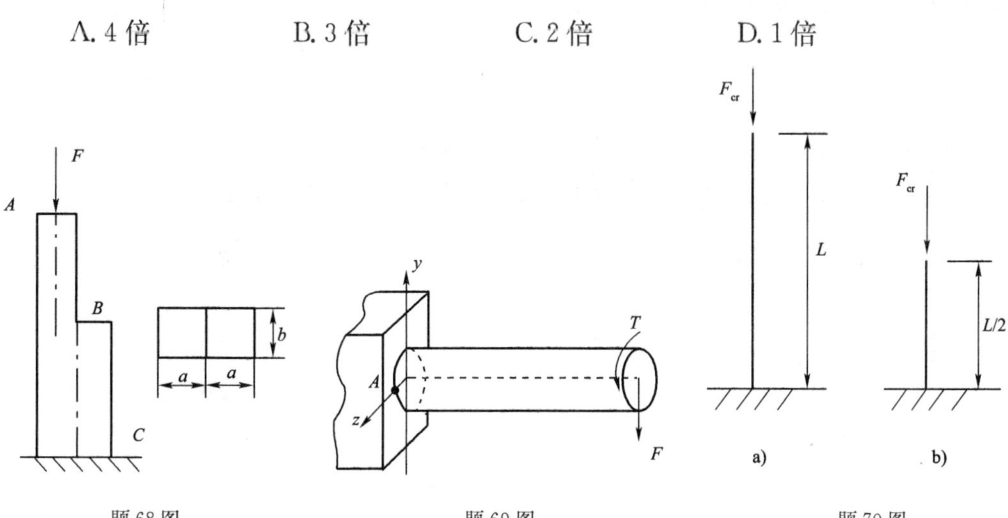

题 68 图　　题 69 图　　题 70 图

71. 空气的黏滞系数与水的黏滞系数 μ 分别随温度的降低而：

A. 降低，升高　　B. 降低，降低　　C. 升高，降低　　D. 升高，升高

72. 重力和黏滞力分别属于：

A. 表面力、质量力　　B. 表面力、表面力

C. 质量力、表面力　　D. 质量力、质量力

73. 对某一非恒定流，以下对于流线和迹线的正确说法是：

A. 流线和迹线重合

B. 流线越密集，流速越小

C. 流线曲线上任意一点的速度矢量都与曲线相切

D. 流线可能存在折弯

74. 对某一流段，设其上、下游两断面 1-1、2-2 的断面面积分别为 A_1、A_2，断面流速分别为 v_1、v_2，两断面上任一点相对于选定基准面的高程分别为 Z_1、Z_2，相应断面同一选定点的压强分别为 p_1、p_2，两断面处的流体密度分别为 ρ_1、ρ_2，流体为不可压缩流体，两断面间的水头损失为 $h_{l1\text{-}2}$。下列方程表述一定错误的是：

A. 连续性方程：$v_1A_1=v_2A_2$

B. 连续性方程：$\rho_1v_1A_1=\rho_2v_2A_2$

C. 恒定总流能量方程：$\dfrac{p_1}{\rho_1g}+Z_1+\dfrac{v_1^2}{2g}=\dfrac{p_2}{\rho_2g}+Z_2+\dfrac{v_2^2}{2g}$

D. 恒定总流能量方程：$\dfrac{p_1}{\rho_1g}+Z_1+\dfrac{v_1^2}{2g}=\dfrac{p_2}{\rho_2g}+Z_2+\dfrac{v_2^2}{2g}+h_{l1\text{-}2}$

75. 水流经过变直径圆管，管中流量不变，已知前段直径 $d_1=30\text{mm}$，雷诺数为 5000，后段直径变为 $d_2=60\text{mm}$，则后段圆管中的雷诺数为：

A. 5000　　B. 4000　　C. 2500　　D. 1250

76. 两孔口形状、尺寸相同，一个是自由出流，出流流量为 Q_1；另一个是淹没出流，出流流量为 Q_2。若自由出流和淹没出流的作用水头相等，则 Q_1 与 Q_2 的关系是：

A. $Q_1>Q_2$　　B. $Q_1=Q_2$　　C. $Q_1<Q_2$　　D. 不确定

77. 水力最优断面是指当渠道的过流断面面积 A、粗糙系数 n 和渠道底坡 i 一定时，其：

A. 水力半径最小的断面形状　　B. 过流能力最大的断面形状

C. 湿周最大的断面形状　　D. 造价最低的断面形状

78. 图示溢水堰模型试验，实际流量为 $Q_n=537\text{m}^3/\text{s}$，若在模型上测得流量 $Q_n=300\text{L/s}$，则该模型长度比尺为：

A. 4.5　　B. 6　　C. 10　　D. 20

79. 点电荷$+q$和点电荷$-q$相距30cm，那么，在由它们构成的静电场中：

A. 电场强度处处相等
B. 在两个点电荷连线的中点位置，电场力为0
C. 电场方向总是从$+q$指向$-q$
D. 位于两个点电荷连线的中点位置上，带负电的可移动体将向$-q$处移动

80. 设流经图示电感元件的电流$i=2\sin1000t$ A，若$L=1\text{mH}$，则电感电压：

A. $u_L=2\sin1000t\text{V}$　　B. $u_L=-2\cos1000t\text{V}$
C. u_L的有效值$U_L=2\text{V}$　　D. u_L的有效值$U_L=1.414\text{V}$

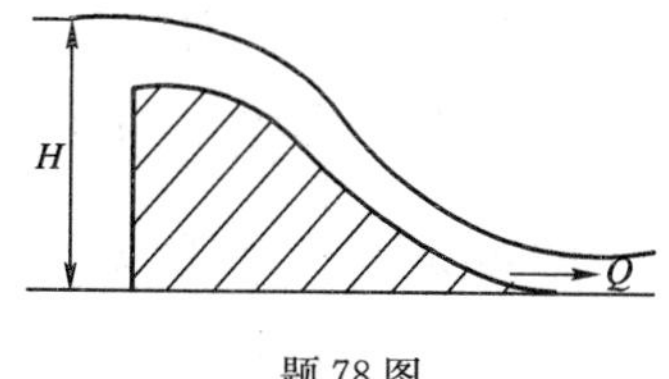

题78图

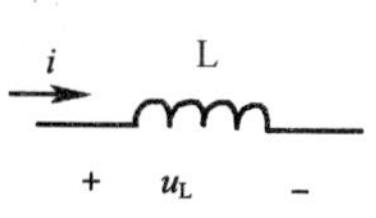

题80图

81. 图示两电路相互等效，由图b)可知，流经10Ω电阻的电流$I_R=1\text{A}$，由此可求得流经图a)电路中10Ω电阻的电流I等于：

A. 1A　　B. −1A　　C. −3A　　D. 3A

82. RLC串联电路如图所示，在工频电压$u(t)$的激励下，电路的阻抗等于：

A. $R+314L+314C$
B. $R+314L+1/314C$
C. $\sqrt{R^2+(314L-1/314C)^2}$
D. $\sqrt{R^2+(314L+1/314C)^2}$

83. 图示电路中，$u=10\sin(1000t+30°)\text{V}$，如果使用相量法求解图示电路中的电流$i$，那么，如下步骤中存在错误的是：

步骤1：$\dot{I}_1=\dfrac{10}{R+j1000L}$；步骤2：$\dot{I}_2=10\cdot j1000C$；

步骤3：$\dot{I}=\dot{I}_1+\dot{I}_2=I\angle\Psi_i$；步骤4：$\dot{I}=I\sqrt{2}\sin\Psi_i$。

A. 仅步骤1和步骤2错
B. 仅步骤2错
C. 步骤1、步骤2和步骤4错
D. 仅步骤4错

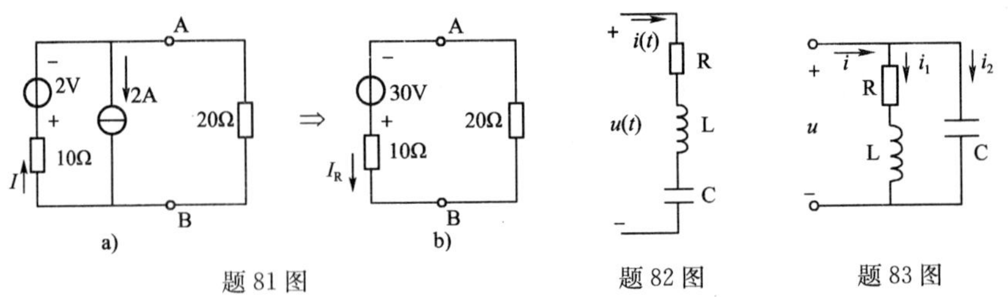

题 81 图　　题 82 图　　题 83 图

84. 图示电路中，开关 k 在 $t=0$ 时刻打开，此后，电流 i 的初始值和稳态值分别为：

A. $\dfrac{U_s}{R_2}$和 0　　B. $\dfrac{U_s}{R_1+R_2}$和 0

C. $\dfrac{U_s}{R_1}$和$\dfrac{U_s}{R_1+R_2}$　　D. $\dfrac{U_s}{R_1+R_2}$和$\dfrac{U_s}{R_1+R_2}$

85. 在信号源(u_S，R_S)和电阻 R_L 之间接入一个理想变压器，如图所示，若 $u_S=80\sin\omega t$V，$R_L=10\Omega$，且此时信号源输出功率最大，那么，变压器的输出电压 u_2 等于：

A. $40\sin\omega t$V　　B. $20\sin\omega t$V　　C. $80\sin\omega t$V　　D. 20V

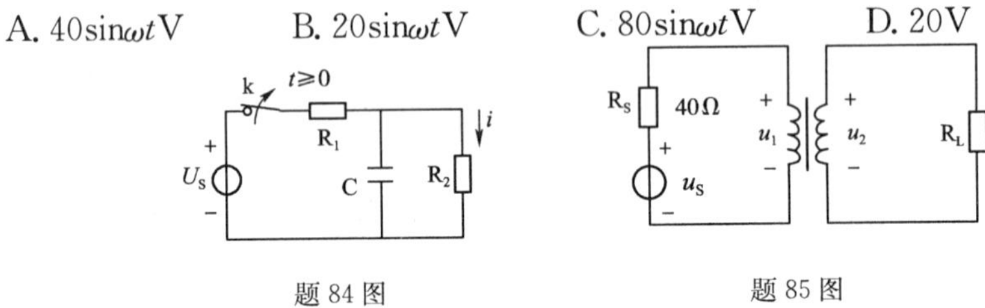

题 84 图　　题 85 图

86. 接触器的控制线圈如图 a)所示，动合触点如图 b)所示，动断触点如图 c)所示，当有额定电压接入线圈后：

A. 触点 KM 1 和 KM 2 因未接入电路均处于断开状态

B. KM1 闭合，KM2 不变

C. KM1 闭合，KM2 断开

D. KM1 不变，KM2 断开

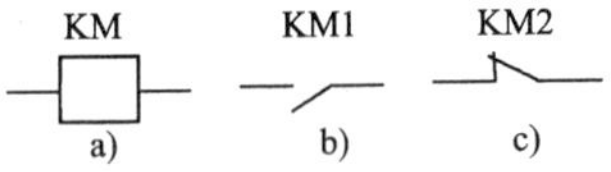

KM　　KM1　　KM2

a)　　b)　　c)

题 86 图

87. 某空调器的温度设置为 25℃，当室温超过 25℃后，它便开始制冷，此时红色指示灯亮，并在显示屏上显示“正在制冷”字样，那么：

A.“红色指示灯亮”和“正在制冷”均是信息

B.“红色指示灯亮”和“正在制冷”均是信号

C.“红色指示灯亮”是信号，“正在制冷”是信息

D.“红色指示灯亮”是信息，“正在制冷”是信号

88. 如果一个 16 进制数和一个 8 进制数的数字信号相同，那么：

A. 这个 16 进制数和 8 进制数实际反映的数量相等

B. 这个 16 进制数 2 倍于 8 进制数

C. 这个 16 进制数比 8 进制数少 8

D. 这个 16 进制数与 8 进制数的大小关系不定

89. 在以下关于信号的说法中，正确的是：

A. 代码信号是一串电压信号，故代码信号是一种模拟信号

B. 采样信号是时间上离散、数值上连续的信号

C. 采样保持信号是时间上连续、数值上离散的信号

D. 数字信号是直接反映数值大小的信号

90. 设周期信号 $u(t)=\sqrt{2}U_1\sin(\omega t+\psi_1)+\sqrt{2}U_3\sin(3\omega t+\psi_3)+\cdots$

$$u_1(t)=\sqrt{2}U_1\sin(\omega t+\psi_1)+\sqrt{2}U_3\sin(3\omega t+\psi_3)$$

$$u_2(t)=\sqrt{2}U_1\sin(\omega t+\psi_1)+\sqrt{2}U_5\sin(5\omega t+\psi_5)$$

则：

A. $u_1(t)$较 $u_2(t)$更接近 $u(t)$

B. $u_2(t)$较 $u_1(t)$更接近 $u(t)$

C. $u_1(t)$与 $u_2(t)$接近 $u(t)$的程度相同

D. 无法做出三个电压之间的比较

91. 某模拟信号放大器输入与输出之间的关系如图所示，那么，能够经该放大器得到 5 倍放大的输入信号 $u_i(t)$最大值一定：

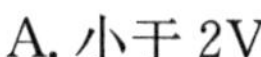

A. 小于 2V

B. 小于 10V 或大于 −10V

C. 等于 2V 或等于 −2V

D. 小于等于 2V 且大于等于 −2V

题 91 图

92. 逻辑函数 $F=\overline{\overline{AB}+\overline{BC}}$的化简结果是：

A. F=AB+BC　　B. $F=\overline{A}+\overline{B}+\overline{C}$

C. F=A+B+C　　D. F=ABC

93. 图示电路中，$u_i=10\sin\omega t$，二极管 D_2 因损坏而断开，这时输出电压的波形和输出电压的平均值为：

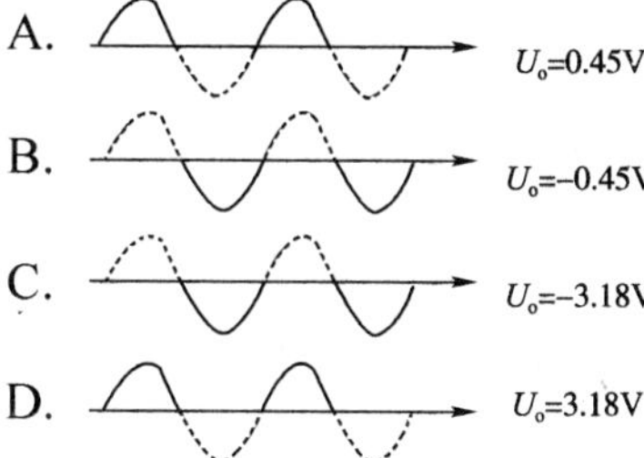

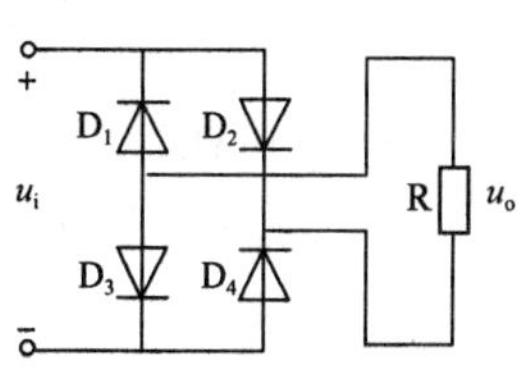

题 93 图

94. 图 a)所示运算放大器的输出与输入之间的关系如图 b)所示，若 $u_i = 2\sin\omega t$ mV，则 u_o 为：

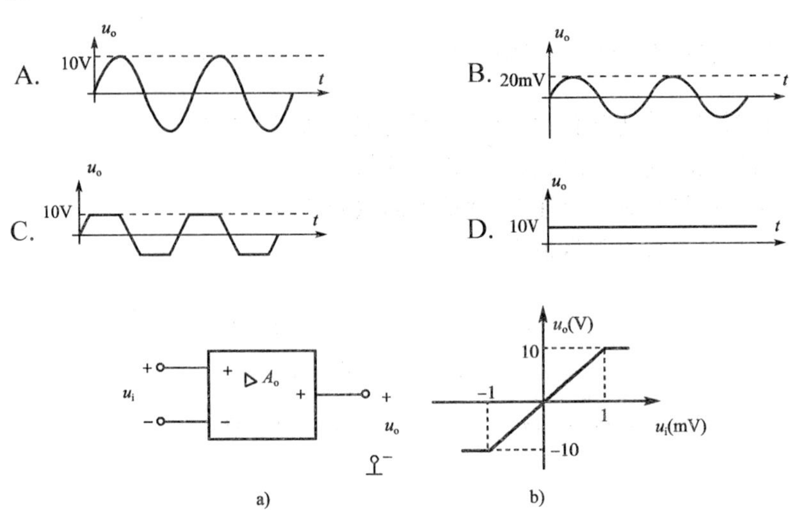

题 94 图

95. 基本门如图 a)所示，其中，数字信号 A 由图 b)给出，那么，输出 F 为：

A. 1

B. 0

C.

D.

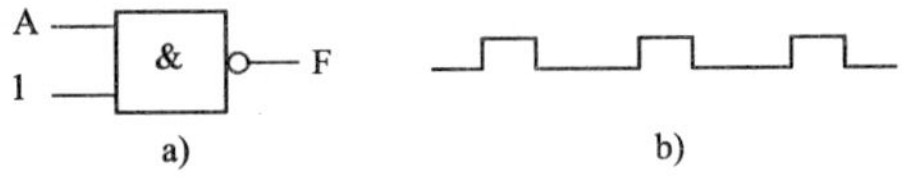

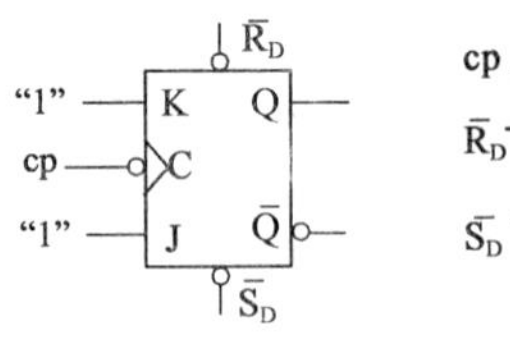

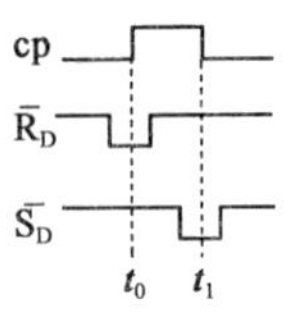

题 95 图

96. JK 触发器及其输入信号波形如图所示，那么，在 $t=t_0$ 和 $t=t_1$ 时刻，输出 Q 分别为：

A. $Q(t_0)=1, Q(t_1)=0$

B. $Q(t_0)=0, Q(t_1)=1$

C. $Q(t_0)=0, Q(t_1)=0$

D. $Q(t_0)=1, Q(t_1)=1$

题 96 图

97. 计算机存储器中的每一个存储单元都配置一个唯一的编号，这个编号就是：

A. 一种寄存标志　　B. 寄存器地址

C. 存储器的地址　　D. 输入/输出地址

98. 操作系统作为一种系统软件，存在着与其他软件明显不同的三个特征是：

A. 可操作性、可视性、公用性　　B. 并发性、共享性、随机性

C. 随机性、公用性、不可预测性　　D. 并发性、可操作性、脆弱性

99. 将二进制数 11001 转换成相应的十进制数，其正确结果是：

A. 25　　B. 32　　C. 24　　D. 22

100. 图像中的像素实际上就是图像中的一个个光点，这光点：

A. 只能是彩色的，不能是黑白的
B. 只能是黑白的，不能是彩色的
C. 既不能是彩色的，也不能是黑白的
D. 可以是黑白的，也可以是彩色的

101. 计算机病毒以多种手段入侵和攻击计算机信息系统，下面有一种不被使用的手段是：

A. 分布式攻击、恶意代码攻击
B. 恶意代码攻击、消息收集攻击
C. 删除操作系统文件、关闭计算机系统
D. 代码漏洞攻击、欺骗和会话劫持攻击

102. 计算机系统中，存储器系统包括：

A. 寄存器组、外存储器和主存储器
B. 寄存器组、高速缓冲存储器(Cache)和外存储器
C. 主存储器、高速缓冲存储器(Cache)和外存储器
D. 主存储器、寄存器组和光盘存储器

103. 在计算机系统中，设备管理是指对：

A. 除 CPU 和内存储器以外的所有输入/输出设备的管理
B. 包括 CPU 和内存储器及所有输入/输出设备的管理
C. 除 CPU 外，包括内存储器及所有输入/输出设备的管理
D. 除内存储器外，包括 CPU 及所有输入/输出设备的管理

104. Windows 提供了两种十分有效的文件管理工具，它们是：

A. 集合和记录　　B. 批处理文件和目标文件
C. 我的电脑和资源管理器　　D. 我的文档、文件夹

105. 一个典型的计算机网络主要由两大部分组成，即：

A. 网络硬件系统和网络软件系统
B. 资源子网和网络硬件系统
C. 网络协议和网络软件系统
D. 网络硬件系统和通信子网

106. 局域网是指将各种计算机网络设备互联在一起的通信网络，但其覆盖的地理范围有限，通常在：

A. 几十米之内　　B. 几百公里之内

C. 几公里之内　　　　D. 几十公里之内

107. 某企业年初投资5000万元，拟10年内等额回收本利，若基准收益率为8%，则每年年末应回收的资金是：

A. 540.00万元　　B. 1079.46万元　　C. 745.15万元　　D. 345.15万元

108. 建设项目评价中的总投资包括：

A. 建设投资和流动资金
B. 建设投资和建设期利息
C. 建设投资、建设期利息和流动资金
D. 固定资产投资和流动资产投资

109. 新设法人融资方式，建设项目所需资金来源于：

A. 资本金和权益资金　　B. 资本金和注册资本
C. 资本金和债务资金　　D. 建设资金和债务资金

110. 财务生存能力分析中，财务生存的必要条件是：

A. 拥有足够的经营净现金流量
B. 各年累计盈余资金不出现负值
C. 适度的资产负债率
D. 项目资本金净利润率高于同行业的净利润率参考值

111. 交通运输部门拟修建一条公路，预计建设期为一年，建设期初投资为100万元，建成后即投入使用，预计使用寿命为10年，每年将产生的效益为20万元，每年需投入保养费8000元。若社会折现率为10%，则该项目的效益费用比为：

A. 1.07　　B. 1.17　　C. 1.85　　D. 1.92

112. 建设项目经济评价有一整套指标体系，敏感性分析可选定其中一个或几个主要指标进行分析，最基本的分析指标是：

A. 财务净现值　　B. 内部收益率
C. 投资回收期　　D. 偿债备付率

113. 在项目无资金约束、寿命不同、产出不同的条件下，方案经济比选只能采用：

A. 净现值比较法　　B. 差额投资内部收益率法
C. 净年值法　　D. 费用年值法

114. 在对象选择中，通过对每个部件与其他各部件的功能重要程度进行逐一对比打分，相对重要的得1分，不重要的得0分，此方法称为：

A. 经验分析法　　　　B. 百分比法
C. ABC 分析法　　　　D. 强制确定法

115. 按照《中华人民共和国建筑法》的规定，下列叙述中正确的是：

A. 设计文件选用的建筑材料、建筑构配件和设备，不得注明其规格、型号
B. 设计文件选用的建筑材料、建筑构配件和设备，不得指定生产厂、供应商
C. 设计单位应按照建设单位提出的质量要求进行设计
D. 设计单位对施工过程中发现的质量问题应当按照监理单位的要求进行改正

116. 根据《中华人民共和国招标投标法》的规定，招标人对已发出的招标文件进行必要的澄清或修改的，应该以书面形式通知所有招标文件收受人，通知的时间应当在招标文件要求提交投标文件截止时间至少：

A. 20 日前　　B. 15 日前　　C. 7 日前　　D. 5 日前

117. 按照《中华人民共和国合同法》的规定，下列情形中，要约不失效的是：

A. 拒绝要约的通知到达要约人
B. 要约人依法撤销要约
C. 承诺期限届满，受要约人未作出承诺
D. 受要约人对要约的内容作出非实质性变更

118. 根据《中华人民共和国节约能源法》的规定，国家实施的能源发展战略是：

A. 限制发展高耗能、高污染行业，发展节能环保型产业
B. 节约与开发并举，把节约放在首位
C. 合理调整产业结构、企业结构、产品结构和能源消费结构
D. 开发和利用新能源、可再生能源

119. 根据《中华人民共和国环境保护法》的规定，下列关于企业事业单位排放污染物的规定中，正确的是：(注：《环境保护法》2014 年进行了修订，此题已过时)

A. 排放污染物的企业事业单位，必须申报登记
B. 排放污染物超过标准的企业事业单位，或者缴纳超标准排污费，或者负责治理
C. 征收的超标准排污费必须用于该单位污染的治理，不得挪作他用
D. 对造成环境严重污染的企业事业单位，限期关闭

120. 根据《建设工程勘察设计管理条例》的规定，建设工程勘察、设计方案的评标一般不考虑：

A. 投标人资质　　　　B. 勘察、设计方案的优劣
C. 设计人员的能力　　　　D. 投标人的业绩

2011年度全国勘察设计注册工程师公共基础考试

试题解析及参考答案

1.**解**　直线方向向量$\vec{s}=\{1,1,1\}$,平面法线向量$\vec{n}=\{1,-2,1\}$,计算$\vec{s}\cdot\vec{n}=0$,即$|x|+1\times(-2)+|1\times1|=0$,$\vec{s}\perp\vec{n}$,从而知直线//平面,或直线与平面重合;再在直线上取一点$(0,1,0)$,验证该点是否满足平面方程。

答案:B

2.**解**　方程$F(x,y,z)=0$中缺少一个字母,空间解析几何中这样的曲面方程表示为柱面。本题中方程中缺少字母x,方程$y^2-z^2=1$表示以平面yoz曲线$y^2-z^2=1$为准线,母线平行于x轴的柱面。

答案:A

3.**解**　可通过求$\lim\limits_{x\to0}\dfrac{3^x-1}{x}$的极限判断。$\lim\limits_{x\to0}\dfrac{3^x-1}{x}\overset{\frac{0}{0}}{=\!=}\lim\limits_{x\to0}\dfrac{3^x\ln3}{1}=\ln3\neq1$。

答案:D

4.**解**　使分母为0的点为间断点,令$\sin\pi x=0$,得$x=0,\pm1,\pm2,\cdots$为间断点,再利用可去间断点定义,找出可去间断点。

当$x=0$时,$\lim\limits_{x\to0}\dfrac{x-x^2}{\sin\pi x}\overset{\frac{0}{0}}{=\!=}\lim\limits_{x\to0}\dfrac{1-2x}{\pi\cos\pi x}=\dfrac{1}{\pi}$,极限存在,可知$x=0$为函数的一个可去间断点。

同样,可计算当$x=1$时,$\lim\limits_{x\to1}\dfrac{x-x^2}{\sin\pi x}=\!=\lim\limits_{x\to1}\dfrac{1-2x}{\pi\cos\pi x}=\dfrac{1}{\pi}$,极限存在,因而$x=1$也是一个可去间断点。其余点求极限都不存在,均不满足可去间断点定义。

答案:B

5.**解**　举例说明。

如$f(x)=x$在$x=0$可导,$g(x)=|x|=\begin{cases}x &,x\geqslant0\\-x,&x<0\end{cases}$在$x=0$处不可导,

$f(x)g(x)=x|x|=\begin{cases}x^2 &,x\geqslant0\\-x^2,&x<0\end{cases}$,通过计算$f'_+(0)=f'_-(0)=0$,知$f(x)g(x)$在$x=0$处可导。

如$f(x)=2$在$x=0$处可导,$g(x)=|x|$在$x=0$处不可导,$f(x)g(x)=2|x|=\begin{cases}2x &,x\geqslant0\\-2x,&x<0\end{cases}$,通过计算函数$f(x)g(x)$在$x=0$处的右导为2,左导为$-2$,可知$f(x)g(x)$在$x=0$处不可导。

答案:A

6. **解**　利用逐项排除判定。当 $x>0$，幂函数比对数函数趋向无穷大的速度快，指数函数又比幂函数趋向无穷大的速度快，故A、B、C均不成立，从而可知D成立。

还可利用函数的单调性证明。设 $f(x)=x-\sin x, x\subset(0,+\infty)$，得 $f'(x)=1-\cos x\geqslant 0$，所以 $f(x)$ 单增，当 $x=0$ 时，$f(0)=0$，从而当 $x>0$ 时，$f(x)>0$，即 $x-\sin x>0$。

答案：D

7. **解**　在题目中只给出 $f(x,y)$ 在闭区域 D 上连续这一条件，并未讲函数 $f(x,y)$ 在 P_0 点是否具有一阶、二阶连续偏导，而选项A、B判定中均利用了这个未给的条件，因而选项A、B不成立。选项D中，$f(x,y)$ 的最大值点可以在 D 的边界曲线上取得，因而不一定是 $f(x,y)$ 的极大值点，故选项D不成立。

在选项C中，给出 P_0 是可微函数的极值点这个条件，因而 $f(x,y)$ 在 P_0 偏导存在，且 $\left.\frac{\partial f}{\partial x}\right|_{P_0}=0, \left.\frac{\partial f}{\partial y}\right|_{P_0}=0$。

故 $\mathrm{d}f=\left.\frac{\partial f}{\partial x}\right|_{P_0}\mathrm{d}x+\left.\frac{\partial f}{\partial y}\right|_{P_0}\mathrm{d}y=0$

答案：C

8. **解**　方法1：凑微分再利用积分公式计算。

原式 $=2\int\frac{1}{1+x}\mathrm{d}\sqrt{x}=2\int\frac{1}{1+(\sqrt{x})^2}\mathrm{d}\sqrt{x}=2\arctan\sqrt{x}+C$。

方法2：换元，设 $\sqrt{x}=t, x=t^2, \mathrm{d}x=2t\mathrm{d}t$。

原式 $=\int\frac{2t}{t(1+t^2)}\mathrm{d}t=2\int\frac{1}{1+t^2}\mathrm{d}t=2\arctan t+C$，回代 $t=\sqrt{x}$。

答案：B

9. **解**　$f(x)$ 是连续函数，$\int_0^2 f(t)\mathrm{d}t$ 的结果为一常数，设为 A，那么已知表达式化为 $f(x)=x^2+2A$，两边作定积分，$\int_0^2 f(x)\mathrm{d}x=\int_0^2(x^2+2A)\mathrm{d}x$，化为 $A=\int_0^2 x^2\mathrm{d}x+2A\int_0^2\mathrm{d}x$，通过计算得到 $A=-\frac{8}{9}$。

计算如下：$A=\frac{1}{3}x^3\Big|_0^2+2Ax\Big|_0^2=\frac{8}{3}+4A$，得 $A=-\frac{8}{9}$，所以 $f(x)=x^2+2\times\left(-\frac{8}{9}\right)=x^2-\frac{16}{9}$。

答案：D

10. **解**　利用偶函数在对称区间的积分公式得原式 $=2\int_0^2\sqrt{4-x^2}\mathrm{d}x$，而积分 $\int_0^2\sqrt{4-x^2}\mathrm{d}x$ 为圆 $x^2+y^2=4$ 面积的 $\frac{1}{4}$，即为 $\frac{1}{4}\cdot\pi\cdot 2^2=\pi$，从而原式 $=2\pi$。

另一方法：可设 $x=2\sin t, \mathrm{d}x=2\cos t\mathrm{d}t$，则 $\int_0^2\sqrt{4-x^2}\mathrm{d}x=\int_0^{\frac{\pi}{2}}4\cos^2 t\mathrm{d}t=4\cdot\frac{1}{2}\int_0^{\frac{\pi}{2}}(1+$

$\cos^2\pi)\mathrm{d}t = 2\left(\pi+\frac{1}{2}\sin^2\pi\right)\Big|_0^{\frac{\pi}{2}} = 2\cdot\frac{\pi}{2} = \pi$，从而原式 $= 2\int_0^2\sqrt{4-x^2}\mathrm{d}x = 2\pi$。

答案:B

11. **解**　利用已知两点求出直线方程 $L: y=-2x+2$

L 的参数方程 $\begin{cases} y=-2x+2 \\ x=x \end{cases}(0\leqslant x\leqslant 1)$

$$\mathrm{d}s=\sqrt{5}\mathrm{d}x\int_L(x^2+y^2)\mathrm{d}s$$

$$=\int_0^1[x^2+(-2x+2)^2]\sqrt{5}\mathrm{d}x$$

$$=\sqrt{5}\int_0^1(5x^2-8x+4)\mathrm{d}x$$

$$=\sqrt{5}\left(\frac{5}{3}x^3-4x^2+4x\right)\Big|_0^1=\frac{5}{3}\sqrt{5}$$

答案:D

12. **解**　$y=e^{-x}$，即 $y=\left(\frac{1}{e}\right)^x$，画出平面图形(见解图)。根据 $V=\int_0^{+\infty}\pi(e^{-x})^2\mathrm{d}x$，可计算结果。

$$V=\int_0^{+\infty}\pi e^{-2x}\mathrm{d}x=-\frac{\pi}{2}\int_0^{+\infty}e^{-2x}\mathrm{d}(-2x)=-\frac{\pi}{2}e^{-2x}\Big|_0^{\infty}=\frac{\pi}{2}$$

题 12 解图

答案:A

13. **解**　利用级数性质易判定选项 A、B、C 均收敛。对于选项 D，因 $\sum\limits_{n=1}^{\infty}u_n$ 收敛，则有 $\lim\limits_{x\to\infty}u_n=0$，而级数 $\sum\limits_{n=1}^{\infty}\frac{50}{u_n}$ 的一般项为 $\frac{50}{u_n}$，计算 $\lim\limits_{x\to\infty}\frac{50}{u_n}\to\infty$，故级数 D 发散。

答案:D

14. **解**　由已知条件可知 $\lim\limits_{n\to\infty}\left|\frac{a_{n+1}}{a_n}\right|=\frac{1}{2}$，设 $x-2=t$，幂级数 $\sum\limits_{n=1}^{\infty}na_n(x-2)^{n+1}$ 化为 $\sum\limits_{n=1}^{\infty}na_nt^{n+1}$，求系数比的极限确定收敛半径，$\lim\limits_{n\to\infty}\left|\frac{(n+1)a_{n+1}}{na_n}\right|=\lim\limits_{n\to\infty}\left|\frac{n+1}{n}\cdot\frac{a_{n+1}}{a_n}\right|=\frac{1}{2}$，$R=2$，即 $|t|<2$ 收敛，$-2<x-2<2$，即 $0<x<4$ 收敛。

答案:C

15. **解**　分离变量，化为可分离变量方程 $\frac{x}{\sqrt{2-x^2}}\mathrm{d}x=\frac{1}{y}\mathrm{d}y$，两边进行不定积分，得到最后结果。

注意左边式子的积分 $\int\frac{x}{\sqrt{2-x^2}}\mathrm{d}x=-\frac{1}{2}\int\frac{\mathrm{d}(2-x^2)}{\sqrt{2-x^2}}=-\sqrt{2-x^2}$，右边式子积分 $\int\frac{1}{y}\mathrm{d}y=\ln y+C_1$，所以 $-\sqrt{2-x^2}=\ln y+C_1$，$\ln y=-\sqrt{2-x^2}-C_1$，$y=e^{-C_1-\sqrt{2-x^2}}=Ce^{-\sqrt{2-x^2}}$，其中 $C=e^{-C_1}$。

答案:C

16. **解**　微分方程为一阶齐次方程

设 $u=\frac{y}{x}, y=xu, \frac{\mathrm{d}y}{\mathrm{d}x}=u+x\frac{\mathrm{d}u}{\mathrm{d}x}$

代入化简得 $\cot u\,\mathrm{d}u=\frac{1}{x}\mathrm{d}x$

两边积分 $\int \cot u\,\mathrm{d}u=\int \frac{1}{x}\mathrm{d}x, \ln\sin u=\ln x+C_1, \sin u=e^{C_1+\ln x}=e^{C_1}\cdot e^{\ln x}, \sin u=Cx$（其中 $C=e^{C_1}$）

代入 $u=\frac{y}{x}$，得 $\sin\frac{y}{x}=Cx$。

答案:A

17. **解**　方法 1:用一般方法求 $\boldsymbol{A}^{-1}=\frac{1}{|\boldsymbol{A}|}\boldsymbol{A}^*$，但较麻烦。

方法 2:简便方法，试探一下给出的哪一个矩阵满足 $\boldsymbol{AB}=\boldsymbol{E}$

如：$\begin{bmatrix}1&0&1\\0&1&2\\-2&0&-3\end{bmatrix}\begin{bmatrix}3&0&1\\4&1&2\\-2&0&-1\end{bmatrix}=\begin{bmatrix}1&0&0\\0&1&0\\0&0&1\end{bmatrix}$

方法 3:用矩阵初等变换，求逆阵。

答案:B

18. **解**　求出 $\boldsymbol{A}^*=\begin{bmatrix}a-1&a-1&-(a-1)(a+1)\\a-1&-(a+1)(a-1)&a-1\\-(a-1)(a+1)&a-1&a-1\end{bmatrix}$，将选项 A、B、C、D 分别代入，当 $a=-2$ 时，$R(\boldsymbol{A}^*)=1$。

答案:A

19. **解**　当 $\boldsymbol{P}^{-1}\boldsymbol{AP}=\boldsymbol{\Lambda}$ 时，$\boldsymbol{P}=(\alpha_1,\alpha_2,\alpha_3)$ 中 α_1、α_2、α_3 的排列满足对应关系，α_1 对应 λ_1，α_2 对应 λ_2，α_3 对应 λ_3，可知 α_1 对应特征值 $\lambda_1=1$，α_2 对应特征值 $\lambda_2=2$，α_3 对应特征值 $\lambda_3=0$，由此可知当 $\boldsymbol{Q}=(\alpha_2,\alpha_1,\alpha_3)$ 时，对应 $\boldsymbol{\Lambda}=\begin{bmatrix}2&0&0\\0&1&0\\0&0&0\end{bmatrix}$。

答案:B

20. **解**　对方程组的系数矩阵进行初等行变换，

$\begin{bmatrix}1&-1&0&1\\1&0&-1&1\end{bmatrix}\rightarrow\begin{bmatrix}1&-1&0&1\\0&1&-1&0\end{bmatrix}$

即 $\begin{cases}x_1-x_2+x_4=0\\x_2-x_3=0\end{cases}$

得到方程组的同解方程组 $\begin{cases}x_1=x_2-x_4\\x_3=x_2+0x_4\end{cases}$

当 $x_2=1, x_4=0$ 时，得 $x_1=1, x_3=1$；当 $x_2=0, x_4=1$ 时，得 $x_1=-1, x_3=$

0，写成基础解系 ξ_1, ξ_2，即 $\xi_1 = \begin{pmatrix} 1 \\ 1 \\ 1 \\ 0 \end{pmatrix}, \xi_2 = \begin{pmatrix} -1 \\ 0 \\ 0 \\ 1 \end{pmatrix}$。

答案：C

21. **解**　$P(A \cup B) = P(A) + P(B) - P(AB)$，$P(A \cup B) + P(AB) = P(A) + P(B) = 0.3 + 0.8 = 1.1$，$P(A \cup B)$ 取最小值时，$P(AB)$ 取最大值，因 $P(A) < P(B)$，所以 $P(AB)$ 的最大值等于 $P(A) = 0.3$。

答案：C

22. **解**　设甲、乙、丙单人译出密码分别记为 A、B、C，则这份密码被破译出可记为 $A \cup B \cup C$，因为 A、B、C 相互独立，

$$\begin{aligned} \text{所以 } P(A \cup B \cup C) &= P(A) + P(B) + P(C) - P(AB) - P(AC) - P(BC) + P(ABC) \\ &= P(A) + P(B) + P(C) - P(A)P(B) - P(A)P(C) - P(B)P(C) \\ &\quad - P(A)P(B)P(C) = \frac{3}{5} \end{aligned}$$

或由 $\overline{A}$、$\overline{B}$、$\overline{C}$ 也相互独立，

$$\begin{aligned} P(A \cup B \cup C) &= (-P(\overline{A \cup B \cup C}) = 1 - P(\overline{A}\overline{B}\overline{C}) = 1 - P(\overline{A})P(\overline{B})P(\overline{C}) \\ &= 1 - [1 - P(A)][1 - P(B)][1 - P(C)] \\ &= 1 - \frac{4}{5} \cdot \frac{2}{3} \cdot \frac{3}{4} = \frac{3}{5} \end{aligned}$$

答案：D

23. **解**　由题意可知 $Y \sim B(3, r)$，其中 $r = P\{x \leqslant \frac{1}{2}\} = \int_0^{\frac{1}{2}} 2x\mathrm{d}x = \frac{1}{4}$，

$P(Y = 2) = C_3^2 \left(\frac{1}{4}\right)^2 \frac{3}{4} = \frac{9}{64}$。

答案：B

24. **解**　由 χ^2 分布定义，$X^2 \sim \chi^2(1)$，$Y^2 \sim \chi^2(1)$，X 与 Y 的关系不清，A、B、D 都不对。

答案：C

25. **解**　①分子的平均平动动能 $\varepsilon_{\text{平动}} = \frac{3}{2}kT$，分子的平均动能 $\overline{w} = \frac{i}{2}kT$。

②分子的平均动能＝平均(平均动能＋转动动能)＝$\frac{i}{2}kT$。i 为分子自由度，$i(\mathrm{He}) = 3$，$i(\mathrm{N_2}) = 5$，故氦分子和氮分子的平均动能不同。

答案：B

26. **答案**：C

27. **解** 理想气体从平衡态 A$(2p_1, V_1)$变化到平衡态 B$(p_1, 2V_1)$，体积膨胀，做功 $W>0$。判断内能变化情况：方法 1，画 p-V 图，注意到平衡态 A$(2p_1, V_1)$和平衡态 B$(p_1, 2V_1)$都在同一等温线上，$\Delta T=0$，故 $\Delta E=0$。方法 2，气体处于平衡态 A 时，其温度为 $T_A=\frac{2p_1 \times V_1}{R}$；处于平衡态 B 时，温度 $T_B=\frac{2p_1 \times V_1}{R}$，显然 $T_A=T_B$，温度不变，内能不变，$\Delta E=0$。

答案：C

28. **解** 循环过程的净功数值上等于闭合循环曲线所围的面积。若循环曲线所包围的面积增大，则净功增大。而卡诺循环的循环效率由下式决定：$\eta_{卡诺}=1-\frac{T_2}{T_1}$。若 T_1，T_2 不变，则循环效率不变。

答案：D

29. **解** 按题意，$y=0.01\cos 10\pi(25\times 0.1-2)=0.01\cos 5\pi=-0.01\text{m}$。

答案：C

30. **解** 质元在机械波动中，动能和势能是同相位的，同时达到最大值，又同时达到最小值，质元在最大位移处（波峰或波谷），速度为零，“形变”为零，此时质元的动能为零，势能为零。

答案：D

31. **解** 由 $\Delta\phi=\frac{2\pi\nu\Delta x}{u}$，今 $\nu=\frac{1}{T}=\frac{1}{4}=0.25$，$\Delta x=3\text{m}$，$\Delta\phi=\frac{\pi}{6}$，故 $u=9\text{m/s}$，$\lambda=\frac{u}{\nu}=36\text{m}$。

答案：B

32. **解** 如图所示，考虑 O 处的明纹怎样变化。

①玻璃纸未遮住时：光程差 $\delta=r_1-r_2=0$，O 处为零级明纹。

②玻璃纸遮住后：光程差 $\delta'=\frac{5}{2}\lambda$，根据干涉条件知 $\delta'=\frac{5}{2}\lambda=(2\times 2+1)\frac{\lambda}{2}$，满足暗纹条件。

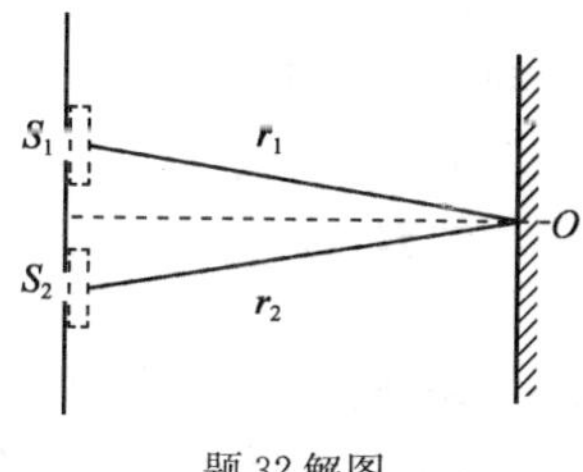

题 32 解图

答案：B

33. **解** 光学常识，注意 $1\text{nm}=10^{-9}\text{m}$。

答案：A

34. **解** 玻璃劈尖的干涉条件为 $\delta=2ne+\frac{\lambda}{2}=k\lambda(k=1,2,\cdots)$（明纹），相邻两明（暗）纹对应的空气层厚度为 $e_{k+1}-e_k=\frac{\lambda}{2n}$（见解图）。若劈尖的夹角为 θ，则相邻两明（暗）纹的间距 l 应满足关系式：

$l\sin\theta = e_{k+1} - e_k = \frac{\lambda}{2n}$ 或 $l\theta = \frac{\lambda}{2n}, l = \frac{\lambda}{2n\sin\theta} \approx \frac{\lambda}{2n\theta}$。

答案:D

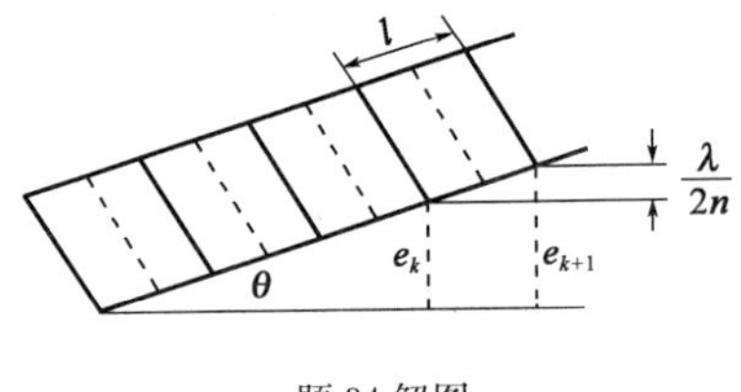

题 34 解图

35. **解** 自然光垂直通过第一偏振后，变为线偏振光，光强设为 I'，此即入射至第二个偏振片的线偏振光强度。今 $\alpha=45°$，已知自然光通过两个偏振片后光强为 I'，根据马吕斯定律，$I=I'\cos^2 45°=\frac{I'}{2}$，所以 $I'=2I$。

答案:B

36. **解** 单缝衍射中央明纹宽度 $\Delta x = \frac{2\lambda f}{a} = \frac{2\times 400\times 10^{-9}\times 0.5}{10^{-4}} = 4\times 10^{-3}\text{m}$。

答案:D

37. **解** 原子核个电子排布服从三个原则:泡利不相容原理、能量最低原理、洪特规则。

(1)泡利不相容原理:在同一个原子中，不允许两个电子的四个量子数完全相同，即，同一个原子轨道最多只能容纳自旋相反的两个电子。

(2)能量最低原理:电子总是尽量占据能量最低的轨道。多电子原子轨道的能级取决于主量子数 n 和角量子数 l:主量子数 n 相同时，l 越大，能量越高；当主量子数 n 和角量子数 l，都不相同时，可以发生能级交错现象。轨道能级顺序:1s;2s,2p;3s,3p;4s,3d,4p;5s,4d,5p;6s,4f,5d,6p;7s,5f,6d,…。

(3)洪特规则:电子在 n,l 相同的数个等价轨道上分布时，每个电子尽可能占据磁量子数不同的轨道且自旋方向相同。

原子核外电子分布式书写规则:根据三大原则和近似能级顺序将电子一次填入相应轨道，再按电子层顺序整理，相同电子层的轨道排在一起。

答案:B

38. **解** 元素周期表中，同一主族元素从上往下随着原子序数增加，原子半径增大；同一周期主族元素随着原子序数增加，原子半径减小。D 项中 As 和 Se 是同一周期主族元素，Se 的原子半径小于 As。

答案:D

39. **解** 缓冲溶液的组成:弱酸、共轭碱或弱碱及其共轭酸所组成的溶液。A 中 CH_3COOH 过量，和 NaOH 反应生成 CH_3COONa，形成 CH_3COOH/CH_3COONa 缓冲溶液。

答案:A

40. **解** 压力对固相或液相的平衡没有影响；对反应前后气体计量系数不变的反应的平衡也没有影响。反应前后气体计量系数不同的反应:增大压力，平衡向气体分子数减少的方向；减少压力，平衡向气体分子数增加的方向移动。

总压力不变，加入惰性气体 Ar，相当于减少压力，反应方程式中各气体的分压减小，平衡向气体分子数增加的方向移动。

答案:A

41. **解**　原子得失电子原则:当原子失去电子变成正离子时,一般是能量较高的最外层电子先失去,而且往往引起电子层数的减少;当原子得到电子变成负离子时,所得的电子总是分布在它的最外电子层。

本题中原子失去的为 4s 上的一个电子,该原子的价电子构型为 $3d^{10}4s^1$,为 29 号 Cu 原子的电子构型。

答案:C

42. **解**　根据吉布斯等温方程式 $\Delta_r G_m^\ominus = -RT\ln K^\ominus$ 推断, $K^\ominus < 1$, $\Delta_r G_m^\ominus > 0$。

答案:A

43. **解**　元素的周期数为价电子构型中的最大主量子数,最大主量子数为 5,元素为第五周期;元素价电子构型特点为 $(n-1)d^{10}ns^1$,为 IB 族元素特征价电子构型。

答案:B

44. **解**　酚类化合物为苯环直接和羟基相连。A 为丙醇,B 为苯甲醇,C 为苯酚,D 为丙三醇。

答案:C

45. **解**　系统命名法:

(1)链烃及其衍生物的命名

①选择主链:选择最长碳链或含有官能团的最长碳链为主链;

②主链编号:从距取代基或官能团最近的一端开始对碳原子进行编号;

③写出全称:将取代基的位置编号、数目和名称写在前面,将母体化合物的名称写在后面。

(2)芳香烃及其衍生物的命名

①选择母体:选择苯环上所连官能团或带官能团最长的碳链为母体,把苯环视为取代基;

②编号:将母体中碳原子依次编号,使官能团或取代基位次具有最小值。

答案:D

46. **解**　甲酸结构式为 $\mathrm{H{-}\overset{\overset{\displaystyle O}{\|}}{C}{-}O{-}H}$,两个氢处于不同化学环境。

答案:B

47. **解**　AC 与 BC 均为二力杆件,分析铰链 C 的受力即可。

答案:D

48. **解**　根据力多边形法则,分力首尾相连,合力为力三角形的封闭边。

答案:B

49. **解**　A、B 处为光滑约束,其约束力均为水平并组成一力偶,与力 $\boldsymbol{W}$ 和 DE 杆约束力组成的力偶平衡。

答案:B

50. **解** 根据摩擦定律 $F_{max} = W\cos30° \times f = 20.8\text{kN}$,沿斜面向下的主动力为 $W\sin30° = 30\text{kN} > F_{max}$。

答案:C

51. **解** 点的运动轨迹为位置矢端曲线。

答案:B

52. **解** 可根据平行移动刚体的定义判断。

答案:C

53. **解** 杆 AB 和 CD 均为平行移动刚体,所以 $v_M = v_C = 2v_B = 2v_A = 2\omega \cdot O_1A = 120\text{cm/s}$,$a_M = a_C = 2a_B = 2a_A = 2\omega^2 \cdot O_1A = 360\text{cm/s}$。

答案:B

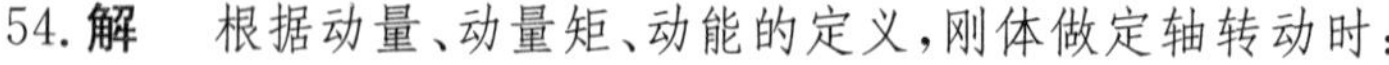

54. **解** 根据动量、动量矩、动能的定义,刚体做定轴转动时:

$$\boldsymbol{p} = m\boldsymbol{v}_C, L_O = J_O\omega, T = \frac{1}{2}J_O\omega^2$$

此题中,$v_C = 0, J_O = \frac{1}{2}mr^2$。

答案:A

55. **解** 根据动量的定义 $\boldsymbol{p} = \sum m_i\boldsymbol{v}_i$,所以,$p = (m_1 - m_2)v$(向下)。

答案:B

56. **解** 用定轴转动微分方程 $J_A\varepsilon = M_A(F)$,见图,$\frac{1}{3}\frac{P}{g}(2L)^2\varepsilon = PL$,所以角加速度 $\varepsilon = \frac{3g}{4L}$。

答案:B

57. **解** 根据定轴转动刚体惯性力系向 O 点简化的结果,其主矩大小为 $M_{IO} = J_O\alpha = 0$,主矢大小为 $F_I = ma_C = m \cdot \frac{R}{2}\omega^2$。

答案:A

58. **解** 装置 a)、b)、c)的自由振动频率分别为 $\omega_{0a} = \sqrt{\frac{2k}{m}}$;$\omega_{0b} = \sqrt{\frac{k}{2m}}$;$\omega_{0c} = \sqrt{\frac{3k}{m}}$,且周期为 $T = \frac{2\pi}{\omega_0}$。

答案:B

题 56 解图

59. **解**

$$\sigma_{AB}=\frac{F_{NAB}}{A_{AB}}=\frac{300\pi\times10^3\text{N}}{\frac{\pi}{4}\times(200)^2\text{mm}^2}=30\text{MPa}$$

$$\sigma_{BC}=\frac{F_{NBC}}{A_{BC}}=\frac{100\pi\times10^3\text{N}}{\frac{\pi}{4}\times(100)^2\text{mm}^2}=40\text{MPa}=\sigma_{max}$$

答案:A

60. **解**

$$\tau=\frac{Q}{A_Q}=\frac{F}{\frac{\pi}{4}d^2}=\frac{4F}{\pi d^2}=[\tau] \quad ①$$

$$\sigma_{bs}=\frac{P_{bs}}{A_{bs}}=\frac{F}{dt}=[\sigma_{bs}] \quad ②$$

再用式②除式①,可得$\frac{\pi d}{4t}=\frac{[\sigma_{bs}]}{[\tau]}$。

答案:B

61. **解** 受扭空心圆轴横截面上的切应力分布与半径成正比,而且在空心圆内径中无应力,只有选项B图是正确的。

答案:B

62. **解**

$$W_z=\frac{I_z}{y_{max}}=\frac{\frac{\pi}{64}d^4-\frac{a^4}{12}}{\frac{d}{2}}=\frac{\pi d^3}{32}-\frac{a^4}{6d}$$

答案:B

63. **解** 根据$\frac{\mathrm{d}M}{\mathrm{d}x}=Q$可知,剪力为零的截面弯矩的导数为零,也即是弯矩有极值。

答案:B

64. **解** 开裂前 $\sigma_{max}=\frac{M}{W_z}=\frac{M}{\frac{b}{6}(3a)^2}=\frac{2M}{3ba^2}$

开裂后 $\sigma_{1max}=\frac{\frac{M}{3}}{W_{z1}}=\frac{\frac{M}{3}}{\frac{ba^2}{6}}=\frac{2M}{ba^2}$

开裂后最大正应力是原来的3倍,故梁承载能力是原来的1/3。

答案:B

65. **解** 由矩形和工字形截面的切应力计算公式可知$\tau=\frac{QS_z}{bI_z}$,切应力沿截面高度呈抛物线分布。由于腹板上截面宽度b突然加大,故z轴附近切应力突然减小。

答案:B

66. **解**　承受集中力的简支梁的最大挠度 $f_c=\frac{Fl^3}{48EI}$，与惯性矩 I 成反比。$I_a=\frac{hb^3}{12}=\frac{b^4}{6}$，而 $I_b=\frac{bh^3}{12}=\frac{4}{6}b^4$，因图 a) 梁 I_a 是图 b) 梁 I_b 的 $\frac{1}{4}$，故图 a) 梁的最大挠度是图 b) 梁的 4 倍。

答案:C

67. **解**　图示单元体的最大主应力 σ_1 的方向，可以看作是 σ_x 的方向(沿 x 轴)和纯剪切单元体的最大拉应力的主方向(在第一象限沿 45°向上)，叠加后的合应力的指向。

答案:A

68. **解**　AB 段是轴向受压，$\sigma_{AB}=\frac{F}{ab}$；

BC 段是偏心受压，$\sigma_{BC}=\frac{F}{2ab}+\frac{F\cdot\frac{a}{2}}{\frac{b}{6}(2a)^2}=\frac{5F}{4ab}$。

答案:B

69. **解**　图示圆轴是弯扭组合变形，在固定端处既有弯曲正应力，又有扭转切应力。但是图中 A 点位于中性轴上，故没有弯曲正应力，只有切应力，属于纯剪切应力状态。

答案:B

70. **解**　由压杆临界荷载公式 $F_{cr}=\frac{\pi^2EI}{(\mu l)^2}$ 可知，F_{cr} 与杆长 l^2 成反比，故杆长度为 $\frac{l}{2}$ 时，F_{cr} 是原来的 4 倍。

答案:A

71. **解**　空气的黏滞系数随温度降低而降低，而水的黏滞系数相反，随温度降低而升高。

答案:A

72. **解**　质量力是作用在每个流体质点上，大小与质量成正比的力；表面力是作用在所设流体的外表，大小与面积成正比的力。

答案:C

73. **解**　根据流线定义及性质以及非恒定流定义可得。

答案:C

74. **解**　题中已给出两断面间有水头损失 $h_{l1\text{-}2}$，而选项 C 中未计及 $h_{l1\text{-}2}$，所以是错误的。

答案:C

75. **解**　根据雷诺数公式 $\mathrm{Re}=\frac{vd}{\nu}$ 及连续方程 $v_1A_1=v_2A_2$ 联立求解可得。

$v_2=v_1\left(\frac{d_1}{d_2}\right)^2=\left(\frac{30}{60}\right)^2 v_1=\frac{v_1}{4}$

$Re_2=\frac{v_2 d_2}{\nu}=\frac{\frac{v_1}{4}\times 2d_1}{\nu}=\frac{1}{2}Re_1=\frac{1}{2}\times 5000=2500$

答案:C

76.**解**　当自由出流孔口与淹没出流孔口的形状、尺寸相同，且作用水头相等时，则出流量应相等。

答案:B

77.**解**　水力最优断面是过流能力最大的断面形状。

答案:B

78.**解**　依据弗劳德准则，流量比尺 $\lambda_Q=\lambda_L^{2.5}$，所以长度比尺 $\lambda_L=\lambda_Q^{1/2.5}$，代入题设数据后有：$\lambda_L=\left(\frac{537}{0.3}\right)^{1/2.5}=(1790)^{0.4}=20$。

答案:D

79.**解**　此题选项 A、C、D 明显不符合静电荷物理特征。关于选项 B 可以用电场强度的叠加定理分析，两个异性电荷连线的中心位置电场强度也不为零，因此，本题的四个选项均不正确。

答案:无可选项

80.**解**　电感电压与电流之间的关系是微分关系，即 $u=L\frac{\mathrm{d}i}{\mathrm{d}t}$。

答案:D

81.**解**　根据线性电路的戴维南定理，图 a)和图 b)电路等效指的是对外电路电压和电流相同，即电路中 20Ω 电阻中的电流均为 1A，方向自下向上；然后利用节电电流关系可知，流过图 a)电路 10Ω 电阻中的电流是 1A。

答案:A

82.**解**　RLC 串联的交流电路中，阻抗的计算公式是 $Z=R+jX_L-jX_C=R+j\omega L-j\frac{1}{\omega C}$，阻抗的模 $|Z|=\sqrt{R^2+\left(\omega L-\frac{1}{\omega C}\right)^2}$；频电源 $\omega=314\text{rad/s}$。

答案:C

83.**解**　该电路是 RLC 混联的正弦交流电路，根据给定电压，将其写成复数为 $\dot{U}=U\angle 30°=\frac{10}{\sqrt{2}}\angle 30°\text{V}$；电流 $\dot{I}=\dot{I}_1+\dot{I}_2=\frac{U\angle 30°}{R+j\omega L}+\frac{U\angle 30°}{-j\left(\frac{1}{\omega C}\right)}=I\angle\psi_i$；$i=I\sqrt{2}\sin(1000t+30°)\text{A}$。

答案:C

84. **解**　在暂态电路中电容电压符合换路定则 $U_C(t_{0+})=U_C(t_{0-})$，开关闭合以前 $U_C(t_{0-})=\frac{R_2}{R_1+R_2}U_s$，$I(0_+)=U_C(0_+)/R_2$；电路达到稳定以后电容能量放光，电路中稳态电流 $I(\infty)=0$。

答案：B

85. **解**　信号源输出最大功率的条件是电源内阻与负载电阻相等，电路中的实际负载电阻折合到变压器的原边数值为 $R'_L=\left(\frac{U_1}{U_2}\right)^2 R_L=R_S=40\Omega$；$K=\frac{u_1}{u_2}=2$，$u_1=u_s\frac{R'_L}{R_S+R'_L}=40\sin\omega t$；$u_2=\frac{u_1}{K}=20\sin\omega t$。

答案：B

86. **解**　在继电接触控制电路中，电器符号均表示电器没有动作的状态，当接触器线圈KM 通电以后常开触点 KM1 闭合，常闭触点 KM2 断开。

答案：C

87. **解**　信息一般的是通过感官接收的关于客观事物的存在形式或变化情况。信号是消息的表现形式，是可以直接观测到的物理现象（如电、光、声、电磁波等）。通常认为“信号是信息的表现形式”。

答案：C

88. **解**　八进制和十六进制都是数字电路中采用的数制，本质上都是二进制，在应用中是根据数字信号的不同要求所选取的不同的书写格式。

答案：D

89. **解**　模拟信号是幅值和时间均连续的信号，采样信号是时间离散、数值连续的信号，离散信号是指在某些不连续时间定义函数值的信号，数字信号是将幅值量化后并以二进制代码表示的离散信号。

答案：B

90. **解**　题中给出非正弦周期信号的傅里叶级数展开式。周期信号中各次谐波的幅值随着频率的增加而减少，但是 $u_1(t)$ 中包含基波和三次谐波，而 $u_2(t)$ 包含的谐波次数是基波和五次谐波，$u_1(t)$ 包含的信息较 $u_2(t)$ 更加完整。

答案：A

91. **解**　由图可以分析，当信号 $|u_i(t)|\leqslant 2V$ 时，放大电路工作在线性工作区，$u_o(t)=5u_i(t)$；当信号 $|u_i(t)|\geqslant 2V$ 时，放大电路工作在非线性工作区，$u_o(t)=\pm 10V$。

答案：D

92. **解**　由逻辑电路的基本关系可得结果，变换中用到了逻辑电路的摩根定理。

答案：D

93. **解**　该电路为二极管的桥式整流电路，当 D_2 二极管断开时，电路变为半波整流电路，输入电压的交流有效值和输出直流电压的关系为 $U_o=0.45U_i$，同时根据二极管的导通电流方向可得 $U_o=-3.18\text{V}$。

答案：C

94. **解**　由图可以分析，当信号 $|u_i(t)|\leqslant 1\text{V}$ 时，放大电路工作在线性工作区，$u_o(t)=10u_i(t)$；当信号 $|u_i(t)|\geqslant 1\text{V}$ 时，放大电路工作在非线性工作区，$u_o(t)=\pm 10\text{V}$；输入信号 $u_i(t)$ 最大值为 2V，则有一部分工作区进入非线性区。

答案：C

95. **解**　图 a)示电路是与非门逻辑电路，$F=\overline{A}$（注：$A\cdot 1=A$）。

答案：D

96. **解**　图示电路是下降沿触发的 JK 触发器，$\overline{R}_D$ 是触发器的异步清零端，由触发器的逻辑功能分析即可得答案。

答案：B

97. **解**　计算机存储单元是按一定顺序编号，这个编号被称为存储地址。

答案：C

98. **解**　操作系统的特征有并发性、共享性和随机性。

答案：B

99. **解**　二进制最后一位是 1，转换后则一定是十进制数的奇数。

答案：A

100. **解**　像素实际上就是图像中的一个个光点，光点可以是黑白的，也可以是彩色的。

答案：D

101. **解**　删除操作系统文件，计算机将无法正常运行。

答案：C

102. **解**　存储器系统包括主存储器、高速缓冲存储器和外存储器。

答案：C

103. **解**　设备管理是对除 CPU 和内存储器之外的所有输入/输出设备的管理。

答案：A

104. **解**　两种十分有效的文件管理工具是“我的电脑”和“资源管理器”。

答案：C

105. **解**　计算机网络主要由网络硬件系统和网络软件系统两大部分组成。

答案：A

106. **解**　局域网覆盖的地理范围通常在几公里之内。

答案:C

107. **解**　按等额支付资金回收公式计算(已知 P 求 A)。

$A=P(A/P,i,n)=5000\times(A/P,8\%,10)=5000\times0.14903=745.15$ 万元

答案:C

108. **解**　建设项目经济评价中的总投资由建设投资、建设期利息和流动资金组成。

答案:C

109. **解**　新设法人项目融资的资金来源于项目资本金和债务资金,权益融资形成项目的资本金,债务融资形成项目的债务资金。

答案:C

110. **解**　在财务生存能力分析中,各年累计盈余资金不出现负值是财务生存的必要条件。

答案:B

111. **解**　分别计算效益流量的现值和费用流量的现值,二者的比值即为该项目的效益费用比。建设期1年,使用寿命10年,计算期共11年。注意:第1年为建设期,投资发生在第0年(即第1年的年初),第2年开始使用,效益和费用从第2年末开始发生。

效益流量的现值:$B=20\times(P/A,10\%,10)\times(P/F,10\%,1)$

$=20\times6.144\times0.9091=111.72$ 万元

费用流量的现值:$C=0.8\times(P/A,10\%,10)\times(P/F,10\%,1)=0.8\times6.1446\times0.9091+100=104.47$ 万元

该项目的效益费用比为:$R_{BC}=B/C=111.72/104.47=1.07$

答案:A

112. **解**　投资项目敏感性分析最基本的分析指标是内部收益率。

答案:B

113. **解**　净年值法既可用于寿命期相同,也可用于寿命期不同的方案比选。

答案:C

114. **解**　强制确定法是以功能重要程度作为选择价值工程对象的一种分析方法,包括01评分法、04评分法等,其中01评分法通过对每个部件与其他各部件的功能重要程度进行逐一对比打分,相对重要的得1分,不重要的得0分,最后计算各部件的功能重要性系数。

答案:D

115. **解**　参见2008年216号文件《建筑工程设计文件编制深度的规定》。

答案:B

116. **解**　《中华人民共和国招标投标法》第二十三条规定,招标人对已发出的招标文件进行必要的澄清或者修改的,应当在招标文件要求提交投标文件截止时间至少十五日前,以书面

形式通知所有招标文件收受人。该澄清或者修改的内容为招标文件的组成部分。

答案:B

117. **解** 《中华人民共和国合同法》第二十条规定有下列情形之一的，要约失效：

(一)拒绝要约的通知到达要约人；

(二)要约人依法撤销要约；

(三)承诺期限届满，受要约人未作出承诺；

(四)受要约人对要约的内容作出实质性变更。

答案:D

118. **解** 《中华人民共和国节约能源法》第四条规定，节约资源是我国的基本国策。国家实施节约与开发并举，把节约放在首位的能源发展战略。

答案:B

119. **解** 注:《中华人民共和国环境保护法》2014年进行了修订，新法第四十五条规定:国家依照法律规定实行排污许可管理制度，此题已过时，未作解答。

120. **解** 根据《建设工程勘察设计管理条例》第十四条的规定，建设工程勘察、设计方案评标，应当以投标人的业绩、信誉和勘察、设计人员的能力以及勘察、设计方案的优劣为依据，进行综合评定。

答案:A

2012 年度全国勘察设计注册工程师公共基础考试

试　题

单项选择题(共 120 题,每题 1 分。每题的备选项中只有一个最符合题意)

1. 设 $f(x)=\begin{cases}\cos x+x\sin\dfrac{1}{x}, & x<0\\ x^2+1, & x\geqslant 0\end{cases}$,则 $x=0$ 是 $f(x)$的下面哪一种情况:

A. 跳跃间断点　　B. 可去间断点　　C. 第二类间断点　　D. 连续点

2. 设 $\alpha(x)=1-\cos x$,$\beta(x)=2x^2$,则当 $x\to 0$ 时,下列结论中正确的是:

A. $\alpha(x)$与 $\beta(x)$是等价无穷小
B. $\alpha(x)$是 $\beta(x)$的高阶无穷小
C. $\alpha(x)$是 $\beta(x)$的低阶无穷小
D. $\alpha(x)$与 $\beta(x)$是同阶无穷小但不是等价无穷小

3. 设 $y=\ln(\cos x)$,则微分 $\mathrm{d}y$ 等于:

A. $\dfrac{1}{\cos x}\mathrm{d}x$　　B. $\cot x\mathrm{d}x$

C. $-\tan x\mathrm{d}x$　　D. $-\dfrac{1}{\cos x\sin x}\mathrm{d}x$

4. $f(x)$的一个原函数为 e^{-x^2},则 $f'(x)=$

A. $2(-1+2x^2)e^{-x^2}$　　B. $-2xe^{-x^2}$
C. $2(1+2x^2)e^{-x^2}$　　D. $(1-2x)e^{-x^2}$

5. $f'(x)$连续,则 $\int f'(2x+1)\mathrm{d}x$ 等于 C 为任意常数:

A. $f(2x+1)+C$　　B. $\dfrac{1}{2}f(2x+1)+C$

C. $2f(2x+1)+C$　　D. $f(x)+C$

6. 定积分 $\int_0^{\frac{1}{2}}\dfrac{1+x}{\sqrt{1-x^2}}\mathrm{d}x=$

A. $\dfrac{\pi}{3}+\dfrac{\sqrt{3}}{2}$　　B. $\dfrac{\pi}{6}-\dfrac{\sqrt{3}}{2}$

C. $\frac{\pi}{6}-\frac{\sqrt{3}}{2}+1$　　D. $\frac{\pi}{6}+\frac{\sqrt{3}}{2}+1$

7. 若 D 是由 $y=x,x=1,y=0$ 所围成的三角形区域，则二重积分 $\iint\limits_D f(x,y)\mathrm{d}x\mathrm{d}y$ 在极坐标系下的二次积分是：

A. $\int_0^{\frac{\pi}{4}}\mathrm{d}\theta\int_0^{\cos\theta}f(r\cos\theta,r\sin\theta)r\mathrm{d}r$　　B. $\int_0^{\frac{\pi}{4}}\mathrm{d}\theta\int_0^{\frac{1}{\cos\theta}}f(r\cos\theta,r\sin\theta)r\mathrm{d}r$

C. $\int_0^{\frac{\pi}{4}}\mathrm{d}\theta\int_0^{\frac{1}{\cos\theta}}r\mathrm{d}r$　　D. $\int_0^{\frac{\pi}{4}}\mathrm{d}\theta\int_0^{\frac{1}{\cos\theta}}f(x,y)\mathrm{d}r$

8. 当 $a<x<b$ 时，有 $f'(x)>0,f''(x)<0$，则在区间 (a,b) 内，函数 $y=f(x)$ 图形沿 x 轴正向是：

A. 单调减且凸的　　B. 单调减且凹的

C. 单调增且凸的　　D. 单调增且凹的

9. 函数在给定区间上不满足拉格朗日定理条件的是：

A. $f(x)=\frac{x}{1+x^2},[-1,2]$　　B. $f(x)=x^{\frac{2}{3}},[-1,1]$

C. $f(x)=e^{\frac{1}{x}},[1,2]$　　D. $f(x)=\frac{x+1}{x},[1,2]$

10. 下列级数中，条件收敛的是：

A. $\sum_{n=1}^{\infty}\frac{(-1)^n}{n}$　　B. $\sum_{n=1}^{\infty}\frac{(-1)^n}{n^3}$

C. $\sum_{n=1}^{\infty}\frac{(-1)^n}{n(n+1)}$　　D. $\sum_{n=1}^{\infty}(-1)^n\frac{n+1}{n+2}$

11. 当 $|x|<\frac{1}{2}$ 时，函数 $f(x)=\frac{1}{1+2x}$ 的麦克劳林展开式正确的是：

A. $\sum_{n=0}^{\infty}(-1)^{n+1}(2x)^n$　　B. $\sum_{n=0}^{\infty}(-2)^nx^n$

C. $\sum_{n=1}^{\infty}(-1)^n2^nx^n$　　D. $\sum_{n=1}^{\infty}2^nx^n$

12. 已知微分方程 $y'+p(x)y=q(x)[q(x)\neq0]$ 有两个不同的特解 $y_1(x),y_2(x)$，C 为任意常数，则该微分方程的通解是：

A. $y=C(y_1-y_2)$　　B. $y=C(y_1+y_2)$

C. $y=y_1+C(y_1+y_2)$　　D. $y=y_1+C(y_1-y_2)$

13. 以 $y_1=e^x,y_2=e^{-3x}$ 为特解的二阶线性常系数齐次微分方程是：

A. $y''-2y'-3y=0$　　B. $y''+2y'-3y=0$

C. $y''-3y'+2y=0$　　D. $y''+3y'+2y=0$

14. 微分方程$\frac{dy}{dx}+\frac{x}{y}=0$的通解是：

A. $x^2+y^2=C(C\in R)$　　B. $x^2-y^2=C(C\in R)$

C. $x^2+y^2=C^2(C\in R)$　　D. $x^2-y^2=C^2(C\in R)$

15. 曲线 $y=(\sin x)^{\frac{3}{2}}(0\leqslant x\leqslant\pi)$与 x 轴围成的平面图形绕 x 轴旋转一周而成的旋转体体积等于：

A. $\frac{4}{3}$　　B. $\frac{4}{3}\pi$　　C. $\frac{2}{3}\pi$　　D. $\frac{2}{3}\pi^2$

16. 曲线 $x^2+4y^2+z^2=4$ 与平面 $x+z=a$ 的交线在 yoz 平面上的投影方程是：

A. $\begin{cases}(a-z)^2+4y^2+z^2=4\\x=0\end{cases}$　　B. $\begin{cases}x^2+4y^2+(a-x)^2=4\\z=0\end{cases}$

C. $\begin{cases}x^2+4y^2+(a-x)^2=4\\x=0\end{cases}$　　D. $(a-z)^2+4y^2+z^2=4$

17. 方程 $x^2-\frac{y^2}{4}+z^2=1$，表示：

A. 旋转双曲面　　B. 双叶双曲面

C. 双曲柱面　　D. 锥面

18. 设直线 L 为 $\begin{cases}x+3y+2z+1=0\\2x-y-10z+3=0\end{cases}$，平面 π 为 $4x-2y+z-2=0$，则直线和平面的关系是：

A. L 平行于 π　　B. L 在 π 上

C. L 垂直于 π　　D. L 与 π 斜交

19. 已知 n 阶可逆矩阵 $\mathbf{A}$ 的特征值为 λ_0，则矩阵 $(2\mathbf{A})^{-1}$ 的特征值是：

A. $\frac{2}{\lambda_0}$　　B. $\frac{\lambda_0}{2}$　　C. $\frac{1}{2\lambda_0}$　　D. $2\lambda_0$

20. 设 $\vec{\alpha}_1,\vec{\alpha}_2,\vec{\alpha}_3,\vec{\beta}$ 为 n 维向量组，已知 $\vec{\alpha}_1,\vec{\alpha}_2,\vec{\beta}$ 线性相关，$\vec{\alpha}_2,\vec{\alpha}_3,\vec{\beta}$ 线性无关，则下列结论中正确的是：

A. $\vec{\beta}$ 必可用 $\vec{\alpha}_1,\vec{\alpha}_2$ 线性表示　　B. $\vec{\alpha}_1$ 必可用 $\vec{\alpha}_2,\vec{\alpha}_3,\vec{\beta}$ 线性表示

C. $\vec{\alpha}_1,\vec{\alpha}_2,\vec{\alpha}_3$ 必线性无关　　D. $\vec{\alpha}_1,\vec{\alpha}_2,\vec{\alpha}_3$ 必线性相关

21. 要使得二次型 $f(x_1,x_2,x_3)=x_1^2+2tx_1x_2+x_2^2-2x_1x_3+2x_2x_3+2x_3^2$ 为正定的，则 t 的取值条件是：

A. $-1<t<1$　　B. $-1<t<0$

C. $t>0$　　D. $t<-1$

22. 若事件 A、B 互不相容，且 $P(A)=p$，$P(B)=q$，则 $P(\overline{AB})$ 等于：

A. $1-p$　　B. $1-q$　　C. $1-(p+q)$　　D. $1+p+q$

23. 若随机变量 X 与 Y 相互独立，且 X 在区间[0,2]上服从均匀分布，Y 服从参数为 3 的指数分布，则数学期望 $E(XY)=$

A. $\frac{4}{3}$　　B. 1　　C. $\frac{2}{3}$　　D. $\frac{1}{3}$

24. 设 $x_1,x_2,\cdots,x_n$ 是来自总体 $N(\mu,\sigma^2)$ 的样本，μ、σ^2 未知，$\overline{x}=\frac{1}{n}\sum_{i=1}^{n}x_i$，$Q^2=\sum_{i=1}^{n}(x_i-\overline{x})^2$，$Q>0$。则检验假设 $H_0:\mu=0$ 时应选取的统计量是：

A. $\sqrt{n(n-1)}\frac{\overline{x}}{Q}$　　B. $\sqrt{n}\frac{\overline{x}}{Q}$　　C. $\sqrt{n-1}\frac{\overline{x}}{Q}$　　D. $\sqrt{n}\frac{\overline{x}}{Q^2}$

25. 一瓶氦气和一瓶氮气，它们每个分子的平均平动动能相同，而且都处于平衡态。则它们：

A. 温度相同，氦分子和氮分子平均动能相同

B. 温度相同，氦分子和氮分子平均动能不同

C. 温度不同，氦分子和氮分子平均动能相同

D. 温度不同，氦分子和氮分子平均动能不同

26. 最概然速率 v_p 的物理意义是：

A. v_p 是速率分布中的最大速率

B. v_p 是最大多数分子的速率

C. 在一定的温度下，速率与 v_p 相近的气体分子所占的百分率最大

D. v_p 是所有分子速率的平均值

27. 一定量的理想气体由 a 状态经过一过程到达 b 状态，吸热为 335J，系统对外做功 126J；若系统经过另一过程由 a 状态到达 b 状态，系统对外做功 42J，则过程中传入系统的热量为：

A. 530J　　B. 167J　　C. 251J　　D. 335J

28. 一定量的理想气体，经过等体过程，温度增量 ΔT，内能变化 ΔE_1，吸收热量 Q_1；若经过

等压过程，温度增量也为 ΔT，内能变化 ΔE_2，吸收热量 Q_2，则一定是：

A. $\Delta E_2=\Delta E_1, Q_2>Q_1$
B. $\Delta E_2=\Delta E_1, Q_2<Q_1$
C. $\Delta E_2>\Delta E_1, Q_2>Q_1$
D. $\Delta E_2<\Delta E_1, Q_2<Q_1$

29. 一平面简谐波的波动方程为 $y=2\times10^{-2}\cos2\pi\left(10t-\frac{x}{5}\right)$（SI）。$t=0.25$s 时，处于平衡位置，且与坐标原点 $x=0$ 最近的质元的位置是：

A. ±5m
B. 5m
C. ±1.25m
D. 1.25m

30. 一平面简谐波沿 x 轴正方向传播，振幅 $A=0.02$m，周期 $T=0.5$s，波长 $\lambda=100$m，原点处质元的初相位 $\phi=0$，则波动方程的表达式为：

A. $y=0.02\cos2\pi\left(\frac{t}{2}-0.01x\right)$（SI）
B. $y=0.02\cos2\pi(2t-0.01x)$（SI）
C. $y=0.02\cos2\pi\left(\frac{t}{2}-100x\right)$（SI）
D. $y=0.02\cos2\pi(2t-100x)$（SI）

31. 两人轻声谈话的声强级为 40dB，热闹市场上噪声的声强级为 80dB。市场上噪声的声强与轻声谈话的声强之比为：

A. 2
B. 20
C. 10^2
D. 10^4

32. P_1 和 P_2 为偏振化方向相互垂直的两个平行放置的偏振片，光强为 I_0 的自然光垂直入射在第一个偏振片 P_1 上，则透过 P_1 和 P_2 的光强分别为：

A. $\frac{I_0}{2}$和 0
B. 0 和$\frac{I_0}{2}$
C. I_0 和 I_0
D. $\frac{I_0}{2}$和$\frac{I_0}{2}$

33. 一束自然光自空气射向一块平板玻璃，设入射角等于布儒斯特角，则反射光为：

A. 自然光
B. 部分偏振光
C. 完全偏振光
D. 圆偏振光

34. 波长 $\lambda=550$nm（$1\text{nm}=10^{-9}$m）的单色光垂直入射于光栅常数为 2×10^{-4}cm 的平面衍射光栅上，可能观察到光谱线的最大级次为：

A. 2
B. 3
C. 4
D. 5

35. 在单缝夫琅禾费衍射实验中，波长为 λ 的单色光垂直入射到单缝上，对应于衍射角为 $30°$的方向上，若单缝处波阵面可分成 3 个半波带。则缝宽 a 为：

A. λ
B. 1.5λ
C. 2λ
D. 3λ

36. 以双缝干涉实验中，波长为 λ 的单色平行光垂直入射到缝间距为 a 的双缝上，屏到双

缝的距离为 D,则某一条明纹与其相邻的一条暗纹的间距为:

A. $\frac{D\lambda}{a}$　　B. $\frac{D\lambda}{2a}$　　C. $\frac{2D\lambda}{a}$　　D. $\frac{D\lambda}{4a}$

37. 钴的价层电子构型是 $3d^7 4s^2$,钴原子外层轨道中未成对电子数为:

A. 1　　B. 2　　C. 3　　D. 4

38. 在 HF、HCl、HBr、HI 中,按熔、沸点由高到低顺序排列正确的是:

A. HF、HCl、HBr、HI　　B. HI、HBr、HCl、HF
C. HCl、HBr、HI、HF　　D. HF、HI、HBr、HCl

39. 对于 HCl 气体溶解于水的过程,下列说法正确的是:

A. 这仅是一个物理变化过程
B. 这仅是一个化学变化过程
C. 此过程既有物理变化又有化学变化
D. 此过程中溶质的性质发生了变化,而溶剂的性质未变

40. 体系与环境之间只有能量交换而没有物质交换,这种体系在热力学上称为:

A. 绝热体系　　B. 循环体系　　C. 孤立体系　　D. 封闭体系

41. 反应 $PCl_3(g)+Cl_2(g) \rightleftharpoons PCl_5(g)$,298K 时 $K^{\ominus}=0.767$,此温度下平衡时,如 $p(PCl_5)=p(PCl_3)$,则 $p(Cl_2)=$

A. 130.38kPa　　B. 0.767kPa
C. 7607kPa　　D. 7.67×10^{-3}kPa

42. 在铜锌原电池中,将铜电极的 $c(H^+)$ 由 1mol/L 增加到 2mol/L,则铜电极的电极电势:

A. 变大　　B. 变小　　C. 无变化　　D. 无法确定

43. 元素的标准电极电势图如下:

$Cu^{2+} \xrightarrow{0.159} Cu^+ \xrightarrow{0.52} Cu$

$Au^{3+} \xrightarrow{1.36} Au^+ \xrightarrow{1.83} Au$

$Fe^{3+} \xrightarrow{0.771} Fe^{2+} \xrightarrow{-0.44} Fe$

$MnO_4^- \xrightarrow{1.51} Mn^{2+} \xrightarrow{-1.18} Mn$

在空气存在的条件下,下列离子在水溶液中最稳定的是:

A. Cu^{2+}　　B. Au^+　　C. Fe^{2+}　　D. Mn^{2+}

44. 按系统命名法，下列有机化合物命名正确的是：

A. 2-乙基丁烷　　B. 2，2-二甲基丁烷
C. 3，3-二甲基丁烷　　D. 2，3，3-三甲基丁烷

45. 下列物质使溴水褪色的是：

A. 乙醇　　B. 硬脂酸甘油酯　　C. 溴乙烷　　D. 乙烯

46. 昆虫能分泌信息素。下列是一种信息素的结构简式：

$$CH_3(CH_2)_5CH=CH(CH_2)_9CHO$$

下列说法正确的是：

A. 这种信息素不可以与溴发生加成反应
B. 它可以发生银镜反应
C. 它只能与 1mol H_2 发生加成反应
D. 它是乙烯的同系物

47. 图示刚架中，若将作用于 B 处的水平力 P 沿其作用线移至 C 处，则 A、D 处的约束力：

A. 都不变　　B. 都改变
C. 只有 A 处改变　　D. 只有 D 处改变

48. 图示绞盘有三个等长为 l 的柄，三个柄均在水平面内，其间夹角都是 120°。如在水平面内，每个柄端分别作用一垂直于柄的力 F_1、F_2、F_3，且有 $F_1=F_2=F_3=F$，该力系向 O 点简化后的主矢及主矩应为：

A. $F_R=0$，$M_O=3Fl$（顺时针）
B. $F_R=0$，$M_O=3Fl$（逆时针）
C. $F_R=2F$（水平向右），$M_O=3Fl$（顺时针）
D. $F_R=2F$（水平向左），$M_O=3Fl$（逆时针）

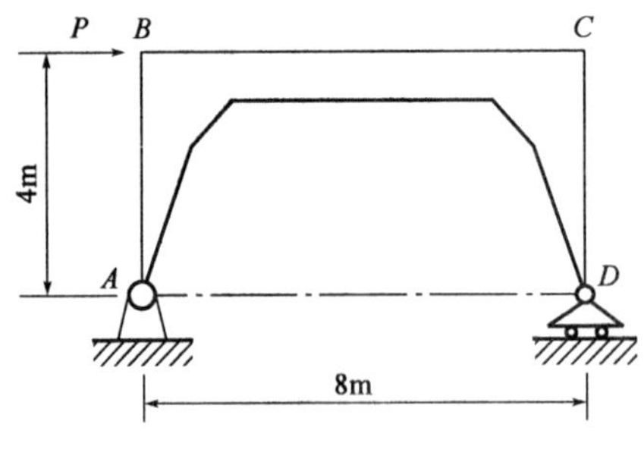

题 47 图

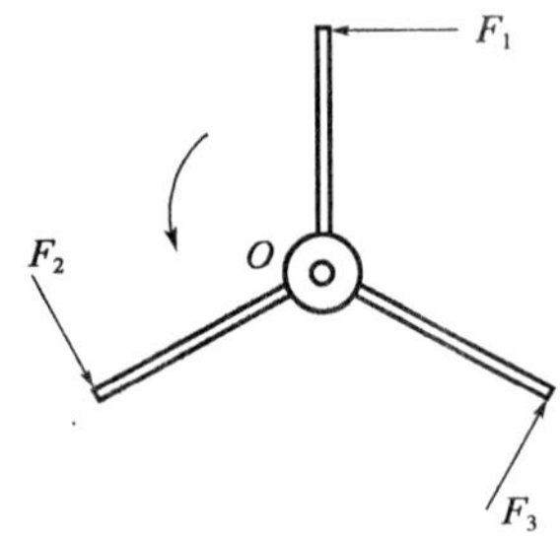

题 48 图

49. 图示起重机的平面构架，自重不计，且不计滑轮质量，已知：$F=100\text{kN}$，$L=70\text{cm}$，B、D、E 为铰链连接。则支座 A 的约束力为：

A. $F_{Ax}=100\text{kN}(\leftarrow)$　　$F_{Ay}=150\text{kN}(\downarrow)$

B. $F_{Ax}=100\text{kN}(\rightarrow)$　　$F_{Ay}=50\text{kN}(\uparrow)$

C. $F_{Ax}=100\text{kN}(\leftarrow)$　　$F_{Ay}=50\text{kN}(\downarrow)$

D. $F_{Ax}=100\text{kN}(\leftarrow)$　　$F_{Ay}=100\text{kN}(\downarrow)$

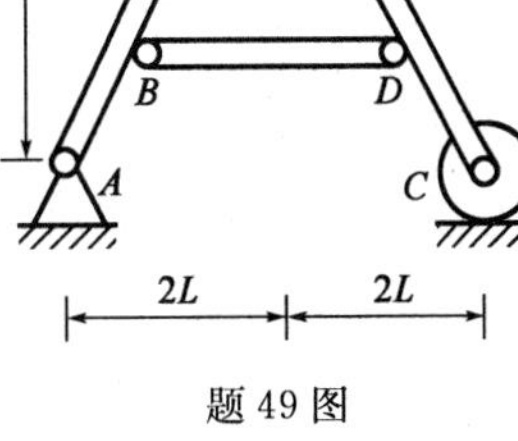

题 49 图

50. 两个刚片,用三根链杆连接而成的体系是:

A. 几何常变　　B. 几何不变

C. 几何瞬变　　D. 几何不变或几何常变或几何瞬变

51. 动点以常加速度 2m/s^2 作直线运动。当速度由 5m/s 增加到 8m/s 时,则点运动的路程为:

A. 7.5m　　B. 12m　　C. 2.25m　　D. 9.75m

52. 物体作定轴转动的运动方程为 $\varphi=4t-3t^2$(φ 以 rad 计,t 以 s 计)。此物体内,转动半径 $r=0.5\text{m}$ 的一点,在 $t_0=0$ 时的速度和法向加速度的大小分别为:

A. $2\text{m/s}, 8\text{m/s}^2$　　B. $3\text{m/s}, 3\text{m/s}^2$

C. $2\text{m/s}, 8.54\text{m/s}^2$　　D. $0, 8\text{m/s}^2$

53. 一木板放在两个半径 $r=0.25\text{m}$ 的传输鼓轮上面。在图示瞬时,木板具有不变的加速度 $a=0.5\text{m/s}^2$,方向向右;同时,鼓动边缘上的点具有一大小为 3m/s^2 的全加速度。如果木板在鼓轮上无滑动,则此木板的速度为:

A. 0.86m/s　　B. 3m/s　　C. 0.5m/s　　D. 1.67m/s

54. 重为 W 的人乘电梯铅垂上升,当电梯加速上升、匀速上升及减速上升时,人对地板的压力分别为 p_1、p_2、p_3,它们之间的关系为:

A. $p_1=p_2=p_3$　　B. $p_1>p_2>p_3$

C. $p_1<p_2<p_3$　　D. $p_1<p_2>p_3$

55. 均质细杆 AB 重力为 W,A 端置于光滑水平面上,B 端用绳悬挂,如图所示。当绳断后,杆在倒地的过程中,质心 C 的运动轨迹为:

A. 圆弧线　　B. 曲线

C. 铅垂直线　　D. 抛物线

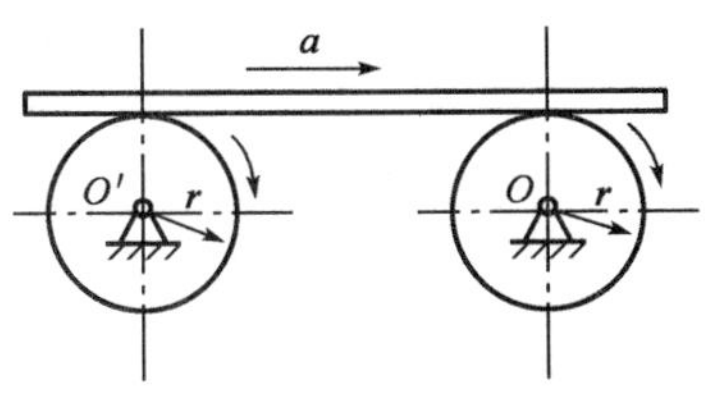

题 53 图

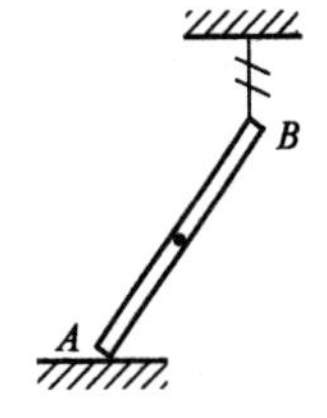

题 55 图

56. 杆 OA 与均质圆轮的质心用光滑铰链 A 连接，如图所示，初始时它们静止于铅垂面内，现将其释放，则圆轮 A 所作的运动为：

A. 平面运动　　B. 绕轴 O 的定轴转动
C. 平行移动　　D. 无法判断

57. 图示质量为 m、长为 l 的均质杆 OA 绕 O 轴在铅垂平面内作定轴转动。已知某瞬时杆的角速度为 ω，角加速度为 α，则杆惯性力系合力的大小为：

A. $\frac{l}{2}m\sqrt{\alpha^2+\omega^2}$　　B. $\frac{l}{2}m\sqrt{\alpha^2+\omega^4}$

C. $\frac{l}{2}m\alpha$　　D. $\frac{l}{2}m\omega^2$

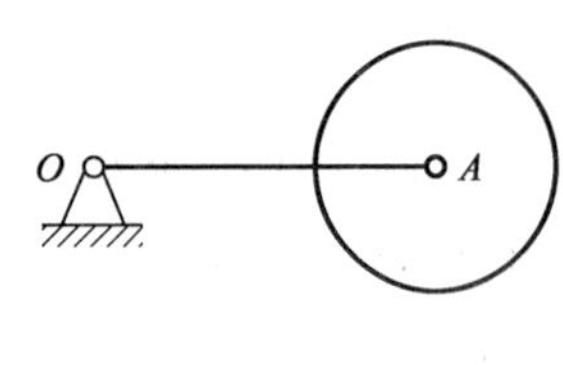

题 56 图

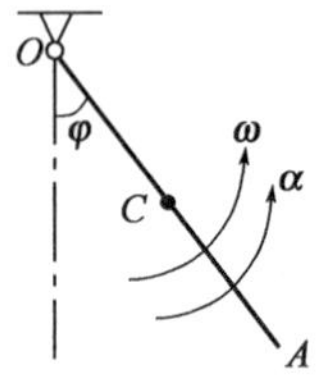

题 57 图

58. 已知单自由度系统的振动固有频率 $\omega_n=2\text{rad/s}$，若在其上分别作用幅值相同而频率为 $\omega_1=1\text{rad/s}$；$\omega_2=2\text{rad/s}$，$\omega_3=3\text{rad/s}$ 的简谐干扰力，则此系统强迫振动的振幅为：

A. $\omega_1=1\text{rad/s}$ 时振幅最大　　B. $\omega_2=2\text{rad/s}$ 时振幅最大
C. $\omega_3=3\text{rad/s}$ 时振幅最大　　D. 不能确定

59. 截面面积为 A 的等截面直杆，受轴向拉力作用。杆件的原始材料为低碳钢，若将材料改为木材，其他条件不变，下列结论中正确的是：

A. 正应力增大，轴向变形增大　　B. 正应力减小，轴向变形减小
C. 正应力不变，轴向变形增大　　D. 正应力减小，轴向变形不变

60. 图示等截面直杆，材料的拉压刚度为 EA，杆中距离 A 端 1.5L 处横截面的轴向位移是：

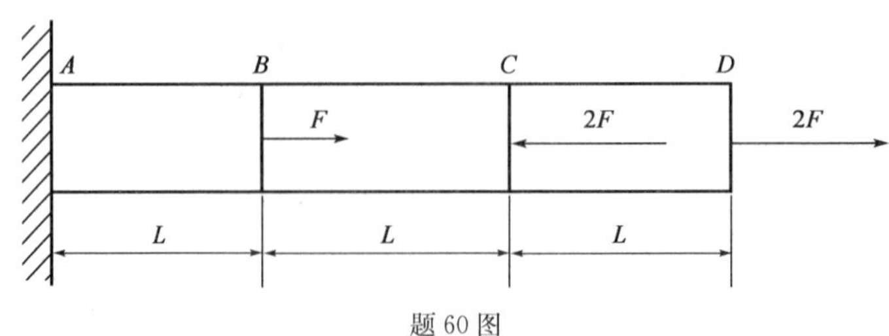

题 60 图

A. $\frac{4FL}{EA}$　　B. $\frac{3FL}{EA}$　　C. $\frac{2FL}{EA}$　　D. $\frac{FL}{EA}$

61. 图示冲床的冲压力 $F=300\pi \text{kN}$，钢板的厚度 $t=10\text{mm}$，钢板的剪切强度极限 $\tau_b=300\text{MPa}$。冲床在钢板上可冲圆孔的最大直径 d 是：

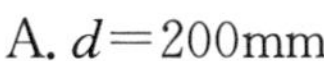

A. $d=200\text{mm}$　　B. $d=100\text{mm}$

C. $d=4000\text{mm}$　　D. $d=1000\text{mm}$

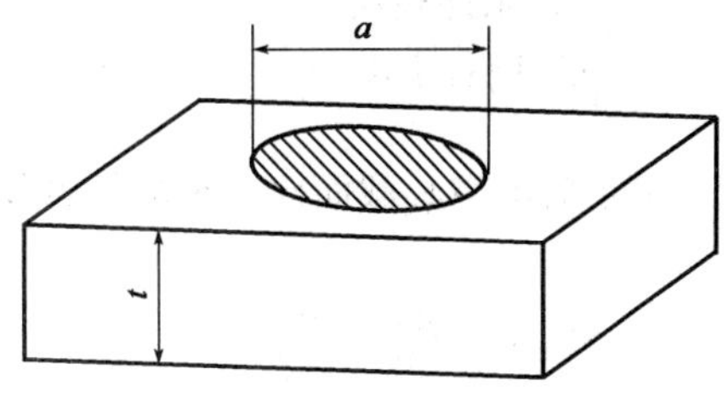

题 61 图

62. 图示两根木杆连接结构，已知木材的许用切应力为 $[\tau]$，许用挤压应力为 $[\sigma_{bs}]$，则 a 与 h 的合理比值是：

A. $\dfrac{h}{a}=\dfrac{[\tau]}{[\sigma_{bs}]}$　　B. $\dfrac{h}{a}=\dfrac{[\sigma_{bs}]}{[\tau]}$

C. $\dfrac{h}{a}=\dfrac{[\tau]a}{[\sigma_{bs}]}$　　D. $\dfrac{h}{a}=\dfrac{[\sigma_{bs}]a}{[\tau]}$

63. 圆轴受力如图，下面 4 个扭矩图中正确的是：

A.
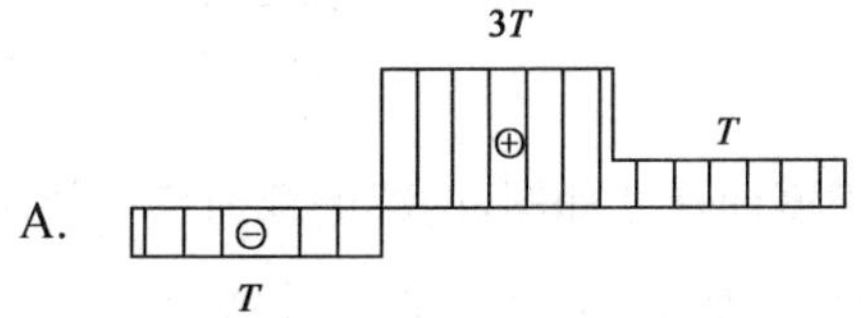

B.
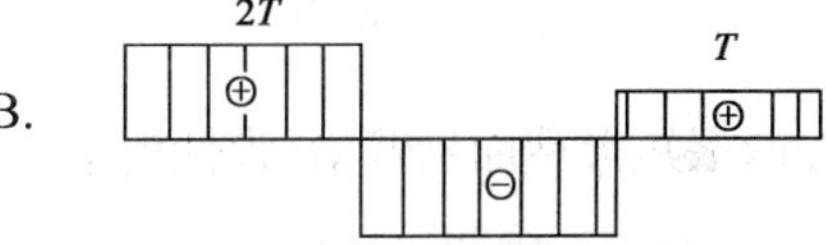

C.
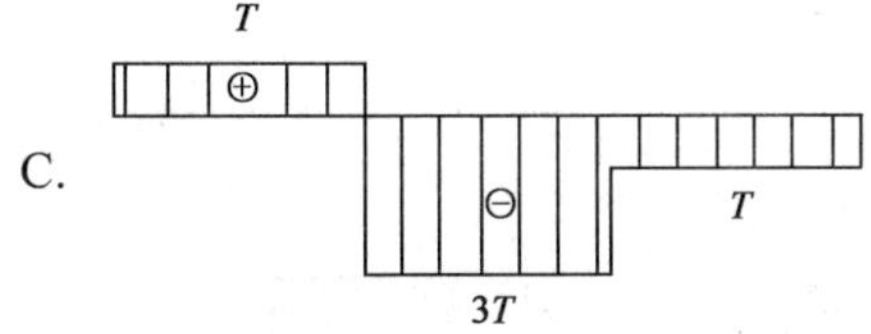

D.
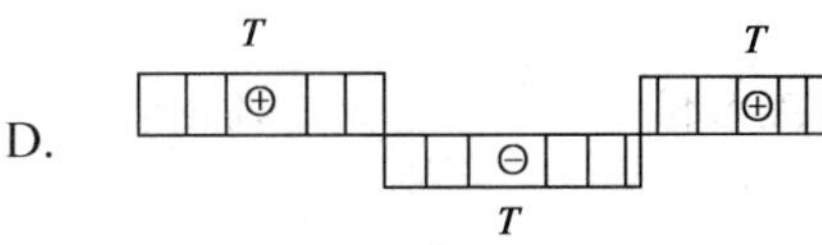

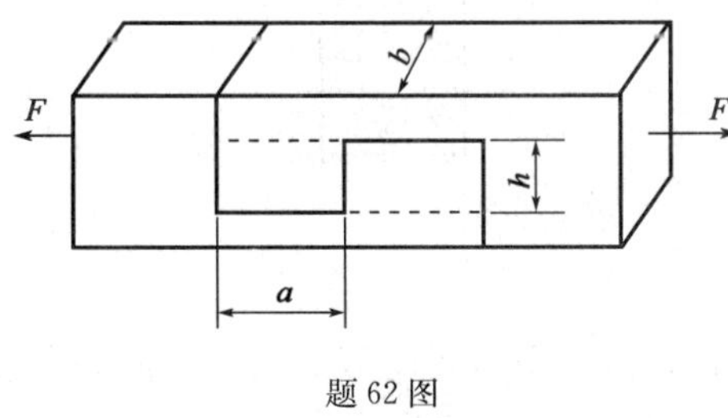

题 62 图

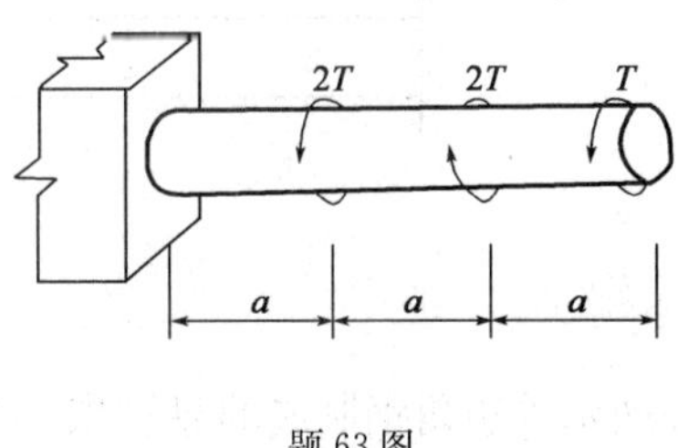

题 63 图

64. 直径为 d 的实心圆轴受扭，若使扭转角减小一半，圆轴的直径需变为：

A. $\sqrt[4]{2}d$　　B. $\sqrt[3]{2}d$　　C. $0.5d$　　D. $\dfrac{8}{3}d$

65. 梁 ABC 的弯矩如图所示，根据梁的弯矩图，可以断定该梁 B 点处：

A. 无外载荷　　B. 只有集中力偶

C. 只有集中力　　D. 有集中力和集中力偶

66. 图示空心截面对 z 轴的惯性矩 I_z 为：

A. $I_z=\frac{\pi d^4}{32}-\frac{a^4}{12}$　　B. $I_z=\frac{\pi d^4}{64}-\frac{a^4}{12}$

C. $I_z=\frac{\pi d^4}{32}+\frac{a^4}{12}$　　D. $I_z=\frac{\pi d^4}{64}+\frac{a^4}{12}$

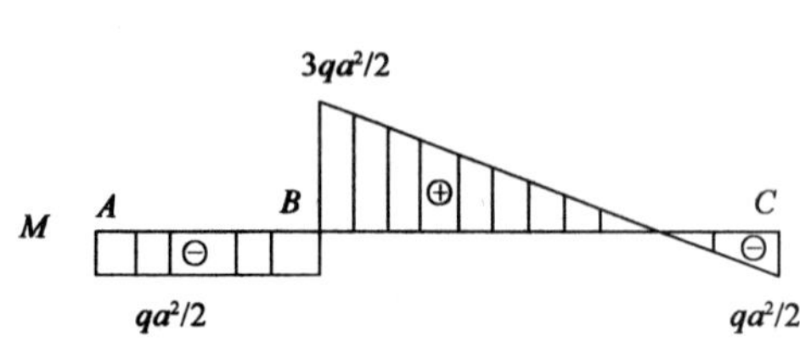

题 65 图

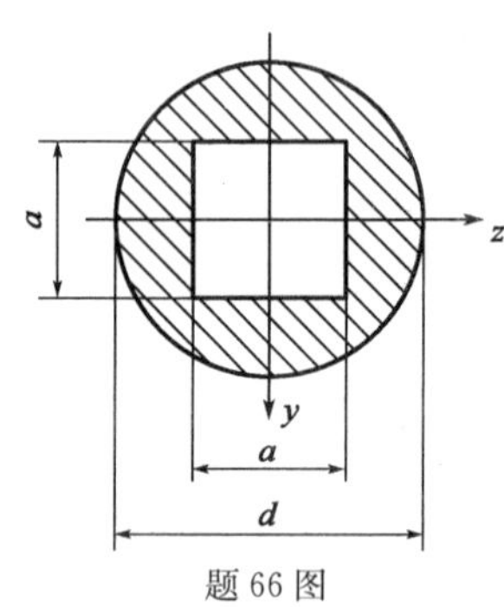

题 66 图

67. 两根矩形截面悬臂梁，弹性模量均为 E，横截面尺寸如图，两梁的载荷均为作用在自由端的集中力偶。已知两梁的最大挠度相同，则集中力偶 M_{e2} 是 M_{e1} 的：(悬臂梁受自由端集中力偶 M 作用，自由端挠度为 $\frac{ML^2}{2EI}$)

A. 8 倍　　B. 4 倍　　C. 2 倍　　D. 1 倍

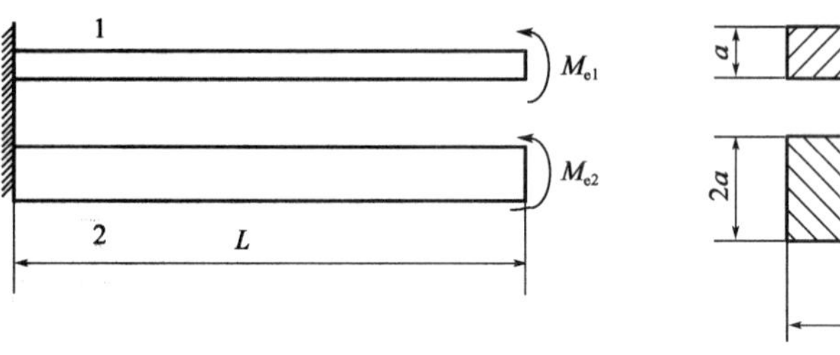

题 67 图

68. 图示等边角钢制成的悬臂梁 AB，c 点为截面形心，x' 为该梁轴线，y'、z' 为形心主轴。集中力 F 竖直向下，作用线过角钢两个狭长矩形边中线的交点，梁将发生以下变形：

A. $x'z'$ 平面内的平面弯曲

B. 扭转和 $x'z'$ 平面内的平面弯曲

C. $x'y'$ 平面和 $x'z'$ 平面内的双向弯曲

D. 扭转和 $x'y'$ 平面、$x'z'$ 平面内的双向弯曲

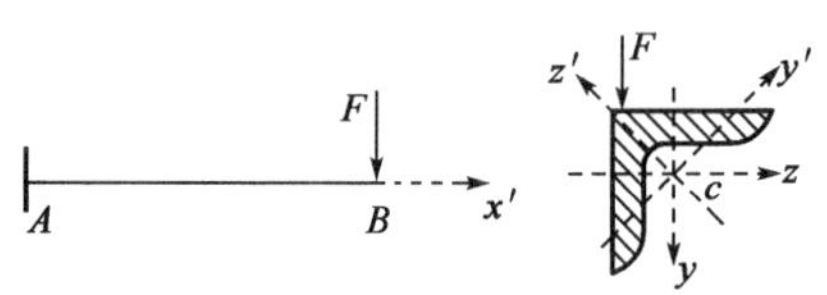

题 68 图

69. 图示单元体，法线与 x 轴夹角 $\alpha=45°$ 的斜截面上切应力 τ_α 是：

A. $\tau_\alpha=10\sqrt{2}$MPa　　B. $\tau_\alpha=50$MPa

C. $\tau_\alpha=60$MPa　　D. $\tau_\alpha=0$

70. 图示矩形截面细长（大柔度）压杆，弹性模量为 E。该压杆的临界荷载 F_{cr} 为：

A. $F_{cr}=\frac{\pi^2 E}{(L)^2}\left(\frac{bh^3}{12}\right)$　　B. $F_{cr}=\frac{\pi^2 E}{(L)^2}\left(\frac{hb^3}{12}\right)$

C. $F_{cr}=\frac{\pi^2 E}{(2L)^2}\left(\frac{bh^3}{12}\right)$　　D. $F_{cr}=\frac{\pi^2 E}{(2L)^2}\left(\frac{hb^3}{12}\right)$

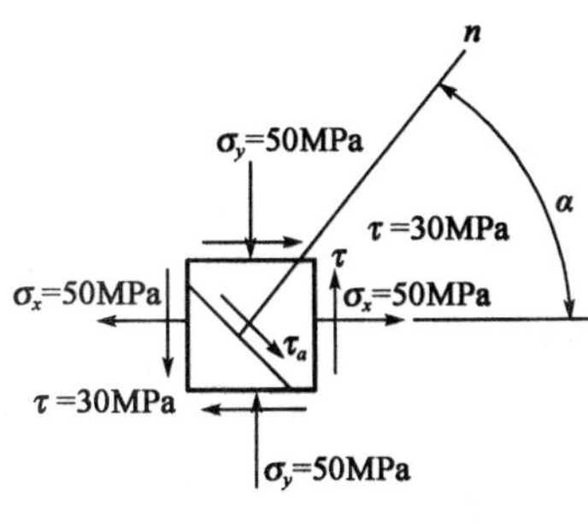

题 69 图

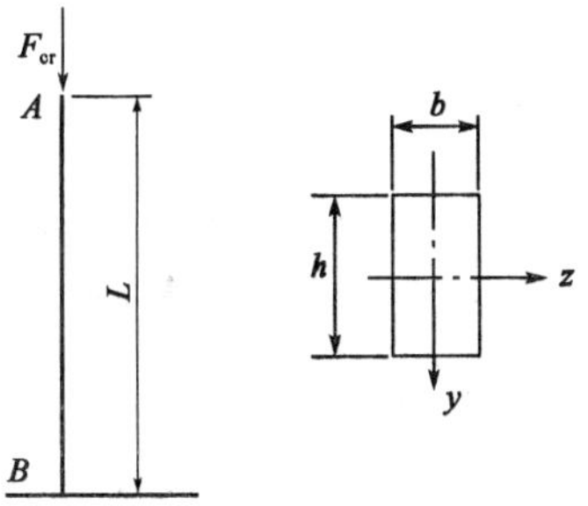

F_{cr} A L B b h z y

题 70 图

71. 按连续介质概念，流体质点是：

A. 几何的点

B. 流体的分子

C. 流体内的固体颗粒

D. 几何尺寸在宏观上同流动特征尺度相比是微小量，又含有大量分子的微元体

72. 设 A、B 两处液体的密度分别为 ρ_A 与 ρ_B，由 U 形管连接，如图所示，已知水银密度为 ρ_m，1、2 面的高度差为 Δh，它们与 A、B 中心点的高度差分别是 h_1 与 h_2，则 AB 两中心点的压强差 P_A-P_B 为：

A. $(-h_1\rho_A+h_2\rho_B+\Delta h\rho_m)g$

B. $(h_1\rho_A-h_2\rho_B-\Delta h\rho_m)g$

C. $[-h_1\rho_A+h_2\rho_B+\Delta h(\rho_m-\rho_A)]g$

D. $[h_1\rho_A-h_2\rho_B-\Delta h(\rho_m-\rho_A)]g$

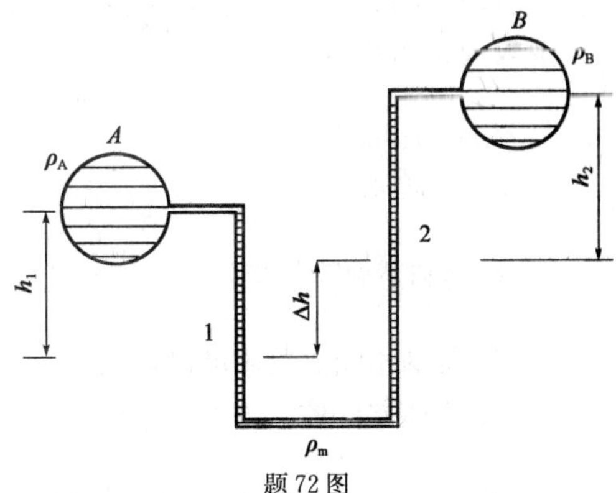

题 72 图

73. 汇流水管如图所示，已知三部分水管的横截面积分别为 $A_1=0.01\text{m}^2$，$A_2=0.005\text{m}^2$，$A_3=0.01\text{m}^2$，入流速度 $v_1=4$m/s，$v_2=6$m/s，求出流的流速 v_3 为：

A. 8m/s　　B. 6m/s　　C. 7m/s　　D. 5m/s

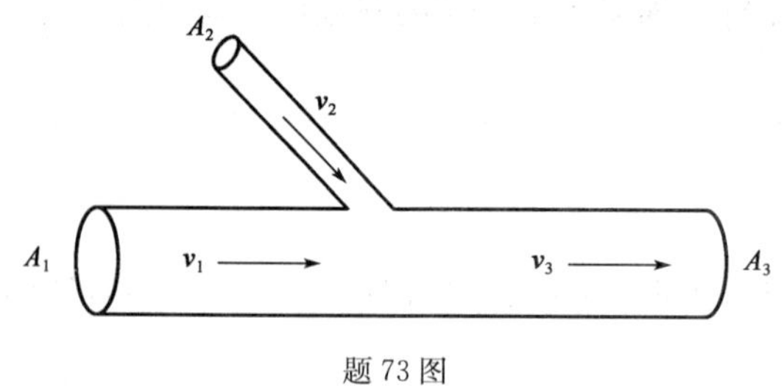

题 73 图

74. 尼古拉斯实验的曲线图中，在以下哪个区域里，不同相对粗糙度的试验点，分别落在一些与横轴平行的直线上，阻力系数 λ 与雷诺数无关：

A. 层流区 B. 临界过渡区
C. 紊流光滑区 D. 紊流粗糙区

75. 正常工作条件下，若薄壁小孔口直径为 d，圆柱形管嘴的直径为 d_2，作用水头 H 相等，要使得孔口与管嘴的流量相等，则直径 d_1 与 d_2 的关系是：

A. $d_1>d_2$ B. $d_1<d_2$
C. $d_1=d_2$ D. 条件不足无法确定

76. 下面对明渠均匀流的描述哪项是正确的：

A. 明渠均匀流必须是非恒定流
B. 明渠均匀流的粗糙系数可以沿程变化
C. 明渠均匀流可以有支流汇入或流出
D. 明渠均匀流必须是顺坡

77. 有一完全井，半径 $r_0=0.3\text{m}$，含水层厚度 $H=15\text{m}$，土壤渗透系数 $k=0.0005\text{m/s}$，抽水稳定后，井水深 $h=10\text{m}$，影响半径 $R=375\text{m}$，则由达西定律得出的井的抽水量 Q 为：(其中计算系数为 1.366)

A. $0.0276\text{m}^3/\text{s}$ B. $0.0138\text{m}^3/\text{s}$
C. $0.0414\text{m}^3/\text{s}$ D. $0.0207\text{m}^3/\text{s}$

78. 量纲和谐原理是指：

A. 量纲相同的量才可以乘除 B. 基本量纲不能与导出量纲相运算
C. 物理方程式中各项的量纲必须相同 D. 量纲不同的量才可以加减

79. 关于电场和磁场，下述说法中正确的是：

A. 静止的电荷周围有电场，运动的电荷周围有磁场
B. 静止的电荷周围有磁场，运动的电荷周围有电场
C. 静止的电荷和运动的电荷周围都只有电场

D. 静止的电荷和运动的电荷周围都只有磁场

80. 如图所示，两长直导线的电流 $I_1=I_2$，L 是包围 I_1、I_2 的闭合曲线，以下说法中正确的是：

A. L 上各点的磁场强度 H 的量值相等，不等于 0

B. L 上各点的 H 等于 0

C. L 上任一点的 H 等于 I_1、I_2 在该点的磁场强度的叠加

D. L 上各点的 H 无法确定

81. 电路如图所示，U_S 为独立电压源，若外电路不变，仅电阻 R 变化时，将会引起下述哪种变化？

A. 端电压 U 的变化　　B. 输出电流 I 的变化

C. 电阻 R 支路电流的变化　　D. 上述三者同时变化

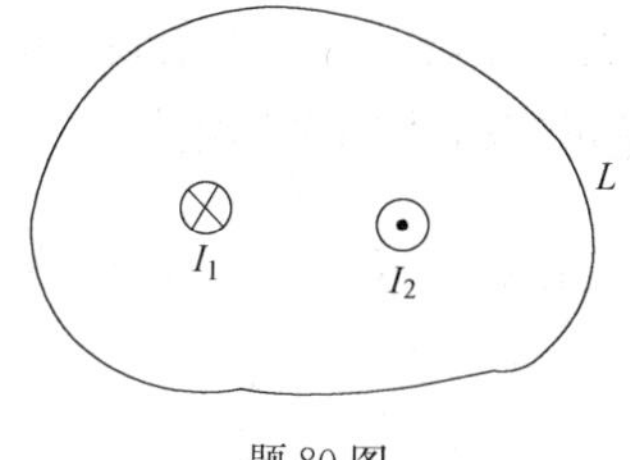

题 80 图

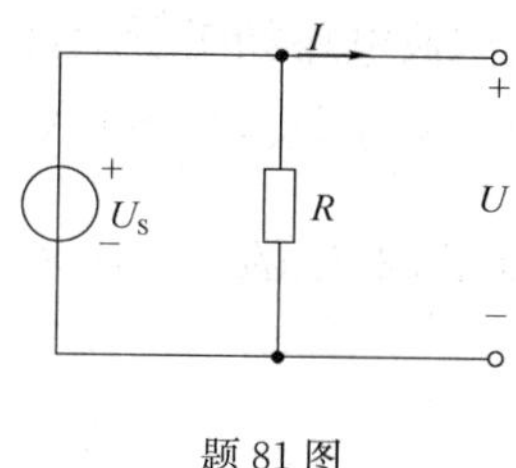

题 81 图

82. 在图 a)电路中有电流 I 时，可将图 a)等效为图 b)，其中等效电压源电动势 E_S 和等效电源内阻 R_0 分别为：

A. −1V，5.143Ω　　B. 1V，5Ω　　C. −1V，5Ω　　D. 1V，5.143Ω

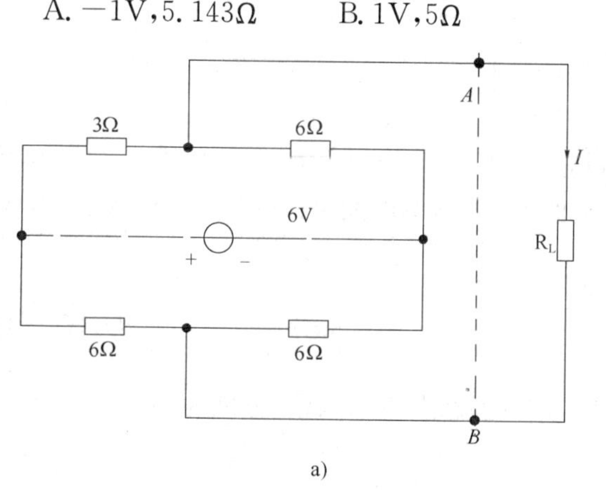

a)

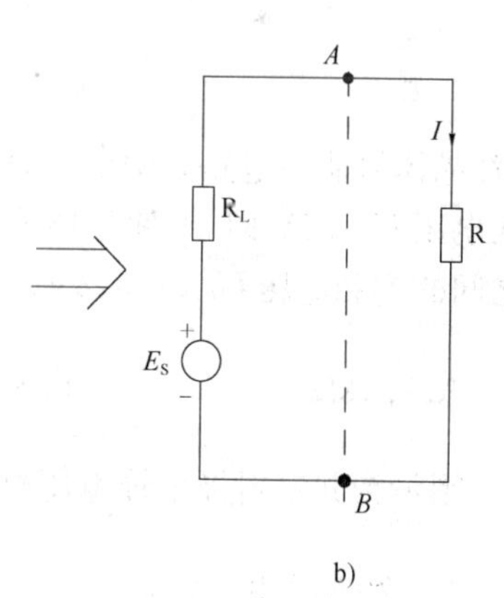

b)

题 82 图

83. 某三相电路中，三个线电流分别为：

$$i_A=18\sin(314t+23°)(A)$$

$$i_B=18\sin(314t-97°)(A)$$

$$i_C=18\sin(314t+143°)(A)$$

当 $t=10$s 时，三个电流之和为：

A. 18A　　B. 0A　　C. $18\sqrt{2}$A　　D. $18\sqrt{3}$A

84. 电路如图所示，电容初始电压为零，开关在 $t=0$ 时闭合，则 $t\geqslant 0$ 时，$u(t)$ 为：

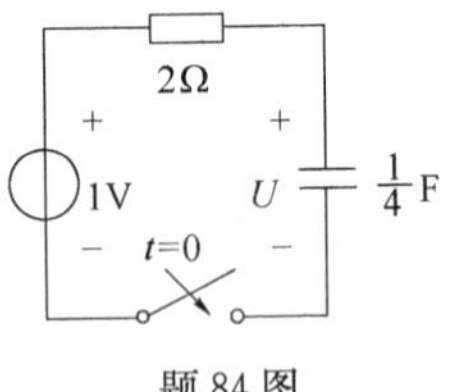

题 84 图

A. $(1-e^{-0.5t})$V　　B. $(1+e^{-0.5t})$V

C. $(1-e^{-2t})$V　　D. $(1+e^{-2t})$V

85. 有一容量为10kVA 的单相变压器，电压为 3300/220V，变压器在额定状态下运行。在理想的情况下副边可接 40W、220V、功率因数 $\cos\phi=0.44$ 的日光灯多少盏?

A. 110　　B. 200　　C. 250　　D. 125

86. 整流滤波电路如图所示，已知 $U_1=30$V，$U_o=12$V，$R=2$kΩ，$R_L=4$kΩ，稳压管的稳定电流 $I_{Zmin}=5$mA 与 $I_{Zmax}=18$mA。通过稳压管的电流和通过二极管的平均电流分别是：

A. 5mA，2.5mA　　B. 8mA，8mA　　C. 6mA，2.5mA　　D. 6mA，4.5mA

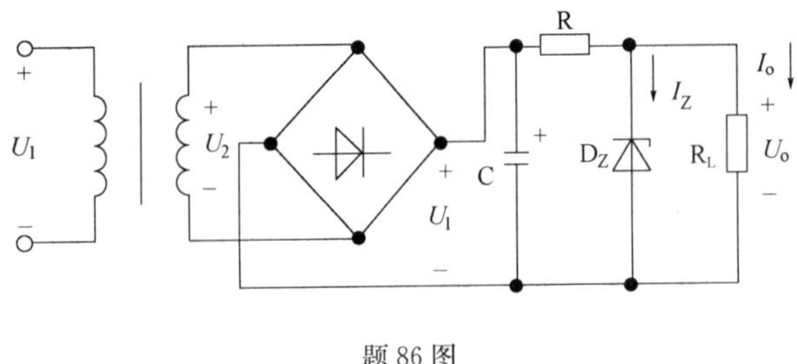

题 86 图

87. 晶体管非门电路如图所示，已知 $U_{CC}=15$V，$U_B=-9$V，$R_C=3$kΩ，$R_B=20$kΩ，$\beta=40$，当输入电压 $U_1=5$V 时，要使晶体管饱和导通，R_X 的值不得大于：(设 $U_{BE}=0.7$V，集电极和发射极之间的饱和电压 $U_{CES}=0.3$V)

A. 7.1kΩ　　B. 35kΩ　　C. 3.55kΩ　　D. 17.5kΩ

88. 图示为共发射极单管电压放大电路，估算静态点 I_B、I_C、V_{CE} 分别为：

A. 57μA，2.8mA，3.5V　　B. 57μA，2.8mA，8V

C. 57μA，4mA，0V　　D. 30μA，2.8mA，3.5V

89. 图为三个二极管和电阻 R 组成的一个基本逻辑门电路，输入二极管的高电平和低电平分别是 3V 和 0V，电路的逻辑关系式是：

A. Y=ABC　　B. Y=A+B+C

C. Y＝AB＋C　　　　D. Y＝(A＋B)C

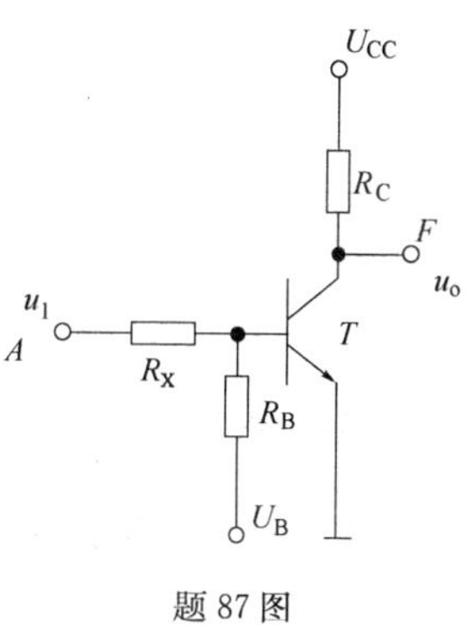

题 87 图

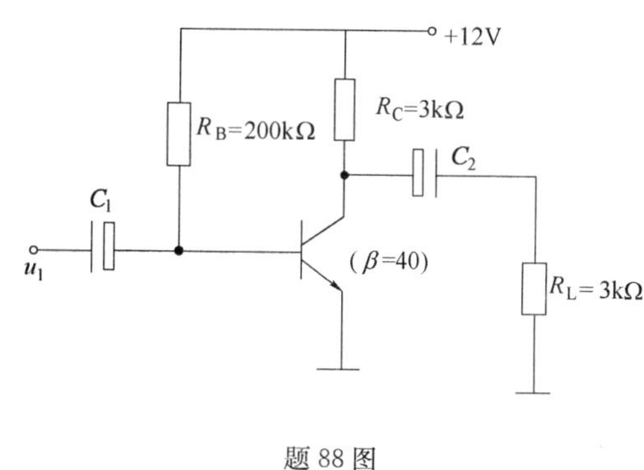

题 88 图

90. 由两个主从型 JK 触发器组成的逻辑电路如图 a)所示，设 Q_1、Q_2的初始态是 0、0，已知输入信号 A 和脉冲信号 cp 的波形，如图 b)所示，当第二个 cp 脉冲作用后，Q_1、Q_2将变为：

A. 1、1　　　　B. 1、0

C. 0、1　　　　D. 保持 0、0 不变

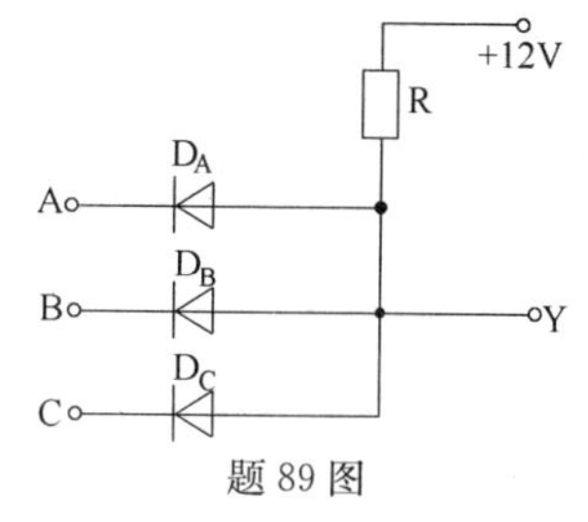

题 89 图

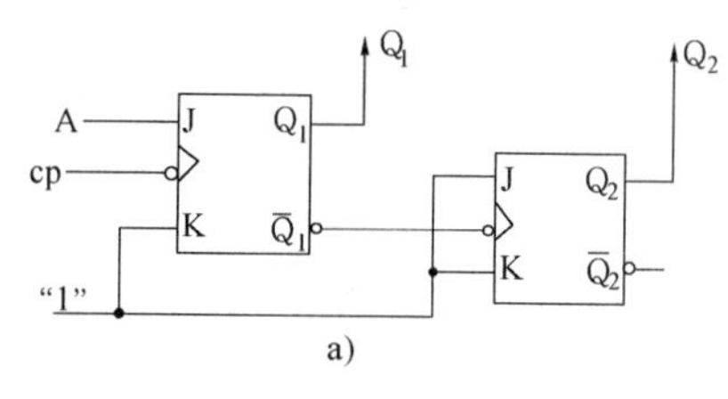

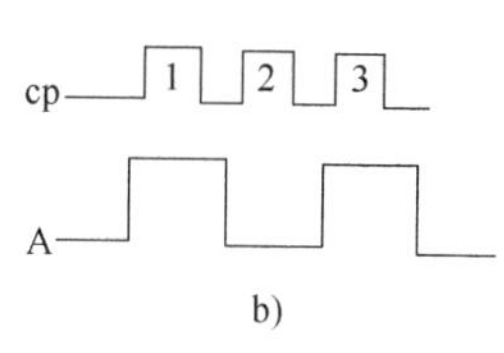

题 90 图

91. 图示为电报信号、温度信号、触发脉冲信号和高频脉冲信号的波形，其中是连续信号的是：

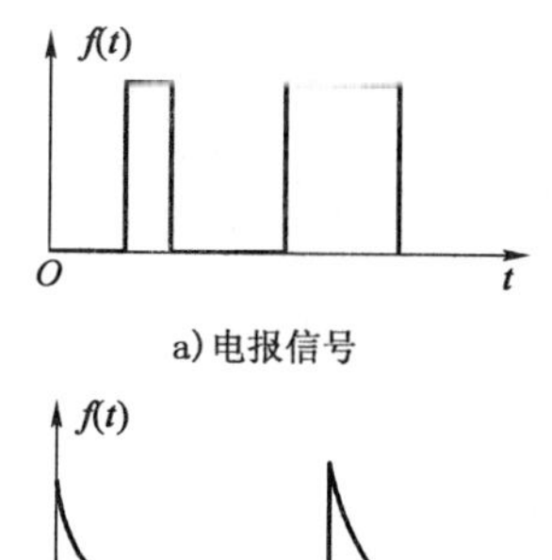

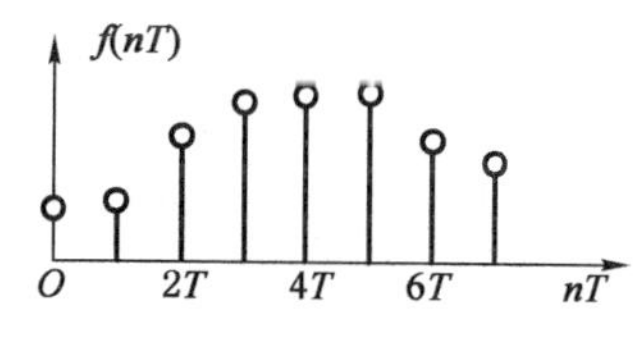

c) 触发脉冲　　d) 高频脉冲

题 91 图

A. a)、c)、d)　　B. b)、c)、d)　　C. a)、b)、c)　　D. a)、b)、d)

92. 连续时间信号与通常所说的模拟信号的关系是：

A. 完全不同　　B. 是同一个概念
C. 不完全相同　　D. 无法回答

93. 单位冲激信号 $\delta(t)$ 是：

A. 奇函数　　B. 偶函数
C. 非奇非偶函数　　D. 奇异函数，无奇偶性

94. 单位阶跃信号 $\varepsilon(t)$ 是物理量单位跃变现象，而单位冲激信号 $\delta(t)$ 是物理量产生单位跃变什么的现象：

A. 速度　　B. 幅度　　C. 加速度　　D. 高度

95. 如图所示的周期为 T 的三角波信号，在用傅氏级数分析周期信号时，系数 a_0、a_n 和 b_n 判断正确的是：

A. 该信号是奇函数且在一个周期的平均值为零，所以傅立叶系数 a_0 和 b_n 是零
B. 该信号是偶函数且在一个周期的平均值不为零，所以傅立叶系数 a_0 和 a_n 不是零
C. 该信号是奇函数且在一个周期的平均值不为零，所以傅立叶系数 a_0 和 b_n 不是零
D. 该信号是偶函数且在一个周期的平均值为零，所以傅立叶系数 a_0 和 b_n 是零

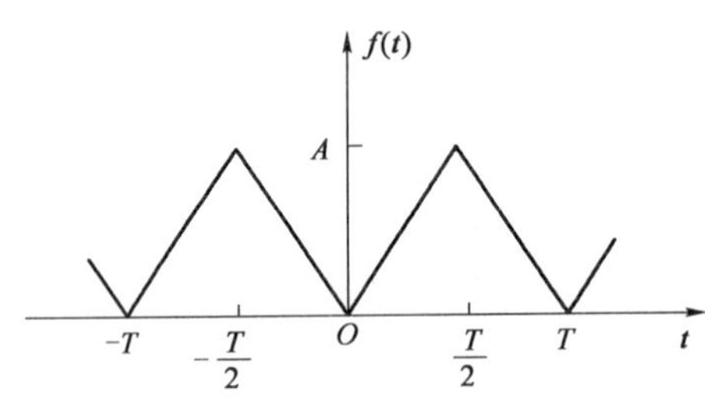

题 95 图

96. 将$(11010010.01010100)_2$ 表示成十六进制数是：

A. $(D2.54)_H$　　B. D2.54
C. $(D2.A8)_H$　　D. $(D2.54)_B$

97. 计算机系统内的系统总线是：

A. 计算机硬件系统的一个组成部分
B. 计算机软件系统的一个组成部分
C. 计算机应用软件系统的一个组成部分
D. 计算机系统软件的一个组成部分

98. 目前，人们常用的文字处理软件有：

A. Microsoft Word 和国产字处理软件 WPS
B. Microsoft Excel 和 Auto CAD
C. Microsoft Access 和 Visual Foxpro
D. Visual BASIC 和 Visual C++

99. 下面所列各种软件中，最靠近硬件一层的是：

A. 高级语言程序
B. 操作系统
C. 用户低级语言程序
D. 服务性程序

100. 操作系统中采用虚拟存储技术，实际上是为实现：

A. 在一个较小内存储空间上，运行一个较小的程序
B. 在一个较小内存储空间上，运行一个较大的程序
C. 在一个较大内存储空间上，运行一个较小的程序
D. 在一个较大内存储空间上，运行一个较大的程序

101. 用二进制数表示的计算机语言称为：

A. 高级语言　　B. 汇编语言　　C. 机器语言　　D. 程序语言

102. 下面四个二进制数中，与十六进制数 AE 等值的一个是：

A. 10100111
B. 10101110
C. 10010111
D. 11101010

103. 常用的信息加密技术有多种，下面所述四条不正确的一条是：

A. 传统加密技术、数字签名技术
B. 对称加密技术
C. 密钥加密技术
D. 专用 ASCII 码加密技术

104. 广域网，又称为远程网，它所覆盖的地理范围一般：

A. 从几十米到几百米
B. 从几百米到几公里
C. 从几公里到几百公里
D. 从几十公里到几千公里

105. 我国专家把计算机网络定义为：

A. 通过计算机将一个用户的信息传送给另一个用户的系统
B. 由多台计算机、数据传输设备以及若干终端连接起来的多计算机系统
C. 将经过计算机储存、再生，加工处理的信息传输和发送的系统
D. 利用各种通信手段，把地理上分散的计算机连在一起，达到相互通信、共享软/硬件和数据等资源的系统

106. 在计算机网络中，常将实现通信功能的设备和软件称为：

A. 资源子网　　B. 通信子网　　C. 广域网　　D. 局域网

107. 某项目拟发行1年期债券。在年名义利率相同的情况下，使年实际利率较高的复利计息期是：

A. 1年　　B. 半年　　C. 1季度　　D. 1个月

108. 某建设工程建设期为2年。其中第一年向银行贷款总额为1000万元，第二年无贷款，贷款年利率为6%，则该项目建设期利息为：

A. 30万元　　B. 60万元　　C. 61.8万元　　D. 91.8万元

109. 某公司向银行借款5000万元，期限为5年，年利率为10%，每年年末付息一次，到期一次还本，企业所得税率为25%。若不考虑筹资费用，该项借款的资金成本率是：

A. 7.5%　　B. 10%　　C. 12.5%　　D. 37.5%

110. 对于某常规项目（IRR唯一），当设定折现率为12%时，求得的净现值为130万元；当设定折现率为14%时，求得的净现值为－50万元，则该项目的内部收益率应是：

A. 11.56%　　B. 12.77%　　C. 13%　　D. 13.44%

111. 下列财务评价指标中，反映项目偿债能力的指标是：

A. 投资回收期　　B. 利息备付率
C. 财务净现值　　D. 总投资收益率

112. 某企业生产一种产品，年固定成本为1000万元，单位产品的可变成本为300元、售价为500元，则其盈亏平衡点的销售收入为：

A. 5万元　　B. 600万元　　C. 1500万元　　D. 2500万元

113. 下列项目方案类型中，适于采用净现值法直接进行方案选优的是：

A. 寿命期相同的独立方案
B. 寿命期不同的独立方案
C. 寿命期相同的互斥方案
D. 寿命期不同的互斥方案

114. 某项目由A、B、C、D四个部分组成，当采用强制确定法进行价值工程对象选择时，它们的价值指数分别如下所示。其中不应作为价值工程分析对象的是：

A. 0.7559　　B. 1.0000　　C. 1.2245　　D. 1.5071

115. 建筑工程开工前，建设单位应当按照国家有关规定申请领取施工许可证，颁发施工许可证的单位应该是：

A. 县级以上人民政府建设行政主管部门
B. 工程所在地县级以上人民政府建设工程监督部门
C. 工程所在地省级以上人民政府建设行政主管部门
D. 工程所在地县级以上人民政府建设行政主管部门

116. 根据《安全生产法》的规定，生产经营单位主要负责人对本单位的安全生产负总责，某生产经营单位的主要负责人对本单位安全生产工作的职责是：

A. 建立、健全本单位安全生产责任制
B. 保证本单位安全生产投入的有效使用
C. 及时报告生产安全事故
D. 组织落实本单位安全生产规章制度和操作规程

117. 根据《招标投标法》的规定，某建设工程依法必须进行招标，招标人委托了招标代理机构办理招标事宜，招标代理机构的行为合法的是：

A. 编制投标文件和组织评标
B. 在招标人委托的范围内办理招标事宜
C. 遵守《招标投标法》关于投标人的规定
D. 可以作为评标委员会成员参与评标

118.《合同法》规定的合同形式中不包括：

A. 书面形式　　B. 口头形式　　C. 特定形式　　D. 其他形式

119. 根据《行政许可法》规定，下列可以设定行政许可的事项是：

A. 企业或者其他组织的设立等，需要确定主体资格的事项
B. 市场竞争机制能够有效调节的事项
C. 行业组织或者中介机构能够自律管理的事项
D. 公民、法人或者其他组织能够自主决定的事项

120. 根据《建设工程质量管理条例》的规定，施工图必须经过审查批准，否则不得使用，某建设单位投资的大型工程项目施工图设计已经完成，该施工图应该报审的管理部门是：

A. 县级以上人民政府建设行政主管部门
B. 县级以上人民政府工程设计主管部门
C. 县级以上政府规划部门
D. 工程监理单位

2012 年度全国勘察设计注册工程师公共基础考试

试题解析及参考答案

1. **解** $\lim\limits_{x\to 0^+}(x^2+1)=1, \lim\limits_{x\to 0^-}\left(\cos x+x\sin\frac{1}{x}\right)=1+0=1$，

$f(0)=(x^2+1)|_{x=0}=1$，所以 $\lim\limits_{x\to 0^+}f(x)=\lim\limits_{x\to 0^-}f(x)=f(0)$。

答案:D

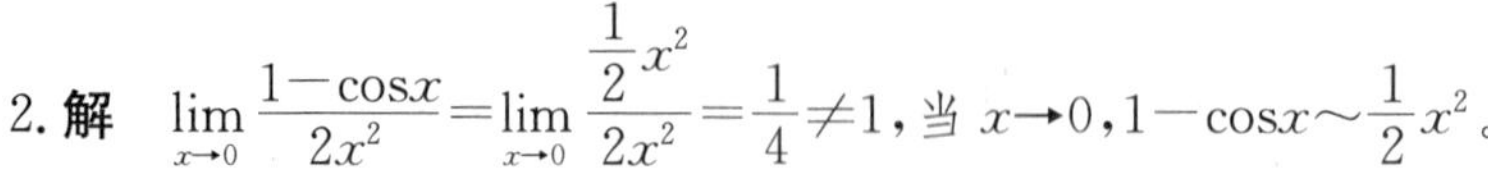

2. **解** $\lim\limits_{x\to 0}\frac{1-\cos x}{2x^2}=\lim\limits_{x\to 0}\frac{\frac{1}{2}x^2}{2x^2}=\frac{1}{4}\neq 1$，当 $x\to 0, 1-\cos x\sim\frac{1}{2}x^2$。

答案:D

3. **解** $y=\ln\cos x, y'=\frac{-\sin x}{\cos x}=-\tan x, \mathrm{d}y=-\tan x\mathrm{d}x$

答案:C

4. **解** $f(x)=(e^{-x^2})'=-2xe^{-x^2}$

$f'(x)=-2[e^{-x^2}+xe^{-x^2}(-2x)]=2e^{-x^2}(2x^2-1)$

答案:A

5. **解** $\int f'(2x+1)\mathrm{d}x=\frac{1}{2}\int f'(2x+1)\mathrm{d}(2x+1)=\frac{1}{2}f(2x+1)+C$

答案:B

6. **解**

$$\begin{aligned}\int_0^{\frac{1}{2}}\frac{1+x}{\sqrt{1-x^2}}\mathrm{d}x&=\int_0^{\frac{1}{2}}\frac{1}{\sqrt{1-x^2}}\mathrm{d}x+\int_0^{\frac{1}{2}}\frac{x}{\sqrt{1-x^2}}\mathrm{d}x\\&=\arcsin x\Big|_0^{\frac{1}{2}}+\int_0^{\frac{1}{2}}\frac{1}{\sqrt{1-x^2}}\mathrm{d}\left(\frac{1}{2}x^2\right)\\&=\arcsin\frac{1}{2}+\left(-\frac{1}{2}\right)\times\int_0^{\frac{1}{2}}\frac{1}{\sqrt{1-x^2}}\mathrm{d}(1-x^2)\\&=\frac{\pi}{6}+\left(-\frac{1}{2}\right)\times 2(1-x^2)^{\frac{1}{2}}\Big|_0^{\frac{1}{2}}\\&=\frac{\pi}{6}-\left(\frac{\sqrt{3}}{2}-1\right)=\frac{\pi}{6}+1-\frac{\sqrt{3}}{2}\end{aligned}$$

答案:C

7. **解** $D:\begin{cases}0\leqslant\theta<\frac{\pi}{4}\\0\leqslant r\leqslant\frac{1}{\cos\theta}\end{cases}$，因为 $x=1, r\cos\theta=1$（即 $r=\frac{1}{\cos\theta}$），

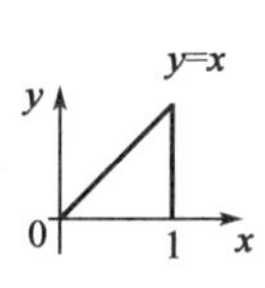

题 7 解图

等式$=\int_0^{\frac{\pi}{4}}\mathrm{d}\theta\int_0^{\frac{1}{\cos\theta}}+(r\cos\theta,r\sin\theta)r\mathrm{d}r$ 。

答案:B

8.**解** $f'(x)>0$ 单增;$f''(x)<0$,凸。所以函数沿 x 轴正向是单增且凸的。

答案:C

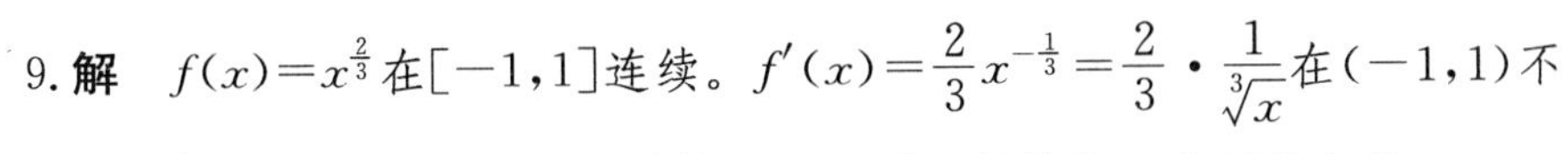

9.**解** $f(x)=x^{\frac{2}{3}}$在$[-1,1]$连续。$f'(x)=\frac{2}{3}x^{-\frac{1}{3}}=\frac{2}{3}\cdot\frac{1}{\sqrt[3]{x}}$在$(-1,1)$不可导[因为$f'(x)$在 $x=0$ 导数不存在],所以不满足拉格郎日定理的条件。

答案:B

10.**解** $\sum\limits_{n=1}^{\infty}\left|\frac{(-1)^n}{n}\right|=\sum\limits_{n=1}^{\infty}\frac{1}{n}$,发散;

而$\sum\limits_{n=1}^{\infty}\frac{(-1)^n}{n}$满足:①$u_n\geqslant u_{n+1}$,②$\lim\limits_{n\to\infty}u_n=0$,该级数收敛。

所以级数条件收敛。

答案:A

11.**解** $|x|<\frac{1}{2}$,即$-\frac{1}{2}<x<\frac{1}{2}$

已知:$\frac{1}{1+x}=1-x+x^2-x^3+\cdots+(-1)^n x^n+\cdots=\sum\limits_{n=0}^{\infty}(-1)^n x^n \quad (-1<x<1)$

则 $f(x)=\frac{1}{1+2x}=1-(2x)+(2x)^2-(2x)^3+\cdots+(-1)^n(2x)^n+\cdots$

$$=\sum_{n=0}^{\infty}(-1)^n(2x)^n=\sum_{n=0}^{\infty}(-2)^n x^n \quad (-\frac{1}{2}<x<\frac{1}{2})$$

答案:B

12.**解** $y'+p(x)y=q(x)$,$y_1(x)-y_2(x)$为对应齐次方程的解。

微分方程 $y'+p(x)y=q(x)$的通解为 $y=y_1+C(y_1-y_2)$。

答案:D

13.**解** $y''+2y'-3y=0$,特征方程为 $r^2+2r-3=0$,得 $r_1=-3,r_2=1$。所以 $y_1=e^x,y_2=e^{-3x}$为选项 B 的特解,满足条件。

答案:B

14.**解** $\frac{\mathrm{d}y}{\mathrm{d}x}=-\frac{x}{y}$,$y\mathrm{d}y=-x\mathrm{d}x$

两边积分:$\frac{1}{2}y^2=-\frac{1}{2}x^2+C$,$y^2=-x^2+2C$,$y^2+x^2=C_1$,这里常数 C_1 必须满足 $C_1\geqslant 0$。

故方程的通解为 $x^2+y^2=C^2(C\in R)$。

答案:C

15. **解**　旋转体体积 $V=\int_0^{\pi}\pi[(\sin x)^{\frac{3}{2}}]^2\mathrm{d}x$

$$=\pi\int_0^{\pi}\sin^3 x\mathrm{d}x=\pi\int_0^{\pi}\sin^2 x\mathrm{d}(-\cos x)$$

$$=-\pi\int_0^{\pi}(1-\cos^2 x)\mathrm{d}\cos x$$

$$=\frac{4}{3}\pi$$

答案:B

16. **解**　方程组 $\begin{cases}x^2+4y^2+z^2=4 & ①\\ x+z=a & ②\end{cases}$

消去字母 x

由式②得:$x=a-z$　　③

式③代入式①得:$(a-z)^2+4y^2+z^2=4$

则曲线在 yoz 平面上投影方程为 $\begin{cases}(a-z)^2+4y^2+z^2=4\\ x=0\end{cases}$

答案:A

17. **解**　方程 $x^2-\frac{y^2}{4}+z^2=1$,即 $x^2+z^2-\frac{y^2}{4}=1$,可由 xOy 平面上双曲线 $\begin{cases}x^2-\frac{y^2}{4}=1\\ z=0\end{cases}$ 绕 y 轴旋转得到,可由 yOz 平面上双曲线 $\begin{cases}z^2-\frac{y^2}{4}=1\\ x=0\end{cases}$ 绕 y 轴旋转得到。

所以 $x^2+z^2-\frac{y^2}{4}=1$ 为旋转双曲面。

答案:A

18. **解**　直线 L 的方向向量 $\vec{s}=\begin{vmatrix}\vec{i} & \vec{j} & \vec{k}\\ 1 & 3 & 2\\ 2 & -1 & -10\end{vmatrix}=-28\vec{i}+14\vec{j}-7\vec{k}$,$\vec{s}=\{-28,14,-7\}$

平面 π:$4x-2y+z-2=0$

法线向量:$\vec{n}=\{4,-2,1\}$

$\vec{s}$,$\vec{n}$ 坐标成比例,$\frac{-28}{4}=\frac{14}{-2}=\frac{-7}{1}$,则 $\vec{s}/\!/\vec{n}$,直线 L 垂直于平面 π。

答案:C

19. **解**　$\boldsymbol{A}$ 的特征值为 λ_0,$2\boldsymbol{A}$ 的特征值为 $2\lambda_0$,$(2\boldsymbol{A})^{-1}$ 的特征值为 $\frac{1}{2\lambda_0}$。

答案:C

20. **解** 已知$\vec{\alpha_1}$,$\vec{\alpha_2}$,$\vec{\beta}$线性相关,$\vec{\alpha_2}$,$\vec{\alpha_3}$,$\vec{\beta}$线性无关。由性质可知:$\vec{\alpha_1}$,$\vec{\alpha_2}$,$\vec{\alpha_3}$,$\vec{\beta}$线性相关(部分相关,全体相关),$\vec{\alpha_2}$,$\vec{\alpha_3}$,$\vec{\beta}$线性无关。

故$\vec{\alpha_1}$可用$\vec{\alpha_2}$,$\vec{\alpha_3}$,$\vec{\beta}$线性表示。

答案:B

21. **解** 已知$\boldsymbol{A}=\begin{bmatrix}1 & t & -1\\ t & 1 & 1\\ -1 & 1 & 2\end{bmatrix}$

由矩阵$\boldsymbol{A}$正定的充分必要条件可知:

$\begin{vmatrix}1 & t\\ t & 1\end{vmatrix}=1-t^2>0$,得$-1<t<1$

$$\begin{vmatrix}1 & t & -1\\ t & 1 & 1\\ -1 & 1 & 2\end{vmatrix}=\begin{vmatrix}1 & t+1 & 1\\ t & t+1 & 1+2t\\ -1 & 0 & 0\end{vmatrix}=(-1)[(t+1)(1+2t)-(t+1)]=-2t(t+1)>0,$$

$-1<t<0$;即$-1<t<0$

答案:B

22. **解** A、B互不相容时,$P(AB)=0$,$\overline{AB}=\overline{A\cup B}$。

$P(\overline{AB})=P(\overline{A\cup B})=1-P(A\cup B)=1-[P(A)+P(B)-P(AB)]=1-(p+q)$

答案:C

23. **解** X与Y独立时,$E(XY)=E(X)E(Y)$,X在$[a,b]$上服从均匀分布时,$E(X)=\dfrac{a+b}{2}$,Y服从参数为λ的指数分布时,$E(Y)=\dfrac{1}{\lambda}$。

答案:D

24. **解** 当σ^2未知时检验假设$H_0:\mu=\mu_0$,应选取统计量$T=\dfrac{\overline{x}-\mu_0}{s}\sqrt{n}$,$s^2=\dfrac{1}{n-1}\sum\limits_{i=1}^{n}(x_i-\overline{x})^2=\dfrac{1}{n-1}Q^2$,$s=\dfrac{Q}{\sqrt{n-1}}$。

答案:A

25. **解** ①分子平均平动动能$\varepsilon_{平动}=\dfrac{3}{2}kT$,若平均平动动能相同,则温度相同;

②分子平均动能=(平均平动动能+平均转动动能)$=\dfrac{i}{2}kT$。而氦分子为单原子分子,没有转动动能,$i=3$;氮分子为双原子分子,$i=5$,故氦分子和氮分子的平均动能不同。

答案:B

26. **解** 麦克斯韦速率分布律。

答案:C

27. **解** 注意内能的增量ΔE只与系统的起始和终了状态有关,与系统所经历的过程无关。

$Q_{ab}=335=\Delta E_{ab}+126$，$\Delta E_{ab}=209\text{J}$，$Q'_{ab}=\Delta E_{ab}+42=251\text{J}$

答案：C

28.**解** 等体过程： $Q_1=Q_v=\Delta E_1=\dfrac{M}{\mu}\dfrac{i}{2}R\Delta T$ ①

等压过程： $Q_2=Q_p=\Delta E_2+A=\dfrac{M}{\mu}\dfrac{i}{2}R\Delta T+A$ ②

对于给定的理想气体，内能的增量只与系统的起始和终了状态有关，与系统所经历的过程无关，$\Delta E_1=\Delta E_2$。

比较式①和式②，注意到 $A>0$，显然 $Q_2>Q_1$。

答案：A

29.**解** 处于平衡位置，即 $y=0=2\times10^{-2}\cos2\pi(10t-\dfrac{x}{5})$

即 $\cos\left(20\pi\times0.25-\dfrac{2}{5}\pi x\right)=\cos\left(5\pi-\dfrac{2}{5}\pi x\right)=\cos\left(\pi-\dfrac{2}{5}\pi x\right)=0$

得 $\pi-\dfrac{2\pi x}{5}=(2k+1)\dfrac{\pi}{2}$，取 $k=0$，$x=1.25\text{m}$

答案：D

30.**解** 当初相位 $\phi=0$ 时，波动方程的表达式为 $y=A\cos\omega\left(t-\dfrac{x}{u}\right)$，利用 $\omega=2\pi v$，$\nu=\dfrac{1}{T}$，$u=\lambda\nu$，波动方程的表达式也可写为 $y=A\cos2\pi\left(\dfrac{t}{T}-\dfrac{x}{\lambda}\right)$。

答案：B

31.**解** 声强级 $L=10\lg\dfrac{I}{I_0}\text{dB}$，由题意得 $40=10\lg\dfrac{I}{I_0}$，即 $\dfrac{I}{I_0}=10^4$；同理 $\dfrac{I'}{I_0}=10^8$，$\dfrac{I'}{I}=10^4$。

答案：D

32.**解** 自然光 I_0 通过 P_1 偏振片后光强减半为 $\dfrac{I_0}{2}$，通过 P_2 偏振后光强为 $I=\dfrac{I_0}{2}\cos^2 90°=0$。

答案：A

33.**解** 布儒斯特定律。

答案：C

34.**解** $(a+b)\sin\phi=\pm k\lambda$ $(k=0,1,2,\cdots)$

令 $\phi=90°$，$k=\dfrac{2000}{550}\approx3$（取整数）。

答案：B

35. **解**　$a\sin\phi=(2k+1)\frac{\lambda}{2}$，即 $a\sin30°=3\times\frac{\lambda}{2}$

答案:D

36. **解**　$x_{明}=\pm k\frac{D\lambda}{a}$，$x_{暗}=(2k+1)\frac{D\lambda}{2a}$，间距$=x_{暗}-x_{明}=\frac{D\lambda}{2a}$

答案:B

37. **解**　除3d轨道上的7个电子，其他轨道上的电子都已成对。3d轨道上的7个电子填充到5个简并的d轨道中，按照洪特规则有3个未成对电子。

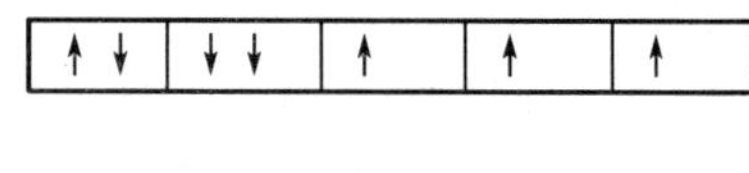

答案:C

38. **解**　分子间力包括色散力、诱导力、取向力。分子间力以色散力为主。对同类型分子，色散力正比于分子量，所以分子间力正比于分子量。分子间力主要影响物质的熔点、沸点和硬度。对同类型分子，分子量越大，色散力越大，分子间力越大，物质的熔、沸点越高，硬度越大。

分子间氢键使物质熔、沸点升高，分子内氢键使物质熔、沸点减低。

HF有分子间氢键，沸点最大。其他三个没有分子间氢键，HCl、HBr、HI分子量逐渐增大，分子间力逐渐增大，沸点逐渐增大。

答案:D

39. **解**　HCl溶于水既有物理变化也有化学变化。HCl的微粒向水中扩散的过程是物理变化，HCl的微粒解离生成氢离子和氯离子的过程是化学变化。

答案:C

40. **解**　系统与环境间只有能量交换，没有物质交换是封闭系统；既有物质交换，又有能量交换是敞开系统；没有物质交换，也没有能量交换是孤立系统。

答案:D

41. **解**　$K^{\ominus}=\dfrac{\dfrac{p_{PCl_5}}{p^{\ominus}}}{\dfrac{p_{PCl_3}}{p^{\ominus}}\dfrac{p_{Cl_2}}{p^{\ominus}}}=\dfrac{p_{PCl_5}}{p_{PCl_3}\cdot p_{Cl_2}}p^{\ominus}=\dfrac{p^{\ominus}}{p_{Cl_2}}$，$p_{Cl_2}=\dfrac{p^{\ominus}}{k^{\ominus}}=\dfrac{100\text{kPa}}{0.767}=130.38\text{kPa}$

答案:A

42. **解**　铜电极的电极反应为：$Cu^{2+}+2e^{-}=Cu$，氢离子没有参与反应，所以铜电极的电极电势不受氢离子影响。

答案:C

43. **解**　元素电势图的应用。

(1)判断歧化反应：对于元素电势图 $A\xrightarrow{E^{\theta}_{左}}B\xrightarrow{E^{\theta}_{右}}C$，若 $E^{\theta}_{右}$ 大于 $E^{\theta}_{左}$，B即是电极电势大的电对的氧化型，可作氧化剂，又是电极电势小的点对的还原型，也可作还原剂，B的歧化反应能够发生；若 $E^{\theta}_{右}$ 小于 $E^{\theta}_{左}$，B的歧化反应不能发生。

(2)计算标准电极电势：根据元素电势图，可以从已知某些电对的标准电极电势计算出另一电对的标准电极电势。

从元素电势图可知，Au^{+}可以发生歧化反应。由于Cu^{2+}达到最高氧化数，最不易失去电子，最稳定。

答案：A

44. **解** 系统命名法。

(1)链烃的命名

① 选择主链：选择最长碳链或含有官能团的最长碳链为主链；

② 主链编号：从距取代基或官能团最近的一端开始对碳原子进行编号；

③ 写出全称：将取代基的位置编号、数目和名称写在前面，将母体化合物的名称写在后面。

(2)衍生物的命名

① 选择母体：选择苯环上所连官能团或带官能团最长的碳链为母体，把苯环视为取代基；

② 编号：将母体中碳原子依次编号，使官能团或取代基位次具有最小值。

答案：B

45. **解** 含有不饱和键的有机物、含有醛基的有机物可使溴水褪色。

答案：D

46. **解** 信息素分子为含有C=C不饱和键的醛，C=C不饱和键和醛基可以与溴发生加成反应；醛基可以发生银镜反应；一个分子含有两个不饱和键(C=C双键和醛基)，1mol分子可以和2 mol H_2发生加成反应；它是醛，不是乙烯同系物。

答案：B

47. **解** 根据力的可传性判断。

答案：A

48. **解** 主矢为三力的矢量和，对O点的主矩为三力分别对O点力矩的代数和。

答案：B

49. **解** 列两个平衡方程：$\sum F_x=0$；$\sum M_C(F)=0$。

答案：C

50. **解** 需视三链杆是否共点(含无穷远点)。

答案：D

51. **解** 根据公式：$2as=v_t^2-v_0^2$。

答案：D

52. **解** 根据转动刚体内一点的速度和加速度公式：$v=r\omega$；$a_n=r\omega^2$，且$\omega=\dot{\varphi}$。

答案：A

53. **解**　木板的加速度与轮缘一点的切向加速度相等，而 $a_n=r\omega^2=\frac{v^2}{r}=\sqrt{a^2-a_t^2}$。

答案：A

54. **解**　根据牛顿第二定律。

答案：B

55. **解**　因为杆在水平方向受力为零，故水平方向质心运动守恒。

答案：C

56. **解**　因为 $\sum M_A(F)=0$，则对轮应用相对质心的动量矩定理：$J_A\alpha=0$。

答案：C

57. **解**　惯性力系的合力大小为 $F_I=ma_C$，而质心 C 有切向和法向加速度。

答案：B

58. **解**　干扰力的频率与系统固有频率相等时将发生共振。

答案：B

59. **解**　若将材料由低碳钢改为木材，则改变的只是弹性模量 E，而正应力计算公式 $\sigma=\frac{F_N}{A}$ 中没有 E，故正应力不变。但是轴向变形计算公式 $\Delta l=\frac{F_N l}{EA}$ 中，Δl 与 E 成反比，当木材的弹性模量减小时，轴向变形 Δl 增大。

答案：C

60. **解**　由杆的受力分析可知 A 截面受到一个约束反力为 F，方向向左，杆的轴力图如图所示：由于 BC 段杆轴力为零，没有变形，故杆中距离 A 端 $1.5L$ 处横截面的轴向位移就等于 AB 段杆的伸长，$\Delta l=\frac{FL}{EA}$。

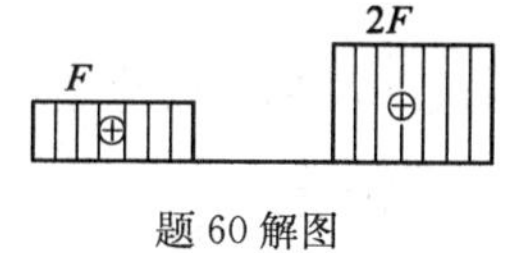

题 60 解图

答案：D

61. **解**　圆孔钢板冲断时的剪切面是一个圆柱面，其面积为 πdt，冲断条件是 $\tau_{max}=\frac{F}{\pi dt}=\tau_b$，故 $d=\frac{F}{\pi t\tau_b}=\frac{300\pi\times10^3\text{N}}{\pi\times10\text{mm}\times300\text{MPa}}=100\text{mm}$。

答案：B

62. **解**　图示结构剪切面面积是 ab，挤压面面积是 hb。

剪切强度条件：
$$\tau=\frac{F}{ab}=[\tau] \quad ①$$

挤压强度条件：
$$\sigma_{bs}=\frac{F}{hb}=[\sigma_{bs}] \quad ②$$

由 $\frac{①}{②}=\frac{h}{a}=\frac{[\tau]}{[\sigma_{bs}]}$。

答案：A

63. **解**　由外力平衡可知左端的反力偶为 T，方向是由外向内转。再由各段扭矩计算可知：左段扭矩为 $+T$，中段扭矩为 $-T$，右段扭矩为 $+T$。

答案：D

64. **解**　由 $\phi_1=\frac{\phi}{2}$，即 $\frac{T}{GI_{p1}}=\frac{1}{2}\frac{T}{GI_p}$，得 $I_{p1}=2I_p$，所以 $\frac{\pi d_1^4}{32}=2\frac{\pi}{32}d^4$，故 $d_1=\sqrt[4]{2}d$。

答案：A

65. **解**　此题未说明梁的类型有两种可能(见解图)，简支梁时答案为B，悬臂梁时答案为D。

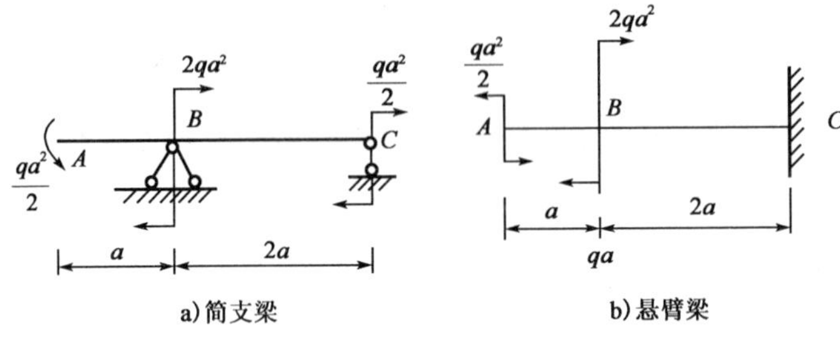

题65解图

答案：B或D

66. **解**　$I_z=\frac{\pi}{64}d^4-\frac{a^4}{12}$

答案：B

67. **解**　因为 $I_2=\frac{b(2a)^3}{12}=8\frac{ba^3}{12}=8I_1$，又 $f_1=f_2$，即 $\frac{M_1L^2}{2EI_1}=\frac{M_2L^2}{2EI_2}$，故 $\frac{M_2}{M_1}=\frac{I_2}{I_1}=8$。

答案：A

68. **解**　图示截面的弯曲中心是两个狭长矩形边的中线交点，形心主轴是 y' 和 z'，故无扭转，而有沿两个形心主轴 y'、z' 方向的双向弯曲。

答案：C

69. **解**　图示单元体 $\sigma_x=50\text{MPa}$，$\sigma_y=-50\text{MPa}$，$\tau_x=-30\text{MPa}$，$\alpha=45°$。

故 $\tau_\alpha=\frac{\sigma_x-\sigma_y}{2}\sin2\alpha+\tau_x\cos2\alpha=\frac{50-(-50)}{2}\sin90°-30\times\cos90°=50\text{MPa}$。

答案：B

70. **解**　图示细长压杆，$\mu=2$，$I_{min}=I_y=\frac{hb^3}{12}$，$F_{cr}=\frac{\pi^2EI_{min}}{(\mu L)^2}=\frac{\pi^2E}{(2L)^2}\frac{hb^3}{12}$。

答案：D

71. **解**　由连续介质假设可知。

答案：D

72. **解** 仅受重力作用的静止流体的等压面是水平面。

$$p_A+\rho_A gh_1=p_B+\rho_B gh_2+\rho_m g\Delta h$$

$$p_A-p_B=(-\rho_A h_1+\rho_B h_2+\rho_m \Delta h)g$$

答案:A

73. **解** 用连续方程求解。

$$v_3=\frac{v_1A_1+v_2A_2}{A_3}=\frac{4\times0.01+6\times0.005}{0.01}=7\text{m/s}$$

答案:C

74. **解** 由尼古拉兹阻力曲线图可知,在紊流粗糙区。

答案:D

75. **解** 薄壁小孔口与圆柱形外管嘴流量公式均可用,流量 $Q=\mu\cdot A\sqrt{2gH_0}$,根据面积 $A=\frac{\pi d^2}{4}$ 和题设两者的 H_0 及 Q 均相等,则有 $\mu_1 d_1^2=\mu_2 d_2^2$,而 $\mu_2>\mu_1$(0.82>0.62),所以 $d_1>d_2$。

答案:A

76. **解** 明渠均匀流必须发生在顺坡渠道上。

答案:D

77. **解** 完全普通井流量公式:

$$Q=1.366\frac{k(H^2-h^2)}{\lg\frac{R}{r_0}}=1.366\times\frac{0.0005\times(15^2-10^2)}{\lg\frac{375}{0.3}}=0.0276\text{m}^3/\text{s}$$

答案:A

78. **解** 一个正确反映客观规律的物理方程中,各项的量纲是和谐的、相同的。

答案:C

79. **解** 静止的电荷产生静电场,运动电荷周围不仅存在电场,也存在磁场。

答案:A

80. **解** 用安培环路定律 $\oint H\text{d}L=\sum I$,这里电流是代数和,注意它们的方向。

答案:C

81. **解** 注意理想电压源和实际电压源的区别,该题是理想电压源 $U_S=U$。

答案:C

82. **解** 利用等效电压源定理判断。在求等效电压源电动势时,将 A、B 两点开路后,电压源的两上方电阻和两下方电阻均为串联连接方式。

答案:B

83. **解** 对称三相交流电路中,任何时刻三相电流之和均为零。

答案:B

84. **解** 该电路为线性一阶电路,暂态过程依据公式 $f(t)=f(\infty)+[f(t_{0+})-f(\infty)]e^{-t/\tau}$分析,这是三要素分析法。$f(t)$表示电路中任意电压和电流,其中 $f(\infty)$是电量的稳态值,$f(t_{0+})$表示初始值,τ 表示电路的时间常数。在阻容耦合电路中 $\tau=RC$。

答案:C

85. **解** 变压器的额定功率用视在功率表示,它等于变压器初级绕组或次级绕组中电压额定值与电流额定值的乘积,$S_N=U_{1N}I_{1N}=U_{2N}I_{2N}$。值得注意的是,次级绕阻电压是变压器空载时的电压,$U_{2N}=U_{20}$。可以认为变压器初级端的功率因数与次级端的功率因数相同。

答案:A

86. **解** 该电路为直流稳压电源电路。对于输出的直流信号,电容在电路中可视为断路。桥式整流电路中的二极管通过的电流平均值是电阻 R 中通过电流的一半。

答案:D

87. **解** 根据晶体三极管工作状态的判断条件,当晶体管处于饱和状态时,基极电流与集电极电流的关系是:

$$I_B > I_{BS} = \frac{1}{\beta}I_{CS} = \frac{1}{\beta}\left(\frac{U_{CC}-U_{CES}}{R_C}\right)$$

答案:A

88. **解** 根据等效的直流通道计算,在直流等效电路中电容断路。

答案:A

89. **解** 首先确定在不同输入电压下三个二极管的工作状态,依此确定输出端的电位 U_Y;然后判断各电位之间的逻辑关系,当点电位高于 2.4V 时视为逻辑状态"1",电位低于 0.4V 时视为逻辑状态"0"。

答案:A

90. **解** 该触发器为负边沿触发方式,即当时钟信号由高电平下降为低电平时刻输出端的状态可能发生改变。

答案:C

91. **解** 参看信号的分类,连续信号和离散信号部分。

答案:A

92. **解** 参看信号的分类,连续信号与模拟信号的区别。

答案:C

93. **解** 常用模拟信号的描述,单位冲激信号 $\delta(t)$的定义。

答案:D

94.**解**　常用模拟信号的描述,单位阶跃函数信号 $\varepsilon(t)$ 与单位冲激信号 $\delta(t)$ 的关系。

答案:A

95.**解**　周期信号的傅氏级数分析。

答案:B

96.**解**　根据二进制与十六进制的关系转换。

答案:A

97.**解**　系统总线又称内总线。因为该总线是用来连接微机各功能部件而构成一个完整微机系统的,所以称之为系统总线。计算机系统内的系统总线是计算机硬件系统的一个组成部分。

答案:A

98.**解**　Microsoft Word 和国产字处理软件 WPS 都是目前广泛使用的文字处理软件。

答案:A

99.**解**　操作系统是用户与硬件交互的第一层系统软件,一切其他软件都要运行于操作系统之上(包括选项 A、C、D)。

答案:B

100.**解**　操作系统中采用虚拟存储技术是为了给用户提供更大的随机存取空间而采用的一种存储技术。它将内存与外存结合使用,好像有一个容量极大的内存储器,工作速度接近于主存,在整机形成多层次存储系统。

答案:B

101.**解**　二进制数是计算机所能识别的,由 0 和 1 两个数码组成,称为机器语言。

答案:C

102.**解**　四位二进制对应一位十六进制,A 表示 10,对应的二进制为 1010,E 表示 14,对应的二进制为 1110。

答案:B

103.**解**　传统加密技术、数字签名技术、对称加密技术和密钥加密技术都是常用的信息加密技术,而专用 ASCⅡ码加密技术是不常用的信息加密技术。

答案:D

104.**解**　广域网又称为远程网,它一般是在不同城市之间的 LAN(局域网)或者 MAN(城域网)网络互联,它所覆盖的地理范围一般从几十公里到几千公里。

答案:D

105.**解**　我国专家把计算机网络定义为:利用各种通信手段,把地理上分散的计算机连在一起,达到相互通信、共享软/硬件和数据等资源的系统。

答案:D

106. **解** 人们把计算机网络中实现网络通信功能的设备及其软件的集合称为网络的通信子网，而把网络中实现资源共享功能的设备及其软件的集合称为资源。

答案:B

107. **解** 年名义利率相同的情况下，一年内计息次数较多的，年实际利率较高。

答案:D

108. **解** 按建设期利息公式 $Q=\sum\left[P_{t-1}+\frac{A_t}{2}\cdot i\right]$ 计算。

第一年贷款总额 1000 万元，计算利息时按贷款在年内均衡发生考虑。

$$Q_1=(1000/2)\times 6\%=30\ 万元$$

$$Q_2=(1000+30)\times 6\%=61.8\ 万元$$

$$Q=Q_1+Q_2=30+61.8=91.8\ 万元$$

答案:D

109. **解** 按不考虑筹资费用的银行借款资金成本公式 $K_e=R_e(1-T)$ 计算。

$$K_e=R_e(1-T)=10\%\times(1-25\%)=7.5\%$$

答案:A

110. **解** 利用计算 IRR 的插值公式计算。

$$\text{IRR}=12\%+(14\%-12\%)\times(130)/(130+|-50|)=13.44\%$$

答案:D

111. **解** 利息备付率属于反映项目偿债能力的指标。

答案:B

112. **解** 可先求出盈亏平衡产量，然后乘以单位产品售价，即为盈亏平衡点销售收入。

$$盈亏平衡点销售收入=500\times\left[\frac{10\times10^4}{(500-200)}\right]=2500\ 万元$$

答案:D

113. **解** 寿命期相同的互斥方案可直接采用净现值法选优。

答案:C

114. **解** 价值指数等于 1 说明该部分的功能与其成本相适应。

答案:B

115. **解** 《中华人民共和国建筑法》第七条规定：建筑工程开工前，建设单位应当按照国家有关规定向工程所在地县级以上人民政府建设行政主管部门申请领取施工许可证；但是，国务院建设行政主管部门确定的限额以下的小型工程除外。

答案:D

116. **解** 《中华人民共和国安全生产法》第十七条第(一)款，B、C、D 各条均和法律条文有出入。

答案:A

117. **解** 《中华人民共和国招标投标法》第十三条。

答案:B

118. **解** 《中华人民共和国合同法》第十条:当事人订立合同有书面形式、口头形式和其他形式。

答案:C

119. **解** 《中华人民共和国行政许可法》第十二条第五款规定。选项A属于可以设定行政许可的内容;选项B、C、D均属于第十三条规定的可以不设行政许可的内容。

答案:A

120. **解** 《建设工程质量管理条例》第十一条。

答案:A

2013年度全国勘察设计注册工程师公共基础考试

试　　题

单项选择题(共120题,每题1分。每题的备选项中只有一个最符合题意)

1. 已知向量 $\boldsymbol{\alpha}=(-3,-2,1)$,$\boldsymbol{\beta}=(1,-4,-5)$,则 $|\boldsymbol{\alpha}\times\boldsymbol{\beta}|$ 等于:

A. 0　　B. 6　　C. $14\sqrt{3}$　　D. $14\boldsymbol{i}+16\boldsymbol{j}-10\boldsymbol{k}$

2. 若 $\lim\limits_{x\to1}\dfrac{2x^2+ax+b}{x^2+x-2}=1$. 则必有:

A. $a=-1,b=2$　　B. $a=-1,b=-2$

C. $a=-1,b=-1$　　D. $a=1,b=1$

3. 若 $\begin{cases}x=\sin t\\ y=\cos t\end{cases}$,则 $\dfrac{\mathrm{d}y}{\mathrm{d}x}$ 等于:

A. $-\tan t$　　B. $\tan t$　　C. $-\sin t$　　D. $\cot t$

4. 设 $f(x)$ 有连续导数,则下列关系式中正确的是:

A. $\int f(x)\mathrm{d}x=f(x)$　　B. $[\int f(x)\mathrm{d}x]'=f(x)$

C. $\int f'(x)\mathrm{d}x=f(x)\mathrm{d}x$　　D. $[\int f(x)\mathrm{d}x]'=f(x)+c$

5. 已知 $f(x)$ 为连续的偶函数,则 $f(x)$ 的原函数中:

A. 有奇函数　　B. 都是奇函数

C. 都是偶函数　　D. 没有奇函数也没有偶函数

6. 设 $f(x)=\begin{cases}3x^2, & x\leqslant1\\ 4x-1, & x>1\end{cases}$,则 $f(x)$ 在点 $x=1$ 处:

A. 不连续　　B. 连续但左、右导数不存在

C. 连续但不可导　　D. 可导

7. 函数 $y=(5-x)x^{\frac{2}{3}}$ 的极值可疑点的个数是:

A. 0　　B. 1　　C. 2　　D. 3

8. 下列广义积分中发散的是：

A. $\int_0^{+\infty} e^{-x}\mathrm{d}x$　　B. $\int_0^{+\infty} \frac{1}{1+x^2}\mathrm{d}x$　　C. $\int_0^{+\infty} \frac{\ln x}{x}\mathrm{d}x$　　D. $\int_0^1 \frac{1}{\sqrt{1-x^2}}\mathrm{d}x$

9. 二次积分 $\int_0^1 \mathrm{d}x\int_{x^2}^{x} f(x,y)\mathrm{d}y$ 交换积分次序后的二次积分是：

A. $\int_{x^2}^{x}\mathrm{d}y\int_0^1 f(x,y)\mathrm{d}x$　　B. $\int_0^1\mathrm{d}y\int_{y^2}^{y} f(x,y)\mathrm{d}x$

C. $\int_{y}^{\sqrt{y}}\mathrm{d}y\int_0^1 f(x,y)\mathrm{d}x$　　D. $\int_0^1\mathrm{d}y\int_{y}^{\sqrt{y}} f(x,y)\mathrm{d}x$

10. 微分方程 $xy'-y\ln y=0$ 满足 $y(1)=e$ 的特解是：

A. $y=ex$　　B. $y=e^x$　　C. $y=e^{2x}$　　D. $y=\ln x$

11. 设 $z=z(x,y)$是由方程 $xz-xy+\ln(xyz)=0$ 所确定的可微函数，则$\frac{\partial z}{\partial y}=$

A. $\frac{-xz}{xz+1}$　　B. $-x+\frac{1}{2}$　　C. $\frac{z(-xz+y)}{x(xz+1)}$　　D. $\frac{z(xy-1)}{y(xz+1)}$

12. 正项级数 $\sum\limits_{n=1}^{\infty}a_n$ 的部分和数列 $\{S_n\}$($S_n=\sum\limits_{i=1}^{n}a_i$)有上界是该级数收敛的：

A. 充分必要条件　　B. 充分条件而非必要条件

C. 必要条件而非充分条件　　D. 既非充分又非必要条件

13. 若 $f(-x)=-f(x)(-\infty<x<+\infty)$，且在$(-\infty,0)$ 内 $f'(x)>0, f''(x)<0$，则 $f(x)$ 在$(0,+\infty)$ 内是：

A. $f'(x)>0, f''(x)<0$　　B. $f'(x)<0, f''(x)>0$

C. $f'(x)>0, f''(x)>0$　　D. $f'(x)<0, f''(x)<0$

14. 微分方程 $y''-3y'+2y=xe^x$ 的待定特解的形式是：

A. $y=(Ax^2+Bx)e^x$　　B. $y=(Ax+B)e^x$

C. $y=Ax^2e^x$　　D. $y=Axe^x$

15. 已知直线 L：$\frac{x}{3}=\frac{y+1}{-1}=\frac{z-3}{2}$，平面 π：$-2x+2y+z-1=0$，则：

A. L 与 π 垂直相交　　B. L 平行于 π，但 L 不在 π 上

C. L 与 π 非垂直相交　　D. L 在 π 上

16. 设 L 是连接点 $A(1,0)$及点 $B(0,-1)$的直线段，则对弧长的曲线积分$\int_L (y-x)\mathrm{d}s=$

A. -1　　B. 1　　C. $\sqrt{2}$　　D. $-\sqrt{2}$

17. 下列幂级数中，收敛半径 $R=3$ 的幂级数是：

A. $\sum\limits_{n=0}^{\infty}3x^n$　　B. $\sum\limits_{n=0}^{\infty}3^n x^n$　　C. $\sum\limits_{n=0}^{\infty}\frac{1}{3^{\frac{n}{2}}}x^n$　　D. $\sum\limits_{n=0}^{\infty}\frac{1}{3^{n+1}}x^n$

18. 若 $z=f(x,y)$ 和 $y=\varphi(x)$ 均可微，则 $\frac{\mathrm{d}z}{\mathrm{d}x}=$

A. $\frac{\partial f}{\partial x}+\frac{\partial f}{\partial y}$　　B. $\frac{\partial f}{\partial x}+\frac{\partial f}{\partial y}\frac{\mathrm{d}\varphi}{\mathrm{d}x}$　　C. $\frac{\partial f}{\partial y}\frac{\mathrm{d}\varphi}{\mathrm{d}x}$　　D. $\frac{\partial f}{\partial x}-\frac{\partial f}{\partial y}\frac{\mathrm{d}\varphi}{\mathrm{d}x}$

19. 已知向量组 $\boldsymbol{\alpha}_1=(3,2,-5)^{\mathrm{T}}$，$\boldsymbol{\alpha}_2=(3,-1,3)^{\mathrm{T}}$，$\boldsymbol{\alpha}_3=\left(1,-\frac{1}{3},1\right)^{\mathrm{T}}$，$\boldsymbol{\alpha}_4=(6,-2,6)^{\mathrm{T}}$，则该向量组的一个极大线性无关组是：

A. $\boldsymbol{\alpha}_2,\boldsymbol{\alpha}_4$　　B. $\boldsymbol{\alpha}_3,\boldsymbol{\alpha}_4$　　C. $\boldsymbol{\alpha}_1,\boldsymbol{\alpha}_2$　　D. $\boldsymbol{\alpha}_2,\boldsymbol{\alpha}_3$

20. 若非齐次线性方程组 $\boldsymbol{AX}=\boldsymbol{b}$ 中，方程的个数少于未知量的个数，则下列结论中正确的是：

A. $\boldsymbol{AX}=\boldsymbol{0}$ 仅有零解　　B. $\boldsymbol{AX}=\boldsymbol{0}$ 必有非零解

C. $\boldsymbol{AX}=\boldsymbol{0}$ 一定无解　　D. $\boldsymbol{AX}=\boldsymbol{b}$ 必有无穷多解

21. 已知矩阵 $\boldsymbol{A}=\begin{bmatrix}1 & -1 & 1\\ 2 & 4 & -2\\ -3 & -3 & 5\end{bmatrix}$ 与 $\boldsymbol{B}=\begin{bmatrix}\lambda & 0 & 0\\ 0 & 2 & 0\\ 0 & 0 & 2\end{bmatrix}$ 相似，则 $\lambda=$

A. 6　　B. 5　　C. 4　　D. 14

22. 设 A 和 B 为两个相互独立的事件，且 $P(A)=0.4$，$P(B)=0.5$，则 $P(A\cup B)$ 等于：

A. 0.9　　B. 0.8　　C. 0.7　　D. 0.6

23. 下列函数中，可以作为连续型随机变量的分布函数的是：

A. $\Phi(x)=\begin{cases}0, & x<0\\ 1-e^x, & x\geqslant 0\end{cases}$　　B. $F(x)=\begin{cases}e^x, & x<0\\ 1, & x\geqslant 0\end{cases}$

C. $G(x)=\begin{cases}e^{-x}, & x<0\\ 1, & x\geqslant 0\end{cases}$　　D. $H(x)=\begin{cases}0, & x<0\\ 1+e^{-x}, & x\geqslant 0\end{cases}$

24. 设总体 $X\sim N(0,\sigma^2)$，$X_1,X_2,\cdots,X_n$ 是来自总体的样本，则 σ^2 的矩估计是：

A. $\frac{1}{n}\sum\limits_{i=1}^{n}X_i$　　B. $n\sum\limits_{i=1}^{n}X_i$　　C. $\frac{1}{n^2}\sum\limits_{i=1}^{n}X_i^2$　　D. $\frac{1}{n}\sum\limits_{i=1}^{n}X_i^2$

25. 一瓶氦气和一瓶氮气，它们每个分子的平均平动动能相同，而且都处于平衡态。则它们：

A. 温度相同，氦分子和氮分子的平均动能相同
B. 温度相同，氦分子和氮分子的平均动能不同
C. 温度不同，氦分子和氮分子的平均动能相同
D. 温度不同，氦分子和氮分子的平均动能不同

26. 最概然速率 v_P 的物理意义是：

A. v_P 是速率分布中的最大速率
B. v_P 是大多数分子的速率
C. 在一定的温度下，速率与 v_P 相近的气体分子所占的百分率最大
D. v_P 是所有分子速率的平均值

27. 气体做等压膨胀，则：

A. 温度升高，气体对外做正功
B. 温度升高，气体对外做负功
C. 温度降低，气体对外做正功
D. 温度降低，气体对外做负功

28. 一定量理想气体由初态（P_1, V_1, T_1）经等温膨胀到达终态（P_2, V_2, T_1），则气体吸收的热量 Q 为：

A. $Q=P_1V_1\ln\frac{V_2}{V_1}$
B. $Q=P_1V_2\ln\frac{V_2}{V_1}$
C. $Q=P_1V_1\ln\frac{V_1}{V_2}$
D. $Q=P_2V_1\ln\frac{P_2}{P_1}$

29. 一横波沿一根弦线传播，其方程为 $y=-0.02\cos\pi(4x-50t)$ (SI)，该波的振幅与波长分别为：

A. 0.02cm，0.5cm
B. −0.02m，−0.5m
C. −0.02m，0.5m
D. 0.02m，0.5m

30. 一列机械横波在 t 时刻的波形曲线如图所示，则该时刻能量处于最大值的媒质质元的位置是：

A. a
B. b
C. c
D. d

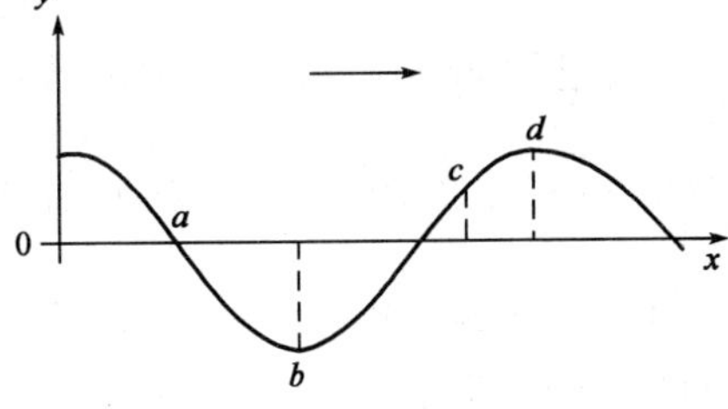

题 30 图

31. 在波长为 λ 的驻波中，两个相邻波腹之间的距离为：

A. $\lambda/2$
B. $\lambda/4$
C. $3\lambda/4$
D. λ

32. 两偏振片叠放在一起，欲使一束垂直入射的线偏振光经过两个偏振片后振动方向转过90°，且使出射光强尽可能大，则入射光的振动方向与前后两偏振片的偏振化方向夹角分别为：

A. 45°和90°　　B. 0°和90°　　C. 30°和90°　　D. 60°和90°

33. 光的干涉和衍射现象反映了光的：

A. 偏振性质　　B. 波动性质　　C. 横波性质　　D. 纵波性质

34. 若在迈克耳逊干涉仪的可动反射镜 M 移动了 0.620mm 的过程中，观察到干涉条纹移动了 2 300 条，则所用光波的波长为：

A. 269nm　　B. 539nm　　C. 2690nm　　D. 5390nm

35. 在单缝夫琅禾费衍射实验中，屏上第三级暗纹对应的单缝处波面可分成的半波带的数目为：

A. 3　　B. 4　　C. 5　　D. 6

36. 波长为 λ 的单色光垂直照射在折射率为 n 的劈尖薄膜上，在由反射光形成的干涉条纹中，第五级明条纹与第三级明条纹所对应的薄膜厚度差为：

A. $\frac{\lambda}{2n}$　　B. $\frac{\lambda}{n}$

C. $\frac{\lambda}{5n}$　　D. $\frac{\lambda}{3n}$

37. 量子数 $n=4, l=2, m=0$ 的原子轨道数目是：

A. 1　　B. 2　　C. 3　　D. 4

38. PCl_3 分子空间几何构型及中心原子杂化类型分别为：

A. 正四面体，sp^3 杂化　　B. 三角锥型，不等性 sp^3 杂化

C. 正方形，dsp^2 杂化　　D. 正三角形，sp^2 杂化

39. 已知 $Fe^{3+} \xrightarrow{0.771} Fe^{2+} \xrightarrow{-0.44} Fe$，则 $E^{\ominus}(Fe^{3+}/Fe)$ 等于：

A. 0.331V　　B. 1.211V　　C. −0.036V　　D. 0.110V

40. 在 $BaSO_4$ 饱和溶液中，加入 $BaCl_2$，利用同离子效应使 $BaSO_4$ 的溶解度降低，体系中 $c(SO_4^{2-})$ 的变化是：

A. 增大　　B. 减小　　C. 不变　　D. 不能确定

41. 催化剂可加快反应速率的原因。下列叙述正确的是：

A. 降低了反应的 $\Delta_r H_m^\ominus$　　B. 降低了反应的 $\Delta_r G_m^\ominus$

C. 降低了反应的活化能　　D. 使反应的平衡常数 $K^\ominus$ 减小

42. 已知反应 $C_2H_2(g)+2H_2(g) \rightleftharpoons C_2H_6(g)$ 的 $\Delta_r H_m<0$，当反应达平衡后，欲使反应向右进行，可采取的方法是：

A. 升温，升压　　B. 升温，减压

C. 降温，升压　　D. 降温，减压

43. 向原电池(－)Ag，AgCl|Cl⁻ ‖ Ag⁺|Ag(＋)的负极中加入 NaCl，则原电池电动势的变化是：

A. 变大　　B. 变小　　C. 不变　　D. 不能确定

44. 下列各组物质在一定条件下反应，可以制得比较纯净的 1，2-二氯乙烷的是：

A. 乙烯通入浓盐酸中　　B. 乙烷与氯气混合

C. 乙烯与氯气混合　　D. 乙烯与卤化氢气体混合

45. 下列物质中，不属于醇类的是：

A. C_4H_9OH　　B. 甘油　　C. $C_6H_5CH_2OH$　　D. C_6H_5OH

46. 人造象牙的主要成分是 $\{CH_2-O\}_n$，它是经加聚反应制得的。合成此高聚物的单体是：

A. $(CH_3)_2O$　　B. CH_3CHO　　C. HCHO　　D. HCOOH

47. 图示构架由 AC、BD、CE 三杆组成，A、B、C、D 处为铰接，E 处光滑接触。已知：$F_p=2kN$，$\theta=45°$，杆及轮重均不计，则 E 处约束力的方向与 x 轴正向所成的夹角为：

A. 0°　　B. 45°

C. 90°　　D. 225°

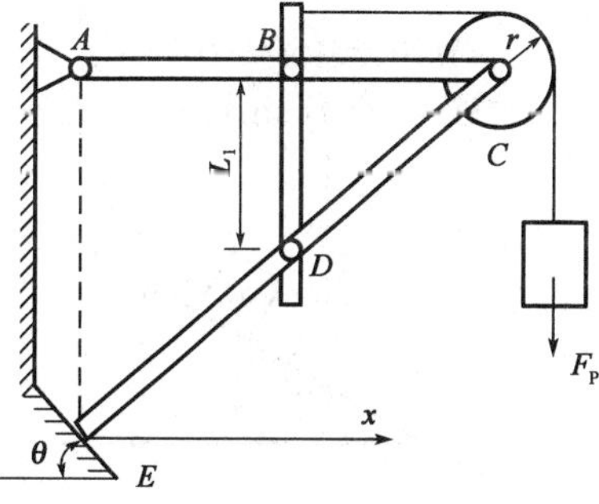

题 47 图

48. 图示结构直杆 BC，受载荷 F，q 作用，$BC=L$，$F=qL$，其中 q 为载荷集度，单位为 N/m，集中力以 N 计，长度以 m 计。则该主动力系数对 O 点的合力矩为：

A. $M_O=0$　　B. $M_O=\frac{qL^2}{2}$ N·m(↶)

C. $M_O=\frac{3qL^2}{2}$ N·m(↶)　　D. $M_O=qL^2$ kN·m(↷)

49. 图示平面构架，不计各杆自重。已知：物块 M 重 F_P，悬挂如图示，不计小滑轮 D 的尺寸与质量，A、E、C 均为光滑铰链，$L_1=1.5\text{m}$，$L_2=2\text{m}$。则支座 B 的约束力为：

A. $F_B=3F_P/4(\rightarrow)$　　B. $F_B=3F_P/4(\leftarrow)$

C. $F_B=F_P(\leftarrow)$　　D. $F_B=0$

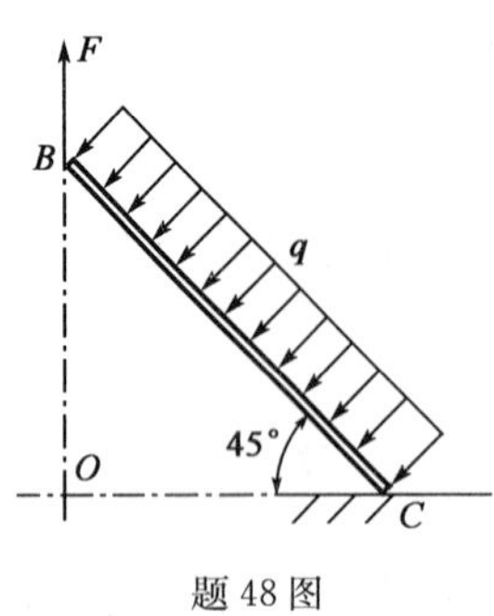

题 48 图

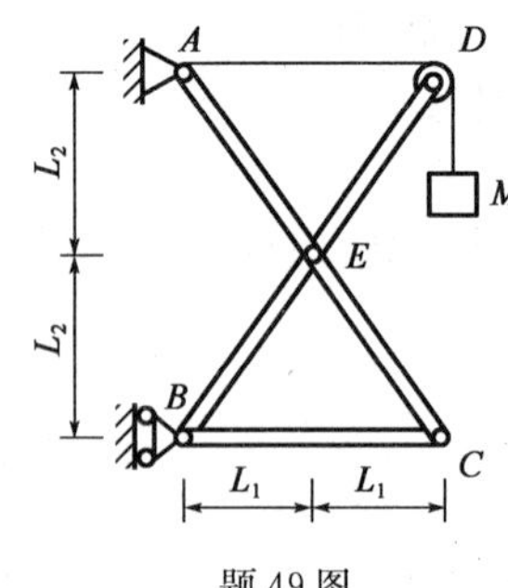

题 49 图

50. 物体重为 W，置于倾角为 α 的斜面上，如图所示。已知摩擦角 $\varphi_m>\alpha$，则物块处于的状态为：

A. 静止状态　　B. 临界平衡状态　　C. 滑动状态　　D. 条件不足，不能确定

51. 已知动点的运动方程为 $x=t$，$y=2t^2$。则其轨迹方程为：

A. $x=t^2-t$　　B. $y=2t$　　C. $y-2x^2=0$　　D. $y+2x^2=0$

52. 一炮弹以初速度和仰角 α 射出。对于图所示直角坐标的运动方程为 $x=v_0\cos\alpha t$，$y=v_0\sin\alpha t-\frac{1}{2}gt^2$，则当 $t=0$ 时，炮弹的速度和加速度的大小分别为：

A. $v=v_0\cos\alpha, a=g$　　B. $v=v_0, a=g$

C. $v=v_0\sin\alpha, a=-g$　　D. $v=v_0, a=-g$

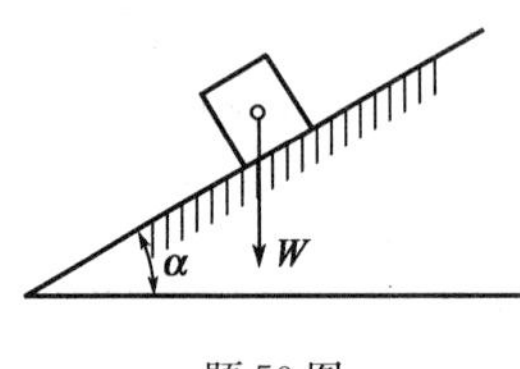

题 50 图

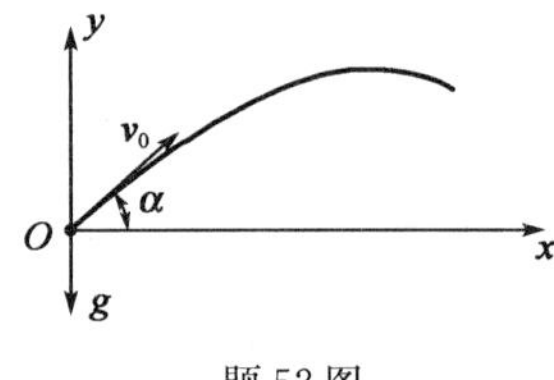

题 52 图

53. 两摩擦轮如图所示。则两轮的角速度与半径关系的表达式为：

A. $\frac{\omega_1}{\omega_2}=\frac{R_1}{R_2}$　　B. $\frac{\omega_1}{\omega_2}=\frac{R_2}{R_1^2}$　　C. $\frac{\omega_1}{\omega_2}=\frac{R_1}{R_2^2}$　　D. $\frac{\omega_1}{\omega_2}=\frac{R_2}{R_1}$

54. 质量为 m 的物块 A，置于与水平面成 θ 角的斜面 B 上，如图所示。A 与 B 间的摩擦系

数为 f，为保持 A 与 B 一起以加速度 a 水平向右运动，则所需的加速度 a 至少是：

A. $a=\dfrac{g(f\cos\theta+\sin\theta)}{\cos\theta+f\sin\theta}$　　B. $a=\dfrac{gf\cos\theta}{\cos\theta+f\sin\theta}$

C. $a=\dfrac{g(f\cos\theta-\sin\theta)}{\cos\theta+f\sin\theta}$　　D. $a=\dfrac{gf\sin\theta}{\cos\theta+f\sin\theta}$

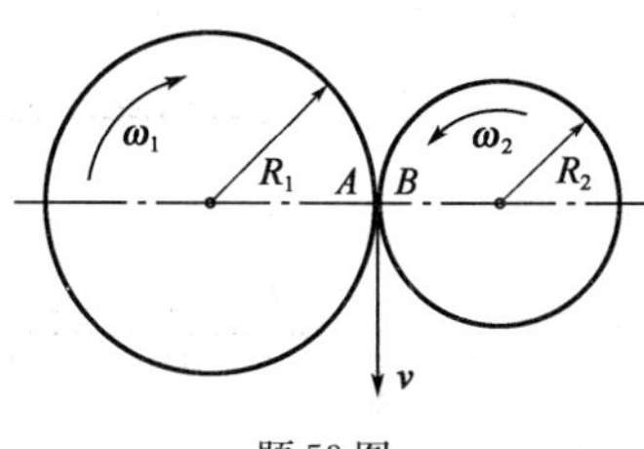

题 53 图

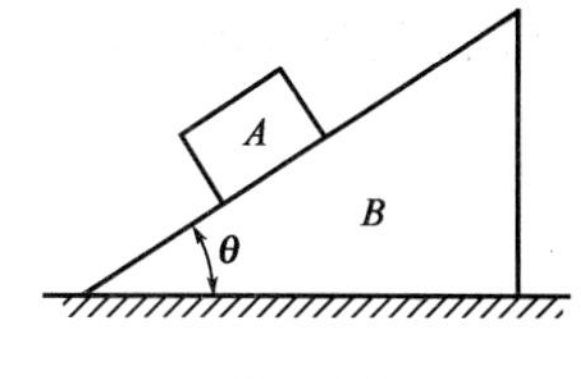

题 54 图

55. A 块与 B 块叠放如图所示，各接触面处均考虑摩擦。当 B 块受力 F 作用沿水平面运动时，A 块仍静止于 B 块上，于是：

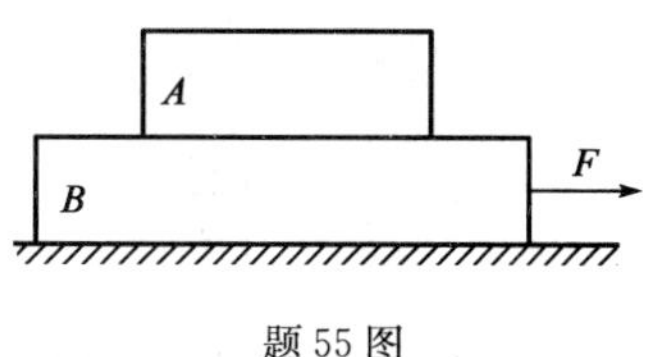

题 55 图

A. 各接触面处的摩擦力都做负功

B. 各接触面处的摩擦力都做正功

C. A 块上的摩擦力做正功

D. B 块上的摩擦力做正功

56. 质量为 m，长为 $2l$ 的均质杆初始位于水平位置，如图所示。A 端脱落后，杆绕轴 B 转动，当杆转到铅垂位置时，AB 杆 B 处的约束力大小为：

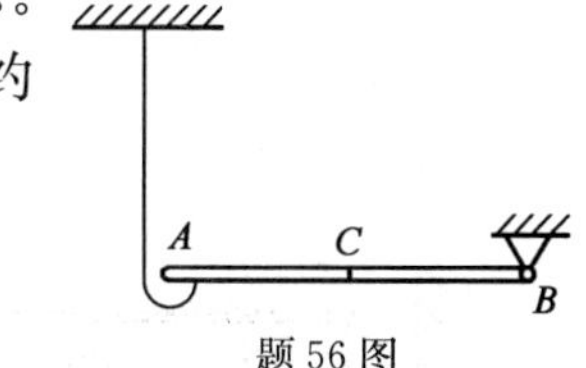

题 56 图

A. $F_{Bx}=0, F_{By}=0$　　B. $F_{Bx}=0, F_{By}=\dfrac{mg}{4}$

C. $F_{Bx}=l, F_{By}=mg$　　D. $F_{Bx}=0, F_{By}=\dfrac{5mg}{2}$

57. 质量为 m，半径为 R 的均质圆轮，绕垂直于图面的水平轴 O 转动，其角速度为 ω。在图示瞬时，角加速度为 0，轮心 C 在其最低位置，此时将圆轮的惯性力系向 O 点简化，其惯性力主矢和惯性力主矩的大小分别为：

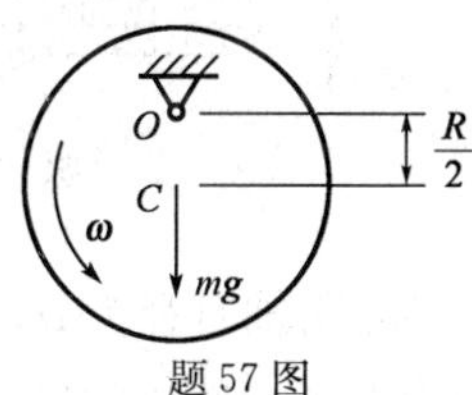

题 57 图

A. $m\dfrac{R}{2}\omega^2, 0$　　B. $mR\omega^2, 0$

C. 0，0　　D. $0, \dfrac{1}{2}mR^2\omega^2$

58. 质量为 110kg 的机器固定在刚度为 2×10^6N/m 的弹性基础上，当系统发生共振时，机器的工作频率为：

A. 66.7rad/s　　B. 95.3rad/s　　C. 42.6rad/s　　D. 134.8rad/s

59. 图示结构的两杆面积和材料相同，在铅直力 F 作用下，拉伸正应力最先达到许用应力的杆是：

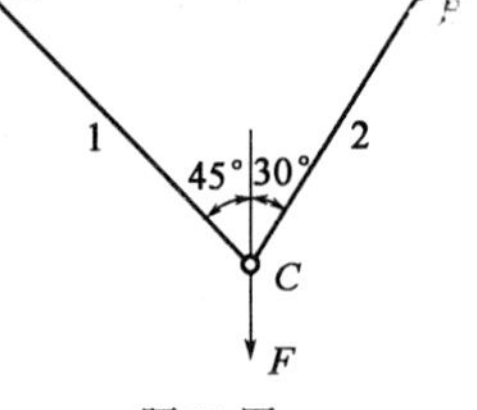

题 59 图

A. 杆 1　　B. 杆 2

C. 同时达到　　D. 不能确定

60. 图示结构的两杆许用应力均为$[\sigma]$，杆 1 的面积为 A，杆 2 的面积为 $2A$，则该结构的许用载荷是：

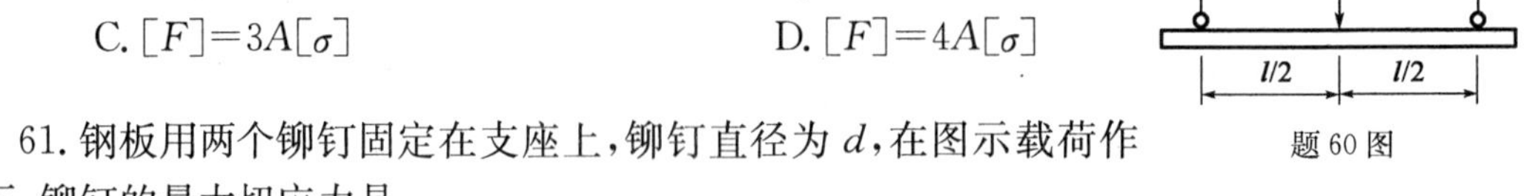

题 60 图

A. $[F]=A[\sigma]$　　B. $[F]=2A[\sigma]$

C. $[F]=3A[\sigma]$　　D. $[F]=4A[\sigma]$

61. 钢板用两个铆钉固定在支座上，铆钉直径为 d，在图示载荷作用下，铆钉的最大切应力是：

A. $\tau_{\max}=\dfrac{4F}{\pi d^2}$　　B. $\tau_{\max}=\dfrac{8F}{\pi d^2}$

C. $\tau_{\max}=\dfrac{12F}{\pi d^2}$　　D. $\tau_{\max}=\dfrac{2F}{\pi d^2}$

62. 螺钉承受轴向拉力 F，螺钉头与钢板之间的挤压应力是：

A. $\sigma_{bs}=\dfrac{4F}{\pi(D^2-d^2)}$　　B. $\sigma_{bs}=\dfrac{F}{\pi dt}$

C. $\sigma_{bs}=\dfrac{4F}{\pi d^2}$　　D. $\sigma_{bs}=\dfrac{4F}{\pi D^2}$

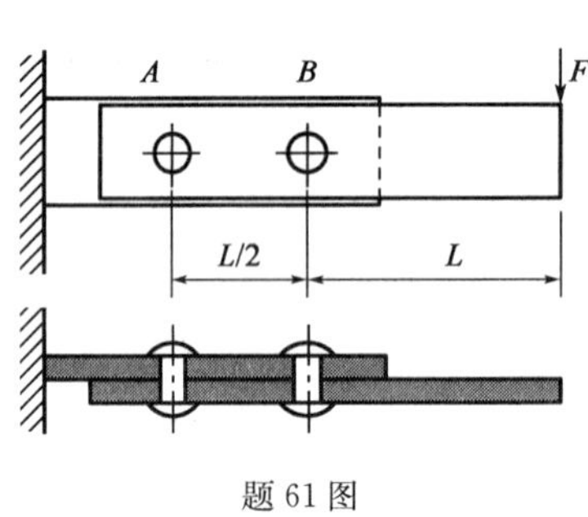

题 61 图

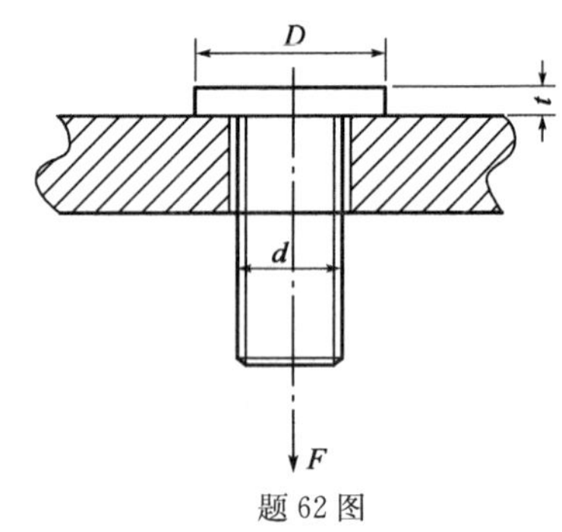

题 62 图

63. 圆轴直径为 d，切变模量为 G，在外力作用下发生扭转变形，现测得单位长度扭转角为 θ，圆轴的最大切应力是：

A. $\tau_{\max}=\dfrac{16\theta G}{\pi d^3}$　　B. $\tau_{\max}=\theta G\dfrac{\pi d^3}{16}$

C. $\tau_{\max}=\theta Gd$　　D. $\tau_{\max}=\dfrac{\theta Gd}{2}$

64. 图示两根圆轴，横截面面积相同，但分别为实心圆和空心圆。在相同的扭矩 T 作用下，两轴最大切应力的关系是：

A. $\tau_a < \tau_b$　　B. $\tau_a = \tau_b$　　C. $\tau_a > \tau_b$　　D. 不能确定

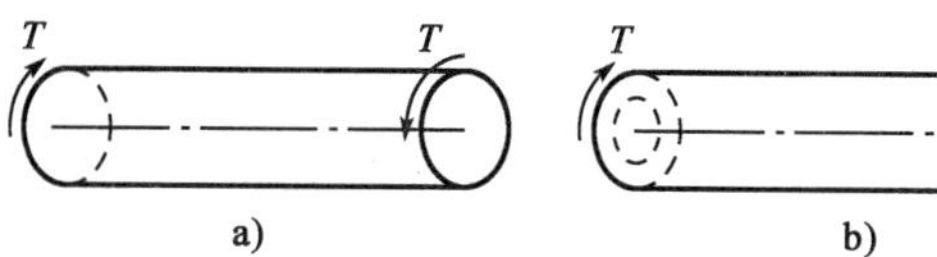

题 64 图

65. 简支梁 AC 的 A、C 截面为铰支端。已知的弯矩图如图所示，其中 AB 段为斜直线，BC 段为抛物线。以下关于梁上载荷的正确判断是：

A. AB 段 $q=0$，BC 段 $q\neq0$，B 截面处有集中力

B. AB 段 $q\neq0$，BC 段 $q=0$，B 截面处有集中力

C. AB 段 $q=0$，BC 段 $q\neq0$，B 截面处有集中力偶

D. AB 段 $q\neq0$，BC 段 $q=0$，B 截面处有集中力偶

（q 为分布载荷集度）

题 65 图

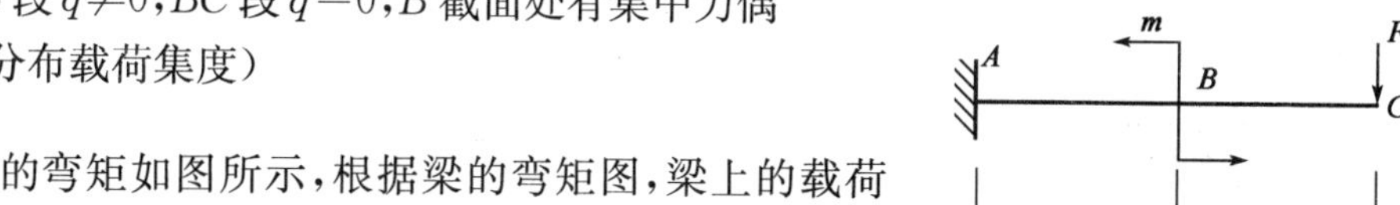

66. 悬臂梁的弯矩如图所示，根据梁的弯矩图，梁上的载荷 F、m 的值应是：

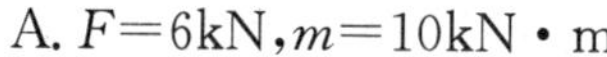

A. $F=6\text{kN}$，$m=10\text{kN}\cdot\text{m}$

B. $F=6\text{kN}$，$m=6\text{kN}\cdot\text{m}$

C. $F=4\text{kN}$，$m=4\text{kN}\cdot\text{m}$

D. $F=4\text{kN}$，$m=6\text{kN}\cdot\text{m}$

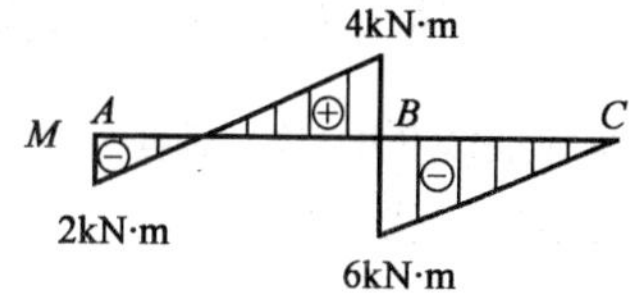

题 66 图

67. 承受均布荷载的简支梁如图 a）所示，现将两端的支座同时向梁中间移动 $l/8$，如图 b）所示，两根梁的中点 $\left(\frac{l}{2}处\right)$ 弯矩之比 $\frac{M_a}{M_b}$ 为：

A. 16　　B. 4

C. 2　　D. 1

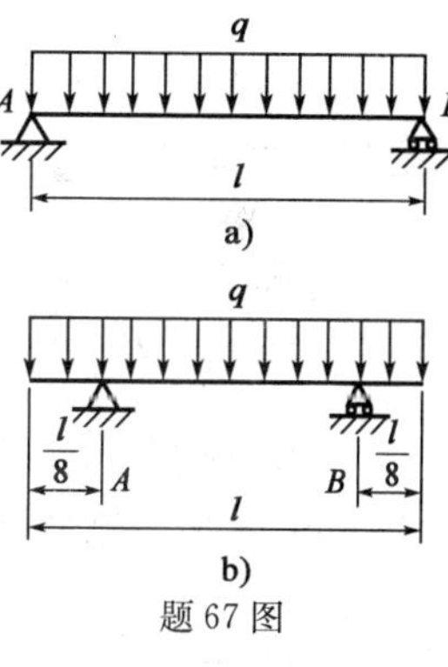

题 67 图

68. 按照第三强度理论，图示两种应力状态的危险程度是：

A. a）更危险　　B. b）更危险　　C. 两者相同　　D. 无法判断

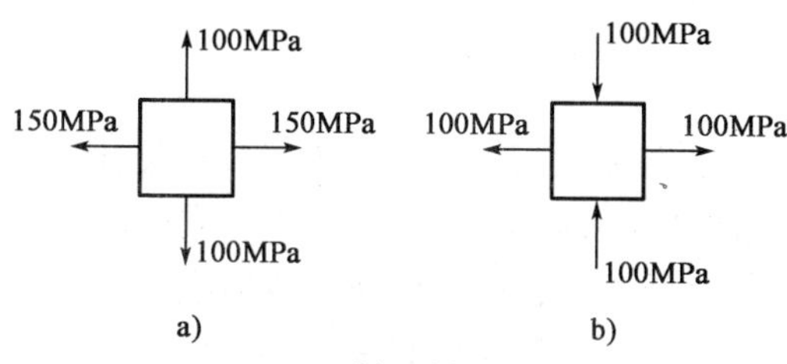

题 68 图

69. 两根杆粘合在一起，截面尺寸如图。杆 1 的弹性模量为 E_1，杆 2 的弹性模量为 E_2，且 $E_1=2E_2$。若轴向力 F 作用在截面形心，则杆件发生的变形是：

A. 拉伸和向上弯曲变形　　B. 拉伸和向下弯曲变形

C. 弯曲变形　　D. 拉伸变形

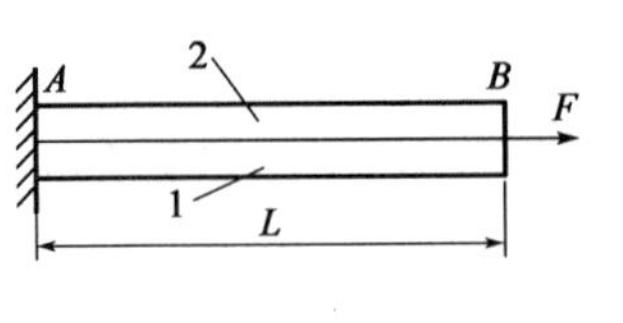

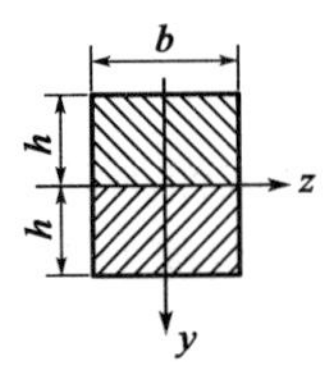

题 69 图

70. 图示细长压杆 AB 的 A 端自由，B 端固定在简支梁上。该压杆的长度系数 μ 是：

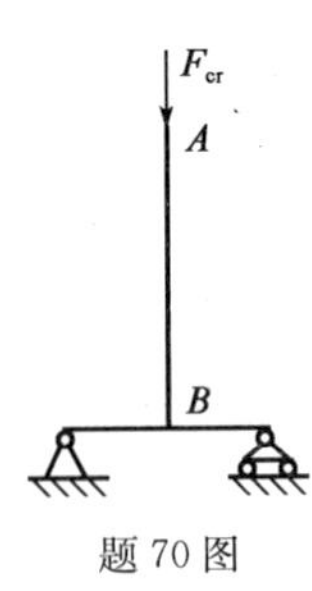

题 70 图

A. $\mu>2$　　B. $2>\mu>1$

C. $1>\mu>0.7$　　D. $0.7>\mu>0.5$

71. 半径为 R 的圆管中，横截面上流速分布为 $u=2\left(1-\frac{r^2}{R^2}\right)$，其中 r 表示到圆管轴线的距离，则在 $r_1=0.2R$ 处的黏性切应力与 $r_2=R$ 处的黏性切应力大小之比为：

A. 5　　B. 25　　C. 1/5　　D. 1/25

72. 一水平放置的恒定变直径圆管流，不计水头损失，取两个截面标记为 1 和 2，当 $d_1>d_2$ 时，则两截面形心压强关系是：

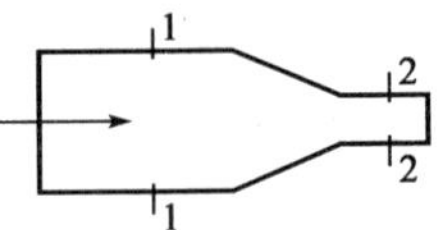

题 72 图

A. $p_1<p_2$　　B. $p_1>p_2$

C. $p_1=p_2$　　D. 不能确定

73. 水由喷嘴水平喷出，冲击在光滑平板上，如图所示，已知出口流速为 50m/s，喷射流量为 0.2m^3/s，不计阻力，则平板受到的冲击力为：

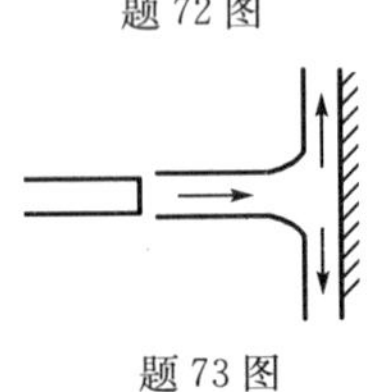

题 73 图

A. 5kN　　B. 10kN

C. 20kN　　D. 40kN

74. 沿程水头损失 h_f：

A. 与流程长度成正比，与壁面切应力和水力半径成反比

B. 与流程长度和壁面切应力成正比，与水力半径成反比

C. 与水力半径成正比，与流程长度和壁面切应力成反比

D. 与壁面切应力成正比，与流程长度和水力半径成反比

75. 并联比管的流动特征是：

A. 各分管流量相等
B. 总流量等于各分管的流量和，且各分管水头损失相等
C. 总流量等于各分管的流量和，且各分管水头损失不等
D. 各分管测压管水头差不等于各分管的总能头差

76. 矩形水力最优断面的底宽是水深的：

A. 0.5 倍　　B. 1 倍　　C. 1.5 倍　　D. 2 倍

77. 渗流流速 v 与水力坡度 J 的关系是：

A. v 正比于 J　　B. v 反比于 J
C. v 正比于 J 的平方　　D. v 反比于 J 的平方

78. 烟气在加热炉回热装置中流动，拟用空气介质进行实验。已知空气黏度 $\nu_{空气}=15\times10^{-6}\mathrm{m^2/s}$，烟气运动黏度 $\nu_{烟气}=60\times10^{-6}\mathrm{m^2/s}$，烟气流速 $v_{烟气}=3\mathrm{m/s}$，如若实际与模型长度的比尺 $\lambda_L=5$，则模型空气的流速应为：

A. 3.75m/s　　B. 0.15m/s　　C. 2.4m/s　　D. 60m/s

79. 在一个孤立静止的点电荷周围：

A. 存在磁场，它围绕电荷呈球面状分布
B. 存在磁场，它分布在从电荷所在处到无穷远处的整个空间中
C. 存在电场，它围绕电荷呈球面状分布
D. 存在电场，它分布在从电荷所在处到无穷远处的整个空间中

80. 图示电路消耗电功率 2W，则下列表达式中正确的是：

A. $(8+R)I^2=2, (8+R)I=10$
B. $(8+R)I^2=2, -(8+R)I=10$
C. $-(8+R)I^2=2, -(8+R)I=10$
D. $-(8+R)I=10, (8+R)I=10$

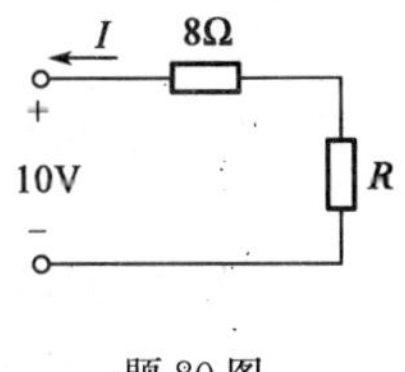

题 80 图

81. 图示电路中，a-b 端的开路电压 U_{abk} 为：

A. 0　　B. $\dfrac{R_1}{R_1+R_2}U_s$

C. $\dfrac{R_2}{R_1+R_2}U_s$　　D. $\dfrac{R_2 /\!/ R_L}{R_1+R_2 /\!/ R_L}U_s$

（注：$R_2 /\!/ R_L=\dfrac{R_2\cdot R_L}{R_2+R_L}$）

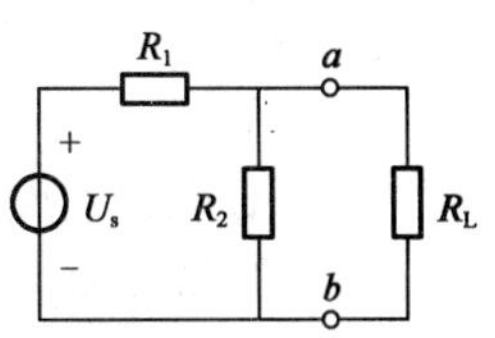

题 81 图

82. 在直流稳态电路中，电阻、电感、电容元件上的电压与电流大小的比值分别为：

A. R，0，0 B. 0，0，∞

C. R，∞，0 D. R，0，∞

83. 图示电路中，若 $u(t)=\sqrt{2}U\sin(\omega t+\varphi_u)$ 时，电阻元件上的电压为 0，则：

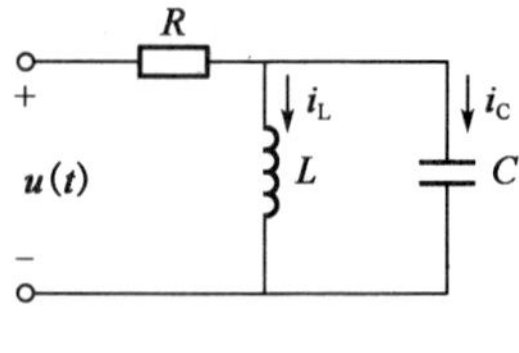

题 83 图

A. 电感元件断开了

B. 一定有 $I_L=I_C$

C. 一定有 $i_L=i_C$

D. 电感元件被短路了

84. 已知图示三相电路中三相电源对称，$Z_1=z_1\angle\varphi_1$，$Z_2=z_2\angle\varphi_2$，$Z3=z_3\angle\varphi_3$，若 $U_{NN'}=0$，则 $z_1=z_2=z_3$，且：

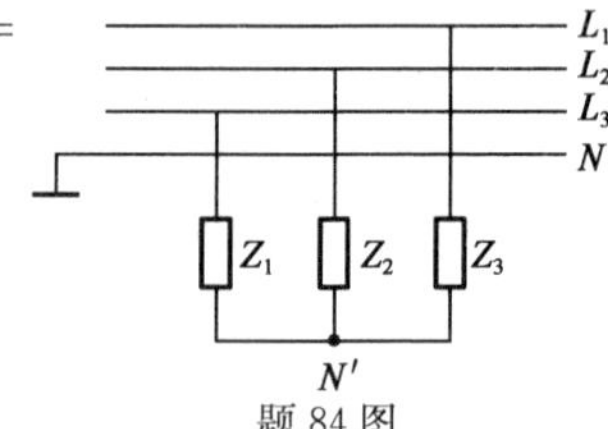

题 84 图

A. $\varphi_1=\varphi_2=\varphi_3$

B. $\varphi_1-\varphi_2=\varphi_2-\varphi_3=\varphi_3-\varphi_1=120°$

C. $\varphi_1-\varphi_2=\varphi_2-\varphi_3=\varphi_3-\varphi_1=-120°$

D. N'必须被接地

85. 图示电路中，设变压器为理想器件，若 $u=10\sqrt{2}\sin\omega t$V，则：

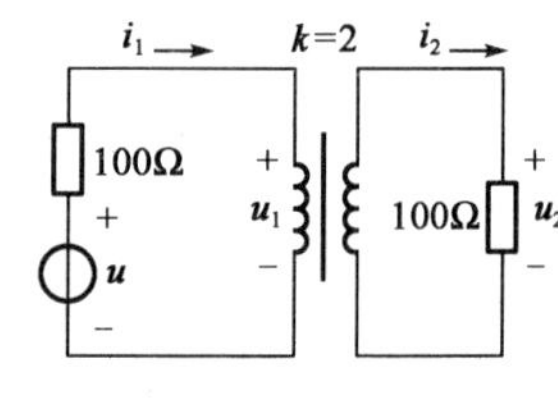

题 85 图

A. $U_1=\frac{1}{2}U, U_2=\frac{1}{4}U$

B. $I_1=0.01U, I_1=0$

C. $I_1=0.002U, I_2=0.004U$

D. $U_1=0, U_2=0$

86. 对于三相异步电动机而言，在满载起动情况下的最佳起动方案是：

A. Y-Δ 起动方案，起动后，电动机以 Y 接方式运行

B. Y-Δ 起动方案，起动后，电动机以 Δ 接方式运行

C. 自耦调压器降压起动

D. 绕线式电动机串转子电阻起动

87. 关于信号与信息，如下几种说法中正确的是：

A. 电路处理并传输电信号

B. 信号和信息是同一概念的两种表述形式

C. 用“1”和“0”组成的信息代码“1001”只能表示数量“5”

D. 信息是看得到的，信号是看不到的

88. 图示非周期信号 $u(t)$ 的时域描述形式是：[注：$l(t)$ 是单位阶跃函数]

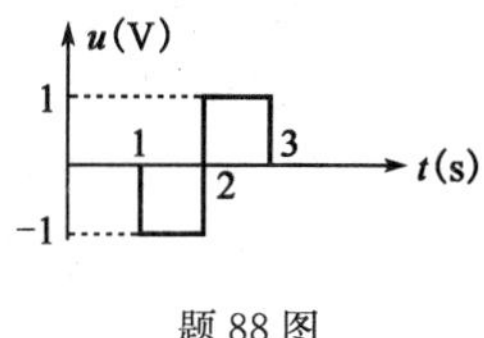

题 88 图

A. $u(t)=\begin{cases}1\text{V}, & t\leqslant 2\\ -1\text{V}, & t>2\end{cases}$

B. $u(t)=-l(t-1)+2\cdot l(t-2)-l(t-3)\text{V}$

C. $u(t)=l(t-1)-l(t-2)\text{V}$

D. $u(t)=-l(t+1)+l(t+2)-l(t+3)\text{V}$

89. 某放大器的输入信号 $u_1(t)$ 和输出信号 $u_2(t)$ 如图所示，则：

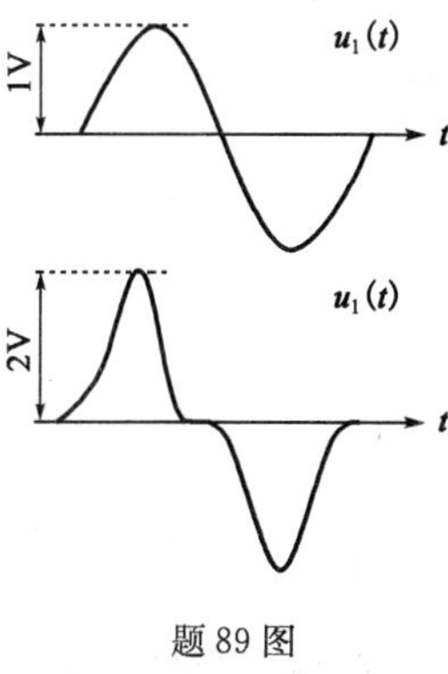

题 89 图

A. 该放大器是线性放大器

B. 该放大器放大倍数为 2

C. 该放大器出现了非线性失真

D. 该放大器出现了频率失真

90. 对逻辑表达式 $ABC+A\overline{BC}+B$ 的化简结果是：

A. AB　　　　B. A+B

C. ABC　　　　D. $A\overline{BC}$

91. 已知数字信号 X 和数字信号 Y 的波形如图所示，则数字信号 $F=\overline{XY}$ 的波形为：

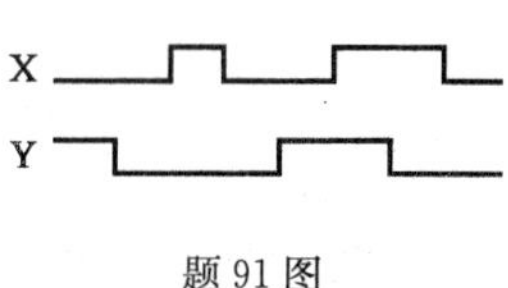

题 91 图

A.

B.

C.

D.

92. 十进制数字 32 的 BCD 码为：

A. 00110010　　B. 00100000　　C. 100000　　D. 00100011

93. 二级管应用电路如图所示，设二极管 D 为理想器件，$u_i=10\sin\omega t\text{V}$，则输出电压 u_o 的波形为：

A. 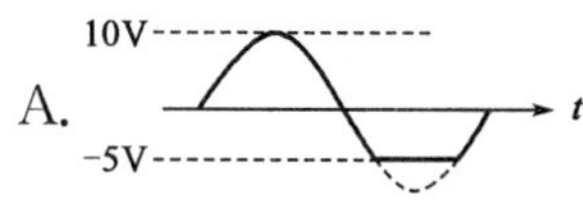

B. 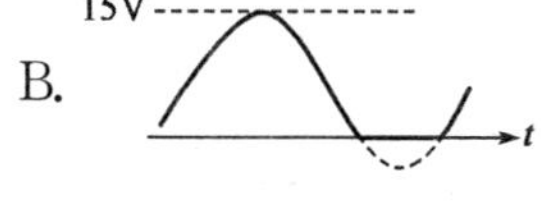

C. 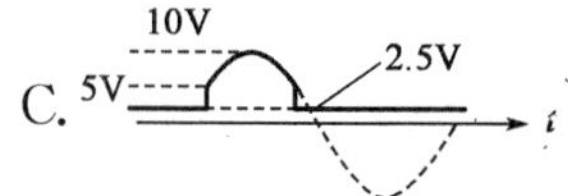

D. 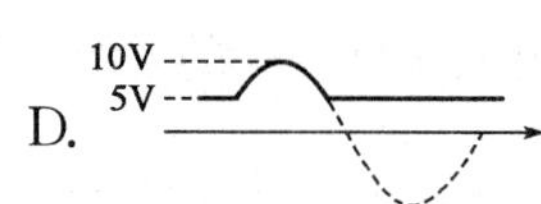

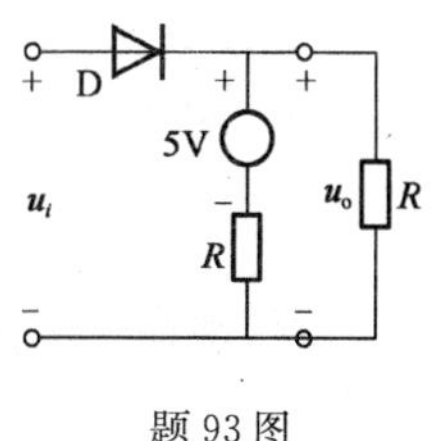

题 93 图

94. 晶体三极管放大电路如图所示，在进入电容 C_E 之后：

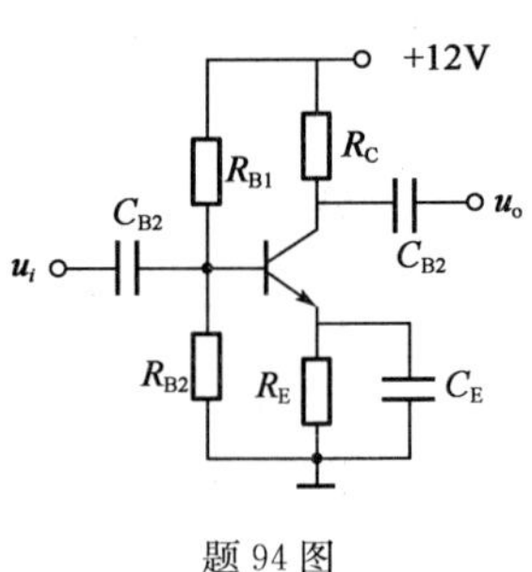

题 94 图

A. 放大倍数变小

B. 输入电阻变大

C. 输入电阻变小，放大倍数变大

D. 输入电阻变大，输出电阻变小，放大倍数变大

95. 图 a)所示电路中，复位信号 $\overline{R}_D$，信号 A 及时钟脉冲信号 cp 如图 b)所示，经分析可知，在第一个和第二个时钟脉冲的下降沿时刻，输出 Q 分别等于：

A. 0　0　　B. 0　1　　C. 1　0　　D. 1　1

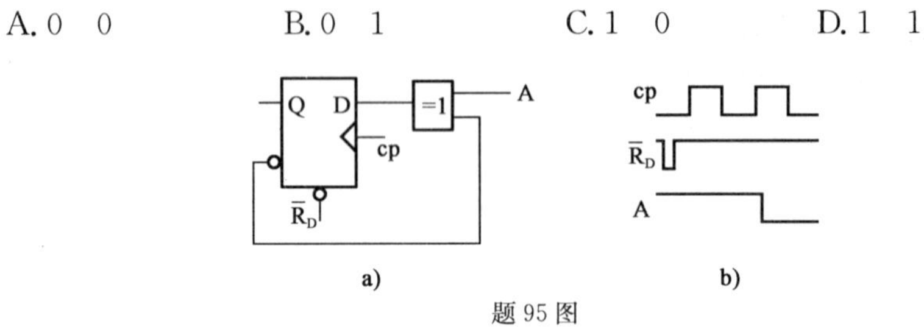

题 95 图

附：触发器的逻辑状态表为

D	Q_{n+1}
0	0
1	1

96. 图 a)所示电路中，复位信号、数据输入及时时钟脉冲信号如图 b)所示，经分析可知，在第一下和第二个时钟脉冲的下降沿过后，输出 Q 分别等于：

A. 0　0　　B. 0　1　　C. 1　0　　D. 1　1

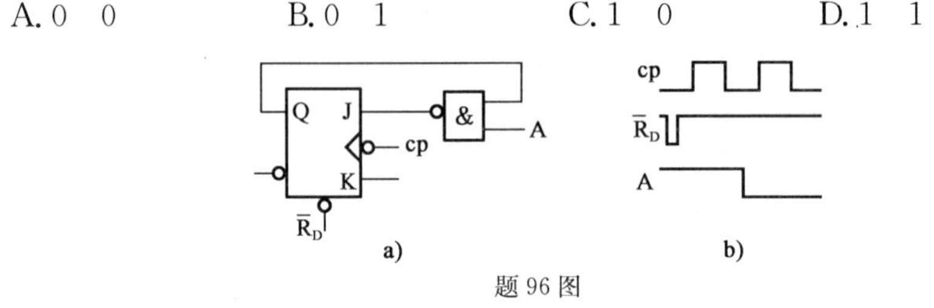

题 96 图

附：触发器的逻辑状态表为

J	K	Q_{n+1}
0	0	Q_n
0	1	0
1	0	1
1	1	$\overline{Q}_n$

97. 现在全国都在开发三网合一的系统工程，即：

A. 将电信网、计算机网、通信网合为一体

B. 将电信网、计算机网、无线电视网合为一体
C. 将电信网、计算机网、有线电视网合为一体
D. 将电信网、计算机网、电话网合为一体

98. 在计算机的运算器上可以：

A. 直接解微分方程
B. 直接进行微分运算
C. 直接进行积分运算
D. 进行算数运算和逻辑运算

99. 总线中的控制总线传输的是：

A. 程序和数据
B. 主存储器的地址码
C. 控制信息
D. 用户输入的数据

100. 目前常用的计算机辅助设计软件是：

A. Microsoft Word
B. Auto CAD
C. Visual BASIC
D. Microsoft Access

101. 计算机中度量数据的最小单位是：

A. 数 0　　B. 位　　C. 字节　　D. 字

102. 在下面列出的四种码中，不能用于表示机器数的一种是：

A. 原码　　B. ASCII 码　　C. 反码　　D. 补码

103. 一幅图像的分辨率为 640×480 像素，这表示该图像中：

A. 至少由 480 个像素组成
B. 总共由 480 个像素组成
C. 每行由 640×480 个像素组成
D. 每列由 480 个像素组成

104. 在下面四条有关进程特征的叙述中，其中正确的一条是：

A. 静态性、并发性、共享性、同步性
B. 动态性、并发性、共享性、异步性
C. 静态性、并发性、独立性、同步性
D. 动态性、并发性、独立性、异步性

105. 操作系统的设备管理功能是对系统中的外围设备：

A. 提供相应的设备驱动程序，初始化程序和设备控制程序等
B. 直接进行操作
C. 通过人和计算机的操作系统对外围设备直接进行操作
D. 既可以由用户干预，也可以直接执行操作

106. 联网中的每台计算机：

A. 在联网之前有自己独立的操作系统，联网以后是网络中的某一个结点
B. 在联网之前有自己独立的操作系统，联网以后它自己的操作系统屏蔽
C. 在联网之前没有自己独立的操作系统，联网以后使用网络操作系统
D. 联网中的每台计算机有可以同时使用的多套操作系统

107. 某企业向银行借款，按季度计息，年名义利率为 8%，则年实际利率为：

A. 8%　　B. 8.16%
C. 8.24%　　D. 8.3%

108. 在下列选项中，应列入项目投资现金流量分析中的经营成本的是：

A. 外购原材料、燃料和动力费　　B. 设备折旧
C. 流动资金投资　　D. 利息支出

109. 某项目第 6 年累计净现金流量开始出现正值，第五年末累计净现金流量为 −60 万元，第 6 年当年净现金流量为 240 万元，则该项目的静态投资回收期为：

A. 4.25 年　　B. 4.75 年
C. 5.25 年　　D. 6.25 年

110. 某项目初期（第 0 年年初）投资额为 5000 万元，此后从第二年年末开始每年有相同的净收益，收益期为 10 年。寿命期结束时的净残值为零，若基准收益率为 15%，则要使该投资方案的净现值为零，其年净收益应为：[已知：$(P/A,15\%,10)=5.0188$，$(P/F,15\%,1)=0.8696$]

A. 574.98 万元　　B. 866.31 万元
C. 996.25 万元　　D. 1145.65 万元

111. 以下关于项目经济费用效益分析的说法中正确的是：

A. 经济费用效益分析应考虑沉没成本
B. 经济费用和效益的识别不适用“有无对比”原则
C. 识别经济费用效益时应剔出项目的转移支付
D. 为了反映投入物和产出物真实经济价值，经济费用效益分析不能使用市场价格

112. 已知甲、乙为两个寿命期相同的互斥项目，其中乙项目投资大于甲项目。通过测算得出甲、乙两项目的内部收益率分别为 17% 和 14%，增量内部收益 ΔIRR(乙−甲)=13%，基准收益率为 14%，以下说法中正确的是：

A. 应选择甲项目　　B. 应选择乙项目
C. 应同时选择甲、乙两个项目　　D. 甲、乙两项目均不应选择

113. 以下关于改扩建项目财务分析的说法中正确的是：

A. 应以财务生存能力分析为主
B. 应以项目清偿能力分析为主
C. 应以企业层次为主进行财务分析
D. 应遵循“有无对比”原则

114. 下面关于价值工程的论述中正确的是：

A. 价值工程中的价值是指成本与功能的比值
B. 价值工程中的价值是指产品消耗的必要劳动时间
C. 价值工程中的成本是指寿命周期成本，包括产品在寿命期内发生的全部费用
D. 价值工程中的成本就是产品的生产成本，它随着产品功能的增加而提高

115. 根据《建筑法》规定，某建设单位领取了施工许可证，下列情节中，可能不导致施工许可证废止的是：

A. 领取施工许可证之日起三个月内因故不能按期开工，也未申请延期
B. 领取施工许可证之日起按期开工后又中止施工
C. 向发证机关申请延期开工一次，延期之日起三个月内，因故仍不能按期开工，也未申请延期
D. 向发证机关申请延期开工两次，超过 6 个月因故不能按期开工，继续申请延期

116. 某施工单位一个有职工 185 人的三级施工资质的企业，根据《安全生产法》规定，该企业下列行为中合法的是：

A. 只配备兼职的安全生产管理人员
B. 委托具有国家规定相关专业技术资格的工程技术人员提供安全生产管理服务，由其负责承担保证安全生产的责任
C. 安全生产管埋人员经企业考核后即任职
D. 设置安全生产管理机构

117. 下列属于《招标投标法》规定的招标方式是：

A. 公开招标和直接招标
B. 公开招标和邀请招标
C. 公开招标和协议招标
D. 公开招标和公开招标

118. 根据《合同法》规定，下列行为不属于要约邀请的是：

A. 某建设单位发布招标公告
B. 某招标单位发出中标通知书
C. 某上市公司发出招标说明书
D. 某商场寄送的价目表

119. 根据《行政许可法》的规定，除可以当场作出行政许可决定的外，行政机关应当自受理行政可之日起作出行政许可决定的时限是：

A. 5 日之内　　B. 7 日之内　　C. 15 日之内　　D. 20 日之内

120. 某建设项目甲建设单位与乙施工单位签订施工总承包合同后，乙施工单位经甲建设单位认可，将打桩工程分包给丙专业承包单位，丙专业承包单位又将劳务作业分包给丁劳务单位，由于丙专业承包单位从业人员责任心不强，导致该打桩工程部分出现了质量缺陷，对于该质量缺陷的责任承担，以下说明正确的是：

A. 乙单位和丙单位承担连带责任　　B. 丙单位和丁单位承担连带责任

C. 丙单位向甲单位承担全部责任　　D. 乙、丙、丁三单位共同承担责任

2013 年度全国勘察设计注册工程师公共基础考试

试题解析及参考答案

1. **解** $\boldsymbol{\alpha}\times\boldsymbol{\beta}=\begin{vmatrix} \boldsymbol{i} & \boldsymbol{j} & \boldsymbol{k} \\ -3 & -2 & 1 \\ 1 & -4 & -5 \end{vmatrix}=14\boldsymbol{i}-14\boldsymbol{j}+14\boldsymbol{k}$

$|\boldsymbol{\alpha}\times\boldsymbol{\beta}|=\sqrt{14^2+14^2+14^2}=\sqrt{3\times14^2}=14\sqrt{3}$

答案:C

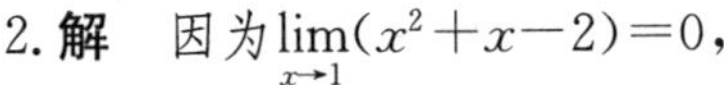

2. **解** 因为$\lim\limits_{x\to1}(x^2+x-2)=0$,

故$\lim\limits_{x\to1}(2x^2+ax+b)=0$,即 $2+a+b=0$,得 $b=-2-a$,代入原式:

$$\lim_{x\to1}\frac{2x^2+ax-2-a}{x^2+x-2}=\lim_{x\to1}\frac{2(x+1)(x-1)+a(x-1)}{(x+2)(x-1)}=\lim_{x\to1}\frac{2\times2+a}{3}=1$$

故 $4+a=3$,得 $a=-1$,$b=-1$。

答案:C

3. **解** $\dfrac{\mathrm{d}y}{\mathrm{d}x}=\dfrac{\frac{\mathrm{d}y}{\mathrm{d}t}}{\frac{\mathrm{d}x}{\mathrm{d}t}}=\dfrac{-\sin t}{\cos t}=-\tan t$

答案:A

4. **解** $[\int f(x)\mathrm{d}x]'=f(x)$

答案:B

5. **解** 举例 $f(x)=x^2$,$\int x^2\mathrm{d}x-\dfrac{1}{3}x^3+C$

当 $C=0$ 时,为奇函数;

当 $C=1$ 时,$\int x^2\mathrm{d}x=\dfrac{1}{3}x^3+1$ 为非奇非偶函数。

答案:A

6. **解** $\lim\limits_{x\to1}f(x)=\lim\limits_{x\to1^-}3x^2=3$,$\lim\limits_{x\to1^+}(4x-1)=3$,$f(1)=3$,函数 $f(x)$在 $x=1$ 处连续。

$f'_+(1)=\lim\limits_{x\to1^+}\dfrac{4x-1-3\times1}{x-1}=\lim\limits_{x\to1^+}\dfrac{4(x-1)}{x-1}=4$,

$f'_-(1)=\lim\limits_{x\to1^-}\dfrac{3x^2-3}{x-1}=\lim\limits_{x\to1^-}\dfrac{3(x+1)(x-1)}{x-1}=6$,

$f'_+(1)\neq f'_-(1)$,在 $x=1$ 处不可导;

故 $f(x)$在 $x=1$ 处连续不可导。

答案:C

7. **解** $y'=-1\cdot x^{\frac{2}{3}}+(5-x)\dfrac{2}{3}x^{-\frac{1}{3}}=-x^{\frac{2}{3}}+\dfrac{2}{3}\cdot\dfrac{5-x}{x^{\frac{1}{3}}}=\dfrac{-3x+2(5-x)}{3x^{\frac{1}{3}}}$

$$=\frac{-3x+10-2x}{3\cdot x^{\frac{1}{3}}}=\frac{5(2-x)}{3x^{\frac{1}{3}}}$$

可知 $x=0,x=2$ 为极值可疑点，所以极值可疑点的个数为 2。

答案:C

8. **解** 选项 A：$\int_0^{+\infty}e^{-x}\mathrm{d}x=-\int_0^{+\infty}e^{-x}\mathrm{d}(-x)=-e^{-x}\Big|_0^{+\infty}=-(\lim\limits_{x\to+\infty}e^{-x}-1)=1$

选项 B：$\int_0^{+\infty}\dfrac{1}{1+x^2}\mathrm{d}x=\arctan x\Big|_0^{+\infty}=\dfrac{\pi}{2}$

选项 C：$\int_0^{+\infty}\dfrac{\ln x}{x}\mathrm{d}x=\int_0^1\dfrac{\ln x}{x}\mathrm{d}x+\int_1^{+\infty}\dfrac{\ln x}{x}\mathrm{d}x=\int_0^1\ln x\mathrm{d}\ln x+\int_1^{+\infty}\ln x\mathrm{d}\ln x$

$$=\frac{1}{2}(\ln x)^2\Big|_0^1+\frac{1}{2}(\ln x)^2\Big|_0^{+\infty}=+\infty$$

（注：$\lim\limits_{x\to0^+}\dfrac{\ln x}{x}=\infty$，$x=0$ 为无穷间断点）

选项 D：$\int_0^1\dfrac{1}{\sqrt{1-x^2}}\mathrm{d}x=\arcsin x\Big|_0^1=\dfrac{\pi}{2}$

答案:C

9. **解** $D:0\leqslant y\leqslant1,y\leqslant x\leqslant\sqrt{y}$；

$y=x$，即 $x=y$；$y=x^2$，得 $x=\sqrt{y}$；

所以二次积分交换积分顺序后为 $\int_0^1\mathrm{d}y\int_y^{\sqrt{y}}f(x,y)\mathrm{d}x$。

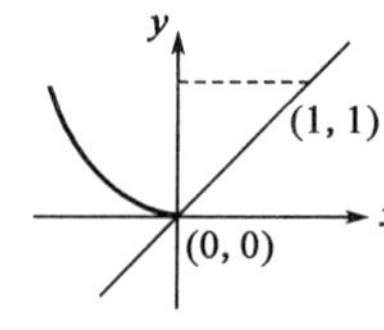

题 9 解图

答案:D

10. **解** $x\dfrac{\mathrm{d}y}{\mathrm{d}x}=y\ln y,\dfrac{1}{y\ln y}\mathrm{d}y=\dfrac{1}{x}\mathrm{d}x,\ln\ln y=\ln x+\ln C$

$\ln y=Cx,y=e^{Cx}$，代入 $x=1,y=e$，有 $e=e^{1C}$，得 $C=1$

所以 $y=e^x$

答案:B

11. **解** $F(x,y,z)=xz-xy+\ln(xyz)$

$F_x=z-y+\dfrac{yz}{xyz}=z-y+\dfrac{1}{x},F_y=-x+\dfrac{xz}{xyz}=-x+\dfrac{1}{y},F_z=x+\dfrac{xy}{xyz}=x+\dfrac{1}{z}$

$$\frac{\partial z}{\partial y}=-\frac{F_y}{F_z}=-\frac{\dfrac{-xy+1}{y}}{\dfrac{xz+1}{z}}=-\frac{(1-xy)z}{y(xz+1)}=\frac{z(xy-1)}{y(xz+1)}$$

答案:D

12. **解** 正项级数 $\sum\limits_{n=1}^{\infty}u_n$ 收敛的充分必要条件是，它的部分和数列 $\{S_n\}$ 有界。

答案:A

13. **解**　已知 $f(-x)=-f(x)$，函数在 $(-\infty,+\infty)$ 为奇函数。

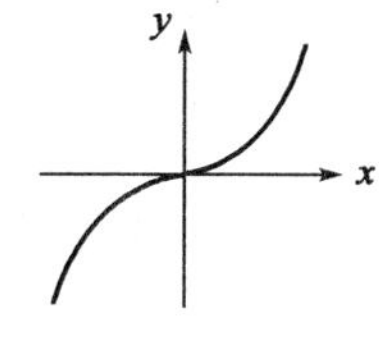

题 13 解图

可配合图形说明在 $(-\infty,0)$，$f'(x)>0$，$f''(x)<0$，凸增。

故在 $(0,+\infty)$ 为凹增，即在 $(0,+\infty)$，$f'(x)>0$，$f''>0$。

答案:C

14. **解**　特征方程：$r^2-3r+2=0$，$r_1=1$，$r_2=2$

$f(x)=xe^x$，$r=1$ 为对应齐次方程的特征方程的单根，

故特解形式 $y^*=x(Ax+B)\cdot e^x$

答案:A

15. **解**　$\vec{S}=\{3,-1,2\}$，$\vec{n}=\{-2,2,1\}$，$\vec{S}\cdot\vec{n}\neq0$，$\vec{S}$ 与 $\vec{n}$ 不垂直。

故直线 L 不平行于平面 π，从而 B、D 不成立；又因为 $\vec{S}$ 不平行于 $\vec{n}$，所以 L 不垂直于平面 π，A 不成立；即直线 L 与平面 π 非垂直相交。

答案:C

16. **解**　L：$y=x-1$，所以 L 的参数方程 $\begin{cases}x=x\\y=x-1\end{cases}$，$0\leqslant x\leqslant1$

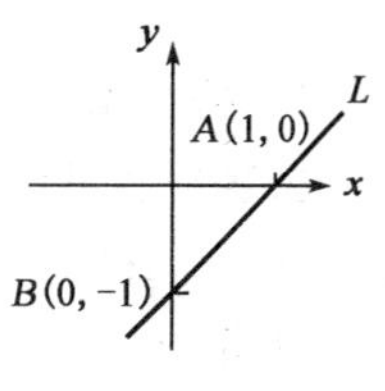

题 16 解图

$ds=\sqrt{1^2+1^2}dx=\sqrt{2}dx$

故 $\int_L(y-x)ds=\int_0^1(x-1-x)\sqrt{2}dx=-\sqrt{2}\cdot1=-\sqrt{2}$

答案:D

17. **解**　$R=3$，则 $\rho=\dfrac{1}{3}$

选项 A：$\sum\limits_{n=0}^{\infty}3x^n$，$\lim\limits_{n\to\infty}\left|\dfrac{a_{n+1}}{a_n}\right|=1$

选项 B：$\sum\limits_{n=1}^{\infty}3^nx^n$，$\lim\limits_{n\to x}\dfrac{3^{n+1}}{3^n}=3$

选项 C：$\sum\limits_{n=0}^{\infty}\dfrac{1}{3^{\frac{n}{2}}}x^n$，$\lim\limits_{n\to\infty}\dfrac{\frac{1}{3^{\frac{n+1}{2}}}}{\frac{1}{3^{\frac{n}{2}}}}=\lim\limits_{n\to\infty}\dfrac{1}{3^{\frac{n+1}{2}}}\cdot3^{\frac{n}{2}}=\lim\limits_{n\to\infty}3^{\frac{n}{2}-\frac{n+1}{2}}=3^{-\frac{1}{2}}$

选项 D：$\sum\limits_{n=0}^{\infty}\dfrac{1}{3^{n+1}}x^n$，$\lim\limits_{n\to\infty}\dfrac{\frac{1}{3^{n+2}}}{\frac{1}{3^{n+1}}}=\lim\limits_{n\to\infty}\dfrac{3^{n+1}}{3^{n+2}}=\dfrac{1}{3}$，$\rho=\dfrac{1}{3}$，$R=\dfrac{1}{\rho}=3$

答案:D

18. **解**　$z=f(x,y)$，$\begin{cases}x=x\\y=\varphi(x)\end{cases}$，则 $\dfrac{dz}{dx}=\dfrac{\partial f}{\partial x}\cdot1+\dfrac{\partial f}{\partial y}\cdot\dfrac{d\varphi}{dx}$。

答案:B

19. **解** 以 $\boldsymbol{\alpha}_1$、$\boldsymbol{\alpha}_2$、$\boldsymbol{\alpha}_3$、$\boldsymbol{\alpha}_4$ 为列向量作矩阵 $\boldsymbol{A}$

$$\boldsymbol{A}=\begin{bmatrix}3 & 3 & 1 & 6\\ 2 & -1 & -\frac{1}{3} & -2\\ -5 & 3 & 1 & 6\end{bmatrix}\xrightarrow{-r_1+r_3}\begin{bmatrix}3 & 3 & 1 & 6\\ 2 & -1 & -\frac{1}{3} & -2\\ -8 & 0 & 0 & 0\end{bmatrix}\xrightarrow{-\frac{1}{8}r_3}$$

$$\begin{bmatrix}3 & 3 & 1 & 6\\ 2 & -1 & -\frac{1}{3} & -2\\ 1 & 0 & 0 & 0\end{bmatrix}\xrightarrow[(-2)r_3+r_2]{(-3)r_3+r_1}\begin{bmatrix}0 & 3 & 1 & 6\\ 0 & -1 & -\frac{1}{3} & -2\\ 1 & 0 & 0 & 0\end{bmatrix}\xrightarrow{3r_2+r_1}\begin{bmatrix}0 & 0 & 0 & 0\\ 0 & -1 & -\frac{1}{3} & -2\\ 1 & 0 & 0 & 0\end{bmatrix}$$

$$\xrightarrow{r_1\leftrightarrow r_3}\begin{bmatrix}1 & 0 & 0 & 0\\ 0 & -1 & -\frac{1}{3} & -2\\ 1 & 0 & 0 & 0\end{bmatrix}$$

极大无关组为 $\boldsymbol{\alpha}_1$、$\boldsymbol{\alpha}_2$。

答案:C

20. **解** $\boldsymbol{Ax}=\boldsymbol{0}$ 必有非零解。

在解方程 $\boldsymbol{Ax}=\boldsymbol{0}$ 时,对系数矩阵进行初等变换,必有一非零的 r 阶子式,而未知数的个数为 $n,n>r$,基础解系的向量个数为 $n-r$,所以必有非零解。

答案:B

21. **解** 矩阵相似有相同的特征多项式,有相同的特征值。

$$|\lambda\boldsymbol{E}-\boldsymbol{A}|=\begin{vmatrix}\lambda-1 & 1 & -1\\ -2 & \lambda-4 & 2\\ 3 & 3 & \lambda-5\end{vmatrix}\xlongequal{(-3)r_1+r_3}\begin{vmatrix}\lambda-1 & 1 & -1\\ -2 & \lambda-4 & 2\\ -3\lambda+6 & 0 & \lambda-2\end{vmatrix}\xlongequal{-(\lambda-4)r_1+r_2}$$

$$\begin{vmatrix}\lambda-1 & 1 & -1\\ -\lambda^2+5\lambda-6 & 0 & \lambda-2\\ -3\lambda+6 & 0 & \lambda-2\end{vmatrix}=(-1)^{1+2}\begin{vmatrix}-(\lambda-2)(\lambda-3) & \lambda-2\\ -3(\lambda-2) & \lambda-2\end{vmatrix}$$

$$=(\lambda-2)(\lambda-2)\begin{vmatrix}+(\lambda-3) & 1\\ +3 & 1\end{vmatrix}=(\lambda-2)(\lambda-2)[+(\lambda-3)-3]$$

$$=(\lambda-2)(\lambda-2)(\lambda-6)$$

特征值为 2,2,6;矩阵 $\boldsymbol{B}$ 中 $\lambda=6$。

答案:A

22. **解** A、B 相互独立,则 $P(AB)=P(A)P(B)$,$P(A\cup B)=P(A)+P(B)-P(AB)$。

答案:C

23. **解** 分布函数[记为 $Q(x)$]性质为:①$0\leqslant Q(x)\leqslant 1$,$Q(-\infty)=0$,$Q(+\infty)=1$;②$Q(x)$是非减函数;③$Q(x)$是右连续的。

$\Phi(+\infty)=-\infty$;$F(x)$满足分布函数的性质①、②、③;

$G(-\infty)=+\infty$，$x\geqslant 0$ 时，$H(x)>1$。

答案：B

24. **解** 注意 $E(X)=0$，$\sigma^2=D(X)=E(X^2)-[E(X)]^2=E(X^2)$，$\sigma^2$ 也是 x 的二阶原点矩，σ^2 的矩估计量是样本的二阶原点矩。

答案：D

25. **解** ①由 $\bar{\varepsilon}_{平动}=\dfrac{3}{2}kT$，若平动动能相同，则温度相同。

②分子的平均动能＝平均(平动动能＋转动动能)＝$\dfrac{i}{2}kT$。

$i(\text{He})=3$，$i(\text{N}_2)=5$。

答案：B

26. **答案**：C

27. **解** 画等压膨胀 P-V 图，由图知 $V_2>V_1$，故气体对外做正功。由等温线知 $T_2>T_1$，温度升高。

答案：A

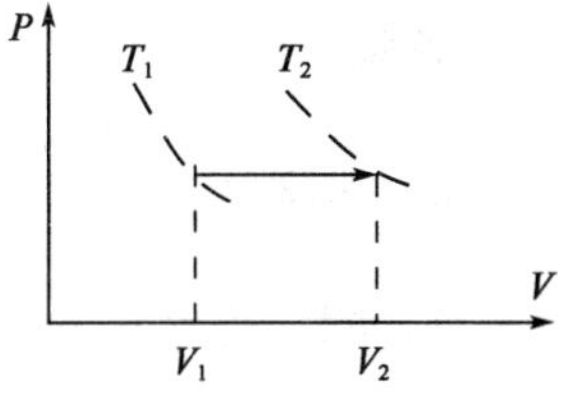

题 27 解图

28. **答案**：A

29. **解** ①波动方程标准式：$y=A\cos\left[\omega\left(t-\dfrac{x-x_0}{u}\right)+\varphi_0\right]$

②本题方程：$y=-0.02\cos\pi(4x-50t)=0.02\cos[\pi(4x-50t)+\pi]$

$$=0.02\cos[\pi(50t-4x)+\pi]=0.02\cos\left[50\pi\left(t-\frac{4x}{50}\right)+\pi\right]$$

$$=0.02\cos\left[50\pi\left(t-\frac{x}{\frac{50}{4}}\right)+\pi\right]$$

故 $\omega=50\pi=2\pi\nu$，$\nu=25\text{Hz}$，$u-\dfrac{50}{4}$

波长 $\lambda=\dfrac{u}{\nu}=0.5\text{m}$，振幅 $A=0.02\text{m}$

答案：D

30. **解** a、b、c、d 处质元都垂直于 x 轴上下振动。由图知，t 时刻 a 处质元位于振动的平衡位置，此时速率最大，动能最大，势能也最大。

答案：A

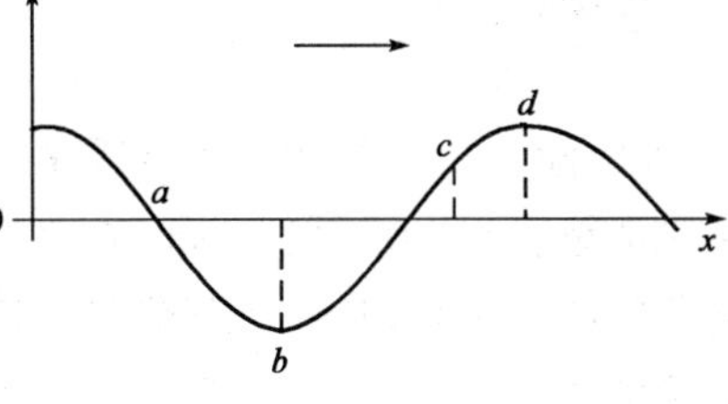

题 30 解图

31. **解** $x_{腹}=\pm k\dfrac{\lambda}{2}$，$k=0,1,2,\cdots$。相邻两波腹之间的距离为：$x_{k+1}-x_k=(k+1)\dfrac{\lambda}{2}-k\dfrac{\lambda}{2}=\dfrac{\lambda}{2}$。

答案：A

32. **解**　设线偏振光的光强为 I，线偏振光与第一个偏振片的夹角为 φ。因为最终线偏振光的振动方向要转过 90°，所以第一个偏振片与第二个偏振片的夹角为 $\frac{\pi}{2}-\varphi$。

根据马吕斯定律：

线偏振光通过第一块偏振片后的光强为 $I_1=I\cos^2\varphi$

线偏振光通过第二块偏振片后的光强为 $I_2=I_1\cos^2(\frac{\pi}{2}-\varphi)$

$$=I\cos^2\varphi\cos^2(\frac{\pi}{2}-\varphi)$$

$$=I\cos^2\varphi\sin^2\varphi$$

$$=\frac{I}{4}\sin^2 2\varphi$$

要使透射光强达到最强，令 $\sin2\varphi=1$，得 $\varphi=\frac{\pi}{4}$，透射光强的最大值为 $\frac{I}{4}$。

入射光的振动方向与前后两偏振片的偏振化方向夹角分别为 45° 和 90°。

答案：A

33. **答案**：B

34. **解**　注意到 $1\text{nm}=10^{-9}\text{m}=10^{-6}\text{mm}$。

由 $\Delta x=\Delta n\frac{\lambda}{2}$，有 $0.62=2300\frac{\lambda}{2}$，$\lambda=5.39\times10^{-4}\text{mm}=539\text{nm}$。

答案：B

35. **解**　对暗纹 $a\sin\varphi=k\lambda=2k\frac{\lambda}{2}$，今 $k=3$，故半波带数目为 6。

答案：D

36. **解**　劈尖干涉明纹公式：$2ne+\frac{\lambda}{2}=k\lambda, k=1,2,\cdots$

对应的薄膜厚度差 $2ne_5-2ne_3=2\lambda$，故 $e_5-e_3=\frac{\lambda}{n}$。

答案：B

37. **解**　一组允许的量子数 n、l、m 取值对应一个合理的波函数，即可以确定一个原子轨道。量子数 $n=4, l=2, m=0$ 为一组合理的量子数，确是一个原子轨道。

答案：A

38. **解**　P 和 N 为同主族元素，PCl_3 中 P 的杂化类型与 NH_3 中的 N 原子杂化类型相同，为不等性 sp^3 杂化，四个杂化轨道呈四面体型，有一个杂化轨道被孤对电子占据，其余三个杂化轨道与三个 Cl 原子形成三个共价单键，分子为三角锥形。

答案：B

39. **解**　由已知条件可知 $Fe^{3+}\xrightarrow[z_1=1]{0.771}Fe^{2+}\xrightarrow[z_2=2]{-0.44}Fe$

$z=3$

即 $Fe^{3+}+z_1e=Fe^{2+}$

$+)Fe^{2+}+z_2e=Fe$

$Fe^{3+}+ze=Fe$

$$E^{\ominus}(Fe^{3+}/Fe)=\frac{z_1E^{\ominus}(Fe^{3+}/Fe^{2+})+z_2E^{\ominus}(Fe^{2+}/Fe)}{z}$$

$$=\frac{0.771+2\times(-0.44)}{3}\approx-0.036$$

答案:C

40. **解**　在 $BaSO_4$ 饱和溶液中，存在 $BaSO_4=Ba^{2+}+SO_4^{2-}$ 平衡，加入 $BaCl_2$，溶液中 Ba^{2+} 增加，平衡向左移动，SO_4^{2+} 的浓度减小。

答案:B

41. **解**　催化剂之所以加快反应的速率，是因为它改变了反应的历程，降低了反应的活化能，增加了活化分子百分数。

答案:C

42. **解**　此反应为气体分子数减小的反应，升压，反应向右进行；反应的 $\Delta_r H_m<0$，为放热反应，降温，反应向右进行。

答案:C

43. **解**　负极　氧化反应:$Ag+Cl^-=AgCl+e$

正极　还原反应:$Ag^++e=Ag$

电池反应为:$Ag^++Cl^-=AgCl$

原电池负极能斯特方程式为:$\varphi AgCl/Ag=\varphi^{\ominus}AgCl/Ag+0.059\lg\frac{1}{c(Cl^-)}$

由于负极中加入 NaCl，Cl^- 浓度增加，则负极电极电势减小，正极电极电势不变，因此电池的电动势增大。

答案:A

44. **解**　乙烯与氯气混合，可以发生加成反应 $C_2H_4+Cl_2=CH_2Cl-CH_2Cl$

答案:C

45. **解**　羟基与烷基直接相连为醇，通式为 R—OH(R 为烷基)；羟基与芳香基直接相连为酚，通式为 Ar—OH(Ar 为芳香基)。

答案:D

46. **解**　由低分子化合物(单体)通过加成反应，相互结合成为高聚物的反应叫加聚反应。加聚反应没有产生副产物，高聚物成分与单体相同，单体含有不饱和键。HCHO 为甲醛，加聚反应为：$nH_2C{=}O \rightarrow \left[CH_2{-}O\right]_n$。

答案：C

47. **解**　E 处为光滑接触面约束，根据约束的性质，约束力应垂直于支撑面，指向被约束物体。

答案：B

48. **解**　F 力和均布力 q 的合力作用线均通过 O 点，故合力矩为零。

答案：A

49. **解**　取构架整体为研究对象，列平衡方程：

$$\sum M_A(F)=0, F_B \cdot 2L_2 - F_P \cdot 2L_1 = 0$$

答案：A

50. **解**　根据斜面的自锁条件，斜面倾角小于摩擦角时，物体静止。

答案：A

51. **解**　将 $t=x$ 代入 y 的表达式。

答案：C

52. **解**　分别对运动方程 x 和 y 求时间 t 的一阶、二阶导数，再令 $t=0$，且有 $v=\sqrt{\dot{x}^2+\dot{y}^2}$，$a=\sqrt{\ddot{x}^2+\ddot{y}^2}$。

答案：D

53. **解**　两轮啮合点 A、B 的速度相同，且 $v_A=R_1\omega_1$，$v_B=R_2\omega_2$ 。

答案：D

54. **解**　可在 A 上加一水平向左的惯性力，根据达朗贝尔原理，物块 A 上作用的重力 mg、法向约束力 F_N、摩擦力 F 以及大小为 ma 的惯性力组成平衡力系，沿斜面列平衡方程，当摩擦力 $F=ma\cos\theta+mg\sin\theta \leqslant F_N f(F_N=mg\cos\theta-ma\sin\theta)$ 时可保证 A 与 B 一起以加速度 a 水平向右运动。

答案：C

55. **解**　物块 A 上的摩擦力水平向右，使其向右运动，故做正功。

答案：C

56. **解**　杆位于铅垂位置时有 $J_B\alpha=M_B=0$；故角加速度 $\alpha=0$；而角速度可由动能定理：$\frac{1}{2}J_B\omega^2=mgl$，得 $\omega^2=\frac{3g}{2l}$。则质心的加速度为：$a_{Cx}=0$，$a_{Cy}=l\omega^2$。根据质心运动定理，有 $ma_{Cx}=F_{Bx}$，$ma_{Cy}=F_{By}-mg$，便可得最后结果。

答案：D

57. **解**　根据定义，惯性力系主矢的大小为：$ma_C=m\frac{R}{2}\omega^2$；主矩的大小为：$J_O\alpha=0$。

答案：A

58. **解**　发生共振时，系统的工作频率与其固有频率相等。

$$\omega_0=\sqrt{\frac{k}{m}}=\sqrt{\frac{2\times10^6}{110}}=134.8\text{rad/s}$$

答案：D

59. **解**　取节点 C，画 C 点的受力图，如图所示。

$$\sum F_x=0: F_1\sin45°=F_2\sin30°$$

$$\sum F_y=0: F_1\cos45°+F_2\cos30°=F$$

题 59 解图

可得 $F_1=\dfrac{\sqrt{2}}{1+\sqrt{3}}F, F_2=\dfrac{2}{1+\sqrt{3}}F$

故 $F_2>F_1$，而 $\sigma_2=\dfrac{F_2}{A}>\sigma_1=\dfrac{F_1}{A}$

所以杆 2 最先达到许用应力。

答案：B

60. **解**　此题受力是对称的，故 $F_1=F_2=\dfrac{F}{2}$

由杆 1，得 $\sigma_1=\dfrac{F_1}{A_1}=\dfrac{\frac{F}{2}}{A}=\dfrac{F}{2A}\leqslant[\sigma]$，故 $F\leqslant 2A[\sigma]$

由杆 2，得 $\sigma_2=\dfrac{F_2}{A_2}=\dfrac{\frac{F}{2}}{2A}=\dfrac{F}{4A}\leqslant[\sigma]$，故 $F\leqslant 4A[\sigma]$

从两者取最小的，所以 $[F]=2A[\sigma]$。

答案：B

61. **解**　把 F 力平移到铆钉群中心 O，并附加一个力偶 $m=F\cdot\dfrac{5}{4}L$，在铆钉上将产生剪力 Q_1 和 Q_2，其中 $Q_1=\dfrac{F}{2}$，而 Q_2 计算方法如下。

$$\sum M_O=0:\quad Q_2\cdot\frac{L}{2}=F\cdot\frac{5}{4}L, Q_2=\frac{5}{2}F$$

$$Q=Q_1+Q_2=3F, \tau_{\max}=\frac{Q}{\frac{\pi}{4}d^2}=\frac{12F}{\pi d^2}$$

答案：C

62. **解**　螺钉头与钢板之间的接触面是一个圆环面，故挤压面 $A_{bs}=\dfrac{\pi}{4}(D^2-d^2)$。

$$\sigma_{bs}=\frac{F_{bs}}{A_{bs}}=\frac{F}{\frac{\pi}{4}(D^2-d^2)}$$

答案：A

63. **解**　圆轴的最大切应力 $\tau_{\max}=\dfrac{T}{I_{\mathrm{p}}}\cdot\dfrac{d}{2}$

圆轴的单位长度扭转角 $\theta=\dfrac{T}{GI_{\mathrm{p}}}$

故 $\dfrac{T}{I_{\mathrm{p}}}=\theta G$，代入得 $\tau_{\max}=\theta G\dfrac{d}{2}$

答案:D

64. **解**　设实心圆直径为 d，空心圆外径为 D，空心圆内外径之比为 α，因两者横截面积相同，故有 $\dfrac{\pi}{4}d^2=\dfrac{\pi}{4}D^2(1-\alpha^2)$，即 $d=D(1-\alpha^2)^{\frac{1}{2}}$。

$$\frac{\tau_{\mathrm{a}}}{\tau_{\mathrm{b}}}=\frac{\dfrac{T}{\dfrac{\pi}{16}d^3}}{\dfrac{T}{\dfrac{\pi}{16}D^3(1-\alpha^4)}}=\frac{D^3(1-\alpha^4)}{d^3}=\frac{D^3(1-\alpha^2)(1+\alpha^2)}{D^3(1-\alpha^2)(1-\alpha^2)^{\frac{1}{2}}}=\frac{1+\alpha^2}{\sqrt{1-\alpha^2}}>1$$

答案:C

65. **解**　根据“零、平、斜”，“平、斜、抛”的规律，AB 段的斜直线，对应 AB 段 $q=0$；BC 段的抛物线，对应 BC 段 $q\neq0$，即应有 q。而 B 截面处有一个转折点，应对应于一个集中力。

答案:A

66. **解**　弯矩图中 B 截面的突变值为 10kN·m，故 $m=10$kN·m。

答案:A

67. **解**　$M_{\mathrm{a}}=\dfrac{1}{8}ql^2$

M_{b} 的计算可用叠加法，如图所示。

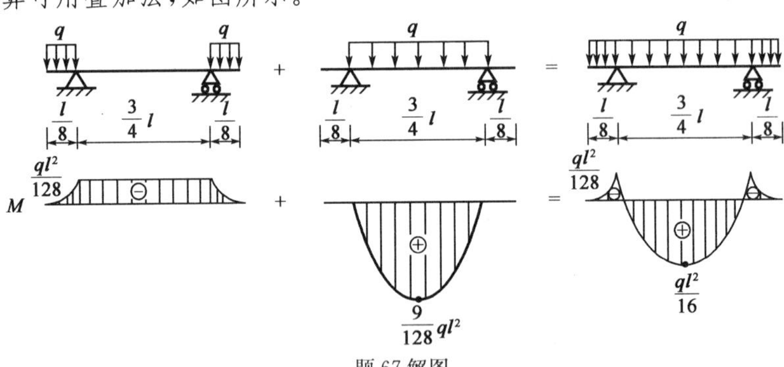

题 67 解图

$$\frac{M_{\mathrm{a}}}{M_{\mathrm{b}}}=\frac{\dfrac{ql^2}{8}}{\dfrac{ql^2}{16}}=2$$

答案:C

68. **解**　图 a) 中 $\sigma_{r3}=\sigma_1-\sigma_3=150-0=150\mathrm{MPa}$；

图 b)中 $\sigma_{r3} = \sigma_1 - \sigma_3 = 100 - (-100) = 200\text{MPa}$；

显然图 b)σ_{r3}更大，更危险。

答案：B

69. **解** 设杆 1 受力为 F_1，杆 2 受力为 F_2，可见：

$$F_1 + F_2 = F \qquad ①$$

$\Delta l_1 = \Delta l_2$，即$\dfrac{F_1 l}{E_1 A} = \dfrac{F_2 l}{E_2 A}$

故

$$\frac{F_1}{F_2} = \frac{E_1}{E_2} = 2 \qquad ②$$

联立①②两式，得到 $F_1 = \dfrac{2}{3}F$，$F_2 = \dfrac{1}{3}F$。

这结果相当于偏心受拉，如图所示，$M = \dfrac{F}{3} \cdot \dfrac{h}{2} = \dfrac{Fh}{6}$。

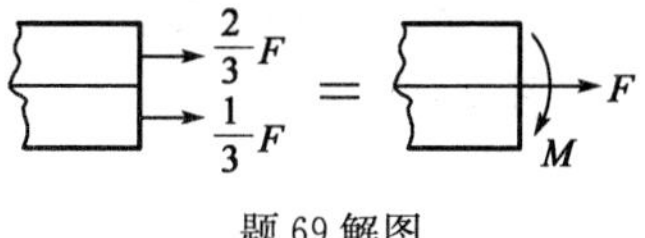

题 69 解图

答案：B

70. **解** 杆端约束越弱，μ 越大，在两端固定($\mu=0.5$)，一端固定、一端铰支($\mu=0.7$)，两端铰支($\mu=1$)和一端固定、一端自由($\mu=2$)这四种杆端约束中，一端固定、一端自由的约束最弱，μ 最大。而图示细长压杆 AB 一端自由、一端固定在简支梁上，其杆端约束比一端固定、一端自由($\mu=2$)时更弱，故 μ 比 2 更大。

答案：A

71. **解** 切应力 $\tau = \mu\dfrac{\mathrm{d}u}{\mathrm{d}y}$，而 $y = R - r$，$\mathrm{d}y = -\mathrm{d}r$，故 $\dfrac{\mathrm{d}u}{\mathrm{d}y} = -\dfrac{\mathrm{d}u}{\mathrm{d}r}$

题设流速 $u = 2\left(1 - \dfrac{r^2}{R^2}\right)$，故 $\dfrac{\mathrm{d}u}{\mathrm{d}y} = -\dfrac{\mathrm{d}u}{\mathrm{d}r} = \dfrac{2\times 2r}{R^2} = \dfrac{4r}{R^2}$

题设 $r_1 = 0.2R$，故切应力 $\tau_1 = \mu\left(\dfrac{4\times 0.2R}{R^2}\right) = \mu\left(\dfrac{0.8}{R}\right)$

题设 $r_2 = R$，则切应力 $\tau_2 = \mu\left(\dfrac{4R}{R^2}\right) = \mu\left(\dfrac{4}{R}\right)$

切应力大小之比$\dfrac{\tau_1}{\tau_2} = \dfrac{\mu\left(\dfrac{0.8}{R}\right)}{\mu\left(\dfrac{4}{R}\right)} = \dfrac{0.8}{4} = \dfrac{1}{5}$

答案：C

72. **解** 对断面 1-1 及 2-2 中点写能量方程：$Z_1 + \dfrac{p_1}{\rho g} + \dfrac{\alpha_1 v_1^2}{2g} = Z_2 + \dfrac{p_2}{\rho g} + \dfrac{\alpha_2 v_2^2}{2g}$

题设管道水平，故 $Z_1 = Z_2$；又因 $d_1 > d_2$，由连续方程知 $v_1 < v_2$。

代入上式后知：$p_1 > p_2$。

答案：B

73. **解** 由动量方程可得 $\sum F_x = \rho Q v = 1\,000\text{kg/m}^3 \times 0.2\text{m}^3\text{/s} \times 50\text{m/s} = 10\text{kN}$。

答案：B

74. **解** 由均匀流基本方程知沿程损失 $h_f=\dfrac{\tau L}{\rho g R}$。

答案:B

75. **解** 由并联长管水头损失相等知:$h_{f1}=h_{f2}=h_{f3}=\cdots=h_f$,总流量 $Q=\sum_{i=1}^{n}Q_i$ 。

答案:B

76. **解** 矩形断面水力最佳宽深比 $\beta=2$,即 $b=2h$。

答案:D

77. **解** 由渗流达西公式知 $v=kJ$。

答案:A

78. **解** 按雷诺模型律,$\dfrac{\lambda_v\lambda_L}{\lambda_\nu}=1$,流速比尺 $\lambda_v=\dfrac{\lambda_\nu}{\lambda_L}$

按题设 $\lambda_\nu=\dfrac{60\times10^{-6}}{15\times10^{-6}}=4$,长度比尺 $\lambda_L=5$,因此流速比尺 $\lambda_v=\dfrac{4}{5}=0.8$

$\lambda_v=\dfrac{v_{烟气}}{v_{空气}}$,$v_{空气}=\dfrac{v_{烟气}}{\lambda_v}=\dfrac{3\text{m/s}}{0.8}=3.75\text{m/s}$

答案:A

79. **解** 静止的电荷产生电场,不会产生磁场,并且电场是有源场,其方向从正电荷指向负电荷。

答案:D

80. **解** 电路的功率关系以及欧姆定律是在电路的电压电流的正方向一致时有效。

答案:B

81. **解** 考察电路的基本概念:开路与短路,电阻串联分压关系。当电路中 a-b 开路时,电阻 R_1、R_2 相当于串联。

答案:C

82. **解** 在直流电源作用下电感等效于短路,电容等效于开路。

答案:D

83. **解** 根据已知条件(电阻元件的电压为 0)可知,电感支路与电容支路的电流大小相等,方向相反,可以写成 $I_L=I_C$,或 $i_L=-i_C$,因此选项 B 正确。

答案:B

84. **解** 三相电路中,电源中性点与负载中点等电位,说明电路中负载也是对称负载,三相电路负载的阻抗相等条件成立。

答案:A

85. **解** 理解变压器的三个变比关系的正确应用,在变压器的初级回路中电源内阻与变压器的折合阻抗串联。

答案:C

86. **解** 绕线式的三相异步电动机转子串电阻的方法适应于不同接法的电动机,并且可以起到限制启动电流、增加启动转矩以及调速的作用。

答案:D

87. **解** 信号是一种特定的物理形式(声、光、电等),信息是受信者所要获得的有价值的消息。

答案:B

88. **解** 信号可以用函数来描述,此信号波形是伴有延时阶跃信号的叠加构成。

答案:B

89. **解** 该放大器的输出信号 $u_2(t)$ 中包含有基波和三次谐波信号,而输入信号中只包含有基波信号,该失真属于频率失真。

答案:D

90. **解** 根据逻辑函数的相关公式计算或者利用卡诺图即可证明。

答案:B

91. **解** 根据给定的 X、Y 波形,其与非门的图形,即选项 D 一致。

答案:D

92. **解** BCD 码是用二进制数表示的十进制数,属于无权码,此题的 BCD 码是用四位二进制数表示的。

答案:A

93. **解** 此题为二极管限幅电路,分析二极管电路首先要将电路模型线性化,即将二极管断开后分析极性(对于理想二极管,如果是正向偏置将二极管短路,否则将二极管断路),最后按照线性电路理论确定输入和输出信号关系。

答案:D

94. **解** 根据三极管的微变等效电路分析可见,增加电容 C_E 以后发射极电阻被短路。放大倍数提高,输入电阻减小。

答案:C

95. **解** 此电路是组合逻辑电路(异或门)与时序逻辑电路(D 触发器)的组合应用,电路的初始状态由复位信号 R_D 确定,输出状态在时钟脉冲信号 cp 的上升沿触发。

答案:A

96. **解** 此题与上题类似,是组合逻辑电路(与非门)与时序逻辑电路(JK 触发器)的组合应用,输出状态在时钟脉冲信号 CP 的下降沿触发。

答案:C

97.**解** “三网合一”是指在未来的数字信息时代，当前的数据通信网(俗称数据网、计算机网)将与电视网(含有线电视网)以及电信网合三为一，并且合并的方向是传输、接收和处理全部实现数字化。

答案:C

98.**解** 计算机运算器的功能是完成算术运算和逻辑运算，算数运算是完成加、减、乘、除的运算，逻辑运算主要包括与、或、非、异或等，从而完成低电平与高电平之间的切换，送出控制信号，协调计算机工作。

答案:D

99.**解** 计算机的总线可以划分为数据总线、地址总线和控制总线，数据总线用来传输数据、地址总线用来传输数据地址、控制总线用来传输控制信息。

答案:C

100.**解** Microsoft Word 是文字处理软件。Visual BASIC 简称 VB，是 Microsoft 公司推出的一种 Windows 应用程序开发工具。Microsoft Access 是小型数据库管理软件。Auto CAD 是专业绘图软件，主要用于工业设计中，被广泛用于民用、军事等各个领域。CAD 是 Computer Aided Design 的缩写，意思为计算机辅助设计。加上 Auto，指它可以应用于几乎所有跟绘图有关的行业，比如建筑、机械、电子、天文、物理、化工等。

答案:B

101.**解** 位也称为比特，记为 bit，是计算机最小的存储单位，是用 0 或 1 来表示的一个二进制位数。字节是数据存储中常用的基本单位，8 位二进制构成一个字节。字是由若干字节组成一个存储单元，一个存储单元中存放一条指令或一个数据。

答案:B

102.**解** 原码是机器数的一种简单的表示法。其符号位用 0 表示正号，用 1 表示负号，数值一般用二进制形式表示。机器数的反码可由原码得到。如果机器数是正数，则该机器数的反码与原码一样；如果机器数是负数，则该机器数的反码是对它的原码(符号位除外)各位取反而得到的。机器数的补码可由原码得到。如果机器数是正数，则该机器数的补码与原码一样；如果机器数是负数，则该机器数的补码是对它的原码(除符号位外)各位取反，并在末位加 1 而得到的。ASCII 码是将人在键盘上敲入的字符(数字、字母、特殊符号等)转换成机器能够识别的二进制数，并且每个字符唯一确定一个 ASCII 码，形象地说，它就是人与计算机交流时使用的键盘语言通过“翻译”转换成的计算机能够识别的语言。

答案:B

103.**解** 点阵中行数和列数的乘积称为图像的分辨率，若一个图像的点阵总共有 480 行，每行 640 个点，则该图像的分辨率为 640×480=307200 个像素。每一条水平线上包含 640 个像素点，共有 480 条线，即扫描列数为 640 列，行数为 480 行。

答案:D

104.**解** 进程与程序的的概念是不同的，进程有以下 4 个特征。

动态性:进程是动态的,它由系统创建而产生,并由调度而执行。

并发性:用户程序和操作系统的管理程序等,在它们的运行过程中,产生的进程在时间上是重叠的,它们同存在于内存储器中,并共同在系统中运行。

独立性:进程是一个能独立运行的基本单位,同时也是系统中独立获得资源和独立调度的基本单位,进程根据其获得的资源情况可独立地执行或暂停。

异步性:由于进程之间的相互制约,使进程具有执行的间断性。各进程按各自独立的、不可预知的速度向前推进。

答案:D

105. **解** 操作系统的设备管理功能是负责分配、回收外部设备,并控制设备的运行,是人与外部设备之间的接口。

答案:C

106. **解** 联网中的计算机都具有"独立功能",即网络中的每台主机在没联网之前就有自己独立的操作系统,并且能够独立运行。联网以后,它本身是网络中的一个结点,可以平等地访问其他网络中的主机。

答案:A

107. **解** 利用由年名义利率求年实际利率的公式计算:

$$i=\left(1+\frac{r}{m}\right)^{m}-1=\left(1+\frac{8\%}{4}\right)^{4}-1=8.24\%$$

答案:C

108. **解** 经营成本包括外购原材料、燃料和动力费、工资及福利费、修理费等,不包括折旧、摊销费和财务费用。流动资金投资不属于经营成本。

答案:A

109. **解** 根据静态投资回收期的计算公式:$P_t=6-1+\frac{|-60|}{240}=5.25$ 年。

答案:C

110. **解** 根据题意,有 $NPV=-5000+A(P/A,15\%,10)(P/F,15\%,1)=0$

解得 $A=5000\div(5.0188\times0.8696)=1145.65$ 万元。

答案:D

111. **解** 项目经济效益和费用的识别应遵循剔除转移支付原则。

答案:C

112. **解** 两个寿命期相同的互斥项目的选优应采用增量内部收益率指标,ΔIRR(乙一甲)为 13%,小于基准收益率 14%,应选择投资较小的方案。

答案:A

113. **解** "有无对比"是财务分析应遵循的基本原则。

答案:D

114. **解** 根据价值工程中价值公式中成本的概念。

答案:C

115. **解** 《中华人民共和国建筑法》第九条:建设单位应当自领取施工许可证之日起三个月内开工。因故不能按期开工的,应当向发证机关申请延期;延期以两次为限,每次不超过三个月。既不开工又不申请延期或者超过延期时限的,施工许可证自行废止。

答案:B

116. **解** 《中华人民共和国安全生产法》第十九条:矿山、建筑施工单位和危险物品的生产、经营、储存单位,应当设置安全生产管理机构或者配备专职安全生产管理人员。所以D为正确答案。A是不正确的,因为安全生产管理人员必须专职,不能兼职。B也是错误的,因为十九条还规定:生产经营单位依照前款规定委托工程技术人员提供安全生产管理服务的,保证安全生产的责任仍由本单位负责。C也是错误的,第二十条规定:危险物品的生产、经营、储存单位以及矿山、建筑施工单位的主要负责人和安全生产管理人员,应当由有关主管部门对其安全生产知识和管理能力考核合格后方可任职。

答案:D

117. **解** 《中华人民共和国招标投标法》第十条:招标分为公开招标和邀请招标。

答案:B

118. **解** 《中华人民共和国合同法》第十五条:要约邀请是希望他人向自己发出要约的意思表示。寄送的价目表、拍卖公告、招标公告、招股说明书、商业广告等为要约邀请。商业广告的内容符合要约规定的,视为要约。

答案:B

119. **解** 《中华人民共和国行政许可法》第四十二条:除可以当场作出行政许可决定的外,行政机关应当自受理行政许可申请之日起二十日内做出行政许可决定。二十日内不能做出决定的,经本行政机关负责人批准,可以延长十日,并应当将延长期限的理由告知申请人。但是,法律、法规另有规定的,依照其规定。

答案:D

120. **解** 《中华人民共和国建筑法》第二十九条:建筑工程总承包单位按照总承包合同的约定对建设单位负责;分包单位按照分包合同的约定对总承包单位负责。总承包单位和分包单位就分包工程对建设单位承担连带责任。

答案:A

2014 年度全国勘察设计注册工程师公共基础考试

试　　题

单项选择题(共 120 题,每题 1 分。每题的备选项中只有一个最符合题意)

1. 若$\lim\limits_{x\to 0}(1-x)^{\frac{k}{x}}$,则常数 k 等于:

A. $-\ln 2$　　B. $\ln 2$　　C. 1　　D. 2

2. 在空间直角坐标系中,方程 $x^2+y^2-z=0$ 所表示的图形是:

A. 圆锥面　　B. 圆柱面　　C. 球面　　D. 旋转抛物面

3. 点 $x=0$ 是 $y=\arctan\dfrac{1}{x}$的:

A. 可去间断点　　B. 跳跃间断点　　C. 连续点　　D. 第二类间断点

4. $\dfrac{\mathrm{d}}{\mathrm{d}x}\displaystyle\int_{2x}^{0} e^{-t^2}\mathrm{d}t$ 等于:

A. e^{-4x^2}　　B. $2e^{-4x^2}$　　C. $-2e^{-4x^2}$　　D. e^{-x^2}

5. $\dfrac{\mathrm{d}\ln x}{\mathrm{d}\sqrt{x}}$等于:

A. $\dfrac{1}{2x^{3/2}}$　　B. $\dfrac{2}{\sqrt{x}}$　　C. $\dfrac{1}{\sqrt{x}}$　　D. $\dfrac{2}{x}$

6. 不定积分$\displaystyle\int\frac{x^2}{\sqrt[3]{1+x^3}}\mathrm{d}x$ 等于:

A. $\dfrac{1}{4}(1+x^3)^{\frac{4}{3}}+C$　　B. $(1+x^3)^{\frac{1}{3}}+C$

C. $\dfrac{3}{2}(1+x^3)^{\frac{2}{3}}+C$　　D. $\dfrac{1}{2}(1+x^3)^{\frac{2}{3}}+C$

7. 设 $a_n=(1+\dfrac{1}{n})^n$,则数列 a_n 是:

A. 单调增而无上界　　B. 单调增而有上界

C. 单调减而无下界　　D. 单调减而有上界

8. 下列说法中正确的是：

A. 若 $f'(x_0)=0$，则 $f(x_0)$ 必是 $f(x)$ 的极值
B. 若 $f(x_0)$ 是 $f(x)$ 的极值，则 $f(x)$ 在 x_0 处可导，且 $f'(x_0)=0$
C. 若 $f(x)$ 在 x_0 处可导，则 $f'(x_0)=0$ 是 $f(x)$ 在 x_0 取得极值的必要条件
D. 若 $f(x)$ 在 x_0 处可导，则 $f'(x_0)=0$ 是 $f(x)$ 在 x_0 取得极值的充分条件

9. 设有直线 L_1：$\frac{x-1}{1}=\frac{y-3}{-2}=\frac{z+5}{1}$ 与 L_2：$\begin{cases}x=3-t\\y=1-t\\z=1+2t\end{cases}$，则 L_1 与 L_2 的夹角 θ 等于：

A. $\frac{\pi}{2}$ B. $\frac{\pi}{3}$ C. $\frac{\pi}{4}$ D. $\frac{\pi}{6}$

10. 微分方程 $xy'-y=x^2e^{2x}$ 通解 y 等于：

A. $x(\frac{1}{2}e^{2x}+C)$ B. $x(e^{2x}+C)$
C. $x(\frac{1}{2}x^2e^{2x}+C)$ D. $x^2e^{2x}+C$

11. 抛物线 $y^2=4x$ 与直线 $x=3$ 所围成的平面图形绕 x 轴旋转一周形成的旋转体体积是：

A. $\int_0^3 4x\mathrm{d}x$ B. $\pi\int_0^3 (4x)^2\mathrm{d}x$ C. $\pi\int_0^3 4x\mathrm{d}x$ D. $\pi\int_0^3 \sqrt{4x}\mathrm{d}x$

12. 级数 $\sum_{n=1}^{\infty}(-1)^n\frac{1}{n^{p-1}}$：

A. 当 $1<p\leqslant 2$ 时条件收敛 B. 当 $p>2$ 时条件收敛
C. 当 $p<1$ 时条件收敛 D. 当 $p>1$ 时条件收敛

13. 函数 $y=C_1e^{-x+c_2}$（C_1，C_2 为任意常数）是微分方程 $y''-y'-2y=0$ 的：

A. 通解 B. 特解
C. 不是解 D. 解，既不是通解又不是特解

14. 设 L 为从点 $A(0,-2)$ 到点 $B(2,0)$ 的有向直线段，则对坐标的曲线积分 $\int_L \frac{1}{x-y}\mathrm{d}x+y\mathrm{d}y$ 等于：

A. 1 B. -1 C. 3 D. -3

15. 设方程 $x^2+y^2+z^2=4z$ 确定可微函数 $z=z(x,y)$，则全微分 $\mathrm{d}z$ 等于：

A. $\frac{1}{2-z}(y\mathrm{d}x+x\mathrm{d}y)$

B. $\frac{1}{2-z}(x\mathrm{d}x+y\mathrm{d}y)$

C. $\frac{1}{2+z}(\mathrm{d}x+\mathrm{d}y)$

D. $\frac{1}{2-z}(\mathrm{d}x-\mathrm{d}y)$

16. 设 D 是由 $y=x,y=0$ 及 $y=\sqrt{a^2-x^2}\ (x\geqslant 0)$ 所围成的第一象限区域，则二重积分 $\iint\limits_D \mathrm{d}x\mathrm{d}y$ 等于：

A. $\frac{1}{8}\pi a^2$　　B. $\frac{1}{4}\pi a^2$　　C. $\frac{3}{8}\pi a^2$　　D. $\frac{1}{2}\pi a^2$

17. 级数 $\sum\limits_{n=1}^{\infty}\frac{(2x+1)^n}{n}$ 的收敛域是：

A. $(-1,1)$　　B. $[-1,1]$　　C. $[-1,0)$　　D. $(-1,0)$

18. 设 $z=e^{xe^y}$，则 $\frac{\partial^2 z}{\partial x^2}$ 等于：

A. e^{xe^y+2y}

B. $e^{xe^y+y}(xe^y+1)$

C. e^{xe^y}

D. e^{xe^y+y}

19. 设 $\boldsymbol{A},\boldsymbol{B}$ 为三阶方阵，且行列式 $|\boldsymbol{A}|=-\frac{1}{2}$，$|\boldsymbol{B}|=2$，$\boldsymbol{A}^*$ 是 $\boldsymbol{A}$ 的伴随矩阵，则行列式 $|2\boldsymbol{A}^*\boldsymbol{B}^{-1}|$ 等于：

A. 1　　B. -1　　C. 2　　D. -2

20. 下列结论中正确的是：

A. 如果矩形 $\boldsymbol{A}$ 中所有顺序主子式都小于零，则 $\boldsymbol{A}$ 一定为负定矩形

B. 设 $\boldsymbol{A}=(a_{ij})_{m\times n}$，若 $a_{ij}=a_{ji}$，且 $a_y>0(i,j=1,2,\cdots,n)$，则 $\boldsymbol{A}$ 一定为正定矩形

C. 如果二次型 $f(x_1,x_2,\cdots,x_n)$ 中缺少平方项，则它一定不是正定二次型

D. 二次型 $f(x_1,x_2,x_3)=x_1^2+x_2^2+x_3^2+x_1x_2+x_1x_3+x_2x_3$ 所对应的矩阵是 $\begin{bmatrix}1&1&1\\1&1&1\\1&1&1\end{bmatrix}$

21. 已知 n 元非齐次线性方程组 $\mathbf{A}x=\boldsymbol{B}$，秩 $r(\mathbf{A})=n-2$，$\vec{\alpha}_1,\vec{\alpha}_2,\vec{\alpha}_3$ 为其线性无关的解向量，k_1,k_2 为任意常数，则 $\mathbf{A}x=\boldsymbol{B}$ 通解为：

A. $\vec{x}=k_1(\vec{\alpha}_1-\vec{\alpha}_2)+k_2(\vec{\alpha}_1+\vec{\alpha}_3)+\vec{\alpha}_1$

B. $\vec{x}=k_1(\vec{\alpha}_1-\vec{\alpha}_3)+k_2(\vec{\alpha}_2+\vec{\alpha}_3)+\vec{\alpha}_1$

C. $\vec{x}=k_1(\vec{\alpha}_2-\vec{\alpha}_1)+k_2(\vec{\alpha}_2-\vec{\alpha}_3)+\vec{\alpha}_1$

D. $\vec{x}=k_1(\vec{\alpha}_2-\vec{\alpha}_3)+k_2(\vec{\alpha}_1+\vec{\alpha}_2)+\vec{\alpha}_1$

22. 设 A 与 B 是互不相容的事件，$p(A)>0$，$p(B)>0$，则下列式子一定成立的是：

A. $P(A)=1-P(B)$
B. $P(A|B)=0$
C. $P(A|\overline{B})=1$
D. $P(\overline{AB})=0$

23. 设(X,Y)的联合概率密度为 $f(x,y)=\begin{cases}k,0<x<1,0<y<x\\0,其他\end{cases}$，则数学期望 $E(XY)$ 等于：

A. $\frac{1}{4}$
B. $\frac{1}{3}$
C. $\frac{1}{6}$
D. $\frac{1}{2}$

24. 设 $X_1,X_2,\cdots,X_n$ 与 $Y_1,Y_2,\cdots,Y_n$ 是来自正态总体 $X\sim N(\mu,\sigma^2)$ 的样本，并且相互独立，$\overline{X}$ 与 $\overline{Y}$ 分别是其样本均值，则 $\frac{\sum_{i=1}^{n}(X_i-\overline{X})^2}{\sum_{i=1}^{n}(Y_i-\overline{Y})^2}$ 服从的分布是：

A. $t(n-1)$
B. $F(n-1,n-1)$
C. $x^2(n-1)$
D. $N(\mu,\sigma^2)$

25. 在标准状态下，当氢气和氦气的压强与体积都相等时，氢气和氦气的内能之比为：

A. 5/3
B. 3/5
C. 1/2
D. 3/2

26. 速率分布函数 $f(v)$的物理意义是：

A. 具有速率 v 的分子数占总分子数的百分比
B. 速率分布在 v 附近的单位速率间隔中百分数占总分子数的百分比
C. 具有速率 v 的分子数
D. 速率分布在 v 附近的单位速率间隔中的分子数

27. 有 1mol 刚性双原子分子理想气体，在等压过程中对外做功 W，则其温度变化 ΔT 为：

A. R/W
B. W/R
C. $2R/W$
D. $2W/R$

28. 理想气体在等温膨胀过程中：

A. 气体做负功，向外界放出热量
B. 气体做负功，从外界吸收热量
C. 气体做正功，向外界放出热量
D. 气体做正功，从外界吸收热量

29. 一横波的波动方程是 $y=2\times10^{-2}\cos2\pi(10t-\frac{x}{5})$(SI)，$t=0.25$s 时，距离原点($x=0$)处最近的波峰位置为：

A. ±2.5m
B. ±7.5m
C. ±4.5m
D. ±5m

30. 一平面简谐波在弹性媒质中传播，在某一瞬时，某质元正处于其平衡位置，此时它的：

A. 动能为零，势能最大　　B. 动能为零，势能为零

C. 动能最大，势能最大　　D. 动能最大，势能为零

31. 通常人耳可听到的声波的频率范围是：

A. 20～200Hz　　B. 20～2000Hz

C. 20～20000Hz　　D. 20～200000Hz

32. 在空气中用波长为 λ 的单色光进行双缝干涉验时，观测到相邻明条纹的间距为 1.33mm，当把实验装置放入水中（水的折射率为 $n=1.33$）时，则相邻明条纹的间距变为：

A. 1.33mm　　B. 2.66mm　　C. 1mm　　D. 2mm

33. 在真空中可见的波长范围是：

A. 400～760nm　　B. 400～760mm

C. 400～760cm　　D. 400～760m

34. 一束自然光垂直穿过两个偏振片，两个偏振片的偏振化方向成 45°。已知通过此两偏振片后光强为 l，则入射至第二个偏振片的线偏振光强度为：

A. l　　B. $2l$　　C. $3l$　　D. $l/2$

35. 在单缝夫琅禾费衍射实验中，单缝宽度 $a=1\times10^{-4}$m，透镜焦距 $f=0.5$m。若用 $\lambda=400$nm 的单色平行光垂直入射，中央明纹的宽度为：

A. 2×10^{-3}m　　B. 2×10^{-4}m　　C. 4×10^{-4}m　　D. 4×10^{-3}m

36. 一单色平行光垂直入射到光栅上，衍射光谱中出现了五条明纹，若已知此光栅的缝宽 a 与不透光部分 b 相等，那么在中央明纹一侧的两条明纹级次分别是：

A. 1 和 3　　B. 1 和 2　　C. 2 和 3　　D. 2 和 4

37. 下列元素，电负性最大的是：

A. F　　B. Cl　　C. Br　　D. I

38. 在 NaCl，$MgCl_2$，$AlCl_3$，$SiCl_4$ 四种物质中，离子极化作用最强的是：

A. NaCl　　B. $MgCl_2$　　C. $AlCl_3$　　D. $SiCl_4$

39. 现有 100mL 浓硫酸，测得其质量分数为 98%，密度为 $1.84g\cdot mL^{-1}$，其物质的量浓度为：

A. $18.4mol\cdot L^{-1}$　　B. $18.8mol\cdot L^{-1}$

C. $18.0mol\cdot L^{-1}$　　D. $1.84mol\cdot L^{-1}$

40. 已知反应(1)$H_2(g)+S(s)\rightleftharpoons H_2S(g)$，其平衡常数为 $K_1^{\ominus}$，(2)$S(s)+O_2(g)\rightleftharpoons SO_2(g)$，其平衡常数为 $K_2^{\ominus}$，则反应(3)$H_2(g)+SO_2(s)\rightleftharpoons O_2(g)+H_2S(g)$的平衡常数为 $K_3^{\ominus}$ 是：

A. $K_1^{\ominus}+K_2^{\ominus}$　　B. $K_1^{\ominus}\cdot K_2^{\ominus}$

C. $K_1^{\ominus}-K_2^{\ominus}$　　D. $K_1^{\ominus}/K_2^{\ominus}$

41. 有原电池(－)$Zn|ZnSO_4(c_1)||CuSO_4(c_2)|Cu$(＋)，如向铜半电池中通入硫化氢，则原电池电动势变化趋势是：

A. 变大　　B. 变小　　C. 不变　　D. 无法判断

42. 电解 NaCl 水溶液时，阴极上放电的离子是：

A. H^+　　B. OH^-　　C. Na^+　　D. Cl^-

43. 已知反应 $N_2(g)+3H_2(g)\rightarrow 2NH_3(g)$的 $\Delta_r H_m<0$，$\Delta_r S_m<0$，则该反应为：

A. 低温易自发，高温不易自发　　B. 高温易自发，低温不易自发

C. 任何温度都易自发　　D. 任何温度都不易自发

44. 下列有机物中，对于可能处在同一平面上的最多原子数目的判断，正确的是：

A. 丙烷最多有 6 个原子处于同一平面上

B. 丙烯最多有 9 个原子处于同一平面上

C. 苯乙烯($C_6H_5-CH=CH_2$)最多有 16 个原子处于同一平面上

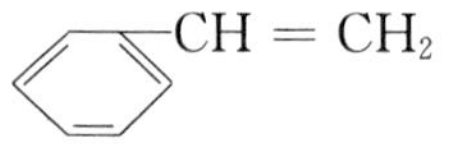

D. $CH_3CH=CH-C\equiv C-CH_3$ 最多有 12 个原子处于同一平面上

45. 下列有机物中，既能发生加成反应和酯化反应，又能发生氧化反应的化合物是：

A. $CH_3CH=CHCOOH$　　B. $CH_3CH=CHCOOC_2H_5$

C. $CH_3CH_2CH_2CH_2OH$　　D. $HOCH_2CH_2CH_2CH_2OH$

46. 人造羊毛的结构简式为：$\left[CH_2-\underset{\displaystyle CN}{\underset{|}{C}}H\right]_n$，它属于：

①共价化合物　②无机化合物　③有机化合物　④高分子化合物　⑤离子化合物

A. ②④⑤　　B. ①④⑤　　C. ①③④　　D. ③④⑤

47. 将大小为 100N 的力 $\boldsymbol{F}$ 沿 x、y 方向分解，若 $\boldsymbol{F}$ 在 x 轴上的投影为 50N，而沿 x 方向的分力的大小为 200N，则 $\boldsymbol{F}$ 在 y 轴上的投影为：

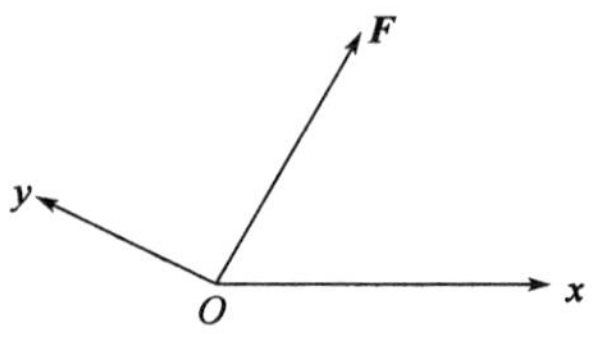

A. 0　　B. 50N

C. 200N　　D. 100N

F
y
O
x

题 47 图

48. 图示边长为 a 的正方形物块 $OABC$，已知：力 $F_1=F_2=F_3=F_4=F$，力偶矩 $M_1=M_2=Fa$。该力系向 O 点简化后的主矢及主矩应为：

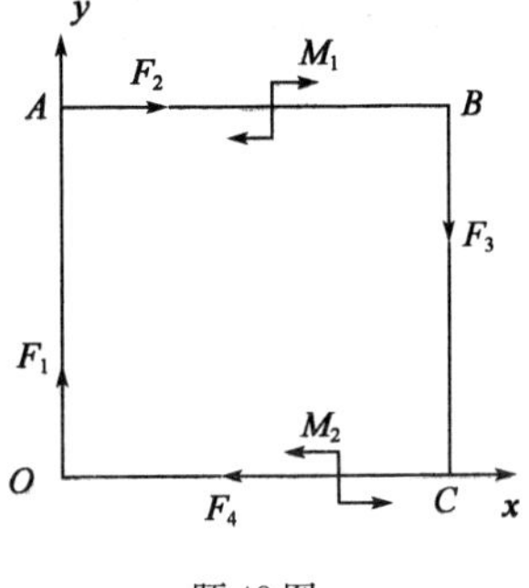

题 48 图

A. $F_R=0N, M_O=4Fa$（↻）

B. $F_R=0N, M_O=3Fa$（↺）

C. $F_R=0N, M_O=2Fa$（↺）

D. $F_R=0N, M_O=2Fa$（↻）

49. 在图示机构中，已知 F_p，$L=2m$，$r=0.5m$，$\theta=30°$，$BE=EG$，$CE=EH$，则支座 A 的约束力为：

A. $F_{Ax}=F_p(\leftarrow)$，$F_{Ay}=1.75F_p(\downarrow)$　　B. $F_{Ax}=0$，$F_{Ay}=0.75F_p(\downarrow)$

C. $F_{Ax}=0$，$F_{Ay}=0.75F_p(\uparrow)$　　D. $F_{Ax}=F_p(\rightarrow)$，$F_{Ay}=1.75F_p(\uparrow)$

50. 图示不计自重的水平梁与桁架在 B 点铰接。已知：荷载 F_1、F 均与 BH 垂直，$F_1=8kN$，$F=4kN$，$M=6kN·m$，$q=1kN/m$，$L=2m$。则杆件 1 的内力为：

A. $F_1=0$　　B. $F_1=8kN$

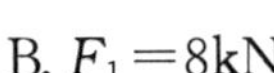

C. $F_1=-8kN$　　D. $F_1=-4kN$

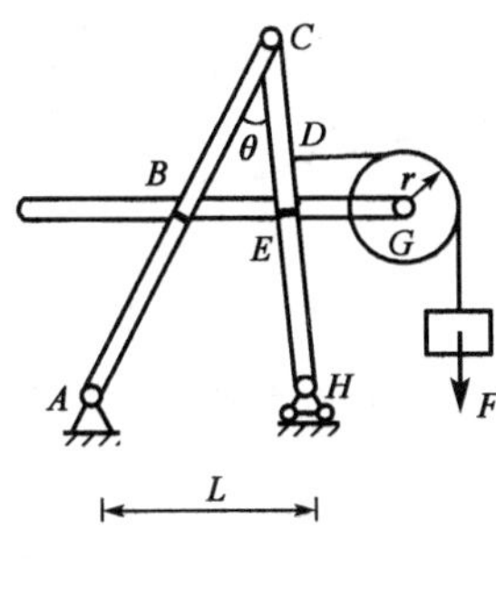

题 49 图

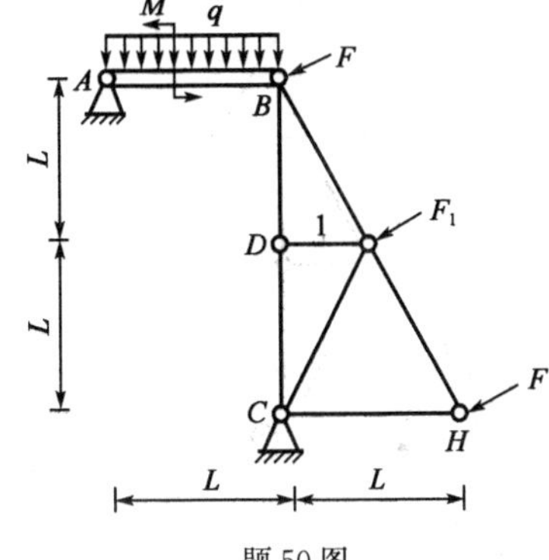

题 50 图

51. 动点 A 和 B 在同一坐标系中的运动方程分别为 $\begin{cases}x_A=t\\y_A=2t^2\end{cases}$，$\begin{cases}x_B=t^2\\y_B=2t^4\end{cases}$，其中 x、y 以 cm 计，t 以 s 计，则两点相遇的时刻为：

A. $t=1s$　　B. $t=0.5s$

C. $t=2s$　　D. $t=1.5s$

52. 刚体作平动时，某瞬时体内各点的速度与加速度为：

A. 体内各点速度不相同，加速度相同

B. 体内各点速度相同，加速度不相同

C. 体内各点速度相同，加速度也相同

D. 体内各点速度不相同，加速度也不相同

53. 杆 OA 绕固定轴 O 转动，长为 l，某瞬时杆端 A 点的加速度 a 如图所示。则该瞬时 OA 的角速度及角加速度为：

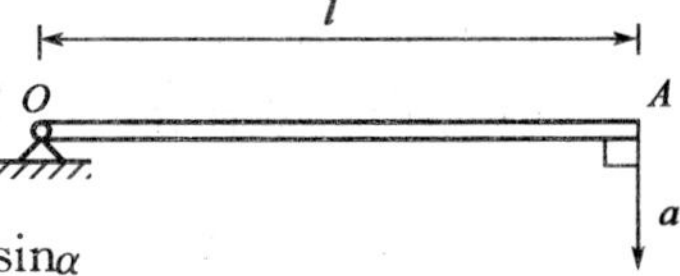

题 53 图

A. $0, \frac{a}{l}$　　B. $\sqrt{\frac{a\cos\alpha}{l}}, \frac{a\sin\alpha}{l}$

C. $\sqrt{\frac{a}{l}}, 0$　　D. $0, \sqrt{\frac{a}{l}}$

54. 在图示圆锥摆中，球 M 的质量为 m，绳长 l，若 α 角保持不变，则小球的法向加速度为：

A. $g\sin\alpha$　　B. $g\cos\alpha$

C. $g\tan\alpha$　　D. $g\cot\alpha$

55. 图示均质链条传动机构的大齿轮以角速度 ω 转动，已知大齿轮半径为 R，质量为 m_1，小齿轮半径为 r，质量为 m_2，链条质量不计，则此系统的动量为：

A. $(m_1+2m_2)v \rightarrow$　　B. $(m_1+m_2)v \rightarrow$

C. $(2m_1-m_2)v \rightarrow$　　D. 0

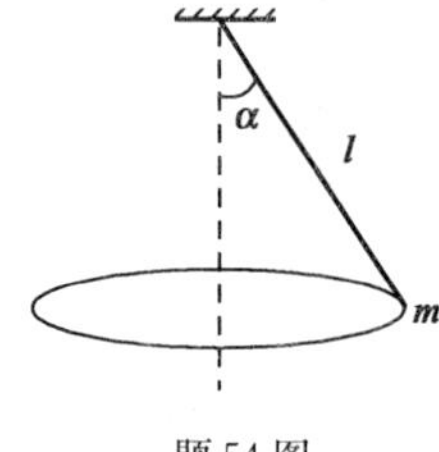

题 54 图

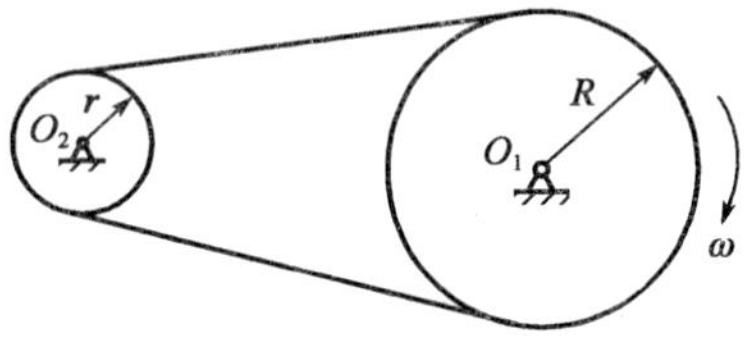

题 55 图

56. 均质圆柱体半径为 R，质量为 m，绕关于对纸面垂直的固定水平轴自由转动，初瞬时静止（G 在 O 轴的沿垂线上），如图所示，则圆柱体在位置 $\theta=90°$ 时的角速度是：

A. $\sqrt{\frac{g}{3R}}$　　B. $\sqrt{\frac{2g}{3R}}$　　C. $\sqrt{\frac{4g}{3R}}$　　D. $\sqrt{\frac{g}{2R}}$

57. 质量不计的水平细杆 AB 长为 L，在沿垂图面内绕 A 轴转动，其另一端固连质量为 m 的质点 B，在图示水平位置静止释放。则此瞬时质点 B 的惯性力为：

A. $F_g=mg$　　B. $F_g=\sqrt{2}mg$　　C. 0　　D. $F_g=\frac{\sqrt{2}}{2}mg$

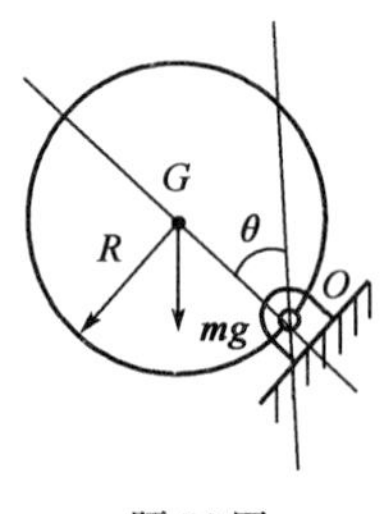

题 56 图

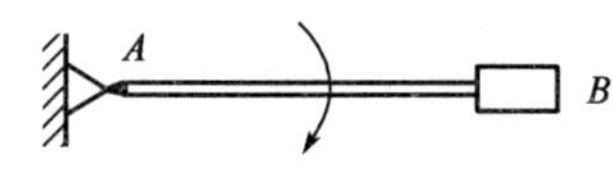

题 57 图

58. 如图所示系统中，当物块振动的频率比为 1.27 时，k 的值是：

A. 1×10^5 N/m　　　　B. 2×10^5 N/m

C. 1×10^4 N/m　　　　D. 1.5×10^5 N/m

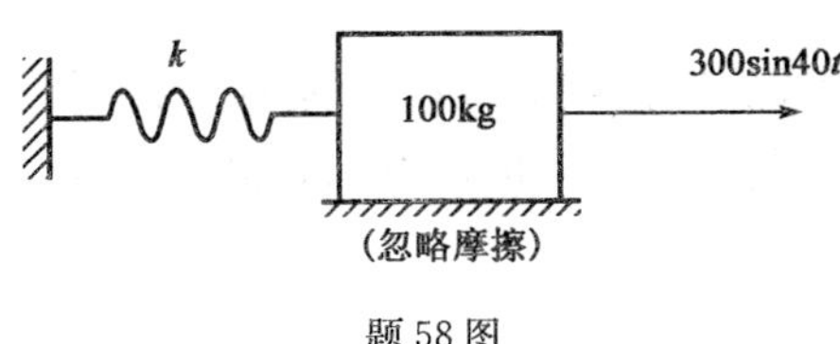

题 58 图

59. 图示结构的两杆面积和材料相同，在沿直向下的力 F 作用下，下面正确的结论是：

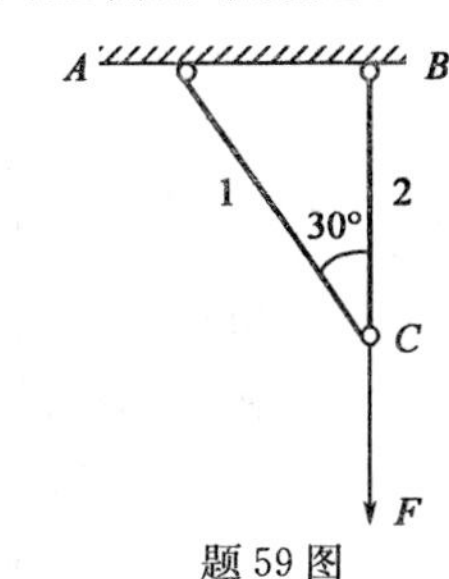

题 59 图

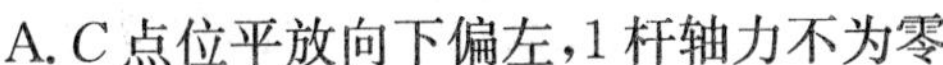

A. C 点位平放向下偏左，1 杆轴力不为零

B. C 点位平放向下偏左，1 杆轴力为零

C. C 点位平放铅直向下，1 杆轴力为零

D. C 点位平放向下偏右，1 杆轴力不为零

60. 图截面杆 ABC 轴向受力如图，已知 BC 杆的直径 $d=100$mm，AB 杆的直径为 $2d$，杆的最大拉应力是：

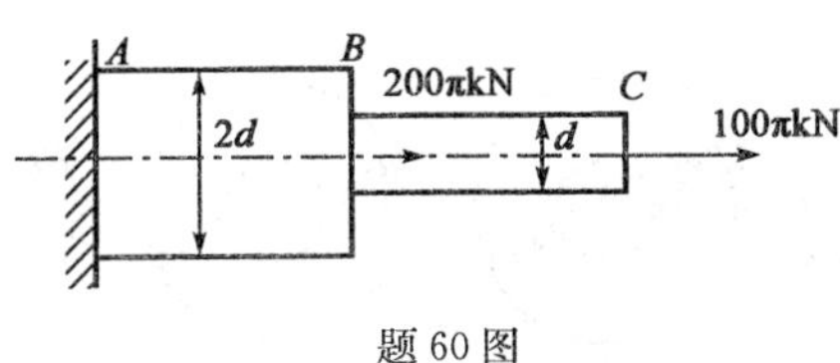

题 60 图

A. 40MPa　　　　B. 30MPa

C. 80MPa　　　　D. 120MPa

61. 桁架由 2 根细长直杆组成，杆的截面尺寸相同，材料分别是结构钢和普通铸铁，在下列桁架中，布局比较合理的是：

A. 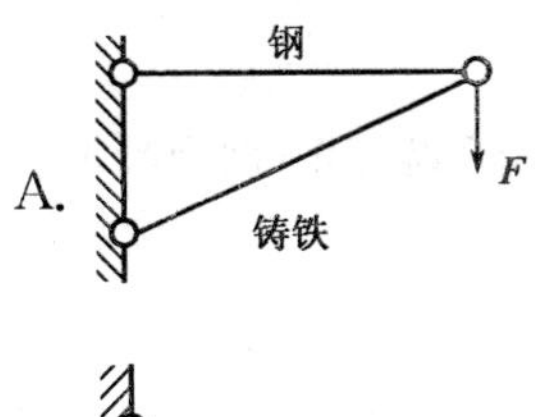

B. 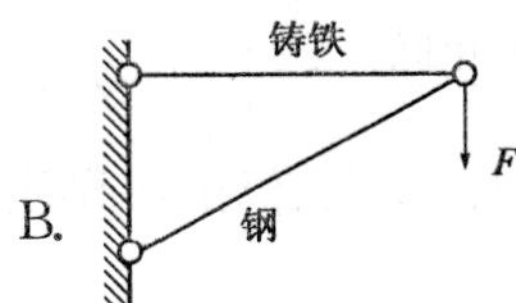

C. 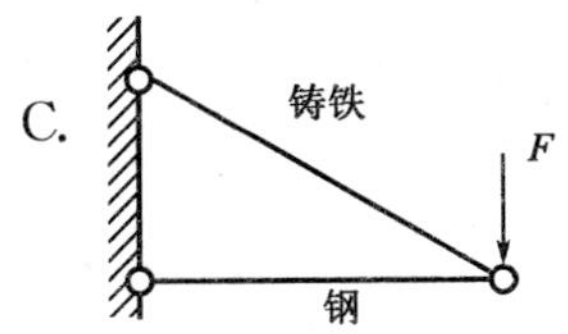

D. 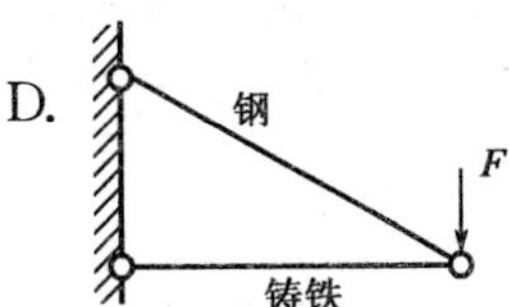

62. 冲床在钢板上冲一圆孔，圆孔直径 $d=100\text{mm}$，钢板的厚度 $\tau=10\text{mm}$，钢板的剪切强度极限 $\tau_b=300\text{MPa}$，需要的冲压力 F 是：

A. $F=300\pi\text{kN}$　　B. $F=3000\pi\text{kN}$

C. $F=2500\pi\text{kN}$　　D. $F=7500\pi\text{kN}$

63. 螺钉受力如图。已知螺钉和钢板的材料相同，拉伸许用应力$[\sigma]$是剪切许用应力$[\tau]$的 2 倍，即$[\sigma]=2[\tau]$，钢板厚度 t 是螺钉头高度 h 的 1.5 倍，则螺钉直径 d 的合理值是：

A. $d=2h$　　B. $d=0.5h$　　C. $d^2=2Dt$　　D. $d^2=0.5Dt$

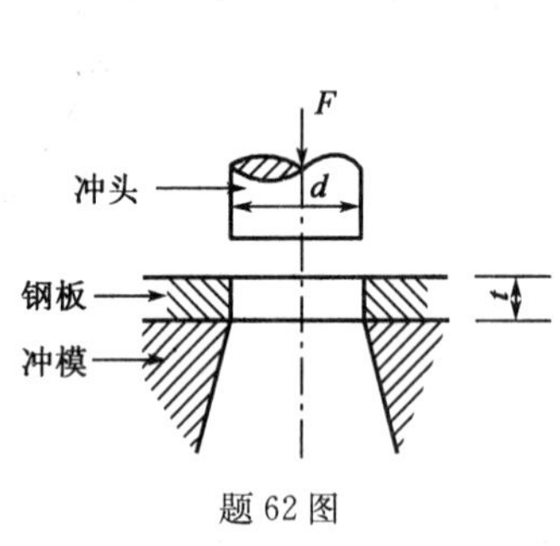

题 62 图

题 63 图

64. 图示受扭空心圆轴横截面上的切应力分布图，其中正确的是：

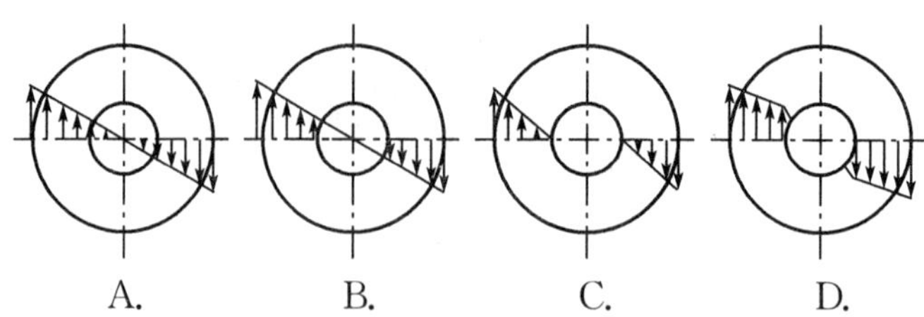

65. 在一套传动系统中，有多根圆轴，假设所有圆轴传递的功率相同，但转速不同，各轴所承受的扭矩与其转速的关系是：

A. 转速快的轴扭矩大　　B. 转速慢的轴扭矩大

C. 各轴的扭矩相同　　D. 无法确定

66. 梁的弯矩图如图示，最大值在 B 截面。在梁的 A、B、C、D 四个截面中，剪力为零的截面是：

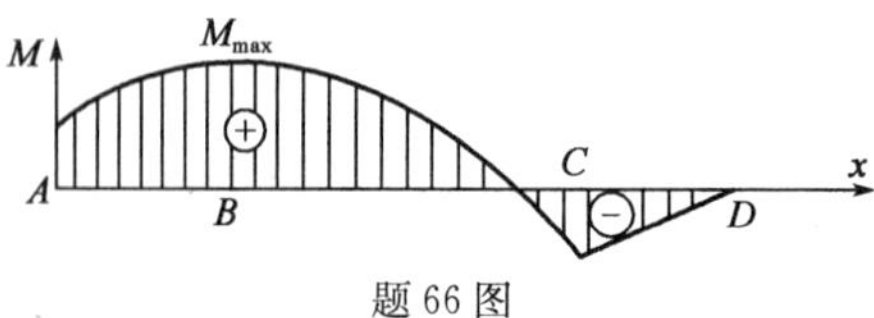

题 66 图

A. A 截面　　B. B 截面　　C. C 截面　　D. D 截面

67. 图示矩形截面受压杆，杆的中间段右侧有一槽，如图 a)所示，若在杆的左侧，即槽的对称位置也挖出同样的槽[见图 b)]，则图 b)杆的最大压应力是图 a)最大压应力的：

A. 3/4　　B. 4/3　　C. 3/2　　D. 2/3

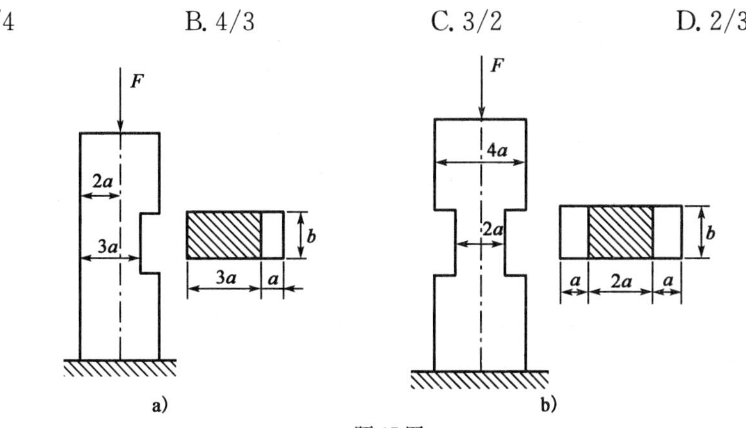

题 67 图

68. 梁的横截面可选用图示空心矩形，矩形，正方形和圆形四种之一，假设四种截面的面积均相等，荷载作用方向沿垂向下，承载能力最大的截面是：

A. 空心矩形　　B. 实心矩形　　C. 正方形　　D. 圆形

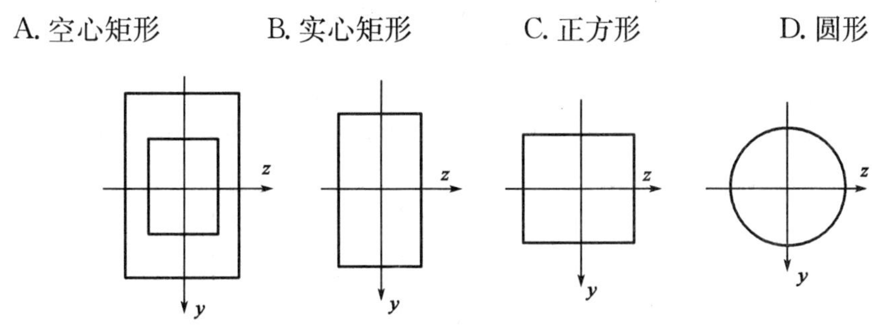

题 68 图

69. 按照第三强度理论，图示两种应力状态的危险程度是：

A. 无法判断　　B. 两者相同

C. a)更危险　　D. b)更危险

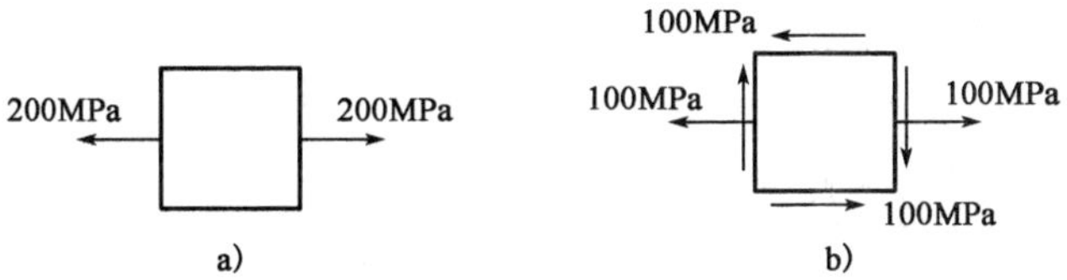

200MPa　200MPa

a)

100MPa　100MPa　100MPa　100MPa

b)

题 69 图

70. 正方形截面杆 AB，力 F 作用在 xoy 平面内，与 x 轴夹角 α，杆距离 B 端为 a 的横截面上最大正应力在 $\alpha=45°$ 时的值是 $\alpha=0$ 时值的：

A. $\frac{7\sqrt{2}}{2}$倍　　B. $3\sqrt{2}$倍　　C. $\frac{5\sqrt{2}}{2}$倍　　D. $\sqrt{2}$倍

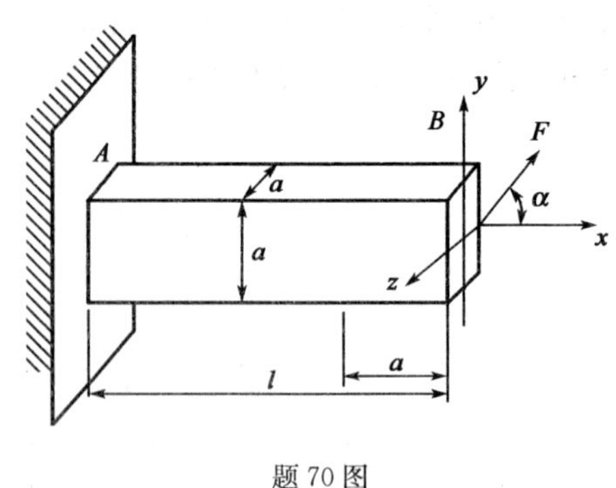

题 70 图

71. 如图水下有一半径为 $R=0.1\text{m}$ 的半球形侧盖，球心至水面距离 $H=5\text{m}$，作用于半球盖上水平方向的静水压力是：

A. 0.98kN　　B. 1.96kN

C. 0.77kN　　D. 1.54kN

72. 密闭水箱如图所示，已知水深 $h=2\text{m}$，自由面上的压强 $p_0=88\text{kN/m}^2$，当地大气压强 $p_a=101\text{kN/m}^2$，则水箱底部 A 点的绝对压强与相对压强分别为：

A. 107.6kN/m^2 和 -6.6kN/m^2　　B. 107.6kN/m^2 和 6.6kN/m^2

C. 120.6kN/m^2 和 -6.6kN/m^2　　D. 120.6kN/m^2 和 6.6kN/m^2

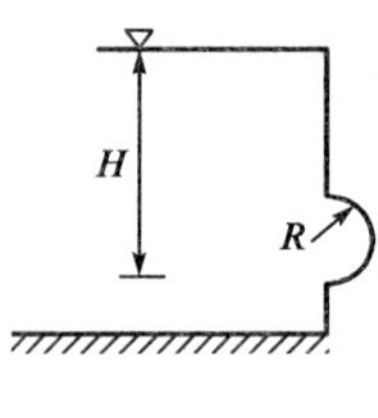

题 71 图

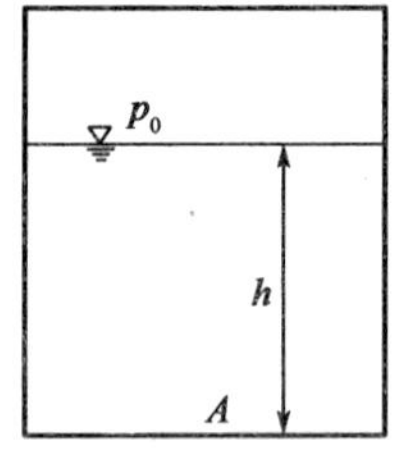

题 72 图

73. 下列不可压缩二维流动中，哪个满足连续方程：

A. $u_x=2x, u_y=2y$　　B. $u_x=0, u_y=2xy$

C. $u_x=5x, u_y=-5y$　　D. $u_x=2xy, u_y=-2xy$

74. 圆管层流中，下述错误的是：

A. 水头损失与雷诺数有关　　B. 水头损失与管长度有关

C. 水头损失与流速有关　　D. 水头损失与粗糙度有关

75. 主干管在 A、B 间是由两条支管组成的一个并联管路，两支管的长度和管径分别为 $l_1=1800\text{m}$，$d_1=150\text{mm}$，$l_2=3000\text{m}$，$d_2=200\text{mm}$，两支管的沿程阻力系数 λ 均为 0.01，若主干管流量 $Q=39\text{L/s}$，则两支管流量分别为：

A. $Q_1=12\text{L/s},Q_2=27\text{L/s}$

B. $Q_1=15\text{L/s},Q_2=24\text{L/s}$

C. $Q_1=24\text{L/s},Q_2=15\text{L/s}$

D. $Q_1=27\text{L/s},Q_2=12\text{L/s}$

76. 一梯形断面明渠，水力半径 $R=0.8\text{m}$，底坡 $i=0.0006$，粗糙系数 $n=0.05$，则输水流速为：

A. 0.42m/s

B. 0.48m/s

C. 0.6m/s

D. 0.75m/s

77. 地下水的浸润线是指：

A. 地下水的流线

B. 地下水运动的迹线

C. 无压地下水的自由水面线

D. 土壤中干土与湿土的界限

78. 用同种流体，同一温度进行管道模型实验，按黏性力相似准则，已知模型管径 0.1m，模型流速 4m/s，若原型管径为 2m，则原型流速为：

A. 0.2m/s

B. 2m/s

C. 80m/s

D. 8m/s

79. 真空中有三个带电质点，其电荷分别为 q_1、q_2 和 q_3，其中，电荷为 q_1 和 q_3 的质点位置固定，电荷为 q_2 的质点可以自由移动，当三个质点的空间分布如图所示时，电荷为 q_2 的质点静止不动，此时如下关系成立的是：

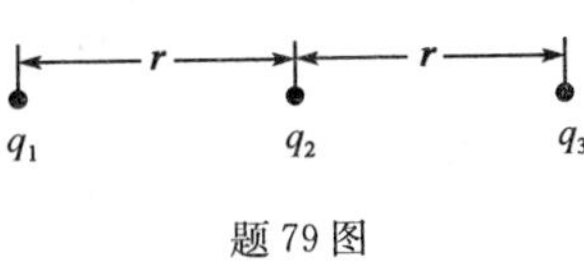

题 79 图

A. $q_1=q_2=2q_3$

B. $q_1=q_3=|q_2|$

C. $q_1=q_2=-q_3$

D. $q_2=q_3=-q_1$

80. 在图示电路中，$I_1=-4\text{A}$，$I_2=-3\text{A}$，则 $I_3=$

A. -1A

B. 7A

C. -7A

D. 1A

81. 已知电路如图所示，其中，响应电流 I 在电压源单独作用时的分量为：

A. 0.375A

B. 0.25A

C. 0.125A

D. 0.1875A

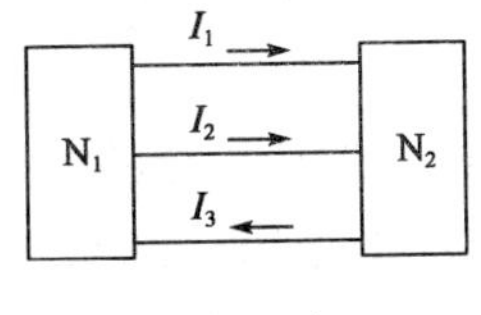

题 80 图

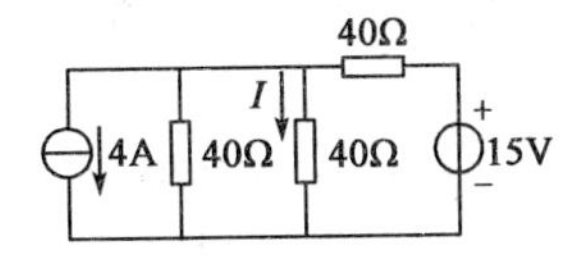

题 81 图

82. 已知电流 $i(t)=0.1\sin(\omega t+10°)\text{A}$，电压 $u(t)=10\sin(\omega t-10°)\text{V}$，则如下表述中正

确的是：

A. 电流 $i(t)$ 与电压 $u(t)$ 呈反相关系

B. $i=0.1\angle 10°\text{A}, \dot{U}=10\angle -10°\text{V}$

C. $i=70.7\angle 10°\text{mA}, \dot{U}=-7.07\angle 10°\text{V}$

D. $i=70.7\angle 10°\text{mA}, \dot{U}=7.07\angle -10°\text{V}$

83. 一交流电路由 R、L、C 串联而成，其中，$R=10\Omega, X_L=8\Omega, X_C=6\Omega$。通过该电路的电流为 10A，则该电路的有功功率、无功功率和视在功率分别为：

A. 1kW，1.6kvar，2.6kVA

B. 1kW，200var，1.2kVA

C. 100W，200var，223.6VA

D. 1kW，200var，1.02kVA

84. 已知电路如图所示，设开关在 $t=0$ 时刻断开，那么如下表述中正确的是：

A. 电路的左右两侧均进入暂态过程

B. 电路 i_1 立即等于 i_s，电流 i_2 立即等于 0

C. 电路 i_2 由 $\frac{1}{2}i_s$ 逐步衰减到 0

D. 在 $t=0$ 时刻，电流 i_2 发生了突变

85. 图示变压器空载运行电路中，设变压器为理想器件，若 $u=\sqrt{2}U\sin\omega t$，则此时：

A. $U_1=\frac{\omega L \cdot U}{\sqrt{R^2+(\omega L)^2}}, U_2=0$

B. $U_1=U, U_2=\frac{1}{2}U_1$

C. $U_1\neq U, U_2=\frac{1}{2}U_1$

D. $U_1=U, U_2=2U_1$

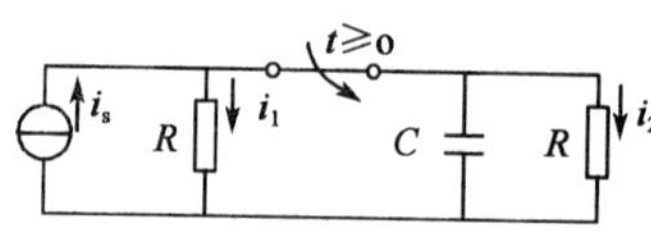

题 84 图

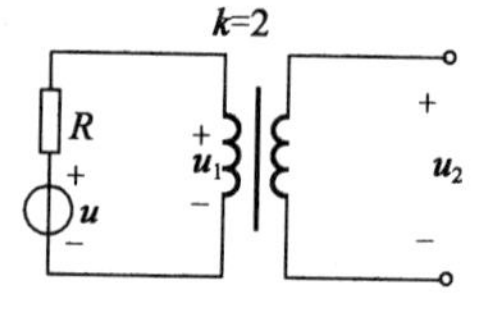

题 85 图

86. 设某 Δ 接异步电动机全压起动时的起动电流 $I_u=30\text{A}$，起动转矩 $T_u=45\text{N}\cdot\text{m}$，若对此台电动机采用 Y-Δ 降压起动方案，则起电流和起动转矩分别为：

A. 17.32A，25.98N・m

B. 10A，15N・m

C. 10A，25.98N・m

D. 17.32A，15N・m

87. 图示电路的任意一个输出端，在任意时刻都只出现 0V 或 5V 这两个电压值（例如，在 $t=t_0$ 时刻获得的输出电压从上到下依次为 5V，0V，5V，0V），那么该电路的输出电压：

A. 是取值离散的连续时间信号

B. 是取值连续的离散时间信号

C. 是取值连续的连续时间信号

D. 是取值离散的离散时间信号

88. 图示非周期信号 $u(t)$ 如图所示，若利用单位阶跃函数 $\varepsilon(t)$ 将其写成时间函数表达式，则 $u(t)$ 等于：

A. 5－1＝4V

B. $5\varepsilon(t)+\varepsilon(t-t_0)$V

C. $5\varepsilon(t)-4\varepsilon(t-t_0)$V

D. $5\varepsilon(t)-4\varepsilon(t+t_0)$V

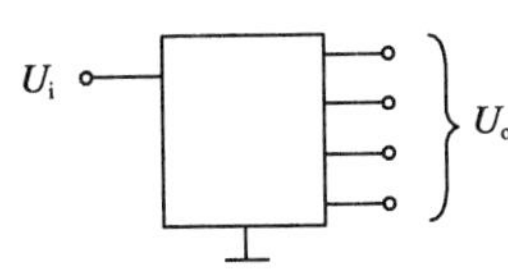

题 87 图

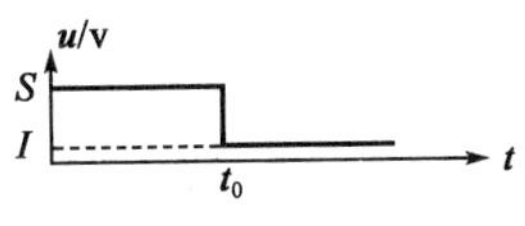

题 88 图

89. 模拟信号经线性放大器放大后，信号中被改变的量是：

A. 信号的频率

B. 信号的幅值频谱

C. 信号的相位频谱

D. 信号的幅值

90. 对逻辑表达式(A＋B)(A＋C)的化简结果是：

A. A

B. A^2＋AB＋AC＋BC

C. A＋BC

D. (A＋B)(A＋C)

91. 已知数字信号 A 和数字信号 B 的波形如图所示，则数字信号 F＝$\overline{AB}$的波形为：

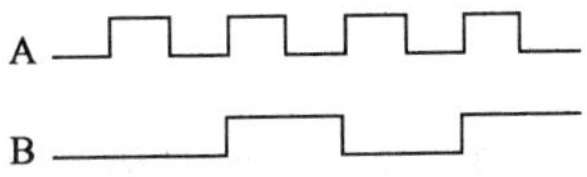

题 91 图

A.  F

B. F

C.  F

D.  F

92. 逻辑函数 $F=f(A、B、C)$的真值表如图所示，由此可知：

A. $F=\overline{A}(\overline{B}C+B\overline{C})+A(\overline{B}\overline{C}+BC)$

B. $F=\overline{B}C+B\overline{C}$

C. $F=\overline{B}\overline{C}+BC$

D. $F=\overline{A}+\overline{B}+\overline{BC}$

A	B	C	1
0	0	0	1
0	0	1	0
0	1	0	0
0	1	1	1
1	0	0	1
1	0	1	0

题 92 图

93. 二极管应用电路如图 a)所示，电路的激励 u_i 如图 b)所示，设二极管为理想器件，则电路的输出电压 u_o 的平均值 U_o＝

A. $\frac{10}{\sqrt{2}}\times 0.45=3.18$V

B. $10\times 0.45=4.5$V

C. $-\frac{10}{\sqrt{2}}\times 0.45=-3.18$V

D. $-10\times 0.45=-4.5$V

a)

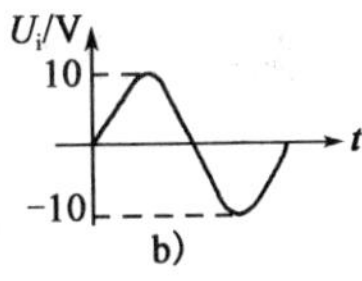

题 93 图

94. 运算放大器应用电路如图所示，设运算放大器输出电压的极限值为±11V，如果将 2V

电压接入电路的“A”端，电路的“B”端接地后，测得输出电压为－8V，那么，如果将2V电压接入电路的“B”端，而电路的“A”端接地，则该电路的输出电压 u_o 等于：

A. 8V　　B. －8V

C. 10V　　D. －10V

95. 图a)所示电路中，复位信号 $\overline{R}_D$、信号A及时钟脉冲信号cp如图b)所示，经分析可知，在第一个和第二个时钟脉冲的下降沿时刻，输出Q先后等于：

A. 0，0　　B. 0，1

C. 1，0　　D. 1，1

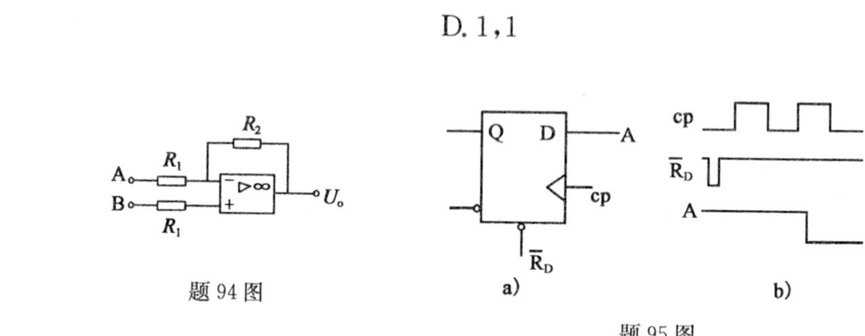

题94图

题95图

附：触发器的逻辑状态表为：

D	Q_{n+1}
0	0
1	1

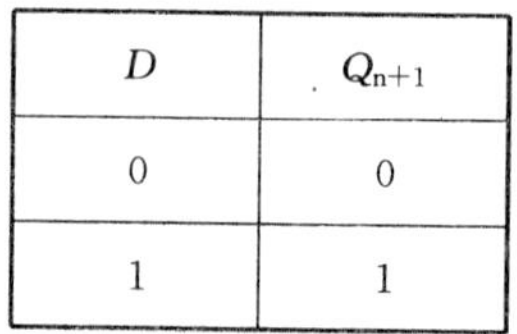

96. 图a)所示电路中，复位信号、数据输入及时钟脉冲信号如图b)所示，经分析可知，在第一个和第二个时钟脉冲的下降沿过后，输出Q先后等于：

A. 0，0　　B. 0，1　　C. 1，0　　D. 1，1

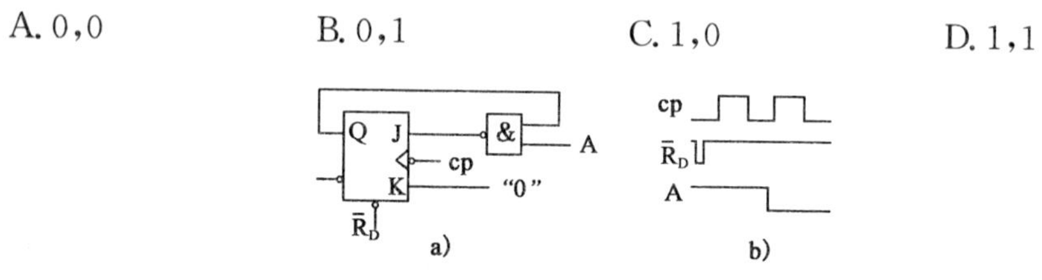

题96图

附：触发器的逻辑状态表为：

J	K	Q_{n+1}
0	0	Q_D
0	1	0
1	0	1
1	1	$\overline{Q}_D$

97. 总线中的地址总线传输的是：

A. 程序和数据
B. 主储存器的地址码或外围设备码
C. 控制信息
D. 计算机的系统命令

98. 软件系统中，能够管理和控制计算机系统全部资源的软件是：

A. 应用软件　B. 用户程序　C. 支撑软件　D. 操作系统

99. 用高级语言编写的源程序，将其转换成能在计算机上运行的程序过程是：

A. 翻译、连接、执行
B. 编辑、编译、连接
C. 连接、翻译、执行
D. 编程、编辑、执行

100. 十进制的数 256.625 用十六进制表示则是：

A. 110.B　B. 200.C　C. 100.A　D. 96.D

101. 在下面有关信息加密技术的论述中，不正确的是：

A. 信息加密技术是为提高信息系统及数据的安全性和保密性的技术
B. 信息加密技术是为防止数据信息被别人破译而采用的技术
C. 信息加密技术是网络安全的重要技术之一
D. 信息加密技术是为清楚计算机病毒而采用的技术

102. 可以这样来认识进程，进程是：

A. 一段执行中的程序
B. 一个名义上的软件系统
C. 与程序等效的一个概念
D. 一个存放在 ROM 中的程序

103. 操作系统中的文件管理是：

A. 对计算机的系统软件资源进行管理
B. 对计算机的硬件资源进行管理
C. 对计算机用户进行管理
D. 对计算机网络进行管理

104. 在计算机网络中，常将负责全网络信息处理的设备和软件称为：

A. 资源子网
B. 通信子网
C. 局域网
D. 广域网

105. 若按采用的传输介质的不同，可将网络分为：

A. 双绞线网、同轴电缆网、光纤网、无线网
B. 基带网和宽带网
C. 电路交换类、报文交换类、分组交换类
D. 广播式网络、点到点式网络

106. 一个典型的计算机网络系统主要是由：

A. 网络硬件系统和网络软件系统组成
B. 主机和网络软件系统组成
C. 网络操作系统和若干计算机组成
D. 网络协议和网络操作系统组成

107. 如现在投资100万元，预计年利率为10%，分5年等额回收，每年可回收：[已知：$(A/P,10\%,5)=0.2638$，$(A/F,10\%,5)=0.1638$]

A. 16.38万元　　B. 26.38万元　　C. 62.09万元　　D. 75.82万元

108. 某项目投资中有部分资金源于银行贷款，该贷款在整个项目期间将等额偿还本息。项目预计年经营成本为5000万元，年折旧费和摊销为2000万元，则该项目的年总成本费用应：

A. 等于5000万元　　B. 等于7000万元
C. 大于7000万元　　D. 在5000万元与7000万元之间

109. 下列财务评价指标中，反映项目盈利能力的指标是：

A. 流动比率　　B. 利息备付率
C. 投资回收期　　D. 资产负债率

110. 某项目第一年年初投资5000万元，此后从第一年年末开始每年年末有相同的净收益，收益期为10年。寿命期结束时的净残值为100万元，若基准收益率为12%，则要使该投资方案的净现值为零，其年净收益应为：[已知：$(P/A,12\%,10)=5.6500$；$(P/F,12\%,10)=0.3220$]

A. 879.26万元　　B. 884.96万元
C. 890.65万元　　D. 1610万元

111. 某企业设计生产能力为年产某产品40000t，在满负荷生产状态下，总成本为30000万元，其中固定成本为10000万元，若产品价格为1万元/t，则以生产能力利用率表示的盈亏平衡点为：

A. 25%　　B. 35%　　C. 40%　　D. 50%

112. 已知甲、乙为两个寿命期相同的互斥项目，通过测算得出：甲、乙两项目的内部收益率分别为18%和14%，甲、乙两项目的净现值分别为240万元和320万元。假如基准收益率为12%，则以下说法中正确的是：

A. 应选择甲项目　　B. 应选择乙项目
C. 应同时选择甲、乙两个项目　　D. 甲、乙项目均不应选择

113. 下列项目方案类型中，适于采用最小公倍数法进行方案比选的是：

A. 寿命期相同的互斥方案　　B. 寿命期不同的互斥方案
C. 寿命期相同的独立方案　　D. 寿命期不同的独立方案

114. 某项目整体功能的目标成本为 100 万元，在进行功能评价时，得出某一功能 F^* 的功能评价系数为 0.3，若其成本改进期望值为 -5000 元(即降低 5000 元)，则 F^* 的现实成本为：

A. 2.5 万元　　B. 3 万元　　C. 3.5 万元　　D. 4 万元

115. 根据《建筑法》规定，对从事建筑业的单位实行资质管理制度，将从事建活动的工程监理单位，划分为不同的资质等级。监理单位资质等级的划分条件可以不考虑：

A. 注册资本　　B. 法定代表人
C. 已完成的建筑工程业绩　　D. 专业技术人员

116. 某生产经营单位使用危险性较大的特种设备，根据《安全生产法》规定，该设备投入使用的条件不包括：

A. 该设备应由专业生产单位生产
B. 该设备应进行安全条件论证和安全评价
C. 该设备须经取得专业资质的检测、检验机构检测、检验合格
D. 该设备须取得安全使用证或者安全标志

117. 根据《招标投标法》规定，某工程项目委托监理服务的招投标活动，应当遵循的原则是：

A. 公开、公平、公正、诚实信用　　B. 公开、平等、自愿、公平、诚实信用
C. 公正、科学、独立、诚实信用　　D. 全面、有效、合理、诚实信用

118. 根据《合同法》规定，要约可以撤回和撤销。下列要约，不得撤销的是：

A. 要约到达受要约人　　B. 要约人确定了承诺期限
C. 受要约人未发出承诺通知　　D. 受要约人即将发出承诺通知

119. 下列情形中，作出行政许可决定的行政机关或者其上级行政机关，应当依法办理有关行政许可的注销手续的是：

A. 取得市场准入许可的被许可人擅自停业、歇业
B. 行政机关工作人员对直接关系生命财产安全的设施监督检查时，发现存在安全隐患的
C. 行政许可证件依法被吊销的
D. 被许可人未依法履行开发利用自然资源义务的

120. 某建设工程项目完成施工后，施工单位提出工程竣工验收申请，根据《建设工程质量

管理条例》规定，该建设工程竣工验收应当具备的条件不包括：

A. 有施工单位提交的工程质量保证保证金
B. 有工程使用的主要建筑材料、建筑构配件和设备的进场试验报告
C. 有勘察、设计、施工、工程监理等单位分别签署的质量合格文件
D. 有完整的技术档案和施工管理资料

2014 年度全国勘察设计注册工程师公共基础考试

试题解析及参考答案

1. **解** $\lim\limits_{x\to 0}(1-x)^{\frac{k}{x}}=2$

因 $\lim\limits_{x\to 0^+}(1-x)^{\frac{-k}{-x}}=\lim\limits_{x\to 0}[(1-x)^{\frac{1}{-x}}]^{-k}=e^{-k}$

所以 $e^{-k}=2, k=-\ln 2$

答案:A

2. **解** $x^2+y^2-z=0, z=x^2+y^2$ 为旋转抛物面。

答案:D

3. **解** $y=\arctan\dfrac{1}{x}, x=0$,分母为零,该点为间断点

因 $\lim\limits_{x\to 0^+}\arctan\dfrac{1}{x}=\dfrac{\pi}{2}, \lim\limits_{x\to 0^-}\arctan\dfrac{1}{x}=-\dfrac{\pi}{2}$,

所以 $x=0$ 为跳跃间断点。

答案:B

4. **解** $\dfrac{\mathrm{d}}{\mathrm{d}x}\int_{2x}^{0}e^{-x^2}\mathrm{d}t=-\dfrac{\mathrm{d}}{\mathrm{d}x}\int_{0}^{2x}e^{-x^2}\mathrm{d}t=-e^{-4x^2}\cdot 2=-2e^{-4x^2}$

答案:C

5. **解** $\dfrac{\mathrm{d}(\ln x)}{\mathrm{d}\sqrt{x}}=\dfrac{\frac{1}{x}\mathrm{d}x}{\frac{1}{2}\cdot\frac{1}{\sqrt{x}}\mathrm{d}x}=\dfrac{2}{\sqrt{x}}$

答案:B

6. **解** $\displaystyle\int\frac{x^2}{\sqrt[3]{1+x^3}}\mathrm{d}x=\frac{1}{3}\int\frac{1}{\sqrt[3]{1+x^3}}\mathrm{d}x^3=\frac{1}{3}\int\frac{1}{\sqrt[3]{1+x^3}}\mathrm{d}(1+x^3)$

$$=\frac{1}{3}\times\frac{3}{2}(1+x^3)^{\frac{2}{3}}+C=\frac{1}{2}(1+x^3)^{\frac{2}{3}}+C$$

答案:D

7. **解** $a_n=\left(1+\dfrac{1}{n}\right)^n$,数列$\{a_n\}$是单调增而有上界。

答案:B

8. **解** 函数 $f(x)$在点 x_0 处可导,则 $f'(x_0)=0$ 是 $f(x)$在 x_0 取得极值的必要条件。

答案:C

9. **解**

$$L_1: \frac{x-1}{1} = \frac{y-3}{-2} = \frac{z+5}{1}, S_1 = \{1, -2, 1\}$$

$$L_2: \frac{x-3}{-1} = \frac{y-1}{-1} = \frac{z-1}{2} = t, S_2 = \{-1, -1, 2\}$$

$$\cos\theta = \frac{S_1 \cdot S_2}{\sqrt{S_1} \cdot \sqrt{S_2}} = \frac{1}{2}, \theta = \frac{\pi}{3}$$

答案:B

10. **解** $xy' - y = x^2 e^{2x}$

$y' - \frac{1}{x} y = x e^{2x}$

$P(x) = -\frac{1}{x}, Q(x) = x e^{2x}$

$$y = e^{-\int (-\frac{1}{x}) \mathrm{d}x} \left[\int x e^{2x} e^{\int (-\frac{1}{x}) \mathrm{d}x} \mathrm{d}x + C \right]$$

$$= e^{\ln x} (\int x e^{2x} e^{-\ln x} \mathrm{d}x + C)$$

$$= x(\int e^{2x} \mathrm{d}x + C) = x\left(\frac{1}{2} e^{2x} + C\right)$$

答案:A

11. **解** $V = \int_0^3 \pi y^2 \mathrm{d}x = \int_0^3 \pi 4x \mathrm{d}x = \pi \int_0^3 4x \mathrm{d}x$

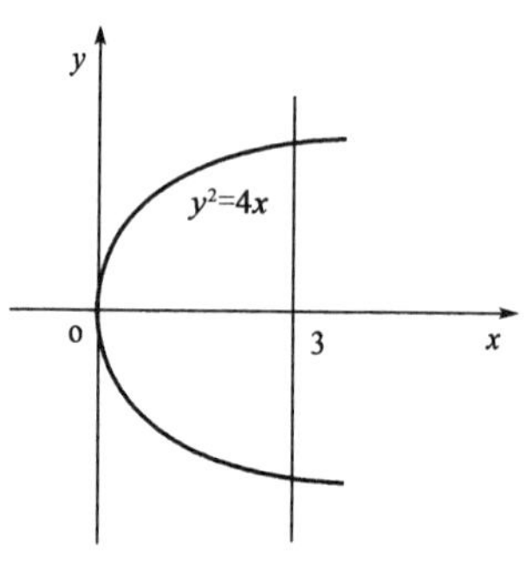

题 11 解图

答案:C

12. **解** $\sum_{n=1}^{\infty} (-1)^n \frac{1}{n^{p-1}}$ 级数条件收敛应满足条件:①取绝对值后级数发散;②原级数收敛。

$\sum_{n=1}^{\infty} \left| (-1)^n \frac{1}{n^{p-1}} \right| = \sum_{n=1}^{\infty} \frac{1}{n^{p-1}}$,当 $0 < p-1 \leqslant 1$ 时,即 $1 < p \leqslant 2$,取绝对值后级数发散,原级数 $\sum_{n=1}^{\infty} (-1)^n \frac{1}{n^{p-1}}$ 为交错级数。

当 $p-1>0$ 时，即 $p>1$，取绝对值后级数发散：

①$\frac{1}{n^{p-1}}>\frac{1}{(n+1)^{p-1}}$；②$\lim\limits_{n\to\infty}\frac{1}{n^{p-1}}=0$

综合以上结论 $1<p\leqslant 2$ 和 $p>1$，应为 $1<p\leqslant 2$。

答案：A

13. **解** $y=C_1e^{-x+C_2}=C_1e^{C_2}e^{-x}$

$y'=-C_1e^{C_2}e^{-x}$，$y''=C_1e^{C_2}e^{-x}$

代入方程得 $C_1e^{C_2}e^{-x}-(-C_1e^{C_2}e^{-x})-2C_1e^{C_2}e^{-x}=0$

$y=C_1e^{-x+C_2}$ 是方程 $y''-y'-2y=0$ 的解，但既不是方程的通解，也不是方程的特解。

答案：D

14. **解** $L:\begin{cases}y=x-2\\x=x\end{cases}$，$0\leqslant x\leqslant 2$，如图所示。

$$\int_L\frac{1}{x-y}dx+ydy=\int_0^2\frac{1}{x-(x-2)}dx+(x-2)dx$$

$$=\int_0^2\left(x-\frac{3}{2}\right)dx=\left(\frac{1}{2}x^2-\frac{3}{2}x\right)\Big|_0^2$$

$$=\frac{1}{2}\times 4-\frac{3}{2}\times 2=-1$$

题 14 解图

答案：B

15. **解** $x^2+y^2+z^2=4z$

$F_x=2x$，$F_y=2y$，$F_z=2z-4$

$\frac{\partial z}{\partial x}=-\frac{F_x}{F_z}=-\frac{2x}{2z-4}=-\frac{x}{z-2}$

$\frac{\partial z}{\partial y}=-\frac{F_y}{F_z}=-\frac{2y}{2z-4}=-\frac{y}{z-2}$

$dz=\frac{\partial z}{\partial x}dx+\frac{\partial z}{\partial y}dy=-\frac{x}{z-2}dx-\frac{y}{z-2}dy=\frac{1}{2-z}(xdx+ydy)$

答案：B

16. **解** $D:\begin{cases}0\leqslant\theta\leqslant\frac{\pi}{4}\\0\leqslant r\leqslant a\end{cases}$，如图所示。

$$\iint\limits_D dxdy=\int_0^{\frac{\pi}{4}}d\theta\int_0^a rdr=\frac{\pi}{4}\times\frac{1}{2}r^2\Big|_0^a=\frac{1}{8}\pi a^2$$

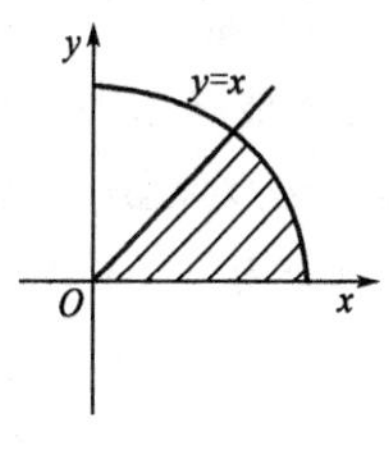

题 16 解图

答案：A

17. **解** 设 $2x+1=z$，级数为 $\sum\limits_{n=1}^{\infty}\frac{z^n}{n}$。

$\lim\limits_{n\to\infty}\left|\dfrac{a_{n+1}}{a_n}\right|=\lim\limits_{n\to\infty}\dfrac{\frac{1}{n+1}}{\frac{1}{n}}=1,\rho=1,R=\dfrac{1}{\rho}=1$

当 $z=1$ 时，$\sum\limits_{n=1}^{\infty}\dfrac{1}{n}$ 发散，当 $z=-1$ 时，$\sum\limits_{n=1}^{\infty}\dfrac{(-1)^n}{n}$ 收敛，

所以 $-1\leqslant z<1$ 收敛，即 $-1\leqslant 2x+1<1,-1\leqslant x<0$。

答案:C

18. **解**　$z=e^{xe^y},\dfrac{\partial z}{\partial x}=e^{xe^y}\cdot e^y=e^y\cdot e^{xe^y}$

$\dfrac{\partial^2 z}{\partial x^2}=e^y\cdot e^{xe^y}\cdot e^y=e^{xe^y}\cdot e^{2y}=e^{xe^y+2y}$

答案:A

19. **解**　$|2\boldsymbol{A}^*\boldsymbol{B}^{-1}|=2^3|\boldsymbol{A}^*\boldsymbol{B}^{-1}|=2^3|\boldsymbol{A}^*|\cdot|\boldsymbol{B}^{-1}|$

$\boldsymbol{A}^{-1}=\dfrac{1}{|\boldsymbol{A}|}\boldsymbol{A}^*,\boldsymbol{A}^*=|\boldsymbol{A}|\cdot\boldsymbol{A}^{-1}$

$\boldsymbol{A}\cdot\boldsymbol{A}^{-1}=\boldsymbol{E},|\boldsymbol{A}|\cdot|\boldsymbol{A}^{-1}|=1,|\boldsymbol{A}^{-1}|=\dfrac{1}{|\boldsymbol{A}|}=\dfrac{1}{-\frac{1}{2}}=-2$

$|\boldsymbol{A}^*|=||\boldsymbol{A}|\cdot\boldsymbol{A}^{-1}|=\left|-\dfrac{1}{2}\mathrm{A}^{-1}\right|=\left(-\dfrac{1}{2}\right)^3|\boldsymbol{A}^{-1}|=\left(-\dfrac{1}{2}\right)^3\times(-2)=\dfrac{1}{4}$

$\boldsymbol{B}\cdot\boldsymbol{B}^{-1}=\boldsymbol{E},|\boldsymbol{B}|\cdot|\boldsymbol{B}^{-1}|=1,|\boldsymbol{B}^{-1}|=\dfrac{1}{|\boldsymbol{B}|}=\dfrac{1}{2}$

因此，$|2\boldsymbol{A}^*\boldsymbol{B}^{-1}|=2^3\times\dfrac{1}{4}\times\dfrac{1}{2}=1$

答案:A

20. **解**　由惯性定理可知，实二次型 $f(x_1,x_2,\cdots,x_n)=\boldsymbol{x}^{\mathrm{T}}\boldsymbol{A}\boldsymbol{x}$ 经可逆线性变换化为标准形时，其标准形中正、负平方项的个数是唯一确定的。对于缺少平方项的 n 元二次型的标准形或规范形中正惯性指数不会等于未知数的个数 n，所以一定不是正定二次型。

答案:C

21. **解**　已知 n 元非齐次线性方程组 $\boldsymbol{A}\boldsymbol{x}=\boldsymbol{B}$，$r(\boldsymbol{A})=n-2$，对应 n 元齐次线性方程组 $\boldsymbol{A}\boldsymbol{x}=0$ 的基础解系的个数为 $n-(n-2)=2$，可验证 $\boldsymbol{\alpha}_2-\boldsymbol{\alpha}_1,\boldsymbol{\alpha}_2-\boldsymbol{\alpha}_3$ 为齐次线性方程组的解：$\boldsymbol{A}(\boldsymbol{\alpha}_2-\boldsymbol{\alpha}_1)=\boldsymbol{A}\boldsymbol{\alpha}_2-\boldsymbol{A}\boldsymbol{\alpha}_1=\boldsymbol{B}-\boldsymbol{B}=0$，$\boldsymbol{A}(\boldsymbol{\alpha}_2-\boldsymbol{\alpha}_3)=\boldsymbol{A}\boldsymbol{\alpha}_2-\boldsymbol{A}\boldsymbol{\alpha}_3=\boldsymbol{B}-\boldsymbol{B}=0$；还可验 $\boldsymbol{\alpha}_2-\boldsymbol{\alpha}_1,\boldsymbol{\alpha}_2-\boldsymbol{\alpha}_3$ 线性无关。

所以 $k_1(\boldsymbol{\alpha}_2-\boldsymbol{\alpha}_1)+\mathrm{k}_2(\boldsymbol{\alpha}_2-\boldsymbol{\alpha}_3)$ 为 n 元齐次线性方程组 $\boldsymbol{A}\boldsymbol{x}=\boldsymbol{0}$ 的通解，而 $\boldsymbol{\alpha}_1$ 为 n 元非齐次线性方程组 $\boldsymbol{A}\boldsymbol{x}=\boldsymbol{B}$ 的一特解。

因此，$\boldsymbol{A}\boldsymbol{x}=\boldsymbol{B}$ 的通解为 $x=k_1(\boldsymbol{\alpha}_2-\boldsymbol{\alpha}_1)+k_2(\boldsymbol{\alpha}_2-\boldsymbol{\alpha}_3)+\boldsymbol{\alpha}_1$。

答案:C

22. **解**　因为 A 与 B 互不相容，即 $AB=\phi$。

所以 $P(A|B)=\dfrac{P(AB)}{P(B)}=\dfrac{P(\phi)}{P(B)}=0$。

答案:B

23. **解** $\int_{-\infty}^{+\infty}\int_{-\infty}^{+\infty}f(x,y)\mathrm{d}x\mathrm{d}y=\int_0^1\int_0^x k\mathrm{d}y\mathrm{d}x=\dfrac{k}{2}=1$，得 $k=2$

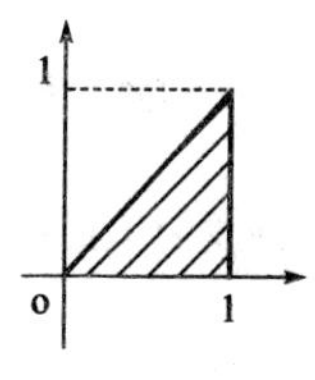

题 23 解图

$$E(XY)=\int_{-\infty}^{+\infty}\int_{-\infty}^{+\infty}f(x,y)\mathrm{d}x\mathrm{d}y=\int_0^1\int_0^x 2xy\mathrm{d}y\mathrm{d}x=\int_0^1 xy^2\Big|_0^x\mathrm{d}x$$

$$=\int_0^1 x^3\mathrm{d}x=\frac{1}{4}$$

答案:A

24. **解** 设 $S_1^2=\dfrac{1}{n-1}\sum\limits_{i=1}^{n}(X_i-\bar{X})^2$

因为总体 $X\sim N(\mu,\sigma^2)$

所以 $\dfrac{\sum\limits_{i=1}^{n}(X_i-\bar{X})^2}{\sigma^2}=\dfrac{(n-1)S_1^2}{\sigma^2}\sim\chi^2(n-1)$

同理 $\dfrac{\sum\limits_{i=1}^{n}(Y_i-\bar{Y})^2}{\sigma^2}\sim\chi^2(n-1)$

又因为两样本相互独立

所以 $\dfrac{\sum\limits_{i=1}^{n}(X_i-\bar{X})^2}{\sigma^2}$ 与 $\dfrac{\sum\limits_{i=1}^{n}(Y_i-\bar{Y})^2}{\sigma^2}$ 相互独立

$$\frac{\sum\limits_{i=1}^{n}(X_i-\bar{X})^2}{\sum\limits_{i=1}^{n}(Y_i-\bar{Y})^2}=\frac{\dfrac{\sum\limits_{i=1}^{n}(X_i-\bar{X})^2}{(n-1)\sigma^2}}{\dfrac{\sum\limits_{i=1}^{n}(Y_i-\bar{Y})^2}{(n-1)\sigma^2}}\sim F(n-1,n-1)$$

答案:B

25. **解** 由 $E_{内}=\dfrac{m}{M}\dfrac{i}{2}RT=\dfrac{i}{2}pV$，注意到氢为双原子分子，氦为单原子分了，

即 $i(H_2)=5$，$i(He)=3$，又 $p(H_2)=p(He)$，$V(H_2)=V(He)$

故 $\dfrac{E_{内}(H_2)}{E_{内}(He)}=\dfrac{i(H_2)}{i(He)}=\dfrac{5}{3}$

答案:A

26. **解** 见教程第二章第一节第六条麦克斯韦速率分布律。

答案:B

27. **解** 由 $W_{等压}=P\Delta V=\dfrac{m}{M}R\Delta T$

今 $\dfrac{m}{M}=1$，故 $\Delta T=\dfrac{W}{R}$

答案:B

28. **解** 等温膨胀过程的特点是：理想气体从外界吸收的热量 Q，全部转化为气体对外做功 $A(A>0)$。

答案：D

29. **解** 所谓波峰，其纵坐标 $y=+2\times10^{-2}\text{m}$，亦即要求 $\cos2\pi(10t-\frac{x}{5})=1$，即 $2\pi(10t-\frac{x}{5})=\pm2k\pi$；

当 $t=0.25s$ 时，$20\pi\times0.25-\frac{2\pi x}{5}=\pm2k\pi$，$x=(12.5\mp5k)$；

因为要取距原点最近的点（注意 $k=0$ 并非最小），逐一取 $k=0,1,2,3,\cdots$，其中 $k=2$，$x=2.5$ $k=3$，$x=-2.5$。

答案：A

30. **解** 质元处于平衡位置，此时速度最大，故质元动能最大，势能最大。

答案：C

31. **解** 基本常识，详见教程第二章第二节第七条声波、超声波。

答案：C

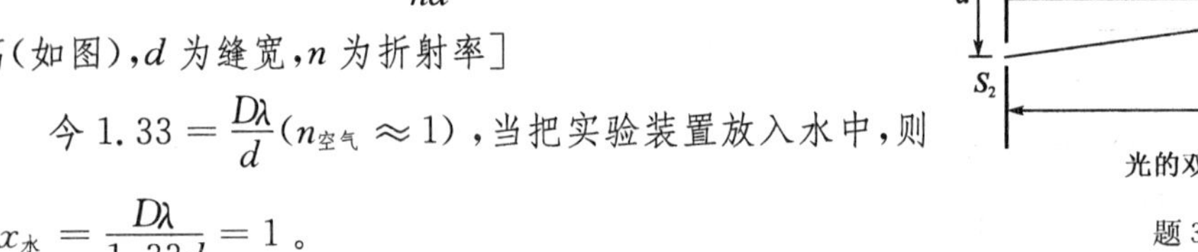

32. **解** 由间距 $\Delta x=\frac{D\lambda}{nd}$［$D$ 为双缝到屏幕的垂直距离（如图），d 为缝宽，n 为折射率］

今 $1.33=\frac{D\lambda}{d}(n_{空气}\approx1)$，当把实验装置放入水中，则 $\Delta x_{水}=\frac{D\lambda}{1.33d}=1$。

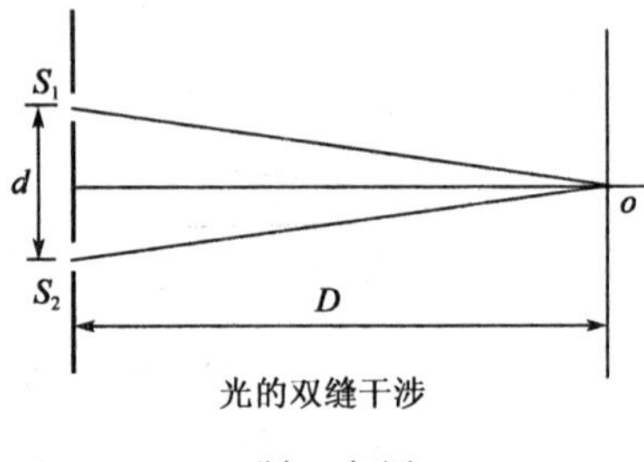

题 32 解图

答案：C

33. **解** $1\text{nm}=10^{-9}\text{m}$

答案：A

34. **解** 自然光垂直通过第一个偏振片后，变为线偏振光，光强设为 I'，即入射至第二个偏振片的线偏振光强度。根据马吕斯定律，自然光通过两个偏振片后，$I=I'\cos^2 45°=\frac{I'}{2}$，$I'=2I$。

答案：B

35. **解** 中央明纹的宽度由紧邻中央明纹两侧的暗纹（$k=1$）决定。如图，通常衍射角 ϕ 很小，且 $D\approx f$（f 为焦距），则 $x\approx\phi f$

由暗纹条件 $a\sin\phi=1\times\lambda(k=1)$（$a$ 缝宽），得 $\phi\approx\frac{\lambda}{a}$

第一级暗纹距中心 P_0 距离为

$$x_1=\phi f=\frac{\lambda}{a}f$$

所以中央明纹的宽度 Δx(中央) $= 2x_1 = \dfrac{2\lambda f}{a}$

故 $\Delta x = \dfrac{2 \times 0.5 \times 400 \times 10^{-9}}{10^{-4}}$

$= 400 \times 10^{-5}$ m

$= 4 \times 10^{-3}$ m

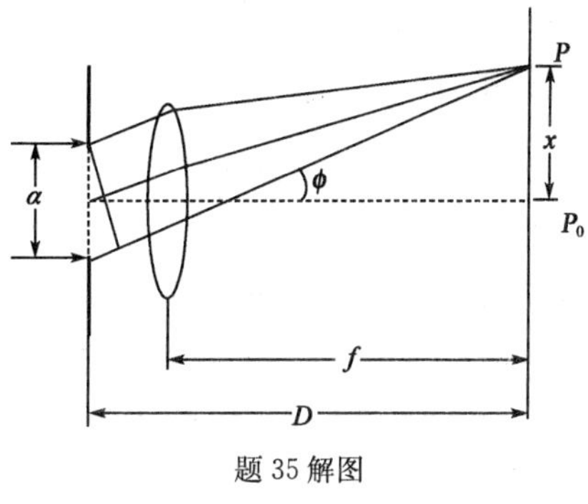

题 35 解图

答案:D

36.**解** 根据光栅的缺级理论,当 $\dfrac{a+b(\text{光栅常数})}{a(\text{缝宽})}$ = 整数时,会发生缺级现象,今 $\dfrac{a+b}{a} = \dfrac{2a}{a} = 2$,在光栅明纹中,将缺 $k = 2,4,6,\cdots$ 级。(此题超纲)

答案:A

37.**解** 周期表中元素电负性的递变规律:同一周期从左到右,主族元素的电负性逐渐增大;同一主族从上到下元素的电负性逐渐减小。

答案:A

38.**解** 离子的极化作用是指离子的极化力,离子的极化力为某离子使其他离子变形的能力。极化力取决于:①离子的电荷,电荷数越多,极化力越强;②离子的半径,半径越小,极化力越强;③离子的电子构型,当电荷数相等、半径相近时,极化力的大小为:18 或 18+2 电子构型 >9~17 电子构型>8 电子构型。每种离子都具有极化力和变形性,一般情况下,主要考虑正离子的极化力和负离子的变形性。离子半径的变化规律:同周期不同元素离子的半径随离子电荷代数值增大而减小。四个化合物的阳离子为同周期元素,离子半径逐渐减小,离子电荷的代数值逐渐增大,所以极化作用逐渐增大。

答案:D

39.**解** 100mL 浓硫酸中 H_2SO_4 的物质的量 $n = \dfrac{100 \times 1.84 \times 0.98}{98} = 1.84$mol

物质的量浓度 $c = \dfrac{1.84}{0.1} = 18.4\text{mol} \cdot \text{L}^{-1}$

答案:A

40.**解** 多重平衡规则:当 n 个反应相加(或相减)得总反应时,总反应的 K 等于各个反应平衡常数的乘积(或商)。题中反应(3) = (1)-(2),所以 $K_3^{\ominus} = \dfrac{K_1^{\ominus}}{K_2^{\ominus}}$。

答案:D

41.**解** 铜电极通入 H_2S,生成 CuS 沉淀,Cu^{2+} 浓度减小。

铜半电池反应为:$Cu^{2+} + 2e^- = Cu$,根据电极电势的能斯特方程式

$\varphi = \varphi^{\ominus} + \dfrac{0.059}{2}\lg\dfrac{c_{\text{氧化型}}}{c_{\text{还原型}}} = \varphi^{\ominus} + \dfrac{0.059}{2}\lg C_{Cu^{2+}}$,$C_{Cu^{2+}}$ 减小,电极电势减小。原电池的电动

势 $E=\varphi_{正}-\varphi_{负}$，$\varphi_{正}$ 减小，$\varphi_{负}$ 不变，则电动势 E 减小。

答案:B

42.**解** 电解产物析出顺序由它们的析出电势决定。析出电势与标准电极电势、离子浓度、超电势有关。总的原则:析出电势代数值较大的氧化型物质首先在阴极还原;析出电势代数值较小的还原型物质首先在阳极氧化。

阴极：当 $\varphi^{\ominus}>\varphi^{\ominus}_{Al^{2+}/Al}$ 时，$M^{n+}+ne^{-}=M$

当 $\varphi^{\ominus}<\varphi^{\ominus}_{Al^{2+}/Al}$ 时，$2H^{+}+2e^{-}=H_2$

因 $\varphi^{\ominus}_{Na^{+}/Na}<\varphi^{\ominus}_{Al^{2+}/Al}$ 时，所以 H^{+} 首先放电析出。

答案:A

43.**解** 由公式 $\Delta G=\Delta H-T\Delta S$ 可知，当 ΔH 和 ΔS 均小于零时，ΔG 在低温时小于零，所以低温自发，高温非自发。

答案:A

44.**解** 丙烷最多 5 个原子处于一个平面，丙烯最多 7 个原子处于一个平面，苯乙烯最多 16 个原子处于一个平面，$CH_3CH=CH-C\equiv C-CH_3$ 最多 10 个原子处于一个平面。

答案:C

45.**解** A 为丙烯酸，烯烃能发生加成反应和氧化反应，酸可以发生酯化反应。

答案:A

46.**解** 人造羊毛为聚丙烯腈，由单体丙烯腈通过加聚反应合成，为高分子化合物。分子中存在共价键，为共价化合物，同时为有机化合物。

答案:C

47.**解** 根据力的投影公式，$F_x=F\cos\alpha$，故 $\alpha=60°$；

而分力 F_x 的大小是力 F 大小的 2 倍，故力 F 与 y 轴垂直。(此题 2010 年考过)

答案:A

48.**解** M_1 与 M_2 等值反向，四个分力构成自行封闭的四边形，故合力为零，F_1 与 F_3、F_2 与 F_4 构成顺时针转向的两个力偶，其力偶矩的大小均为 Fa。

答案:D

49.**解** 对系统进行整体分析，外力有主动力 F_P，A、H 处约束力，由于 F_P 与 H 处约束力均为铅垂方向，故 A 处也只有铅垂方向约束力，列平衡方程 $\sum M_H(F)=0$，便可得结果。

答案:B

50.**解** 分析节点 D 的平衡，可知 1 杆为零杆。

答案:A

51.**解** 只有当 $t=1s$ 时两个点才有相同的坐标。

答案:A

52. **解** 根据平行移动刚体的定义和特点。(此题 2011 年考过)

答案:C

53. **解** 根据定轴转动刚体上一点加速度与转动角速度、角加速度的关系:$a_n=\omega^2 l, a_t=\alpha l$

此题中

$$a_n=0, a_t=a$$

答案:A

54. **解** 在铅垂平面内垂直于绳的方向列质点运动微分方程(牛顿第二定律),有:

$$ma_n\cos\alpha=mg\sin\alpha$$

答案:C

55. **解** 两轮质心的速度均为零,动量为零,链条不计质量。

答案:D

56. **解** 根据动能定理:$T_2-T_1=W_{12}$,其中 $T_1=0$(初瞬时静止),$T_2=\frac{1}{2}\cdot\frac{3}{2}mR^2\omega^2$,$W_{12}=mgR$,代入动能定理可得结果。

答案:C

57. **解** 杆水平瞬时,其角速度为零,加在物块上的惯性力铅垂向上,列平衡方程 $\sum M_O(F)=0$,则有 $(F_g-mg)l=0$,所以 $F_g=mg$。

答案:A

58. **解** 已知频率比 $\frac{\omega}{\omega_0}=1.27$,且 ω=40 rad/s,$\omega_0=\sqrt{\frac{k}{m}}$ $(m=100\text{kg})$;

所以,$k=(\frac{40}{1.27})^2\times100=9.9\times10^4\approx1\times10^5\text{N/m}$。

答案:A

59. **解** 首先取节点 C 为研究对象,根据节点 C 的平衡可知,杆 1 受力为零,杆 2 的轴力为拉力 F;再考虑两杆的变形,杆 1 无变形,杆 2 受拉伸长。由于变形后两根杆仍然要连在一起,因此 C 点变形后的位置,应该在以 A 点为圆心,以杆 1 原长为半径的圆弧,和以 B 点为圆心、以伸长后的杆 2 长度为半径的圆弧的交点 C' 上,如图所示。显然这个点在 C 点向下偏左的位置。

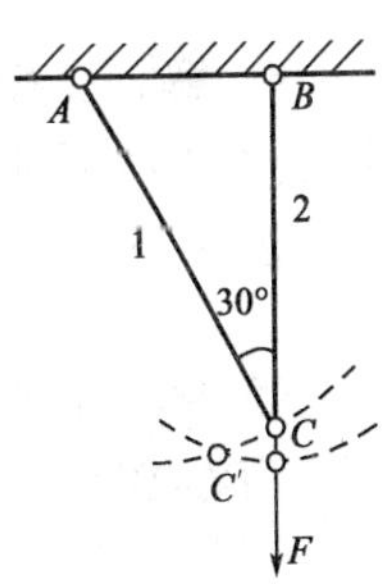

题 59 解图

答案:B

60. **解** $\sigma_{AB}=\frac{F_{NAB}}{A_{AB}}=\frac{300\pi\times10^3\text{N}}{\frac{\pi}{4}\times200^2\text{mm}^2}=30\text{MPa}$

$$\sigma_{BC}=\frac{F_{NBC}}{A_{BC}}=\frac{100\pi\times10^3\text{N}}{\frac{\pi}{4}\times100^2\text{mm}^2}=40\text{MPa}$$

显然杆的最大拉应力是 40MPa。

答案:A

61.**解**　A图、B图中节点的受力是图a)；C图、D图中节点的受力是图b)：

为了充分利用铸铁抗压性能好的特点，应该让铸铁承受更大的压力，显然A图布局比较合理。

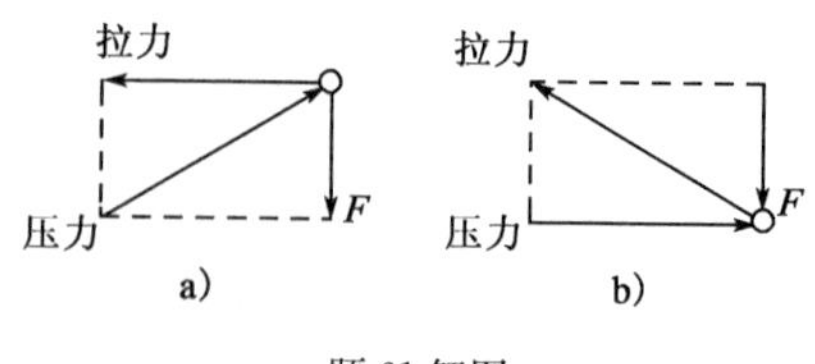

题61解图

答案：A

62.**解**　被冲断的钢板的剪切面是一个圆柱面，其面积 $A_Q=\pi dt$，根据钢板破坏的条件：

$$\tau_Q=\frac{Q}{A_Q}=\frac{F}{\pi dt}=\tau_b$$

可得 $F=\pi d+\tau_b=\pi\times100\text{mm}\times10\text{mm}\times300\text{MPa}=300\pi\times10^3\text{N}=300\pi\text{kN}$

答案：A

63.**解**　螺杆受拉伸，横截面面积是$\frac{\pi}{4}d^2$，由螺杆的拉伸强度条件，可得：

$$\sigma=\frac{F}{\frac{\pi}{4}d^2}=\frac{4F}{\pi d^2}=[\sigma] \qquad ①$$

螺母的内圆周面受剪切，剪切面面积是 πdh，由螺母的剪切强度条件，可得

$$\tau_Q=\frac{F_Q}{A_Q}=\frac{F}{\pi dh}=[\tau] \qquad ②$$

把①、②两式同时代入$[\sigma]=2[\tau]$，即有$\frac{4F}{\pi d^2}=2\cdot\frac{F}{\pi dh}$，化简后得 $d=2h$。

答案：A

64.**解**　受扭空心圆轴横截面上各点的切应力应与其到圆心的距离成正比，而在空心圆部分因没有材料，故也不应有切应力，故正确的只能是B。

答案：B

65.**解**　根据外力矩（此题中即是扭矩）与功率、转速的计算公式：$M(\text{kN}\cdot\text{m})=9.55\frac{P(\text{kW})}{n(\text{r/min})}$可知，转速小的轴，扭矩（外力矩）大。

答案：B

66.**解**　根据剪力和弯矩的微分关系$\frac{\text{d}m}{\text{d}x}=Q$可知，弯矩的最大值发生在剪力为零的截面，也就是弯矩的导数为零的截面，故选B。

答案：B

67.**解**　a)图是偏心受压，在中间段危险截面上，外力作用点O与被削弱的截面形心C之

间的偏心距$e=\frac{a}{2}$(如图所示),产生的附加弯矩$M=F\cdot\frac{a}{2}$,故a)图中的最大应力:

$$\sigma_a=-\frac{F_N}{A_a}-\frac{M}{W}=-\frac{F}{3ab}-\frac{F\frac{a}{2}}{\frac{b}{6}(3a)^2}=-\frac{2F}{3ab}$$

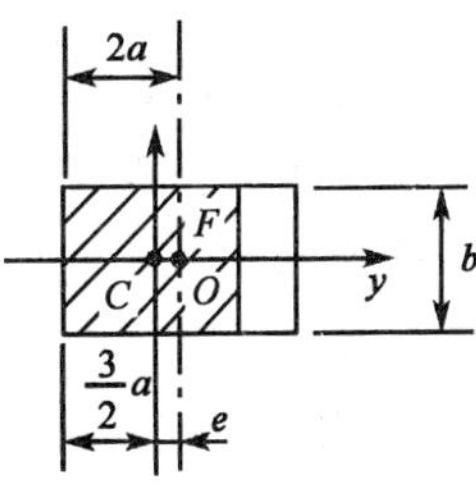

题67解图

b)图虽然截面面积小,但却是轴向压缩,其最大压应力:

$$\sigma_b=-\frac{F_N}{A_b}=-\frac{F}{2ab}$$

故$\frac{\sigma_b}{\sigma_a}=\frac{3}{4}$

答案:A

68.**解** 由梁的正应力强度条件:

$$\sigma_{max}=\frac{M_{max}}{I}\cdot y_{max}=\frac{M_{max}}{W}\leqslant[\sigma]$$

可知,梁的承载能力与梁横截面惯性矩I(或W)的大小成正比,当外荷载产生的弯矩M_{max}不变的情况下,截面惯性矩(或W)越大,其承载能力也越大,显然相同面积制成的梁,矩形比圆形好,空心矩形的惯性矩(或W)最大,其承载能力最大。

答案:A

69.**解** 图a)中$\sigma_1=200\text{MPa},\sigma_2=0,\sigma_3=0$

$\sigma_{r3}^a=\sigma_1-\sigma_3=200\text{MPa}$

图b)中$\sigma_1=\frac{100}{2}+\sqrt{(\frac{100}{2})^2+100^2}=161.8\text{MPa},\sigma_2=0,$

$\sigma_3=\frac{100}{2}-\sqrt{(\frac{100}{2})^2+100^2}=-61.8\text{MPa}$

$\sigma_{r3}^b=\sigma_1-\sigma_3=223.6\text{MPa}$

故图b)更危险。

答案:D

70.**解** 当$\alpha=0°$时,杆是轴向受位:

$$\sigma_{max}^{0°}=\frac{F_N}{A}=\frac{F}{a^2}$$

当$\alpha=45°$时,杆是轴向受拉与弯曲组合变形:

$$\sigma_{max}^{45°}=\frac{F_N}{A}+\frac{M_g}{W_g}=\frac{\frac{\sqrt{2}}{2}F}{a^2}+\frac{\frac{\sqrt{2}}{2}F\cdot a}{\frac{a^3}{6}}=\frac{7\sqrt{2}}{2}\frac{F}{a^2}$$

可得$\frac{\sigma_{max}^{45°}}{\sigma^{\circ}_{max}}=\frac{\frac{7\sqrt{2}}{2}\frac{F}{a^2}}{\frac{F}{a^2}}=\frac{7\sqrt{2}}{2}$

答案:A

71. **解** 水平静压力 $P_x=\rho g h_c \pi r^2=1\times9.8\times5\times\pi\times(0.1)^2=1.54\text{kN}$

答案:D

72. **解** A点绝对压强 $P'_A=P_0+\rho gh=88+1\times9.8\times2=107.6\text{kPa}$

A点相对压强 $P_A=P'_A-P_a=107.6-101=6.6\text{kPa}$

答案:B

73. **解** 对二维不可压缩流体运动连续性微分方程式为:$\dfrac{\partial u_x}{\partial x}+\dfrac{\partial u_y}{\partial y}=0$,即$\dfrac{\partial u_x}{\partial x}=-\dfrac{\partial u_y}{\partial y}$

对题中C项求偏导数可得$\dfrac{\partial u_x}{\partial x}=5$,$\dfrac{\partial u_y}{\partial y}=-5$,满足连续性方程。

答案:C

74. **解** 圆管层流中水头损失与管壁粗糙度无关。

答案:D

75. **解** $Q_1+Q_2=39\text{L/s}$

$$\frac{Q_1}{Q_2}=\sqrt{\frac{S_2}{S_1}}=\sqrt{\frac{8\lambda L_2}{\pi^2 g d_2^5}\Big/\frac{8\lambda L_1}{\pi^2 g d_1^5}}=\sqrt{\frac{L_2\cdot d_1^5}{L_1\cdot d_2^5}}=\sqrt{\frac{3000}{1800}\cdot\left(\frac{0.15}{0.20}\right)^5}=0.629$$

即 $0.629Q_2+Q_2=39\text{L/s}$,得 $Q_2=24\text{L/s}$,$Q_1=15\text{L/s}$。

答案:B

76. **解** $v=C\sqrt{Ri}$,$C=\dfrac{1}{n}R^{\frac{1}{6}}=\dfrac{1}{0.05}(0.8)^{\frac{1}{6}}=19.27\sqrt{\text{m}}/\text{s}$

流速 $v=19.27\times\sqrt{0.8\times0.0006}=0.42\text{m/s}$

答案:A

77. **解** 地下水的浸润线是指无压地下水的自由水面线。

答案:C

78. **解** 按雷诺准则设计应满足比尺关系式$\dfrac{\lambda_v\cdot\lambda_L}{\lambda_v}=1$,则流速比尺$\lambda_v=\dfrac{\lambda_v}{\lambda_L}$,题设用相同温度、同种流体作试验,所以$\lambda_D=1$,$\lambda_v=\dfrac{1}{\lambda_L}$,而长度比尺$\lambda_L=\dfrac{2\text{m}}{0.1\text{m}}=20$,所以流速比尺$\lambda_v=\dfrac{1}{20}$,即$\dfrac{v_{原型}}{v_{模型}}=\dfrac{1}{20}$,$v_{原型}=\dfrac{4}{20}\text{m/A}=0.2\text{m/A}$。

答案:A

79. **解** 三个电荷处在同一直线上,且每个电荷均处于平衡状态,可建立电荷平衡方程:

$$\frac{kq_1q_2}{r^2}=\frac{kq_3q_2}{r^2}$$

则 $q_1=q_3=|q_2|$

答案:B

80. **解**　根据节点电流关系：$\sum I=0$，即 $I_1+I_2-I_3=0$

得 $I_3=I_1+I_2=-7\text{A}$

答案：C

81. **解**　根据叠加原理，写出电压源单独作用时的电路模型。

$$I'=\frac{15}{\frac{40+40}{4}}\times\frac{40}{40+40}=0.125\text{A}$$

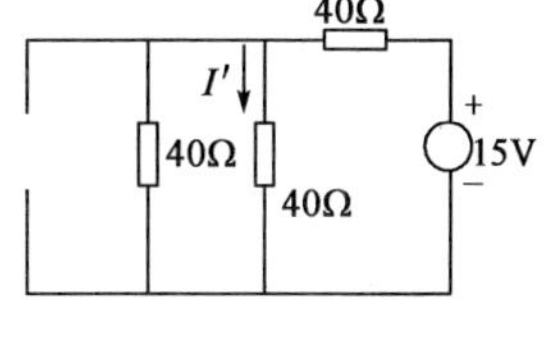

题 81 解图

答案：C

82. **解**　①$u_{(t)}$ 与 $i_{(t)}$ 的相位差 $\varphi=\psi_u-\psi_i=-20°$

②用有效值相量表示 $u_{(t)}$，$i_{(t)}$：

$$\dot{U}=U\angle\psi_u=\frac{10}{\sqrt{2}}\angle-10°=7.07\angle-10°$$

$$\dot{I}=I\angle\psi_i=\frac{0.1}{\sqrt{2}}\angle10°=0.0707\angle10°\ \text{A}=70.7\angle10°\text{mA}$$

答案：D

83. **解**　交流电路的功率关系为：

$$S^2=P^2+Q^2$$

式中：S——视在功率反映设备容量；

P——耗能元件消耗的有功功率；

Q——储能元件交换的无功功率。

本题中：$P=I^2R=1000\text{W}$，$Q=I^2(X_L-X_C)=200\text{var}$

$S=\sqrt{P^2+Q^2}=1019\text{V}\cdot\text{A}\approx1020\text{V}\cdot\text{A}$

答案：D

84. **解**　开关打开以后电路如图所示。

左边电路中无储能元件，无暂态过程，右边电路中出现暂态过程，变化为：

$$I_{2(0+)}=\frac{U_{C(0+)}}{R}=\frac{U_{C(0-)}}{R}\neq0$$

$$I_{2(\infty)}=\frac{U_{C(\infty)}}{R}=0$$

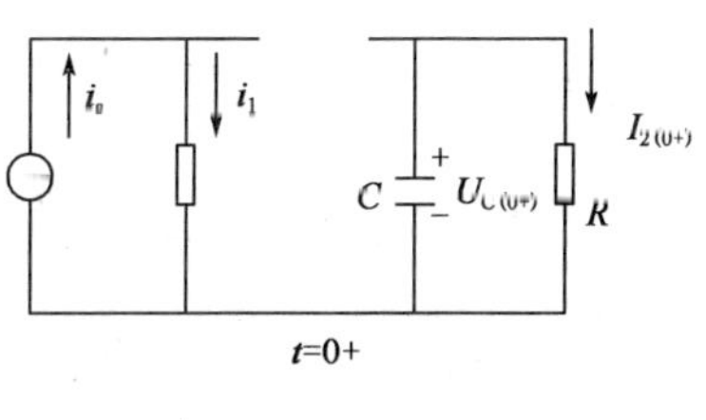

题 84 解图

答案：C

85. **解**　理想变压器空载运行 $R_L\to\infty$，则 $R'_L=K^2R_L\to\infty$

$U_1=U$

又有 $K=\frac{U_1}{U_2}=2$

则 $U_1=2U_2$

答案：B

86. **解**　当正常运行为三角形接法的三相交流异步电动机起动时采用星形接法，电机为降压运行，起动电流和起动力矩均为正常运行的三分之一。

即 $I'_{\mathrm{st}}=\frac{1}{3}I_{\mathrm{st}}=10\mathrm{A}$

$T'_{\mathrm{st}}=\frac{1}{3}T_{\mathrm{st}}=15\mathrm{N\cdot m}$

答案:B

87. **解**　图示电路的输出信号为时间连续数值离散的信号。

答案:A

88. **解**　图示的非周期信号利用可叠加,性质等效为两个阶跃信号：

$$u(t)=u_1(t)+u_2(t)$$
$$u_1(t)=5\varepsilon(t)$$
$$u_2(t)=-4\varepsilon(t-t_0)$$

答案:C

89. **解**　放大电路是在输入信号控制下，将信号的幅值放大，放大倍数和频率不变。电路的传递函数定义为：

$$T(\mathrm{jw})=\frac{\dot{U}_0(\mathrm{jw})}{\dot{U}_{\mathrm{i}}(\mathrm{jw})}=\left|\frac{\dot{U}_0(\mathrm{jw})}{\dot{U}_{\mathrm{i}}(\mathrm{jw})}\right|\angle\psi_0-\psi_{\mathrm{i}}$$

其中：$\left|\frac{\dot{U}_0(\mathrm{jw})}{\dot{U}_{\mathrm{i}}(\mathrm{jw})}\right|=T(\mathrm{w})$称为“放大器的幅频”，特性表为信号的幅值频谱。

答案:D

90. **解**　根据逻辑代数公式分析如下：

$$(\mathrm{A}+\mathrm{B})(\mathrm{A}+\mathrm{C})=\mathrm{A}\cdot\mathrm{A}+\mathrm{A}\cdot\mathrm{B}+\mathrm{A}\cdot\mathrm{C}+\mathrm{B}\cdot\mathrm{C}=\mathrm{A}(1+\mathrm{B}+\mathrm{C})+\mathrm{BC}=\mathrm{A}+\mathrm{BC}$$

答案:C

91. **解**　“与非门”电路遵循输入有“0”输出则“1”的原则，利用输入信号 A、B 的对应波形分析即可。

答案:D

92. **解**　根据真值表，写出函数的最小项表达式后进行化简即可，

$$\begin{aligned}\mathrm{F}(\mathrm{A}\cdot\mathrm{B}\cdot\mathrm{C})&=\overline{\mathrm{A}}\overline{\mathrm{B}}\overline{\mathrm{C}}+\overline{\mathrm{A}}\mathrm{BC}+\mathrm{A}\overline{\mathrm{B}}\overline{\mathrm{C}}+\mathrm{ABC}\\&=(\overline{\mathrm{A}}+\mathrm{A})\overline{\mathrm{B}}\overline{\mathrm{C}}+(\overline{\mathrm{A}}+\mathrm{A})\mathrm{BC}\\&=\overline{\mathrm{B}}\overline{\mathrm{C}}+\mathrm{BC}\end{aligned}$$

答案:C

93. **解**　由图示电路分析输出波形如图所示。

$u_{\mathrm{i}}>0$ 时，$u_{\mathrm{o}}=0$；

$u_{\mathrm{i}}<0$ 时，$u_{\mathrm{o}}=u_{\mathrm{i}}$ 为半波整流电路；

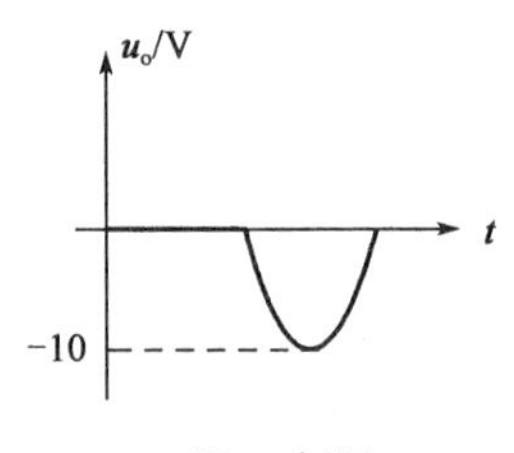

题 93 解图

$u_O=0.45u_i=0.45\times\frac{-10}{\sqrt{2}}=-3.18V$

答案:C

94. **解** ①当 A 端接输入信号,B 端接地时,电路为反相比例放大电路:

$$U_0=-\frac{R_2}{R_1}U_i-8=-\frac{R_2}{R_1}\times 2$$

得 $\frac{R_2}{R_1}=4$

②如 A 端接地,B 端接输入信号为同相放大电路:

$$U_0=(1+\frac{R_2}{R_1})U_i=(1+4)\times 2=10V$$

答案:C

95. **解** 图示为D触发器,触发时刻为CP波形的上升沿,输入信号D=A,输出波形为 Q_{95} 所示,对应于第一和第二个脉冲的下降沿,Q_{95} 均为高电平"1"。

答案:D

96. **解** 图示为J-K触发器和与非门的组合,触发时刻为CP脉冲的下降沿,触发器输入信号为:$J=\overline{Q\cdot A}$,K="0"

输出波形为 Q_{96} 所示。两个脉冲的下降沿后 Q_{96} 均为高电平。

答案:D

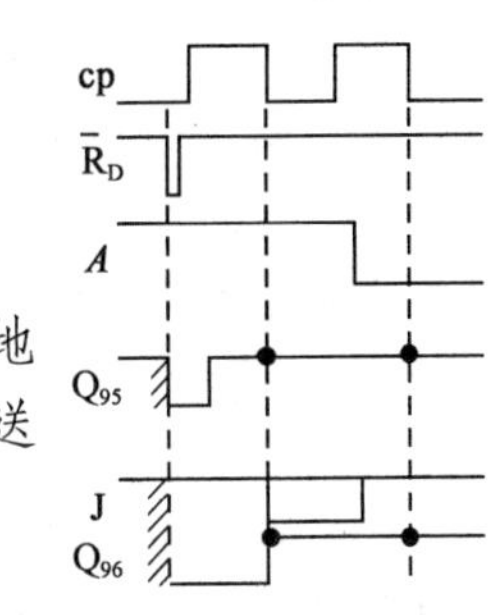

题96解图

97. **解** 根据总线传送信息的类别,可以把总线划分为数据总线、地址总线和控制总线,数据总线用来传送程序或数据;地址总线用来传送主存储器地址码或外围设备码;控制总线用来传送控制信息。

答案:B

98. **解** 为了使计算机系统所有软硬件资源有条不紊、高效、协调、一致地进行工作,需要由一个软件来实施统一管理和统一调度工作,这种软件就是操作系统,由它来负责管理、控制和维护计算机系统的全部软硬件资源以及数据资源。应用软件是指计算机用户为了利用计算机的软、硬件资源而开发研制出的那些专门用于某一目的的软件。用户程序是为解决用户实际应用问题而专门编写的程序。支撑软件是指支援其他软件的编写制作和维护的软件。

答案:D

99. **解** 一个计算机程序执行的过程可分为编辑、编译、连接和运行四个过程。用高级语言编写的程序成为编辑程序,编译程序是一种语言的翻译程序,翻译完的目标程序不能立即被执行,要通过连接程序将目标程序和有关的系统函数库以及系统提供的其他信息连接起来,形成一个可执行程序。

答案:B

100. **解** 先将十进制256.625转换成二进制数,整数部分256转换成二进制100000000,

小数部分0.625转换成二进制0.101，而后根据四位二进制对应一位十六进制关系进行转换，转换后结果为100.A

答案：C

101.**解** 信息加密技术是为提高信息系统及数据的安全性和保密性的技术，是防止数据信息被别人破译而采用的技术，是网络安全的重要技术之一。不是为清除计算机病毒而采用的技术。

答案：D

102.**解** 进程是一段运行的程序，进程运行需要各种资源的支持。

答案：A

103.**解** 文件管理是对计算机的系统软件资源进行管理，主要任务是向计算机用户提供提供一种简便、统一的管理和使用文件的界面。

答案：A

104.**解** 计算机网络可以分为资源子网和通信子网两个组成部分。资源子网主要负责全网的信息处理，为网络用户提供网络服务和资源共享功能等。

答案：A

105.**解** 采用的传输介质的不同，可将网络分为双绞线网、同轴电缆网、光纤网、无线网；按网络的传输技术可以分为广播式网络、点到点式网络；按线路上所传输信号的不同又可分为基带网和宽带网。

答案：A

106.**解** 一个典型的计算机网络系统主要是由网络硬件系统和网络软件系统组成。网络硬件是计算机网络系统的物质基础，网络软件是实现网络功能不可缺少的软件环境。

答案：A

107.**解** 根据等额支付资金回收公式，每年可回收：

$$A=P(A/P,10\%,5)=100\times0.2638=26.38\text{万元}$$

答案：B

108.**解** 经营成本是指项目总成本费用扣除固定资产折旧费、摊销费和利息支出以后的全部费用。即，经营成本=总成本费用－折旧费－摊销费－利息支出。本题经营成本与折旧费、摊销费之和为7000万元，再加上利息支出，则该项目的年总成本费用大于7000万元。

答案：C

109.**解** 投资回收期是反映项目盈利能力的财务评价指标之一。

答案：C

110.**解** 根据题意有：$\text{NPV}=A(P/A,12\%,10)+100\times(P/F,12\%,10)-\text{P}=0$

因此，$A=[P-100\times(P/F,12\%,10)]\div(P/A,12\%,10)$

$=(5000-100\times0.3220)\div5.6500=879.26$ 万元

答案:A

111. **解** 根据题意,该企业单位产品变动成本为:

$$(30000-10000)\div40000=0.5\ 万元/t$$

根据盈亏平衡点计算公式,盈亏平衡生产能力利用率为:

$$E^*=\frac{Q^*}{Q_c}\times100\%=\frac{C_f}{(P-C_v)Q_c}\times100\%=\frac{10000}{(1-0.5)\times40000}\times100\%=50\%$$

答案:D

112. **解** 两个寿命期相同的互斥方案只能选择其中一个方案,可采用净现值法.净年值法.差额内部收益率法等选优,不能直接根据方案的内部收益率选优。采用净现值法应选净现值大的方案。

答案:B

113. **解** 最小公倍数法适用于寿命期不等的互斥方案比选。

答案:B

114. **解** 功能 F^* 的目标成本为:$100\times0.3=3$ 万元;功能 F^* 的现实成本为:$3+0.5=3.5$ 万元。

答案:C

115. **解** 《中华人民共和国建筑法》第十三条规定:从事建筑活动的建筑施工企业、勘察单位、设计单位和工程监理单位,按照其拥有的注册资本、专业技术人员、技术装备和已完成的建筑工程业绩等资质条件,划分为不同的资质等级,经资质审查合格,取得相应等级的资质证书后,方可在其资质等级许可的范围内从事建筑活动。

答案:B

116. **解** 《中华人民共和国安全生产法》第三十条规定:生产经营单位使用的涉及生命安全、危险性较大的特种设备,以及危险物品的容器、运输工具,必须按照国家有关规定,由专业生产单位生产,并经取得专业资质的检测、检验机构检测、检验合格,取得安全使用证或者安全标志,方可投入使用。检测、检验机构对检测、检验结果负责。

答案:B

117. **解** 《中华人民共和国招标投标法》第五条规定:招标投标活动应当遵循公开、公平、公正和诚实信用的原则。

答案:A

118. **解** 《中华人民共和国合同法》第十九条规定:有下列情形之一的,要约不得撤销:
(一)要约人确定了承诺期限或者以其他形式明示要约不可撤销。

答案:B

119. **解** 《中华人民共和国行政许可法》第七十条规定:有下列情形之一的,行政机关应当依法办理有关行政许可的注销手续：

（一）行政许可有效期届满未延续的；

（二）赋予公民特定资格的行政许可，该公民死亡或者丧失行为能力的；

（三）法人或者其他组织依法终止的；

（四）行政许可依法被撤销、撤回，或者行政许可证件依法被吊销的；

（五）因不可抗力导致行政许可事项无法实施的；

（六）法律．法规规定的应当注销行政许可的其他情形。

答案：C

120. **解** 《建设工程质量管理条例》第十六条规定：建设单位收到建设工程竣工报告后，应当组织设计、施工、工程监理等有关单位进行竣工验收。建设工程竣工验收应当具备下列条件：

（一）完成建设工程设计和合同约定的各项内容；

（二）有完整的技术档案和施工管理资料；

（三）有工程使用的主要建筑材料、建筑构配件和设备的进场试验报告；

（四）有勘察、设计、施工、工程监理等单位分别签署的质量合格文件；

（五）有施工单位签署的工程保修书。

答案：A

附录一

全国勘察设计注册工程师资格考试
公共基础考试大纲

Ⅰ. 工程科学基础

一、数学

1.1 空间解析几何

向量的线性运算；向量的数量积、向量积及混合积；两向量垂直、平行的条件；直线方程；平面方程；平面与平面、直线与直线、平面与直线之间的位置关系；点到平面、直线的距离；球面、母线平行于坐标轴的柱面、旋转轴为坐标轴的旋转曲面的方程；常用的二次曲面方程；空间曲线在坐标面上的投影曲线方程。

1.2 微分学

函数的有界性、单调性、周期性和奇偶性；数列极限与函数极限的定义及其性质；无穷小和无穷大的概念及其关系；无穷小的性质及无穷小的比较极限的四则运算；函数连续的概念；函数间断点及其类型；导数与微分的概念；导数的几何意义和物理意义；平面曲线的切线和法线；导数和微分的四则运算；高阶导数；微分中值定理；洛必达法则；函数的切线及法平面和切平面及法线；函数单调性的判别；函数的极值；函数曲线的凹凸性、拐点；偏导数与全微分的概念；二阶偏导数；多元函数的极值和条件极值；多元函数的最大、最小值及其简单应用。

1.3 积分学

原函数与不定积分的概念；不定积分的基本性质；基本积分公式；定积分的基本概念和性质(包括定积分中值定理)；积分上限的函数及其导数；牛顿-莱布尼兹公式；不定积分和定积分的换元积分法与分部积分法；有理函数、三角函数的有理式和简单无理函数的积分；广义积分；二重积分与三重积分的概念、性质、计算和应用；两类曲线积分的概念、性质和计算；求平面图形的面积、平面曲线的弧长和旋转体的体积。

1.4 无穷级数

数项级数的敛散性概念；收敛级数的和；级数的基本性质与级数收敛的必要条件；几何级数与 p 级数及其收敛性；正项级数敛散性的判别法；任意项级数的绝对收敛与条件收敛；幂级数及其收敛半径、收敛区间和收敛域；幂级数的和函数；函数的泰勒级数展开；函数的傅里叶系数与傅里叶级数。

1.5 常微分方程

常微分方程的基本概念；变量可分离的微分方程；齐次微分方程；一阶线性微分方程；全微分方程；可降阶的高阶微分方程；线性微分方程解的性质及解的结构定理；二阶常系数齐次线性微分方程。

1.6 线性代数

行列式的性质及计算;行列式按行展开定理的应用;矩阵的运算;逆矩阵的概念、性质及求法;矩阵的初等变换和初等矩阵;矩阵的秩;等价矩阵的概念和性质;向量的线性表示;向量组的线性相关和线性无关;线性方程组有解的判定;线性方程组求解;矩阵的特征值和特征向量的概念与性质;相似矩阵的概念和性质;矩阵的相似对角化;二次型及其矩阵表示;合同矩阵的概念和性质;二次型的秩;惯性定理;二次型及其矩阵的正定性。

1.7 概率与数理统计

随机事件与样本空间;事件的关系与运算;概率的基本性质;古典型概率;条件概率;概率的基本公式;事件的独立性;独立重复试验;随机变量;随机变量的分布函数;离散型随机变量的概率分布;连续型随机变量的概率密度;常见随机变量的分布;随机变量的数学期望、方差、标准差及其性质;随机变量函数的数学期望;矩、协方差、相关系数及其性质;总体;个体;简单随机样本;统计量;样本均值;样本方差和样本矩;χ^2 分布;t 分布;F 分布;点估计的概念;估计量与估计值;矩估计法;最大似然估计法;估计量的评选标准;区间估计的概念;单个正态总体的均值和方差的区间估计;两个正态总体的均值差和方差比的区间估计;显著性检验;单个正态总体的均值和方差的假设检验。

二、物理学

2.1 热学

气体状态参量;平衡态;理想气体状态方程;理想气体的压强和温度的统计解释;自由度;能量按自由度均分原理;理想气体内能;平均碰撞频率和平均自由程;麦克斯韦速率分布律;方均根速率;平均速率;最概然速率;功;热量;内能;热力学第一定律及其对理想气体等值过程的应用;绝热过程;气体的摩尔热容量;循环过程;卡诺循环;热机效率;净功;制冷系数;热力学第二定律及其统计意义;可逆过程和不可逆过程。

2.2 波动学

机械波的产生和传播;一维简谐波表达式;描述波的特征量;波面,波前,波线;波的能量、能流、能流密度;波的衍射;波的干涉;驻波;自由端反射与固定端反射;声波;声强级;多普勒效应。

2.3 光学

相干光的获得;杨氏双缝干涉;光程和光程差;薄膜干涉;光疏介质;光密介质;迈克尔逊干涉仪;惠更斯-菲涅尔原理;单缝衍射;光学仪器分辨本领;衍射光栅与光谱分析;X射线衍射;布拉格公式;自然光和偏振光;布儒斯特定律;马吕斯定律;双折射现象。

三、化学

3.1 物质的结构和物质状态

原子结构的近代概念;原子轨道和电子云;原子核外电子分布;原子和离子的电子结构;原子结构和元素周期律;元素周期表;周期族;元素性质及氧化物及其酸碱性。

离子键的特征；共价键的特征和类型；杂化轨道与分子空间构型；分子结构式；键的极性和分子的极性；分子间力与氢键；晶体与非晶体；晶体类型与物质性质。

3.2 溶液

溶液的浓度；非电解质稀溶液通性；渗透压；弱电解质溶液的解离平衡；分压定律；解离常数；同离子效应；缓冲溶液；水的离子积及溶液的 pH 值；盐类的水解及溶液的酸碱性；溶度积常数；溶度积规则。

3.3 化学反应速率及化学平衡

反应热与热化学方程式；化学反应速率；温度和反应物浓度对反应速率的影响；活化能的物理意义；催化剂；化学反应方向的判断；化学平衡的特征；化学平衡移动原理。

3.4 氧化还原反应与电化学

氧化还原的概念；氧化剂与还原剂；氧化还原电对；氧化还原反应方程式的配平；原电池的组成和符号；电极反应与电池反应；标准电极电势；电极电势的影响因素及应用；金属腐蚀与防护。

3.5 有机化学

有机物特点、分类及命名；官能团及分子构造式；同分异构；有机物的重要反应：加成、取代、消除、氧化、催化加氢、聚合反应、加聚与缩聚；基本有机物的结构、基本性质及用途：烷烃、烯烃、炔烃、芳烃、卤代烃、醇、苯酚、醛和酮、羧酸、酯；合成材料：高分子化合物、塑料、合成橡胶、合成纤维、工程塑料。

四、理论力学

4.1 静力学

平衡；刚体；力；约束及约束力；受力图；力矩；力偶及力偶矩；力系的等效和简化；力的平移定理；平面力系的简化；主矢；主矩；平面力系的平衡条件和平衡方程式；物体系统(含平面静定桁架)的平衡；摩擦力；摩擦定律；摩擦角；摩擦自锁。

4.2 运动学

点的运动方程；轨迹；速度；加速度；切向加速度和法向加速度；平动和绕定轴转动；角速度；角加速度；刚体内任一点的速度和加速度。

4.3 动力学

牛顿定律；质点的直线振动；自由振动微分方程；固有频率；周期；振幅；衰减振动；阻尼对自由振动振幅的影响——振幅衰减曲线；受迫振动；受迫振动频率；幅频特性；共振；动力学普遍定理；动量；质心；动量定理及质心运动定理；动量及质心运动守恒；动量矩；动量矩定理；动量矩守恒；刚体定轴转动微分方程；转动惯量；回转半径；平行轴定理；功；动能；势能；动能定理及机械能守恒；达朗贝尔原理；惯性力；刚体作平动和绕定轴转动(转轴垂直于刚体的对称面)时惯性力系的简化；动静法。

五、材料力学

5.1 材料在拉伸、压缩时的力学性能

低碳钢、铸铁拉伸、压缩试验的应力-应变曲线；力学性能指标。

5.2 拉伸和压缩

轴力和轴力图；杆件横截面和斜截面上的应力；强度条件；虎克定律；变形计算。

5.3 剪切和挤压

剪切和挤压的实用计算；剪切面；挤压面；剪切强度；挤压强度。

5.4 扭转

扭矩和扭矩图；圆轴扭转切应力；切应力互等定理；剪切虎克定律；圆轴扭转的强度条件；扭转角计算及刚度条件。

5.5 截面几何性质

静矩和形心；惯性矩和惯性积；平行轴公式；形心主轴及形心主惯性矩概念。

5.6 弯曲

梁的内力方程；剪力图和弯矩图；分布荷载、剪力、弯矩之间的微分关系；正应力强度条件；切应力强度条件；梁的合理截面；弯曲中心概念；求梁变形的积分法、叠加法。

5.7 应力状态

平面应力状态分析的解析法和应力圆法；主应力和最大切应力；广义虎克定律；四个常用的强度理论。

5.8 组合变形

拉/压-弯组合、弯-扭组合情况下杆件的强度校核；斜弯曲。

5.9 压杆稳定

压杆的临界荷载；欧拉公式；柔度；临界应力总图；压杆的稳定校核。

六、流体力学

6.1 流体的主要物性与流体静力学

流体的压缩性与膨胀性；流体的黏性与牛顿内摩擦定律；流体静压强及其特性；重力作用下静水压强的分布规律；作用于平面的液体总压力的计算。

6.2 流体动力学基础

以流场为对象描述流动的概念；流体运动的总流分析；恒定总流连续性方程、能量方程和动量方程的运用。

6.3 流动阻力和能量损失

沿程阻力损失和局部阻力损失；实际流体的两种流态——层流和紊流；圆管中层流运动；紊流运动的特征；减小阻力的措施。

6.4 孔口管嘴管道流动

孔口自由出流、孔口淹没出流；管嘴出流；有压管道恒定流；管道的串联和并联。

6.5 明渠恒定流

明渠均匀水流特性；产生均匀流的条件；明渠恒定非均匀流的流动状态；明渠恒定均匀流的水力计算。

6.6 渗流、井和集水廊道

土壤的渗流特性；达西定律；井和集水廊道。

6.7 相似原理和量纲分析

力学相似原理；相似准数；量纲分析法。

Ⅱ. 现代技术基础

七、电气与信息

7.1 电磁学概念

电荷与电场；库仑定律；高斯定理；电流与磁场；安培环路定律；电磁感应定律；洛仑兹力。

7.2 电路知识

电路组成；电路的基本物理过程；理想电路元件及其约束关系；电路模型；欧姆定律；基尔霍夫定律；支路电流法；等效电源定理；叠加原理；正弦交流电的时间函数描述；阻抗；正弦交流电的相量描述；复数阻抗；交流电路稳态分析的相量法；交流电路功率；功率因数；三相配电电路及用电安全；电路暂态；R-C、R-L 电路暂态特性；电路频率特性；R-C、R-L 电路频率特性。

7.3 电动机与变压器

理想变压器；变压器的电压变换、电流变换和阻抗变换原理；三相异步电动机接线、启动、反转及调速方法；三相异步电动机运行特性；简单继电-接触控制电路。

7.4 信号与信息

信号；信息；信号的分类；模拟信号与信息；模拟信号描述方法；模拟信号的频谱；模拟信号增强；模拟信号滤波；模拟信号变换；数字信号与信息；数字信号的逻辑编码与逻辑演算；数字信号的数值编码与数值运算。

7.5 模拟电子技术

晶体二极管；极型晶体三极管；共射极放大电路；输入阻抗与输出阻抗；射极跟随器与阻抗变换；运算放大器；反相运算放大电路；同相运算放大电路；基于运算放大器的比较器电路；二极管单相半波整流电路；二极管单相桥式整流电路。

7.6 数字电子技术

与、或、非门的逻辑功能；简单组合逻辑电路；D 触发器；JK 触发器数字寄存器；脉冲计数器。

7.7 计算机系统

计算机系统组成；计算机的发展；计算机的分类；计算机系统特点；计算机硬件系统组成；CPU；存储器；输入/输出设备及控制系统；总线；数模/模数转换；计算机软件系统组成；系统软件；操作系统；操作系统定义；操作系统特征；操作系统功能；操作系统分类；支撑软件；应用软件；计算机程序设计语言。

7.8 信息表示

信息在计算机内的表示；二进制编码；数据单位；计算机内数值数据的表示；计算机内非数值数据的表示；信息及其主要特征。

7.9 常用操作系统

Windows 发展；进程和处理器管理；存储管理；文件管理；输入/输出管理；设备管理；网络服务。

7.10 计算机网络

计算机与计算机网络；网络概念；网络功能；网络组成；网络分类；局域网；广域网；因特网；网络管理；网络安全；Windows 系统中的网络应用；信息安全；信息保密。

III. 工程管理基础

八、法律法规

8.1 中华人民共和国建筑法

总则；建筑许可；建筑工程发包与承包；建筑工程监理；建筑安全生产管理；建筑工程质量管理；法律责任。

8.2 中华人民共和国安全生产法

总则；生产经营单位的安全生产保障；从业人员的权利和义务；安全生产的监督管理；生产安全事故的应急救援与调查处理。

8.3 中华人民共和国招标投标法

总则；招标；投标；开标；评标和中标；法律责任。

8.4 中华人民共和国合同法

一般规定；合同的订立；合同的效力；合同的履行；合同的变更和转让；合同的权利义务终止；违约责任；其他规定。

8.5 中华人民共和国行政许可法

总则；行政许可的设定；行政许可的实施机关；行政许可的实施程序；行政许可的费用。

8.6 中华人民共和国节约能源法

总则；节能管理；合理使用与节约能源；节能技术进步；激励措施；法律责任。

8.7 中华人民共和国环境保护法

总则；环境监督管理；保护和改善环境；防治环境污染和其他公害；法律责任。

8.8 建设工程勘察设计管理条例

总则；资质资格管理；建设工程勘察设计发包与承包；建设工程勘察设计文件的编制与实施；监督管理。

8.9 建设工程质量管理条例

总则；建设单位的质量责任和义务；勘察设计单位的质量责任和义务；施工单位的质量责任和义务；工程监理单位的质量责任和义务；建设工程质量保修。

8.10 建设工程安全生产管理条例

总则；建设单位的安全责任；勘察设计工程监理及其他有关单位的安全责任；施工单位的安全责任；监督管理；生产安全事故的应急救援和调查处理。

九、工程经济

9.1 资金的时间价值

资金时间价值的概念；利息及计算；实际利率和名义利率；现金流量及现金流量图；资金等值计算的常用公式及应用；复利系数表的应用。

9.2 财务效益与费用估算

项目的分类；项目计算期；财务效益与费用；营业收入；补贴收入；建设投资；建设期

利息;流动资金;总成本费用;经营成本;项目评价涉及的税费;总投资形成的资产。

9.3 资金来源与融资方案

资金筹措的主要方式;资金成本;债务偿还的主要方式。

9.4 财务分析

财务评价的内容;盈利能力分析(财务净现值、财务内部收益率、项目投资回收期、总投资收益率、项目资本金净利润率);偿债能力分析(利息备付率、偿债备付率、资产负债率);财务生存能力分析;财务分析报表(项目投资现金流量表、项目资本金现金流量表、利润与利润分配表、财务计划现金流量表);基准收益率。

9.5 经济费用效益分析

经济费用和效益;社会折现率;影子价格;影子汇率;影子工资;经济净现值;经济内部收益率;经济效益费用比。

9.6 不确定性分析

盈亏平衡分析(盈亏平衡点、盈亏平衡分析图);敏感性分析(敏感度系数、临界点、敏感性分析图)。

9.7 方案经济比选

方案比选的类型;方案经济比选的方法(效益比选法、费用比选法、最低价格法);计算期不同的互斥方案的比选。

9.8 改扩建项目经济评价特点

改扩建项目经济评价特点。

9.9 价值工程

价值工程原理;实施步骤。

附录二

全国勘察设计注册工程师资格考试
公共基础试题配置说明

I. 工程科学基础(共78题)

数学基础	24题	理论力学基础	12题
物理基础	12题	材料力学基础	12题
化学基础	10题	流体力学基础	8题

II. 现代技术基础(共28题)

电气技术基础	12题	计算机基础	10题
信号与信息基础	6题		

III. 工程管理基础(共14题)

工程经济基础	8题	法律法规	6题

注:试卷题目数量合计120题,每题1分,满分为120分。考试时间为4小时。